科学出版社"十四五"普通高等教育研究生规划教材

观赏植物遗传育种学

陈发棣　蒋甲福　主编

U0197673

科学出版社

北　京

内 容 简 介

本教材是科学出版社"十四五"普通高等教育研究生规划教材。全书共分9章：第1章至第6章为总论，内容包括花器官的形成与调控、花色的形成与调控、花香的形成与调控、株型的形成与调控、生物胁迫抗性遗传与调控和非生物胁迫抗性遗传与调控；第7章至第9章为各论，分别从一二年生观赏植物、球宿根观赏植物和木本观赏植物中选取代表性种类对其遗传育种进行详述。本教材融汇了花卉学、观赏园艺学、遗传学和分子生物学等相关内容，紧密结合产业发展、育种实践和研究前沿，具有科学性、创新性、前瞻性、实用性等特点。

本教材可作为高等农林院校观赏园艺、园林、园艺、风景园林等专业的研究生教材，也可供园艺、园林、风景园林、设施农业与工程等专业的本科生，以及相关领域科研工作者和观赏植物生产者学习或参考。

图书在版编目（CIP）数据

观赏植物遗传育种学/陈发棣，蒋甲福主编. —北京：科学出版社，2023.10
科学出版社"十四五"普通高等教育研究生规划教材
ISBN 978-7-03-076474-4

Ⅰ．①观…　Ⅱ．①陈…　②蒋…　Ⅲ．①园林植物 - 遗传育种 - 高等学校 - 教材　Ⅳ．① S68

中国国家版本馆 CIP 数据核字（2023）第 187619 号

责任编辑：张静秋 / 责任校对：严　娜
责任印制：赵　博 / 封面设计：金舵手世纪

斜 学 出 版 社 出版
北京东黄城根北街 16 号
邮政编码：100717
http://www.sciencep.com
固安县铭成印刷有限公司印刷
科学出版社发行　各地新华书店经销
*
2023年10月第　一　版　开本：787×1092　1/16
2025年 1 月第四次印刷　印张：22
字数：598 000
定价：89.00元
（如有印装质量问题，我社负责调换）

《观赏植物遗传育种学》编写委员会

主 编

陈发棣（南京农业大学） 蒋甲福（南京农业大学）

编 者

（按姓氏拼音排序）

产祝龙（华中农业大学）

陈发棣（南京农业大学）

陈素梅（南京农业大学）

丁 莲（南京农业大学）

丁宝清（南京农业大学）

房伟民（南京农业大学）

高 翔（东北师范大学）

何燕红（华中农业大学）

蒋甲福（南京农业大学）

李 畅（江苏省农业科学院
　　　休闲农业研究所）

李辛雷（中国林业科学研究院
　　　亚热带林业研究所）

李月庆（东北师范大学）

刘 晔（南京农业大学）

宋爱萍（南京农业大学）

滕年军（南京农业大学）

田代科（上海辰山植物园）

王 佳（北京林业大学）

王利凯（南京农业大学）

王顺利（中国农业科学院
　　　蔬菜花卉研究所）

王亚琴（华南师范大学）

王艳平（华中农业大学）

王振兴（南京农业大学）

向 林（华中农业大学）

原海燕（江苏省中国科学院
　　　植物研究所）

张 帆（华中农业大学）

张 飞（南京农业大学）

张秀新（中国农业科学院
　　　蔬菜花卉研究所）

郑唐春（北京林业大学）

周李杰（南京农业大学）

周晓锋（中国农业大学）

朱根发（广东省农业科学院
　　　环境园艺研究所）

前　言

　　中国幅员辽阔，地势西高东低，气候跨越三带，是世界上观赏植物资源最为多样的国家之一，也是世界公认的"花卉宝库"，被誉为"世界园林之母"。我国现代花卉产业从20世纪80年代起步，经历了从无到有、从小到大的发展历程，逐步形成了较为完整的现代花卉产业体系，花卉产业在助力脱贫攻坚、乡村振兴、美丽中国和生态文明建设等国家战略中发挥着重要作用。目前，我国已成为全球最大的花卉生产国，但我国的花卉种业发展与荷兰、日本等花卉强国相比仍有很大差距。优良品种是驱动花卉产业发展的核心要素和命脉，2022年11月16日，国家林业和草原局、农业农村部联合印发了《关于推进花卉业高质量发展的指导意见》，提出要加强种质资源保护利用，加快花卉种业创新。花卉种业创新关键靠科技、靠人才，而我国花卉相关学科的发展起步晚、底子薄，人才匮乏已成为花卉种业高质量发展的瓶颈，因此，亟须培养花卉种业高级专业人才。

　　为此，南京农业大学牵头，联合国内11所高校和科研院所共同编写了这本《观赏植物遗传育种学》研究生教材。本教材力求使研究生在掌握基础知识的前提下及时掌握观赏植物科研育种新动向，让基础与进展、前沿有机结合起来，以满足花卉产业对高层次技术型专业人才的多样性需求。本教材总论部分为重要观赏性状的遗传与调控，着重介绍花的发育、花色、花香、株型、抗性等观赏植物重要性状形成、调控与遗传特点；各论部分介绍重要观赏植物育种进展，结合花卉产业发展，选择一二年生观赏植物、球宿根观赏植物和木本观赏植物等不同类型的代表性观赏植物，从遗传资源、育种目标及育种进展等角度进行详细论述。本教材汇集了当前观赏植物遗传育种的科技前沿，也是参编高校和科研院所观赏植物遗传育种研究人员的成果结晶。

　　全书共9章，包括总论和各论两部分，具体编写分工如下。第1章：丁莲、蒋甲福、陈发棣。第2章：丁宝清、周李杰、陈发棣。第3章：李月庆、高翔。第4章：宋爱萍、房伟民、陈发棣。第5章：陈素梅、刘晔、陈发棣。第6章：张飞、王利凯、陈发棣。第7章：何燕红。第8章第一节：张帆；第二节：朱根发；第三节：陈发棣、王振兴；第四节：王亚琴；第五节：滕年军；第六节：产祝龙、王艳平、向林；第七节：原海燕；第八节和第九节：田代科。第9章第一节：张秀新、王顺利；第二节：周晓锋；第三节：李畅；第四节：李辛雷；第五节：郑唐春、王佳。全书由陈发棣、蒋甲福统稿。在书稿完成过程中，华中农业大学的张莉雪、刘雨菡、朱钰、王敏参与了资料收集、校阅等工作，科学出版社和南京农业大学教务处、研究生院等对书稿出版给予了大力支持，在此一并表示衷心感谢！

　　由于参编的单位和人员较多，统稿工作难度较大。另外，编者多数是比较年轻的一线教师，经验与知识积累均有限，书中不足之处在所难免。恳请广大师生在使用过程中提出宝贵意见，以便再版时改进。

编　者

2023年10月于南京

目 录

各　论

总　论

第1章 花器官的形成与调控

被子植物花器官形态复杂多样，使其能更好地适应各种复杂多变的环境，在自然选择过程中处于有利地位，不断地积累新的变异和演化出新的物种，成为地球上种类最丰富的植物群体。开花作为植物从营养生长向生殖生长过程的过渡，是生殖生长过程最重要的标志。开花过程从时间顺序上可分为开花决定或成花诱导（floral induction）、花的发端或成花启动（floral evocation）、花器官的形成或花发育（floral development）三个基本过程，成花诱导是决定花的发端和花器官形成的基础，同时也决定了开花时间的早晚，而花器官的形成作为开花的最后一个过程，其发育的正常与否对植物生殖的完成及花型具有决定性作用。对观赏植物而言，成花诱导的研究可以改变其开花时间，使其提前或推迟上市，获得更高的商品价值，而对花器官形成过程的研究，可以改变其花型，获得更高的观赏价值。

1.1 成 花 诱 导

对于观赏植物来说，从营养生长向生殖生长的转变是生命周期中至关重要的阶段。成花诱导由开花时间基因的表达来启动，茎尖分生组织虽然在此过程未发生明显的形态变化，但是 *FLOWERING LOCUS T*（*FT*）和 *SUPPRESSOR OF OVEREXPRESSION OF CO 1*（*SOC1*）等开花整合因子的表达水平已发生显著上调，这些变化受遗传、表观修饰、多种外源环境因素和内源激素共同调控。FT 的同源蛋白表达在不同物种中对光周期敏感程度存在差异。在模式植物拟南芥中存在 6 条经典的开花调控路径：光周期路径（photoperiod pathway）、春化路径（vernalization pathway）、赤霉素路径（gibberellin pathway）、年龄路径（age pathway）、自主路径（autonomous pathway）和温敏路径（ambient temperature pathway）。越来越多的研究表明，这些路径存在交叉和相互作用。此外，在这些传统保守的开花调控路径的基础上，也有一些新的调控路径不断被发现。

1.1.1 光周期信号路径

在植物开花调控的众多环境因素中，光既是能源，也是重要的信号之一。光调控信号包括光照强度、光质和光周期等。在不同物种中，它们通过光周期调控开花的机制具有多样性。据此，可把开花植物分为长日照植物、短日照植物和日中性植物，它们能够敏感地感知相对日照长度的变化，适时开花结实繁育后代。关于短日照和长日照条件下成花的机制，研究集中在典型的短日照植物水稻和长日照植物拟南芥上，由于它们在演化上保守的调控方式，形成了相反的光周期响应模式。但在植物演化过程中，发现有些植物并不响应光周期的变化而开花，出现了光周期不敏感的类型，即日中性植物。随着光周期路径研究的逐步深入，发现光周期路径的调控需要叶片上的光敏色素（phytochrome；PHYA、PHYB、PHYC、PHYD 和 PHYE）和隐花色素（cryptochromes；CRY1 和 CRY2）等光受体感知光信号，光受体将光信号传递给下游的生物钟调节因子，如 EARLY FLOWERING 3（ELF3）、ELF4、FLAVIN-BINDING KELCH

REPEAT、F-BOX 1（FKF1）和 PHYTOCHROME-INTERACTING FACTOR3（PIF3）等，伴随着 LATE ELONGATED HYPOCOTYL（LHY）、CIRCADIAN CLOCK-ASSOCIATED1（CCA1）和 TIMING OF CAB EXPRESSION 1（TOC1）等的昼夜周期变化，产生了生物钟的昼夜节律变化，然后调控关键开花因子 *CONSTANS*（*CO*）、*GIGANTEA*（*GI*）和 *FT* 等的表达来调控开花。CO 在光周期调控路径的下游，受生物钟 CYCLINE DOF FACTOR（CDF）-FLAVIN-BINDING，KELCH REPEAT，F-BOX（FKF1）-GI 复合体节律表达调控。长日照下，FKF1-GI 会诱发 CDF 蛋白的降解，而 CDF 是 *CO* 转录的抑制因子，因而 *CO* 此时上调表达。CO 蛋白积累，通过直接结合 *FT* 的启动子，促进叶片韧皮部中 *FT* 的表达，积累的 FT 蛋白向植物的茎顶端运输，在顶端分生组织中与 bZIP 类转录因子 FD 蛋白互作，FD 蛋白被招募至 *APETALA1*（*AP1*）的启动子区，调控拟南芥的开花进程。

在 *FT* 的积累过程中，表观修饰也发挥了重要作用。在长日照的黄昏时刻，积累的 CO 与 nuclear factor-YB（NF-YB）、NF-YC 形成具有活性的 NF-CO 复合体，结合 *FT* 近端启动子区，而 NF-Y 复合体结合 *FT* 远端启动子区，且这两个复合体互作导致 FT 启动子区染色质形成环状结构，以降低结合 *FT* 启动子区 polycomb group（PcG）蛋白的水平，从而解除 PcG 对 *FT* 的抑制，加速拟南芥开花进程（Luo et al.，2018）。另外，trithorax-group protein（TrxG）蛋白如染色质重塑因子 PICKLE（PKL）和 COMPASS 蛋白也与 PcG 蛋白功能拮抗，促进开花。CO 还可以与染色质重塑因子 PKL 互作，以结合 *FT* 染色质并激活其表达，介导光周期的表观调控。VIVIPAROUS1/ABI3-LIKE1（VAL1）识别 *FT* 的第二个内含子和 3'UTR 的 RY 元件，其附近区域是 H3K27me3 组蛋白修饰高水平富集区域（HTR），VAL1 通过招募 PcG 蛋白 Arabidopsis like heterochromatin protein 1（LHP1）和 MULTICOPY SUPPRESSOR OF IRA 1（MSI1）至 *FT* 染色质区域，在 HTR 处形成 H3K27me3，在夜晚直接抑制 *FT* 表达。

在观赏植物中，*CO* 的同源基因也具有类似功能，例如，在日中性菊花'优香'中，*CO* 的同源基因 *CmBBX8* 直接诱导 *CmFTL1* 的表达而促进开花。月季 RcCO 和 RcCOL4 在长日照和短日照下均高表达，导致月季对光周期不敏感而能连续开花；弱光条件下，月季 RcPIF1、RcPIF3、RcPIF4 在蛋白水平和转录水平都出现明显积累，并与 RcCO 互作后导致 RcCO 的活性被抑制，因此设施生产的月季需要给予适当补光以保证正常开花。在甘野菊（*Chrysanthemum seticuspe*）中，*anti-florigenic FT*［AFT，TERMINAL FLOWER1（TFL1）家族蛋白基因］在长日照下高表达，竞争性抑制了茎尖中 CsFTL3 与 FD 同源蛋白 CsFDL1 形成的复合体的活性而导致不能开花，只有黑暗时间超过诱导 *CsAFT* 表达的光照时间时才能完成成花转变。AP2/ERF 转录因子 CmERF110 和拟南芥自主途径同源基因 *CmFLK*（*FLOWERING LOCUS KH DOMAIN*）编码蛋白共同作用于菊花开花时间的调控。该研究揭示了秋季菊花开花的新机制，加深了对非模式植物不同开花调控机制的理解，为菊花的花期分子育种奠定了基础。

1.1.2　春化路径

一些植物由营养生长时期进入生殖生长时期必须经历一定阶段的低温，这种现象叫作春化。春化调控成花的机制在不同物种中相对保守但也存在差异。FRIGIDA（FRI）是冬季生态型拟南芥中的一个重要支架蛋白，通过招募染色质修饰因子来调控 MADS-box 家族基因 *FLOWERING LOCUS C*（*FLC*）的表达；在夏季生态型拟南芥中，FRI 失活导致早花。低温诱导的长链非编码 RNA cool induced long antisense RNA（COOLAIR）和 cold assisted intronic noncoding RNA（COLDAIR）也参与了春化路径，它们分别源于 *FLC* 的反向转录本和有义链的第一个内含子，其通过抑制 *FLC* 的转录，从而促进成花。在春化条件下，FRI 与含有 Bric-a-

Brac/Tramtrack/Broad Complex（BTB）结构域的 LIGHT-RESPONSE BTB1（LRB1）、LRB2 蛋白互作，并与 *CULLIN3A*（*CUL3A*）泛素 E3 连接酶互作，导致 FRI 被降解和 COLDAIR 上调表达，引起 *FLC* 基因区 H3Lys4 trimethylation（H3K4me3）下降，*FLC* 下调表达促进成花转变。另外，*WRKY34* 受低温诱导表达，且通过 W-box 元件正调控 *CUL3A* 的转录，*WRKY34* 的表达上调进而促进 CUL3A 积累，导致低温诱导的 FRI 被泛素化降解，*FLC* 表达下调解除开花抑制，促进成花。当 FRI 不被降解时，FRI 蛋白与 cap-binding complex（CBC）蛋白互作，不仅激活 *FLC* 的转录，还增加 *FLC* 的有效剪切，而产生更多的成熟 *FLC*，最终推迟成花。进一步研究发现，CBC 与 H3K4 甲基转移酶复合体 COMPASS 和 EFS-H3K36 甲基转移酶互作，以提高组蛋白 H3K4me3 和 H3K36me3 的水平，从而提高 *FLC* 成熟 mRNA 表达水平，抑制成花。

在禾本科植物大麦（*Hordeum vulgare*）中，春化路径的调控由 *vernalizations*（*VRN*）基因介导。在冷处理条件下，VRN1 组蛋白乙酰化水平显著升高，从而启动春化作用。VRN1 在拟南芥和大豆中的功能也保守，其通过抑制 *FLC* 的表达，激活 *FT* 及 *VIN3*，促进成花。vernalization insensitive 2（VIN2）属于开花抑制子，伴随年龄进程和春化路径而下调表达。VIN3 编码一种 flowering promoting factor 1（FPF1）锌指蛋白，维持春化条件下 *FLC* 的沉默。此外，VAL1 和 VAL2 通过与 polycomb repressive complex 2（PRC2）成员蛋白 SWINGER（SWN）和 CURLY LEAF（CLF）互作来招募 PRC2 以催化产生 *FLC* 位点的 H3K27me3，同时 VAL1 也与 PRC1 复合体成员蛋白 LHP1 互作，而 LHP1 与 PRC2 的核心成员 MSI1 互作，说明 VAL1 和 VAL2 可能同时通过招募 PRC1 和 PRC2 从而使拟南芥可以有效地响应并记忆春化低温（Yuan et al.，2021），但对低温的记忆在胚胎的早期又被擦除，使其不能在越冬前成花。在百合中，除了新铁炮百合（*Lilium×formolongi*）以光周期路径主导开花外，其他类型百合品种多需要春化才能正常开花，*FT* 的同源基因 *Lilium FLOWERING LOCUS T3*（*LFT3*）在此过程中起着重要作用。

1.1.3　赤霉素信号路径

赤霉素（gibberellin）作为植物激素，在植物中存在多种形式，其中 GA_1、GA_3、GA_4 和 GA_7 具有生物活性，在植物生长发育过程中发挥重要作用。在开花调控方面，增加外源 GA 含量会促进成花转变，阻断内源 GA 生物合成会延长植物的营养生长期。例如，在菊花中，CmBBX24 通过抑制赤霉素的合成而推迟成花转变。GA 促进成花依赖于 GA 受体 GID1（gibberellin insensitive dwarf 1），GID1 与 DELLA 蛋白互作后被 SCF（Skp1-cullin-F-box protein）识别，DELLA 蛋白被泛素化降解从而解除对下游 SQUAMOSA PROMOTER BINDING PROTEIN-LIKE（SPL）的抑制作用，以促进开花整合因子 *LEAFY*（*LFY*）和 *SOC1* 的表达，从而促进成花。

赤霉素信号路径调控开花主要依赖于 DELLA 蛋白的三种转录调控机制：第一种机制是 DELLA 蛋白与转录因子的结合，调控其下游成花相关因子的表达，当 GA 不足时，DELLA 蛋白结合转录因子，并抑制其转录活性，当 GA 充足时，DELLA 蛋白降解，转录因子释放；第二种机制是通过蛋白互作，DELLA 增强 MYC3 蛋白稳定性或 FLC 蛋白的转录抑制活性，抑制下游 *FT* 的转录；第三种机制是 DELLA 蛋白与 MYC2 竞争结合 JASMONATE ZIM-domain 1（JAZ1）蛋白，参与茉莉酸介导的成花转变过程（Bao et al.，2020）。GA 路径与光周期路径关系密切，GA 可以促进拟南芥在短日照下成花。短日照下，MYC3 与赤霉素路径的 DELLA 蛋白互作后，MYC3 蛋白稳定性提高，从而与低富集的 CO 蛋白竞争结合 *FT* 启动子的 ACGGAT 基序，并影响其启动子区染色质开放程度，最终抑制 *FT* 的转录，导致晚花（Bao et al.，2020）。此外研究发现，GA 对成花的促进作用会被高温抑制。

1.1.4　年龄路径

虽然很多环境因素都可以诱导植物成花转变，然而植物在未完成营养生长达到一定苗龄前，不能响应信号的刺激而转入生殖生长阶段。年龄路径由功能相对保守的miR156-SPL-miR172级联式模块调控，*miR156*推迟开花，而*miR172*促进成花。*miR156*在植物的生长发育过程中随着蔗糖和葡萄糖的积累导致其表达量逐渐降低，从而促进营养阶段向生殖阶段的转换。*miR156*在拟南芥中靶向11个*SPL*基因，其中有9个*SPL*影响开花，*SPL3*和*SPL9*可以激活顶端分生组织中*AP1*、*LFY*、*SOC1*的表达，从而诱导成花转变。叶片中表达的*SPL9*促进*miR172*的表达，*miR172*的靶基因属于AP2-like家族，包括*TARGET OF EAT 1*（*TOE1*）、*TOE2*、*TOE3*、*SCHLAFMUTZE*（*SMZ*）、*AP2*及*SCHNARCHZAPFEN*（*SNZ*）等，它们负调控叶片中*FT*的表达，以调控植物的年龄路径。年龄路径也受表观修饰调控，H3K27me3水平的升高、H3K27ac和H3K4me3水平的下降常伴随*pri-miR156a/pri-miR156c*的表达降低。染色质重塑因子PKL通过增加*MIR156A/MIR156C*基因区核小体占位，降低H3K27ac水平和提高H3K27me3水平以抑制*MIR156A/MIR156C*的表达来促进开花，PKL会协同PRC2的甲基转移酶SWN来发挥作用，同时PRC1的组分AtBMI1a/b通过提高*MIR156A/MIR156C*基因区的H2A的泛素化和H3K27me3水平促进开花。染色质重塑因子SWI2/SNF2 ATPase BRAHMA（BRM）与SWN的作用相反，其主要通过减少*MIR156A*转录起始位点的核小体占位，诱导*miR156*的表达而推迟开花。这些发现表明对miR156-SPL的表观修饰可能与营养生长导致年龄路径不可逆有关（Manuela and Xu，2020）。此外，年龄路径往往与其他信号路径协同发挥作用，*SPL3*和*SPL9*启动子区均含有硝酸盐响应顺式元件（nitrate-responsive *cis*-element，NRE），能够被NIN-LIKE PROTEIN 6（NLP6）和NLP7结合，介导硝酸盐对成花转变的调控。在遮阴条件下，PhyA的两个信号因子FAR-RED ELONGATED HYPOCOTYL 3（FHY3）和FAR-RED IMPAIRED RESPONSE 1（FAR1）蛋白发生降解，不再与SPL3/4/5蛋白互作，进而解除对下游开花正调控因子*FRUITFULL*（*FUL*）和*LFY*等的抑制作用，从而促进拟南芥成花。在菊花中，发现CmNF-YB8直接诱导*cmo-MIR156*的表达，从而抑制*SPL*的表达，推迟开花；金鱼草中的*SBP1*作为拟南芥*SPL3*的同源基因，通过诱导*FUL-like*和*LFY-like*基因的上调表达促进开花；在矮牵牛中，miR156-SPLs调控模块不仅调控开花，还影响株型和花器官的大小。

1.1.5　自主路径

自主路径是指植物不用外界信号刺激，但自身内部的发育状态已经明显改变，待营养生长完成即可成花。自主路径的开花促进因子（autonomous floral-promotion，AP）包括LUMINIDEPENDENS（LD）、DEVELOPMENTALLY RETARDED MUTANT 1（DRM1）、FLOWERING LOCUS D（FLD）、CASEIN KINASE Ⅱ（CK2）、RELATIVE OF EARLY FLOWERING 6（REF6）、FLOWERING LOCUS KHDOMAN（FLK）、FLOWERING LOCUS PA（FPA）、FLOWERING CONTROL LOCUS A（FCA）及FY等，除REF6外，其余开花促进因子的开花功能均依赖于对*FLC*基因的表达调控。*REF6*编码一个JMJ结构域蛋白，具有H3K27me2/3的去甲基化酶活性，以及减少*FLC*的mRNA积累功能，但其促进开花功能通过调控*FT*和*SOC1*的表达来实现。FLD、FVE和REF6参与染色质重塑，*FCA*、*FPA*、*FY*和*FLK*编码RNA结合蛋白，减少*FLC*的前体加工，也促进成花。研究发现，在活性FRI存在的情况下，超表达*FCA*介导拟南芥的早花过程中，CDKC;2作为转录延伸因子b（P-TEFb）的同源蛋白，促进*COOLAIR*的转录延伸，剪切体核心成员PRP8促进*COOLAIR*内含子的剪切，FCA、FPA、

FY 和 CstF 促进 *COOLAIR* 3′端聚腺苷酸化的加尾，这种共转录调控机制导致 FLD 被招募，引起 H3K4me2 去甲基化，从而使 *FLC* 在有义和反义方向上的转录和延伸水平均降低，进而促进成花（Wu et al., 2020）。组蛋白甲基化修饰和转录调节因子 elongation factor suppressor of Ty 5 homolog（SPT5）也参与 *FLC* 调控的自主成花路径，*spt5* 突变体早花，这与转录延伸过程中的 SPT5 和 VERNALIZATION INDEPENDENCE 5（VIP5）的蛋白互作，以及 CDK-activating kinase 4（CAK4; CDKD2）对 SPT5 特异的磷酸化修饰有关。

1.1.6 温敏路径

温度影响植物的生存、生长和适应性，植物在成花转变时对温度的感知尤为敏感。温敏路径作为一种温度调控信号路径，与光信号及表观修饰等密切相关。拟南芥暴露于季节性的温度波动（12～27℃）时昼夜节律会受到影响。将环境温度从 22℃ 降至 16℃，会抑制 *phyB* 突变体的早花表型，增强 *cry2* 的晚花表型，而 *ELF3* 和 *TERMINAL FLOWER 1*（*TFL1*）的双突变体在 22℃ 和 16℃ 下开花表型一致，完全抑制了低温引起的晚花。*FLOWERING LOCUS M*（*FLM*）抑制开花功能的转录本 *FLM-β* 在较低的温度下也会积累。短日照条件下拟南芥开花推迟，如果给予 27℃ 高温，PIF4 和 PIF5 会增加 *FT* 的转录，及促进开花的转录本 *FLM-δ* 增多，于是 FLM-β-SVP（FLM-β SHORT VEGETATIVE PHASE）蛋白复合体被 FLM-δ 竞争结合，解除 FLM-β-SVP 对开花整合因子 *FT* 和 *SOC1* 转录的抑制作用，从而促进成花；同时高温条件下，编码 H2A.Z 的基因座的突变体（*hta8*、*hta9*、*hta11* 三重突变体）及与 H2A.Z 沉积有关的基因突变体（如 *pie1*、*arp6*、*swc6*、*arp4* 和 *yaf9*）均促进成花，说明由 H2A.Z 组成的核小体介导了温敏路径。另外，研究发现 *TEMPRANILLO 2*（*TEM2*）基因作为 SVP 的下游参与温敏路径，但在调控下游开花基因 *FT* 时空表达时存在差别，SVP 在早晨抑制 *FT* 的表达，TEM2 则在夜晚抑制 *FT* 的表达（Marín-González et al., 2015）。

与模式植物不同，菊花在短日照进行花芽分化时，温度高于 25℃ 则开花时间推迟，原因是高温抑制了 *CmFTL3* 的表达。另外，菊花苗期生长若处于夏季高温，则会导致秋季低温、短日照下开花推迟，甚至出现莲座化而不能开花，说明夏季高温是导致莲座化的关键原因，若用低温处理莲座化的幼苗，则可以使其正常生长开花，这可能与低温抑制了菊花茎尖中 *TFL1* 的表达有关。春兰（*Cymbidium goeringii*）冬季（1～3 月）开花需要低温，转录组分析发现低温抑制了 *SVP* 的表达，暗示其在低温调控春兰成花过程中发挥作用。在郁金香（*Tulipa gesneriana*）中，通过转录组分析发现温度升高可通过抑制开花抑制基因 *TgTFL1* 和 *TgSOC1L1* 的表达，进而诱导成花基因 *TgSOC1L2* 和 *TgFT-like* 的表达，完成成花转变。

1.1.7 其他成花调控机制

1.1.7.1 其他激素对成花的调控

除了赤霉素，其他激素也参与植物的成花转变（Izawa, 2021）。茉莉酸（JA）整合了环境胁迫和发育信号，在调节植物的生长和防御中发挥重要作用。在正常生长条件下，拟南芥 JAZ 蛋白拮抗 TOE 转录因子对靶基因 *FT* 的转录抑制作用，*FT* 得以正常表达而促进开花；当受到生物胁迫和非生物胁迫时，拟南芥体内的活性茉莉酸含量升高，在茉莉酸受体 COI1 作用下，JAZ 蛋白被泛素化降解，JAZ 蛋白不再抑制 TOE，从而导致 TOE1 和 TOE2 的表达上调，进而抑制 *FT* 的表达，导致开花延迟。有实验证实，超表达 *CmJAZ1* 的转基因菊花开花推迟。在脱落酸信号中，正调控因子 ABSCISIC ACID-INSENSITIVE 5（ABI5）的结合蛋白（ABI5-BINDING PROTEIN 2，AFP2）可通过其 C 端结构域与 CO 蛋白互作而降解 CO，且其 N 端的 EAR 基序与转录辅阻遏物 TOPLESS RELATED PROTEIN 2（TPR2）互作，招募组蛋白去乙酰化酶（HDAC）到 *FT* 启动子区，降低其染色质组蛋白的乙酰化水平进而减少 *FT* 的转录，最终以 CO-AFP2-TPR2 复合体的形式介导拟南芥晚花。除此之外，油菜素内酯（BR）通过促进 *FLC* 的表达抑制拟南芥的成花，受 BR 和蓝光调节的 *BR ENHANCED EXPRESSION 1*（BEE1）作用于 BRI1-EMS-SUPPRESSOR 1（BES1）的下游，可以直接激活 *FT* 的转录，参与光周期路径促进成花。

乙烯、细胞分裂素和生长素也参与植物成花转变。乙烯信号转导路径的重要成员 ETHYLENE INSENSITIVE 3（EIN3）通过激活 ETHYLENE RESPONSE 1（ERF1）抑制开花，ERF1 可直接结合 *FT* 的启动子调控其表达。有研究发现，乙烯会导致赤霉素含量下降，从而导致 DELLA 蛋白的积累进而抑制 *LFY* 和 *SOC1* 的表达。拟南芥细胞分裂素受体 *AHK2* 和 *AHK3* 功能获得性突变体会导致早花，且短日照条件下外源赤霉素处理促进早花需借助 *TSF*、*FD* 和 *SOC1* 基因正常发挥功能。水稻 miR393 通过降低可能的生长素受体 *OsTIR1* 和 *OsAFB2* 的表达导致早花，拟南芥减少内源自由生长素的水平则导致晚花。另外，褪黑素信号路径可能作用于独脚金内酯的下游来诱导 *FLC* 的表达抑制成花。菊花花芽分化通常不能低于 15℃，否则会导致盲花（花芽不分化），该过程可能与低温导致的乙烯信号增强有关；突变的乙烯受体基因 *mDG-ERS1*（*etr1-4*）在菊花中超表达能降低转基因植株对乙烯的敏感性，在低温下（15℃）非转基因材料发生莲座化而不能开花，但转基因植株却能正常开花，进一步证明乙烯信号路径在低温诱导的菊花休眠过程中发挥作用。

1.1.7.2 营养元素对开花的调控

根据碳氮比（C/N）理论，植物体内碳水化合物与含氮化合物的比值高时植物开花，而比值低时不开花。研究发现，糖（C）在拟南芥体内被分解合成 6-磷酸海藻糖（T6P），T6P 作为信号可促进拟南芥开花，该过程通过抑制 *miR156A* 和 *miR156C* 的表达，从而促进拟南芥由营养生长向生殖生长的转变。在百合中，需要鳞茎盘中积累大量的糖分才能正常完成春化和花芽分化过程。同样，氮（N）对植物花期也有影响，N 饥饿和 N 过量都会使拟南芥开花推迟。在兰花中，发现 N 的浓度和形态会影响兰花的生长和开花，如墨兰（*Cymbiduim sinense*）使用 1mmol/L 或 10mmol/L 的 NO_3^- 处理可以开花，而 NH_4^+ 无论什么浓度处理都不起作用，当然高浓度的 NO_3^- 也会推迟开花。在植物体内，*NRT1.1* 为双重亲和性硝酸盐转运体，*NRT1.1* 能感应外界硝酸盐浓度，并以与外界硝酸盐浓度相反的方式在低亲和性与高亲和性模式之间切换，*NRT1.1* 触发了硝酸盐感应后的一级反应，即诱导了高亲和力硝酸转运蛋白 *NRT2.1* 的表达。有研究发现，*nrt1.1* 突变体中 *FLC* 表达显著增高而导致晚花，且该晚花表型会被 *flc* 突变体恢复，说明 *NRT1.1* 影响开花是通过 *FLC* 依赖的开花路径来调控的（Teng et al.，2019）。还有研究发现，延长光周期过程中增加根系的氮吸收，可加快开花，该过程涉及 *NRT1.1-1/2.1-2* 对 *CO* 和 *FT* 的诱导表达。

综上，随着研究的不断深入，我们对植物开花调控网络的理解日渐清晰，然而从营养生长向生殖生长转换是一个极其复杂的过程，需要不同调控路径彼此协作。但各个路径又具有类似的调控机理，即开花过程是抑制因子逐渐被解除或开花促进因子逐渐被释放的过程，最终汇集到开花整合因子 *FT* 和 *SOC1* 上，例如，短日照下 MYC3 与 CO 竞争结合 *FT* 的启动子，而长日照解除 MYC3 对 *FT* 的抑制；赤霉素信号抑制 DELLA 蛋白，解除对 *SOC1* 和 *LFY* 的抑制；年龄路径通过 miRNA156-miR172 级联调控模式，解除 AP2-like 转录因子对 *FT*、*AP1* 和 *SOC1* 的抑制等；春化作用和自主途径解除了 FLC（或 VRN3）对 *FT* 的抑制。

1.2 花器官的发育

1.2.1 花分生组织特性基因与花的发端

一旦植物接收到来自外界环境条件和自身生长发育状态协同产生的开花信号，以 *SOC1* 为代表的花序分生组织中的转录因子便开始激活花分生组织特性基因的表达，进而形成花分生组织。花分生组织特性基因在植物花分生组织形成中处于关键位置，其首要功能是抑制分生组织从生殖生长向营养生长的逆转，其次是维持花分生组织的正常功能和花的发端，另外还具有激活花器官特性基因（ABCDE 类基因）的作用。其中 LFY、CAL 和 AP1 是研究较多的花分生组织特性基因。拟南芥中 *LFY* 的表达受到上游 *TFL1* 的抑制，同时 *LFY* 可以负调控 *TFL1* 的表达；开花整合子 *SOC1* 激活 *LFY*，*LFY* 促进同为花分生组织特性基因的 *CAL* 和 *AP1* 表达，且它们之间存在相互正调控的关系；*LFY* 与关键的共同调节因子 UNUSUAL FLORAL ORGANS（UFO）相互作用，通过激活下游花器官特性基因 *AP3*、*AG* 等的表达来启动花发育程序（图 1.1）。

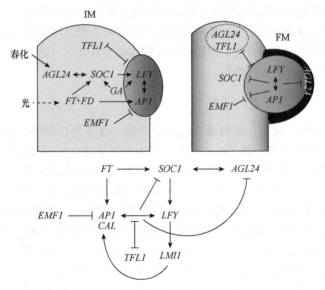

图 1.1　花序分生组织和花分生组织中基因调控网络（Alvarezbuylla et al.，2010）

IM. 花序分生组织；FM. 花分生组织

花分生组织特性基因的失活可导致花被花序代替或形成花序和花融合的结构。LFY 是控制花分生组织特异性的关键基因之一，它可以使顶端分生组织和侧生分生组织转变为单一的花，使开花提前，*FLORICAULA*（*FLO*）是金鱼草中 *LFY* 的同源基因；*LFY* 和 *FLO* 的强突变体能够阻碍花序原基向花原基转变而形成重复的花序结构，这与 *ap1 cal* 双突变体的表型相似（Huala and Sussex，1992；Coen et al.，1990）；*AP1* 是在 *LFY* 表达之后开始表达，*AP1* 可以将花序分生组织转化为花分生组织，*AP1* 功能缺失也会导致花芽发育受阻，形成异常的重复花序结构。CAL、AP2、UFO 等基因主要是辅助 LFY、AP1 促进花分生组织的形态建成。

在一些观赏植物中超表达 LFY 基因会导致开花提前。例如，甘菊中 LFY 的同源基因 DLF 同源转化甘菊，转基因株系可提前开花。将拟南芥 LFY 基因异源转化热带兰，可以得到提前开花的兰花植株。但 LFY 决定花分生组织特异性的功能在头状花序中出现了分化。在非洲菊

（*Gerbera hybrida*）中，*UFO* 是花分生组织特性的主要调控因子，而 *GhLFY* 在头状花序的演化过程中演化出一种新的决定花序分生组织的功能。类似于 *LFY* 在单个花分生组织中的表达，*GhLFY* 在花序分生组织中均一表达将头状花序定义为一个有限生长的结构。虽然成花诱导和花的发端是植物生长发育中两个独立的过程，但是两者存在相同的调控因子，如温度、昼夜长度和植物激素赤霉素等，这些信号协同促进花分生组织的决定。

1.2.2　花发育的 ABCDE 模型

典型的开花植物的花由四轮组成，分别为第一轮的萼片、第二轮的花瓣、第三轮的雄蕊和第四轮的心皮，其中第一轮和第二轮的非生殖结构统称为花被。在花器官特性基因的调控下，花分生组织逐渐由外而内分化形成花器官。基于对拟南芥、金鱼草和矮牵牛花的各种同源异型突变体的深入研究，植物花器官发育的经典 ABC 模型也逐渐扩展到 ABCDE 模型（Coen and Meyerowitz，1991；Dornelas and Dornelas，2005）：A 类基因决定萼片发育；A 类和 B 类基因共同调控花瓣的发育；B 类和 C 类基因共同决定雄蕊的发育；C 类基因调节心皮（包括胚珠）的发育；D 类基因能够控制胚珠的发育；E 类功能基因分布于整个花器官，参与每一轮花器官的发育（图 1.2）。当一个或多个 ABCDE 类基因发生突变时，可能会产生具有错误身份类型的器官。例如，当 C 类基因功能缺失时，第三轮器官由原来的雄蕊变成（类似）萼片或花瓣的组织。当一个器官转变为另一个器官时，这种变化被称为同源异型转变。有趣的是，当 C 类基因功能缺失时，会重复产生萼片和花瓣，这表明分生组织已从有限生长转变为无限生长。在拟南芥中，这已被证明是因为 C 基因 *AGAMOUS*（*AG*）通常也起到抑制干细胞促进基因 *WUS* 的作用。当 *AG* 没有功能时，*WUS* 在花分生组织中异位表达（即在错误的位置表达），从而允许形成额外的器官并继续无限生长。

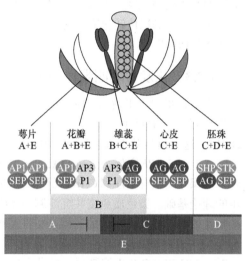

彩图

图 1.2　花发育 ABCDE 模型
（Dornelas and Dornelas，2005）

在 20 世纪 90 年代，拟南芥 ABC 模型中的 5 个基因（包括两个 A 类基因 *AP1* 和 *AP2*，两个 B 类基因 *PI* 和 *AP3*，一个 C 类基因 *AG*）相继被克隆。利用分子生物学相关的技术，逐步证实了 ABC 模型的主要原理。调控花分生组织的形成可能是 A 类基因 *AP1* 更为保守的功能，而它在萼片和花瓣器官决定中的作用更多地局限于拟南芥及其近源属种中，有些物种迄今为止还没有发现 A 类基因。在拟南芥中 *AP1* 功能的丧失可以导致原来产生花瓣的位置形成新的花芽。另一个 A 类基因突变体 *ap2-2* 则表现出花瓣丧失、萼片向心皮状器官转变。B 类基因 *AP3* 和 *PI* 的过量表达可以使萼片向花瓣转变，心皮向雄蕊转变。缺失 *AP3* 和 *PI* 会导致花瓣向萼片、雄蕊向心皮的同源异型的转变。C 类基因 *agamous* 突变体导致雄蕊和心皮的缺失，以产生新的萼片和花瓣且不断重复这种结构。另外，A 类和 C 类基因可以相互抑制表达，影响相关器官的发育。如果 A 类基因表达缺失或减少，C 类基因表达范围会扩大，导致 C 类与 B 类基因重叠区域更大、因此雄蕊更多、花瓣更少。如果 C 类基因表达缺失或减少，A 类基因表达会扩大，导致 A 类和 B 类基因重叠更多，因此花瓣更多、雄蕊更少。D 类基因促进胚珠的形成，过表达矮牵牛中的 D 类基因 *FBP11* 会在萼片上产生类似胚珠的结构。拟南芥中包含 4 个同源性较高的 E 类基因：

SEPALLATA 1/2/3/4（*SEP 1/2/3/4*），它们在调控花器官决定中存在功能冗余，*SEP*的单突变体和双突变体仅表现出轻微的表型缺陷；而在三突变体中，所有花器官都只有花萼；当4个*SEP*同时都被敲除时，所有的花器官发育成叶状结构。这也证明了花是由叶变态而来。

拟南芥、金鱼草和矮牵牛等植物对花发育模型的提出和完善做出了重要贡献，为后续其他观赏植物相关基因的研究提供了极大的便利。在观赏植物中，向日葵（*Helianthus annuus*）、洋桔梗（*Eustoma grandiflorum*）、夏堇（*Torenia fournieri*）、香石竹（*Dianthus caryophyllus*）、桃（*Prunus persica*）、蜡梅（*Chimonanthus praecox*）和非洲菊中的一个或多个ABCDE类基因被克隆，并进行了功能验证。在菊花中已鉴定出了14个C类基因，其中7个属于*CAG1*基因、7个属于*CAG2*基因。采用嵌合抑制基因沉默技术敲低菊花中的C类基因，会导致管状花的雌蕊和雄蕊瓣化形成多瓣表型。菊花E类蛋白SEP3的同源物CDM44可与AP1/FUL和AG亚家族的CDM蛋白互作，并与B类蛋白形成更复杂的复合物调控花发育。目前石斛属（*Dendrobium*）、蝴蝶兰属（*Phalaenopsis*）、文心兰属（*Oncidium*）、兰属（*Cymbidium*）等兰科植物中A类基因的同源基因已被克隆。大多数A类基因在营养器官中的表达量低于其在生殖器官中的表达量，通过对拟南芥的遗传转化表明其可以促进开花。与模式植物不同的是这些A类基因可能还参与蕊柱和胚珠的发育。

1.2.3　花发育的四聚体模型

为了在蛋白水平解析ABCDE类基因如何协同发挥功能，研究者在2001年提出了著名的四聚体模型，解释了同源蛋白如何通过互作的方式调控花器官发育（Theissen and Saedler，2001）。这一模型基于大多数的ABCDE类基因均编码MADS-box结构域，除了一个A类基因*AP2*属于*AP2/ERF*家族。编码MADS-box结构域的蛋白往往以二聚体至四聚体的形式通过结合一段保守的核苷酸序列CArG元件共同激活特定下游基因。这为四聚体模型的产生提供了初步的理论基础。染色质免疫共沉淀测序（ChIP-seq）和其他研究也逐步证实了这一模型。开花植物花的每一轮是由不同的花器官特性基因编码的蛋白质复合物来决定。例如，在拟南芥中，AP1-AP1-SEP-SEP调节第一轮花器官发育成萼片；AP1-AP3-PI-SEP决定第二轮花器官发育成花瓣；AP3-PI-AG-SEP控制第三轮花器官发育成雄蕊；AG-AG-SEP-SEP调控第四轮花器官形成心皮。根据四聚体模型，花器官特性基因编码的蛋白首先形成二聚体，这些二聚体能与靶基因调控区的CArG元件特异性结合，然后两个二聚体通过蛋白的C端形成四聚体，最终四聚体激活或抑制靶基因的表达，从而在特定的轮形成特定的花器官。此外MADS-box蛋白彼此也可以相互调节，使得A类基因和C类基因相互拮抗，即含有A类基因产物的四聚体会抑制含有C类基因产物的四聚体的形成，反之亦然。

1.2.4　花形态多样的分子基础

1.2.4.1　ABCDE蛋白调控花的形态发育

ABCDE不同蛋白组合激活了目标基因的转录，以决定每个花器官的身份。这些靶基因的调节或激活的变化促成了我们在物种内和物种间看到的各种各样的花型。此外，这些基因在不同开花植物中的基因加倍事件和分化使其基因功能和表达模式表现差异，进而导致不同物种的花型存在差异。通过分析不同物种的基因组数据发现，MADS-box基因存在于所有陆地植物中，包括不开花的苔藓植物、蕨类植物和裸子植物。此外，裸子植物和被子植物中均发现了ABCDE类（MIKC MADS）基因的存在。然而，许多被子植物中的MADS-box基因比非开花物种中的表现出更高的多样性，这表明MADS-box基因的复制（duplication）可能对花多样性的形成发挥重要功能。例如，苔藓植物江南卷柏（*Selaginella moellendorffii*）中只有6个Ⅱ型MADS-box基因，而水稻（*Oryza sativa*）中有42个，苹果（*Malus domestica*）中则有113个。

ABCDE类基因表达模式的改变也会影响花的形态。例如，郁金香和百合等植物虽然也有四轮花器官，但其萼片和花瓣彼此没有分化，合称为花被片。还有一些植物有两轮萼片没有花瓣，或者有两轮花瓣却没有萼片。这些差异的产生可能是A类基因和B类基因相对空间表达模式变化引起的，如果A类基因总是与B类基因共表达，则只会产生花瓣。因为花瓣的身份决定取决于A类基因和B类基因的共同表达。研究表明，郁金香B类基因在外花被和内花被（第一、二轮）及雄蕊（第三轮）中均有表达，B类基因的扩大表达范围使之在第一轮器官中与A类基因共表达从而决定花被片的发育。相反，如果B类基因从不与A类基因共表达，则将导致只产生萼片而没有花瓣。例如，全缘铁线莲（*Clematis integrifolia*）只有花瓣状的萼片而没有真实的花瓣，曾获评2016年切尔西花展年度植物的铁线莲属'琥珀'（*Clematis chiisanensis*）却同时具有独立的花瓣状萼片和真正的花瓣。研究发现，B类基因*AP3-Ⅲ*存在于*C. chiisanensis*的花蕾中，而不在*C. integrifolia*的花蕾中，这表明B类基因*AP3-Ⅲ*的表达可能有助于花瓣形成的差异。在报春花中，植物会产生两种类型的花：一种是长花柱花，雄蕊着生于冠筒中部，花柱与冠筒约等长（'L-morph'或'pin'），另一种是短花柱花，雄蕊近冠筒口着生，花柱长达冠筒中部（'S-morph'或'thrum'）。研究发现报春花属的黄花九轮草（*Primula veris*）的B类基因*PveGLO2*（*GLOBOSA*同源基因）是报春花属独有的，在长花柱花中不表达（完全沉默）对花柱（雌雄蕊）的发育非常重要。

C类基因表达的变化可以产生重瓣花，即产生额外的花瓣轮，这常见于许多人工驯化后的观赏植物中，如月季。月季的原始种只有一轮花瓣，内轮是许多雄蕊和心皮。然而，被园艺育种工作者选育出来的重瓣玫瑰则表现出C类基因*AG*的表达降低。由于C类基因通常会抑制A类基因的表达，因此当C类基因表达缺失时就会使A类基因表达范围扩大，进而导致A类基因和B类基因重叠表达的区域更多，因而产生多轮花瓣的表型。A类与C类基因相对表达范围的不同产生了单瓣、半重瓣和重瓣等花型。虽然重瓣花具有很高的观赏价值，但是不利于植物的生殖发育与繁衍。这类似于拟南芥*ag*突变体，表现出萼片和花瓣数量的增加而内轮的生殖器官雄蕊和心皮数量减少甚至丢失，从而不能完成受精结实。

1.2.4.2　ABCDE蛋白调控菊科植物花的形态发育

菊科植物的头状花序中包含至少两种类型的小花。外面的舌状花具有一个伸长的花瓣和雌蕊，而内部的管状花花瓣较短并同时包含雄蕊和雌蕊。在另外一些菊科植物，如非洲菊（*Gerbera hybrida*）中，舌状花和管状花之间还存在过渡的中间型小花。对于菊科植物来说，其头状花序特有的小花分化的调控机制是研究的热点。菊科植物舌状花和管状花的形成与控制花瓣和雄蕊发育的B类基因的差异表达有关。非洲菊中的B类基因*GDEF1*在管状花中的表达高于舌状花，而E类基因*GRCD1*在舌状花中表达量较高。虽然MADS-box基因的差异表达可能是导致花形态发育差异的重要原因，然而随着研究的深入，发现决定舌状花或管状花形态发生的最初信号可能来自一系列不同类型的基因。基于甘菊（*C. lavandulifolium*）基因组及花序的6个重要发育阶段和其他菊科植物不同类型头状花序发育关键时期的转录组分析，发现MADS-box、*TCP*、*NAC*和*LOB*基因家族可能参与管状花和舌状花分化，其中*NAM*和*LOB30*同源基因在不同类型的头状花序中特异性表达，且可能与多个花发育基因互作，表明它们在管状花和舌状花分化的遗传网络中可能起关键作用（Wen et al., 2022）。

兰科植物具有区别于其他植物的特化花器官，包括3个萼片、2个与萼片相似的花瓣和1个高度特化的唇瓣，此外，兰花还具有独特的生殖结构，即雄蕊与雌蕊融合而成的蕊柱。现有研究表明兰科植物独特的花器官多样性结构可能与B类基因的演化有关。兰科B类基因 *PI-like* 在萼片、花瓣、唇瓣、合蕊柱及未发育的子房中均有表达，可见B类基因的表达已经扩展到第一轮花器官而形成了兰科植物花瓣状花被片结构。兰科植物的 *AP3/DEF* 基因从演化的角度已经被广泛研究，被认为是引起兰花花被多样化的主要基因。墨兰（*C. sinense*）B类基因 *CsAP3-2* 的功能消失是 *peloric* 突变体形成'非整齐对称花'的主要原因。蕊柱是兰科植物花器官的一个重要特征，其不仅有利于传粉，而且对于兰科植物的全球性分布具有重要意义。研究发现C类和D类基因主要在蕊柱中表达且功能冗余。目前，研究者对兰科多个物种中的E类基因进行了研究。在小兰屿蝴蝶兰（*Phal. equestris*）中，克隆了4个 *SEP-like* 基因，分为 *PeSEP1/3* 和 *PeSEP2/4*。转录组数据显示所有 *PeSEP* 基因在所有花器官中均有表达。用VIGS手段将 *PeSEP3* 沉默后，萼片变成叶状器官，表皮特征及花青素和叶绿素含量发生变化，而沉默 *PeSEP2* 对花的表型影响不大（Pan et al.，2014）。

1.2.4.3 ABCDE蛋白调控兰科和姜目植物花的形态发育

新近研究发现，建兰多样的花型为花器官同源异型突变类型，且与MADS-box基因的异常表达相关：当C类基因 *CeAG-1* 和 *CeAG-2* 在合蕊柱中表达下调时，导致合蕊柱不能正常发育，出现多花被片的分枝花序，形成"多瓣"花型（图1.3B）；当C类基因 *CeAG-1* 和 *CeAG-2* 在花瓣中异位表达时，花瓣将发育成合蕊柱形态，形成"梅瓣"和"水仙瓣"花型（图1.3D）；当E类基因 *CeSEP-2* 在唇瓣中表达下调时，将导致唇瓣构造消失，恢复为花瓣形态，形成"非整齐对称花"（图1.3C）；当 *CeAP3-1*、*CeAP3-2*、*CeAP3-3*、*CeAP3-4* 和 *CeAGL6-2* 在花瓣和萼片中异位表达时，导致花瓣和萼片出现唇瓣状的形态和色彩，形成"三星蝶"和"外蝶"花型（图1.3E和F）。

彩图

图1.3 建兰的多种花型（改自 Ai et al.，2021）

A图为建兰的原始种

随着对兰科植物花发育研究的深入，已经出现了一些专门用于研究兰科植物花发育的理论，如"兰花密码""同源异形花被片模型"（即 HOT 模型）及"P 编码学说"等。这些理论主要围绕 B 类基因表达模式，或成员间协同作用，或 SP（sepal/petal，OAP3-1/OAGL6-1/OAGL6-1/OPI）和 LL（lip，OAP3-2/OAGL6-2/OAGL6-2/OPI）复合体的功能进行假说。

姜目植物的花型较为独特，包括香蕉（*Musa*）、姜（*Zingiber officinale*）和鹤望兰（*Strelitzia reginae*）等，每一种都有非常独特的花型。该类植物至少包含 5 个 E 类基因（*SEP3-1/2*、*LOFSEP-1/2* 和 *AGL6*）。虽然 *SEP3* 的表达在所研究的物种中没有差异，但 *AGL6* 在产生唇瓣或退化雄蕊代的物种的第 3 轮和第 4 轮中不表达。此外，*LOFSEP* 基因表达在所研究的物种之间差异很大，这表明这些 E 类基因表达的变化可能也是导致姜目植物花型多样的主要原因。

随着基因组学技术的发展，可从基因组水平对花的多样性进行解析。通过对十字花科芸薹属植物（*Brassica*）和白花菜科醉蝶花（*Tarenaya hassleriana*）的基因组分析，发现芸薹属植物保留的 MADS-box 基因是醉蝶花的两倍，这可能有助于芸薹属植物的形态多样性的形成。在白花菜科（Cleomaceae）中，果实形态的多样性不如十字花科，而 *SHATTERPROOF*（*SHP*）基因的保留在十字花科的形态变异中起重要作用。醉蝶花中存在 *AP3* 的十字花科特异性转座和 *AP3* 同源基因的罕见串联重复，这可能与白花菜科花的对称性和性别转换有关（Cheng et al.，2013）。在蓝星睡莲（*Nymphaea colorata*）基因组中鉴定出 ABCE 类基因，其中 *AGL6* 基因发挥着 A 类基因的功能，C 类基因具有两个拷贝 *AGa* 和 *AGb*，且发生了亚功能化及新功能化（Zhang et al.，2020）。另外，相比于单子叶和双子叶植物，睡莲中 ABCE 类基因具有更加广泛的表达模式，可能代表了一种古老的 ABCE 模型，之后逐渐演变成核心单子叶和双子叶植物中严格的 ABCE 模型（Zhang et al.，2020）。在小兰屿蝴蝶兰中鉴定了 29 个 Ⅱ 型 MADS-box 基因和 22 个 Ⅰ 型 MADS-box 基因，除了 *B-PI*、*Bs*、*SVP*、*MIKC** 类，其余 Ⅱ 型 MADS-box 基因都发生了基因重复事件，数量多于拟南芥和水稻。在铁皮石斛中则发现了 35 个 Ⅱ 型与 28 个 Ⅰ 型 MADS-box 基因。除 *B-PI*、*ANR1*、*StMADS11*、*MIKC** 与 *Bs* 类外，其余的 Ⅱ 型 MADS-box 基因都多于小兰屿蝴蝶兰（Zhang et al.，2016）。与小兰屿蝴蝶兰、铁皮石斛相比，深圳拟兰仅含有 27 个 Ⅱ 型和 9 个 Ⅰ 型 MADS-box 基因；建兰基因组中含有 38 个 Ⅱ 型和 33 个 Ⅰ 型 MADS-box 基因。在小兰屿蝴蝶兰与铁皮石斛中均未发现 *FLC*（存在于拟南芥中）、*AGL12*（存在于拟南芥与水稻中）和 *AGL15*（仅存在于拟南芥中），因此推测它们在兰科中的丢失可能与其附生性有关。此外，建兰也缺失了与根发育密切相关的 *AGL12* 基因，结合形态学观察认为建兰并非真正意义上的地生兰。四者都缺少 Ⅰ 型 *Mβ* 分支基因，现有的研究认为 *Mβ* 分支基因的缺失导致种子不具备胚乳（Zhang et al.，2017）。而在意大利红门兰的花组织中发现 1 个 Ⅰ 型 *Mβ* 分支基因，表明兰花中确实存在这种类型的 MADS-box 基因。另外，深圳拟兰与小兰屿蝴蝶兰和铁皮石斛相比，*AP3-like* 与 *SEP-like* 基因更少，推测深圳拟兰中这两类基因的减少是引起拟兰亚科与其他兰亚科的唇瓣类型不同的原因（Zhang et al.，2017）。在种子植物中，MADS-box 家族的 *MIKC** 类基因的 P 亚支和 S 亚支是雄配子体发育的主要调控子。P 亚支除了在拟兰亚科中存在，在目前已经进行全基因组测序的其余所有兰科植物中都缺失，通过基因表达和形态分析推断 *MIKC** 类基因的 P 亚支的丢失造成了花粉块的进化（Zhang et al.，2017）。

综上所述，ABCDE 类基因表达的变化可以导致某一轮器官的缺失或重复，进而产生物种内和物种间丰富多样的花型。例如，B 类基因表达程度的变化可以决定一个植物是只有萼片，还是只有花瓣，或是两者均有。而 C 类基因和 A 类基因的相互拮抗则会决定一朵花花瓣的轮数。另外，植物基因组在进化过程中发生了多次不同规模的全基因组重复事件，使得一些基因被复制，进而发生新功能化或亚功能化或者发生基因缺失等，这也导致了花形态的多样化。ABCDE 类基因的重新复制和表达的变化不仅使自然界产生了姿态万千的花型,同时也影响了一些重要经济作物的价值。

1.2.5 调控花发育的其他因子

除了 ABCDE 类基因外,还发现很多其他调控花发育的基因,但大部分作用于它们的下游。*JAGGED*(*JAG*)和其旁系同源基因 *NUBBIN*(*NUB*)在花瓣生长和调控中有重要作用,它是器官远端发育特异生长因子,抑制细胞周期负调控基因 *KIP RELATED PROTEIN 4*(*KRP4*)和 *KRP2* 的表达,促进细胞增殖,从而调控花瓣的生长和形状(Schiessl et al., 2014)。这两个基因是 B 类、C 类和 E 类基因的下游基因。*RABBIT EARS*(*RBE*)编码一个含锌指结构域的转录因子调控花瓣的发育,其表达受 B 类基因 *AP3* 和 *PI* 的直接调控。在花瓣发育起始阶段 *RBE* 抑制 TEOSINTE BRANCHED 1/CYCLOIDEA/PCF(TCP)转录因子的表达,而 TCP 转录因子能够调控从细胞分裂到细胞扩增和分化的转化。例如,*AtTCP5* 在花瓣生长的后期表达,是细胞增殖和花瓣发育的抑制因子,其突变株花瓣变宽;而 *AtTCP4* 基因过量表达使植株的花瓣变小,同时影响萼片的正常发育。

生长素在花的发育过程中扮演着重要的角色,其通过调控细胞分裂、伸长、分化而最终影响植物的发育,与生长素生物合成、运输和响应相关基因的突变体都会显著影响花器官的形态建成和数量。在花瓣原基起始之前,生长素在花瓣原基起始处的积累已经远高于花瓣原基周围,表明生长素在特异位置的积累能够促进花瓣原基的发育。在花瓣原基起始期间,富集在萼片与花瓣的间隔区域的转录因子 PETAL LOSS(PTL)可诱导产生生长素,而生长素作为一种萼片和花瓣之间的可移动信号来诱导花瓣原基的发生。花瓣起始所需要的另一个关键基因 *RBE* 同样也影响生长素的活性,有研究表明 *RBE* 在 *PTL* 的下游,且这两个基因可能以相同的路径协同调节花瓣起始期间生长素的活性。在花瓣原基起始完成之后,生长素在花原基重新分布,进而影响细胞的分裂或者伸长,从而调控花瓣大小。生长素相关基因 *AUXIN REGULATED GENE INVOLVED IN ORGAN SIZE*(*ARGOS*)是 AP2/ERF 类转录因子 *AINTEGUMENTA*(*ANT*)的上游基因,能够促进花瓣生长早期的细胞增殖。与 *ANT* 密切相关的基因 *AINTEGUMENTA-LIKE 6*(*AIL6*),作用于生长素信号的下游,被生长素响应基因 *MONOPTEROS*(*MP*)/*ARF5* 激活,与 *ANT* 功能冗余调控花瓣的生长。另外,生长素还参与花形态发育调控,如生长素响应因子 *ARF3* 和 *ARF4* 在花中的过量表达均能导致合生花冠的分裂,外源施加生长素或者转运抑制剂均能导致花对称性的改变。

1.2.6 花的对称性

花的对称性可分为三大类:不对称(asymmetrical)、两侧对称(bilateral)和辐射对称(radial)。不对称的花没有对称面,两侧对称花有一个对称平面(单面对称),而辐射对称花有多个对称平面(多面对称)。不对称花常见于无油樟属(*Amborella*)、睡莲属(*Nymphae*)、木兰藤属(*Austrobaileya*)等基部被子植物(basal angiosperms)和木兰类植物(magnoliids)中,它们的雄雌蕊呈螺旋状排列,且数量不定。单子叶和双子叶植物的花通常呈有辐射对称或两侧对称。在许多情况下,并不是每一轮的花器官都显示出同样的对称性。例如,许多玄参科(Scrpophulariaceae)和唇形科(Lamiaceae)的花在花冠上具有两侧对称,而在花萼上具有辐射对称。石竹科的花有 5 个萼片和 5 枚花瓣(5 个对称面),但只有两个融合的心皮。一般来说,关于花对称性的研究主要是指花冠的对称性。

花对称性的调控机制在模式植物金鱼草(*Antirrhinum*)中得到了深入研究(Spencer and Kim, 2018)。遗传研究表明,*CYC*、*DICH*、*RAD* 决定背瓣的分化,*DIV* 决定腹瓣的分化。当 *CYC*、*DICH* 或 *RAD* 发生突变时,背瓣部分特征消失,并获得一些腹瓣特征,其花由两侧对称变为辐射对称。*CYC* 在每个背瓣的整个区域都有表达，而 *DICH* 只在背瓣的部分区域有表达，*RAD* 主要在背侧花瓣表达。CYC 可以结合到 *RAD* 启动子和内含子区域直接调控 *RAD* 转录，促进背瓣分化。金鱼草腹部花瓣的分化是由 MYB 转录因子 *DIV* 决定的。*DIV* 突变时，腹瓣变为侧瓣，形成两背瓣、三侧瓣的花。尽管 *DIV* 在确定腹瓣的分化方面起着重要作用，但其表达并不局限于腹侧区域。花发育的早期，*DIV* 在所有花瓣中都有表达。在早期的花分生组织中，*DIV* 在所有花瓣中都有表达。RAD 与 DIV 竞争性地与 DIV-RAD-INTERACTING FACTOR（DRIF）结合，从而阻止 DRIF-DIV 复合体的形成，并中断腹部特性基因的激活。因此，虽然 *DIV* 在整个花分生组织中表达，但在发育后期，*CYC-RAD-DIV* 的表达重叠使得 *DIV* 在背侧区域被抑制。

通过对多个川续断目（Dipsacales）、豆目（Fabales）、车前目（Plantaginales）和茄目（Solanales）植物 *CYC-RAD-DIV* 同源基因的研究表明，其控制两侧对称性的遗传调控网络相对保守。苦苣苔科（Gesneriaceae）、车前草科（Plantaginaceae）和豆科（Leguminosae）中的 *CYC* 被证明都参与决定花的对称性。在苦苣苔科的大岩桐（*Sinningia speciosa*）中，*GCYC* 基因突变则呈现出两侧对称花向辐射对称花的改变。在豆科百脉根（*Lotus japonicus*）中，*LjCYC2* 在背瓣表达，当 *LjCYC2* 基因突变时，也出现腹瓣化。*RAD* 直系同源物 *VmRAD* 和 *GoRAD* 分别在车前草科植物 *Gratiola officinalis* 和 *Veronica Montana* 的背瓣中表达；在玄参科（Scrophulariaceae）的 *Torenia fournieri* 中，*TFCYC2* 和 *TFRAD1* 在花背瓣区域高度表达，并且调控花瓣形状和花冠色素的分布。而两侧对称向辐射对称的逆转，部分是由 *CYC* 和 *RAD* 在整个花分生组织中更广泛的同源表达造成的。由 DRIF 介导的 RAD 与 DIV 的相互作用也在意大利红门兰（*Orchis italica*）和番茄（*Solanum lycopersicum*）中被发现。

在菊科植物中，*CYC2* 对舌状花和管状花的分化具有重要的作用，如欧洲千里光（*S. squalidus*）有舌状花残缺和舌状花单轮两种生态型，研究发现从舌状花单轮的 *S. squalidus* 中渗入了基因 *RAY*，使得原本无舌状花的生态型（*S. vulgaris*）产生了舌状花（Kim et al.，2008）。在向日葵中由于 CACTA 转座子在 *HaCYC2c* 基因启动子区的插入，使该基因过表达，致使其花朵内部的管状花全部或部分变为舌状花；若该转座子插入 TCP 结构域区，则 *HaCYC2c* 基因的转录提前终止，致使花朵外围的舌状花转变为管状花（Chapman et al.，2012）。*CYC2* 在非洲菊舌状花、管状花及过渡花的形态决定中也发挥重要作用。*CYC2* 在外轮舌状花中表达量最高，向着内轮管状花位置表达量逐渐降低。此外，*CYC2* 功能的丧失会导致中间型花向管状花转换，这就表明 *CYC2* 可以促进舌状花的形成（Juntheikki-Palovaara et al.，2014）。

1.2.7　花的性别决定

被子植物的花分为两种：两性花和单性花。如果一朵花同时具有雌蕊和雄蕊即可称为两性花；如果一朵花中只有雄蕊或只有雌蕊则为单性花，单性花又可分为雌雄同株和雌雄异株两种情况，前者有玉米及葫芦科植物，后者有杨柳科植物等。性染色体和性别决定基因是雌雄异株植物性别决定的遗传基础。大多数园艺植物性染色体系统为 XY 型，ZW 型较少。例如，已报道的野生葡萄（*Vitis vinifera*）、君迁子（*Diospyros lotus*）、猕猴桃（*Actinidia chinensis*）、白麦瓶草（*Silene latifolia*）等的性染色体系统都属于 XY 型，只有银杏（*Ginkgo biloba*）和草莓（*Fragaria vesca*）为 ZW 型（赵玉洁等，2018）。

性别由 XY 或 ZW 染色体决定，但是性染色体上大部分基因并不直接参与性别决定，个体分化为雌性还是雄性依赖于性别决定区域的关键基因。开花植物性别间的差异主要是花器官的不同，所以与花发育相关的基因都可能参与性别分化过程。因而 ABCDE 类基因在花雌雄性别分化过程中也具有重要的调控作用。例如，在雌雄异株的酸模（*Rumex acetosa*）中，雄花和雌花中C类基因的表达均起始于分生组织的第3轮和第4轮，但随后在雄花中第4轮的表达量逐渐减少，因此没有心皮形成；而在雌花中第3轮的表达量逐渐降低，从而没有雄蕊形成。此外，其他的研究也发现在大多数植物中除了ABCDE类基因以外，还存在其他调控雄花和雌花发育的因子。黄瓜（*Cucumis sativus*）的性别分化是园艺植物中研究比较深入的，F/f、M/m和A/a是黄瓜3个主效的性别决定基因，F基因控制雌花发育，A基因参与花雄性化，M基因控制单性花发育，隐性纯合基因型mm表现为两性花。现已明确F基因为*CsACS1G*，M基因为*CsACS2*，两者均编码ACC合成酶，表明黄瓜性别决定机制可能与乙烯生物合成及代谢相关。

最近，裸子植物苏铁的基因组公布，其性别决定基因被鉴定（Liu et al.，2022）。研究者对62株雌雄苏铁进行重测序后，将苏铁性别差异区域定位在基因组的第8号染色体上。再通过对攀枝花苏铁雄株进行单分子测序得到45.5Mb的雄株特异Y染色体序列，比与之相应的雌株特异X染色体序列（120Mb）短了近80Mb的序列，显示出明显的性染色体分化特征。通过对雌雄大小孢子叶进行转录组分析，发现表达差异最大的一个基因来自雄株的Y染色体，该基因编码一个MADS-box转录因子，推测其参与调控雄株小孢子叶的发育。在苏铁目泽米铁科和大泽米铁科的代表性物种中，也能在雄株基因组中检测到该转录因子的同源基因序列，说明了该性别决定机制在苏铁类植物中具有保守性。

1.3 花器官的遗传

花器官的遗传主要分为两类：第一类是数量性状的遗传，以花径为典型代表；第二类是质量性状的遗传，如花单瓣或重瓣。但是数量性状与质量性状的区分并不是绝对的。有些性状既表现出质的差别，又体现量的积累，如花的重瓣性兼具质量性状与数量性状，单瓣或重瓣属于质量性状，重瓣程度即花瓣数量又属于数量性状。受我国传统审美观的影响，注重高度重瓣的大花品种，因此重瓣性的产生及其遗传在花卉育种中有重要意义。下文将以花的重瓣性为例，介绍花器官的遗传规律。

1.3.1 重瓣性的划分

根据英国皇家园艺学会出版的《园艺百科全书》里的定义，可将重瓣性分为单瓣、复瓣（半重瓣）、重瓣三种类型。花瓣数量只有一轮的称为单瓣，有2～3轮的为复瓣，而多于三轮的则为重瓣。从演化的角度看，重瓣花的发生基本上是被子植物在人工选择下的产物。观赏植物花瓣数从少数到多数的发展，便出现了从单瓣花经复瓣花直至重瓣花的历程。同时随着花瓣数目的增加，也推动了花型从简单到复杂的变化。

1.3.2 重瓣花的起源

从形态起源的角度来看，花的重瓣化类型可以分为以下6种。

（1）营养器官突变（萼片起源）　由苞片、萼片或其他营养器官突变成类似花瓣的彩色结构，从而形成重瓣状的花朵。例如，"二层楼"的紫茉莉，重瓣马蹄莲和重瓣一品红等。

（2）花瓣或花冠裂片累积（积累起源）　单瓣花的花瓣或花冠裂片的数目偶尔出现少量的增加，经过若干代人工选择，可使其数目逐代增加，直至最后形成重瓣花。这种起源类型的重瓣花在半枝莲、芍药、牡丹、月季、山茶、梅花中较为常见。

（3）花冠重复（重复起源）　此种类型多见于合瓣花中，如矮牵牛、曼陀罗、杜鹃花、丁香、桔梗等。从花的结构上看，萼片、雄蕊、雌蕊均正常，花冠则为2～3层、呈套筒状，其内层完全重复外层的结构和裂片基数等，是真正意义上的重瓣类型。

（4）雌雄蕊瓣化（雌雄蕊起源）　雌雄蕊的瓣化形成的重瓣花类型最为常见。一些重要的花卉，如芍药、牡丹、睡莲、木槿、蜀葵等都有这种重瓣花。通常先发生瓣化的是雄蕊，然后才是雌蕊。有的仅瓣化到雄蕊为止，所增加的新花瓣由外向内逐渐减小，甚至出现花瓣和雄蕊的过渡形式，有的还残存着花药或花丝的痕迹，仅花丝变成花瓣状，这种过渡在睡莲上表现得最为明显。

（5）台阁起源　由于两朵花着生的节间极度短缩，使花朵叠生，形成"花中有花"的重瓣类型。这种重瓣花的特点是在花开后中心复有一花开放，两花内外重叠而来，下位花常充分发育，成为花型的主体，上位花退化或不发达。台阁花是由同一花原基分化出的上下重叠的花器官，每个花器官的分化顺序与单花相同，当下位花分化到雌蕊原基并继续分化的同时，向内分化上位花的花瓣、雄蕊、雌蕊。

（6）花序起源　由多朵单瓣的小花组成的花序形成重瓣花。最典型的是菊科的头状花序，当边花只有1～3轮舌状花、心花均为管状花时，为单瓣；心花的部分或全部也变成舌状花时，成为重瓣花。管状花瓣化的过程伴随着雄蕊的减少或丧失，因此只剩下雌蕊，舌状花的雌蕊是可育的，授粉后可以结实，但因其花瓣过长而妨碍授粉，因此不能结实。

除了以上6种类型的重瓣花外，还有各种混合起源的类型，如花序起源的重瓣花也有以积累方式增加重瓣性的，雌雄蕊起源有时也以积累的方式变异。此外，从分子水平分析，重瓣花的形成是由花发育过程中ABCE类基因或其他调控花瓣数目基因的表达异常导致的。

1.3.3　重瓣花的遗传

各种类型的重瓣花，包括单花的和花序的，无疑都是由遗传基础控制。但由于重瓣性的起源和重瓣花的类型存在很大的差异，因此不可能是同一遗传模式。现有研究表明，有些观赏植物的重瓣性服从质量性状的遗传规律；但大多数情况下，重瓣性的遗传表现出明显的数量性状的遗传规律。观赏植物花朵的重瓣性强弱也受环境的制约，开花早期或因为营养条件较差，重瓣性特点不能充分表现，这在铁线莲上尤为突出——在植株没有充分生长以前，重瓣品种也开单瓣花。因此，所有花卉的重瓣性表现，实际上是遗传基础和环境之间相互作用的综合表现。现将已报道的花卉重瓣性的遗传变化介绍如下。

1.3.3.1　等位基因控制

（1）重瓣性为隐性　重瓣性为隐性是指重瓣性由一对纯合的隐性基因控制，在杂合或纯合的显性基因控制时表现为单瓣花。

重瓣花烟草的突变体自交后代全部产生重瓣花，重瓣花烟草与基因型纯合的单瓣花烟草杂交F_1代为单瓣花；F_2代出现了单瓣：重瓣＝3：1的分离比例；与重瓣花回交产生单瓣：重瓣＝1：1的分离比例；与单瓣花回交全部为单瓣花。表明重瓣花烟草的重瓣性是由核隐性基因控制，显性等位基因控制单瓣花。而重瓣花自交后代的重瓣化程度不一样表明某些次要基因对重瓣化的表达起了一定作用。

由于重瓣花遗传的复杂性，有些植物瓣性遗传没有一定的规律可循，目前只能认为这些观赏植物的重瓣性是隐性性状，如山梅花、秋海棠和梅花。重瓣花为隐性性状的观赏植物杂交后代往往都是单瓣花，不利于重瓣花的商业化种子生产。

（2）重瓣性为显性　重瓣性为显性的植物类型表现为重瓣性是由显性基因控制，纯合的显性基因控制和杂合状态表现为重瓣花，纯合的隐性基因控制时表现为单瓣花，如重瓣矮牵牛、重瓣翠菊的重瓣性受显性基因控制。水杨梅、马齿苋的重瓣花与单瓣花杂交，F_1代为重瓣花，表明它们的重瓣性也是显性性状。重瓣花为显性性状的观赏植物对重瓣花的商业化种子生产非常有利，杂交后代可以获得品质较高的重瓣花。

（3）重瓣性为不完全显性　　香石竹单瓣品种与超重瓣品种杂交，F_1植株多为普通重瓣型，F_2中单瓣、重瓣、超重瓣植株的比例为1∶2∶1；普通重瓣种子繁殖后代出现单瓣、重瓣、超重瓣的分离；单瓣与单瓣杂交的子代100%为单瓣；重瓣与单瓣杂交的分离比例为重瓣∶单瓣=1∶1。因此超重瓣对单瓣来说是一种不完全显性。对香石竹瓣性的研究也得到类似结果，研究者发现香石竹的重瓣性是由一对等位基因 *double flower*（D 和 d）控制：等位基因为 dd 时，香石竹为单瓣花；为杂合的 Dd 和纯合的 DD 时，香石竹表现为半重瓣和重瓣花。

（4）隐性上位　　有的观赏植物重瓣性受两对基因的支配，如紫罗兰，表现为隐性上位。具有两个不同显性基因时表现为单瓣花，只有一个显性基因或均为隐性基因，则表现为重瓣花，因此，当两株含有重瓣基因的单瓣紫罗兰相互杂交时，得到的单瓣植株与重瓣株的比为9∶7。同样地，单瓣凤仙与茶花型重瓣凤仙杂交后代分离比例为单瓣∶重瓣∶茶花型重瓣=9∶3∶4，说明凤仙花单瓣对茶花型重瓣的瓣性遗传表现为典型的双基因控制的隐性上位模式。

1.3.3.2　多基因控制

（1）主基因＋修饰基因　　观赏桃品种的单瓣（D1）对重瓣（d1）为完全显性；而花瓣的数量则由累加效应的两对基因 Dm1/dm1、Dm2/dm2 控制，dm 基因越多，则重瓣花的花瓣数越多。菊属野生种及半野生种毛华菊、甘野菊、小红菊等与近重瓣的栽培品种'美矮粉'杂交，后代为单瓣；F_1代品系之间杂交可以产生复瓣或近重瓣品种，表明野生种单瓣性对栽培品种的重瓣性是显性的，而后代出现花瓣数量不同的株系，说明其他因子对花瓣的数量也是有一定的影响。对菊花两对 F_1 杂交群体进行混合遗传分析，发现舌状花相对数（重瓣性）的遗传受两对加性-显性主基因控制（B-2），且主基因遗传力均大于50%。利用月季品种'窄叶藤本月季花'（'Zhaiye Tengben Yuejihua'）与'月月粉'（'Old Blush'）进行杂交，获得花瓣数量显著分离的杂交群体，采用主基因＋多基因混合遗传模型分析月季重瓣性状的遗传规律，结果表明：杂交群体的花瓣数量分离明显，出现连续变异；花瓣数量和瓣化雄蕊数量遗传模型为2MG-AD（2对加性-显性-上位性主基因控制）（姜珊等，2021）。这些结果表明，主基因和修饰基因共同作用控制植物花瓣的数量，即重瓣性主要由一对等位基因控制显隐性，其他修饰基因影响重瓣花的花瓣数量。

（2）微效多基因　　自然界很多植物的重瓣性表现为由多基因控制的数量性状。单瓣型大丽花与具有160～170个小花的重瓣型大丽花杂交，F_1出现广泛幅度的变异，不过在F_1植株中，也常出现偏向单瓣或复瓣的倾向。万寿菊瓣性研究表明，单瓣花的后代是单瓣或复瓣；重瓣花的后代中单瓣、复瓣和重瓣均有分布。单瓣美洲黄莲与单瓣莲杂交，其种间杂种仍为单瓣，与重瓣莲品种杂交，其种间杂种为半重瓣或重瓣，据此认为莲属花型并非简单的孟德尔遗传，而是由多基因控制。这种多基因控制的数量性状，通过多代杂交选育，后代往往可能出现超过亲代花瓣数量的品种。由于这种类型的重瓣花由多基因控制，因此，环境因子对重瓣花花瓣数量的影响很大。

1.3.3.3　倍性遗传

对中国栽培菊花及部分野菊进行核型分析发现，野菊多为二倍体、四倍体和六倍体，栽培品种主要是六倍体及其他非整倍体，少量七倍体、八倍体及其亚倍体或超倍体；野生种和原始种多为单瓣花，栽培种多为重瓣花。花瓣数5~6枚的二倍体中华猕猴桃与花瓣数6~7枚的二倍体毛花猕猴桃杂交，杂交后代出现8株三倍体植株，花瓣数8~10枚，排成2~3轮。另外，3个重瓣的四倍体天竺葵品种的花药离体培养，开花后的二倍体都变成了单瓣花。这些结果表明，一些植物重瓣花的瓣性可能与倍性相关。

1.3.3.4　细胞质遗传

甘肃紫斑牡丹单瓣品种与重瓣品种杂交，F_1代65%为单瓣，20%为半重瓣，15%为重瓣；反交F_1代单瓣约占30%，半重瓣占40%，重瓣30%，说明紫斑牡丹花型受母本遗传影响较大。同样地，以单瓣耧斗菜为母本、重瓣耧斗菜为父本时，后代仅产生单瓣花；以重瓣耧斗菜为母本、单瓣耧斗菜或重瓣耧斗菜为父本时，后代仅产生重瓣花，表明耧斗菜的瓣性主要是细胞质遗传，一些核基因对瓣性有累加的效果。具有这类遗传方式的观赏植物在生产上往往以重瓣花作为母本，可以获得更多重瓣的杂交后代。

1.3.4　重瓣基因定位

花的大小和数量是最容易观察到的性状，直接影响其观赏效果。同时，花的大小和数量对植物授粉也有重要影响。然而，关于观赏植物这些性状的基因定位研究较少，仅在矮牵牛、向日葵和耧斗菜中进行了基因定位研究。花瓣数（包括重瓣等性状）和花萼数对提高花卉的观赏品质具有重要意义。近些年通过GWAS、QTL等方法，研究人员在香石竹（*Dianthus caryophyllus*）、月季（*Rosa chinensis*）、梅（*Prunus mume*）、碧桃（*Prunus persica*）等植物中定位了多个与花瓣数相关的基因。功能验证发现，来自月季的*APETALA2*同源基因*RcAP2*在拟南芥中过表达，增加了花瓣的数量；沉默'月月粉'中的*RcAP2*基因后，花瓣数明显减少。

以上简要介绍了重瓣性的遗传规律，其实由于起源类型的不同，重瓣的遗传十分复杂，而研究重瓣性遗传规律是一个长期的工作，还需更多的研究来揭开重瓣性的遗传规律。近年来，随着测序技术和基因编辑技术的广泛应用，以及观赏植物分子生物学研究的不断发展，A类、B类和E类同源基因在不同的观赏植物中被鉴定，更多影响重瓣的基因被挖掘，有望进一步解析重瓣性的遗传规律。

1.3.5　其他花发育性状的遗传

花型相关性状是复杂数量性状。早期关于花型相关性状的遗传研究主要基于一些杂交组合后代的简单描述统计。不同研究者发现杂交后代中花型分离并不完全，往往存在中间型现象。南京农业大学菊花遗传与种质创新团队在菊花花发育性状的遗传方面做了较深入的研究。他们基于品种种质资源群体的丰富多样性，对52份切花菊品种部分花器官性状的调查和遗传分析后，发现舌状花数和管状花数主要为加性基因控制。利用不完全双列杂交设计群体，可进一步剖析菊花花器性状的配合力效应；还发现花径、舌状花数和舌状花长主要由加性基因效应控制，且表现出一定程度的母本效应，受细胞质遗传的影响。研究认为花径、舌状花长和舌状花宽具有偏母性遗传特性，舌状花数偏父性遗传，且大部分花器性状受加性和非加性效应控制。以托桂花型菊花品种'钟山金桂'和亚菊属细裂亚菊杂交产生的F_1株系为父本，'钟山金桂'为轮回亲本开展回交试验，发现BC1后代中花型出现了不同托桂程度的分离情况，具有典型的数量性状遗传特征。基于主基因+多基因混合模型对'QX-053'×'南农惊艳'分离后代进行花器性状遗传分析，发现管状花长、舌状花长、舌状花宽和心花直径等多个性状无主基因控制，可能受多基因控制；而舌状花数、管状花宽、最深齿裂长表现为加性-显性-上位性的两对主基因控制。以'南农雪峰'×'蒙白'F_1群体为研究对象，结合托桂双亲遗传连锁图谱，对11个花序相关性状进行QTL定位和上位性分析，发现菊花托桂相关性状同时受加性效应和上位性效应控制。通过SLAF标签序列与菊花'神马'转录组数据库进行BlastX比对，挖掘出7个与管状花性状相关的候选基因，并进行初步验证。研究者对金钟连翘（*Forsythia intermedia*）品种'Lynwood'和东北连翘（*F. mandschurica*）杂交获得的F_1代群体进行混合遗传模型分析发现，花裂片长度、花裂片宽度、花裂片长宽比由微效多基因控制，花冠口直径由一对加性-显性主基因控制，着花密度由两对加性-显性主基因控制。研究者以二倍体三色堇自交系（08H）和角堇自交系（JB-1-1-5）及其F_1、F_2和$F_{2:3}$代群体为试验材料，采用主基因＋多基因混合遗传模型分析结果发现，花数由1对加性主基因控制；花纵径由2对等加性-显性主基因控制；花横径由2对加性主基因和加性-显性多基因控制。在$F_{2:3}$家系中，花横径、花纵径、花梗长和花数由多基因控制。

1.4 总结及展望

ABCDE模型通俗易懂，在本科教学中对花卉发育的遗传基础的普及起到了重要作用。但就像前文提到的，虽然模型的基本理论在大多数物种中都保守，但对于形态多样的观赏植物来说，其具体的调控基因和功能又有不同。从观赏植物育种的角度来看，如果这个模型的通用性很广，将非常有利于筛选品种，因为它可以直接以突变体作为亲本来选育新的花卉性状（如重瓣花的表型）。然而，研究表明不同开花植物的花发育调控机制可能要比这个模型复杂得多。尽管不同物种的花朵都具有由萼片、花瓣、雄蕊和雌蕊组成的基本结构，但蔷薇类的拟南芥和菊类的矮牵牛与金鱼草在演化过程中，并不一定完全利用相同的分子机制来控制植物器官的发育。

凸显花发育复杂性的还在于不同植物基因组的复杂起源，这些植物基因组在演化过程中被多次不同规模的全基因组重复事件所重塑。一旦某些基因被复制，在进一步演化的过程中，可能会产生不同的后果。例如，在基因复制后，其中一个拷贝可能会丢失，但也可能两个基因拷贝同时存在，并可能相互独立地演化。这有可能会导致其中的一个拷贝演化出新功能，或者导致亚功能化，即两个基因中的一个或两个仅执行部分原始功能。然而，通常情况下，两个基因拷贝都可能保留其大部分功能，从而导致（部分）功能冗余。因为这些基因功能多样化的过程本质上是随机发生的，所以它们在不同植物谱系中可能导致截然不同的结果。显然，这种现象也适用于影响花朵发育的基因，这将极大地影响不同的育种策略及其可行性。

详细比较拟南芥、金鱼草和矮牵牛花器官发育的遗传学机制会发现，尽管在分子水平上B类、C类和E类基因功能很保守，主要的差异在于B类、C类和E类基因的重复拷贝之间的冗余/亚功能化/特殊化程度和基因丢失的程度不同。因此，一个物种中一个基因编码的功能可能在另一个物种中被两个（或更多）基因编码，反之亦然。因此，我们应根据物种的特定遗传背景来调整育种策略。长期以来，观赏植物中新花型的筛选仅限于经典的正向遗传筛选，其中含有具有吸引力的表型，这些表型要么源自自然的遗传变异，要么源于随机诱变的群体，如辐射诱变和甲基磺酸乙酯（EMS）诱变等。但是，经典的正向遗传筛选只能发现非冗余基因编码的功能（单个隐性或显性等位基因）。加之同源基因之间的遗传冗余，这些都可能是在许多观赏植物中尚未尝试使用花器官特异性突变体作为育种目标的主要原因。

如今，随着现代基因组育种技术的出现，冗余功能也可以相对容易地解决。使用TILLING方法，利用EMS诱变的群体对目的基因中的突变等位基因进行反向遗传鉴定，可以将其组合起来以创建双重或更多重的突变体。精准的基因编辑技术如 CRISPR/Cas 技术已成功地应用于多种植物，其具有彻底改变植物育种方法的潜力。由于其可以同时靶向多个同源基因，所以可以敲除功能冗余的基因。但 CRISPR/Cas 系统目前仅适用基于农杆菌方法进行转化的植物物种，而大部分观赏植物的遗传转化体系并未建立，制约着基因编辑技术在育种中的应用，但随着技术不断发展，这个瓶颈有望被打破。

（丁莲　蒋甲福　陈发棣）

◇ 本章主要参考文献

姜珊，易星湾，徐庭亮，等. 2021. 月季花瓣数量遗传分析. 植物科学学报，39（2）：142-151.

赵玉洁，张太奎，刘翠玉，等. 2018. 园艺植物性别决定机制研究进展. 园艺学报，45（11）：2228-2242.

Ai Y, Li Z, Sun WH, et al. 2021. The *Cymbidium* genome reveals the evolution of unique morphological traits. Horticulture Research, DOI:10.1038/s41438-021-00683-z.

Alvarezbuylla ER, Benítez M, Corverapoiré A, et al. 2010. Flower development. Arabidopsis Book, 8 (3): e0127.

Bao S, Hua C, Shen L, et al. 2020. New insights into gibberellin signaling in regulating flowering in *Arabidopsis*. Journal of Integrative Plant Biology, 62 (1): 118-131.

Chapman MA, Tang S, Draeger D, et al. 2012. Genetic analysis of floral symmetry in van Gogh's sunflowers reveals independent recruitment of CYCLOIDEA genes in the Asteraceae. PLoS Genetics, DOI: 10.1371/journal. pgen. 1002628.

Cheng S, van den Bergh E, Zeng P, et al. 2013. The *Tarenaya hassleriana* genome provides insight into reproductive trait and genome evolution of crucifers. Plant Cell, 25 (8): 2813-2830.

Christine F. 2017. Genetics of floral development. Plant Cell, DOI: 10. 1105/tpc. 117. tt1117.

Coen ES, Meyerowitz EM. 1991. The war of the whorls: genetic interactions controlling flower development. Nature, 353 (6339): 31.

Coen ES, Romero JM, Doyle S, et al. 1990. Floricaula: a homeotic gene required for flower development in *Antirrhinum majus*. Cell, 63 (6): 1311-1322.

Dornelas MC, Dornelas O. 2005. From leaf to flower: revisiting Goethe's concepts on the 'metamorphosis' of plants. Brazilian Journal of Plant Physiology, 17 (4): 335-343.

Huala E, Sussex IM. 1992. Leafy interacts with floral homeotic genes to regulate *Arabidopsis* floral development. The Plant Cell, 4 (8): 901-913.

Izawa T. 2021. What is going on with the hormonal control of flowering in plants? Plant Journal, 105 (2): 431-445.

Juntheikki-Palovaara I, Tahtiharju S, Lan T, et al. 2014. Functional diversification of duplicated CYC2 clade genes in regulation of inflorescence development in *Gerbera hybrida* (Asteraceae). The Plant Journal, 79 (5): 783-796.

Kim M, Cui ML, Cubas P, et al. 2008. Regulatory genes control a key morphological and ecological trait transferred between species. Science, 322 (5904): 1116-1119.

Liu Y, Wang S, Li L, et al. 2022. The *Cycas* genome and the early evolution of seed plants. Nature Plants, DOI: 10. 1038/s41477-022-01129-7.

Luo X, Gao Z, Wang Y, et al. 2018. The NUCLEAR FACTOR-CONSTANS complex antagonizes polycomb repression to de-repress *FLOWERING LOCUS T* expression in response to inductive long days in *Arabidopsis*. Plant Journal, 95 (1): 17-29.

Manuela D, Xu M. 2020. Juvenile leaves or adult leaves: determinants for vegetative phase change in flowering plants. Int J Mol Sci, 21 (24): 9753.

Marín-González E, Matías-Hernández L, Aguilar-Jaramillo AE, et al. 2015. SHORT VEGETATIVE PHASE up-regulates TEMPRANILLO2 floral repressor at low ambient temperatures. Plant Physiol, 169 (2): 1214-1224.

Pan ZJ, Chen YY, Du JS, et al. 2014. Flower development of *Phalaenopsis orchid* involves functionally divergent SEPALLATA-like genes. New Phytologist, 202 (3): 1024-1042.

Schiessl K, Muino JM, Sablowski R. 2014. *Arabidopsis* JAGGED links floral organ patterning to tissue growth by repressing Kip-related cell cycle inhibitors. Proceedings of the National Academy of Sciences of the United States of America, 111 (7): 2830-2835.

Spencer V, Kim M. 2018. Re 'CYC' ling molecular regulators in the evolution and development of flower symmetry. Seminars in Cell & Developmental Biology, 79: 16-26.

Teng Y, Liang Y, Wang M, et al. 2019. Nitrate transporter 1.1 is involved in regulating flowering time via transcriptional regulation of FLOWERING LOCUS C in *Arabidopsis thaliana*. Plant Science, 284: 30-36.

Theissen G, Saedler H. 2001. Plant biology: floral quartets. Nature, 409 (6819): 469.

Wen X, Li J, Wang L, et al. 2022. The chrysanthemum lavandulifolium genome and the molecular mechanism underlying diverse capitulum types. Horticulture Research, DOI: 10. 1093/hr/uhab022.

Wu Z, Fang X, Zhu D, et al. 2020. Autonomous pathway: *FLOWERING LOCUS C* repression through an antisense-mediated chromatin-silencing mechanism. Plant Physiology, 182 (1): 27-37.

Yuan L, Song X, Zhang L, et al. 2021. The transcriptional repressors VAL1 and VAL2 recruit PRC2 for genome-wide polycomb silencing in *Arabidopsis*. Nucleic Acids Res, 49 (1): 98-113.

Zhang G, Liu K, Li Z, et al. 2017. The *Apostasia* genome and the evolution of orchids. Nature, DOI:10.1038/nature23897.

Zhang G, Xu Q, Bian C, et al. 2016. The *Dendrobium catenatum* Lindl. genome sequence provides insights into polysaccharide synthase, floral development and adaptive evolution. Scientific Reports, DOI:10.1038/srep19029.

Zhang L, Chen F, Zhang X, et al. 2020. The water lily genome and the early evolution of flowering plants. Nature, DOI: 10. 1038/s41586-019-1852-5.

第2章 花色的形成与调控

花色是观赏植物诸多性状中最重要的性状之一。花色与显花植物传粉系统的进化密切相关，是植物吸引传粉者的最佳线索之一。此外，花色在保护花器官免受强光伤害的过程中同样发挥重要作用，是显花植物进化史上最具适应意义的性状之一。

花色决定了观赏植物的观赏价值。随着花卉产业的发展，花色的应用价值已得到人们的广泛关注。近年来，花色呈色及变异的分子机制已成为观赏植物研究的热点，利用基因工程技术改良花色性状和进行花色分子育种已成为观赏植物基因工程研究的重要内容之一。

2.1 色素的种类及其生物合成

观赏植物的花色主要由呈色组织中色素的种类和含量决定，同时受多种环境因素影响。类黄酮、类胡萝卜素和甜菜色素是植物花色素的三大主要类型。①类黄酮属于2-苯基色原酮类化合物，赋予植物花器官黄色、蓝色、紫色、紫红色、红色和粉色等不同色调，是最主要的花色素类型，如我国传统名花牡丹、芍药、荷花的主要呈色色素就是类黄酮。②类胡萝卜素属于萜类化合物，可使植物花器官呈现红色、黄色和橙色。③甜菜色素因最早发现于甜菜根中而得名，广泛存在于仙人掌科（Cactaceae）等植物的根、茎、叶和花中，使之呈现红色和黄色。

2.1.1 类黄酮

2.1.1.1 类黄酮的结构和分类

类黄酮的母核为2-苯基色原酮（2-phenyl-chromone）类化合物。这类化合物由A、B两个苯环（C6）和一个C环（C3）连接而成，在高等植物中多以糖苷形式存在于液泡内。根据中央三碳链的氧化程度、B环的连接位置（2位或3位）及三碳链是否形成环状等特点，天然类黄酮主要分为12类（表2.1）。

表2.1　各种类黄酮的主要结构类型

序号	名称	母体结构	代表化合物
1	黄酮类（flavone）		黄芩素（baicalein）
2	黄酮醇类（flavonol）		槲皮素（quercetin）
3	二氢黄酮类（dihydroflavone）		陈皮素（hesperetin）

序号	名称	母体结构	代表化合物
4	二氢黄酮醇类（dihydroflavonol）		水飞蓟素（silybin）
5	异黄酮类（isoflavone）		大豆素（daidzein）
6	二氢异黄酮类（dihydroisoflavone）		鱼藤酮（rotenone）
7	查耳酮类（chalcone）		异甘草素（isoliquiritigenin）
8	橙酮类（aurones）		金鱼草素（aureusidin）
9	黄烷醇类（flavanols）		儿茶素（catechin）
10	二氢查耳酮类（dihydrochalcone）		根皮素（phloretin）
11	双苯吡酮类（xanthone）		龙胆根素（gentisin）
12	花青素类（anthocyanin）		天竺葵色素（pelargonidin）

花青素是使观赏植物呈色的主要类黄酮物质。天然的花青素结构不稳定，一般通过糖苷键与糖形成花青素苷，花青素苷中糖基之外的部分又被称为花青素苷元。花青素苷使植物呈现出红、红紫、紫和蓝等色调。黄酮和黄酮醇类色素因其呈现由浅至深的黄色而被统称为花黄素（anthoxanthin）。

2.1.1.2 类黄酮生物合成途径

类黄酮在过去的几十年中已经在遗传、生化和分子生物学等方面被深入研究，其生物合成途径已基本明确，很多重要的合成酶基因及调控它们表达的转录因子也已被克隆。

类黄酮生物合成途径主要分为4个阶段：①由苯丙氨酸到4-香豆酰辅酶A（4-coumaroyl-CoA），这一步为多种次级代谢途径所共有，苯丙氨酸解氨酶（PAL）是这一步的限速酶；②由4-香豆酰辅酶A到柚皮素，这一步是类黄酮代谢途径的关键步骤，查耳酮合酶（CHS）是这一步的限速酶；③柚皮素分别在黄酮合酶（FNS）和黄烷酮-3-羟化酶（F3H）的催化下形成黄酮和二氢山奈酚；④二氢山奈酚一方面在黄酮醇合酶（FLS）催化下形成黄酮醇，另一方面则在二氢黄酮醇还原酶（DFR）的催化下形成无色花青素，向花青素苷代谢方向发展，进一步生成花青素苷和原花青素苷（图2.1）。

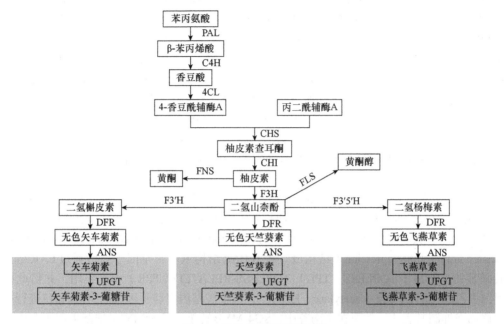

图2.1　植物类黄酮代谢途径

C4H. 肉桂酸-4-羟化酶；4CL. 4-香豆酰辅酶A连接酶；CHS. 查耳酮合酶；FNS. 黄酮合酶；
FLS. 黄酮醇合酶；F3H. 黄烷酮3-羟化酶；ANS. 花青素合酶；UFGT. 类黄酮糖基转移酶

　　值得一提的是，在模式植物拟南芥的基因组中并不存在编码黄酮合酶的基因*FNS*，因而缺失二氢黄酮在*FNS*催化下形成黄酮这一步骤，导致黄酮在拟南芥中无法合成。在观赏植物中，黄酮是一种不可或缺的色素，除作为抗氧化剂来保护植物免受外界非生物胁迫伤害外，其在花器官颜色形成中也具有重要作用，主要体现在两个方面：一是黄酮可以与花青素苷络合，改变其呈色；二是黄酮合成的前体物质二氢黄酮也是其他类黄酮物质合成的主要前体，黄酮与其他呈色类黄酮形成竞争关系，从而改变花器官的呈色。

2.1.1.3　类黄酮生物合成调控

　　在植物中，编码类黄酮生物合成催化酶的基因被分为两类：①早期生物合成基因（early biosynthesis gene，EBG），如*CHS*（*chalcone synthase*）、*CHI*（*chalcone isomerase*）、*F3H*（*flavanone 3 hydroxylase*）、*F3'H*（*flavonoid 3' hydroxylase*）、*FLS*（*flavonol synthase*）；②晚期生物合成基因（late biosynthesis gene，LBG），如*DFR*（*dihydroflavonol 4 reductase*）、*ANS*（*anthocyanidin synthase*）、*UFGT*（*UDP-glucose flavonoid glycosyltransferase*）、*LAR*（*leucoanthocyanidin reductase*）、*ANR*（*anthocyanidin reductase*）。由MYB（myeloblastosis）转录因子、bHLH（basic helix-loop-helix）转录因子和WD-重复蛋白（WD-repeat protein）相互作用形成MBW蛋白复合体，在转录水平调控EBG和LBG是植物类黄酮生物合成的经典调控机制。特别在拟南芥中，EBG主要由第七亚家族（subgroup 7，SG7）MYB转录因子成员单独调控；LBG由MBW蛋白

复合体共同调控。不同植物中MBW蛋白复合体的组成不同，但起核心作用的是MYB转录因子。MYB转录因子在真核生物中普遍存在，通常包含1~4个MYB重复序列，根据MYB重复序列的多少，MYB转录因子可以划分为R1-MYB、R2R3-MYB和R3-MYB等不同类型。在植物中，R2R3-MYB是最大的MYB家族，在植物类黄酮代谢调控中发挥重要作用。植物R2R3-MYB分为24个亚家族，已经报道参与调控植物类黄酮代谢的有SG1、SG4、SG5、SG6、SG7、SG19和SG22亚家族，其中SG6 MYB转录因子是MBW蛋白复合体的主要成员。拟南芥中SG6 MYB转录因子是PAP1（MYB75）、PAP2（MYB90）、MYB113和MYB114，其中PAP2、MYB113和MYB114在幼苗中表达量非常低，而PAP1的表达则相对较高，并在花青素苷代谢调控中占主导地位。近年来，随着研究的不断深入，许多观赏植物MBW蛋白复合体的SG6 MYB转录因子被相继克隆和鉴定，如菊花CmMYB6、月季（'Margo Koster'）RmMYBAN2、百合LhMYB6/LhMYB12、荷花NnMYB5和香雪兰FhPAP1等。除SG6 MYB转录因子外，观赏植物中的其他亚家族MYB转录因子也参与调控类黄酮代谢，如香雪兰SG5 MYB转录因子FhMYB5以依赖bHLH转录因子FhTT8L和FhGL3L的方式正调控香雪兰花青素苷和原花青素苷的合成。

在抑制植物类黄酮合成过程中，MYB转录因子同样具有重要作用。SG4 MYB是典型的植物苯丙烷代谢路径的抑制因子，类黄酮代谢是苯丙烷代谢的分支路径，同样被SG4 MYB抑制。SG4 MYB通常在其C端含有一个或多个保守的EAR（ethylene-responsive element binding factor-associated amphiphilic repression）结构域。含有EAR结构域的转录因子通常通过EAR结构域与转录辅助抑制因子TOPLESS（TPL）/TOPLESS-RELATED（TPR）相互作用，并借此招募组蛋白去乙酰化酶histone deacetylase（HDAC），对下游基因启动子区域的组蛋白H3进行去乙酰化修饰来抑制其表达。然而在拟南芥中，SG4 MYB转录因子AtMYB4抑制类黄酮合成却是通过与bHLH转录因子TT8相互作用、破坏PAP1-TT8复合体的方式进行（Wang et al.，2020）。这与菊花中R3 MYB转录因子CmMYB#7与CmMYB6竞争性结合CmbHLH2，破坏CmMYB6-CmbHLH2复合体抑制花青素苷合成的机制类似（Xiang et al.，2019）。在其他物种如苜蓿和苹果中，突变SG4 MYB的EAR结构域不会影响其与bHLH转录因子的互作，但显著干扰了其对类黄酮合成的抑制作用，暗示SG4 MYB依赖EAR结构域的途径抑制类黄酮合成。在菊花的研究中发现，SG4 MYB转录因子CmMYB4直接结合CmbHLH2的启动子，通过其EAR结构域与CmTPL互作，抑制CmbHLH2启动子转录起始位点处的组蛋白H3乙酰化，进而抑制CmbHLH2表达和花青素苷合成，说明观赏植物与模式植物拟南芥在类黄酮合成调控机制方面存在一定差异（Zhou et al.，2022）。

bHLH转录因子家族是植物中第二大转录因子家族，因其含有60个氨基酸组成的bHLH功能域而得名。在植物类黄酮合成调控中，bHLH转录因子往往作为MYB转录因子的重要配体而存在。例如，菊花CmMYB6促进花青素苷的合成需要CmbHLH2的参与；在郁金香（Tulipa fosteriana）中，当与TfbHLH1相互作用时，TfMYBs（TfMYB2、TfMYB3、TfMYB4、TfMYB5）对下游TfCHS1和TfANS1的表达及花青素苷合成的促进作用得到了显著加强。值得一提的是，在牡丹（Paeonia suffruticosa）中的研究表明，bHLH转录因子也单独调控类黄酮合成。牡丹PsbHLH1直接结合在PsANS和PsDFR基因的启动子上并单独激活其表达。相比之下，菊花CmbHLH2虽能直接结合CmDFR基因启动子，却需要与CmMYB6共表达才能将其激活，说明在不同观赏植物中，bHLH转录因子调控类黄酮合成的作用机制存在分化。

除转录调控外，类黄酮合成催化酶的直接修饰也是类黄酮合成调控的重要方式。查耳酮合酶CHS是类黄酮合成代谢的第一个限速酶。研究表明，芍药（'He Xie'）E3泛素连接酶PhRING-H2与PhCHS相互作用，并将PhCHS通过26S蛋白酶体途径泛素化降解，这一机制是芍药花瓣中的类黄酮物质在发育后期减少的重要原因（Gu et al.，2019）。

2.1.1.4　环境条件影响类黄酮生物合成

植物类黄酮生物合成被包括光照和温度在内的多种环境因子影响。光质和光强均影响类黄酮在植物体内的积累。例如，红光和蓝光通过诱导花青素苷结构基因的表达促进矮牵牛花瓣中的花青素苷积累，但绿光对矮牵牛的花色却没有显著影响；高光强烈诱导矮牵牛R2R3 MYB转录因子基因PHZ的表达，进而激活PHZ下游的花青素苷结构基因，促进花青素苷的积累。

温度对类黄酮合成也有影响，一般是低温促进、高温抑制。例如，在苹果（*Malus domestica*）中，低温诱导MBW蛋白复合体成员*MdbHLH3*的表达，并通过磷酸化修饰增强其蛋白稳定性，进而激活下游结构基因表达，促进花青素苷在果皮中的积累；低温也直接诱导MBW蛋白复合体核心组分MdMYB1的SUMO化修饰，增强其蛋白稳定性，促进花青素苷的合成。菊花中一个持续受高温诱导的非典型SG7 MYB转录因子CmMYB012可直接抑制黄酮合酶基因*CmFNS*及花青素苷结构基因*CmCHS*、*CmDFR*、*CmANS*、*CmUFGT*的表达，从而导致黄酮和花青素苷合成减少，引起高温下菊花植株萎蔫和花瓣褪色。

2.1.2　类胡萝卜素

类胡萝卜素是广泛存在于自然界中的一类含有40个碳的类异戊二烯（isoprenoid）聚合物的天然色素总称，典型的类胡萝卜素由8个异戊二烯单体首尾相连而成。在植物中，类胡萝卜素广泛存在于胚乳、叶、根、花和果实中。迄今已发现750余种天然类胡萝卜素，它们在可见光下呈红色、橙色或黄色。像花青素一样，类胡萝卜素也能吸收紫外线和清除活性氧从而保护植物细胞免受伤害。除此之外，类胡萝卜素还是光合作用所必需的主要成分之一，广泛参与各种生理和发育途径的调控。类胡萝卜素除了作为色素和营养物质发挥功能外，还是许多挥发性物质合成的前体。在氧化裂解的条件下，类胡萝卜素能够产生脱辅基类胡萝卜素（apocarotenoids），是脱落酸（ABA）和独脚金内酯（SL）的前体，在叶、花、果实中产生香气和其他物质，如β-紫罗兰酮（β-ionone），是介导植物和昆虫相互作用的重要成分。脱辅基类胡萝卜素还在建立及维护丛枝菌根真菌菌落方面起着重要作用，能提高植物对生物和非生物胁迫的响应。类胡萝卜素对人类的饮食和健康也有明显功效，特别是作为维生素A生物合成前体的β-胡萝卜素。维生素A缺乏症是现今发展中国家普遍存在的严重健康问题，轻度缺乏会导致夜盲症，重度缺乏则会造成角膜溃疡、晶体脱落以致失明。尽管类胡萝卜素及其衍生物的生态和生理功能极其重要，然而目前对类胡萝卜素调控的研究只是集中在拟南芥和番茄等模式植物。花是植物重要的观赏器官，观赏植物种类极其多样，所含的胡萝卜素种类众多，因此类胡萝卜素的调控机制在观赏植物中也极其复杂多样。近年来，越来越多观赏植物遗传转化体系的建立，以及很多物种或栽培品种的比较基因组、基因功能分析的逐渐深入，为人们认识自然界花色多样性形成的机制和观赏植物花色分子育种提供了重要理论基础，也为人类的健康福祉起到积极促进作用。

2.1.2.1　类胡萝卜素的合成通路

高等植物类胡萝卜素的合成和调控过程十分复杂，涉及多种环境因子、发育信号及代谢通路等。类胡萝卜素在质体膜上合成，其前体是异戊烯焦磷酸（IPP）。植物细胞中的IPP主要由质体中发生的甲基赤藓醇4-磷酸（MEP）途径和胞质中的甲羟戊酸（MVA）途径合成，其中质体中的MEP途径为叶绿体和色素体中类胡萝卜素的合成提供了几乎所有的前体。IPP在IPP异构酶作用下生成二甲基烯丙基焦磷酸（DMAPP），DMAPP在牻牛儿基牻牛儿基焦磷酸合酶（GGPPS）的作用下与三个IPP缩合，依次生成10碳的牻牛儿基焦磷酸（GPP）、15碳的法尼基焦磷酸（FPP）、20碳的牻牛儿基牻牛儿基焦磷酸（GGPP）。GGPP是类胡萝卜素生物合成的直接前体，类胡萝卜素的合成起始于两分子的GGPP在八氢番茄红素合成酶（PSY）的作用下缩合产生无色的八氢番茄红素（phytoene）。PSY是决定植物组织中类胡萝卜素积累总量的关键限速酶（Rodríguez-Villalón et al.，2009）。八氢番茄红素经过八氢番茄红素脱氢酶（PDS）、ζ-胡萝卜素脱氢酶（ZDS）、ζ-胡萝卜素异构酶（Z-ISO）和胡萝卜素异构酶（CRTISO）的共同作用转化为粉红色的全反式番茄红素（lycopene）。

番茄红素环化是类胡萝卜素合成通路上的另一个主要节点。植物中存在两类番茄红素环化酶（LCYE和LCYB），相应催化的下游产物也分为两大类：α-胡萝卜素和β-胡萝卜素。大多数情况下，LCYE仅能催化番茄红素的一端生成ε环，即δ-胡萝卜素，另一端再由LCYB进一步催化添加一个β环生成α-胡萝卜素。LCYB能对称地催化番茄红素的两端各生成1个β环，而当只有一端被环化时，生成γ-胡萝卜素，只有另一端进一步被环化后才生成β-胡萝卜素。α-胡萝卜素在β-胡萝卜素羟化酶（BCH）和ε-环羟化酶（ECH）的共同作用下合成叶黄素（lutein）。在β分支上，β-胡萝卜素经过一次BCH羟基化反应生成β-隐黄质，β-隐黄质再经羟基化生成玉米黄质（zeaxanthin）。玉米黄质环氧酶（ZEP）催化玉米黄质转化成花药黄质（antheraxanthin），进而生成紫黄质（violaxanthin）。紫黄质在新黄质合成酶（NSY）的催化下生成新黄质（neoxanthin），它被认为是脱落酸的合成前体，也是β分支上的最后一个产物。

2.1.2.2 类胡萝卜素合成通路基因对花色的调控

观赏植物花中合成并积累种类繁多的类胡萝卜素，它们的组成和含量在不同栽培品种中差异明显。花瓣颜色的深浅与类胡萝卜素代谢通路上的关键生物合成酶的基因表达水平密切相关（Fraser et al.，2007），这些关键基因功能的突变或者表达量的变化会显著影响类胡萝卜素在花中的积累。例如，黄色和红色百合品种花瓣中积累大量的类胡萝卜素，而粉色和白色品种中则较少，*LhPSY*、*LhPDS*、*LhZDS*和*LhCRTISO*等基因的表达量和色素的积累显著正相关，在发育过程中随着花色逐渐加深，与之对应的基因表达量也逐渐升高。*PSY*作为类胡萝卜素通路上的关键限速酶基因，它的表达量和活性在不同组织中的差异决定了类胡萝卜素在相应组织中含量的不同。例如，不同加州罂粟花品种呈现出从白到黄的颜色变异，在白色品种中，*PSY*基因编码区发生多处单碱基缺失导致*PSY*无法行使功能，从而使得类胡萝卜素代谢通路受阻，无法合成类胡萝卜素，导致花瓣呈白色。而木薯*PSY*基因保守位点上的突变使得*PSY*的活性增强，导致块茎中积累大量类胡萝卜素。Shewmaker等（1999）在油菜种子中特异性表达细菌的八氢番茄红素合成酶基因（*crtB*），发现转基因植物成熟种子中类胡萝卜素的含量提高了50倍，胚胎转变为黄色。显微镜观察发现转基因植物的类囊体结构不再完整，出现了一些被膜包裹的线状结构，这些结构可能类似于*PSY*在拟南芥中过量表达诱导的色素体中出现的类胡萝卜素结晶体，而这些结晶体有利于细胞器封存更多的类胡萝卜素。金盏花花瓣通常为橙色或黄色，通过比较*CRTISO*在橙色和黄色品种中的表达模式，发现*CoCRTISO1*在两个品种中差异表达显著：*CoCRTISO1*在黄色品种花瓣中正常表达，能调控类胡萝卜素从顺式到反式的转换，而橙色品种中因为这一过程受阻使得花瓣显橙色。*LCYB*和*LCYE*是类胡萝卜素生物合成通路上的另一关键节点，调控花瓣中叶黄素的积累，并且在不同物种的花中存在表达偏好性。例如，猴面花中 *LCYB* 的表达较高而积累较多的新黄质，而菊花花瓣中因为 *LCYE* 的表达量相对较高，所以花瓣中积累较多 β, ε-类胡萝卜素和叶黄素等衍生物。百合花瓣中的辣椒红素-辣椒玉红素合成酶（CCS）将环氧玉米黄质和紫黄质催化为辣椒红素和辣椒玉红素，从而使百合花呈橙色，辣椒红素-辣椒玉红素合成酶与 LCYB 蛋白序列高度相似。类胡萝卜素的酯化对花中类胡萝卜素的积累也十分重要，酯化能够促进类胡萝卜素的储存和积累，提高其稳定性。β-胡萝卜素羟化酶（也称为 CHYB/HYD/HYb）催化添加一个羟基是酯化反应所必需的。矮牵牛的黄色、淡黄色和白色花中对应的类胡萝卜素合成通路上基因的表达也差异显著，且黄色品种中类胡萝卜素表现为酯化形式。在花色积累时期，*CHYB* 在淡黄色和白色品种中表达明显降低，而在黄色品种中表达量则较高。利用 RNA 干扰技术使黄色文心兰 *BCH* 的表达下调，发现花色从黄色转为淡黄色，对应的转基因株系中类胡萝卜素的积累也减少，说明类胡萝卜素的酯化对维持类胡萝卜素的稳定性与积累至关重要。

类胡萝卜素的剪切也是调控类胡萝卜素在花中积累的重要环节。类胡萝卜素分子骨架可以被类胡萝卜素裂解双加氧酶（CAROTENOID CLEAVAGE DIOXGENASE, CCD）催化剪切。拟南芥中 CCD 家族由 9 个成员构成，包括 5 个 9-*cis*-EPOXYCAROTENOID DIOXYGENASE（NCED）和 4 个 CCD。NCED 参与脱落酸合成。CCD7 和 CCD8 参与独脚金内酯合成，但是它们并不显著改变类胡萝卜素在花瓣的积累。CCD1 和 CCD4 通常参与类胡萝卜素、果实风味和花香的代谢过程，在花中 CCD4 参与调控花瓣类胡萝卜素的降解。菊花中存在两种类型的CCD4，其中 *CmCCD4a* 主要在菊花花瓣中表达，而 *CmCCD4b* 主要在茎和叶中表达，RNA 干扰 *CmCCD4a* 能够将白色菊花花瓣转为黄色，表明正常情况下 CmCCD4a 能将类胡萝卜素剪切成无色的小分子（Ohmiya et al., 2006）。进一步通过启动子分段实验发现在转录起始位点前 505～1090bp 的位置存在增强 *CCD4a* 在花瓣中表达的调控元件。在白色的矮牵牛中，*CCD4* 的编码区发现有一个 226bp 的转座子插入导致 *CCD4* 功能减弱，使得花瓣积累胡萝卜素。黄色花瓣油菜品种比白色花瓣积累更多的紫黄质，通过图位克隆发现导致这一差异的原因是 *CCD4* 的编码区有类似 CACTA 转座子的插入，从而引起基因功能丢失，使得白色花瓣转为黄色。

尽管目前利用类胡萝卜素通路关键基因创制新花色品种的研究还较少，但是随着对类胡萝卜素调控通路认识的加深，研究人员已经能在重要作物上通过调控合成通路上一个或多个关键酶基因的表达，来改变类胡萝卜素在不同器官中的积累。例如，在拟南芥中，通过合成生物学构建 GGPS11-PSY 的融合蛋白，并在植物体内过量表达从而提高类胡萝卜素通路代谢流，可增加子叶中类胡萝卜素的积累。在水稻中通过同时对类胡萝卜素通路上三个关键酶基因过量表达，极大地提高了大米中类胡萝卜素的含量，但类胡萝卜素累积量比预计值低。这可能是由于类胡萝卜素的积累不仅与合成通路基因的表达量呈正相关，而且还受到一些未知的调控类胡萝卜素生物合成或储存等因子的限制，这也正说明了类胡萝卜素调控机制的复杂性。其复杂性主要体现在类胡萝卜素代谢通路内部成员及与其他激素通路之间的复杂反馈调控关系。例如，在玉米 *lcyb* 突变体的胚乳中，类胡萝卜素含量增加了 42%，而胚胎中则增加了约三倍，这可能与番茄红素下游的代谢物对类胡萝卜素等代谢物的反馈调控有关。拟南芥中 *pds3* 的突变导致类胡萝卜素合成通路关键基因如 *PSY*、*ZDS*、*LYC* 等的表达水平下调，同时赤霉素（GA）合成通路的基因表达也发生变化。在胡萝卜中过量表达拟南芥 *CYP97A3*（*BCH*）导致关键限速酶基因 *PSY* 表达下调，从而形成负向反馈调控，导致类胡萝卜素积累显著下降（Arango et al., 2014）。这些复杂的反馈调控机制在一定程度上解释了一些研究观察到的类胡萝卜素积累与基因表达的相关性较弱的现象。

2.1.2.3 类胡萝卜素的转录和翻译调控机制

类胡萝卜素关键合成酶和降解酶在不同组织中的特异表达使得叶或花中类胡萝卜素的积累差异显著，然而是什么因子导致这些基因在不同组织中差异表达呢？通过对调控类胡萝卜素合成通路关键基因的启动子分析发现，花发育过程中类胡萝卜素合成相关基因在含有色素体组织的表达与它们的启动子活性密切相关。通过对绿色果实番茄（*Solanum habrochaites*）*ShLCYB* 的启动子进行逐段缺失功能分析发现，*ShLCYB* 在果实和花中的表达活性是叶中的5倍。在不同柑橘品种中，*CCD4* 启动子中特异增强子的出现和柑橘皮中类胡萝卜素的积累也密切相关，而这些基因受何种转录因子的调控，即使在类胡萝卜素转录调控研究的主要模式植物番茄和拟南芥中也知之甚少，观赏植物中则更少。猴面花黄色蜜导（nectar guide）是由类胡萝卜素特异积累而形成的，突变体 *rcp1* 蜜导处的类胡萝卜素含量明显减少，基因表达分析发现类胡萝卜素生物合成通路上的所有成员均被显著下调。RCP1 是一个 R2R3-MYB 蛋白，定位于细胞核（Sagawa et al., 2016），说明 *RCP1* 很可能是作为转录因子对类胡萝卜素通路进行转录调控。在兰花中过量表达 *RCP1* 也能促进类胡萝卜素在花瓣积累，说明 *RCP1* 基因功能在单子叶和双子叶植物中可能十分保守。由于 *rcp1* 突变体的蜜导仍有少量类胡萝卜素积累，表明还有其他转录因子参与蜜导处类胡萝卜素的调控，通过进一步突变体筛选鉴定到一个编码带有 tetratricopeptide repeat（TPR）结构域的蛋白 RCP2 的突变体。在 *rcp2* 的背景下，整个类胡萝卜素合成通路基因的转录水平均被下调，细胞中色素体的数目减少。RCP2 定位于烟草表皮细胞的细胞质和细胞核，表明 *RCP2* 可能是通过调控类胡萝卜素通路合成和储存来调控花中类胡萝卜素的积累（Stanley et al., 2020）。在许多单子叶和双子叶植物中均存在 *RCP2* 同源基因，并且在单子叶和双子叶植物的共同祖先类群中也发现 *RCP2* 同源基因的存在，表明其功能可能十分保守，在不同物种中对 *RCP2* 同源基因功能进行研究将有助于回答这一问题。另外，在粉色花的猴面花基因组中还存在一个显性的类胡萝卜素抑制因子，但该基因的身份还有待进一步确认。豆科模式植物蒺藜苜蓿（*Medicago truncatula*）的花呈黄色，通过对白色花瓣突变体 *wp1* 的研究发现，*WP1* 编码一个 R2R3-MYB 蛋白并定位于细胞核，WP1 能和 MtTT8、MtWD40-1 形成蛋白复合体并激活类胡萝卜素合成通路基因 *MtLYCe* 和 *MtLCYb*，从而调控类胡萝卜素在花瓣中的积累（Meng et al., 2019）。MtTT8 和 MtWD40-1 也是调控花青素合成的关键成员，说明花青素和类胡萝卜素这两个看似不相关的通路也存在串扰（crosstalk）的可能。除了在转录水平对类胡萝卜素通路进行调控外，转录后翻译修饰也至关重要。*orange*（*or*）是花菜（*Brassica oleracea*）中的一个自发突变体，*OR* 基因突变后，花菜的花序由白色转为黄色，类胡萝卜素的积累明显增多（Lu et al., 2006）。在质体中 OR 和类胡萝卜素合成关键限速酶 PSY 互作来调控蛋白的丰度和稳定性，进而影响类胡萝卜素的积累（Zhou et al., 2015）。

2.1.2.4 类胡萝卜素的储存机制

类胡萝卜素能在多种质体中合成，且不同花中积累的类胡萝卜素种类和含量各不相同，但在色素体中它们能大量合成和积累，这是由于色素体能将合成的类胡萝卜素储存在特殊的脂蛋白结构里，从而促进类胡萝卜素持续合成和稳定储存。白色或黄色花菜和甜瓜品种之间的类胡萝卜素积累虽然差异巨大，但是类胡萝卜素通路关键基因的表达却相似，进一步说明了色素的储存对类胡萝卜素积累的重要性。色素体的形态在植物细胞内变异较大，特别是色素体中储存类胡萝卜素的亚细胞结构，依据这些储存结构的不同大致可分为球状（globular）、膜状（membranous）、管状（tubular）、细丝束状（reticuloglobular）、结晶状（crystalline）等，并且在细胞内不同形态的色素体通常同时出现（Egea et al.，2010）。另外，植物细胞内其他质体和色素体也能发生转化，进一步提高类胡萝卜素在细胞中的积累。通过对番茄果实成熟过程中类胡萝卜素积累的研究发现，在类胡萝卜素高度富集的果实中，通常质体的大小、结构及质体的分裂、分化均相对较高。Huang 等（2019）通过对 14 个菊花栽培品种比较发现，在处于发育早期的花瓣中质体和类胡萝卜素的组成均相似，但是在白色和粉色品种发育的后期，叶绿体会被彻底分解，而在类胡萝卜素含量较高品种的花瓣中均含有大量色素体，并且这些色素体大多数是由原质体或者叶绿体转化而来。绿色菊花品种中，叶绿体逐渐发育成熟形成成熟的叶绿体而非色素体，因此呈绿色。在番茄中，利用荧光显微镜观察到未成熟果实的质体中有介于叶绿体和色素体的中间质体类型，且同时包含叶绿素和类胡萝卜素，从而为叶绿体向色素体的转化提供了直接证据。这些研究表明叶绿体和色素体之间能够转换，并对花中类胡萝卜素的合成和积累至关重要，但色素体的发育过程是如何被调控的目前尚不清楚。*OR* 是目前已知的唯一对色素体合成起分子开关调控作用的基因，*OR* 突变能够促进无色质体到有色质体的转化，从而增加类胡萝卜素在植物组织中的积累。然而目前关于 *OR* 的研究主要集中在模式植物拟南芥和一些瓜果蔬菜中（Lu et al.，2006；Chayut et al.，2017），*OR* 是否参与观赏植物中类胡萝卜素的调控仍有待进一步研究。

质体的数量和大小也会影响代谢库（metabolic sink）积累类胡萝卜素的能力。例如，番茄 *HIGH-PIGMENT 1*（*HP1*）编码一个 UV-DAMAGED DNA-BINGDING PROTEIN（DDB）蛋白，*HP1* 突变使得果实中质体数量增加达 30%。编码 *DE-ETIOLATED 1*（*DET1*）的 *HP2* 发生突变也使得叶绿体的大小和数目均增加，同时类胡萝卜素和类黄酮在果实中的积累也增加，极大地提高了番茄果实的营养价值。另外，番茄 *ZEP*（*HP3*）及 *APRR2-like* 突变均能通过改变质体的数量或大小而影响类胡萝卜素的积累。拟南芥中 *DET1* 和 *DDB* 通过蛋白相互作用来影响光形态建成，说明光形态建成通路对类胡萝卜素的积累也可能起着十分重要的调控作用。对番茄光形态建成的关键转录因子 HY5 和 COP1 的功能分析，发现它们能分别对类胡萝卜素积累起正向和负向调控作用。透射电镜观察 *HY5* 干扰转基因株系果实的叶绿体发现，其类囊体的丰度和质体小球（plastoglobuli）的积累均减少，说明光信号可能是通过调控叶绿体发育而间接调控类胡萝卜素在果实中的积累。油菜素内酯信号转导关键转录因子 BZR1D 通过 *SlGLK2* 介导叶绿体发育，进而影响果实中类胡萝卜素的积累。而光信号及激素信号通路是否参与调控花中色素体的发育和类胡萝卜素的积累亟待研究。目前在观赏植物中仅鉴定到少量与色素体发育和类胡萝卜素积累相关的基因。猴面花 *rcp2* 突变体中质体小球的形态变得不规则，且数量减少（Stanley et al.，2020），*guideless* 和 *rcp1*（Sagawa et al.，2016）突变体中类胡萝卜素含量虽然均显著减少，但是这些突变体的色素体形态并没有发生显著变化，只是质体小球变得略小。这些说明 *RCP2* 有可能直接调控色素体的发育，而 *GUIDELESS* 和 *RCP1* 可能通过调控类胡萝卜素的代谢通路来影响花中类胡萝卜素的积累。

2.1.2.5　植物激素对胡萝卜素的调控

激素广泛参与植物生长和发育调控，包括类胡萝卜素的累积。乙烯是调控果实成熟的一个关键因子，*RIPENING INHIBITOR*（*RIN*）是乙烯介导番茄果实成熟的关键基因，*RIN* 通过与乙烯信号通路关键成员（*ACS2* 和 *ACS4* 等），以及类胡萝卜素合成通路关键成员（*PSY1* 等）的启动子相互作用来改变它们的表达水平，进而影响类胡萝卜素在果实中的积累。番茄 *HP3* 基因编码玉米黄质环氧酶，*hp3* 突变体中脱落酸前体叶黄素类的合成降低，导致番茄花色变淡并且脱落酸含量减少。脱落酸含量的减少能促进果实中质体的分裂和增大质体的体积，导致类胡萝卜素在突变体果实中积累增加，说明脱落酸在花中促进类胡萝卜素积累，但在果实中的作用则相反。这和脱落酸处理柑橘的结果一致，研究发现外源施加脱落酸处理三个品种的柑橘能减少柑橘汁囊中类胡萝卜素的含量，同时利用赤霉素对三个品种的柑橘处理也得到类似结果，说明赤霉素也能抑制类胡萝卜素在果实中的积累。赤霉素抑制类胡萝卜素的积累可能是通过抑制乙烯通路来实现的，因为外源施加赤霉素能够推迟果实成熟，响应乙烯的早期类胡萝卜素合成基因表达水平也被下调。外源气态茉莉酸甲酯处理番茄能够显著增加番茄红素合成酶基因的表达，提高番茄红素在果实中的积累，甚至在乙烯不敏感的突变体 *never ripe* 中仍然显著增加，表明茉莉酸甲酯可能是独立于乙烯信号通路来调控类胡萝卜素的积累。外源施加2,4-表油菜素内酯（2,4-epibrassinolide），或者增强响应油菜素内酯的功能获得性突变体 *bzr1-1D* 均能显著增加类胡萝卜素的积累，这一过程也可能独立于乙烯信号路径。*bzr1-1D* 诱导一个调控叶绿体发育的基因 *SlGLK2* 的表达上调，这暗示着油菜素内酯信号通路可能是通过调控叶绿体发育而间接调控类胡萝卜素积累。番茄 *hp2* 突变体在暗环境中与野生型相比变化不大，但在光照下，花青素大量积累、下胚轴更短、果实颜色更深、叶绿体也更多，说明细胞分裂素也参与了类胡萝卜素的调控。*HP2* 编码一个光形态建成的核基因 *DEETIOLATED 1*（*DET1*），在暗环境中对 *det1* 突变体施加细胞分裂素并不能重现 *det1* 的表型，但是在光照条件下却可以，这与拟南芥中外源施加细胞分裂素导致拟南芥 *det1* 表型明显不同，说明 *DET1* 在番茄和拟南芥中的调控方式已经发生分化（Mustilli et al.，1999）。通过对柑橘外果皮和果实进行生长素的处理能够显著提高对应组织中类胡萝卜素的积累，但是在番茄果实成熟过程中添加生长素则会抑制类胡萝卜素的积累，这和Cruz等（2018）观察到的生长素信号随着果实的成熟而逐渐降低是一致的。Cruz等（2018）通过比较野生型和光敏感的 *hp2* 突变体发现，*hp2* 突变体过量积累类胡萝卜素可能与乙烯的产生相关。外源乙烯的处理导致 *hp2* 中积累的类胡萝卜素比野生型更多。进一步研究发现，尽管 *hp2* 内源生长素含量没有显著变化，但是 *DR5* 指示的生长素信号在 *hp2* 中更强，同时 *SlARF2a/b* 表达也被显著上调，这也和其他报道里 *ARF2* 对类胡萝卜素积累起正向调控功能一致。目前植物激素对花中类胡萝卜素积累的研究较少，这些激素调控果实中类胡萝卜素积累的机制与花中是否类似有待进一步研究。

2.1.2.6 类黄酮合成通路和类胡萝卜素合成通路协同调控

植物黄酮类化合物和类胡萝卜素的合成前体和代谢通路均不相同，类黄酮是通过莽草酸途径在胞液和内质网中形成的芳香族氨基酸的次级代谢产物进行合成，而类胡萝卜素则是通过甲羟戊酸途径在质体中以GGPP为起始物进行合成。因此，通常认为这两个通路之间不存在信号串扰，能够同时影响这两个通路的基因应该处在这两大类色素合成通路的较上游位置，但是苜蓿的一个编码R2R3 MYB的基因 *WP1* 能同时影响花中花青素和类胡萝卜素合成关键酶的表达水平，进而影响各自色素的积累（Meng et al.，2019）。猴面花R2R3 MYB编码基因 *RCP1* 的过量表达不仅能够提高类胡萝卜素在花瓣中的积累，而且还抑制花瓣中花青素的积累（Sagawa et al.，2016）。番茄中 *SlMYB72* 属于第七个亚群的R2R3 MYB，当 *SlMYB72* 表达量降低之后，类胡萝卜素积累增加，同时类黄酮的含量也增加。光信号通路也能同时介导黄酮类和类胡萝卜素的积累。在番茄中特异下调果实中光形态建成调控因子 *DET1*，能够同时增加类胡萝卜素和类黄酮的含量（Mustilli et al.，1999）。过量表达 *SlBBX20* 能够通过激活 *PSY1* 引起番茄叶和果实中类胡萝卜素的含量上升和花青素的积累，*SlBBX20* 能与 *DET1* 相互作用并被泛素化降解，说明 *SlBBX20* 可能是通过调控光形态建成通路，间接调控类胡萝卜素和花青素的积累。在遮阴情况下，番茄果实中积累大量的光敏色素相互作用因子（PIF）从而抑制果实中类胡萝卜素的积累，类似的还有调控光形态建成的关键成员 HY5。而 PIF、HY5 对花青素的调控已有大量的报道（Liu et al.，2015）。环境因子的胁迫也会导致植物色素积累发生改变，如在柑橘中，磷饥饿响应因子 *CsPHL3* 在磷素降低时表达明显上调，并且能够直接结合并激活类胡萝卜素通路关键酶基因 *LCYb1*。在番茄中异源过量表达 *CsPHL3* 导致类胡萝卜素含量明显减少，而花青素的含量显著增加。然而，这些因子是通过何种机制对两大色素通路同时进行调控目前尚不清楚，对这些调控机制的解析将极大地加快花色育种进程。

尽管类胡萝卜素代谢通路上几乎所有关键酶的功能在多个物种中已有详细报道，但在花中调控类胡萝卜素合成通路的机制目前仍知之甚少。对类胡萝卜素合成和代谢的生物设计目前仍聚焦在一些关键酶上，但是并不能达到理想的类胡萝卜素积累水平，这说明除了类胡萝卜素的合成，其修饰、降解、储存和反馈调控机制，以及色素体的发生等均对类胡萝卜素的积累十分重要。色素体的形成是一个复杂的过程，它不仅牵涉到调控器官发育成熟的关键转录因子，而且还牵涉到各种激素信号路径，这些激素信号通路之间是如何调控的仍不明晰。叶绿体的产生对色素体的形成至关重要，然而是否所有调控叶绿体生成的关键因子在色素体中均起类似的作用目前尚不清楚。叶绿体分裂相关基因和激素通路的因子是否互动，以及如何互动进而影响色素体的发育仍有待研究。由于类胡萝卜素的研究目前仍主要集中在模式植物拟南芥、番茄等中，在这些体系中起关键作用的转录因子是否在花中也具有类似的功能仍有待验证。随着近几年越来越多观赏植物遗传转化和基因编辑体系的建立，一系列类胡萝卜素调控因子被克隆，这将极大地促进对类胡萝卜素在花中调控机制的认识，丰富类胡萝卜素分子调控网络，为全面解析类胡萝卜素在花中的调控机制及精准育种奠定了基础。

2.2 花色呈色基础和呈色机制

2.2.1 花色素影响花色呈色

观赏植物的花色有很多，根据对 4179 种纯色花的统计，白色和黄色占比最高，达到了 51%（4197 种纯色花中白色花有 1193 种，占 28%），红、蓝、紫色花其次，占比为 43%，其余还有绿色、橙色、茶色、黑色等不同色系，这些颜色的占比相对较低。花色的呈现主要与花瓣中花色素的种类有关。据研究，奶油色、象牙色和白色花的花瓣中大都含有无色或淡黄色的黄酮和黄酮醇类色素。86% 的野生白色花中含有 4′,5,7- 三羟黄酮醇，约 17% 含有槲皮素，这些色素实际上都是非常淡的黄色，由于花瓣中含有大量非常小的气泡，入射光线经多次折射后呈现出白色。此外，黄酮和黄酮醇等淡黄色的类黄酮能够吸收自然光中的紫外光，人眼不能对其产生色感，但对昆虫有很大的吸引力，有利于含这类色素植物的传粉授粉，在自然选择中占据优势，这可能是自然界中白色花占比最多的原因之一。

黄色花有的只含类胡萝卜素（如百合、蔷薇、郁金香），有的只含类黄酮（主要是查耳酮或黄酮醇，如杜鹃、大丽花、金鱼草），有的既含类胡萝卜素也含类黄酮（如万寿菊）。普遍认为在黄色花色呈现方面，类胡萝卜素所起的作用要大于类黄酮。使花瓣呈现黄色的类黄酮物质主要是六羟基黄酮、查耳酮和橙酮，其中查耳酮和橙酮呈深黄色。黄酮醇只有在其化学结构的羟基上结合特殊糖苷或被甲基化修饰时才能呈现出黄色，在观赏植物中较为少见。

橙色是观赏植物中较为常见的花色。以黄色为主的橙色（以百合花为代表），类胡萝卜素在其中发挥主要作用；以红色为主的橙色（以天竺葵花为代表），花青素在其中起主要作用。此外，花青素与黄酮色素混合或与类胡萝卜素混合也会产生橙色，前者的代表是金鱼草，后者的代表是郁金香。

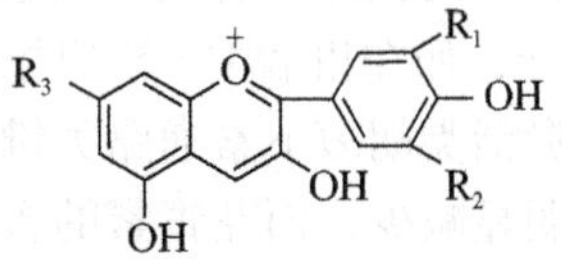

图 2.2　花青素基本骨架

2.2.1.1　花青素呈色基础与呈色机制

花青素苷赋予观赏植物花瓣深红、粉红、紫、蓝和黑等多种色调，这是花青素苷自身的特殊性质造成的。花青素苷的主要骨架成分花青素是 2-苯基苯并吡喃黄烊盐的多羟基衍生物，其基本骨架如图 2.2 所示。

从图 2.2 可以看出，整个花青素分子处在一个大的共轭体系中。母核苯环上取代基的种类、数目、位置决定了花青素的种类。目前已发现的天然花青素有 7 种：①天竺葵素（pelargonidin，Pg），R_1 取代基为 H，R_2 取代基为 H，R_3 取代基为 OH；②矢车菊素（cyanidin，Cy），R_1 取代基为 OH，R_2 取代基为 H，R_3 取代基为 OH；③飞燕草素（delphinidin，Dp），R_1 取代基为 OH，R_2 取代基为 OH，R_3 取代基为 OH；④芍药花素（peonidin，Pn），R_1 取代基为 OCH_3，R_2 取代基为 H，R_3 取代基为 OH；⑤碧冬茄素（petunidin，Pt），R_1 取代基为 OCH_3，R_2 取代基为 OH，R_3 取代基为 OH；⑥锦葵素（malvidin，Mv），R_1 取代基为 OCH_3，R_2 取代基为 OCH_3，R_3 取代基为 OH；⑦报春花素（hirsutidin，Hs），R_1 取代基为 OCH_3，R_2 取代基为 OCH_3，R_3 取代基为 OCH_3。除报春花素外，其他均为常见天然花青素种类。从天竺葵素（砖红色）到矢车菊素（红色）再到飞燕草素（蓝色），B 环上的羟基数目逐渐增加，其颜色也由红色逐渐变为蓝色；而从芍药花素到碧冬茄素到锦葵素再到报春花素，B 环 3′ 位、5′ 位和 A 环的 7 位羟基被甲氧基取代的程度逐渐增加，红色效应也随之增大。除此之外，花青素苷中花青素苷元与糖基的结合情况（糖的种类、数目、连接方式和位置）也会使花色发生一定程度的改变。总而言之：花青素苷 B 环上的羟基数目越多，花色越蓝；花青素苷被甲基化的程度越高，花色越红。此外，花青素苷能够赋予观赏植物花瓣多种颜色的原因还有以下几种。

1）花青素苷的含量影响呈色：通常花瓣中花青素苷的含量较低时，花色为粉红色；含量较高时，花色为红色。

2）辅助色素（copigment）引起的辅助着色效应影响呈色：在观赏植物中，黄酮和黄酮醇等辅助色素会与花青素苷络合，导致吸收峰强度变化和谱带位移现象。吸收峰强度变化包括增色效应（hyperchromic effect）和减色效应（hypochromic effect）。谱带位移包括红移（bathochromic shift，red shift）和蓝移（hypsochromic shift，blue shift）。这种某一色素会辅助其他色素着色，二者共同存在使花瓣呈现各种过渡色彩的现象，最早由 Robinson GM 和 Robinson R 观察到。此外，香豆酸等有机酸也可以与一些花青素苷发生酰化作用进而改变其呈色。

3）络合作用影响呈色：细胞液中的金属离子，如 Fe^{3+}、Al^{3+} 和 Cu^{2+} 会与花青素苷络合形成络合物，改变花青素苷的稳定性，使其颜色偏向蓝色或紫色。

4）液泡 pH 影响呈色：花青素苷的稳定性受 pH 影响较大，当细胞液泡内 pH 发生变化时，花色也会发生相应变化。研究表明，液泡 pH 较低时，花青素苷呈红色；液泡 pH 适中时，花青素苷呈蓝紫色；液泡 pH 较高时，花青素苷呈紫色。观赏植物中由液泡 pH 影响花瓣呈色的典型例子是月季，许多月季品种花瓣的外表皮细胞的液泡 pH 维持在 3.56～5.36 的酸性范围，因而表现出红色，而一些紫色或淡蓝色月季的 pH 都偏高。

从花蕾开放到凋谢，多数花的颜色都会发生变化，这种变色花的呈色同样与花色素有关。一般情况下，随着花朵开放程度的增加，花瓣会褪色，通常有以下几个原因。

1）色素含量发生变化：随着花瓣的生长，单位面积花色素含量减少。近年来已经有一些发现可以解释其中的分子机制。例如，在菊花中，SG19 MYB 转录因子 CmMYB21 抑制花青素苷合成结构基因 *CmDFR* 的表达，进而阻碍花青素苷的生物合成。在菊花花朵开放过程中，

CmMYB21 的表达逐渐增加，其对花青素苷合成的抑制作用也逐渐加强，导致花朵从开放到凋谢的过程中颜色逐渐变浅。

2）花色素分解：花朵开放过程中，花瓣与空气和太阳光的接触面积逐渐增大，花瓣内的花色素经阳光暴晒发生分解。

还有一些花在开放过程中颜色逐渐会加深。例如，金银花从初开到凋谢，颜色由白色或淡黄色逐渐变为黄色，这是因为金银花花瓣中的黄酮和黄酮醇等花黄素在花朵开放过程中逐渐积累。有的花在开放初期为白色，开放后期积累花青素苷而呈红色，且这种颜色变化与温度等环境因素无关。研究认为，这种极端变色的现象可能与花瓣衰老过程中一些激素（如赤霉素）的合成有关，这些激素可以通过特定的调控途径促进花青素苷的生物合成，导致花瓣颜色最终变红。

2.2.1.2　类胡萝卜素呈色基础与呈色机制

类胡萝卜素生物合成途径在植物中十分保守，这与其在绿色组织中行使光合作用的功能密切相关。叶中的类胡萝卜素主要在叶绿体中合成，其组成和含量在整个被子植物中均相对稳定。而花中类胡萝卜素的合成主要发生在色素体，由于花中类胡萝卜素的积累并不是植物生存所必需，因此在演化过程中受到自然选择的压力相对较小，从而使花中类胡萝卜素的组成和含量在不同物种中呈现较大差异。花中类胡萝卜素主要由叶黄素类（xanthophylls）和 β- 胡萝卜素组成，它们在花瓣中因比例和含量的不同而使得花瓣呈现淡黄、黄、橙、红等各种颜色。例如，万寿菊、黄水仙、菊花花瓣由于积累大量的叶黄素而呈深黄色（Kishimoto and Ohmiya，2006），一些百合栽培品种花瓣中由于辣椒红素（capsanthin）和辣椒玉红素（capsorubin）的积累而呈橙色，夏侧金盏花中由于虾红素（astaxanthin）的积累而呈深红色（Cunningham and Gantt，2011）。

尽管不同花瓣中类胡萝卜素种类和含量各不相同，但是它们均在色素体中合成和积累，因此类胡萝卜素在色素体中的生物合成、降解及稳定储存对花中类胡萝卜素的最终积累至关重要，对这些过程分子调控的解析是观赏植物花色分子育种的重要理论基础。另外，植物在发育过程中不同质体之间可以相互转换，由于绝大多数定位于质体上的蛋白是由核基因编码且主动运输到质体上的，因此对这些核编码基因和蛋白折叠、质量控制、运输机制的解析对理解色素体发育调控和类胡萝卜素积累也同等重要（Yuan et al.，2021）。目前对观赏植物花中类胡萝卜素的研究主要集中在类胡萝卜素合成通路基因功能的解析，随着研究的不断深入，越来越多新的类胡萝卜素调控机制将被揭示，这将极大地提高人们对类胡萝卜素在花中积累和花色遗传变异机制的认识。

2.2.1.3　花瓣表皮细胞形状及组织结构影响花色呈色

从微观角度看，花瓣中的各种色素实际上存在于各种结构的细胞内。因此，人们实际看到的花瓣颜色并不是花色素的原色调，而是光线经各种结构的细胞和组织入射后，使细胞内花色素本身的色调发生微小变化的结果。太阳光线遇到扁平细胞往往会完全反射回去，而有角度的圆锥形会使进入表皮细胞的光线比例增加。因此，具圆锥形突起的花瓣细胞相比于扁平细胞会吸收更多的光线，使花瓣色泽加深。例如，花菖蒲的紫色会被花被表皮细胞的排列顺序和长度影响；金鱼草的着色程度可以利用相关转录因子控制细胞形状来改变。

花瓣表皮细胞形状影响呈色的另一个典型例子是黑色花。黑色花中并不含有黑色色素，而是以花青素苷为主，其黑色呈色即与花瓣细胞形状有关。黑色系的花一般具有垂直于花瓣表皮的圆锥形突起表皮细胞，可以吸收更多光线并产生自身阴影，因而在视觉上呈现黑色色泽。随着花朵开放逐渐增加，表皮细胞间隙变宽，阴影变淡，黑色花朵逐渐呈现红紫色或红色。

此外，海绵组织的细密程度和厚度也可以影响花瓣颜色。对于白色系花而言，自然界中不存在白色色素，花瓣海绵组织中的气泡是其呈现白色的关键因素。海绵组织反射层越厚越致密，在反射层折回的光线就越多，花瓣的白色就越鲜明。此外，气泡颗粒越大，透过整个花瓣的光线就越多，白色效果就越弱。

2.2.2 花色新种质的创制

近年来，围绕花色的种质创新取得了一系列重要突破。例如，北京林业大学分别从菊花和瓜叶菊中克隆出 *F3'H* 和 *F3'5'H* 基因，转基因实验证实，*F3'H* 和 *F3'5'H* 基因与菊花红色花色的形成相关。利用RNAi沉默技术沉默菊花 *F3'H* 基因，并将外源瓜叶菊 *F3'5'H* 基因导入菊花，成功创制了亮红色菊花新种质。华中农业大学从玫瑰中克隆出 *RrFLS* 基因，并利用农杆菌遗传转化方法将其转入月季‘萨曼莎’体细胞胚中，获得了白色切花月季新种质（Shen et al.，2019）。

在观赏植物中，蓝色是花色中的稀有色。菊花、月季、郁金香、百合等大宗花卉均没有天然蓝色品种，一个重要原因是这些花卉的基因组中不具有 *F3'5'H* 基因。在植物类黄酮合成中，花青素苷代谢途径在F3H、F3'H和F3'5'H三个催化酶的作用下形成三个分支：F3H催化柚皮素生成二氢山柰酚（dihydrokaempferol，DHK）；F3'H催化DHK形成二氢槲皮素（dihydroquercetin，DHQ）；F3'5'H催化DHK生成二氢杨梅素（dihydromyricetin，DHM）。随后，DHK、DHQ、DHM分别在酶DFR和ANS的催化下生成相应的花青素：天竺葵素、矢车菊素和飞燕草素。*F3'5'H* 基因的缺失意味着飞燕草素无法合成，而飞燕草素是主要的蓝色花青素苷元，因而这些花卉不能天然呈现蓝色。事实上，除 *F3'5'H* 基因外，DFR能否特异性识别并催化F3'5'H的催化产物DHM，也是花瓣能否最终呈现蓝色的重要原因。例如，通过体外饲喂实验，南京农业大学研究人员发现75个菊花品种中只有16个具备将DHM催化生成飞燕草素的能力。

近年来，围绕 *F3'5'H* 等基因，研究人员进行了多种花卉的蓝色种质创新。2017年，日本的Naonobu Noda等分别从风铃草和蝶豆花中克隆出 *CamF3'5'H* 和 *CtA3'5'GT* 基因并将其转入菊花，获得了世界上第一株蓝色菊花（Noda et al.，2017）。2021年，南京农业大学研究人员分别从蓝目菊和蝶豆花中克隆出 *OhF3'5'H* 和 *CtA3'5'GT* 基因，并将其转入能将DHM催化生成飞燕草素的品种‘南农粉翠’中，同样获得了偏蓝色菊花新种质。此外，日本和澳大利亚的科学家合作，将月季内源不能识别DHM的 *DFR* 基因表达下调，并同时将荷兰鸢尾的 *DFR* 基因和堇菜属的 *F3'5'H* 基因在月季内过量表达，使飞燕草素在花瓣中积累，首次培育出了可稳定遗传的蓝色月季。天津大学研究人员于2019年构建了链霉菌的次级代谢产物谷氨酰胺蓝靛素合成酶基因 *idgS* 和idgS蛋白翻译后活化基因 *sfp* 的表达载体，然后利用农杆菌注射技术瞬时转化白色月季花瓣，培养12h后花瓣颜色由白色变成天蓝色，这是月季蓝色花育种的又一次突破。

值得一提的是，飞燕草素的合成并不是天然蓝色花形成的唯一决定因素。例如，荷花基因组中具有 *F3'5'H* 基因，且可以积累飞燕草素，但仍然没有天然蓝色荷花出现。由于蓝色花色的形成还同时受液泡pH、金属离子络合和花青素苷的酰基化修饰等因素影响，所以可能存在其他未知因素影响荷花显蓝色。

2.2.3 花斑形成

在观赏植物中，花色素在花瓣或花萼中不同区域累积，形成形态和大小基本固定的花斑，这是一种独特的现象。花斑的颜色、分布和大小对观赏植物的观赏价值有重要影响。一般花斑主要分为二色（bicolor）、花边（marginal picotee）、星形（star type）、点状（spot）、条纹（stripe）、复杂色（variegated）和斑块（blotch）等类型（图2.3）。花色素在花瓣和花萼特定区域的积累是花斑形成的理化基础。花色素的合成和分布主要受花色素合成结构基因和调节基因这两大类基因的调控，而这些基因在花瓣或其他成花部位的差异表达是花斑形成的分子基础。

图2.3 观赏植物花斑种类

A. 二色；B. 花边；C. 星形；D. 点状；E. 条纹；F. 复杂色；G. 斑块

2.2.3.1 花色结构基因对花斑形成的影响

花色结构基因在花器官不同区域的差异表达导致了花斑的形成，但具体机制在不同植物中存在差异。在一些观赏植物中，单个结构基因的差异表达即可导致花斑形成，如矮牵牛（*Petunia hybrida*）'Red Star'中*CHS-A*基因在特定区域被抑制表达可以导致白色星状花斑的形成（图2.3C）；蝴蝶兰小丑型花瓣品种'Everspring Fairy'（小丑型是指花瓣中心存在较大深色斑块的类型）形成的主要原因是*DFR*基因在花斑区域的特异性表达（图2.3G）。在另外一些观赏植物中，花斑的形成则是由两个或两个以上结构基因的差异表达造成，如*OgCHI*和*OgDFR*基因在特定区域被共同抑制表达是文心兰（*Oncidium hybridum*）花斑形成的基础；在百合（*Lilium*）'Sorbonne'花瓣中，*LhCHSA*、*LhCHSB*和*LhDFR*基因在色点部位或色斑中心部位高度表达，而在无色部位低表达是其花斑形成的主要原因。通常花斑的形成并不需要所有花色结构基因都存在表达差异，一个和数个结构基因的差异表达即可促使花斑形成。

除空间差异表达外，花色结构基因的时间差异表达同样会导致花斑形成。例如，在研究柳叶菜科（Onagraceae）植物*Clarkia gracilis*的花斑形成机制时发现，*F3'H*、*F3'5'H*和*DFR1*基因在花瓣所有区域均表达，无空间特异性，但*F3'H*只在花斑形成早期表达，*F3'5'H*和*DFR1*只在花斑形成后期表达，存在时间特异性；*DFR2*基因只在花斑区域的早期表达，既存在空间特异性，也存在时间特异性。在上述机制的共同作用下，*F3'H*和*DFR2*基因在花斑区域早期表达，编码蛋白催化合成矢车菊素，形成花斑雏形；*F3'5'H*和*DFR1*基因在后期表达，编码蛋白催化合成锦葵色素，花瓣颜色进一步加深。这种花色结构基因在空间和时间表达模式上的精妙配合共同绘制了美轮美奂的花斑。

彩图

2.2.3.2　花色调节基因对花斑形成的影响

在花斑形成过程中，花色结构基因的时空差异表达通常由调节基因控制。花色调节因子主要是MYB转录因子、bHLH转录因子和WD40蛋白，它们相互作用，形成MBW蛋白复合体共同调控下游结构基因的表达，相关机制已被广泛研究。在文心兰（'Gower Ramsey'）中，花萼和花瓣中花斑的主要成因是编码MYB转录因子的基因 *OgMYB1* 仅在花斑区域表达。*OgMYB1* 可以直接激活花色结构基因 *OgCHI* 和 *OgDFR*，当利用基因枪瞬转的方式将 *OgMYB1* 在无色区域表达时，这些区域的 *OgCHI* 和 *OgDFR* 基因表达显著升高，出现了花斑。2019年，台湾成功大学的学者在研究蝴蝶兰（'Orchids'）花瓣斑块状花斑形成机制时发现，蝴蝶兰小丑型花（图2.3G）的成因是MYB转录因子基因 *PeMYB11* 在色斑区域高表达。*PeMYB11* 激活结构基因 *PeF3H5*、*PeDFR1* 和 *PeANS3*，而 *PeMYB11* 在色斑区域高表达的原因是在色斑区域一个名为HORT1（harlequin orchid retro transposon 1）的转座子插入了 *PeMYB11* 的上游调控区，导致 *PeMYB11* 的转录在该区域被强烈激活，从而导致花青素苷的大量积累，最终出现大块花斑，形成所谓小丑型花。最近，关于观赏植物点状花斑形成机制的研究在猴面花（*Mimulus lewisii*）中取得突破性进展，同样与MYB转录因子有关。美国康涅狄格大学的研究人员创制了一系列猴面花花斑突变体，并从中成功鉴定到调控花青素苷斑点间隔性分布的激活因子NEGAN和抑制因子RED TONGUE（RTO）。NEGAN是一个R2R3 MYB转录因子，而RTO是一个R3 MYB转录因子。研究人员发现，NEGAN可以自我激活，并激活 *RTO* 的表达，而RTO蛋白作为一个抑制子可以在细胞间移动，并抑制激活子 *NEGAN* 的表达（Ding et al., 2020）。这种调控模式是图灵斑图（英国数学家图灵提出的可以用反应-扩散方程描述的斑图）在植物中的生动体现，即在最简单的情况下，自然界中斑点（包括虎纹、豹斑）的形成只需要两个基因满足以下条件：一个可以自我激活的激活因子和一个被激活因子激活的抑制因子。抑制因子可以在细胞间移动，并且在移动的途径中能抑制激活因子。这项猴面花点状花斑形成机制的研究率先发现了植物中图灵模型的基因基础，并阐明了该类基因精细调控间隔性花青素苷斑点分布的作用机制，揭示了植物花色多样性的演化机制。

调节因子调控花斑形成，通常由MYB类转录因子单独对一个或多个花色结构基因进行正向或负向的组织特异性的表达调控来实现，很少与bHLH转录因子和WD40蛋白协同作用，但也存在例外。金鱼草（*Antirrhinum*）R2R3 MYB转录因子Venosa（Ven）正调控花青素苷合成，但不能单独发挥作用。*Ven* 的表达从维管组织辐射至近轴表皮，在近轴表皮处，Ven与在表皮特异表达的bHLH转录因子相互作用，从而导致花青素苷在覆于花脉的上表皮细胞中积累，出现了依花脉的条纹状呈色模式（Shang et al., 2011）；DPL与PHZ是正调控矮牵牛花青素苷合成的R2R3 MYB转录因子，同样需要与bHLH转录因子AN1共同发挥作用。矮牵牛中依花脉的条纹状着色模式与 *DPL* 的表达有关，而调控机制则与金鱼草Ven类似。W59矮牵牛缺乏 *DPL* 的功能等位基因，其花青素苷积累主要由PHZ调控。在W59矮牵牛花发育的早期，*PHZ* 的表达与bHLH转录因子AN1重叠，导致花青素苷积累；在发育后期，*PHZ* 的表达逐渐减少至完全不表达，花青素苷不积累，导致开放的花朵中新暴露的花瓣组织保持未着色的状态。*PHZ* 的时间特异表达使W59矮牵牛花瓣出现了类似扎染的着色效果（Albert et al., 2011）。此外，在金鱼草花冠花色的分布模式中，起调控作用的有4类调节因子：*Delila*（*Del*）、*Mut*、*Rosea*（*Ros*）和 *Venosa*（*Ven*）。Del和Mut是bHLH型转录因子，Del调控花冠管部的花色形成，而Mut调控冠檐部的花色形成；Ros（包括Ros1和Ros2）和Ve是MYB型转录因子，Ros调控管部和冠檐的花色形成，而Ve调控管部和冠檐脉络处的花色形成。这些调节因子之间存在着复杂的相互作用：Ros2只能在冠檐部与Del互作而不能与Mut互作；Ve、Ros1可以与Mut在冠檐部互作。不同的互作模式导致金鱼草冠檐部和花管部产生不同的色块或条纹，说明MYB转录因子和bHLH转录因子的互作差异也会导致花斑的形成。

除MBW蛋白复合体成员外，小RNA（sRNA）也参与调控观赏植物花斑形成。例如，在金鱼草中，*ROS*是一个MYB转录因子，正调控花青素苷合成，赋予花瓣洋红色；*SULF*则通过产生sRNA干扰*Am4′CGT*的表达来抑制显黄色的黄酮类物质噢哢（aurone）的合成，进而调控黄色花色形成。*SULF*在花瓣特异部位的表达导致金鱼草花瓣出现红黄间杂的着色模式（Bradley et al.，2017）。

2.2.3.3　病毒与花斑形成

早在1576年，人们就发现将碎色花郁金香种球与正常种球嫁接可诱导正常种球的花瓣产生条纹状花斑，并证实郁金香碎色花的成因是病毒而不是新品种特性。此后相继发现，虞美人杂色花、香石竹杂色花、杂色锦麻等花斑的产生都是病毒侵染造成的。郁金香的碎色花瓣即是此类花斑的典型代表。热带和亚热带地区广泛存在的具花叶性状的豆科和百合科植物，大多是由病毒引起的，且昆虫越多的地方，症状越严重。这类花斑通常不能通过种子将性状传递给后代。现有研究表明，病毒导致叶和花瓣出现色斑的主要原因是病毒诱导的花色相关基因的转录后沉默（posttranscriptional gene silencing，PTGS）。Koseki等（2005）研究发现，矮牵牛（*Petunia hybrida*）'Red Star'中白色星状花斑的成因是*CHS-A*基因的RNAi干扰使白色区域的花青素苷合成受阻，而通过RNA干扰转基因抑制病毒CMV-O后，白色星状色斑恢复为红色。在观赏植物生产中，由病毒产生的彩斑虽然色彩动人，但往往是其他园艺植物或农作物的传染源，如郁金香杂锦斑病毒会引起百合病毒病，"墙上花"杂锦斑病毒会造成甘蓝大面积减产。因此，由病毒产生的彩斑并不适合大规模应用于生产，在长途运输和进出口贸易中应严格检疫，区分病毒彩斑植株，防止危险病毒的传播与扩散。

（丁宝清　周李杰　陈发棣）

⬡ 本章主要参考文献

Albert NW, Lewis DH, Zhang H, et al. 2011. Members of an R2R3-MYB transcription factor family in *Petunia* are developmentally and environmentally regulated to control complex floral and vegetative pigmentation patterning. The Plant Journal, 65 (5): 771-784.

Arango J, Jourdan M, Geoffriau E, et al. 2014. Carotene hydroxylase activity determines the levels of both α-carotene and total carotenoids in orange carrots. The Plant Cell, 26 (5): 2223-2233.

Bradley D, Xu P, Mohorianu II, et al. 2017. Evolution of flower color pattern through selection on regulatory small RNAs. Science, 358 (6365): 925-928.

Chayut N, Yuan H, Ohali S, et al. 2017. Distinct mechanisms of the ORANGE protein in controlling carotenoid flux. Plant Physiol, 173 (1): 376-389.

Cruz AB, Bianchetti RE, Alves FRR, et al. 2018. Light, ethylene and auxin signaling interaction regulates carotenoid biosynthesis during tomato fruit ripening. Frontiers in Plant Science, 9: 1370.

Cunningham FX, Gantt E. 2011. Elucidation of the pathway to astaxanthin in the flowers of *Adonis aestivalis*. The Plant Cell, 23 (8): 3055-3069.

Ding B, Patterson EL, Holalu SV, et al. 2020. Two MYB proteins in a self-organizing activator-inhibitor system produce spotted pigmentation patterns. Current Biology, 30 (5): 802-814.

Egea I, Barsan C, Bian W, et al. 2010. Chromoplast differentiation: current status and perspectives. Plant and Cell Physiology, 51 (10): 1601-1611.

Fraser PD, Enfissi EMA, Halket JM, et al. 2007. Manipulation of phytoene levels in tomato fruit: effects on isoprenoids, plastids, and intermediary metabolism. The Plant Cell, 19 (10): 3194-3211.

Gu ZY, Men SQ, Zhu J, et al. 2019. Chalcone synthase is ubiquitinated and degraded *via* interactions with a RING-H2 protein in petals of paeonia 'He Xie'. Journal of Experimental Botany, 70 (18): 4749-4762.

Huang H, Lu C, Ma S, et al. 2019. Different colored *Chrysanthemum×morifolium* cultivars represent distinct plastid transformation and carotenoid deposit patterns. Protoplasma, 256 (6): 1629-1645.

Koseki M, Goto K, Masuta C, et al. 2005. The star-type color pattern in *Petunia hybrida* 'Red Star' flowers is induced by sequence-specific degradation of chalcone synthase RNA. Plant and Cell Physiology, 46 (11): 1879-1883.

Liu Z, Zhang Y, Wang J, et al. 2015. Phytochrome-interacting factors PIF4 and PIF5 negatively regulate anthocyanin biosynthesis under red light in *Arabidopsis* seedlings. Plant Science, 238: 64-72.

Lu S, van Eck J, Zhou X, et al. 2006. The cauliflower or gene encodes a DnaJ cysteine-rich domain-containing protein that mediates high levels of β-carotene accumulation. The Plant Cell, 18 (12): 3594-3605.

Meng Y, Wang Z, Wang Y, et al. 2019. The MYB activator WHITE PETAL1 associates with MtTT8 and MtWD40-1 to regulate carotenoid-derived flower pigmentation in *Medicago truncatula*. The Plant Cell, 31 (11): 2751-2767.

Mustilli AC, Fenzi F, Ciliento R, et al. 1999. Phenotype of the tomato high pigment-2 mutant is caused by a mutation in the tomato homolog of DEETIOLATED1. The Plant Cell, 11 (2): 145-157.

Noda N, Yoshioka S, Kishimoto S, et al. 2017. Generation of blue chrysanthemums by anthocyanin B-ring hydroxylation and glucosylation and its coloration mechanism. Science Advances, 3 (7): e1602785.

Ohmiya A, Kishimoto S, Aida R, et al. 2006. Carotenoid cleavage dioxygenase (CmCCD4a) contributes to white color formation in chrysanthemum petals. Plant Physiology, 142 (3): 1193.

Rodríguez-Villalón A, Gas E, Rodríguez-Concepción M. 2009. Phytoene synthase activity controls the biosynthesis of carotenoids and the supply of their metabolic precursors in dark-grown *Arabidopsis* seedlings. The Plant Journal, 60 (3): 424-435.

Sagawa JM, Stanley LE, LaFountain AM, et al. 2016. An R2R3-MYB transcription factor regulates carotenoid pigmentation in *Mimulus lewisii* flowers. New Phytologist, 209 (3): 1049-1057.

Shang Y, Venail J, Mackay S, et al. 2011. The molecular basis for venation patterning of pigmentation and its effect on pollinator attraction in flowers of *Antirrhinum*. New Phytologist, 189 (2): 602-615.

Shen Y, Sun T, Pan Q, et al. 2019. RrMYB5- and RrMYB10-regulated flavonoid biosynthesis plays a pivotal role in feedback loop responding to wounding and oxidation in *Rosa rugosa*. Plant Biotechnology Journal, 17 (11): 2078-2095.

Shewmaker CK, Sheehy JA, Daley M, et al. 1999. Seed-specific overexpression of phytoene synthase: increase in carotenoids and other metabolic effects. The Plant Journal, 20 (4): 401-412.

Stanley LE, Ding B, Sun W, et al. 2020. A tetratricopeptide repeat protein regulates carotenoid biosynthesis and chromoplast development in monkeyflowers (*Mimulus*). The Plant Cell, 32 (5): 1536-1555.

Wang XC, Wu J, Guan ML, et al. 2020. *Arabidopsis* MYB4 plays dual roles in flavonoid biosynthesis. The Plant

Journal, 101 (3): 637-652.

Xiang L, Liu X, Li H, et al. 2019. CmMYB#7, an R3 MYB transcription factor, acts as a negative regulator of anthocyanin biosynthesis in chrysanthemum. Journal of Experimental Botany, 70 (12): 3111-3123.

Yuan H, Pawlowski EG, Yang Y, et al. 2021. *Arabidopsis* ORANGE protein regulates plastid pre-protein import through interacting with Tic proteins. Journal of Experimental Botany, 72 (4): 1059-1072.

Zhou LJ, Wang Y, Wang Y, et al. 2022. Transcription factor CmbHLH16 regulates petal anthocyanin homeostasis under different lights in *Chrysanthemum*. Plant Physiology, 190 (2): 1134-1152.

Zhou X, Welsch R, Yang Y, et al. 2015. *Arabidopsis* OR proteins are the major posttranscriptional regulators of phytoene synthase in controlling carotenoid biosynthesis. Proc Natl Acad Sci USA, 112 (11): 3558-3563.

第3章 花香的形成与调控

中国人对花卉的喜爱古来有之，"花中四君子"梅、兰、竹、菊是中国传统文化的象征，凸显了文人墨客的审美人格境界。古人对梅、兰、竹、菊等传统名花的喜爱可能源自对花香的追求，如"兰之猗猗，扬扬其香"的兰香，"天香夜染衣，国色朝酺酒"的牡丹香，"桂子月中落，天香云外飘"的桂香，"遥知不是雪，为有暗香来"的梅香等。与其他观赏性状相比，花香更加神秘和易变，对人的情绪影响大，越来越受到花卉爱好者的喜爱。除了给人们带来嗅觉体验外，花香及其衍生产品也与人类的生活密切相关，例如，逐渐科学化的芳香疗法及花香提取物（天然精油）在香水、化妆品、洗化用品、食品添加剂中广泛应用，精油在医疗卫生、保健养生领域也有着巨大的潜力。对植物而言，花香的作用更加不可替代。被子植物的花进化出了不同的颜色、释放不同的香味、分泌花蜜甚至通过拟态的形式吸引传粉者，从而保证虫媒植物的繁殖力。植物花香物质是由花释放的一系列低分子量、低沸点、易挥发的有机化合物（volatile organic compound，VOC）所组成。随着花香成分收集和鉴定技术的进步，越来越多的花朵香味成分被鉴定。事实上，花产生的挥发性物质种类惊人，目前从已知的90科1000种植物中鉴定的挥发性有机化合物超过1700种，它们在植物体内由一系列物种间保守的或者个别植物特有的代谢途径合成。花香物质合成途径、调控和遗传机制的解析，是阐明观赏植物花香多样性和芳香花卉种质创新与新品种培育的基础，值得更多的观赏园艺工作者关注。

3.1 花香物质的合成

花朵中释放的花香成分根据其合成途径不同，主要分为三大类，即萜类物质、苯环/苯丙素类化合物和脂肪酸衍生物。其中挥发性萜类物质含量最多，种类最为丰富。通常来讲，在花香挥发物合成途径中，每类挥发性物质的基本骨架合成途径相对保守，后续多种酶对骨架分子的连续催化导致了挥发性物质的多样性（图3.1）。

3.1.1 萜类物质

1866年，杜马斯（Dumas）提出了"terpene"（萜）一词，源于拉丁词"turpentine"（*Balsamum terebinthinae*），代指一种从松树中提取的液体。萜是数量最大的天然产物之一，具有显著的结构变化，包括线型和环型碳骨架。萜经过氧化、氢化或脱氢形成种类丰富的萜类物质。萜类物质（terpenoid）的分类是基于瓦拉赫（Wallach）1887年提出的异戊二烯单元（C_5H_8）分类法。异戊烯焦磷酸（isopentenylallyl diphosphate，IPP，C5）及其同分异构体二甲基烯丙基焦磷酸（dimethylallylpyrophosphate，DMAPP，C5）是萜类物质的生物合成前体。它们通过首尾相连的方式构成了复杂的萜类物质（四萜物质如类胡萝卜素除外，其在中心位置形成了一个尾尾相连的键）。因此，萜类物质的基本骨架即五碳异戊二烯的合成是萜类物质合成的基础和前提。尽管植物萜类物质起源于相同的以五碳异戊二烯为基本结构单位的生物合成途径，萜类物质却具有极其丰富的结构多样性。根据异戊二烯单元数目的不同，萜类

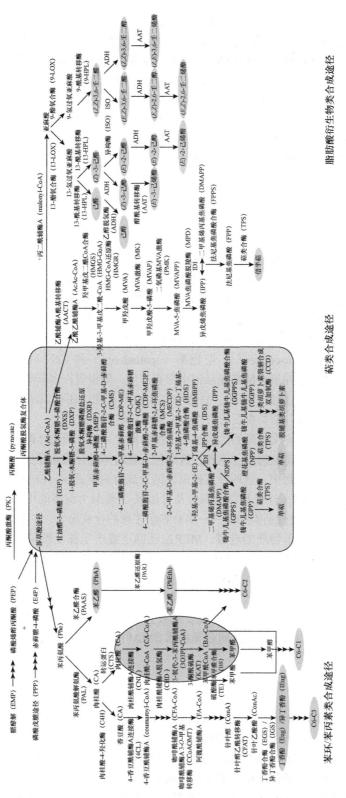

图 3.1　花朵挥发物的主要合成途径

图中显示花朵三类主要挥发物（苯环/苯丙素类挥发物、萜类挥发物和脂肪酸衍生物类挥发物）的主要合成途径。单箭头为一步反应；
连续箭头为多步反应。绿色背景表示过氧化物酶体合成途径；紫色背景表示氧化物酶体合成途径；蓝色椭圆背景表示各途径合成的主要挥发性物质

物质可以分为半萜（C5）、单萜（C10）、倍半萜（C15）、二萜（C20）、二倍半萜（C25）、三萜（C30）、四萜（C40）及不规则萜（C11或C16）等。目前，在自然界中已发现至少4万多种萜类物质。植物中合成的萜类物质广泛参与了植物的各项生命活动：作为植物激素起作用的脱落酸（C15）、赤霉素（C20）、细胞分裂素（C12）和油菜素甾醇（C30）等；类胡萝卜素（C40）是光合色素的一部分；电子载体泛素和构成膜结构的成分植物甾醇（C30）也属于萜类物质，这些萜类物质（>C15）一般不挥发。对花香影响最为重要的挥发性萜类物质主要为单萜和倍半萜，除此之外，一些二萜和不规则挥发性萜类物质，如类胡萝卜素裂解产物紫罗兰酮（C13）、橙花叔醇的裂解产物DMNT（C11）、牻牛儿基芳樟醇的裂解产物TMTT（C16）也是花挥发物的重要组成成分。1945年以后，色谱和光谱方法的发展推动了萜类物质和萜类衍生产品的爆炸性发现。例如，菊属是菊科植物中一个重要的属，在40多个已被确认的物种中，菊花（*Chrysanthemum morifolium*）以其悠久的栽培历史和繁多的品种而闻名，萜类物质正是菊花产生最多的一类植物次级代谢产物。目前，在菊花中共发现390余种萜类物质，其中单萜类化合物约183种，最常见的是环状化合物，包括樟脑（camphor）、1,8-桉叶油醇（1,8-cineole）、龙脑（borneol）、α-蒎烯（α-pinene）、莰烯（camphene）、桧烯（sabinene）、β-蒎烯（β-pinene）和α-水芹烯（α-phellandrene），以及无环化合物如β-月桂烯（β-myrcene）；倍半萜类化合物约207种，最常见的有大根香叶烯D（germacrene D）、β-石竹烯（β-caryophyllene）、β-芹子烯（β-selinene）、δ-杜松烯（δ-cadinene）、β-石竹烯氧化物（β-caryophyllene oxide）、β-榄香烯（β-elemene）、顺式-β-法尼烯（*cis*-β-farnesene）、α-杜松醇（α-cadinol）、β-荜澄茄油烯（β-cubebene）、α-古巴烯（α-copaene）、斯巴醇（spathulenol）和（*E*）-橙花叔醇［（*E*）-nerolidol］。部分萜类物质几乎在所有的菊花品种中都有产生，但也有许多萜类物质的产生具有品种特异性。萜类物质具有抗真菌、细菌、病毒和寄生虫的作用，还可以阻止食草动物的进食，可被用作杀虫剂等。目前，萜类物质的潜力尚未被充分解析和应用。

如前所述，萜类物质具有异戊二烯的结构单元，由两种常见的五碳前体即异戊烯焦磷酸及其同分异构体二甲基烯丙基焦磷酸构成。因此，这两种五碳前体的合成途径代表了萜类物质基本分子骨架的合成途径。在植物中，这两种五碳前体的合成有两条途径，分别是以乙酰辅酶A为前体物质的甲羟戊酸（MVA）途径和以丙酮酸及甘油醛-3-磷酸为前体的甲基赤藓醇4-磷酸（MEP）途径。针对主要的挥发性萜类物质——单萜和倍半萜的合成而言，一般认为MVA途径主要负责挥发性倍半萜（C15）物质的合成，MEP途径则主要产生挥发性单萜（C10）物质。值得一提的是，参与MEP途径的一整套相应的酶定位于质体中，因此，MEP合成途径通常被认为是质体特异性的。相比之下，参与MVA通路的酶，其亚细胞定位并不清楚。以往的研究认为，这一途径仅发生在细胞质中，然而，新的研究在细胞质、内质网和过氧化物酶体中均发现了参与MVA途径的酶。虽然从合成通路来看，挥发性萜类物质具有不同的合成通路，但一般可以分为三个阶段，即中间体IPP及其同分异构体DMAPP的生成、直接前体物质的生成和萜类生成及其修饰阶段，下文分别介绍。

3.1.1.1 第一阶段（上游阶段）

（1）MVA途径 MVA途径由Lynen、Bloch和Cornforth于20世纪50年代发现，且在动物、真菌、植物的细胞质、古菌和一些细菌中都存在。MVA途径主要包括6个酶促反应。

首先，两分子的前体物质乙酰辅酶A经过乙酰辅酶A酰基转移酶（AACT）的作用生成乙酰乙酰辅酶A（AcAc-CoA）。催化该反应的AACT属于硫解酶家族，包括2个亚型，即Ⅰ型硫解酶（KAT）和Ⅱ型硫解酶（AACT）。其中，Ⅱ型硫解酶定位于胞质中，是萜类物质合成途径的关键酶。研究发现，参与萜类合成的 AACT 在不同物种中的拷贝数相对稳定，如在模式植物拟南芥（*Arabidopsis thaliana*）、水稻（*Oryza sativa*）和杨树（*Populus trichocarpa*），以及两种菊属植物（*C. nankingense* 和 *C. seticuspe*）中均存在两条 *AACT* 基因参与挥发性萜类物质的合成。

随后，乙酰乙酰辅酶 A 和第三个乙酰辅酶 A 分子在羟甲基戊二酰 CoA 合酶（HMGS）的催化下发生羟醛缩合反应生成 C6 化合物 3- 羟基 -3- 甲基戊二酰 -CoA（HMG-CoA）。*HMGS* 基因在不同物种中多以 1～3 个拷贝的形式存在。

接下来，HMG-CoA 还原酶（HMGR）在两分子 NADPH 的参与下催化 HMG-CoA 转化为 MVA。由于该酶催化 MVA 的生成且合成过程不可逆，因此，催化此步反应的 HMGR 被认为是 MVA 合成途径的主要限速酶，也是 MVA 途径的重要调控靶点。所有植物的 HMGR 蛋白都具有两个跨膜序列和一个高度保守催化 C 端的结构域。不同植物中 *HMGR* 拷贝数差异较大，如在模式植物拟南芥和水稻中分别存在 2 条和 3 条 *HMGR*，但是在菊属植物 *C. nankingense* 和 *C. seticuspe* 中 *HMGR* 基因多达 8 条。

经 HMGR 催化生成的 MVA 随后在 MVA 激酶（MK）的作用下生成甲羟戊酸 -5- 磷酸（MVAP），接着在二氧磷基 MVA 激酶（PMK）作用下生成 MVA-5- 二磷酸（MVAPP）。MVAPP 最终在 MVA 焦磷酸脱羧酶的（MPD）作用下生成 IPP。

（2）MEP 途径　　MEP 途径由 Lichtenthaler、Rohmer、Arigoni 和 Seto 在 20 世纪 90 年代至 21 世纪初发现，存在于植物、绿藻和大多数细菌的质体中。在 MEP 途径中，主要包括 7 个酶促反应。

首先，丙酮酸和甘油醛 -3- 磷酸在脱氧木酮糖 -5- 磷酸合酶（DXS）的催化下生成 1- 脱氧 - 木酮糖 -5- 磷酸（DXP）并释放出 CO_2。该反应不可逆，且需要 Mg^{2+} 和硫胺二磷酸的参与。众多研究证实，DXS 在质体萜类生物合成中具有重要的调控和限速作用，是 MEP 途径重要的限速酶之一。DXS 氨基末端带有质体定位信号，蛋白内部还具有高度保守的硫胺磷酸结合域。由于 DXP 的生成对于后续的系列反应生成 IPP 至关重要，因此 MEP 途径又称作 DXP 途径。MEP 通路基因在功能上的分化主要出现在 *DXS* 基因家族中。植物 DXS 酶携带一个高度保守的硫胺素磷酸盐结合域，分为 I 型酶和 II 型酶，前者主要在光合作用组织和花组织中表达，后者在特殊的代谢合成中具有更明显的作用。

脱氧木酮糖磷酸盐还原异构酶（DXR）催化 MEP 途径的第二步反应，将 DXP 进行异构化/还原转化为 MEP。催化此步反应的 DXR 是一个同源二聚体，每个单体由三部分组成：N 端结合 NADPH、中心催化区和 C 端螺旋区维持结构。此外，DXR 的氨基末端还具有富含 Pro 的高保守区（包含 57～80 个残基），这段区域负责了其精确的质体定位。DXR 催化的此步反应依赖 NADPH 的还原，且需要 Mg^{2+} 和 Mn^{2+} 的参与。虽然此反应可逆，但也是调控 MEP 途径生成萜类的有效靶点。在不同的植物中，*DXR* 的拷贝数一般较少，多为 1～2 条，某些物种中 DXR 也被认为是 MEP 途径的限速酶。

由 MEP 生成 IPP 和 DMAPP 需要后续 5 个连续的步骤。首先，在胞苷三磷酸（cytidine triphosphate，CTP）的存在下，MEP 经 4- 二磷酸胞苷 -2-C- 甲基 -D- 赤藓醇合酶（CMS）的环化作用生成 4- 二磷酸胞苷 -2-C- 甲基赤藓醇（CDP-ME），并释放焦磷酸。催化此步反应的 CMS 形成同源二聚体结构，每个单体有一个主要的 α/β 折叠结构，延伸的 β 结构交织构成二聚体的界面，活性位点就位于该界面。该酶在 pH 6～9 范围内均有活性。

随后，CDP-ME 在 4- 二磷酸胞苷 -2-C- 甲基赤藓糖激酶（CMK）催化下生成 4- 二磷酸胞苷 -2-C- 甲基 -D- 赤藓醇 -2- 磷酸（CDP-ME2P）。催化此步反应的 CMK 以同源二聚体形式发挥作用，每个单体的两个区域也呈 α/β 折叠结构。N 端负责结合 ATP 辅因子，C 端参与底物 CDP-ME

的反应。

CDP-ME2P随后被2-甲基赤藓糖-2,4-环焦磷酸合酶（MCS）催化生成2C-甲基-D-赤藓醇-2,4-环磷酸（MECDP）。催化该反应的MCS形成钟形同源三聚体，每个亚基都由4个β折叠和3个α螺旋构成一个α/β结构，每两个亚基缝隙间共形成三个活性位点。两个亚基之间以四面体配位的形式结合Zn^{2+}，该酶可能还需要另一个来自底物的二价阳离子共同参与反应。

在1-羟基-2-甲基-2-（E）-丁烯基-4-焦磷酸合酶（HDS）的作用下，MECDP在双电子还原中被转化成1-羟基-2-甲基-2-（E）-丁烯基-4-焦磷酸（HMBPP）。催化该反应的HDS形成一个头尾相接的同源二聚体，每个亚基由两部分组成：N端的β-barrel结构和C端的α/β折叠结构。该酶有一个铁硫簇Fe_4S_4，对氧很敏感，需要在无氧情况下进行反应。酶的底物结合位点位于N端，可能含有一些极性结构。

在最后一个步骤中，HMBPP被IPP合酶（IDS）转换为IPP和DMAPP，其产出比例为（5~6）：1。催化此步反应的酶是一个单体蛋白，三个相似的α/β折叠构成一个三叶草形状结构，中间含有一个铁硫簇Fe_3S_4。该酶含有三个重要的半胱氨酸（C13、C96和C193）稳定铁硫簇，两个保守的组氨酸（His42和His124）提供二磷酸的结合位点。该酶同样对氧敏感，酶活反应需要在厌氧条件下进行。

3.1.1.2　第二阶段（中游阶段）

MVA途径只产生IPP，而MEP途径能以（5~6）：1的比例合成IPP和DMAPP。此外，经两条途径所产生的IPP可以穿过质体膜互为对方所用。而同样作为萜类物质合成基本单元的DMAPP需要额外的催化步骤生成。研究发现，两种途径生成的IPP转化为DMAPP的反应都依赖异戊烯焦磷酸异构酶（IDI）。IDI可以可逆地将IPP转化为DMAPP，并控制它们之间的相对平衡。近年来，在长春花和菊花基因组中，分别发现了一个和两个不同的*IDI*基因。*IDI*基因经转录生成长转录本和短转录本两种类型，它们的区别在于编码的蛋白质是否具有N端转运肽（TP）。长转录本编码的蛋白靶向质体和线粒体，短亚型靶向过氧化物酶体，与其C端存在过氧化物酶体靶向序列一致，这暗示了植物中异戊二烯类生物合成中有不同亚细胞室的参与。尽管IPP和DMAPP存在于几个不同的亚细胞室中，但异戊烯焦磷酸的生物合成位置是特异性的，依赖于相应的异戊烯转移酶的亚细胞定位。

IPP和DMAPP的缩合反应依赖于异戊烯基焦磷酸合酶（IDS）。根据产物的立体化学性质，IDS可以分为反式-IDS和顺式-IDS。反式-IDS主要用于合成C10~C15的IPP，主要包括植物中同型/异型二聚体牻牛儿基焦磷酸合酶（GPPS）、法尼基焦磷酸合酶（FPPS）、牻牛儿基牻牛儿基焦磷酸合酶（GGPPS）、茄氨基焦磷酸合酶（SPPS）和聚戊烯基焦磷酸合酶（PPPS）。菊属植物*C. nankingense*和*C. seticuspe*拥有中等大小的反式-IDS基因家族，分别拥有10个和12个拷贝。进化树分析表明，6条来自*C. nankingense*和7条来自*C. seticuspe*的*IDS*可能发挥了GPPS/GGPPS的功能，而其余的*IDS*可能发挥了FPPS的功能。有趣的是，菊花中编码GPPS/GGPPS的*IDS*拷贝数明显少于拟南芥（12条），这可能是由于菊花中缺少编码用于二倍半萜生物合成的牻牛儿法尼基焦磷酸合酶（GFDP）基因。

高等植物体内IPP和DMAPP形成之后，便可按1：1的比例在牻牛儿基焦磷酸合酶（GPPS）的作用下经头尾缩合生成具有C10骨架的牻牛儿基焦磷酸（GPP）。GPP的产生为后续单萜类物质的生成提供了直接的前体物质。在一些植物中，GPPS存在同型二聚体和异型二聚体两种类型。研究发现，绝大多数催化该反应的GPPS都是同型二聚体，底物结合位点包含DDXXD和FQXXD-DXAD两个区域。从结构上看，异型二聚体GPPS与同型二聚体相比具有不同的特征,异型二聚体GPPS由一个大亚基(LSU)和一个小亚基(SSU)组成。异型二聚体GPPS的LSU与牻牛儿基牻牛儿基焦磷酸合酶(GGPPS)具有较高的序列相似性(50%~75%),包含2个高保守性的、富含Asp的基序作为底物的结合位点,并具有戊烯基转移酶活性,能够产生GGPP,但是产生GPP和FPP的水平通常较低,而SSU与GGPPS的序列相似性仅为22%~38%,并且没有戊烯基转移酶活性。与LSU单独显示的活性相比,LSU与SSU的相互作用导致产物的组成和含量发生变化,这通常有利于GPP的形成。值得一提的是,2009年Anthony等发现GPP并不是唯一合成单萜类物质的前体物质。他们鉴定出一条顺式异戊烯基转移酶基因,编码橙花基焦磷酸合酶1(NPPS1),该酶催化一分子IPP和一分子DMAPP结合,形成另一种单萜物质的前体橙花基焦磷酸(NPP)。

2分子IPP和1分子DMAPP在反式法尼基焦磷酸合酶(FPPS)催化下头尾缩合生成C15骨架的反式法尼基焦磷酸[(E,E)-FPP],(E,E)-FPP被认为是萜类合酶普遍存在的天然底物。此外,科学家还发现了由顺式FPPS催化IPP和DMAPP生成(Z,Z)-FPP的反应,并以(Z,Z)-FPP为底物进一步合成了番茄中主要的倍半萜物质。催化植物FPP生成的FPPS存在于细胞质、线粒体、过氧化物酶体和叶绿体中。大多数的FPPS会形成同型二聚体结构,具有7个保守性的结构域(Ⅰ~Ⅶ);酶与底物的结合位点都由2个富含Asp的基序FARM(first Asp-rich motif)和SARM(second Asp-rich motif)组成。FARM位于Ⅱ区,具有高保守性的DDXX(XX)D序列,是链长决定(chain length determination,CLD)区,SARM位于Ⅵ区,包含序列DDXXD。这两个基元中的Asp和Arg残基对FPPS的活性起着至关重要的作用,位于FARM之前的第四、第五个氨基酸残基则决定了FPPS的作用类型和产物的特异性。

除此之外,3分子IPP和1分子DMAPP在全反式牻牛儿基牻牛儿基焦磷酸合酶(GGPPS)催化下形成具有C20骨架的牻牛儿基牻牛儿基焦磷酸(GGPP)。GGPP可进一步合成参与初级代谢和次级代谢的物质,包括类胡萝卜素及其分解产物(脱落酸、独角金内酯)、叶绿素、生育酚、赤霉素、质体醌和二萜(以上在质体中合成),以及聚/低聚戊二醇(在胞质中合成)。GGPPS由一个小基因家族编码,该基因家族不但参与萜类化合物的代谢,也影响植物生长发育,如田七、红豆杉等,因此,该基因受到研究人员的重视。该基因家族都含有5个高保守性的区域(Ⅰ~Ⅴ),FARM和SARM分别位于Ⅱ和Ⅴ中,氨基末端包含10个氨基酸的叶绿体导向序列。

3.1.1.3 第三阶段(下游阶段)

植物经过上述一系列酶的催化,生成了植物界多种多样的萜类物质的底物——GPP、NPP、(Z,Z)-FPP、(E,E)-FPP和GGPP。这些底物在相应的萜类合酶(terpene synthase,TPS)的催化下,进一步生成结构多样的植物萜类化合物。TPS具有多个保守的结构域,在催化生成结构多样的萜类化合物的过程中发挥了重要作用。首先,TPS的DDXXD和NSE/DTE结构域结合Mg^{2+}等二价金属离子,使底物发生亲电反应。同时,底物的疏水基团进入酶活性中心,使得异戊二烯和焦磷酸之间的共价键断裂,形成高度不稳定的碳正离子中间体。碳正离子中间体进而发生结构重排,而后经过异构化和环化,最后经过去离子化或加水反应,形成一系列的环状或非环状的萜类物质。所以,单个TPS通常可以产生少至一种多达几十种的产物。RRX_8W基序在被子植物TPS-b分支和裸子植物TPS-d-1进化支的单萜合酶的N端附近高度保守,负责将底物环化,进一步产生环状萜类物质,具有该基序的萜类合酶主要是环化酶。

编码萜类合酶的基因在植物体中构成了一个中等大小的基因家族。*TPS*基因数量在不同植物中相差较大。*TPS*随着物种的演化呈现出整体数量增加的趋势。绿藻门中不能检测到

*TPS*基因，苔藓植物小立碗藓只有3条*TPS*，而一些模式被子植物和裸子植物的基因组中含有40～152条*TPS*基因。在*TPS*进化的过程中，不仅数量出现了扩张，结构也发生了明显的变化。根据序列相似性、基因结构和进化树分析结果，*TPS*基因家族被分为7个亚家族：*TPS-a*、*TPS-b*、*TPS-c*、*TPS-d*、*TPS-e/f*、*TPS-g*和*TPS-h*。研究人员推演了*TPS*在早期陆地植物中的进化模式。*TPS*起源于绿藻和陆生植物分化时，可能与植物早期登陆有关。*TPS-c*分支的祖先是CPS/KS双功能酶，具有完整的α、β和γ三个结构域，且α、β结构域分别带有DDXXD和DXDD结构域。由于微生物中鉴定的大部分MTPS通常只有α结构域（可以合成单萜和倍半萜，说明α结构域对被子植物*TPS-a*、*TPS-b*、*TPS-g*分支特别重要），推测*TPS-c*分支的CPS/KS双功能酶来源于α与β、γ的融合，这种融合可能发生在更早的植物类群中，也有可能是更早的植物类群获得了微生物的平行转移。接着古老的CPS/KS发生了两次基因复制，形成了现存的*TPS-c*分支、*TPS-e/f*分支和*TPS-a*、*TPS-b*、*TPS-d*、*TPS-g*、*TPS-h*三个大分支的祖先分支。此外，根据目前的认知，*TPS-a*、*TPS-b*和*TPS-g*这三个亚家族包含了被子植物中几乎所有的单萜合酶和倍半萜合酶，负责了挥发性萜类物质的合成。具体而言，*TPS-a*亚家族在7个*TPS*亚家族中最为庞大，并可以进一步分为*a-1*和*a-2*两组，前者是单子叶植物特异性的，后者是双子叶植物特异性的。*TPS-a*亚家族基因在植物中主要发挥合成倍半萜的功能。*TPS-b*亚家族多为双子叶植物的单萜合酶或异戊二烯合酶。对不同物种的*TPS*基因家族分析发现，*TPS-a*和*TPS-b*成员发生了显著的种内扩张，*TPS-g*分支基因扩张并不明显，暗示了*TPS-a*分支的进化速度更快，*TPS-b*分支进化速度次之，*TPS-g*分支的进化速度最慢，功能更为保守，所以*TPS-g*分支可能更多保留了被子植物中*TPS-a*、*TPS-b*、*TPS-g*三个分支祖先基因的功能，具有产生非环状单萜和倍半萜的功能。通常认为，TPS蛋白长550～850个氨基酸，分子质量在50～100kD。单萜合酶长600～650个氨基酸，含有一个N端转运肽，这与质体中单萜的生物合成是一致的。由于倍半萜的生物合成发生在细胞质中，所以倍半萜合酶缺乏质体靶向信号，通常较单萜合酶短50～70个氨基酸。研究发现，物种内*TPS*基因快速扩张以后，通常伴随着不同拷贝之间的功能分化，主要体现在两点：一是基因编码区序列的快速变异，种内不同*TPS*基因之间的同源性远大于种间*TPS*序列的相似性，而且种内*TPS*基因序列也发生了快速的歧化。二是*TPS*基因的调控区或者相关转录因子发生了显著的歧化（应该是调控区分化为主），导致*TPS*基因表达模式发生了显著的变化，从而控制不同组织和发育时期挥发性萜类物质的合成及对各种生物和非生物胁迫做出响应。例如，通过挖掘菊属*C. nankingense*的基因组序列，研究人员鉴定出155个与已知*TPS*基因序列高度相似的位点，其中有59个位点编码全长*CnTPS*基因，包括27个*TPS-a*、18个*TPS-b*、5个*TPS-g*、3个*TPS-c*和6个*TPS-e/f*。与此同时，菊属*C. seticuspe*基因组中鉴定出169个*TPS*位点，其中66个位点编码可能的全长*CsTPS*基因，包括24个*TPS-a*、28个*TPS-b*、2个*TPS-g*、4个*TPS-c*和8个*TPS-e/f*。两种菊属植物中的*TPS*基因拷贝数远高于模式植物拟南芥中的32条，这也与菊花较强的萜类物质合成能力相一致。此外，TPS编码区序列的歧化带来的后果是不同TPS对底物的识别和产物的催化发生了显著的不同。萜类合酶可以利用同一个底物合成数量众多的产物，而且这些产物很多还具有丰富的空间和立体特异性。萜类合酶还可以利用多种不同的底物，如GPP和FPP，同时催化合成单萜和倍半萜类物质。萜类合酶不仅具有上述催化功能的多样性，还具有很好的功能可塑性，等位基因可以在不同物种或者栽培种中发挥不同的作用。细胞区间分布也可以影响萜类合酶在植物内的催化产物和功能的多样性。虽然底物在不同的细胞区间内存在着互换，但是互换的效率并不高。例如，在香雪兰（*Freesia hybrida*）中，花朵挥发性成分主要为萜类化合物，包含单萜（芳樟醇、α-松油醇、柠檬烯等）、倍半萜（可巴烯、芹子烯等）及不规则萜（紫罗兰酮、β-紫罗兰酮等）等。研究人

员对参与这些主要挥发性物质合成的萜类合酶基因进行了克隆与功能鉴定，结果表明香雪兰的多条 *TPS* 具有利用多种底物合成不同挥发性萜类物质的能力。但是FhTPS1、FhTPS2、FhTPS4具有质体定位信号肽，在植物体内主要负责利用以质体来源的GPP合成单萜物质，如芳樟醇（linalool）、α-松油醇（α-terpineol）等；FhTPS6、FhTPS7、FhTPS8则定位于细胞质，主要以细胞质来源的FPP为底物合成倍半萜类物质，如橙花叔醇（nerolidol）、芹子烯（selinene）、α-古芸烯（α-gurjunene）等。此外，同一细胞区间内不同萜类合酶对底物的竞争也可以影响TPS功能的多样性。例如，上述香雪兰的FhTPS1、FhTPS2、FhTPS4相互竞争质体来源的GPP；FhTPS6、FhTPS7、FhTPS8相互竞争细胞质来源的FPP，它们的表达量及酶的催化性质决定了对底物的利用效率，进而影响了花朵挥发性萜类物质的种类和含量。

此外，TPS可能不是挥发性萜类物质合成的唯一催化酶。例如，玫瑰醇是知名度最高的挥发性萜类物质之一，通常由香叶醇和香茅醇两类物质组成，是玫瑰和某些月季品种中标志性的花香成分，在精油、化妆品、洗化用品、食品添加剂等领域有着广泛的用途。研究人员在月季中鉴定了四条 *TPS* 基因，一条编码大根香叶烯合酶、一条编码芳樟醇合酶、两条编码双功能酶（分别负责芳樟醇和橙花叔醇的合成），而未鉴定到负责月季中释放量最高的香叶醇和香茅醇合成的TPS。2015年，研究人员发现了月季中Nudix水解酶负责的香叶醇合成途径。因此，目前来看，植物中香叶醇的生物合成由两类不同的酶控制：一类是TPS，通过催化底物GPP合成香叶醇，如紫花罗勒中的香叶醇合酶（GES）。通常来看，控制香叶醇合成的TPS定位在质体中，消耗质体中MEP途径来源的底物。另一类是细胞质区间内工作的 *NUDX1* 基因，*NUDX1* 基因编码的Nudix水解酶催化GPP产生GP，而GP在另一个未知的磷酸酶的作用下生成香叶醇。进一步的研究发现 *NUDX* 基因家族还参与了倍半萜法尼醇的生物合成，NUDX1-2可以识别倍半萜合酶底物FPP，大体过程可能与GPP的水解类似，经历FPP→FP→法尼醇的过程。因此，植物体内存在复杂的代谢通路负责了挥发性萜类物质的合成。

在挥发性萜类物质合成过程中，萜类物质可被进一步修饰，如羟基化修饰、氧化还原修饰、甲基化修饰等，这些修饰进一步丰富了其结构的多样性。在植物体内，柠檬醛（citral）的合成就是萜类物质后期修饰的一个代表性案例。柠檬醛是一类非环化的单萜醛，由反式香叶醛 [（*E*）-geranial] 和顺式橙花醛 [（*Z*）-neral] 两种同分异构体组成，反式香叶醛和顺式橙花醛分别是单萜类物质香叶醇（geraniol）和橙花醇（nerol）的衍生物。首先，香叶醇是底物GPP在香叶醇合酶（GES）的催化下合成的，香叶醇在植物体内可能自发或者经相关酶的催化转化为其同分异构体——橙花醇。不过大豆橙花醇合酶（NES）的成功分离预示着植物体内可能存在着一个特异的橙花醇合成途径，即以NPP为底物在NES的催化下合成橙花醇。这也从侧面证明首次在番茄中发现的萜类合酶的底物NPP，可能在可以合成橙花醇的植物中普遍存在。其次，香叶醇和橙花醇合成以后，它们在脱氢酶作用下通过脱氢氧化反应生成柠檬醛。例如，姜花（*Hedychium coronarium*）中的HcADH3能催化橙花醇和香叶醇生成柠檬醛。此外，Luan等的研究还发现：柠檬醛在植物体内还可以被进一步还原成香茅醇（玫瑰和香叶天竺葵精油主要成分），不过具体的过程迄今还未被完全解析。此外，萜类物质的糖基化修饰也有报道。例如，桂花中的糖基转移酶UGT85A84催化芳樟醇及其氧化物和糖供体发生反应，产生芳樟醇-UDPGlc和芳樟醇氧化物-UDPGlc两种化合物，表明UGT85A84能在体外对芳樟醇和芳樟醇的氧化物进行糖基化。从某种程度上讲，催化不规则萜类物质合成的类胡萝卜素的裂解合成双加氧酶基因（*CCD*）也属于萜类物质下游的修饰基因。它们主要以各种类型的类胡萝卜素为底物，将其进一步修饰为多种形态的脱辅基类胡萝卜素。其中 *CCD* 家族中的 *CCD1* 和 *CCD4* 的催化产物多为芳香味的小分子，以β-紫罗兰酮（β-ionone）最具代表性。由于这类物质对人的嗅觉而言有极低的阈值，可以在花朵和果实中释放，它们对花朵和果实的香味形成至关重要，如桂花中的特征香气β-紫罗兰酮就是在*CCD4*的催化下形成的。

3.1.2 苯环/苯丙素类物质

3.1.2.1 骨干合成途径

植物花香挥发物中的第二大类化合物是苯环/苯丙素类化合物，这些化合物均由含芳香环的氨基酸即苯丙氨酸衍生而来。这些化合物按照骨架结构，可以分为3个子类：①苯类化合物，由C6-C1骨架组成；②挥发性苯丙烷类化合物，由C6-C2骨架组成；③挥发性苯丙烯类化合物，由C6-C3骨架组成。常见的挥发性的苯环/苯丙素类化合物有苯甲酸苯乙酯（phenylethylbenzoate，PEB）、苯甲酸苯甲酯（benzyl benzoate，BB）、苯甲酸甲酯（methylbenzoate，MB）、丁香酚（eugenol，Eug）等。

在苯环/苯丙素类化合物的合成过程中，起始阶段是在质体中，由磷酸烯醇丙酮酸（phosphoenolpyruvate，PEP）和赤藓糖-4-磷酸（erythrose-4-phosphate，E4P）先后通过莽草酸途径的多步酶促反应催化，最终生成苯丙氨酸，再转运到细胞质中。苯丙氨酸通过苯乙醛合成酶（phenylacetaldehyde synthase，PAAS）的催化生成挥发性物质苯乙醛，该途径生成了C6-C2骨架，也生成了苯甲酸苯乙酯骨架。苯乙醛通过苯乙醛还原酶（phenylacetaldehyde reductase，PAR）催化生成2-苯乙醇。这一途径在多种植物中已被鉴定，例如，在大马士革玫瑰中存在一条*PAR*基因，其主要在花瓣中表达。体外酶活显示，该酶能以NADPH为辅助因子，催化苯乙醛还原为2-苯乙醇。2-苯乙醇生成后再由苯甲醇/苯乙醇苯甲酰基转移酶（benzoyl-CoA：benzylalcohol/2-phenylethanol benzoyltransferase，BPBT）将苯甲酰-CoA和2-苯乙醇酰化，生成苯甲酸苯乙酯。

此外，经PAL催化生成的肉桂酸可在相应的甲基转移酶的作用下生成挥发性物质肉桂酸甲酯（methylcinnamate，MeCA），也可通过非β氧化途径或β氧化途径生成苯甲醛、苯甲醇、苯甲酸等苯环类挥发物的核心前体物质。例如，苯甲醛具有杏仁和樱桃香味，是自然界中结构最简单的芳香醛，在食品香精行业中的应用仅次于香草醛。矮牵牛花在夜间释放大量含有苯环的挥发物，苯甲醛是其中含量第二高的化合物。然而，植物中直接控制合成苯甲醛的基因一直没有被鉴定。直到2022年，美国普渡大学的科研人员通过经典的酶纯化手段，分离了矮牵牛中的苯甲醛合成酶BS，并证实苯甲醛主要通过β氧化途径产生。β氧化途径开始于肉桂酸在肉桂酰辅酶A连接酶（cinnamoyl-CoA ligase，CNL）的作用下生成肉桂酰-CoA（cinnamoyl-CoA，CA-CoA）。肉桂酰-CoA先后经历水合、氧化及β-酮硫酯的裂解，最终形成苯甲酰-CoA（benzoyl-CoA，BA-CoA）。苯甲酰-CoA形成后在苯甲醛合成酶BS催化下脱去CoA即形成了苯甲醛。苯甲醛合成酶BS主要通过异源二聚体的形式发挥作用，这是现阶段较为少见的异源二聚体蛋白参与植物次级代谢的实例。系统发育分析表明，苯甲醛合成酶的同源基因广泛存在于各个科属的植物中，来自拟南芥、番茄和扁桃中的同源基因都具有苯甲醛合成酶活性，暗示了这一代谢途径生成苯甲醛在植物具有广泛的保守性。然而也有报道在非β氧化途径中，肉桂酸在细胞质中先被转化为3-羟基-3-苯基丙酸，进而通过未知途径生成苯甲醛。苯甲醛经苯甲醛脱氢酶（benzaldehyde dehydrogenase，BALDH）氧化生成苯甲酸或苯甲醇。上述两种途径生成的苯甲酸可在苯甲酸/水杨酸缩甲基转移酶（benzoic acid/salicylicacid carboxyl methyltransferase，BSMT）的作用下生成苯甲酸甲酯。苯甲醇的产生也为后续多种类型的挥发性苯环/苯丙素类物质的合成奠定了基础。例如，苯甲醇可与β氧化途径中的苯甲酰-CoA在苯甲醇/苯乙醇苯甲酰基转移酶催化下生成苯甲酸苯甲酯（benzylbenzoate，BB）。在观赏植物姜花中，苯甲酸/水杨酸甲基转移酶HcBSMT2可以控制合成苯甲酸甲酯。苯甲醇亦可经酶的催化生成多种脂肪酸甲酯，如异戊酸苯甲酯（benzyl isovalerate）、惕各酸苯甲酯（benzyl tiglate）、丁酸苯甲酯（benzyl butyrate）、己酸苯甲酯（benzyl hezanoate）等，这些成分是早期被子植物王莲花朵的主要挥发性物质。

经PAL催化生成的肉桂酸还可以在肉桂酸-4-羟化酶（cinnamate-4-hydroxylase，C4H）催化下生成香豆酸（coumaric acid，CA）。香豆酸可在4-香豆酰辅酶A连接酶（4-coumaroyl-CoA ligase，4CL）作用下生成4-香豆酰辅酶A。4-香豆酰辅酶A可以经过多步酶促反应生成咖啡酰辅酶A（caffeoyl-CoA，CFA-CoA）。随后，咖啡酰辅酶A 3-O-甲基转移酶（caffeoyl-CoA 3-O-methyltransferase，CCoAOMT）催化咖啡酰辅酶A生成阿魏酰辅酶A（feruloyl-CoA，FA-CoA）。阿魏酰辅酶A又经多步酶促反应生成针叶醇（coniferyl alcohol，ConA），后经针叶醇乙酰转移酶（coniferyl alcohol acetatyltransferase，CFAT）催化生成针叶乙酸酯（coniferyl acetate，ConAc）。针叶乙酸酯是多种挥发性物质的直接前体，例如，其可分别被丁香酚合酶（eugenol synthase，EGS）和异丁香酚合酶（isoeugenol synthase，IGS）催化，生成香味物质丁香酚（eugenol，Eug）和异丁香酚（isoeugenol，IEug）。在月季中，丁香酚合酶基因RcEGS1主要在中国古老月季'月月粉'的花瓣中表达，负责月季中的丁香酚生物合成。C6-C3的骨架形成以后，通过后续的羟甲基转移酶、酰基转移酶和P450家族的酶对C6-C3进行甲基化、酰基化和氧化等，生成多样的C6-C3的挥发性苯丙烯类化合物，如甲基丁香酚（MetEug）和异甲基丁香酚（MetIEug）等。

3.1.2.2 下游衍生物修饰

通过上述途径生成的C6-C1、C6-C2、C6-C3骨架，在酰基转移酶、羟甲基转移酶（OMT）和羧甲基转移酶（SABATH）等蛋白的修饰下，进一步转化成各种花香挥发物。它们对挥发性苯类化合物的最终生物合成步骤有很大贡献。

酰基化反应是植物次级代谢中的一类较有代表性的关键反应，能够催化含氧、含氮及含硫化合物合成相应的酯、酰胺类产物。植物中催化酰基化反应的酶即为酰基转移酶，这类酶能够催化活性酰基供体转移至特定受体，其常见的酰基供体主要包括酰基化的糖苷、酰基载体蛋白、酰基辅酶A硫酯等。植物中的酰基转移酶分为两个家族，BAHD酰基转移酶和丝氨酸羧肽酶样酰基转移酶（SCPL），它们分别以酰基辅酶α硫酯和1-O-β-葡萄糖酯为酰基供体。BAHD酰基转移酶家族的名字是由该家族中最早完成生化功能鉴定的4类酶的英文首字母组合形成，这4类酶分别为苯甲醇O-乙酰基转移酶（benzylalcohol O-acetyltransferase，BEAT）、花青素O-羟化肉桂酰基转移酶（anthocyanin O-hydroxycinnamoyltransferase，AHCT）、邻氨基苯甲酸N-羟化肉桂酰基/苯甲酰基转移酶（anthranilate N-hydroxycinnamoyl/benzoyltransferase，HCBT）和去乙酰化4-O-乙酰基转移酶（deacetylvindoline 4-O-acetyltransferase，DAT）。这些酰基转移酶又可被进一步划分为醇酰基转移酶、生物碱酰基转移酶、类黄酮酰基转移酶、脂质相关酰基转移酶、N-酰基转移酶、奎宁/莽草酸酰基转移酶、丝氨酸羧肽酶类酰基转移酶、蔗糖酰基转移酶、萜类化合物酰基转移酶和其他酰基转移酶等。其中，醇酰基转移酶（alcohol acetyltransferase，AAT）是芳香生物化学中的关键酶。能够催化酰基辅酶A的酰基部分转移到相应的醇上，从而形成挥发性酯。挥发性酯类化合物在香料中占有重要地位，大多具有花香、果香、酒香或蜜香香气，广泛存在于自然界中。仙女扇（Clarkia breweri）是加利福尼亚的一种一年生植物，它的香味主要来自三种苯类酯：乙酸苯甲酯、苯甲酸苯甲酯和水杨酸甲酯。花瓣组织主要负责乙酸苯甲酯和水杨酸甲酯的释放，而雌蕊是苯甲酸苯甲酯的主要来源。其中负责合成乙酸苯甲酯的酶为乙酰辅酶A：苯甲醇酰基转移酶（acetyl-coenzyme A: benzylalcohol acetyltransferase，BEAT），能够催化乙酰辅酶A和苯甲醇的酯化。

植物花香挥发物通过苯丙烷类合成途径、脂肪酸合成途径合成了羟基骨架化合物后，通过羟甲基转移酶进行羟甲基甲基化，生成蒸气压更低的甲基类化合物，进一步丰富植物苯环/苯丙素类物质的多样性。在羟甲基甲基化过程中，甲基供体一般为 S-腺苷甲硫氨酸（S-adenosyl-L-methionine，SAM），而甲基受体则具有一定的选择性及特异性。植物花香挥发物的羟甲基转移酶因为催化产物分子量低，因而被称为小分子OMT（SMOMT），属于典型的 I 型甲基转移酶，相对应地，催化木质素等大分子物质甲基化的OMT则属于 II 型甲基转移酶。OMT家族是一类成员较少的基因家族，迄今为止，拟南芥中鉴定出14个成员，水稻中鉴定出13个成员，玫瑰中鉴定出6个成员。目前，已在多种植物鉴定了OMT的功能，例如，3,5-二甲氧基甲苯（DMT）为月季的主要挥发物之一，导致DMT的生物合成途径的最后步骤包括连续的两个甲基化反应，分别由高度相似的苔黑酚 O-甲基转移酶（OOMT）1和OOMT2催化。OOMT1和OOMT2酶表现出不同的底物特异性，这与它们在DMT生物合成中的催化顺序一致。同时，这些不同的底物特异性主要是由OOMT的酚基底物结合位点上的单个氨基酸多态性决定。对代表蔷薇属多样性的18个物种的 $OOMT$ 基因家族的分析表明，只有中国月季同时具有 $OOMT2$ 和 $OOMT1$ 基因。此外，还发现月季特有的 $OOMT1$ 基因很可能是从现存月季基因组中具有同源性的 $OOMT2$ 基因进化而来的。因此，$OOMT1$ 基因的出现可能是月季香气产生的关键一步。

羧甲基转移酶是一类能催化羧基酸甲基化生成脂类化合物的甲基转移酶，这一家族以最早发现的三个酶进行命名：来自仙女扇的水杨酸甲基转移酶（salicylic acid carboxyl methyltransferase，SAMT）、来自金鱼草的苯甲酸甲基转移酶（benzoic acid carboxyl methyltransferase，BAMT）和可可碱合成酶（theobromine synthase，TS），因而被称为SABATH家族。植物的SABATH是一个小家族，该家族成员可进一步分为3个亚家族：I 类甲基转移酶能够催化IAA（吲哚乙酸）甲基化成IAA-甲酯，II 类成员能够催化苯甲酸和水杨酸甲基化成苯甲酸甲酯和水杨酸甲酯，III 类成员则专一催化麝油酸（farnesoic acid）甲基化生成相应的甲酯。SABATH家族成员蛋白序列长度为350～390个氨基酸，且不含有信号肽结构，因此仅定位在细胞质中。花香挥发物相关的SABATH家族合成酶在多种被子植物中被报道，例如，姜花作为热带和亚热带地区受欢迎的观赏植物，其香气强烈诱人，姜花的香气成分主要由苯甲酸甲酯和单萜组成，其中苯甲酸甲酯主要由苯丙氨酸/水杨酸甲基转移酶HcBSMT2控制合成。王莲、睡莲等的花朵释放的大量己酸甲酯也已经被确定是由SABATH家族负责合成的。

3.1.3 脂肪酸衍生物

脂肪酸衍生物构成了被子植物花香挥发物的第三大类，根据其化合物结构的不同，可以分为7小类：①直链脂肪烃类，如正戊烷等；②烯烃类，如戊二烯（piperlene）等；③酸类，如4-甲基戊酸（4-methylvaleric acid）、戊酸（valeric acid）等；④醛类，如戊醛（pentanal）、2-戊醛（2-pentanal）等；⑤酮类，如4-羟基-4-甲基-2-戊酮（4-hydroxy-4-methyl-2-pentanone）、3-羟基-2-戊酮（3-hydroxy-2-pentanone）等；⑥醇类，如3-甲基-1-戊醇（3-methyl-1-pentanol）、正戊醇（pentanol）等；⑦脂类，如戊二酸二甲酯（dimethyl glutarate）、己酸丁酯（butyl caproate）、己酸甲酯（methyl caproate）等。研究表明，多数被子植物花香挥发物中的脂肪酸衍生物来自饱和或非饱和脂肪酸。小分子的直链脂肪烃类、醇类、醛类和脂类等都属于脂肪酸衍生物，如1-己醛（1-hexanal）、顺-3-己烯醇 [（Z）-3-hexenol]、壬醛（nonanal）和茉莉酸甲酯（methyl jasmonate）、（Z）-3-己烯基苯甲酸酯、2-甲基丙酸辛酯、辛醛、癸醛、反式-2-己烯醛、榄香醇等。脂肪酸类衍生物在很多被子植物花香挥发物中都伴随着萜类、苯环苯丙素类化合物的出现。例如，在野生牡丹中，研究人员采用顶空固相微萃取（SPME）结合气相色谱-质谱联用（GC-MS）技术对9种野生牡丹花瓣的挥发性成分进行了分析，共检测到124种挥发性成分，主要分为萜类、烷烃类、醇类、醛类和酮类。同样，研究人员从21个芍药品种中鉴定出34种挥发性化合物，包含萜类14种、醇类9种、酯类7种、醛类1种、酮类1种、芳烃类2种。此外，脂肪酸类衍生物与多种昆虫的信息素极为相似，多被植物用来模拟昆虫异性，吸引传粉者。因此，脂肪酸类衍生物在推动授粉昆虫与花朵协同进化方面发挥了重要的作用。

脂肪酸衍生物一般由C18不饱和脂肪酸即亚油酸或亚麻酸经过酶的催化产生。这些脂肪酸的生物合成依赖于糖酵解的最终产物丙酮酸，丙酮酸在质体中被催化生成乙酰辅酶A。乙酰辅酶A与丙二酸单酰辅酶A通过缩合还原反应生成C18脂肪酸。C18脂肪酸如亚麻酸进入脂氧合酶途径（lipoxygenase，LOX）。在进入脂氧合酶途径后，不饱和脂肪酸进行立体定向氧化，LOX将亚麻酸氧化，形成9-氢过氧化物（9-hydroperoxide）和13-氢过氧化物（13-hydroperoxide）中间体。这两种中间体通过LOX途径的两个分支进一步代谢，生成挥发性化合物。例如，13-氢过氧亚麻酸经13-酰基转移酶（13-hydroperoxide lyase，13-HPL）催化，生成挥发性的己醛和（Z）-3-己醛。己醛和（Z）-3-己醛可在乙醇脱氢酶（alcohol dehydrogenase，ADH）作用下成相应的挥发性醇。此外，（Z）-3-己醛还可以通过异构酶催化产生另一种同分异构体（E）-2-己醛，进而被乙醇脱氢酶和醇酰基转移酶（AAT）先后催化，分别产生挥发性的（E）-2-己醇和（E）-2-己烯酯。同样地，（Z）-3-己醇也可被醇酰基转移酶催化，生成（E）-3-己烯酯。与此同时，9-氢过氧亚麻酸可被进一步转化为（Z）-3-壬醛和（Z,Z）-3,6-壬二醛。接下来，它们可被异构酶（isomerase，ISO）、乙醇脱氢酶或醇酰基转移酶催化，生成（E）-2-壬醛、（Z）-3-壬醇、（Z,Z）-3,6-壬二醇、（E,Z）-3,6-壬二醛、（Z,Z）-3,6-壬二醇、（Z,E）-3,6-壬二烯酯等。

α/β氧化是植物花香挥发物中脂肪酸类衍生物合成的另外两条重要途径，虽然通过α氧化和β氧化是所有生物体中降解直链脂肪酸形成挥发性脂肪酸衍生物的主要过程，但植物中的具体途径尚不清楚。植物中的脂肪酸α氧化机制涉及游离脂肪酸（C12～C18），通过一种或两种中间体将其降解为减少一个碳原子数目的长链脂肪醛和二氧化碳，该过程涉及的关键酶为双功能α-双加氧酶/过氧化物酶和NAD$^+$氧化还原酶。β氧化导致母体脂肪酸连续去除C2单位（乙酰辅酶A）。常规β氧化的详细机制已经建立起来。正向和反向遗传筛选揭示了β氧化在植物发育过程和响应胁迫中的重要性。目前在从多种植物中分离的精油中发现了短链和中链线性羧酸，这些羧酸由重复的β氧化循环形成，然后由酰基辅酶A水解酶的作用形成，同时，酰基载体蛋白（acyl ACP）的从头合成和水解也可以提供挥发性脂肪酸。C10以下的脂肪酸由于具有黄油和奶酪般的气味，因此常被用于香料的生物合成。短链和中链的醛和醇可能是通过酰基辅酶A形成的，此外，醇也可以通过ADH介导的醛的氧化形成。然而，由于醇与醛相比具有较高的气味阈值，因此作为挥发性脂肪酸衍生物类物质对气味的贡献不太重要。挥发性酯的生产依赖于在β氧化和醇类过程中形成的酰基辅酶A的供应。醇酰基转移酶（AAT）能够结合各种醇和酰基辅酶A，从而产生多种酯的合成。许多AAT基因已经在园艺作物中被分离和鉴定出来。例如，月季'香云'品种中，顺-3-己烯乙酸酯、乙酸香叶酯和乙酸香茅酯是其主要花朵挥发性酯。从月季表达序列标签数据库中筛选得到一个编码与BAHD家族酰基转移酶高度相似的蛋白RhAAT1，能够催化酰基辅酶A的酰基部分转移到香叶醇和香茅醇上，从而形成乙酸香叶酯和乙酸香茅酯。挥发性脂肪酸衍生物的另一个主要成分是烷醇化物，它们具有γ-（4-）或δ-（5-）-内酯结构，具有8～12个碳原子。从不同来源分离的相同内酯的光学纯度和绝对构型都有所不同，然而，所有内酯都来自其相应的4-或5-羟基羧酸，其形成于以下4种途径：①通过 NAD^+ 还原酶进而还原氧酸；②不饱和脂肪酸的水合作用；③环氧化和不饱和脂肪酸的水解；④氢过氧化物的还原。但是目前专门参与该过程的酶和基因尚未被报道。

3.1.4 其他挥发物

在花香成分中，除了萜类物质、苯环和苯丙素类化合物、脂肪酸衍生物等主要成分外，还含有小部分没有被归为上述三类的挥发性化合物。这些化合物的合成和释放一般具有种属特异性。下文以支链氨基酸衍生挥发物和杂环类化合物的生物合成为例进行简要概述。

3.1.4.1 支链氨基酸衍生挥发物的生物合成

许多具有丰富香味的植物，它们的挥发物中的一部分是经氨基酸如丙氨酸、缬氨酸、亮氨酸、异亮氨酸、甲硫氨酸等或这些氨基酸生物合成的中间体衍生出来的，往往含有氮和硫。研究认为，这些氨基酸衍生的挥发物在植物中的合成途径与其在细菌或酵母中相似。在微生物中，氨基酸在氨转移酶的催化下进行初始脱氨或转氨作用，形成相应的 α-酮酸。这些 α-酮酸可以进一步进行脱羧反应，随后进行还原、氧化和/或酯化反应，形成醛、酸和酯等挥发性物质。这些氨基酸也可以是酰基辅酶A的前体，在酰基转移酶催化下与相应的醇发生醇酯化反应，生成各种各样的挥发性酯类。

3.1.4.2 杂环类化合物的生物合成

杂环包括含氮类化合物，如邻氨基苯甲醛、苯乙腈、邻氨基苯甲酸甲酯、N-甲基苯胺、吲哚等；含硫化合物，如甲硫醇、苯并噻唑、异丙基异硫氰酸酯等。在杂环类花香挥发物中，吲哚较广泛存在于多种植物花香挥发物中，是被子植物花香挥发物中常见的化合物，其合成前体为吲哚-3-丙三醇-磷酸，通过吲哚-3-丙三醇-磷酸裂解酶催化生成吲哚。其他释放杂环类化合物的植物，主要以天南星科植物及十字花科的植物为代表。天南星科植物花香释放杂环类化合物，呈特殊的腐烂气味，以吸引特殊的授粉者如食粪甲虫等对其进行授粉；十字花科的植物释放的异丙基异硫氰酸酯则能强烈地驱避害虫，从而起到保护作用。含硫化合物主要来自甲硫氨酸和半胱氨酸，甲硫氨酸在甲硫氨酸-γ-裂解酶的催化下，生成甲硫醇、酮丁酸和氨，半胱氨酸则先通过乙酰化后，再进行裂解和氧化形成含硫氧化物或氧酰基-丝氨酸。

3.1.5 挥发性物质的释放

挥发性物质的释放是一个复杂的过程，存在细胞膜、细胞壁和角质层等多层物理屏障，而且挥发性物质都是有机分子，不容易以扩散的方式通过物理屏障，因此释放过程应该是一个依赖于转运蛋白的转运过程。美国普渡大学 Natalia Dudareva 教授实验室在解析植物挥发性物质的释放方面做出了突出的贡献。他们首次从矮牵牛中鉴定了一个控制苯环/苯丙素类物质转运的 ABC 转运体 PhABCG1，该蛋白定位在细胞膜上，负责挥发性物质向细胞外的释放。近期，该实验室发现了矮牵牛中的另一个 ABC 转运体 PhABCG12，可以通过调控角质层的厚度调控挥发物的释放。与苯环/苯丙素类物质不同的是，挥发性萜类物质的种类更加丰富，它们的转运机制目前仍是一个谜。不过该实验室近期的研究发现，挥发性萜类物质可以在器官内运输，矮牵牛花瓣中表达的 TPS1 基因编码的 TPS 蛋白的催化产物释放以后，可以被柱头吸收，这种类似于烟熏的方式从侧面证明了挥发性萜类物质的释放和吸收可能依赖于转运蛋白。此外，上海交通大学唐克轩教授团队在黄花蒿中也鉴定了一个转运挥发性萜类物质的 ABC 转运体，具体机制还需要进一步阐明。

3.2　花香物质合成的调控

　　植物挥发性物质的合成经历了一系列酶的催化。这些酶的数量和性质影响了底物的转化率，进而对最终的挥发性物质的合成和释放产生影响，如MEP和MVA合成通路中的限速酶DXS、DXR和HMGR等，编码这些酶的基因表达的改变会对挥发性萜类物质的合成产生重要影响。遗传信息在从DNA传递至蛋白质的过程中受到很多调控的影响，主要包括基因水平、转录水平、转录后水平、翻译水平和翻译后水平的调控，以及表观遗传调控（图3.2）。这些水

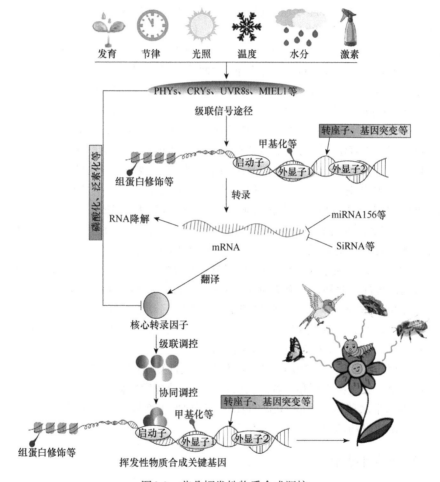

彩图

图3.2　花朵挥发性物质合成调控

植物进化出精确的感知系统，将各种信号作用于细胞内基因并做出反应。信号响应基因，如转录因子基因的结构会影响信号
传递，主要包括基因突变和转座子插入等。响应基因转录成mRNA后，还会受到转录后水平及翻译水平上的调控，主要体
现在mRNA前体hnRNA的剪接和加工、mRNA由细胞核转至细胞质的过程及定位、mRNA的稳定性及其降解等多个环节。
mRNA翻译成的核心转录因子蛋白可以被磷酸化和泛素化等修饰，影响核心转录因子蛋白质的活性及稳定性。核心转录因子
蛋白通过级联调控及协同调控，作用于结构基因的顺式作用元件，控制着这些结构基因在特定的时间和空间表达，进而合成
特定量的酶来推动挥发性物质的合成和释放。因此，这些结构基因也会在基因、转录、翻译等不同水平受到严格调控。此外，
编码这些转录因子和酶的基因还受到表观遗传，如组蛋白修饰、DNA甲基化等的影响。最终，底物通过结构基因编码的酶的
连续催化，转化为挥发性物质并被释放到空气中，以吸引和引导传粉媒介，或者作为植物抗毒素直接抵御食草动物的侵袭，
也可以通过吸引食草动物的天敌起到间接防御的作用

平的调控影响了挥发性物质合成和释放相关基因的表达，进而对挥发性物质的合成和释放产生影响。虽然我们对主要挥发性物质合成途径的上游酶促步骤已经有了一定的了解，但是对最后的酶促步骤及其调控的认识多限于生物学研究中常用的模式植物和具有高附加值的药用植物等。

3.2.1 基因水平调控

基因结构会影响挥发性物质合成相关基因的表达。下文主要从转座子的插入及基因编码区的碱基突变两个角度探讨基因结构变异对挥发性物质合成和释放的影响。转座子（TE）包括反转录转座子和DNA转座子，占据了真核生物基因组的重要部分。尽管长期以来被认为是"垃圾DNA"，但TE现在被广泛认为是基因进化的催化剂，因为它直接影响调控序列或编码序列，并介导序列的变化。转座子研究已经成为理论生物学与实验生物学研究共同关注的热点之一。虽然我们对于转座子的认识还不够深入，但是可以肯定的是，转座子势必会对植物挥发性物质的合成和释放造成影响。例如，对蔷薇科的 *NUDX* 基因家族的序列进化分析发现，*NUDX1-1a* 从 *NUDX1-3* 经由 *NUDX1-1b* 逐步演化而来，在由 *NUDX1-1b* 演化成 *NUDX1-1a* 的过程中发生了反式和顺式的复制及启动子区的转座子插入，使得 *NUDX1-1a* 在花瓣中高表达，进而控制香叶醇的合成。此外，金鱼草属（*Antirrhinum*）植物具有相当复杂的气味特征。*A. majus* 和 *A. linkianum* 在释放苯甲酸甲酯、肉桂酸甲酯、苯乙酮和壬苯二烯等挥发物方面存在差异。遗传分析表明，所有化合物分离的方式符合孟德尔遗传定律，可能源自一两个简单的或上位性位点的相互作用。其中，苯甲酸甲酯是 *A. majus* 释放的主要挥发性物质，而 *A. linkianum* 则缺失这种成分。研究发现，这是由于负责此挥发物合成的苯甲酸羧甲基转移酶基因（*BAMT*）在 *A. linkianum* 中不表达引起的。此基因编码区在 *A. majus* 和 *A. linkianum* 中没有显著差异，内含子-外显子边界也相对保守，这表明与 *A. majus* 相比，*A. linkianum* 中没有选择性剪接。然而进一步研究发现，此基因的启动子区在 *A. linkianum* 中具有多态性，包括两个插入：一个含有IDLE MITE转座子，其附加序列与PLENA位点具有高度同源性，另一个与VENOSA位点的调节区有较低的同源性。此外，还有778bp的缺失。因此，*A. linkianum BAMT* 的启动子有两个大的插入：一个大的缺失，以及多个SNP和indel，表明启动子变化的复杂性可能是导致花瓣中此基因表达完全缺失的原因。这也暗示金鱼草属中活跃的转座子的存在可能导致了该属的快速进化和不稳定性，提高了适应当地传粉者的可能性。

此外，基因编码区的碱基突变同样会影响植物挥发性物质的合成和释放。例如，研究人员探究了尖萼耧斗菜、长白耧斗菜和二者的天然杂交种花朵挥发性萜类物质合成和释放的分子机制。发现负责β-倍半水芹烯合成的TPS8的氨基酸序列发生变异，导致了耧斗菜花朵挥发物中β-倍半水芹烯和β-甜没药烯的相对含量发生改变。

3.2.2 转录水平调控

挥发性物质的合成和释放除需要上述提及的合成通路中相关结构基因编码的酶的催化外，还需要调节基因编码的转录因子（TF）的调控。转录因子控制着这些合成通路基因在特定的时间和空间表达进而推动挥发性物质的合成和释放。转录因子是位于细胞核的DNA结合蛋白，它们可以结合到结构基因顺式作用元件中的启动子区，调节结构基因的表达。如前所述，萜类物质是挥发性有机化合物中最大的一类，且 *TPS* 的拷贝数、表达量及编码的酶的催化特性对挥发性萜类物质的合成和释放起着重要作用。虽然我们对于萜类生物合成途径有了一定的了解，但对 *TPS* 基因在转录水平上的调控网络仍不清楚。目前研究发现，至少有8个转录因子家族参与了挥发性萜类生物合成的调控：AP2/ERF、bHLH、bZIP、ARF、MYB、WRKY、SBP

和 SRS。例如，拟南芥转录因子 AtMYB21 和 AtMYC2 通过赤霉素和茉莉酸（jasmonic acid，JA）信号通路调控两个倍半萜合酶基因 TPS11 和 TPS21 的表达；AtARF6 和 AtARF8 可通过结合 TPS11 和 TPS21 启动子调控倍半萜的合成；AtMYB21 和 AtMYC2 在香雪兰中的同源蛋白 FhMYB21L2 和 FhMYC2 协同调控 FhTPS1 基因的表达，进而调控挥发性萜类物质芳樟醇的合成；姜花 HcMYB1 和 HcMYB2 在其响应生长素信号的花香化合物的形成中起着重要的调控作用，HcARF5 可能参与 HcTPS3 的调控从而控制花朵中关键挥发物 β-罗勒烯的合成。桂花 OfWRKY3 和 OfERF61 通过调控 OfCCD4 表达，从而影响花瓣中不规则萜类物质 β-紫罗兰酮的合成。此外，姜花中的 HcSnRK2.2 和 HcSnRK2.9 通过抑制萜类合酶基因 HcTPS1、HcTPS3 和 HcTPS5 的表达，抑制花朵挥发性萜类物质的合成，暗示植物体内存在精细的调控网络保证挥发性物质适时适量地合成。

苯环/苯丙素类化合物是挥发性有机化合物中的第二大类。矮牵牛和金鱼草是主要合成释放苯环/苯丙素类化合物的代表性物种。针对苯环/苯丙素类化合物合成和调控的研究多来自矮牵牛。迄今已经鉴定出几十个参与编码合成苯环/苯丙素类化合物途径的酶和转录因子。研究发现，参与调控苯环/苯丙素类化合物合成的转录因子主要有 MYB 转录因子［ODORANT 1（ODO1）、MYB4、MYB1、MYB10、EMISSION OF BENZENOIDS Ⅱ（EOB Ⅱ）、EMISSION OF BENZENOIDS Ⅰ（EOB Ⅰ）、PH4、LATE ELONGATEDHYPOCOTYL（LYH）］、F-box 转录因子［ZEITLUPE（ZTL）］和 AP2/ERF 家族转录因子（PhERF6）等。例如，苯丙烷类挥发物苯甲酸甲酯是矮牵牛花香气的主要决定因素，也是吸引昆虫授粉的主要挥发性物质。矮牵牛姊妹种 P. axillaris 和 P. exserta 在产生苯甲酸甲酯方面存在差异。通过 QTL（数量性状基因座）基因定位分析，在矮牵牛花的 Ⅱ 号染色体和 Ⅶ 号染色体上发现了导致这种差异的两个区域。其中，在 Ⅶ 号染色体上定位到一个 MYB 转录因子 ODO1，在两个物种中差异表达。在挥发性苯丙烷类化合物排放最高的夜间，ODO1 的表达量达到峰值，且 ODO1 表达的增加先于挥发性苯丙烷类化合物的释放。莽草酸合成途径的基因表达表现出类似于 ODO1 和挥发性苯丙烷类物质释放的节律。在转基因矮牵牛植株中 ODO1 表达量的下调，显著降低了 DAHP、EPSPS、CM 和 PAL 等基因的表达，进而减少了挥发性苯丙烷类化合物的释放。此外，EBO Ⅱ 可以激活 ODO1 和 EOB Ⅰ，有利于释放挥发性苯环苯丙素类化合物。与此相反，MYB4 转录因子可以负调控 C4H 的表达，从而控制矮牵牛挥发性苯环/苯丙素类化合物的释放。

脂肪酸衍生物也是一些植物（如康乃馨、分泌油脂的金钱草和野生金鱼草）花朵挥发性物质的重要组成成分。挥发性脂肪酸衍生物的生物合成途径是所有挥发性物质中研究最少的，对其转录调控的了解也更少。目前，针对脂肪酸衍生物的研究主要集中在其防御作用上，其转录调控的信息主要涉及茉莉酸（JA）及其在其他次级代谢产物生物合成中的关键作用。许多转录因子如 MYC（MYC2、MYC3 和 MYC4）、MYB、EIN3、EIL、ERF、GAI、RGA 和 RGL1 可能参与了 JA 生物合成的调控和其他次级代谢产物的合成调控。例如，JA 是挥发性萜类物质合成调控转录网络的一部分，受 ARF6 和 ARF8 转录因子调控。

3.2.3　转录后及翻译水平调控

转录后水平调控主要体现在对 mRNA 前体 hnRNA 的剪接和加工、mRNA 由细胞核转至细胞质的过程及定位、mRNA 的稳定性及其降解过程等多个环节进行的调控，还有如 RNA 编辑、RNA 干扰等现象也属于转录后调控的范畴。此外，翻译水平调控主要是植物通过调整 mRNA 翻译成蛋白质的量，来决定植物表型和对环境胁迫的反应，主要体现在核糖体结合不同种类信使 RNA 的翻译起点（起始密码子）的频率、核糖体沿不同信使 RNA 链移动的速度等。遗憾的是，目前针对转录后及翻译水平调控影响植物挥发性物质合成和释放的研究还不多。例如，

miR156可对*SPL*基因进行转录后及翻译水平的调控。而miR156靶向的SPL转录因子在倍半萜生物合成的时空调控中发挥着重要作用，并且在植物中高度保守。在拟南芥中，miR156-SPL通过调控倍半萜合酶基因*TPS21*的表达，从而调控花期（*E*）-β-石竹烯的形成。2015年，陈晓亚课题组证明在多年生芳香草本植物广藿香中，miR156靶向的SPL9可以直接与*TPS21*启动子结合并激活其表达，也可以通过上调广藿香醇合成酶基因（*PatPTS*）的表达促进以（-）-广藿香醇为主的倍半萜的生物合成。一些其他的miRNA已经被预测在不同的植物中靶向特定的萜类生物合成基因。然而，这些预测miRNA的作用仍有待实验证明。

3.2.4 翻译后水平调控

遗传信息从mRNA传递给蛋白质以后，氨基酸序列即开始折叠成为各种构象。在氨基酸折叠过程中需要很多酶或者分子伴侣的参与。氨基酸形成正确的构象并合理装配后，还需要进一步加工和修饰，才能成为正常发挥功能的蛋白质。此外，蛋白质的磷酸化和泛素化等修饰会进一步影响蛋白质的活性及稳定性。从氨基酸的初步形成到最终氨基酸的降解过程所涉及的调控都可归为翻译后水平调控。例如，目前所知的蛋白质降解主要通过两种途径：溶酶体降解途径和泛素介导的蛋白酶体降解途径。溶酶体降解途径是一种非选择性的蛋白质降解途径，主要降解通过摄粒作用和胞饮作用进入细胞内的外源蛋白质。泛素介导的途径是一个受到严格的时空调控的特异性蛋白质降解途径。泛素系统广泛存在于真核生物中，是精细的特异性的蛋白质降解体系。泛素是一种序列保守的小分子蛋白质，蛋白质被泛素结合后，被蛋白酶体通过消耗ATP的方式降解。蛋白酶体存在于细胞质和细胞核中，是一种由10～20个亚基组成的蛋白复合物。在生物细胞体内普遍存在的是26S蛋白酶体，它的组成分为两部分：一部分是20S蛋白酶体，是核心的成分，另一部分是两个19S蛋白酶体，起调节作用。细胞内的大部分蛋白质都是由26S蛋白酶体降解的。研究发现，在拟南芥和苹果中，光周期响应的RING E3连接酶COP1与MYB转录因子相互作用并随后泛素化MYB转录因子，通过26S泛素-蛋白酶体系统降解转录因子，以调控花青素的积累。同样，COP1也参与了花香物质的合成。例如，百合LoCOP1是一个影响花香非常重要的因子，通过泛素化花香物质合成下游的酶基因及转录因子，负向调控花香物质的合成。

此外，植物已经进化出精确的感知系统来接收环境变化，检测到环境变化后，受体/传感器产生信号，细胞内信号通路将这些信号转化为生理反应。在真核生物中，由MAPK组成的丝裂原活化蛋白激酶（MAPK）级联信号通路，包括高度保守的MAPK，MAPK激酶（MAPKK）和MAPKK激酶（MAPKKK），控制下游的传感器/受体介导细胞外信号到细胞内的反应。MPK（MAPK）由MPK激酶（MPKK或MEK）激活，可调节多种生理过程，包括激素信号转导、胁迫反应和植物发育过程。

目前有多项研究证明，植物挥发性物质的释放能够被乙烯、赤霉素和茉莉酸等激素诱导或抑制，还受到环境因素如光照强度、大气CO_2浓度、温度、相对湿度和营养状况等影响。例如，乙烯可下调矮牵牛中编码苯甲酸/水杨酸羧甲基转移酶基因的表达，使矮牵牛整体花的挥发物释放减少。尽管目前针对激素或光照等环境因素影响植物挥发性物质合成和释放的具体机制仍不清楚，但考虑到激素等信号转导途径的保守性，推测这些信号对挥发性物质合成和释放的调控可能跟其他次级代谢产物如花青素合成具有相似的机制。花青素与挥发性物质贡献了花朵的花色和花香两种重要性状，而且多方面的证据证实花色和花香之间可能存在协同调控。例如，从合成通路上看，花色和花香物质合成共享了上游的莽草酸和苯丙烷代谢途径；花色和花香物质可能受控于具有多效性的转录因子调控。例如，调控拟南芥花色苷的SG6家族的MYB

转录因子PAP1转到月季中，发现月季颜色加深，萜类物质释放增加。SPL9可通过直接结合到 *TPS* 启动子上或与PAP1互作进而协同调控挥发性萜类物质和花色苷的合成。HY5可以同时调控花色苷和挥发性萜类合酶基因的表达。花香和花色作为花朵的特殊性状，花朵发育过程相关的转录因子也可能参与了挥发性萜类物质和花色苷等次级代谢产物的合成；花色和花香物质还受到相同的环境因素，如光照强度、大气CO$_2$浓度、温度、相对湿度、营养状况、激素刺激（如乙烯、赤霉素和茉莉酸）等的协同调控。

3.2.5　表观遗传调控

植物中的挥发性物质需要经过复杂的生物合成途径合成，它们的合成和释放具有严格的时空特异性。在过去的几年里，组学技术的发展为我们更好地了解植物挥发性物质的合成和调控提供了支持。尽管如此，表观遗传学在挥发性物质的合成和调控中的作用却一直被忽视。表观遗传是指不需要DNA序列变异导致基因表达的改变。具体来说，表观遗传变异包括DNA甲基化、组蛋白修饰的改变、染色质重塑、组蛋白变体及非编码RNA丰度的变化等。这些表观遗传变化的生物学作用导致基因在转录水平上的激活或沉默。因此，与遗传变异相比，表观遗传主要通过影响基因表达或基因功能来影响表型，而且植物在面对胁迫时，表观遗传变化对胁迫的适应性反应往往更为迅速。

昼夜节律控制下挥发性物质的节律性释放机制一直是过去几年的研究热点。植物在一天中的特定时间释放花香的现象被认为在进化上对植物是有益的，这可以最大限度地提高资源利用率，吸引真正有效的传粉者，也可以避免对取食者的吸引。最近的研究发现，表观遗传调控在花香生物钟调节网络中发挥了重要作用。例如，通过组蛋白修饰和染色质重塑来控制不同的生物钟基因表达，从而微调昼夜阶段基因的表达变化。生物钟基因编码的转录因子是挥发性有机化合物节律性释放的调节因子。例如，矮牵牛和烟草（*Nicotiana attenuata*）的生物钟基因 *LHY* 控制着许多苯环/苯丙素合成相关基因和转录因子基因（*ODO1*、*EPSPS*、*CM1*、*ADT*、*PAL* 等）的表达变化，从而控制这些花挥发物的产生。2021年，研究人员利用矮牛花中释放的大量苯环/苯丙素类挥发性有机化合物，揭示了开花期间组蛋白H3赖氨酸9乙酰化（H3K9ac）的全基因组动态变化，观察到的表观基因组重编程伴随着某些基因位点的转录激活，这些基因位点涉及提供前体苯丙氨酸的初级代谢途径，以及产生挥发性化合物的次级代谢途径。研究人员还观察到在竞争代谢前体的苯丙烷代谢分支中，一些涉及的基因的表达被抑制。进一步研究表明，矮牵牛GNAT家族的组蛋白乙酰转移酶（HAT）是挥发性有机化合物合成和释放相关基因表达所必需的。

DNA甲基化是一种常见的表观遗传修饰，涉及调节许多生物过程。植物DNA甲基化水平的改变也会影响植物花香。2021年，研究人员发现在我国著名的传统观赏植物梅（*Prunus mume*）开花期间，其基因启动子区CHH序列（H代表A、T或C）的甲基化状态变化最为显著。富集分析表明，差异表达的甲基化修饰基因广泛参与了多条花香物质合成通路。而苯丙烷生物合成途径是梅花主要挥发性物质的关键合成途径，其中差异表达的甲基化修饰基因可能在梅花的关键花香物质的生物合成中发挥重要作用，如 *PmCFAT1a/1c*、*PmBEAT36/37*、*PmPAL2*、*PmPAAS3*、*PmBAR8/9/10* 和 *PmCNL1/3/5/6/14/17/20* 等。因此，针对梅花的研究结果首次揭示了DNA甲基化在梅花花香物质生物合成中的广泛作用，并可能在调节梅花花香物质生物合成中发挥重要作用。此外，DNA甲基化还参与了植物-昆虫相互作用。研究人员曾评估了食草动物对油菜（*Brassica rapa*）DNA甲基化和花特征的影响。发现欧洲粉蝶（*Pieris brassicae*）能够诱导油菜DNA去甲基化，进而导致油菜花气味的下降，影响对传粉者的吸引力。

此外，microRNA（miRNA）和长链非编码RNA（lncRNA）在萜类调控网络中也发挥着关键作用。这些非蛋白编码RNA能够调控具有玫瑰香味的天竺葵（*Pelargonium*）的萜类生物合成途径基因。此外，miRNA和lncRNA通过靶向银杏叶中的结构基因和转录因子调控萜类三叶内酯（terpene trilactone，TTL）的生物合成。在白蜡树（*Fraxinus excelsior*）中，肉桂酰辅酶A还原酶2基因表现出不同的甲基化模式，导致苯丙素合成相关基因的表达差异。此外，虽然缺乏直接的证据证明表观遗传调控参与了挥发性脂肪酸衍生物的合成和释放，但在拟南芥种子中，组蛋白乙酰转移酶改变了油脂的组成，导致脂肪酸生物合成途径的基因表达发生变化。因此，可能存在类似的调节植物花朵挥发性脂肪酸衍生物的机制，但需要进一步研究。

研究发现香雪兰FhCCD2能够裂解玉米黄质产生藏花醛。而*FhCCD2*主要在香雪兰品种 'Red River®' 中高表达，在 'Ambiance' 中表达水平极低。GUS瞬时转染实验证明来自 'Red River®' 和 'Ambiance' 的*FhCCD2*的启动子在驱动基因表达的效果上无显著差异，暗示*FhCCD2*启动子序列可能存在特定的表观遗传修饰，进而影响了其表达。

此外，植物多倍化对于解释植物挥发性物质的巨大多样性及其在植物进化中的重要性至关重要。控制挥发性物质合成和释放的基因可能主要是通过基因复制和功能趋同或趋异进化而来的。例如，较大的基因家族（如萜类合酶和甲基转移酶家族）可能就是按照这一机制进化的。多倍化通常导致基因、启动子和转座元件中DNA甲基化模式的改变，进而影响挥发物的合成释放。例如，已有证据表明，一些兰花多倍体中表现出挥发性物质释放模式的变化。然而，对挥发性有机化合物生物合成和排放的表观遗传调控的认识大多是推测和基于非挥发性化合物的研究，因此未来对此方面的研究有待深入。

3.3 花香的遗传

3.3.1 花香是一种可以进化的性状

挥发物可能是植物代谢的副产品，严格意义上讲，所有植物组织都释放挥发物，甚至无处不在的植物表皮蜡层也含有挥发物成分。然而在许多植物中，其花朵的挥发物受到传粉者的明显选择，可能具有很强的遗传力。首先，传粉者通常将花朵挥发物视作一种可靠的信号，这种信号往往与花朵能够提供给传粉者的回报（如花蜜）的数量和质量相关联。其次，花朵挥发物可能会辅助传粉者识别特定植物。尽管花色众多，但是花的颜色可能很少有足够的特异性以作为特定访问者的识别标记。例如，蜜蜂*Hoplitis adunca*是蓝蓟属（*Echium*）花朵特定的传粉者，对蓝色花朵具有明显的偏好性，然而，其需要同时识别*Echium*花朵释放出的特定挥发物（1,4-苯醌）来进一步区分和定位宿主植物。有一些植物的花可以引诱并欺骗它们特定的（一种或几种）昆虫传粉者，它们会散发出挥发性物质，模仿异性昆虫的性信息素或者产卵地点等，最有代表性的例子之一是天南星科植物和它的传粉者食粪甲虫：魔芋属、斑龙芋属和海芋属植物能够模仿粪便气味，合成并释放粪臭素，从而吸引食粪昆虫作为传粉者。粪臭素是这种植物拟态的关键信号，因为粪臭素通常是从粪便中散发出来的，能够吸引蜣螂。系统发育分析表明，食粪甲虫至少在1.5亿年前就已经进化出了对粪臭素的偏好性，而天南星科植物在大约6千万年前才获得了合成并释放粪臭素的能力。因此，植物很好地利用了生境中动物对特殊挥发物的偏好性，来帮助其完成授粉。这与有些花产生昆虫性信息素或聚集信息素来吸引传粉者，或产生警报信息素来驱避不速之客的特性具有异曲同工之妙。此外，欺骗性传粉策略并非罕见，这种传粉策略在兰科植物中尤其普遍，估计有三分之一的兰科植物（约1万种）使用这种策略。而且越来越多的证据表明，这些兰花花香可由常见的花朵化合物以特殊的比例混合而成，或包含自然界中不常见的特殊化合物。因此，植物快速进化新的合成途径或微调现有途径来合成这些独特的花挥发物的能力，可能是欺骗性授粉广泛进化的关键。支持这种进化观点的机制可能包括基因复制和分化、趋同（和重复）进化，以及基因表达和酶活性的改变或丧失等。

植物挥发性物质可能是在繁殖和生存的冲突选择中进化的。花的气味不仅能被互利的授粉者察觉，也经常吸引食草动物或食花动物。例如，*Cucurbita pepo* var. *texana* 的花朵能够释放1,4-对苯二甲醚，这种挥发性有机化合物是其花朵主要的挥发性物质，能够吸引专门的蜜蜂作为传粉者。同时，这种挥发物的释放还能吸引一种以此花为食的甲虫。研究发现，当人为增加这种化合物时，甲虫的访花率增加，而蜜蜂的访花率没有增加，导致结实率下降。实际上，有人认为植物花朵释放的挥发物很可能在开花植物的祖先中就已经进化成为主要的防御性物质。因此，吸引动物作为传粉者的植物面临着一个"信号窘境"，即如何吸引传粉者，同时驱避食草动物或食花动物的访问。于是，植物解决此窘境的一个策略是释放某种特定的挥发物以吸引授粉者，同时释放其他的挥发物用来驱避食草动物或食花动物。这种对挥发物的功能划分可以解释植物复杂的花朵挥发物的进化由来。金合欢采取了一种更为巧妙的方式，其花中释放的(*E,E*)-α-法尼烯似乎既能吸引传粉者，又能驱避干扰传粉者访问的蚂蚁。其次，植物的表型具有很大的可塑性。例如，植物在受到食草动物或病原体攻击后，其花信号可能会发生改变。这种变化在番茄中表现为驱避挥发物的释放，在芥属植物中表现为对传粉者具有吸引力的挥发性物质的释放减少，两者都将导致花朵对传粉者的吸引力降低。因此，传粉者和食草动物或食花动物的数量在时间和空间上分布的差异性，会导致不同生境的同种植物在花朵挥发物合成和释放上存在差异。

近缘物种之间的花信号往往不同，暗示它们的差异在生殖隔离的建立即物种形成过程中发挥了重要作用。例如，在上述提及的吸引食粪甲虫传粉的天南星科植物中，花朵挥发物可能是物种间产生生殖隔离的主要驱动力。近年来，对具有不同授粉系统的姊妹近缘种的研究发现，花朵关键挥发性物质的差异对物种形成至关重要。例如，蜂鸟授粉的 *Ipomopsis aggregata* 和飞蛾授粉的 *I. tenuituba* 的花朵挥发物的主要区别在于夜间释放的吲哚，而吲哚只在 *I. tenuituba* 中被发现。在黄蜂授粉的 *Mimulus lewisii* 中，三种单萜类物质柠檬烯、罗勒烯和月桂烯在吸引传粉者授粉中发挥重要功能；相比之下，*Mimulus lewisii* 的近缘种 *M. cardinalis* 的花朵几乎没有任何气味，由蜂鸟负责传粉。此外，经飞蛾传粉的矮牵牛（*Petunia integrifolia*）花朵中，苯甲酸甲酯的释放量明显高于依靠蜂鸟传粉的、几乎没有任何气味的 *P. exserta*。在这些系统中，只涉及花朵少数挥发性物质的简单差异，这暗示由花朵挥发性物质差异导致的传粉者的转变可以快速进化。

以上众多宏观进化证据表明，花朵的挥发性物质的进化是由传粉者介导的。首先，如上所述，姊妹物种的花朵挥发性物质进化不同，以适应不同的传粉者；其次，如果亲缘关系较远的物种由相同的授粉者介导传粉，那它们的花朵挥发性物质常体现出趋同进化趋势。虽然这些研究表明花香是一种可进化的性状，从而间接支持花香具有显著的遗传力这一观点，但直接的研究证据很少。

3.3.2　花香物质合成关键基因的改变影响花香性状

众所周知，影响花香性状遗传力评估的主要因素有两个，即遗传变异和环境变异。一方面，花朵挥发物对各种环境因素很敏感，可以随时间、温度、光照、湿度等变化而变化。此外，一些生物因素如传粉者访问及害虫侵扰也会改变花朵挥发物的释放；另一方面，比较生长在野外和温室中的植物之间气味变化的研究表明，植物的气味变化在很大程度上，或至少部分是基于可遗传的基因改变。文献记载，香雪兰属包括14个野生种，其中只有两个种被记载作为祖先种用于现代栽培种的驯化，而香雪兰属野生种普遍具有明显的香气，被认为是野生种中含有更多的 TPS 基因资源所致。通过比较香雪兰 TPS 家族发现，除了家族成员的选择性表达这一影响花香性状的重要因素外，TPS 中单个或少数几个氨基酸的差异便可导致其酶活性的显著性差异，进而影响 TPS 蛋白催化产物的种类和各产物之间的比例。因此，花香成分在近缘物种间、物种内不同居群间及花卉作物的不同栽培种间呈现出显著多样性的原因与花香合成关键基因的等位变异相关。另外，对数量性状基因座（QTL）的研究也支持遗传物质控制花香变化的观点。例如，如前文所述，矮牵牛近缘种 P. axillaris 和 P. exserta 在产生苯甲酸甲酯方面存在差异。通过 QTL 基因定位分析，研究者在矮牵牛花的 II 号染色体和 VII 号染色体上发现了导致这种差异的两个区域。其中，在 VII 号染色体上定位到一个 MYB 转录因子 ODO1，在两个物种中差异表达，被认为影响了苯甲酸甲酯的差异合成。此外，月季（Rosa）自古以来就因其花朵具有芳香的气味而被广泛种植。然而，可能为了延长其作为切花的保鲜时间，月季花朵的芳香特征在长期的育种过程中被忽视而渐渐丢失。因此，解析月季芳香性状的遗传机制一直是研究的重点。2010 年时，研究者通过 QTL 分析定位到了 6 个影响二倍体月季挥发性成分含量的候选基因，为进一步分析复杂的月季香气合成途径和开发芳香月季品种的标记辅助育种奠定了基础。2019 年，研究者为了研究月季花香的遗传机制，利用两个具有不同香味的二倍体月季栽培品种 Rosa hybrida cv. H190 和 Rosa wichurana 构建了分离群体，鉴定了多个影响其主要挥发性成分的 QTLs。在此基础上，研究者对杂交后代进行深入的分析，揭示了负责月季特征气味 2-苯乙醇合成的 QTL。尽管已有这些有价值的研究，但仍不清楚花的气味变异多大程度上是可遗传的，也不清楚花朵挥发物中的单个成分是否可以独立于整个挥发物而单独进化。基于此，有研究者采用双向人工选择实验，对特定环境下野生芜菁（Brassica rapa）花朵挥发物的遗传力进行研究，结果表明：来自不同生物合成途径并具有不同生态功能的苯乙醛、α-法尼烯、（Z）-3-4 烯己酸甲酯和 1-丁烯-4-异硫氰酸酯的遗传力在 20%～45%，且它们对花朵挥发物的其他成分、开花时间和某些形态性状具有多效性影响。因此，研究者得出结论：在表型选择下，花朵挥发性物质可以快速进化，但同时对其他非直接选择的性状具有多效性影响。

在被子植物的快速演化过程中，花朵性状改变引起的传粉者转变进而导致近缘物种的生殖隔离是物种形成的重要原因。平行发生在多个近缘物种间的花朵性状的协同变化可能具有相同或相似的分子基础，为揭示花朵重要农艺性状（花香、花色和花型等）形成和多样性的分子机制创造了条件。尽管近年来我们对花朵挥发性物质合成和释放的分子基础的理解取得了一定进展，但对潜在的相关基因在植物适应性进化过程中的作用却知之甚少。因此，未来如何量化这些基因的进化选择及评估其对物种生殖隔离产生的贡献，仍然是一个不小的挑战。近年来，越来越多的 QTL 基因定位分析表明：只有少数的基因座与花香信号的改变相关，大多数基因座的信息并未阐明，无法确定是否为单基因控制。如果花朵性状的协同变化为多基因控制，这些基因有可能在同一个基因座上紧密连锁，或者它们受相同的转录因子调控。目前揭示花朵性状转变的分子机制的研究大都集中在花色的转变上，控制类黄酮合成的 MYB 转录因子或结构基因的调控区是重要的选择靶点，推测这些基因转录层面的改变并不导致结构基因的功能缺失突变从而阻断类黄酮的合成，因而不会带来太大的副作用。与花色一样，花香在近缘物种之间也发生了多次的丢失和获得，但是目前的研究只局限在碧冬茄属和芥属等少数植物中，而观赏植物相关的研究还未见报道。例如，CNL 基因编码区的突变使碧冬茄属植物花朵丧失了合成 C6-C1 类苯环/苯丙素类花香成分（如苯甲酸和苯甲酯等）的能力，从而使香味丢失。此外，CNL 基因表达水平在香味丢失的物种中显著下降，分析发现与控制该基因表达的 MYB 转录因子ODO1有关，二者协同作用导致了花香成分合成和释放受阻。芥属植物的研究同样发现CNL在风媒物种中发生了编码区的突变，说明不同物种中香味的丢失可能有相同的分子基础。此外，研究人员针对楼斗菜的研究为我们理解花香相关基因的遗传进化提供了新的认知。研究人员发现，尖萼楼斗菜、长白楼斗菜和二者的天然杂交种花朵挥发性萜类物质种类和含量丰富且存在差异。尖萼楼斗菜花朵挥发物中含有大量的单萜类物质（＋）-柠檬烯，占所有挥发性萜类物质的80%以上；长白楼斗菜花朵的主要挥发性萜类物质为β-倍半水芹烯，而二者的天然杂交种花朵主要释放（＋）-柠檬烯和β-倍半水芹烯。进一步研究发现，控制（＋）-柠檬烯合成的 TPS7 和负责β-倍半水芹烯合成的 TPS8 分别在尖萼楼斗菜和长白楼斗菜花朵中具有较高的表达水平，而二者在天然杂交种中均具有较高的表达。由此可见，杂交种遗传了两个亲本的高表达基因，从而继承了两个亲本的花朵挥发物，体现出相应的杂种优势，更利于杂种的野外生存。此外，2022年，研究人员利用抗蚜种质'神农香菊'与感蚜种质'菊花脑'进行远缘杂交，发现杂种后代之间的抗蚜性差异显著，获得了显著抗蚜的株系，并鉴定了对菊小长管蚜具有显著驱避作用的挥发物成分顺式-4-侧柏醇，进一步说明植物挥发性物质可通过杂交获得。

　　尽管近年来花香研究取得了一定进展，但仍有很多科学问题需要解决。例如，新型挥发性花香成分的发现和通路解析，挥发性花香成分的下游衍生化和修饰途径的解析，花香合成和调控相关基因的进化及驯化机制，挥发性物质响应生物和非生物胁迫的遗传和表观遗传机制，挥发性花香成分积累和释放的平衡机制等。相关研究将为观赏植物花香育种奠定重要的理论基础。花香研究神秘、复杂而有趣，未来的工作任重道远。

（李月庆　高翔）

◇ 本章主要参考文献

Adebesin F, Widhalm JR, Boachon B, et al. 2017. Emission of volatile organic compounds from petunia flowers is facilitated by an ABC transporter. Science, 356: 1386-1388.

Baldwin IT. 2010. Plant volatiles. Curr Biol, 20: 392-397.

Boachon B, Lynch JH, Ray S, et al. 2019. Natural fumigation as a mechanism for volatile transport between flower organs. Nat Chem Biol, 15: 583-588.

Chen F, Tholl D, Bohlmann J, et al. 2011. The family of terpene synthases in plants: a mid-size family of genes for specialized metabolism that is highly diversified throughout the kingdom. Plant J, 66: 212-229.

Corentin C, Nathanaelle S, Fabrice F, et al. 2022. Duplication and specialization of *NUDX1* in *Rosaceae* led to geraniol production in rose petals. Mol Biol Evol, 39: msac002.

Dudareva N, Klempien A, Muhlemann JK. et al. 2013. Biosynthesis, function and metabolic engineering of plant volatile organic compounds. New Phytol, 198: 16-32.

Fang Q, Li YQ, Liu BF, et al. 2020. Cloning and functional characterization of a carotenoid cleavage dioxygenase 2 gene in safranal and crocin biosynthesis from *Freesia hybrida*. Plant Physiol Bioch, 154: 439-450.

Gao F, Liu B, Min L, et al. 2018. Identification and characterization of terpene synthase genes accounting for the volatile terpene emissions in flowers of *Freesia hybrida*. J Exp Bot, 69: 4249-4265.

Huang X, Li R, Fu J, et al. 2022. A peroxisomal heterodimeric enzyme is involved in benzaldehyde synthesis in plants. Nat Commun, 13: 1352.

Magnard JL, Roccia A, Caissard JC, et al. 2015. Biosynthesis of monoterpene scent compounds in roses. Science,

349: 81-83.

Jia QD, Brown R, Köllner TG, et al. 2022. Origin and early evolution of the plant terpene synthase family. PNAS, 119: e2100361119.

Jiang YF, Zhang WB, Chen XL, et al. 2021. Diversity and biosynthesis of volatile terpenoid secondary metabolites in the *Chrysanthemum* genus. Crit Rev Plant Sci, 40: 422-445.

Ke Y, Abbas F, Zhou Y, et al. 2021. Auxin-responsive R2R3-MYB transcription factors HcMYB1 and HcMYB2 activate volatile biosynthesis in *Hedychium coronarium* flowers. Front Plant Sci, 12: 710826.

Kigathi RN, Weisser W, Reichelt M, et al. 2019. Plant volatile emission depends on the species composition of the neighboring plant community. BMC Plant Biol, 19: 58.

Li Y, Shan X, Gao R, et al. 2020. MYB repressors and MBW activation complex collaborate to fine-tune flower coloration in *Freesia hybrida*. Commun Biol, 3: 396.

Liu F, Xiao Z, Yang L, et al. 2017. PhERF6, interacting with EOB I, negatively regulates fragrance biosynthesis in petunia flowers. New Phytol, 215: 1490-1502.

Maeda H, Dudareva N. 2012. The shikimate pathway and aromatic amino acid biosynthesis in plants. Annu Rev Plant Biol, 63: 73.

Moyal M, Shklarman E, Masci T, et al. 2012. *PAP1* transcription factor enhances production of phenylpropanoid and terpenoid scent compounds in rose flowers. New Phytol, 195: 335-345.

Muhlemann JK, Antje K, Natalia D. 2014. Floral volatiles: from biosynthesis to function. Plant Cell Environ, 37: 1936-1949.

Pan L, Ray S, Boachon B, et al. 2021. Cuticle thickness affects dynamics of volatile emission from petunia flowers. Nat Chem Biol, 17: 138-145.

Schuurink RC, Haring MA, Clark DG. 2006. Regulation of volatile benzenoid biosynthesis in petunia flowers. Trends in Plant Sci, 11: 20-25.

Song C, Wang Q, Teixeira D, et al. 2018. Identification of floral fragrances and analysis of fragrance patterns in *Herbaceous peony* cultivars. J Am Soc Hortic Sci, 143: 248-258.

Sun P, Schuurink RC, Caissard JC, et al. 2016. My way: noncanonical biosynthesis pathways for plant volatiles. Trends Plant Sci, 21: 884-894.

Yang S, Wang N, Kimani S, et al. 2022. Characterization of terpene synthase variation in flowers of wild *Aquilegia* species from Northeastern asia. Hortic Res, 9: uhab020.

Yang Z, Li Y, Gao F, et al. 2020. MYB21 interacts with MYC2 to control the expression of terpene synthase genes in flowers of *Freesia hybrida* and *Arabidopsis thaliana*. J Exp Bot, 71: 4140-4158.

Zhang L, Chen F, Zhang X, et al. 2020. The water lily genome and the early evolution of flowering plants. Nature, 577: 79-84.

Zheng R, Zhu Z, Wang Y, et al. 2019. UGT85A84 catalyzes the glycosylation of aromatic monoterpenes in *Osmanthus fragrans* Lour. flowers. Front Plant Sci, 13: 1376.

Zhou F, Pichersky E. 2020. More is better: the diversity of terpene metabolism in plants. Curr Opin in Plant Biol, 55: 1-10.

第4章　株型的形成与调控

株型作为植物地上部分的形态特征和空间排列方式，包括分枝结构、节间长度、叶夹角、花序组织的大小和着生位置。株型是观赏植物的重要性状之一，对于非花期或花型较小的观赏植物，株型性状甚至比花器官性状更为重要。随着植物分子生物学与生物技术的发展，研究表明植物激素、光照、温度、营养等因素参与株型的建成。随着我国农业机械化的快速发展，人工成本大大降低，如针对药用菊人工采摘效率低等问题，一种小型实用凸轮盘式菊花采摘机应运而生，该设备采摘率高达93.28%。因而，开展适应机械化管理和收割的植物株型研究更为重要。例如，株型紧凑或半紧凑的水稻、结穗高度适中的玉米等，相比传统株型的品种更适合机械化操作，提高了生产效率。根据我国农业农村部发布的《主要农作物品种选育宜机化指引》要求，株型是塑造适应机械化管理和收获的重要性状之一。因此，株型调控机制研究及株型育种也必将成为未来我国花卉机械化作业的重要突破口之一。

本章旨在通过对植物株型形成的生物学基础，调控株型发育的内在因素、外界环境因子及分子机制，株型遗传的一般规律三个方面进行系统介绍，为深入探究观赏植物株型遗传规律夯实基础，同时为优良株型育种提供理论支持。

4.1　株型形成的生物学基础

4.1.1　株型的演化与多样性

分枝是分生组织的分生或分裂，并产生新的轴。植物的分枝可分为有性分枝，即产生一个用于有性繁殖的轴，或者无性分枝，产生一个单独的和遗传上相同的营养轴。绝大多数植物表现出某种形式的营养分枝，这导致植物形态和结构的巨大多样性。植物的营养分枝有三种方式：腋生（发生在叶腋）、顶端（在枝梢顶端）和偶发（前两种位置都没有）。30万种维管植物独特的株型差异，为其提供了适应特定环境和繁殖策略的能力。

分枝的演变对于植物结构的多样化至关重要。分枝的演化伴随着植物对陆地生态系统的成功定植。这一转变使得植物增加了在地上和地下三个维度上占据空间的能力，并有助于优化光合作用能力和繁殖成功率。陆地植物的生命周期有两个交替阶段：单倍体配子体阶段和二倍体孢子体阶段，分别对应产生配子的世代和产生孢子的世代。苔藓植物是现存最早的陆地植物的代表，其孢子体占优势并且具有不确定的分枝生长，而孢子体高度减少并且仅具有确定生长的单个不分枝的茎。然而，苔藓植物和早期维管植物（即具有木质化传导组织的植物）之间的差异体现为配子体的逐渐减少，以及孢子体中芽的演化。

系统发育和化石数据表明孢子体的分枝是从类似苔藓植物的无分枝祖先演化而来的，并且独立于配子体中的分枝。从系统发育学上来说，植物的茎最初起源于等二叉分枝的植物，通过顶枝和枝间的越顶，形成不等二叉分枝，越顶的枝演化成茎，从属的侧枝演化成叶。单轴分枝为植物体或茎部的分枝方式之一，在演化上它是由二歧分枝主轴的形成演化而来的。高等植物常见的分枝方式如图4.1所示。

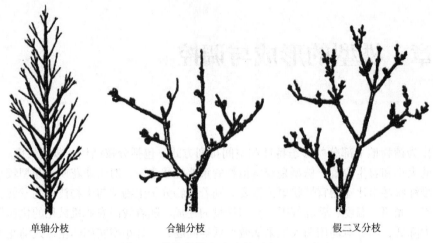

单轴分枝   合轴分枝   假二叉分枝

图4.1　茎的分枝方式（吴万春，2004）

1）单轴分枝（monopodial branching）也称为总状分枝。主茎上的顶芽活动始终占优势，因而形成具有明显、笔直主干的分枝方式。侧枝由侧芽萌发形成，而侧枝上的顶芽和侧芽又会以同样的方式继续进行分枝，依次形成次级侧枝。此类分枝方式的树木的树冠大多为塔形、圆锥形、椭圆形等，修剪时要控制侧枝。多数裸子植物和部分被子植物如雪松、水杉等为该分枝方式；而银杏、杨树、栎等阔叶树，幼年期表现明显，但成年树表现不突出。此外，许多草本植物具这种分枝方式。

2）合轴分枝（sympodial branching）主干的顶芽生长一个时期后，生长迟缓、死亡或分化为花芽，而由近顶芽的腋芽代替原有顶芽继续生长，发育成新枝。之后再过一段时间（或每年）仍以这种方式形成一段新枝，最终由多个轴形成具曲折主干的分枝方式。合轴分枝形成的开张式树冠通风、透光性能好，其中，被子植物多数为该分枝方式，如碧桃、月季、杏等。

3）假二叉分枝（false dichotomous branching）是具有对生叶的植物在顶芽停止生长或分化为花芽时，由其下方两侧的腋芽同时发育形成二叉状分枝的分枝方式。这与低等植物中顶端分生组织分为2个后形成真正的二叉分枝不同，故称假二叉分枝，如石竹、丁香、接骨木和茉莉等。

由此可见，植物演化出丰富的株型结构以适应不同的生态环境，占据各自不同的生态位。在观赏植物株型分类中，一般按照分枝、株高、枝姿三个方面进行分类：

$$\text{分枝}\begin{cases}\text{乔木}\\\text{灌木}\\\text{藤木}\end{cases}\qquad\text{株高}\begin{cases}\text{乔化}\\\\\text{矮化}\end{cases}\qquad\text{枝姿}\begin{cases}\text{直枝}\\\text{垂枝}\\\text{曲枝}\end{cases}$$

株型的差异是物种间和品种间区分的一个重要标准。仅按照分枝进行划分时，桃、梅属于乔木；月季、蔷薇属于灌木；葡萄、紫藤属于藤木。而将上述因子组合起来时，植物的株型就变得复杂多样。

例如，陈俊愉（1999）在梅种系（种型）第一级标准之下，将枝姿作为第二级标准，并将已记载和整理品种纳入新分类系统中。此时，梅分为三系（真梅系、杏梅系、樱李梅系）、五类（直枝梅类、垂枝梅类、龙游梅类、杏梅类、樱李梅类）、十八型〔江梅型、宫粉型、玉碟型、黄香型、绿萼型、朱砂型、洒金（跳枝）型、品字梅型、小细梅型、单粉垂枝型、五宝垂枝型、残雪垂枝型、白碧垂枝型、骨红垂枝型、玉碟龙游型、单瓣杏梅型、丰后型、美人梅型等], 该体系以株型和枝姿等作为标准对不同品种进行分类, 为种质资源管理和利用提供了参考, 如垂枝梅类和直枝梅类, 而龙游梅类则更矮化和曲枝。

4.1.2 植物激素与株型的发育

植物激素影响细胞分裂和扩张的变化, 是植物伸长、分枝和生长的主要影响因素之一。植物需要协调内在激素调控其株型的形成。植物激素是植物自身合成的痕量生长调节分子的总称, 虽然化学结构较为简单, 但却具有十分复杂的生理效应。植物激素通过代谢(生物合成、失活和降解)、运输和反应(感知和信号转导)的调节确保了对株型形成的综合控制。例如, 顶端优势是植物分枝调控的核心, 也是植物乔、灌之分的主要原因。相比灌木, 乔木具有明显的顶端优势。这实际上是一种植物体内激素作用的结果。在梅花垂枝性状的研究中, 发现赤霉素的合成基因和生长素运输相关基因的表达会影响梅花的株型。在顶芽合成的生长素通过极性沿茎运输到植物底部, 抑制侧芽的生长; 而在根部产生的细胞分裂素, 经木质部向上运输, 促进侧芽的生长。为此, 研究者研制了许多顶芽抑制剂或整形素等, 如抗生长素的三碘苯甲酸。株高上的区别主要是节间伸长的问题, 并与生长素和赤霉素的含量有关, 烯效唑、矮壮素、多效唑等生长延缓剂有助于植株矮化。分枝的姿态是由生长素和赤霉素在枝条横断面上的浓度不均匀分布及其变化决定的。这些机制产生了根和茎生长之间的相互依赖关系。

4.1.2.1　生长素

生长素是第一个被发现的植物激素, 具有维持植物顶端优势、抑制腋芽生长的作用。Thimann 和 Skoog 于 1993 年最先发现去除蚕豆茎尖后可以促进腋芽的生长, 而用含生长物质的琼脂块处理去顶的部位后又会使腋芽的生长受到抑制, 随后的研究表明, 这种生长物质是生长素, 证实了生长素对腋芽生长的抑制作用。吲哚乙酸(IAA)是最常见的生长素分子, 主要由生长中的幼叶产生, 再通过生长素极性运输(polar auxin transport, PAT)方式向根部运输。生长素对茎伸长和分枝的影响主要是通过研究 PAT 改变的突变体发现的。在细胞外较低的 pH 下, IAA 被质子化, 因此是非极性的, 可以自由地扩散到细胞中, 通过 AUX/LAX 跨膜蛋白家族促进扩散。较高的胞内 pH 导致 IAA 电离成为 IAA^-, 而 IAA^- 只能通过特定的转运蛋白主动转运离开细胞。这些特定的转运体蛋白包括 PIN 和 ATP 结合转运蛋白(ABCB)等。关于生长素是通过何种途径抑制侧枝生长的, 前人提出了生长素渠化模型。因此, 生长素转运又被称为生长素通道渠化(auxin canalization)。生长素在浓度相对较高的细胞和组织(源)与生长素耗尽的部位(库)之间建立了狭窄的生长素运输路线, 通过重新排布外排转运体 PIN1 的细胞定位, 然后诱导细胞中的生长素沿着转运途径流到维管组织。这一过程中, 生长素通过促进 *PIN1* 基因的表达来强化自身运输。农业上成功应用的矮化技术源于对生长素运输的改变。玉米短株 *br2* 突变体的特征是下部茎节间紧密。*BR2* 的克隆和分子鉴定表明, 其表型是由 ABCB/PGP/MDR 蛋白功能丧失引起的。因此, 植物体内的 PAT 减少了, 这也导致了其他农艺性状的改变, 如"保持绿色"的叶更直立, 颜色更深。然而, 由于 *br2* 突变性状严重影响生长, 该突变尚未被商业应用。此外, 生长素对于株型的影响似乎不仅在于抑制腋芽的生长, 还包括分枝角度等。例如, 外源激素 IAA 能够改变垂枝和直枝梅花的枝条倾斜角度。

4.1.2.2　细胞分裂素

细胞分裂素是一类促进细胞分裂的植物激素, 首次发现于烟草的组织培养中, 被认为可以促进腋芽的生长。向完整的豌豆植株的腋芽施加外源细胞分裂素，可以促使其从休眠状态转向萌发状态。研究证明，外源施用细胞分裂素能够促进侧芽的生长并不受顶芽的影响。异戊基转移酶（IPT）是细胞分裂素合成基因，能够控制其生物合成的速度。

去除顶端优势后，豌豆中的 *PsIPT1* 和 *PsIPT2* 的表达水平显著上调，茎中的细胞分裂素含量增加，随后被转运至侧芽中以刺激生长。过表达 *IPT* 可降低烟草和拟南芥顶端优势，导致侧枝数增加；而细胞分裂素降解关键酶（cytokinin oxidase，CKX）基因突变，则导致水稻小穗分枝与颖花数增加。植物体内的细胞分裂素包括玉米素（tZ）、二氢玉米素（DHZ）、玉米素核苷（tZR）、二氢玉米素核苷（DHZR）、异戊烯腺嘌呤（iP）等。此外，激动素（KT）等是人工合成的细胞分裂素。利用细胞分裂素合成和信号转导相关的拟南芥突变体，Muller 等发现细胞分裂素在完整植株中可以促进腋芽的生长，而在去除顶芽的植株中，对腋芽的生长影响不大，说明细胞分裂素可能通过减弱顶端优势来促进腋芽生长，与去除顶芽后腋芽生长的促进机制不同。通过基因表达分析，发现小油桐的腋芽中有许多基因受到细胞分裂素调控，包括细胞周期相关基因及赤霉素（GA）生物合成和降解相关基因，表明细胞分裂素可能通过参与细胞周期和赤霉素相关途径调控腋芽生长。另外，细胞分裂素可参与光信号调控腋芽的生长，黑暗条件下，月季中细胞分裂素水平受到抑制，同时腋芽的生长被抑制，而白光处理后，细胞分裂素水平显著上升，腋芽开始生长；用外源细胞分裂素处理黑暗条件下受抑制的腋芽，可使60%的休眠腋芽萌发；白光处理使细胞分裂素合成和信号转导相关基因快速上调表达，黑暗处理则抑制相关基因表达，说明细胞分裂素可作为光信号的早期靶标及关键因素控制腋芽的萌发。

4.1.2.3 独脚金内酯

独脚金内酯（SL）是一类在植物根和茎中合成、沿木质部向上运输或在茎局部直接抑制分枝的植物激素。它是一类以类胡萝卜素为前体的次级代谢产物，最初在棉花根部分离得到。Gomez-Roldan 等首次证明豌豆 *ccd7* 和 *ccd8* 是独角金内酯合成相关突变体，用外源独角金内酯 GR24 处理 *ccd8* 的腋芽或腋芽下方的茎，可使相应的腋芽生长受到抑制，而对独角金内酯信号途径相关突变体 *rms4* 进行 GR24 处理，其腋芽的生长不受影响。目前，从拟南芥、水稻和豌豆等几种植物中已经鉴定了多种分枝突变体，如水稻 *htd*、拟南芥 *more axillary growth*（*max*）、豌豆 *rms* 及矮牵牛 *dad*（图4.2）。菊花中 *MAX1* 的 RNAi 植株表现出分枝增加的表型，并且外源施加独脚金内酯人工类似物 GR24 后可抑制该表型，说明独脚金内酯对侧枝具有抑制作用。这些基因参与 SL 的生物合成或信号转导过程，表明 SL 是一种抑制侧芽生长以调控植物株型的新型

彩图

野生型　　　　　*dad1*　　　　　*dad2*　　　　　*dad3*

图4.2　矮牵牛野生型和 *dad* 突变体表型（Simons et al.，2007）

植物激素。此外，独脚金内酯还可以通过降低木质部薄壁组织细胞质膜上的PIN蛋白积累来抑制植物生长素的极性运输过程，限制其从腋芽部位运输到主茎，从而减少分枝的发生。在豌豆中，GA和SL缺失的双突变体比单突变体表现出更强的分枝表型，表明GA独立于SL发挥抑制分枝的作用。

4.1.2.4　生长素-细胞分裂素-独角金内酯调控模型

生长素、细胞分裂素和独角金内酯作为调控植物分枝的主要激素，三者间相互作用调控分枝的机制已被广泛报道。生长素调控分枝的学说主要有顶端优势学说与间接作用假说。顶端优势学说认为，生长素在茎中的转运可使独角金内酯合成基因上调表达，而使细胞分裂素水平下调。然而，对标记生长素在体内运输的跟踪数据显示，生长素并不能直接进入侧芽抑制其生长，具有生长活性的侧芽中生长素浓度反而更高，且向侧芽中直接施加生长素并不能抑制侧芽生长，说明生长素并不直接抑制侧芽生长。因此，后续提出了生长素间接作用假说，即生长素极性运输通道模型和第二信使假说（图4.3）。

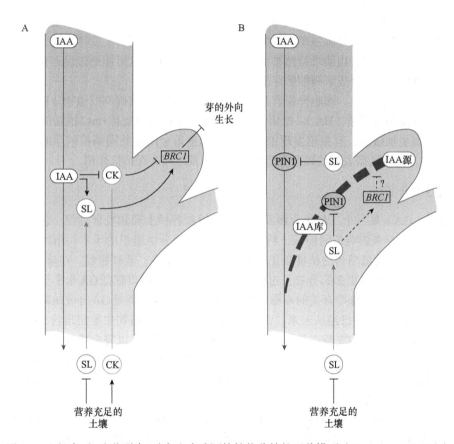

图4.3　生长素-细胞分裂素-独角金内酯调控植物分枝的两种模型（Waters et al.，2017）

A. 生长素极性运输通道模型。在该模型中，内源SL和CK分别促进和抑制调控芽出生长的转录因子的表达，如*BRC1*。生长素（IAA）的局部水平可能会影响附近组织中SL和CK的活性和/或产生，从而调节芽体中的激素活性。B. 第二信使直接调控模型。此模型中，芽的生长依赖于芽通过PIN1转运蛋白将生长素从高浓度（源）输出到主茎（库）中较低浓度的能力。同时，根部的SL抑制芽和主茎的PIN1活性，从而影响库强度，降低芽对生长素输出的能力。在一些物种中，SL也可能通过促进*BRC1*的表达（虚线）来影响芽的生长。"？"表示虽有证据表明有调控作用，但具体通过什么基因来调控还不清楚

1）生长素极性运输通道模型认为生长素从侧芽中的输出是侧芽萌发的必要条件，但由于顶芽优先向下运输生长素使主茎运输生长素能力达到饱和，导致侧芽生长素输出受抑制，进而抑制侧芽萌发。细胞分裂素和独角金内酯是通过控制腋芽中生长素的输出从而调控腋芽的生长。细胞分裂素处理后几个小时内，拟南芥中的生长素输出蛋白PIN3、PIN4和PIN7的积累出现明显增加；与此相似，细胞分裂素生物合成和信号转导突变体 *ipt3*、*arr1*、*arr3*、*arr4*、*arr5*、*arr6*、*arr7*、*arr15* 的分枝表型，也与生长素在主茎中的运输及PIN3/7在质膜上的定位有关，表明细胞分裂素可能通过促进腋芽中生长素的输出调控植物分枝。除此之外，独角金内酯处理后30~40min，拟南芥中生长素转运蛋白PIN1出现被内吞的现象，此时，生长素的极性运输受到抑制。相反地，用生长素转运抑制剂NPA处理，会使拟南芥独角金内酯突变体的分枝表型恢复，表明独角金内酯可能通过负调控生长素输出蛋白而抑制生长素从腋芽输出，抑制腋芽生长。

2）第二信使假说则认为生长素通过调控细胞分裂素和独角金内酯的合成和转运，间接调控侧芽生长。细胞分裂素合成和信号转导相关的拟南芥突变体，分枝数明显少于野生型，而去除植株顶芽后，去顶后的分枝表型与野生型没有明显区别，说明细胞分裂素可能受顶端生长素的影响调控分枝。此外，在生长素耗尽的情况下，对豌豆进行去顶后，外源施用独角金内酯会抑制豌豆腋芽的生长，且外源独角金内酯也会使拟南芥生长素应答突变体中的分枝减少，这表明生长素可能通过独角金内酯维持植物顶端优势。综上，生长素可能通过促进独脚金内酯的合成，抑制细胞分裂素的合成来调控腋芽的生长。

除了上述的互作模块，细胞分裂素和独角金内酯之间也会拮抗调控植物分枝。向豌豆腋芽直接施加外源细胞分裂素（BA），独角金内酯生物合成相关突变体 *rms1* 植株的腋芽对细胞分裂素比野生型更加敏感。有报道发现细胞分裂素和独角金内酯共同调控腋芽的重要整合因子 *BRC1* 的表达。这些证据表明独脚金内酯和细胞分裂素之间存在拮抗作用。

4.1.2.5 赤霉素

赤霉素（GA）是一个二萜化合物家族，参与控制各种生理和发育过程。它可以通过调控细胞的扩张和分裂来影响节间伸长，特别是在具有节间分生组织的禾本科植物中。抑制赤霉素在体内合成后，盆栽芍药的植株矮化效果明显，株型紧凑，茎秆粗壮。在紫薇中，GA缺失突变体比野生型表现出更多的分枝。过表达GA分解代谢基因以降低GA水平会产生增加的分枝表型。目前，与植物株型有关的赤霉素突变体包括两类：一类是GA合成缺陷型，另一类是GA响应不敏感型。目前已经从玉米、番茄及拟南芥等十几种植物中鉴定出约50种GA合成缺陷型变异，这类突变体主要特点是植株矮化，外源GA的施用可以完全或部分恢复。例如，外源喷施GA$_4$可部分恢复矮生型紫薇的矮化性状。GA不敏感型变异的性状可分为两类：一类表现矮化、顶端优势减弱，另一类表现植株异常细长、可育性降低。而这些性状均不受外源GA的影响。由此可见，赤霉素与植株矮化更为密切。

通过比较玉米和番茄中两种不同表型的GA相关突变体，可以很好地说明GA的作用。缺乏GA的玉米 *dwarf1*（*d1*）突变体表现为生长迟缓和最终高度降低，而番茄 *procera*（*pro*）突变体由于不响应GA，植株表现为细长、高。值得注意的是，外源GA的应用将逆转生物合成突变体的发育不良表型，但GA或其生物合成抑制剂（如多效唑）的应用不会影响突变体的表型。在拟南芥和豌豆中也发现了类似的GA相关突变体。由Normal Borlaug和Gurdev Khush组织的一个大型国际联盟培育出了高产的半矮化小麦和水稻品种，它们分别携带了赤霉素敏感型矮秆基因 *rht1* 和 *sd1* 基因。携带 *sd1* 和 *rht1* 等位基因的半矮化株系的一个重要特征是它们的营养生长（叶和茎）比生殖生长（果实和花）更强，从而达到更高的产量。此外，研究表明 *DgLsL*（*lateral suppressor-like*）可能通过影响 IAA 和 GA₃ 含量来调控菊花分枝。利用农杆菌介导法将野生型质粒导入柠檬天竺葵，可获得节间缩短、分枝和叶片增加、植株形态优美的天竺葵品种。

4.1.2.6　油菜素内酯

油菜素内酯（BR）是一类具有高生理活性的甾体激素，可以控制植株茎的伸长，且在幼苗期更为显著。拟南芥、豌豆和番茄中 BR 水平降低的突变体株高都很矮。这说明细胞的扩张和分裂都受到 BR 水平的影响。万寿菊苗期喷施油菜素内酯后，株高、茎粗、叶面积、分枝数都显著增加。植物中大多数油菜素内酯为 C28 甾醇，其中芸薹甾内酯（BL）的活性最强，BL 的前体油菜素甾酮（CS）也具有生物活性，但其活性仅为 BL 的 10%，在植物不同部位中含量存在较大的差异：CS 主要在营养组织中起作用，而 BL 主要在果实中发挥作用。

油菜素内酯合成突变体在许多物种中已被确认会影响植物株高。参与 BR 生物合成的 P450 家族蛋白中的 *dwarf2* 突变体是一个典型的水稻矮化突变体；而月季中的 *DWARF*（*D*）功能丧失导致矮化；在紫花苜蓿中，BR 合成基因 *DWF4* 过表达植株侧枝明显增加。在拟南芥中，*BES1-RNAi* 表现出侧枝减少的表型，而 BR 超敏感突变体 *bes1-D* 侧枝增加，这些都证实了 BR 具有调控植物株型的作用。

4.1.2.7　其他激素

除了上述提到的激素外，乙烯、脱落酸、水杨酸等植物激素也被发现在植物株型建成中发挥作用，这些激素的相互作用参与对植物株型的调控。拟南芥中，对生长素、细胞分裂素和乙烯都不敏感的 *axr1* 突变体，表现为茎生长受抑制、顶端优势减弱；*axr2* 突变体对生长素、细胞分裂素和脱落酸都不敏感，但顶端优势增强；*dwf* 突变体则对生长素不敏感，表现为茎生长受抑制。这 3 种突变体都与株型发育有关，它们不敏感的激素种类不同，而且表型的变化方向也不同。

4.1.3　环境因子与株型的发育

自然条件下，植物的生长位置不能移动，植物需要不断改变自身的发育状态以适应不断变化的外界环境。因此，植物株型的发育不仅取决于其固有的遗传结构，也取决于环境条件，如光照、温度、营养物质等。水、温、光照、营养物质等环境条件对植物株型的有效调控使其成为未来改良株型的重要手段之一。了解不同环境因子对于植物株型发育的影响，将有助于培育出优良品种。

4.1.3.1　光照

光是调控植物株型发育的重要因素，参与对植物分枝数目和分枝角度的调控，主要包括光强、光质和光周期等。不同的光被植物感知，并调节芽的生长和枝条的发育。增加光照强度常促进草本和乔木物种的芽生长和枝条伸长，例如，低强度光照会导致盆栽月季分枝减少，高强度光照则促进了灌木和乔木的分枝生长，如樟子松、冷杉等。而植物对光质的感知可让植物感受到环境周围其他植物的存在、遮阴、白昼和季节更替等情况，这些信息有助于植物及时调整自身发育状态和应对剧烈环境变化。例如，在高密度栽培等遮阴条件下，植物表现出避阴反应综合征（SAS），导致下胚轴和叶柄伸长、开花时间提前、分枝减少等以竞争光资源。这些光（包括红光、蓝光、远红光、紫外光等）主要被几种类型的光受体［植物中的光敏色素（PHY）、隐色素（CRY）、光促素（PHOT）等］感知。长期以来，光也被认为是顶端优势的主要调节因子之一。例如，增加光合有效辐射（PAR）的强度能够显著增加侧枝数量，从而降低顶端优势。同样地，在温室中使用远红光LED灯或让植株间相互遮阴从而导致光质发生变化，形成低比例红光/远红光环境进而触发SAS效应，通常导致分枝数量的减少。生长在远红光吸收膜下的百日菊、桔梗、一串红和矮牵牛与对照组相比显著矮化。蓝光对侧芽的影响因物种不同而有所差异，如蓝光能抑制马铃薯侧芽的生长，却能促进菊花、樱桃侧芽的生长。

此外，光照的持续时间和周期性控制着植物从营养生长到生殖生长的转变，这在决定植物结构方面起着重要作用。*PHY*基因与生物钟基因的表达量均可被短日照所诱导，如短日照条件下葡萄中的*PHYA*和*PHYB*基因表达量的变化与芽休眠相关。依据植物对光照的不同响应，筛选出植物色素基因*PHYA*，其转基因植株表现出植株矮化、节间缩短、顶端优势减少、侧枝增加、叶色变深、叶绿素增加、叶片衰老延迟等表型。研究发现，*PHYA*基因能够响应短日照处理的诱导、提高耐寒性及打破芽休眠。因此，物候和对昼长的响应对侧枝发育至关重要。综上，光环境调控植物侧枝发育具有显著效果。

4.1.3.2 温度

温度对芽的休眠和萌发也有着重要作用。许多蔷薇属植物（如梨和苹果）的芽在低于12℃的条件下，会处于休眠状态；而高于21℃时，对光周期不敏感。同时，短日照条件下，夜间的高温能够减缓芽的休眠，使芽处于浅度休眠的状态。低温可诱导*CBF*基因的差异表达，其在许多植物芽休眠过程中发挥着非常重要的作用，如梨、杨树和拟南芥。高温能够促进杨树开花素蛋白（FT）和同源家族蛋白CENL1运输，从而调控芽的萌发及芽的伸长。在高温条件下，少侧枝的标准切花菊'精の一世'的侧芽生长受到显著抑制。因此，探究极端温度下植物株型的调控机制，挖掘能适应极端温度的株型关键基因，实现花卉优质高产也成为未来重要研究方向之一。此外，温度也可以影响分枝的形成，低温情况下，植物可通过调控独脚金内酯合成来减少侧枝的生长以应对寒冷。

4.1.3.3 营养物质

营养物质通过改变自身的分配而深刻地影响着植物的地上和地下部结构，是影响植物株型发育的重要环境因子。常见的营养物质包括矿物质和糖类物质。在充足的营养条件下，植物对茎的投入比根多，因此长得更高或更大。许多植物在吸收硝酸盐、铵或磷酸盐后，能增加分枝。氮（N）是最重要的营养元素，主要来源于硝酸盐和铵盐。研究表明，硝酸盐可以促进碳氮代谢及植物内源激素的合成，从而促进腋芽的生长。细胞分裂素被认为参与了土壤中根系N的有效利用，进而传递给侧枝。土壤中的N通过上调根中细胞分裂素生物合成基因*IPT*的表达来提高细胞分裂素的内源浓度。此外，硝酸盐转运蛋白（NPF）促进氮的吸收，参与调控植株的株型发育。

磷酸盐也参与调控植株株型的发育。当植株体内缺乏磷（P）时，独脚金内酯含量增加，抑制侧枝的生长。而当植株体内P元素充足时，独脚金内酯含量降低，促进侧枝生长。高N诱导细胞分裂素从根向芽的转运，而磷酸盐抑制独脚金内酯的生物合成。在低P或低N条件下，水稻中独脚金内酯水平增加，同时伴随着分蘖的减少。也有一些证据表明细胞分裂素与无机P有关，在缺P植物中，细胞分裂素水平较低。

糖是碳和能量的主要来源，可作为植物生长代谢的能量物质，满足多种植物侧枝生长的需要，如葡萄糖和蔗糖等。例如，月季芽生长后维持次生轴伸长时需要糖的维持。随后，该发现进一步衍生发展为营养竞争学说。从营养竞争角度来说，腋芽被认为是需要输入糖来满足其代谢需求和支持其生长的库器官。糖类物质便是其中最重要的一类物质，芽的生长能力反映在其吸收和利用糖的能力上。根据营养假说，芽的生长伴随着茎组织中淀粉的流动、糖代谢酶的高活性、芽中的糖分吸收等。同时，芽和木质部中的可溶性糖含量也有所增加。对地被菊茎部的解剖实验表明其近地侧和远地侧呈现不对称生长，进一步研究发现，内皮层细胞的淀粉体分布也受到重力影响而向下分布，从而调控地被菊的匍匐性状。研究表明，通过增加光照强度或提高 CO_2 浓度以提高光合作用，能够增加分枝。

糖除了是营养物质，还可作为重要的信号参与植物生长发育。光合作用的产物——蔗糖具有营养物质和信号分子的双重作用，参与调控植物开花、花色形成和侧枝发育等生理生化过程。月季在光照条件下，糖分通过上调液泡转化酶基因 RhVI1 来促进侧枝发育；外源施加蔗糖、果糖、葡萄糖或非代谢糖（异麦芽酮糖和阿洛酮糖）能明显促进侧枝发育。糖可促进龙胆（Gentiana triflora）侧芽萌发。蔗糖在侧枝发育调控网络中是一个比激素运输更快的关键信号因子。蔗糖在植物中具有高度移动性，在豌豆中以 150cm/h 的速度移动，而生长素最快移动速度仅为 2cm/h。去除豌豆顶芽 24h 后，侧芽即开始萌动，而此时侧芽中生长素水平并未改变，蔗糖却已在侧芽处快速积累，表明蔗糖信号先于生长素信号，即豌豆中"顶端优势"的解除，促进侧枝发育的最初调控因子是糖分，而非生长素；同时，蔗糖明显抑制豌豆 BRC1 表达，进而侧芽萌动生长。月季中也有类似报道。因此，蔗糖移动及在侧芽中的积累与侧芽萌动、生长密切相关。小麦分蘖抑制突变体 tin 的早熟节间形成了一个强大的糖库，竞争性抑制糖分在侧芽中的积累，导致分蘖减少；而蔗糖生物合成的果糖-1,6-二磷酸酶 1 突变会导致水稻突变体 moc2 的分蘖减少。综上所述，糖信号是植物侧枝发育调控网络中的关键因子，比激素信号更早，且具有普遍性。糖信号通路基因参与了植物侧枝发育的调控。目前的研究主要包括己糖激酶（HXK）、海藻糖-6-磷酸（T6P）、雷帕霉素靶蛋白（TOR）激酶、SNF1 相关蛋白激酶 1（SnRK1）及 C/S1 bZIP 转录因子等。在 HXK 作用下，葡萄糖（Glc）转化为葡萄糖-6-磷酸（G6P），HXK1 过表达拟南芥株系在生殖生长期表现出分枝增多。而 TOR 伴侣 LST8 的拟南芥突变体在营养生长期分枝增多。糖信号分子海藻糖-6-磷酸合成/降解的拟南芥突变体分别表现出分枝增加/减少的表型。然而，上述信号基因调控分枝的具体机制尚不清楚，与其他分枝调节物质间的交互对话也未阐明。随着化肥、农药过量施用引起的生态问题逐渐引发关注，探究营养物质对植物株型的调控机制变得更重要，未来筛选、培育适应低肥条件或养分高效的优良品种也成为重要目标。

4.1.3.4　栽培密度

栽培密度是影响植物观赏和产量的农艺性状之一。栽培密度通过对植株的光照情况、通风状况，以及养分和水分的分配等来影响生长，从而使植株的外部形态特征发生相应的变化。合理的栽培密度不仅可促进植株的生长，更能使花卉达到最佳的观赏效果。对不同栽培密度的小甘菊生长指标及其观赏性进行综合评价，发现不同栽培密度对植株冠幅、开花量等有显著影响。合理的栽培密度显著提高了桂花和福白菊单位面积日均有效花量和单位面积有效分枝数。此外，栽培密度还能影响经济作物的农艺性状，是决定轻简化栽培获得优质高产的重要因素之一。

4.1.3.5　水分

除了光照、营养物质和栽培密度外，水分也是影响植株株型发育的环境因子。栽培密度过大会增加植物蒸腾量和种植成本，过小则会增加地表蒸发、降低灌溉水利用率。紫花苜蓿种植密度和土壤含水量处于最佳协作状态时，株高和分枝数显著增加。此外，水稻发育早期通过调控独脚金内酯来减少分蘖，从而适应干旱。同时，土壤中有限的水分可用性也影响营养物质的分配，将更多的营养物质转移到根而不是芽上，从而减少侧枝的生长。

4.1.3.6　其他因素

此外，来自重力和风的物理刺激在植物株型形成时也很重要。嫩枝通常是负向地性的，而侧枝通常与主茎呈一定角度生长，这源于它们对重力的反应不同。风力影响弯曲应变和茎形态反应，可以导致更短和更粗的茎。生产上可以利用机械刺激抑制盆栽月季的株高，促进分枝。

4.2　株型调控的分子机制

与动物相比，植物在整个生命周期具有持续更新器官的能力。分枝的数目、长度、角度及形状都影响着植物株型的建成。植物的分枝由腋生分生组织（AM）分化形成，发育于胚后阶段。相比于支持纵向生长的顶端分生组织（SAM），AM在叶腋支持着侧向生长，可以产生侧向和次生芽（或枝条），在某些情况下，还可以产生花序和花。分枝数或分蘖数主要由初生茎上的叶片数决定，因为通常每片叶只有一个AM，而由叶腋产生的次生芽可产生多次芽。此外，这些分生组织含有全能干细胞群，这些干细胞的活性决定了植物的分枝。而这些全能干细胞群的维持和发育的调控机制十分复杂。

植物茎的生长和结构是严格模块化的，由一种植物体节（phytomer）重复发育组成。这种体节通常包括一个节间、一个带叶的节点和腋下的侧生分生组织。依据茎的重复发育模式，可以通过跟踪茎端分生组织的特点来了解株型发育中分生组织的全貌。

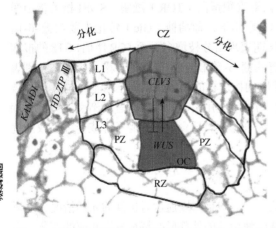

图4.4　拟南芥茎端分生组织（Boscá et al., 2011）

茎分生组织包括中心区（CZ）、周边区（PZ）和肋状区（RZ）。干细胞（蓝色表示*CLV3*基因）和组织中心（OC；红色表示*WUS*基因）在负反馈循环中相互作用。在叶片原基中，*HD-ZIP III*和*KANADI*家族基因分别决定前轴和后轴细胞命运

彩图

4.2.1　茎端分生组织的形成

4.2.1.1　原套-原体结构

植物最表面的细胞层称为原套。在单子叶植物中，原套由一层细胞构成；而在双子叶植物中，原套一般有两层细胞（L1和L2）。L1和L2的细胞主要进行垂周分裂（垂直于表面），以保持层状结构并且形成两层组织（分别是表皮和表皮下组织）。相反，原套下的原体（L3）结构进行平周分裂或垂周分裂，形成内部组织。在拟南芥中，原套的L1层细胞发育成叶表皮，L2层发育成叶肉，L3层发育为叶维管组织（图4.4）。

4.2.1.2　分区型结构

在茎端分生组织中，有3个主要发育区域：周边区（PZ）、肋状区（RZ）和中心区（CZ）。中心区位于茎端分生组织的最远端，细胞核显著，细胞分裂活性比较差。中心区构成了干细胞存在的微环境，为周边区与肋状区提供源源不断的细胞。周边区围绕着中心区延伸，细胞分裂活性较高，是侧端器官（叶原基）发生的

区域。肋状区位于茎端分生组织的基部，是顶端分生组织和茎组织的过渡区。此外，环绕周边区的区域称为器官区组织中心（OC），形成器官原基。

PZ 与 RZ 的细胞开始分化后，逐渐产生了新的组织与器官。这些分化的细胞会逐渐迁移出自己原来所在的区域，这时 CZ 产生的细胞又会代替分化后迁移出 PZ 与 RZ 的细胞，继续行使功能。而 CZ 的细胞通过不断的分裂产生新的细胞来替代原来的细胞。通过这种方式，茎端分生组织能够不断地保持自身结构的完整性。由于分生组织没有维管组织，其细胞之间的信号转导靠的是胞间连丝。研究表明，所有胚后形成的芽细胞最终都来源于每层中大约三个干细胞，位于 CZ 的最外区域。与 PZ 和 RZ 相比，CZ 的细胞分裂率较低。发育调节因子不在未分化的 CZ 细胞表达，而是随着分生组织 PZ 细胞的转化逐步表达，以指向特殊的发育途径。这种发育方向的改变是由位置信息控制的。

4.2.2　侧芽的休眠与起始

4.2.2.1　侧生分生组织的形成

茎端分生组织是维管植物根和茎顶端的分生组织，其包括长期保持分生能力的原始细胞及其刚衍生的细胞，受化学和物理信号整合的影响。遗传指令结合环境信号，使一些分生组织的细胞分化并产生组织和器官，而一些细胞被保留下来，作为未分化的"干细胞"种群。因此，顶端分生组织完成两个功能：器官启动和干细胞维持。与花发育一样，认识茎发育的遗传控制也是从突变体开始的。目前已从拟南芥中分离到多种茎端分生组织起始的突变体，如 *stm*；有的突变体与茎端分生组织的保持有关，如 *wus*、*clv* 等。

SHOOT MERISTEMLESS（*STM*）基因属于 *KNOX* 家族的第 1 类。*STM* 编码 HD 蛋白，属于 *KN1* 基因家族，一开始在球形胚的个别细胞表达，后来在整个 SM 中超过 CZ 的范围内表达。*STM* 抑制分化，维持分生细胞的增殖能力。*STM* 可能既参与茎端分生组织（SM）在胚中的起始，也维持 SM 在胚后形成器官。*STM* 通过直接促进细胞分裂素的合成和抑制细胞分裂素的拮抗激素——赤霉素的积累来维持分生组织细胞的命运。*stm* 突变体的成熟个体缺失茎分生组织，极少数偶尔能形成少量叶片。

WUSCHEL（*WUS*）在 OC 表达并扩散到 CZ，在那里促进干细胞的增殖，维持干细胞未分化的状态，胚后在 CZ 下部及 RZ 区表达。*wus* 突变体的植株呈丛缩状，正如"WUS"的德文（wuschel）本意，其株型如同"乱草一样的头发"。

CLAVATA（*CLV*）是干细胞分泌的信号肽，其表达受 *WUS* 调控，能够促进 PZ 的分化和器官形成。*CLV* 基因的功能可能涉及对 CZ 细胞分裂速度的限制。*CLV* 基因只在 CZ 表达，而且局限在 L3 层。*clv* 突变体的茎分生组织中未分化细胞持续积累，茎端与野生型相比明显变大。

茎端分生组织的分子调控以 WUS-CLV3 途径为中心。干细胞通过 CLV3 和 WUS 蛋白控制的途径维持在未分化状态。*WUS* 在茎端分生组织内的干细胞 OC 表达，使其上方的细胞维持干细胞特性，这些干细胞通过分裂，将部分子细胞推入 PZ 形成器官原基，同时维系自身的存在。在这个过程中 *CLV*（*CLV1*、*CLV2*、*CLV3*）基因起调节作用。*CLV1* 在 *WUS* 表达区域的上方表达，编码一个富亮氨酸受体蛋白激酶，其胞外域由 N 端信号序列和 21 个重复排列的亮氨酸组成，此外，它还含有一个疏水性的跨膜域和一个存在于胞质内的激酶域。*CLV2* 与 *CLV1* 以二硫键连接形成异二聚体。在 CLV2 的跨膜区域含有带电荷的氨基酸，它与受体激酶跨膜区域之间的电荷作用能促使异二聚体的形成。

生长素和其他激素如细胞分裂素（CK）和赤霉素也很重要，因为它们的浓度为茎尖分生组织（SAM）的每个区域划定了界线。有人提出，高水平的 CK 可以定位 *WUS* 在 OC 中的表达区域，从而促进CZ中干细胞的识别和维持。反过来，通过KNOX家族、KNAT1和STM转录因子的作用，CK保持在较高水平。KNOX蛋白可以降低SAM的GA水平。在这个区域生长素浓度也保持在较低水平。细胞在分化发生时离开CZ。因此，维持未分化的细胞和致力于特定细胞命运的细胞之间的动态平衡是茎发育的关键。

4.2.2.2 腋芽的生长

成熟植株的结构是由腋生分生组织的发生情况、芽生长的控制及分枝生长的后续动态决定的。这些参数的变化产生了不同植物甚至个体之间的分枝形态多样性。AM形成后，其作为枝状分枝的起点重复了原生枝的发育模式，赋予了植物分枝结构。尽管一系列遗传学研究揭示了SAM形成和维持的分子机制与基因，但对腋芽的产生和生长控制知之甚少。拟南芥中转录因子BRANCHED1（BRC1）在腋芽生长调控中起着核心抑制作用，是转录和转录后水平上几种内源性和环境信号的共同靶标。因此，它是参与控制芽生长的不同途径的关键整合因子。在豌豆腋芽中，*PsBRC1*转录水平被SL上调，被CK和蔗糖下调。远红光（FR）处理和低的R（红光）：FR比率诱导拟南芥的实验证明*BRC1*是响应遮阴的分枝抑制所必需的。在拟南芥中，在低R：FR比率下，已经鉴定出*BRC1*下游的多个靶标，包括促进ABA信号转导、抑制细胞增殖和蛋白质合成基因。同时，*BRC1*被鉴定为独脚金内酯信号转导下游分支的抑制因子。因此，*BRC1*也成为细胞分裂素和独脚金内酯共同调控分枝的重要节点。

拟南芥*max*突变体相比于野生型植株分枝增多、株高降低，与豌豆*ramosus*（*rms*）、矮牵牛*decreased apical dominance*（*dad*）、水稻*dwarf*（*d*）突变体表型类似。这些基因的分离和表征揭示了一种涉及类胡萝卜素衍生的新的信号分子调控途径。这些信号分子被认为是第二信使，在腋芽生长中介导生长素的作用。最近提出了一个模型，其中4个*MAX*基因在共同的途径中起作用：*MAX1*、*MAX3*和*MAX4*在MAX分子的生物合成中起作用，*MAX2*在MAX信号感知中起作用。例如，将月季的远端芽遮光或者低温处理后，使得静止的中间芽和近端芽萌发。此时，在远端芽中的*RwMAX2*的表达显著上调；冷处理诱导了*RwMAX1*在节间的表达和*RwMAX2*在沿茎的芽中的表达。此外，几乎所有拟南芥类胡萝卜素裂解双加氧酶（CCD1～CCD8）在水稻基因组中都有高度相似的同源物，提示该信号路径在水稻中高度保守。

4.2.3 茎的伸长

株高不仅是影响植物结构的决定性因素，也是影响观赏性状的重要因素之一。茎尖不仅包含顶端分生组织，还有伸长区和成熟区。伸长区域的细胞迅速沿纵轴延伸，在外观表现为茎和枝的快速伸长。通过确定GAI为拟南芥中GA反应的负调节因子，GA信号在决定植物高度中的作用也首次被确立。随后的研究表明其他激素也参与调控茎的伸长。例如，抑制油菜素内酯信号通路相关基因如*BRI1*、*BAK1*、*BIN2*和*BZR1*等的突变，植株均出现明显矮化。这表明油菜素内酯在细胞伸长中发挥重要作用，并通过细胞伸长影响植株高度。此外，赤霉素水平的升高促进了植株细胞的伸长。水稻中，*EUI1*编码细胞色素P450单加氧酶，通过调节水稻的赤霉素响应来调控节间伸长。在紫薇枝条的生长中，生长素和赤霉素通过影响细胞的伸长影响枝条的长度变化。成熟区的各组织则基本分化成熟，形成茎的初生结构。由于植物体中始终保留着具有细胞分裂能力的分生组织，使得植物不断地生长。使用拟南芥、豌豆、番茄、小麦和水稻的矮突变体鉴定了编码赤霉素和油菜素类内酯生物合成或信号转导途径的多个基因，并证实赤霉素和油菜素类内酯是决定植物高度的两个主要因素。拟南芥GAI在小麦（*Rht*）和玉米（*D8*）中的直系同源物是"绿色革命"基因，其突变后产生半矮秆表型，在20世纪60年代极大地提高了禾谷类作物的产量。

与已经在水稻中阐明的 GA 作用相反，BR 生物合成的分子基础和控制植物高度的大多数证据来自拟南芥的研究。抑制参与 BR 信号转导的基因如 *BRI1*、*BAK1* 等，导致矮化，表明 BR 信号转导在细胞伸长中起重要作用，通过细胞伸长影响植物高度。在水稻中，BR 生物合成途径中缺陷的突变体也变得严重矮化。这暗示双子叶和单子叶植物可能通过保守机制感知 BR 信号以改变植物高度。

4.3　株型的遗传

植物株型是农作物的重要农艺性状之一，但目前关于观赏植物株型的遗传学研究较少。下文列举了几种木本和草本观赏植物株型的遗传规律。

4.3.1　木本观赏植物株型的遗传

分枝是木本植物树冠结构的重要组成部分，能够决定冠幅和结构变化，从而揭示树木的生长对策和适应机制。对杨树无性系各性状遗传分析的结果表明，无性系间不同分枝高度、分枝角度、侧枝生物量、树高等表型性状间均存在差异。同时，对多种木本观赏植物种质资源各农艺性状的遗传规律进行分析，结果均表明株型在栽培驯化育种过程中起重要指示性作用，如观赏石榴、月季和紫薇等。杂交后代性状遗传规律的研究是杂交育种工作的基础，可为选配杂交育种亲本、定向选择杂交后代、提高育种效率提供理论依据。利用大花紫薇与紫薇进行种间杂交，F_1 杂交后代的 13 个数量性状的变异系数为 9.06%～57.60%，变异明显。其中，子代株高小于双亲占比最高，比例为 60.12%；株高介于双亲之间的比例为 39.88%。同样，紫薇品种间杂交的 F_1 代与双亲相比，初级分枝数在后代中变异系数达到 58.16%～64.79%，产生了丰富的变异。在月季的遗传机制研究中，对矮生杂种茶香月季系等品种（纯合体）与藤本（纯合体）进行品种间杂交，F_1 代全部为藤本。由此可见，藤本性状相对矮生性状为显性。马燕和陈俊愉等在月季的远缘杂交育种中选育出'雪山骄霞'，其亲本是'白雪山'和'NO. 8401'。经过多年的栽培观察发现，该品种着花繁密，抗逆性强，直立性好，可自然形成树状。对二倍体观赏石榴表型遗传多样性分析发现，枝的形态与颜色、株型等是造成观赏石榴表型差异的主要影响因子，聚类分析表明 24 个观赏石榴品种可分为 3 个组群，其遗传聚类与花型、颜色、株型关系密切。

4.3.2　草本观赏植物株型的遗传

草本观赏植物的株型在决定其产量和观赏价值中有着重要作用。南京农业大学菊花课题组以分枝表型差异比较大的切花小菊品种'QX-145'（母本）和'南农银山'（父本）进行杂交，发现 F_1 代中分枝高度、一级分枝数、长度和分枝角度等 4 个分枝性状在群体中分离广泛，变异系数达到 14.60%～38.89%；同时，该 F_1 代存在杂种优势和超亲分离现象，分枝高度、一级分枝数和分枝角度三个性状的中亲优势值均达极显著水平，分别为 −2.35%、−23.27% 和 −3.69%。而在盆栽多头小菊的杂交工作中发现，杂交后代菊花分枝力的性状受母本影响较大。相似地，切花须苞石竹的杂种优势和遗传效应研究表明，53.37% 杂交后代的组合在所测量的性状中表现出超高亲优势，包括株高、株幅、有效花枝分蘖数、花序直径、花序高度、叶长、叶宽、茎粗和节长 9 个性状，这为须苞石竹育种提供了理论基础。一串红杂交育种中发现，F_1 代茎秆粗、花序长、花轮数、株高、花梗粗、花序轴粗等性状均出现大量的超亲个体，有利于一串红观赏价值和品质的提升。而现蕾时节数、株高、茎节间距、花序轮间距的杂种优势则会不同程度地降低一串红的观赏性，不利于生产应用。同样，以蝴蝶兰红花系品种'超群火鸟'为主要亲本，配制多个杂交组合，其中'超群火鸟'×'R5'杂交F₁代株高、叶数相对亲本表现为超亲优势，为符合市场需求的优良后代之一。相似地，万寿菊雄性不育两用系的多倍体育种研究发现，四倍体万寿菊植株变矮、花茎增大，表型性状优良。四倍体万寿菊和孔雀草种间杂交种的花型性状优于三倍体杂交种，但是株型过于紧凑，分枝数小，不饱满。另外，在开展观赏辣椒、百日菊、观赏凤梨和紫茉莉等花卉杂交育种中，也都对株型遗传规律进行了探讨。

4.4 观赏植物株型研究的未来发展趋势

株型是一个综合性的重要农艺性状，其生长发育特征直接与品质、产量、栽培管理成本等密切相关。通过优化个体株型，可有效利用各种资源构建逆境等特定环境条件下的最优群体。如上文所述，株型的调控不仅涉及激素平衡，也与基因有着重要关系。因此，除了常规育种手段，随着高通量测序和基因编辑等技术的快速发展，借助新技术进行株型改良，可以实现观赏植物特定性状的精确改良，效率更高。

4.4.1 利用大数据和新技术解析不同时空维度下株型性状的调控机制

随着算法、成像技术、表型数据的加工与分析等技术和传感设备及高通量表型分析系统的迅速更新，目前已经能够快速评估较大群体，提高选择强度和准确性，为表型组学的发展提供了良好基础。研究者利用表型分析系统对玉米株型相关性状（叶夹角、株高和穗位）进行分析，深入评估并全面解析了控制玉米株型性状的遗传基础，为玉米遗传学及功能基因组学研究提供了新的群体资源。研究者将高通量测序技术与传统定位方法及关联分析方法相结合，利用连锁和全基因组关联分析鉴定花生、大豆、桃、木薯等株型相关性状的数量性状基因座（QTL），挖掘出了相关调控基因。为了挖掘控制梅花花色、花型、花瓣数、垂枝等性状的遗传因子及候选基因，利用性状分离良好的'六瓣'×'粉台垂枝'F₁群体，通过SLAF-seq技术进行大规模分子标记开发并构建了梅花高密度遗传连锁图谱，然后对F₁群体观赏性状进行QTL分析及候选基因的挖掘，为木本植物特有性状精细定位及候选基因的挖掘提供了参考。此外，利用全基因组重测序技术和候选区间关联作图策略对莲的株型性状进行了精细定位，筛选到了两个候选株型QTL位点及相关株型候选基因。

转录组技术的快速发展和测序成本的降低，为不同时空维度下的群体株型表型组数据进行全基因组关联分析，以及解析不同时空维度下株型性状发育调控的动态机理提供了可能。这种策略已在多种植物中得到应用。例如，利用转录组分析挖掘了影响地被菊分枝角度的15个关键基因及影响牡丹矮化的13个关键候选基因；同时，利用该技术对参与调控紫薇株型的 *TCP* 基因、调控花生侧枝发育的MADS-box基因家族进行了分析和鉴定，对加快株型的分子育种进程具有重要意义。此外，基因组测序技术已成为筛选调控分枝关键基因的重要手段，利用该方法筛选出了13个影响垂枝梅垂枝性状的关键候选基因。综合利用遗传学、分子生物学和生物信息学等多学科交叉的手段，分析各种动态的表型组数据、转录组数据、基因组数据和代谢组数据以挖掘关键基因，可为后续的基因工程提供基础。综上，未来对株型发育动态的时空研究对培育具有不同株型特点的观赏植物新品种有重要意义，是未来研究的重要方向之一。

4.4.2 利用基因编辑技术对关键株型性状进行精准改良

植物株型性状通常由单个或者多个基因控制。因此，通过常规育种手段获得这些优异变异，需要经过漫长的回交，且同时可能伴随着不良性状基因的连锁。利用 CRISPR/Cas9 基因编辑技术，对多种株型多个基因位点进行精准编辑和修饰，精准编辑某个氨基酸或几个氨基酸，或者对基因的启动子及一些关键的顺式调控元件进行精准操作，可实现株型控制基因的定量表达。该技术可以创造不同遗传背景下的优异等位变异，有效修饰植物的性状。虽然与传统育种手段相比，基因编辑有望快速改善性状，但目前作为一种育种实践仍存在一些限制。首先，由于稳定转化是引入突变的最有效途径，但要求较高的转化效率。因此，将基因编辑组件引入特定植物组织材料仍然是一个挑战。其次，对不同株型性状控制基因的鉴定工作仍需继续。尤其对于多倍体植物来说，当靶位点的数量增加时，突变的概率就会降低，同时脱靶问题也需要关注。近年来，CRISPR/Cas9 基因编辑技术已在小麦、棉花和四倍体大豆等多倍体作物上成功应用，如利用 CRISPR/Cas9 技术实现了对四倍体大豆矮化基因 *GmPDS18* 的定向编辑，靶点编辑效率存在明显差异。许多观赏作物都是多倍体，如栽培菊花多为六倍体及其非整倍体，其目的基因的突变则可能需要更为完善的基因编辑技术。借鉴多倍体作物的基因编辑技术，将为多倍体观赏植物的株型调控提供理论支持。

（宋爱萍　房伟民　陈发棣）

本章主要参考文献

陈俊愉. 1999. 中国梅花品种分类最新修正体系. 北京林业大学学报，（2）：2-7.

李素珍. 2020. 紫薇分枝角度相关基因挖掘与功能鉴定. 北京：北京林业大学.

彭辉. 2013. 切花小菊分枝性状的遗传分析及其连锁遗传图谱构建与 QTL 定位. 南京：南京农业大学.

王文广，王永红. 2021. 作物株型与产量研究进展与展望. 中国科学：生命科学，51（10）：1366-1375.

吴万春. 2004. 植物学（第二版）. 广州：华南理工大学出版社.

夏溪，奉树成，张春英. 2019. 新型分子生物学技术在花卉定向育种中的应用进展. 南京林业大学学报（自然科学版），43（6）：173-180.

邢晓娟. 2019. 高温抑制切花菊‘精の一世’侧枝发育相关候选基因挖掘与功能验证. 南京：南京农业大学.

熊国胜，李家洋，王永红. 2009. 植物激素调控研究进展. 科学通报，54（18）：2718-2733.

赵梦羽，张利军，蒋正杰，等. 2022. 多倍体作物 CRISPR/Cas9 基因编辑技术研究进展. 农业生物技术学报，30（4）：792-801.

周希萌，付春，马长乐，等. 2021. 作物分枝的分子调控研究进展. 生物技术通报，37（3）：107-114.

Balla J, Kalousek P, Reinöhl V, et al. 2011. Competitive canalization of PIN-dependent auxin flow from axillary buds controls pea bud outgrowth. The Plant Journal, 65 (4): 571-577.

Bogaert KA, Blomme J, Beeckman T, et al. 2021. Auxin's origin: do PILS hold the key? Trends in Plant Science, 27 (3): 227-236.

Boscá S, Knauer S, Laux T. 2011. Embryonic development in *Arabidopsis thaliana*: from the zygote division to the shoot meristem. Frontiers in Plant Science, 2: 93.

Coudert Y. 2021. The Evolution of Branching in Land Plants: Between Conservation and Diversity. New York: Springer.

Duan E, Wang Y, Li X, et al. 2019. OsSHI1 regulates plant architecture through modulating the transcriptional activity of IPA1 in rice. Plant Cell, 31 (5): 1026-1042.

Gao R, Gruber MY, Amyot L, et al. 2018. SPL13 regulates shoot branching and flowering time in *Medicago sativa*. Plant Molecular Biology, 96 (1): 119-133.

Harrison CJ. 2016. Auxin transport in the evolution of branching forms. New Phytol, 215: 545-551.

Hu J, Hu X, Yang Y, et al. 2021. Strigolactone signaling regulates cambial activity through repression of *WOX4* by transcription factor BES1. Plant Physiology, 188 (1): 255-267.

International Wheat Genome Sequencing Consortium (IWG-SC). 2018. Shifting the limits in wheat research and breeding using a fully annotated reference genome. Science, 361: 661.

Le Moigne MA, Guerin V, Furet PM, et al. 2018. Asparagine and sugars are both required to sustain secondary axis elongation after bud outgrowth in *Rosa hybrida*. Journal of Plant Physiology, 222: 17-27.

Li L, Sheen J. 2016. Dynamic and diverse sugar signaling. Current Opinion in Plant Biology, 33: 116-125.

Li MJ, Wei QP, Xiao YS, et al. 2018. The effect of auxin and strigolactone on ATP/ADP isopentenyl transferase expression and the regulation of apical dominance in peach. Plant Cell Reports, 37 (12): 1693-1705.

Ni J, Zhao M, Chen M, et al. 2017. Comparative transcriptome analysis of axillary buds in response to the shoot branching regulators gibberellin A3 and 6-benzyladenine in *Jatropha curcas*. Scientific Reports, 7 (1): 1-12.

Simons JL, Napoli CA, Janssen BJ, et al. 2007. Analysis of the DECREASED APICAL DOMINANCE genes of petunia in the control of axillary branching. Plant Physiology, 143 (2): 697-706.

Sussex IM, Kerk NM. 2001. The evolution of plant architecture. Current Opinion in Plant Biology, 4: 33-37.

Thimann KV, Skoog F. 1933. Studies on the growth hormone of plants. Ⅲ. The inhibiting action of the growth substance on bud development. Proceedings of the National Academy of Sciences, 19 (7): 714-716.

Wang B, Smith SM, Li JY. 2018. Genetic regulation of shoot architecture. Annual Review of Plant Biology, 69 (1): 437-468.

Waters MT, Gutjahr C, Bennett T, et al. 2017. Strigolactone signaling and evolution. Annual Review of Plant Biology, 68: 291-322.

第5章 生物协迫抗性遗传与调控

观赏植物栽培、采后和销售过程均易受到多种生物胁迫的危害，例如，蚜虫、蓟马、白粉菌、锈菌等。观赏植物的花朵或叶上因生物胁迫引起的病斑、食孔等直接降低了其观赏价值和经济效益。因此，提高观赏植物生物胁迫抗性是观赏植物育种的重要任务之一。目前，关于农作物生物协迫抗性方面的研究发展迅速，生物协迫抗性的遗传与调控机制亦有深入研究；而在观赏植物中的相关研究则较为滞后。本章重点介绍植物生物协迫抗性的遗传与调控机制及其在观赏植物中的研究进展，以期为观赏植物生物胁迫抗性育种提供理论指导。

5.1 生物胁迫抗性及其生理基础

5.1.1 生物胁迫抗性基本概念

观赏植物兼具观赏价值和经济价值，是重要的园艺栽培作物，对于美化环境和经济发展具有重要作用。但是，病害、虫害等生物胁迫会严重影响观赏植物的生长，降低其观赏和经济价值。因此，鉴定、改良和培育抗生物胁迫观赏植物的需求在逐年扩大，目前在观赏植物生物胁迫抗性领域取得了一定的研究进展。生物胁迫抗性是指植物影响病虫危害程度的可遗传特性的相对大小，根据主要生物胁迫种类可分为不同抗性类型。下文主要围绕虫害抗性和病害抗性展开。

5.1.1.1 虫害抗性基本概念

经典的抗虫性概念由Painter提出，他认为抗虫性是影响昆虫最终危害程度的可遗传特性的相对大小，在生产中表现为某一品种在相同虫口密度下比其他品种优异、高产的能力。植物的抗虫性是植物抗虫遗传特性、害虫危害遗传特性与环境等多种因素相互作用的结果，是植物与害虫之间在特定的环境条件下相互影响的具体表现。

经典的植物抗虫性可分为非嗜好性、抗生性和耐害性三种类型：①非嗜好性指植物由于自身的形态、生理生化特征或物候、生长特征等形成不利于昆虫生存的环境，使昆虫不附着其上栖息、产卵或取食的特性；②抗生性指某些植物含有对害虫有毒的化学物质，或缺乏昆虫所需的某种营养元素，或由于对昆虫产生不利的物理、机械作用等，导致昆虫死亡率高、繁殖率低、生长发育不完整等的特性；③耐害性指植物受害后，通过自身的增殖和补偿能力，使植物不受或少受虫害显著影响的特性。

5.1.1.2 病害抗性基本概念

植物的抗病性是植物避免、阻滞或中断病原物侵入与发展，延缓入侵事件、减轻发病程度的一类具有遗传性的特性。植物的抗病性是植物同病原物长期互作过程中协同进化的结果，病原物具有自身的致病机制，植物也进化出不同程度的抗病性。植物对病原物感染的表现可分为免疫、抗病和感病三种类型：植物基本上能抵抗病原物的侵染称作免疫；抗病是指寄主植物抵抗病原体的侵染，能够杀伤病原体或抑制病原体在植物体内生长的现象，抗病又可以分为高抗和中抗；感病是指寄主植物不能抵御病原物的侵染，病原物造成寄主植物发病的现象，感病也可分为高感和中感。

5.1.1.3 病虫害抗性评价

观赏植物生物胁迫抗性鉴定是观赏植物抗病遗传育种工作的重要内容，通过具体的量化指标对同一植物的不同种质资源的受害情况进行评价。抗虫性鉴定的内容包括植株成活率、病虫害程度、感虫前后植株生理生化指标的变化等。抗病性鉴定的方法主要有田间鉴定和室内鉴定两种。室内鉴定可分为温室鉴定和离体鉴定。田间鉴定环境条件常无法控制，易受其他病原菌干扰，影响试验的准确性，需多年多点鉴定，费时费力；而室内鉴定可以控制单一因素的影响，省时省力。植物抗性鉴定的方法依据植物生育阶段划分，可分为苗期鉴定和成株期鉴定；依据鉴定场所划分，可分为室内鉴定和田间鉴定；依据鉴定材料划分，可分为活体鉴定和离体鉴定；依据发病条件划分，可分为自然鉴定和人工接种鉴定；依据鉴定手段划分，可为单株和群体鉴定，或器官、组织、细胞、生化技术及分子鉴定等。上述鉴定方法都各有优势与劣势，实际运用时，应结合植物与病原菌的特性灵活运用多种方法。

（1）病害抗性评价　在观赏植物中已完成多种病害抗性评价。菊花抗病方面的研究主要集中于黑斑病、白锈病和枯萎病等。例如，柳丽娜对38个茶用菊品种进行了两次幼苗期黑斑病抗性鉴定，发现11个品种（占比28.95%）表现为抗病，22个品种（占比57.89%）为中感，5个品种（占比13.16%）为感病。曾俊对19个菊花近缘种属植物田间人工接种白锈病鉴定发现，19个材料中有12个均无任何明显病症表现，被列为免疫型；'野路菊'和'虹之滨菊'在观察末期叶片出现少量小褪绿斑点，为高抗型；'足摺野路菊'和'萨摩野菊'出现更多的褪绿斑点且在叶背面出现少量小的孢子堆，为中抗型；'黄山野菊''矶菊''纪伊潮菊'分别为中感、感和高感型。王梦琪在温室条件下，对33个茶用菊品种采用浸根法进行苗期人工接种，观察统计发病情况，计算发病率与病情指数，并进行抗性分级和品种筛选，得到了2份高抗材料（'七月白'和'杭白菊'）、9份抗病材料（'苏菊7号'等）、17份中抗材料（'滁菊'等）、4份感病品种（'福白菊'等）及1份高感材料（'皇菊'）。

月季抗病方面的研究主要集中于黑斑病、白粉病和灰霉病。宋杰等通过对昆明的46个庭院月季品种的抗黑斑病能力进行综合评价发现，46个月季品种中：无黑斑病免疫品种；严重感病品种最多，达15个，占调查品种总数的32.61%；高抗、感病和中抗品种分别有10个、8个和7个，分别占调查品种总数的21.74%、17.39%和15.22%；低抗品种最少，只有6个，占调查品种总数的13.04%。整体来看，46个庭院月季品种的黑斑病感病较为严重，其中感病品种和抗性品种各23个，各占总调查品种数量的50%。王蕴红对从新疆不同地域收集的15份野生蔷薇属植物进行白粉病抗性评价，15份供试材料中没有对白粉病免疫的。野生蔷薇属材料中，5个品种为高抗白粉病材料，6个品种为中抗材料，1个品种为中感材料，3个品种为高感材料。李思思等采用离体花瓣接种法对349个月季品种的灰霉病抗性水平进行鉴定，供试材料在不同程度都感染了灰霉病菌，病斑为近似椭圆形的黄褐色水渍状，病斑边界清晰，此次试验没有发现免疫材料，不同抗病性等级间病斑面积差异很大，349个月季品种中：高抗材料11个，占3.15%；抗病材料32个，占9.17%；中抗材料64个，占18.34%；感病材料114个，占32.66%；高感材料128个，占36.68%。

百合抗病方面的研究主要集中于茎腐病、灰霉病和百合斑驳病毒。例如，魏志刚对30份东方百合试验材料进行茎腐病抗性鉴定，3份材料鉴定为抗病材料，16份为中抗材料，11份为感病材料。朱丽梅等对8个不同百合品种在离体和活体接种条件下对百合灰霉病的抗病性进行了鉴定，'橘色小精灵'在离体鉴定和活体鉴定中均属于中感品种；'亚洲丁''素雅'在离体鉴定和活体鉴定中均属于中抗品种；'蒙娜丽莎''御马''全星'在活体鉴定中属于高抗品种，在离体鉴定中均属于中抗品种；'底特律'在离体鉴定中为高感品种，且发病速度快，而在活体鉴定中却对灰霉病菌表现了较强抗性，属中抗品种；'粉红珍珠'在离体鉴定中为中抗，在活体鉴定中则为高感品种。

非洲菊主要病害为根腐病和白粉病。陈军等通过对 7 个非洲菊品种进行根腐病和白粉病的抗性比较发现，非洲菊各品种根腐病病株率在 12% 及以下，发病较轻的为'辉煌'，仅为 2%，其次为'太阳风''阳光海岸''红色妖姬'，病株率为 6%。白粉病方面，'太阳风''热带草原''红色妖姬'的病株率为 100%，其中'热带草原'和'太阳风'的病情指数分别高达 100 和 94。

郁金香主要病害为种球腐烂病。王艳丽等对 27 个郁金香栽培品种的种球进行种球腐烂病的抗性鉴定，结果表明 27 个郁金香栽培品种中，3 个品种的病情指数小于 20，为高抗品种；6 个品种的病情指数在 20.1~50.0，为中抗品种；13 个品种的病情指数在 50.1~80.0，为中感品种；5 个品种的病情指数高于 80，为高感品种。

朱顶红主要病害为红斑病。吴永朋等对 22 个不同品种进行抗病性鉴定，病情指数为 40%~100%，其中'露天''红狮子''阿咪''橙色赛维''玛丽'5 个品种感染红斑病的指数较低，抗病性强；'哈库'和'卡里美柔'的染病指数较高，较容易感染红斑病。

仙客来主要病害为枯萎病、炭疽病和叶斑病。陈玉琴对 8 个试验品种进行炭疽病抗病性调查发现，8 个品种对炭疽病的抗性由强到弱依次为'大红'和'水红'>'浅玫红'>'深橙红'>'4014'>'4042'>'5052'>'4036'。中花型品种较大花型品种抗病。'大红'和'水红'接种后均不见发病，表现为免疫；'浅玫红'接种后第 10 天个别叶片开始表现症状，接种后第 22 天调查，病情指数为 0.82，表现为高抗；'深橙红'接种后第 9 天在部分叶片上开始表现症状，接种后第 22 天，病情指数为 29.4；'4014''4042''5052''4036'均在接种后第 3~4 天开始表现症状，并且在接种后第 5~6 天不少病斑上已出现橘红色的黏质物（分生孢子盘和分生孢子），接种后第 22 天，这 4 个品种的病情指数分别为 49.6、53.4、100 和 100。经测验，'大红''水红''浅玫红''深橙红''4014''4042'抗病性均极显著强于'5052'和'4036'，'大红''水红''浅玫红'显著强于'4042'，'大红''水红''浅玫红''深橙红''4014'之间抗性差异不显著，'深橙红''4014''4042'三者之间抗性差异不显著。王婧对不同仙客来品种进行叶斑病抗性试验，结果表明供试仙客来品种中，各品种的抗性强弱表现为：'拉蒂尼亚'>'哈里奥'>'火焰'>'杏红'>'彩云'>'超级'>'K'系列>'TA'系列>'G'系列。在仙客来栽培品种中，没有对叶斑病高抗性的品种，但是不同的品种抗病性有差异，'拉蒂尼亚''哈里奥''火焰'等抗病性较强，接种后病株率在 7% 以下，而常规品种如'彩云''超级''杏红''G'系列和'TA'系列等抗病性较差，接种后病株率均在 20% 以上，最高的病株率达 36.7%。

蝴蝶兰主要病害为叶基腐病和灰霉病。黄发茂等对 11 个不同蝴蝶兰品种的叶基腐病病原菌抗性进行鉴定发现，蝴蝶兰叶基腐病病原菌可侵染'B_2''聚宝红玫瑰''大瑞丽''超群火鸟'等 11 个蝴蝶兰品种。不同蝴蝶兰品种对叶基腐病病原菌抗性表现不同。其中'B_2'和'聚宝红玫瑰'的病情指数分别为 55.16 和 47.92，属于感病品种；'大瑞丽''超群火鸟'等 7 个品种属于中抗品种；'世华黄金'和'317'的病情指数分别为 18.05 和 15.41，属于抗病品种。11 个参试品种中未发现免疫、高抗品种。

红掌主要病害为细菌性疫病。丁钿等通过人工剪叶接种方法，对我国主栽的 22 个不同红掌品种进行细菌性疫病抗性测定和评价，结果表明高抗品种有 3 个（占 13.7%），中抗品种有 12

个（占54.5%），中感品种有6个（占27.3%），高感品种只有1个（占4.5%）。

杜鹃主要病害是枯梢病。杨秀梅等对18个不同高山杜鹃品种对枯梢病的抗病性进行调查发现，有免疫品种2个，高抗品种2个，抗病品种3个，中感品种3个，感病品种4个，高感品种4个。

山茶主要病害为灰斑病、炭疽病和软腐病。彭邵锋等对21个山茶种质的炭疽病和软腐病抗性研究表明：①对于炭疽病，其中有8个品种感病指数为0，对炭疽病具有高度抗性，有2个品种表现为中抗，3个品种表现为低抗，低感和中感品种各有1个，6个品种表现为高感。从发病时间来看，有9个品种从第3天开始发病，有1个品种从第4天开始发病，有2个品种从第5天开始发病，有1个品种第6天开始发病；其中第3天开始发病的品种中，有7个品种发病率为100%，2个品种发病率为50%；第4天开始发病的品种发病率100%；第5天开始发病的2个种质发病率均为100%；第6天发病的品种发病率为25%。②对于软腐病，其中有9个品种感病指数为0，对软腐病具有高度抗性，中抗品种有5个，低抗品种有2个，低感品种有1个，中感品种有4个。从发病时间来看，有8个品种从第4天开始发病，有4个品种从第5天开始发病；其中第4天开始发病的品种中，有3个品种发病率为100%，4个品种发病率75%，1个品种发病率为50%；第5天开始发病的品种中，1个品种发病率为50%，3个品种发病率为25%。

（2）虫害抗性评价　　虫害也是造成观赏植物产量和品质下降的重要因素之一。目前对虫害方面的防治多采用化学防治，劳动力和农药投入都很大，不仅增加成本，而且存在健康和环境风险。蚜虫是为害观赏植物的重要虫害之一，其常群集在嫩叶花蕾上吸取汁液，使植株萎缩，生长不良，开花结实均受影响，还会排泄蜜露影响观赏植物正常的光合作用。蚜虫也是马铃薯Y病毒、黄瓜花叶病毒等病毒的传播者之一，还会造成煤烟病影响植株生长和外观品质。

在观赏植物中，对蚜虫的抗性评价研究还不够充足，目前在菊花和百合中相关的研究比较多。例如，孙娅等为发掘对蚜虫有抗性的菊花近缘种属植物，对11份菊属及蒿属植物苗期进行了田间和室内抗蚜虫性鉴定。分析结果表明：田间鉴定与室内鉴定结果基本一致，其中黄金艾蒿、黄蒿等8份材料田间鉴定和室内鉴定结果无差别；牡蒿田间鉴定表现为高抗性，而室内鉴定表现为极高抗性；大岛野路菊田间鉴定表现为抗性，而室内鉴定表现为中抗性；异色菊田间鉴定表现为中抗性，而室内鉴定表现为低抗性。黄金艾蒿、黄蒿、牡蒿、香蒿、大岛野路菊对蚜虫表现良好抗性，可用于栽培菊花抗蚜性遗传改良。周俐宏等利用人工蚜虫接种和蚜量比值法鉴定了60份百合资源（11份野生种、49份品种），其中12份为高感，6份为感虫，4份为中抗，7份为抗虫，31份为高抗。筛选得到的一批抗蚜种质资源，为百合抗蚜及进一步抗病毒病育种提供了参考。

观赏植物种质资源非常丰富，对观赏植物进行种质资源的生物胁迫抗性鉴定能够为观赏植物抗性育种研究提供更优异的候选资源。

5.1.2　生物胁迫生理基础

观赏植物受到生物胁迫后，机体内发生的一系列复杂的生理生化反应与其病虫害抗性密切相关。观赏植物生理生化方面的研究有助于制定有效的病虫害抗性育种策略。大量研究表明，植物体内活性氧、营养物质、激素、多种防御酶等与植物抗病虫性密切相关。

5.1.2.1　抗虫性生理基础

（1）营养物质

1）可溶性糖：糖类是植物体内重要的化学物质，是代谢过程的重要底物和中间代谢物。李庆等（2003）对7种与小麦近缘的野生植物抗蚜性的生化机制进行了研究，结果表明多年生野生物种叶片可溶性糖含量与禾谷缢管蚜内禀增长率之间存在显著的正相关性，表明可溶性糖含量越高，其对蚜虫的抗性越弱。高粱组织中含糖量低的时候，则表现为抗虫（薛玉柱，1982）。

2）游离氨基酸：植物体中的游离氨基酸种类、数量与抗虫性具有一定的相关性。对冬小麦品种中游离氨基酸种类及其与抗麦长管蚜的关系进行的研究，表明小麦品种抗性强弱与氨基酸的种类关系甚密，谷氨酸、丙氨酸、赖氨酸、天冬氨酸的含量越高，品种抗性越弱；而亮氨酸、异亮氨酸、脯氨酸、缬氨酸的含量越高，品种抗性越强。对植物韧皮部中的氨基酸与蚕豆蚜抗性的研究发现，缺乏组氨酸、甲硫氨酸、苏氨酸和缬氨酸的寄主植物上蚕豆蚜幼虫存活率、生长率和内禀增长率均表现下降趋势。刘旭明等发现，棉蚜对糖的需要不大，但需要相对较高含量的氨基酸。

3）无机盐：无机盐主要参与维持昆虫渗透压，与抗虫性有一定的关系。邹运鼎等研究表明，中、高肥条件下，二叉蚜种群消长的主要因子是小麦植株中的含水量和含钾量，而豌豆蚜、百合沟新瘤蚜和桃蚜则须在钾、磷、镁都具备的情况下才能正常生长发育。

（2）次级代谢产物

1）生物碱：生物碱是一类具有生理活性的重要抗生性物质，其对蚜虫具有较强的杀虫活性。常见的抗生物质有吡啶生物碱（pyridine alkaloid）、甾体生物碱（steroidal alkaloid）、吲哚生物碱（pyrrolizidine alkaloid）等，这类物质主要影响昆虫的取食或对其产生神经毒性。Chapman研究表明，有的生物碱对昆虫有毒，起着产卵拒避和拒食作用。蔡青年等（2002）研究发现小麦旗叶和穗部吲哚生物碱在抗蚜品种（系）中的含量均高于感蚜品种（系），其含量与抗麦长管蚜抗性具有一定的相关性。

2）萜类：萜类化合物是以异戊二烯为单位组成的化合物，包括单萜、倍半萜、双萜和三萜等。这类物质对昆虫具有拒避、抗生作用。李梦霏研究表明，从蒿属植物叶、茎、根中提取的多种挥发性萜类成分具有较强的抗蚜性。研究发现玉米苗被甜菜叶蛾取食后释放大量的萜类化合物。Dicke发现黄瓜、玉米和棉花等作物被危害后会释放出单萜类物质4,8-二甲基-1,3,7-壬三烯和4,8,12-三甲基-1,3,7,11-十三烯。

3）酚类化合物：酚类化合物是一类带羟基芳香环的次级代谢产物，与抗虫性密切相关的酚类物质主要有酚酸、香豆素、单宁、木质素等。蔡青年等在小麦部分主要次级代谢产物对麦长管蚜不同酶活力影响的研究中发现，0.08%没食子酸显著抑制蔗糖酶、羧酸酯酶和谷胱甘肽S-转移酶的活力；0.065%香豆素极显著地抑制谷胱甘肽S-转移酶活力。何富刚等发现高粱单宁的含量与蚜虫总死亡率、翅蚜的生成呈显著负相关。何香通过测定不同杜鹃花受害后次级代谢产物含量变化，分析其次级代谢产物变化量与杜鹃冠网蝽寄主选择的相关性。结果表明，杜鹃花的抗虫性与总酚和单宁含量变化呈显著正相关，与丙二醛含量变化呈显著负相关。

4）黄酮类化合物：黄酮类化合物是一类重要的抗虫次级代谢产物，对昆虫的危害具有一定的防御能力。张军等发现，大豆抗感品种接种大豆胞囊线虫（soybean cyst nematode，SCN）SCN-3后，根部类黄酮含量动态差异较大，抗线虫品种根部类黄酮的含量增加，而感线虫品种下降。刘保川等研究发现，小麦中黄酮类化合物对麦长管蚜的生长发育、繁殖具有一定的抑制作用。

（3）防御酶　研究表明，切花菊过氧化物酶（POD）、多酚氧化酶（PPO）与蚜虫的侵染存在相关性。开展抗虫性生理基础研究对于科学防治策略的制定和分子设计育种具有积极意义。

（4）激素类　植物对虫害的诱导抗性主要涉及茉莉酸（jasmonic acid，JA）、乙烯（ethylene，ET）和水杨酸（salicylic acid，SA）。参与上述激素信号转导途径相关的防御基因及其在植物虫害诱导防御反应中的作用，在双子叶模式植物如拟南芥、番茄和烟草等中已有较为深入的研究。

JA信号级联路径是植物感知昆虫取食和产生广谱抗性的主要路径，主要对咀嚼式害虫和部分刺吸式害虫（如蚜虫）起防御作用。苜蓿对BGA（bluegreen aphid）蚜虫的抗性及拟南芥对甘蓝蚜的防卫均依赖于JA信号路径。JA促进拟南芥芥子油苷（GS）及N^δ-乙酰鸟氨酸［可毒杀GPA（green pea aphid）］合成，从而提高抗蚜虫性。拟南芥aos（allene oxide synthase）突变株（JA合成前体OPDA及JA合成受阻）对桃蚜（Myzus persicae）的抗性下降。对aos与功能获得性突变株fou2（OPDA和JA水平高于野生型）蚜虫取食后的转录组分析发现，JA可诱导WRKY、C2H2 zinc fingers、BTB、含TAZ domain蛋白编码基因及ERF响应于蚜虫的表达，并可诱导防御蛋白PDF、PR或PI编码基因的表达，且与转运、细胞壁修饰、细胞分裂与发育及细胞骨架相关的基因亦被诱导。表明蚜虫抗性相关的JA信号途径是一个复杂的网络途径，既能应对害虫侵害又能调节植物生长以维持植物生存。

乙烯信号转导路径介导了拟南芥对桃蚜的抗性，受蚜虫取食激发的ET可诱导AtMYB44与EIN2表达，AtMYB44受ET诱导后发生核定位，从而与乙烯信号转导调控因子EIN2启动子区结合，启动EIN2表达，EIN2转而调控诱导防卫反应，该调控作用需要乙烯受体ETR1保持活性，即ET-ETR1-AtMYB44-EIN2途径提高了拟南芥对桃蚜的抗性，而EIN2下游至抗虫反应中间的路径尚不清楚。

苯并噻二唑（BTH，SA类似物）处理抗/感马铃薯品系，明显降低了马铃薯长管蚜（potato aphid）的种群增长速率。将SA降解相关基因NahG转入含抗蚜基因Mi的番茄中，其抗蚜虫性丢失。SA水平提高的拟南芥突变体cpr5和ssi2上桃蚜种群数量降低，而在SA积累水平降低的pad4（phytoalexin deficient 4）突变体上桃蚜种群数量增加，并促进衰老相关基因SAG的表达。Louis等发现PAD4抑制蚜虫的生长、发育、繁殖及筛管取食。PAD4的磷脂酶催化中心第118位丝氨酸人为突变后，丧失了对蚜虫的抗生和取食驱避作用，推测PAD4对蚜虫的抗性无需SA参与。Todesco等发现，叶片早发性坏死的EST-1生态型拟南芥，其ACD6基因与桃蚜抗性相关，且EST-1中SA水平高于Col-0及acd6干扰植株，暗示该基因对桃蚜的抗性可能与SA积累存在某种关联。

相反，SA信号的某些突变却能增加拟南芥的抗虫性，甘蓝蚜在拟南芥突变体npr1和nahG（SA积累水平降低）上的繁殖力低于野生型，表明SA信号的积累可增强蚜虫在植物上的适应性。可能是蚜虫"诱骗"适应机制，即蚜虫通过激活放大SA信号路径（"诱饵"信号），从而抑制JA抗虫信号路径，使蚜虫在植株上的适应性增强，ABA在SA和JA防御路径的平衡中起着关键的作用。可见SA在抗蚜虫性中的作用因物种和蚜虫种类而异，或是诱导内生抗性直接防御蚜虫；抑或是作为"诱饵"信号，转而与JA信号路径交互对话来提高蚜虫适应性。因此，不同物种应对不同蚜虫取食时的SA信号防卫路径仍值得探究。

植物抗虫反应主要受SA、JA、ET信号路径介导，在遭受不同胁迫时植物可通过信号路径间的交叉对话与精细微调实现"转录重排"（transcriptional reprogramming），启用最紧急的防卫信号路径。通常，SA参与刺吸式昆虫的防卫，而JA/ET则参与植食性昆虫（咀嚼式和部分刺吸式昆虫）的防卫，SA与JA/ET信号路径的交互抑制。迄今已在拟南芥、水稻、烟草等17种植物（11种作物、6个野生种）中报道，但多为咀嚼式害虫或机械伤害诱导产生的信号交互抑制。

5.1.2.2 抗病性生理基础

（1）活性氧 活性氧爆发（oxidative burst）是植物对病原物侵染的最早应答反应之一，也是寄主植物产生过敏反应（hypersensitive reaction，HR）的特征。在植物中，活性氧（ROS）的形式主要有4种，即超氧阴离子（$\cdot O_2^-$）、过氧化氢（H_2O_2）、羟自由基（$OH\cdot$）和单线态氧（$^1O_2$）。正常生理条件下，植物体内ROS的产生与清除之间处于动态平衡状态，ROS维持在正常的水平，不会对植物细胞产生伤害。但植物受到病原菌侵染后，细胞在短时间内产生大量的活性氧，ROS 产生与清除之间的动态平衡被破坏，尤其是植物与非亲和病原菌互作时，ROS 积累和爆发的速度更快，引起寄主产生过敏反应。活性氧类物质可以直接杀死病原菌，同时还可以增强植物组织细胞壁的木质化程度和羟脯氨酸糖蛋白（HRGP）的氧化交联，诱导抗菌物质产生，调节防御酶的活性，提高植物本身的抗性来抵抗病原菌的入侵。

在植物与病原菌互作中，活性氧除抑制病原菌、增强植物细胞壁的木质化、参与过敏反应外，还能和其他信号系统协同作用，如启动植保素的生成，或作为信号分子诱导抗性相关基因的表达，从而使植物获得系统抗性。活性氧 H_2O_2 还可增加水杨酸 SA 的合成，改变细胞中的氧化还原平衡，激活寄主细胞的防卫机制等。

（2）植保素　　早在 1940 年，Muller 和 Borger 在研究茄科植物马铃薯与晚疫病菌（*Phytophthora infestans*）互作时就提出植保素（phytoalexin）的概念。经过几十年的争议，学术界大多认为植保素是植物受到病原菌侵袭等胁迫后，在受害部位周围的细胞内形成并积累的一类低分子量、具抗菌活性的次级代谢产物。目前，已知 30 多个科 150 个种以上的植物能产生植保素，分离鉴定出的植保素大致归为以下几类：黄（烷）酮类、类黄酮类、萜类、倍半萜类、吲哚类、香豆素类、双苯类、内酯类、醌类、环二酮类、苯乙酮类、苯并呋喃类及生物碱类等。其种类纷繁，相同的科内所含的植保素具有明显的相似性，如茄科植物为类萜化合物、豆科植物为异黄酮类化合物、菊科植物为聚乙炔类化合物等。植保素的产生与积累是植物抗病反应机制之一，如黄瓜的诱导抗病性中，植保素的积累是重要的抗病反应。瓜枝孢（*Cladosporium cucumerinum*）弱致病菌株可诱导黄瓜中类黄酮植保素的积累，从而对黑星病产生防卫反应。火疫病病菌（*Erwinia amylovora*）对苹果的侵染诱导了植保素的代谢，从而提高苹果对该病菌的抗病性。对柑橘溃疡病菌具有不同抗性的柑橘品种在人工接种柑橘溃疡病菌（*Xanthomonas axonopodis* pv. *citri*）后，抗病品种内的植保素含量显著升高，且含量明显高于感病品种。

（3）防御酶　　植物的防御酶类主要有 SOD、POD、CAT、PPO、PAL 及脂氧合酶（lipoxygenase，LOX）等。防御酶参与各种生化反应，如活性氧自由基的清除、木质素和酚类物质的合成与积累，以及次级代谢产物改变等。植物在逆境或病原菌侵染时防御系统被激活，体内积累的 ROS 增强植物的抗病性，但过多的 ROS 积累会使膜脂过氧化，对植物自身造成伤害，而细胞中的活性氧清除酶类 CAT、SOD、POD 活性会升高，清除过量的 ROS，防止植物被毒害。O_2^- 在 SOD 作用下可以被歧化为 H_2O_2，而 H_2O_2 可以被 POD 和 CAT 降解为 H_2O 和 O_2。因此，防御酶活性的提高常被作为植物抗病性评价的指标之一。植物的抗病防卫反应通常存在多种防御酶之间的协调交互作用，从而共同抵御病原菌的危害。Zhang 等在水稻纹枯病菌（*Rhizoctonia solani*）的研究中发现，施硅肥促进水稻中酚类物质的代谢，可提高 PPO 和 PAL 的活性，从而提高敏感品种水稻对纹枯病的抗性。在纹枯病菌的毒素处理下，水稻体内的 POD、PPO、PAL、SOD 等防御酶活性提高，且防御酶被诱导的速度和程度与品种抗性水平有关，抗病品种的酶活性明显高于感病品种。

在对菊花白锈病菌（*Puccinia horiana*）的研究中发现，免疫白锈病的菊花材料在接种病菌后 SOD、POD 和 PPO 的活性比高感材料上升快、幅度大。白锈病菌担孢子萌发出菌丝，然后穿刺植物表皮进入植物体内，造成活性氧 ROS 的积累，因此 SOD 和 POD 开始启动反应。而且 POD 具有清除活性氧催化生产木质素的功能，因此免疫材料因其相对较高的 POD 活性可能催化生成了更多的木质素，从而进一步防御了病原菌的入侵。免疫材料和高感材料在受到病原菌入侵后，PPO 活性均有不同程度的升高，可能是由于 PPO 催化形成的醌类物质限制了病原菌的繁殖和扩散。祝朋芳等对栽培菊花感染白锈病后体内防御酶的活性进行了研究，发现抗/感菊花品种的 PAL、PPO 及 POD 活性均有呈不同程度的升高，活性提高幅度及变化规律因酶而异。

就同一种酶而言，抗病品种酶活性较感病品种有更大幅度的升高。

在对月季黑斑病菌（*Marssonina rosae*）的研究中，郭艳红等以1份现代月季免疫黑斑病品种和1份感病品种为材料，测定了其SOD、POD及PPO的含量，发现免疫品种的3种酶活性均比感病品种高，高酶活性可以消除病原菌侵染带来的影响，因此低酶活性的感病野生种必须通过大幅度提高酶活性才能抵抗病原菌带来的影响。

王蕴红在对月季白粉病菌（*Podosphaera pannosa* var. *rosae*）的研究中发现，接种白粉病菌后，抗病品种的SOD和POD活性都高于感病品种。

东方百合的不同抗性品种接种百合灰霉病菌（*Botrytis elliptica*）后，相关生理生化指标的变化与灰霉病抗性关系的结果表明，接菌后脯氨酸（Pro）含量较接菌前下降；可溶性糖、SOD、POD含量均有不同幅度上升；同时发现测定接菌前和接菌后的CAT含量可作为初步鉴定高抗品种的指标。表明各抗/感东方百合品种在不同时期应答百合灰霉菌胁迫的生理生化反应不同，感病与抗病品种的防御机制可能存在差异。

詹德智在对百合茎腐病菌（*Fusarium oxysporum*）的研究中发现，接种病菌后，抗性种质的PAL和POD活性要显著高于感性种质，以帮助机体抵御不良环境。马璐琳等以泸定百合为试验材料，采用SMART技术构建了百合经镰刀菌诱导后的抑制差减正、反向2个SSH文库，通过半定量RT-PCR对其中的4条抗病相关EST[丝氨酸/苏氨酸蛋白激酶（S/TPK）、谷胱甘肽S-转移酶（GST）、过氧化物酶（POD）和亲环素（CYP）]的表达情况进行了分析，证明它们在一定程度上都受百合镰刀菌诱导而上调表达，推测其可能参与了百合对镰刀菌枯萎病的抗病过程。

在对致病菌地毯草黄单胞菌（*Xanthomonas axonopodis* pv. *dieffenbachiae*）的研究中，曹瑜对接种后的抗/感病品种定期进行细胞防御相关酶活性生理生化指标测定，结果比较分析表明，在接种病原菌后，APX、POD、PAL、SOD和CAT 5种酶的活性，总体呈现先上升后下降的趋势，且抗病品种的平均值和增加幅度大于感病品种，即酶的活性与抗病性呈正相关。而PPO活性虽然在受病原菌侵染后增强且其活性水平始终高于对照，但其在抗感品种中变化趋势不明显。

李姝江等用SA喷雾涂布叶片诱导对山茶灰斑病（*Pestalotiopsis guepinii*）的抗性，其植株内POD、PPO、CAT、PAL等防御酶对山茶灰斑病菌诱导有不同响应。诱导并接种处理的植株体内上述酶活性比只诱导不接种处理上升速度快。不同浓度的SA诱导及诱导后接种植株体内的POD、PPO、CAT、PAL活性与SA浓度呈正相关。各防御酶活性与感病指数的相关性分析表明CAT活性与感病指数显著负相关，除PPO与感病指数的相关系数很低外，其他酶均较高。尽管未达到显著水平，但仍说明POD、PAL在诱导山茶抗病性中具有重要作用。

杨德翠在对牡丹红斑病菌（*Cladosporium paeoniae*）的研究中发现，抗性牡丹品种'鲁菏红'和易感牡丹'赵粉'相比，二者的抗氧化酶（SOD、CAT、POD、PPO）活性变化趋势相似，均为先升高后下降，但在不同的品种中抗氧化酶活性变化的幅度和时间不同。在'鲁菏红'叶内抗氧化酶活性高，处理后上升快，下降缓慢，而'赵粉'中则相反。这说明SOD、POD、CAT和PPO活性变化大小可作为衡量牡丹对红斑病抗性强弱的指标。

（4）病程相关蛋白　　植物诱导的化学防卫反应中形成的一类至关重要的物质是病程相关蛋白，是植物被病原菌侵袭或不同的因子刺激、胁迫后形成的一种或多种低分子化合物。此类蛋白可分为17个家族，广泛存在于各种单子叶和双子叶植物中。通常情况下，在健康植物中，PR蛋白含量极少或不存在，但其受病原菌或其他因素刺激后迅速产生并积累。PR蛋白具有广谱抗性，大多具有抗真菌活性，也有的具有抗细菌、杀灭昆虫/线虫等作用。该蛋白往往通过抗菌活性、固化细胞壁或参与信号转导等方式来介导植物的局部和系统诱导抗性，并能直接攻击、抑制甚至杀死病菌。目前，研究者多数认为*PR*基因是研究植物抗病的一种标记基因。

（5）激素类　　水杨酸（salicylic acid，SA）是激活植物防卫反应的重要信号分子。活体或半活体营养型病原菌入侵时，植物体内会大量积累SA，激活植物的抗病反应并诱发植物的系统获得抗性（systemic acquired resistance，SAR）。此外，SA信号还调控病程相关基因和防御基因的表达，提高植物对病原菌侵染的抗性。

茉莉酸（JA）和乙烯（ET）是植物中的重要内源激素，也是植物抗病反应中的重要信号分子。JA和ET参与死体营养型病原菌诱导的抗病反应，并激发植物的诱导系统抗性（induced systemic resistance，ISR）。研究表明，JA可以诱导多酚氧化酶、过氧化氢酶等防御酶参与防卫反应，还能诱导萜类、生物碱和类黄酮等次级代谢产物的产生，从而调控植物抗病反应。ET与JA具有协同作用，调控防御基因和病程相关基因的表达，提高植物的抗病能力。

在植物防御过程中，不同的防御信号途径之间相互交互，交织成复杂的防御网络。月季黑斑病菌侵染月季的过程中，激素网络也影响着月季黑斑病的抗性，高水平的茉莉酸组成型积累协同生长素共同抑制了水杨酸信号通路的激活，降低了月季对黑斑病的抗性；细胞壁的降解与生长素信号之间的串扰进一步促进茉莉酸的合成，削弱了水杨酸对茉莉酸的抑制，降低了黑斑病抗性；但当茉莉酸的组成型高水平被抑制后，生长素则不参与对黑斑病抗性的负调控。

黄艳娜对病情调查的结果显示，随着SA处理浓度的升高，山茶的抗灰斑病能力随之增强。以5mmol/L的SA处理具有最大的抗病性，0.5mmol/L的SA处理发病最为严重，这说明处理浓度过低不能诱发植物的抗病性。

（6）次级代谢　　植物被病原菌感染或诱导因子刺激后所产生和积累的一类低分子量抗菌性次级代谢产物，称为植保素。植保素大多属于黄酮类、萜类、芪类、酚类化合物及生物碱类化合物。植保素对微生物毒性很强，且无种属特异性。当植物受到病原菌胁迫时，植保素会在入侵部位周围积累，杀死或抑制病原菌。有研究发现黄酮类植保素在豆科植物中广泛分布，其中的酚类基团能有效抑制病原真菌孢子萌发。萜类植保素主要在茄科和旋花科植物中产生，通过在被入侵部位快速积累以阻止病原菌的生长和繁殖。而芪类植保素主要存在于植物的薄壁组织中，它的积累会抑制病原菌丝生长或孢子萌发，从而提高植物的抗性。植保素是植物防卫反应中重要的生理活性物质之一。有研究发现通常植保素在抗病植株和感病植株中诱导积累的速度不同，前者积累速度较快。植保素的诱导因子并不是专一性的，致病菌和非致病菌侵染均诱导植保素的合成。

丙二醛（MDA）的含量代表细胞的脂质过氧化水平和生物膜损伤程度的大小，可以反映植物体内是否缺乏"抗氧化剂"、过氧化反应是否过度等，已成为判断膜脂过氧化作用的一个重要指标。MDA能够引起细胞膜功能紊乱，引起植物细胞损伤。王蕴红发现未接种白粉病菌时，抗病品种叶片的MDA含量高于感病品种；接种白粉病菌后，MDA含量被诱导上升，并且抗病品种叶片的MDA含量变化幅度低于感病品种，因此可初步认为MDA含量与月季对白粉病的抗性有关。包颖在野蔷薇感病材料与白粉病互作过程中发现，在野蔷薇抗/感病材料中，苯丙烷代谢途径及衍生物合成的关键基因同时被诱导上调表达，表明野蔷薇经白粉菌诱导后不同的苯丙烷类合成途径被激活，苯丙烷代谢途径及其生成的衍生物在野蔷薇抗白粉病过程中起重要作用。

柴楠通过在百合上接种灰霉病菌后进行代谢组测序发现，咖啡酸、山奈酚和色胺可能是广谱性的抑菌次级代谢产物，柚皮素、水杨酸卞酯和香豆素可能是百合响应灰霉病菌的特异性次级代谢产物，具有较强的针对性。

在对百合茎腐病的研究中，魏志刚发现东方百合总皂苷提取液对茎腐病病原真菌尖孢镰刀菌有一定抑制作用，且苷元的氧化水平及所配糖基的种类、数目和组成等与抗真菌活性密切相关。郑思乡等的研究也表明抗病材料的总皂苷含量明显高于感病材料，且皂苷含量与抗性水平之间极显著相关，可作为大规模筛选抗病材料的一个重要指标。

李姝江等用SA喷雾涂布叶片诱导山茶灰斑病抗性的研究表明，SA诱导后可引起山茶叶片中MDA含量在一定时间范围内减少，说明SA诱导降低了膜脂的过氧化程度，有利于增强植株抗病性；其中5mmol/L SA诱导后的MDA含量较其他处理低，即该浓度SA诱导后更有利于增强山茶的抗病性。

杨德翠在对牡丹红斑病（*Cladosporium paeoniae*）的离体接种试验研究中发现，与对照相比，牡丹感染红斑病后体内MDA含量升高，其中感病品种'赵粉'的MDA含量显著高于抗病品种'鲁菏红'，对细胞膜造成过氧化作用，膜受到伤害，这说明红斑病抗/感品种在生理上存在着差异。

5.2　生物胁迫抗性机制

观赏植物的产业化发展过程中，生物胁迫一直都是阻碍其发展的重要问题，严重降低观赏植物的产量及观赏价值。目前，化学防治是控制生物胁迫的主要途径，但化学防治会对植物、环境及人体造成一定危害，严重影响观赏植物的品质，还会造成环境污染问题，因此，利用分子生物学技术，将抗病虫害基因导入观赏植物基因组，使其能够稳定表达并遗传到子代中，从而获得具有病虫害抗性的新品种，是解决病虫害最有效的办法之一。

5.2.1　抗虫性机制

在长期的植物—昆虫互作过程中，植物通过形成一系列抵御昆虫危害的方式来影响昆虫的取食、生长发育及生殖行为。根据表现时期的先后可分为组成型抗性和诱导型抗性。组成型抗性是指植物中原本就存在的阻碍昆虫的物质，既包括阻止昆虫危害的物理障碍，如细胞壁厚度、组织韧度、木质素、毛状体、表面蜡质等；还包括毒素，如单宁酸、芥子油苷、含氰苷等，也包括贮存在植物体内的抑制昆虫聚集的种间感应化合物。诱导型抗性是指植物在遭受植食性昆虫进攻后诱导产生的抗性，包括：①直接防御，合成次级代谢产物或产生防御蛋白，如单宁、生物碱、黄酮类化合物、过氧化物酶、多酚氧化酶、苯丙氨酸酶、几丁质酶蛋白酶抑制剂PI、脂氧合酶LOX等。②间接防御，释放挥发性化合物吸引天敌来控制昆虫的数量，以及对相邻植株产生一定的影响。李进进等研究发现，除虫菊花蕾期通过自发地释放大量蚜虫报警素EβF来吸引天敌瓢虫，同时驱避蚜虫。正常情况下，诱导型抗性保持较低水平，但当处于外界胁迫时，诱导防御能在几天、几小时甚至几分钟内迅速发生作用；而组成型抗性可为植物提供持久保护。

5.2.1.1　组成型抗虫机制

（1）物理防御机制　　植物的物理抗性主要指植物通过其自身的组织结构来抵御外来昆虫的危害，如株型、颜色、细胞壁厚度、茎秆强度、表皮毛结构、蜡质等。这些形态结构可在物理上干扰昆虫在宿主植物上的行为。

1）株型与颜色：植食性昆虫对寄主的选择受植物颜色和形状的影响，不同颜色的植株受昆虫危害的程度不同。周明等研究表明，随着小麦叶色的加深，麦秆蝇（*Meromyza saltatrix*）的着卵量递减。夏云龙等研究了小麦叶色与抗麦长管蚜（*Sitobion avenae*）的关系，发现叶色明显影响麦蚜的选择性，叶色与感蚜性呈极显著相关。Moharramipour发现，玉米蚜（*Rhopalosiphum maidis*）在黄色大麦上的虫口密度显著高于绿色大麦。Ana legrand和Pedro barbosa研究表明，植物形态结构的改变，对豌豆蚜总体繁殖力或内禀增长率没有影响，但叶的类型和托叶大小对成蚜寿命影响显著。

2）表皮毛结构：昆虫取食植物必须通过植物的表皮结构。Tunispeed研究表明，蚕豆微叶蝉（*Empoasca fabae*）和跳虫（*Deuterosminthurus yumanensis*）在大豆无毛品种上的数量明显多于有毛品种。郭香墨等发现，棉花叶片主脉复毛和单毛密度与抗蚜性均呈极显著相关，茸毛密度越大，抗蚜性越强。植物体表某些毛状体具有腺体，当腺体毛折断时，其内会分泌毒素、黏液或生物碱，以毒死或铜死昆虫。

3）蜡质：植物表面的蜡质影响植食性昆虫对寄主植物的选择，蜡质中存在的化学物质作为信息物质与植食性昆虫的取食、产卵有关。蜡质的化学成分大都是长链碳氢化合物、脂肪酸、脂肪醇、生物碱、萜类化合物等，但不同植物中其成分差异较大，同种植物中成分相对固定。王亓翔等应用扫描电镜和生化测定研究了5个常用水稻栽培品种'扬辐粳8号''扬稻6号''扬粳9538''淮稻9号''宁粳1号'叶片中的蜡质含量，发现'宁粳1号'叶片中的蜡质含量显著高于其他品种，叶片的蜡质含量与抗虫性有关。Ni等研究认为，大麦和燕麦（*Arrhenatherum*）表层蜡质的超微结构呈薄片状，而小麦叶片的蜡质呈杆状，这些差异可能与表层蜡质的化学成分差异有关。

Eigenbrod等研究表明，桃蚜在涂有C8～C13的单羧酸溶液的膜上不滞留，而对更长链的酸则没有反应。蚕豆叶表蜡质中的链烷涂在蜡膜囊上，可延长豌豆蚜在囊膜上的刺探时间。

4）内部组织结构：植物的内部组织结构与其抗蚜性关系密切。Agarwal等报道，小麦的内部结构直接影响着蚜虫的取食，木质部坚硬的茎、排列紧密又富有弹性的维管束会使蚜虫取食困难。另外叶表皮层厚度、叶肉细胞排列紧密程度、pH、渗透压等也是影响蚜虫取食的因素。

（2）化学防御机制 植物体内的化学物质主要包括植物的营养物质和次级代谢产物。主要的营养物质有可溶性糖、游离氨基酸、无机盐等，次级代谢产物主要有生物碱、非蛋白氨基酸、萜类、酚类化合物、黄酮类化合物等。这些化学物质对昆虫个体的生长、发育、繁殖等生物学特性可产生一定的影响。

1）植物营养物质：糖类是供给昆虫生长发育所需的主要能源物质，是刺激昆虫取食的重要因子。有研究认为，植物组织中糖含量过低时，寄主植物会起到一定的抗虫效果。李庆等（2003）研究发现，小麦叶片可溶性糖含量与禾谷缢管蚜内禀增长率存在显著的正相关性，表明植物中可溶性糖含量越高，其对蚜虫的抗性越弱。

蛋白质和氨基酸是植物重要的含氮营养物质。根据报道，蚜虫须通过吸取寄主植物组织内的汁液从而获得其生长发育必需的营养物质，因此，可溶性蛋白的含量与植物的抗蚜虫性成反比，即可溶性蛋白含量高的植物容易吸引蚜虫，而含量低的植物具有抗蚜特性。朱栋梁等对甜瓜的氨基酸含量与抗蚜虫性的关系进行了研究，结果表明抗蚜性甜瓜可能通过调控韧皮部汁液中氨基酸的含量，使其聚合成肽进而形成抗氧化剂来增强对蚜虫的抗性。

2）植物挥发性次级代谢产物：植物释放的挥发性有机化合物的化学结构类型主要包括萜类、烷烃、烯烃、醇类、酯类、含羰基和羟基类物质。花和果实合成释放的挥发性物质一般具有一定的香气，主要包括芳香化合物、萜类化合物、酯类，以及一些含氮、硫化合物。由叶片等营养组织释放的挥发性物质主要包括萜类、脂肪酸衍生物、含氮化合物（吲哚）等。植物的绿叶挥发物（green leaf volatile，GLV）又称为C6挥发物，包括醛类、醇类和酯类物质。植物在正常条件下不释放GLV或很少释放，但在遭受害虫危害后，GLV由亚油酸和一些亚麻酸经过一系列酶促反应形成。此类化合物的种类因植物种类不同而不同。萜类化合物是植物次级代谢产物中最丰富的一类，大约有25 000种。几乎所有的植物挥发物中均含有萜类化合物。大多数植物在遭受植食性昆虫取食后，都会释放萜类化合物以影响昆虫的取食。例如，除虫菊地上部分均含有杀虫活性成分除虫菊酯，具有广泛的杀虫谱。蒿属植物作为菊花的野生近缘属，含有大量的萜类化合物和倍半萜内酯，大多数物种具有强烈的香气和苦味，可妨碍食草动物的取食。刘陈玮等研究发现北艾和辽东蒿的挥发物对菊姬长管蚜表现出强烈的驱避性。孙海楠研究了菊花及黄花蒿（Artemisia annua）叶片挥发物对驱避蚜虫的影响，发现蚜虫对黄花蒿叶片挥发物有逃避现象，且遭蚜虫取食后的叶片挥发物显著地加剧了蚜虫的逃避行为；蚜虫对'南农红枫'叶片挥发物具有一定的趋向性，遭蚜虫取食后的'南农红枫'叶片挥发物对蚜虫的吸引力会有所减弱。李梦霏对4种蒿属植物叶、茎、根中挥发物成分的比较分析发现，不同蒿属植物的同一组织挥发物成分差异明显，叶中普遍存在的成分有12种，茎中普遍存在的成分有3种，根中普遍存在的成分有8种，且多为萜类物质。其中，东亚栉齿蒿、菴闾在蚜虫取食前后地上部挥发物均有明显变化；亚栉齿蒿地上部挥发物的总量呈现先上升后下降的趋势，且下降明显；菴闾地上部挥发物的总量呈现持续下降趋势。(-)-α-蒎烯在蚜虫取食过程中被诱导合成，在蚜虫接种后6～12h含量出现明显增加的萜类物质有桉叶油醇、4-侧柏醇、(-)-宁酮、崁烯、樟脑、右旋龙脑、马苄烯酮、顺-2-异丙烯基-1-甲基环丁基乙醇、邻苯二甲酸二丁酯等，这些萜类物质可能是重要的抗蚜成分。

5.2.1.2 诱导型抗虫机制

植物在正常代谢过程中，体内活性氧代谢处于较低水平，当受到害虫危害或机械损伤后，体内膜脂过氧化和膜脂脱脂作用被启动，破坏了膜结构，从而使代谢系统的平衡受到破坏（刘裕强等，2005）。此时，植物体会启动一系列的酶系统，包括抗氧化酶系统和相关防御酶系统，如SOD、POD、APX、PPO和PAL，这些酶活性的变化与植物对虫害的抗性及防御能力密切相关。

SOD是活性氧清除反应中第一个发挥作用的抗氧化酶类。张金峰等（2004）在稻飞虱对水稻植株内主要保护酶活性影响的研究中发现，受白背飞虱危害后，水稻体内SOD活性增加，抑制活性氧自由基的产生，提高植物抗虫能力。POD是植物抗逆反应过程中的关键酶，催化各种次级代谢反应，促进木质素形成过程，提高POD活性能够促进受害组织细胞木质化程度。木质素含量及相关酶活性与植物的抗逆性密切相关。姜伊娜等在对蚜虫为害大豆的研究中发现，蚜虫侵害后不同品系的POD活性升高，并认为这与蚜虫的诱导存在相关性。刘长仲等发现受蚜虫危害后，苜蓿的POD活性升高，且高抗材料中含量高于低抗材料。PPO是一类将多酚类氧化成酮类的质体金属酶，能以O_2为底物将酚氧化成有毒的醌类物质，抑制昆虫的侵染，是植物次级代谢过程中的关键酶之一。刘长仲等发现苜蓿受蚜虫胁迫后，PPO活性在高抗材料中上升的幅度大于低抗材料。PAL是苯丙烷代谢途径及木质素合成路径的关键酶，可催化合成植保素、木质素等与抗性相关的防御物质。木质素的形成使细胞壁加厚，对昆虫的取食构成机械障碍，而植保素亦对昆虫具有毒害作用和驱避作用。很多研究表明，当植物受到昆虫危害后，与次级代谢产物合成有关的酶活性上升。张春妮等研究发现，桃蚜为害甘蓝后，PAL活性明显上升，与对照相比差异显著。孙多鑫等在酶活性与小麦抗蚜性的研究中发现蚜虫取食后，抗蚜的春小麦品系PAL活性急剧上升，感蚜品种虽也有上升，但上升较为缓慢。

5.2.2 抗病性机制

植物生长过程会面临各种病原菌胁迫。病原菌的侵染使植物产生多种病害甚至死亡，从而造成品质下降、减产甚至绝收。在与病原菌长期协同进化的过程中，植物为了抵抗病原菌的攻击，形成了一套复杂的免疫防卫体系。其中，预存性防御机制和诱导性防御机制是目前认识比较清楚的两种主要的植物防御反应机制。

5.2.2.1　预存性防御机制

预存性防御是植物固有存在的防御机制，是病原菌侵染植物时面临的第一道屏障，包括预存性结构防御和化学防御。结构型屏障通常是植物自身所具有的一些特殊结构，如角质层、细胞壁和气孔等。另外，细胞骨架也可以阻止病原菌的侵染。除结构型屏障外，健康的植物体内会先天形成一些具有抗菌作用的次级代谢产物，如酚类、皂苷、芥子油苷等，该类物质具有一定的抑菌活性，在病原菌入侵时发挥抵御作用。

（1）预存性结构防御　　植物的结构是病原菌入侵时面临的第一道物理屏障，可以抵抗病原菌的入侵，与植物抗病性密切相关。大部分高等植物地上部分的表皮细胞外侧覆盖着一层由角质和蜡质等脂肪性物质构成的角质层。角质层是一种防水屏障，除保护植物免受干燥、紫外线辐射外，还可保护植物免遭病原菌的侵害。角质层可以抑制病原菌的活动，影响孢子萌发。角质层厚度的增加可以降低番茄孢菌（*Macrosporium tomato*）成功侵染番茄的概率。蜡质层有多种生理功能，如阻止植物非气孔性失水、维持植物表面清洁，因其不易黏附水滴，湿润度较低，不利于病原菌生长和孢子萌发，可以限制病原菌入侵，减轻和延缓发病，如苹果叶片和果实上的蜡质层可以迅速排除水滴，控制表面的湿润性，从而降低黑星病菌的侵染。陈志宜研究不同水稻品种对纹枯病的抗性发现，抗病品种叶片的蜡质含量明显高于感病品种。在蒺藜苜蓿 *irg1/palm1* 突变体中，叶背面表皮蜡质的缺失影响炭疽病菌和非寄主锈菌孢子的分化率。

气孔或皮孔是植物与外界环境进行气体或水分交换的门户，也是病原菌入侵的重要通道。植物气孔或皮孔的密度、形态、开度大小等都与病原菌的侵入密切相关。Hull研究发现玉米品种对高粱柄锈菌（*Puccinia sorghi*）的感病性与叶片表面的气孔数目正相关，Nagai 和 Imamuta 通过研究稻瘟病菌对76个水稻品种的侵染情况，得出了同样的结论。颜惠霞也发现叶片表面的气孔数目与南瓜对白粉病的抗病性呈负相关。气孔的大小也直接影响病原菌的入侵。Graham 等研究柑橘属不同植物的气孔对溃疡病抗性的影响，发现橘子的气孔开度小，而柚子和甜橙的气孔开度较大，使得病原菌入侵的难易程度不同，因而对溃疡病的抗性不同。

植物的细胞骨架可以作为一道天然的屏障抵御病原菌的入侵。细胞骨架与细胞壁合成直接相关。细胞骨架包括微管、微丝和中间纤维。微管参与细胞壁的形成与生长，控制细胞壁增厚的方式。肌动蛋白微丝在防御病原真菌入侵时起着重要作用，微丝降解会损伤植物的非寄主抗性。大麦胚芽鞘对豌豆白粉菌（*Erysiphe pisi*）具有抗性，但其被微丝和微管抑制剂处理后可以被白粉菌入侵。用细胞松弛素（肌动蛋白聚合抑制剂）处理小麦叶片，微丝的网状结构受到破坏，过敏性坏死反应、活性氧和过氧化氢的产生及乳突的形成均明显受到抑制，使得非寄主病菌黄瓜白粉菌的入侵率显著提高（郝心愿等，2011）。

（2）预存性化学防御　　除预存性结构防御外，植物可以组成性地表达一些次级代谢产物，如皂苷、硫苷、芥子油苷等，这些次级代谢产物具有抗菌活性，可以防御病原菌的侵染。皂苷在植物体内既可以组成性表达，也可以在病原菌侵染时被诱导产生。小麦全蚀病菌可成功侵染小麦的根部，但不能侵染非寄主燕麦（*Avena strigosa*），因为燕麦根部产生的皂苷提高了燕麦对小麦全蚀病菌的抗性，而燕麦皂苷缺陷突变体则丧失了对小麦全蚀病菌和黄色镰刀菌（*Fusarium culmorum*）的非寄主抗性。

芥子油苷是一类含氮、硫的植物次级代谢产物，特异性存在于十字花目植物中。植物受到损伤或病原菌侵害时，芥子油苷在其水解酶β-硫代葡糖苷酶（又称黑芥子酶）作用下被降解，降解产物分为硫代氰酸盐、异硫氰酸盐、腈类、环硫腈和唑烷-2-硫酮五类，以ITC为主。在这五类降解产物中，ITC对细菌和真菌具有很高的毒性，是主要的防御化合物。芥子油苷的降解产物除作为抗菌物质对病原菌产生毒害外，还可能作为信号分子诱导植物的其他防御机制，如细胞程序化死亡、气孔关闭和细胞壁胼胝质堆积等。

5.2.2.2 诱导性防御机制

当植物预存性的防御障碍被病原菌克服后，植物会产生诱导性防御机制阻碍病原菌的进一步入侵。植物诱导抗病性是指植物在外源胁迫的诱导作用下激活寄主植物自身防御系统，从而对病原菌产生抗性的现象。植物的免疫反应主要分为两个水平：①病原菌相关分子模式触发的免疫（PAMP-triggered immunity，PTI），是通过植物细胞表面的模式识别受体（pattern-recognition receptor，PRR）识别病原菌的相关分子模式（pathogen-associated molecular pattern，PAMP）激活的一系列免疫反应（图5.1）。②为了抑制PTI免疫，进化的病原菌分泌有毒性的效应因子（effector），然而植物又会进化出一种抗病的R蛋白，监视效应蛋白并抑制其活性，

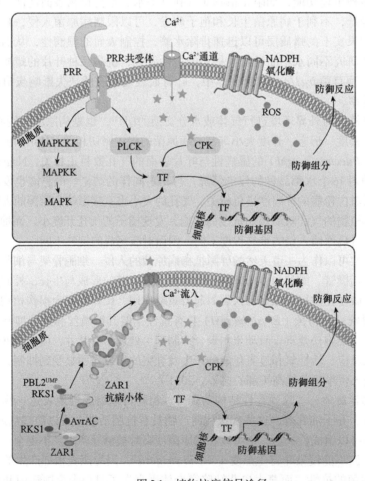

彩图

图5.1 植物抗病信号途径

上：PRR介导的抗病途径；下：抗病小体介导的抗病途径

抗病基因编码的蛋白中NLR蛋白约占70%。每个植物物种中NLR基因的数目常高达数百个，并且种间和种内均呈现高度多样性，组成一个庞大的NLR组，这一水平的免疫被称为效应子触发的免疫反应（effector-triggered immunity，ETI）。在植物中，抗病蛋白作为主要的免疫受体，感知病原菌和害虫并触发强大的防御反应，其中抗病蛋白ZAR1在检测到入侵的病原菌时被转化为一个高度有序的蛋白复合物，称为抗病小体，从而感知病原菌并触发防御反应（图5.1）。植物在与病原菌长期"博弈"的过程中，PTI和ETI构成了植物两道主要的防卫防线，植物PTI和ETI两条免疫通路协同调节植物免疫。近期，对水稻的研究发现，抗病蛋白NLR整合PTI和ETI，协同赋予水稻广谱抗性。

根据抗病因素的性质，诱导性防御包括细胞壁增厚（cell wall apposition，CWA）、乳突的出现和维管束的阻塞等结构防卫反应，在侵染部位诱导活性氧爆发、植保素的产生和积累、植物防御酶系的变化、病程相关蛋白的积累等化学防卫反应，以及分子信号的传递和防卫基因的诱导表达，形成对病原菌入侵的免疫防线。

（1）诱导的结构防卫反应　　诱导的结构防卫反应是指外界刺激可以引起寄主植物的细胞、亚细胞或组织在形态结构上发生一定的变化。该变化可将入侵的病原菌限制在细胞壁、单个细胞或者局部组织内，从而阻碍病原菌的进一步扩展与危害。主要表现在细胞壁的增厚、乳突的出现、木质化与木栓化的形成、维管束的阻塞及愈伤组织和离层的形成等。细胞壁增厚是指在细胞壁内侧和质膜之间形成的细胞壁沉积物质（wall-like material），如小麦叶片受灰霉病菌侵袭后出现的乳突就是这类物质累积的结果。植物细胞遭遇病原菌侵染后，细胞壁与细胞膜之间由木质素、纤维素、胼胝质、硅质、酚类物质和多重离子等累积而成的这种乳突结构，在抵御病原菌的侵染、修复病原菌造成的伤害和调节受伤细胞的渗透性等方面发挥着重要作用。细胞壁木质化与木栓化的形成是诱导结构防卫反应的另一种类型，由于病原菌的侵染，促使植物中病原菌入侵点附近的细胞木质化和木栓化，甚至形成木栓层，从而不但能够增强细胞壁的抗菌穿透、抗酶溶解的能力，亦能阻止病原菌和毒素向植物体内进一步扩展、蔓延，还可切断植物向病变部位输送水分和营养物质，致使病原菌缺乏营养而使其生长和繁殖受到限制。当病原菌侵入植物后，植物在维管束内可形成侵填体（tylose）与胶质（gum），造成适当的维管束阻塞，以防病原菌借助蒸腾拉力向整株扩散。此外，多种植物在受到病原菌侵袭后，会产生愈伤组织，形成离层、穿孔等，将发病部位与健康组织隔断，以阻碍病原菌的深入侵染与繁殖。

（2）诱导的化学防卫反应　　诱导的化学防卫反应是指外界刺激可以使寄主植物正常的生理代谢发生改变，产生抑菌或者解毒物质，从而阻止病原菌的进一步扩展与危害。主要表现在过敏性坏死反应、活性氧爆发、植保素的产生与积累、植物防御酶活性的变化及病程相关蛋白的形成等。

5.3　生物胁迫抗性的遗传

观赏植物病虫害是生产上的主要问题之一，选育观赏性状好且抗病虫的品种一直是观赏植物育种者的目标。观赏植物生物胁迫抗性方面的研究主要集中在病虫害的鉴定、种质资源抗病虫评价体系的建立与抗病机制解析等方面。植物抗病虫遗传机制复杂多样，近年来，植物对生物胁迫抗性遗传机制的解析正在不断推进中，但关于观赏植物对于生物胁迫抗性遗传机制的研究很少。相比于农作物，观赏植物生物胁迫抗性方面的遗传学研究相对滞后，遗传机制尚不明确，这制约了观赏植物抗病虫育种的进程。

5.3.1 抗虫性遗传

植物抗虫性性状有的属于质量性状，有的属于数量性状。植物抗虫性的遗传机制因植物物种和昆虫的不同而异。植物抗虫性的遗传类型主要分为三类。

5.3.1.1 单基因遗传

植物对某种害虫及其生物型的抗性仅由一个基因控制，其亲本（一抗一感）杂交后，F_2 代的抗性分离比例为 3：1 或 1：3。

5.3.1.2 少基因遗传

少基因遗传是指由 2 个或少数几个基因所控制的抗性，其抗、感亲本杂交后，F_2 代抗性分离明显，如棉花对红铃虫的抗性及草莓对蚜虫的抗性均由少数几个基因控制。

5.3.1.3 多基因遗传

植物抗虫性由多效微基因控制，抗虫程度表现为中等水平，难以出现高抗类型；抗、感亲本杂交后，F_2 代的抗性分离不明显，表现为连续变异；此遗传行为属于数量遗传，抗性基因作用累加。例如，玉米对欧洲玉米螟的抗性遗传表现为多数量遗传的特点，属于多基因遗传。

培育抗虫品种是防治观赏植物害虫的有效措施。然而，目前对于观赏植物的抗虫遗传机制研究不多。付晓通过调查中国菊花种质资源保存中心保存的 80 份代表性菊花品种资源的抗蚜性，研究其在品种群体的遗传变异规律，挖掘优异抗蚜性亲本材料并通过关联分析挖掘菊花抗蚜性的优异等位变异；通过抗性差异种质的杂交设计，利用主基因＋多基因混合遗传模型剖析不同杂交组合菊花抗蚜性的遗传特性；最后通过连锁作图和单标记分析法研究控制菊花抗蚜性的 QTL。这项研究从数量遗传学角度揭示了菊花抗蚜性的遗传机制，获得了菊花抗蚜性优异等位变异位点（QTL）及高抗亲本材料，为今后菊花抗蚜性遗传改良提供了重要科学依据。王楚楚以高抗品种'韩 2'为母本，高感品种'南农宫粉'为父本构建 F_1 群体，探讨切花菊抗蚜性的遗传特点及其相连锁的分子标记，为抗蚜性切花菊新品种选育、分子标记辅助育种和抗蚜性相关基因的挖掘奠定基础。

5.3.2 抗病性遗传

植物抗病性在多数情况上属于核遗传，极少数为胞质遗传，还存在一定的核质互作。在核遗传中，控制抗病性的基因分为两类：一类是主效基因，另一类是微效基因。前者单独起作用，效应明显，表现为质量性状，抗病和感病的界限识别清楚；后者为共同起作用，单独时效应不明显，为数量性状遗传。

5.3.2.1 基因对基因假说

Flor 在研究亚麻与锈菌互作的遗传学基础上提出了基因对基因学说（gene for gene theory），认为寄主植物具有抗病基因（R）或感病基因（r），病原物则存在与之匹配的无毒基因（Avr）或毒性基因（Vir）。两种基因的互作组合决定了寄主的抗病与感病反应。该学说构成了现在克隆病原无毒基因和植物抗病基因的理论基础。自玉米中克隆出第 1 个抗圆斑病基因 *Hml* 以来，研究人员相继从玉米、拟南芥、烟草、番茄、水稻、亚麻中克隆了多个抗病基因，如番茄抗叶霉病基因 *Cf-2*、*Cf-4*，水稻抗白叶枯病基因 *Xa21*，拟南芥抗丁香假单胞杆菌基因 *RPS2*、*RPM1* 和抗霜

霉病基因 *RPP5*，亚麻抗锈病基因 *L6* 等（贺鸣，2010）。上述抗病基因按照其编码蛋白质产物的保守结构域分为：编码核苷酸结合位点的富含亮氨酸重复单元的 NBS-LRR 类、Ser-Thr 激酶类、LRR-TM 类、LRR-TM-激酶类、灭活毒素类功能酶和调控因子类等。Avr 基因与植物 R 基因相互作用，目前已从真菌、细菌、病毒和卵菌中克隆到多个 Avr 基因。在抗病寄主植物中 Avr 基因与 R 基因互作导致品种专化抗性的产生；在感病寄主中起到促进病原物侵染的毒性作用。

5.3.2.2　垂直抗性的遗传

垂直抗性是由主效基因决定的抗性，这种抗性的表现通常是免疫的。垂直抗性只对一些特定病害的小种有抗性，并不对这种病害的所有病原生物型有抗性。从遗传关系上说，寄主植物和寄生物之间是一种基因对基因的关系，即寄主某个抗性基因和寄生物的某个致病基因存在配对关系。

5.3.2.3　水平抗性的遗传

水平抗性一般由多基因控制，或者说孟德尔分离表现不明显的抗性。寄主和寄生物之间有类似非专性抗性的关系，即寄主对某个病害的小种都有抗性，但这种抗性一般达不到免疫的等级，寄主植物有中等程度的发病。

5.3.3　生物胁迫抗性育种

观赏植物病害的病原物类型多样，真菌、细菌、病毒均可为害观赏植物。其中，真菌病害是观赏植物最主要的病害，造成的损失很大。因此抗性育种主要围绕真菌病害展开。Marchant 等将几丁质酶基因转入现代月季获得抗黑斑病的转基因植株。Takatsu 等将水稻几丁质酶基因导入菊花 'Yambiko' 品种获得了抗灰霉病的转基因植株。在百合中，通过水稻几丁质酶 10（*RCH10*）基因过表达，开发了对灰葡萄孢（*Botrytis cinerea*）抗性增强的转基因植株。在病害抗性方面，菊花中已鉴定出抗病相关基因 *CmWRKY15*、*CmWRKY33.1*、*CmNPR1*、*CmWRKY15-1*、*CmMLO17*，并通过转基因证实 *CmWRKY15*、*CmWRKY33.1*、*CmNPR1*、*CmMLO17* 与菊花黑斑病抗性有关，*CmWRKY15-1* 与菊花锈病抗性有关；月季中 *RcMYB84* 和 *RcMYB123* 通过茉莉酸信号通路参与调控灰霉病抗性；向日葵响应黄萎病菌侵染的基因鉴定等。

病毒病在观赏植物中发生很普遍，病毒病的发生极大地降低了观赏植物的品质，对生产造成很大的损失。抗病毒基因工程主要是利用病毒自身基因进行转基因抗病毒育种。迄今提出和已经应用的技术路线有导入病毒外壳蛋白基因，利用病毒的卫星 RNA、反义 RNA 和有义缺陷 RNA，利用病毒非结构蛋白基因，利用人工构建的缺损干扰颗粒（defective interfering particle），利用自身编码的抗病毒基因，利用动物中的干扰素（interferon），利用中和抗体技术，设计核酶剪切病毒 RNA 等。这些技术中导入病毒外壳蛋白基因是目前最为成功的一种方法，而利用病毒的复制酶基因是一种很有前途的方法。在非洲菊中，通过引入 NP 基因（核蛋白基因）获得对番茄斑萎病毒（TSWV）具有抗性的植株。Yepes 等将含有马铃薯环斑萎蒿病毒核壳基因和 NPT Ⅱ 的二等分质粒 pBIN19 裹在微粒表面，轰击菊花 'Blush' 'Iridon' 'Tara' 等品种的叶片和茎段外植体，获得了转化株。Copper 等成功克隆到杨树花叶病毒的外壳蛋白基因 PMV-cp 并导入杨树，在杨树体内产生的 cp 蛋白对杨树 PMV 的侵染起到一种类似免疫学的交叉保护作用。Kamo 等将菜豆黄斑病毒外壳蛋白基因和 *Gus* 基因转入唐菖蒲的悬浮细胞中获得了转基因植株。Sherman 等将从大丽花中克隆到的番茄斑萎病毒外壳蛋白基因分别以有义全长片段、有义核心片段和反义全长片段形式导入菊花 'Polaris' 品种，转入反义全长片段的植株对TSWV有明显抗性，而转入有义核心片段、有义全长片段的植株也表现出对TSWV一定的抗性，发病比对照推迟。Yepes等将编码番茄斑萎病毒、凤仙坏死斑病毒和花生环斑病毒外壳蛋白的基因导入菊花'Polaris''Golden Polaris''Iridon'品种中分别获得了转基因植物。我国观赏植物工作者成功获得了香石竹叶脉斑驳病毒外壳蛋白基因cDNA并测定其序列。病毒病严重影响球根花卉的品质是导致其品质退化的主要原因之一，利用转基因技术培育抗病毒材料已经在百合、郁金香等中开展。

目前，观赏植物抗虫性状主要外源基因来自苏云金芽孢杆菌（*Bacillus thuringiensis*，*Bt*）的不同类型*Bt*基因。*Bt*基因编码的毒蛋白主要分为3类，分别为Cry毒素蛋白（crystalline protein）、Cyt毒素蛋白（cytolytic protein）和Vip毒素蛋白（vegetative insecticidal protein）。目前，已报道多种*Bt*蛋白整合到观赏植物基因组中以抵抗害虫取食。例如，Wordragen等以离体叶片为材料将*Bt*基因转入菊花'Parliament'中，获得了抗虫植株。Dolgov等将*Bt*基因转入菊花'Bornholm'和'White Harricon'中，转化株在不喷施任何化学药剂的条件下表现出对扁虱良好的抗性。郑均宝等将含有完全改造的*Bt*基因表达载体pB48.7和部分改造的*Bt*基因表达载体pB48.6转入雄性毛白杨均获得了转基因植株。Jong等将*CryIc*基因转入菊花中，该基因编码的蛋白对甜菜夜蛾幼虫有毒害作用；对转*CryIc*基因的菊花抗虫性鉴定发现，用转基因叶片喂养的幼虫重量比对照要轻，而且幼虫在未成熟前就死亡。郝贵霞等已成功将豇豆胰蛋白酶抑制剂基因导入毛白杨得到了转基因植株。

近年来，高通量测序技术被不断应用于观赏植物抗性基因的挖掘，鉴定了观赏植物中许多与病虫抗性有关的基因，解析了响应生物胁迫的基因调控网络。邵亚峰采用Illumina高通量测序技术，对菊花响应蚜虫胁迫和针刺机械伤害调控的表达谱数据进行了研究，获得了大量的响应蚜虫取食的转录因子。李佩玲（2014）在菊花中成功克隆了多个*WRKY*基因，发现转*CmWRKY33*、*CmWRKY48*和*CmWRKY51*基因菊花提高了对蚜虫的抗性，对蚜虫的繁殖有一定的抑制作用；而转*CmWRKY53*基因菊花却增强了对蚜虫的敏感性，接种蚜虫后，蚜虫的繁殖速率更快。

观赏植物栽培过程中，病虫害暴发严重影响了花卉的品质，通过转基因技术，将抗虫、抗病相关的抗性基因导入观赏植物中，育成稳定遗传的抗性品种是观赏植物生物胁迫抗性育种的重要方面。

（陈素梅　刘晔　陈发棣）

❖ 本章主要参考文献

包颖. 2013. 月季'萨曼莎'遗传转化体系建立及野蔷薇抗白粉病相关基因的表达分析. 武汉：华中农业大学.

毕蒙蒙. 2020. 菊花白锈病防御相关基因*CmWRKY15-1*的功能研究. 沈阳：沈阳农业大学.

蔡青年，张青文. 2003. 小麦体内生化物质在抗蚜中的作用. 昆虫知识，40（25）：391-395.

蔡青年，张青文，周明. 2002. 小麦旗叶和穗部吲哚生物碱含量与抗麦长管蚜关系研究. 植物保护，28（2）：11-13.

曹瑜. 2012. 红掌对细菌性疫病的抗性评价及其酶活性变化规律的研究. 海口：海南大学.

柴楠. 2021. 索邦百合响应椭圆葡萄孢（*Botrytis elliptica*）侵染的转录和代谢组学分析及抗病关键基因的筛选. 重庆：西南大学.

陈巨莲, 倪汉祥. 2000. 麦长管蚜全纯人工饲料的研究. 中国农业科学, 33 (3): 54-49.

陈军, 刘芬. 2017. 非洲菊切花品种引种试种研究. 植物医生, 30 (2): 71-73.

陈青, 张银东. 2004. 3种氧化酶与辣椒抗蚜性的相关性. 热带作物学报, 25 (3): 42-46.

陈星彤. 2019. 植物激素调控植物与尖孢镰刀菌互作的研究进展. 应用与环境生物学报, 25 (3): 1-9.

陈玉琴. 2011. 仙客来炭疽病药剂筛选及品种抗病性探讨. 浙江农业科学, (3): 679-682.

程曦. 2010. 菊属种间杂交和抗性种质创新研究. 南京: 南京农业大学.

戴志聪. 2012. 外来植物南美蟛蜞菊非结构性抗病机制及对其成功入侵的贡献. 镇江: 江苏大学.

丁钿, 曾伟达, 刘琼光, 等. 2017. 红掌不同品种对红掌细菌性疫病的抗病性测定. 广东农业科学, 44 (1): 106-110.

董汉松. 1995. 植物诱导抗病性原理和研究. 北京: 科学出版社.

董璐. 2016. 菊花响应白色锈病原菌的转录组和表达谱分析. 沈阳: 沈阳农业大学.

董艳玲. 2010. 麦成株抗条锈病差异表达基因的cDNA-AFLP分析及小麦与条锈菌互作相关基因的克隆与特征研究. 杨凌: 西北农林科技大学.

段灿星, 王晓鸣. 2003. 我国小麦抗麦长管蚜 (*Sitobion avenae*) 研究概况. 植物遗传资源学报, 4 (2): 175-178.

付晓. 2018. 切花菊蚜虫抗性鉴定与机理探讨及 *LLA* 转基因研究. 南京: 南京农业大学.

高崇省, 刘绍友. 1998. 冬小麦品种中游离氨基酸种类及其与抗麦长管蚜的关系. 西北农业学报, 7 (1): 23-26.

葛永红, 毕阳, 李永才, 等. 2012. 苯丙噻重氮 (ASM) 对果蔬采后抗病性的诱导及机理. 中国农业科学, 45 (16): 3357-3362.

郭树春. 2017. 向日葵响应黄萎病菌侵染的转录组分析及抗病相关基因挖掘. 呼和浩特: 内蒙古大学.

郭艳红, 张颢, 陈宇春, 等. 2021. 蔷薇属黑斑病抗性与叶片结构及酶活性研究. 西南农业学报, 34 (8): 1637-1642.

郭祖国, 王梦馨, 崔林, 等. 2018. 6种防御酶调控植物体应答虫害胁迫机制的研究进展. 应用生态学报, 29 (12): 360-370.

郝心愿, 李红莉, 禹坷, 等. 2011. 微丝骨架解聚剂在小麦-黄瓜白粉菌非寄主互作中的作用. 中国农业科学, 44 (2): 291-298.

郝重朝. 2013. 微丝骨架在黄瓜对小麦白粉菌非寄主抗性中作用的组织化学研究. 杨凌: 西北农林科技大学.

何富刚, 刘俊, 张广学, 等. 1991. 高粱抗高粱蚜的生化基础. 昆虫学报, 34 (1): 38-41.

何俊平. 2010. 切花菊蚜虫抗性鉴定与机理探讨及 *LLA* 转基因研究. 南京: 南京农业大学.

何香. 2018. 杜鹃花对杜鹃冠网蝽的抗性机理初探. 南充: 西华师范大学.

贺鸣. 2010. 植物抗病基因工程研究进展. 现代农业科技, 4: 53-54.

胡洪涛, 李祥. 2005. 植保素对柑桔溃疡病抗性的研究. 湖北农业科学, (6): 51-52.

黄发茂, 廖福琴, 刘智成, 等. 2010. 不同蝴蝶兰品种对叶基腐病病原菌抗性的研究. 福建农业科技, (5): 47-48.

黄艳娜. 2006. 外源性水杨酸诱导山茶对灰斑病抗性的研究. 雅安: 四川农业大学.

姜伊娜, 王彪, 武天龙. 2009. 蚜虫侵害对不同基因型大豆酶活性及次生代谢物含量的影响. 大豆科学, 1 (28): 103-108.

蒋常姣, 谭海文. 2013. 植保素诱导形成因素的研究进展. 高新技术产业发展, 3 (123): 57-58.

蒋选利, 李振岐, 康振生. 2001. 过氧化物酶与植物抗病性研究进展. 西北农林科技大学学报, 6:

124-129.

康乐. 1995. 植物对昆虫的化学防御. 植物学通报, 12（4）: 22-27.

李端, 周立刚, 王蓟花, 等. 2013. 茄科植保素的研究进展. 天然产物研究与开发, 16（1）: 84-79.

李芳乐, 管玲玲, 胡凤荣. 2020. 东方百合接种百合灰霉菌后生理生化指标分析. 分子植物育种, 18
（12）: 4067-4074.

李进进. 2019.（E）-beta-法尼烯介导的除虫菊-蚜虫-瓢虫分子生态机制研究. 武汉: 华中农业大学.

李梦霏. 2020. 4种蒿属植物抗蚜性、抑菌性鉴定及关键抗性成分分析. 南京: 南京农业大学.

李佩玲. 2014. 菊花 WRKY 基因的克隆及功能研究. 南京: 南京农业大学.

李庆, 叶华智. 2003. 若干生化指标与山羊草对禾谷缢管蚜抗性的关系. 中国农业科学, 36（9）:
1038-1043.

李姝江, 朱天辉, 黄艳娜. 2011. 防御酶系对山茶灰斑病诱导抗性的响应. 植物保护学报, 38（1）:
59-64.

李姝江, 朱天辉, 黄艳娜, 等. 2012. 水杨酸诱导山茶抗灰斑病的作用及生理生化响应. 林业科学, 48
（2）: 103-109.

李淑菊, 马德华, 庞金安, 等. 2000. 水杨酸对黄瓜几种酶活性及抗病性的诱导作用. 华北农学报,（2）:
119-123.

李思思, 韩洋琳, 袁文斌, 等. 2022. 不同月季品种灰霉病抗性鉴定及与表型相关性分析. 南方农业学
报, 53（7）: 1925-1934.

李张. 2019. 农抗211对水稻的作用效果及诱抗机制研究. 南昌: 江西农业大学.

李振歧, 商鸿生. 2005. 中国农作物抗病性及其利用. 北京: 中国农业出版社.

廖甜甜, 许克静, 雷珍, 等. 2012. 植物非寄主抗性机制研究进展. 广东农业科学,（2）: 234-238.

林熠斌, 杨玉瑞, 黄荣雪, 等. 2020. 茉莉酸介导丛枝菌根真菌诱导番茄抗早疫病的机制. 生态学报,
40（7）: 2407-2416.

刘保川, 陈巨莲. 2003. 小麦中黄酮化合物对麦长管蚜生长发育的影响. 植物保护学报, 30（1）: 8-12.

刘旭明, 杨奇华. 1993. 棉花抗蚜的生理生化机制及其与棉蚜种群数量消长关系的研究. 植物保护学报,
20（1）: 25-29.

刘裕强, 江玲, 孙立宏, 等. 2005. 褐飞虱刺吸诱导的水稻一些防御性酶活性的变化. 植物生理与分子
生物学学报, 31（6）: 643-650.

刘长仲, 兰金娜. 2009. 苜蓿斑蚜对三个苜蓿品种幼苗氧化酶的影响. 草地学报, 1: 32-35.

娄永根, 程家安. 1997. 植物的诱导抗虫性. 昆虫学报, 40（3）: 320-329.

吕国胜. 2011. 木质素与多头切花菊弯颈及蚜虫抗性的相关性研究. 南京: 南京农业大学.

吕盛金. 2018. 菊花抗白色锈病相关基因的表达分析. 沈阳: 沈阳农业大学.

马璐琳, 张艺萍, 崔光芬, 等. 2015. 泸定百合镰刀菌枯萎病抗性相关基因的筛选与克隆. 农业科技与
信息（现代园林）, 12（4）: 276-277.

马旭俊, 朱大海. 2003. 植物超氧化物歧化酶（SOD）的研究进展. 遗传, 25（2）: 225-231.

孟姣. 2016. 一氧化氮处理下水稻幼苗叶片全基因组差异基因表达谱分析. 湘潭: 湖南科技大学.

彭邵锋, 陆佳, 喻锦秀, 等. 2015. 21个山茶种质对炭疽病和软腐病的抗性研究. 中南林业科技大学学
报, 35（12）: 20-24.

邵亚峰. 2013. 菊花蚜虫抗性相关基因表达谱分析及microRNA发掘. 南京: 南京农业大学.

石延霞, 关爱民, 李宝聚. 2007. 瓜枝孢弱致病菌诱导黄瓜植保素的积累及抑菌活性. 园艺学报, 34（2）:
361-365.

宋杰，郑天锐，张艺萍，等．2022．昆明地区月季黑斑病发生规律及抗性评价．云南农业大学学报（自然科学），37（1）：47-53．

孙多鑫，尚勋武，师桂英，等．2006．四种酶与春小麦抗蚜性的相关性研究．甘肃农业大学学报，5：45-49．

孙海楠．2015．菊花及近缘种属植物挥发性次生代谢物的鉴定及合成机制初步研究．南京：南京农业大学．

孙娅，管志勇，陈素梅，等．2012．菊属与蒿属植物苗期抗蚜虫性鉴定．生态学报，32（1）：319-325．

王楚楚．2014．菊花抗蚜性遗传及抗蚜性分子标记．南京：南京农业大学．

王婧．2004．仙客来叶斑病原学及防治技术研究．兰州：甘肃农业大学．

王梦琪．2004．茶用菊资源枯萎病抗性鉴定与机理研究．南京：南京农业大学．

王艳丽，贾文庆，朱小佩，等．2021．27个郁金香栽培品种对种球腐烂病的抗性鉴定．农业科技通讯，4：136-138．

王蕴红．2013．以宽刺蔷薇为亲本的月季抗白粉病杂交育种．北京：北京林业大学．

魏志刚．2014．东方百合茎腐病病原研究及抗性分析．南昌：江西农业大学．

吴永朋，原雅玲，王庆，等．2014．朱顶红不同品种的抗性评价研究．陕西林业科技，（3）：11-13，29．

夏云龙，杨奇华，萧红．1991．冬小麦形态特征与抗麦长管蚜的关系研究．植物保护学报，18（1）：5-10．

熊超明．2018．菊花抗白色锈病相关基因 *CmDREBa-2* 的克隆及表达分析．沈阳：沈阳农业大学．

徐庭亮．2020．月季对蔷薇盘二孢（*Marssonina rosa*）入侵的防御机制研究．北京：北京林业大学．

许高娟．2009．部分菊花近缘种属植物黑斑病苗期抗性及 *hrf* 基因转化菊花的研究．南京：南京农业大学．

薛玉柱．1982．高粱抗蚜性生理基础的初步分析．作物品种资源，2：32-35．

延昕．2019．菊花抗白色锈病相关基因 *CmWRKY15-1* 的克隆及功能验证．沈阳：沈阳农业大学．

颜惠霞．2009．南瓜白粉病品种抗病性及抗病机理研究．兰州：甘肃农业大学．

杨秉耀，孔宪杨．1992．菊花的微观形态结构与抗蚜虫作用的研究．华南农业大学学报（增刊），（S1）：66-68．

杨德翠．2015．牡丹-枝孢霉互作过程中牡丹抗氧化酶活性的变化．江苏农业科学，43（10）：228-230．

杨德翠．2016．牡丹红斑病抗性鉴定方法研究．江苏农业科学，44（1）：168-170．

杨秀梅，瞿素萍，张宝琼，等．2019．高山杜鹃枯梢病病原菌鉴定及品种抗病性调查．园艺学报，46（5）：923-930．

余朝阁，李天来，杜妍妍，等．2008．植物诱导抗病信号传导途径．植物保护，34（1）：1-8．

曾俊．2013．菊花近缘种和属植物白锈病抗性鉴定及其抗性机理研究．南京：南京农业大学．

曾琼，刘德春，刘勇．2013．植物角质层蜡质的化学组成研究综述．生态学报，（17）：6-13．

詹德智．2012．百合对镰刀菌茎腐病的抗性评价．南京：南京林业大学．

张春妮，仵均祥，戴武，等．2005．甘蓝幼苗受桃蚜危害后叶片中部分酶活性的变化．西北植物学报，25（8）：1566-1569．

张杰，董莎萌，王伟，等．2019．植物免疫研究与抗病虫绿色防控：进展、机遇与挑战．中国科学，49（11）：1479-1507．

张金锋，薛庆中．2004．稻飞虱胁迫对水稻植株内主要保护酶活性的影响．中国农业科学，37（10）：1487-1491．

张军，杨庆凯．2001．大豆接种 SCN3 后根部酚类化合物含量动态分析．中国油料作物学报，4（11）：44-47．

张凯鑫，赵海燕，李晶．2017．芥子油苷-黑芥子酶防御系统的最新研究进展．植物生理学报，53（12）：

2069-2077.

张笑宇. 2012. 马铃薯抗黑痣病鉴定技术及其抗病机制研究. 呼和浩特: 内蒙古农业大学.

郑思乡, 魏志刚, 毛莎莎, 等. 2014. 东方百合对茎腐病的抗性分析. 植物保护学报, 41 (4): 429-437.

周俐宏, 石慧, 杨迎东, 等. 2021. 百合资源抗棉蚜性鉴定及遗传多样性分析. 东北农业大学学报, 52 (6): 24-33.

周明, 谢以拴. 1979. 春小麦品种对麦秆蝇抗性机制的研究. 植物保护学报, 6 (2): 1-10.

朱丽梅, 罗凤霞, 李明凤, 等. 2012. '底特律'等8个百合品种对百合灰霉病的抗病性鉴定. 江苏农业科学, 40 (5): 81-83.

邹运鼎, 孟庆雷, 马飞, 等. 1994. '8455'小麦植株化学成分与麦蚜 (长管蚜、二叉蚜) 种群消长的关系. 应用生态学报, 5 (3): 276-280.

左示敏, 陈夕军, 陈红旗, 等. 2014. 不同抗性水平水稻品种对纹枯病菌毒素的防卫反应与生理差异. 中国水稻科学, 28 (5): 551-558.

Agarwal RA. 1969. Characteristics of sugarcane and insect resistance. Entomological Experimentalis at Applicata, 12: 767-776.

Agerbirk N, Olsen CE. 2012. Glucosinolate structures in evolution. Phytochemistry, 77: 16-45.

Ana L, Pedro B. 2000. Pea aphid (Homoptera: Aphididae) fecundity, rate of increase, and within-plant distribution unaffected by plant morphology. Environ. Entomol., 29 (5): 987-993.

Arimura G, Tashiro K, Kuhara S, et al. 2000. Gene responses in bean leaves induced by herbivory and by herbivore-induced volatiles. Biochemical and Biophysical Research Communications, 277: 305-310.

Baldwin IT, Schultz JC. 1983. Rapid changes in tree leaf chemistry induced by damage evidence of communication between plants. Science, 221: 277-279.

Bent AF. 1996. Plant disease resistance genes: function meets structure. The Plant Cell, 8 (10): 1757-1771.

Bi M, Li X, Yan X, et al. 2021. Chrysanthemum WRKY15-1 promotes resistance to *Puccinia horiana* Henn. via the salicylic acid signaling pathway. Hortic Res, 8 (1): 6.

Bol JF, van Kan JA. 1988. The synthesis and possible functions of virus-induced proteins in plants. Microbiological Sciences, 5 (2): 47-52.

Bourdenx B, Bernard A, Domergue F, et al. 2011. Overexpression of *Arabidopsis* ECERIFERUM1 promotes wax very-long-chain alkane biosynthesis and influences plant response to biotic and abiotic stresses. Plant Physiology, 156 (1): 29-45.

Buskila Y, Tsror L, Sharon M, et al. 2011. Postharvest dark skin spots in potato tubers are an oversuberization response to *Rhizoctonia solani* infection. Phytopathology, 101 (4): 436-444.

Calmes B, N'Guyen G, Dumur J, et al. 2015. Glucosinolate-derived isothiocyanates impact mitochondrial function in fungal cells and elicit an oxidative stress response necessary for growth recovery. Frontiers in Plant Science, 6: 414.

Chapman RF. 1974. The chemical inhition of feeding by phytophagous insects: a review. Bull Ent Res, 64: 339-363.

Chizzali C, Gaid MM, Belkheir AK, et al. 2013. Phytoalexin formation in fire blight-infected apple. Trees, 27 (3): 477-484.

Christensen AB, Cho BH, Naesby M, et al. 2002. The molecular characterization of two barley proteins establishes the novel PR-17 family of pathogenesis-related proteins. Molecular Plant Pathology, 3 (3): 135-144.

Ciepiela AP, Sempruch C, Chrzanowski G. 1999. Evaluation of natural resistance of winter triticale cultivars to grain aphid using food coefficients. Applied Entomology, 123: 491-494.

Dassi B, Dumas-Gaudot E, Gianinazzi S. 1998. Do pathogenesis-related (PR) proteins play a role in bioprotection of mycorrhizal tomato roots towards *Phytophthora parasitica*? Physiological and Molecular Plant Pathology, 52 (3): 167-183.

de Caceres GFFN, Davey MR, Sanchez EC, et al. 2015. Conferred resistance to *Botrytis cinerea* in *Lilium* by overexpression of the *RCH10* chitinase gene. Plant Cell Report, 34: 1201-1209.

de Vos M, van Oosten VR, van Poecke RMP, et al. 2005. Signal signature and transcriptome changes of *Arabidopsis* during pathogen and insect attack. Mol Plant Microbe Interact, 18 (9): 923-937.

Deverall BJ. 1982. Phytoalexins. London: Balckie and Son Ltd.

Dicke M. 1994. Local and systemic production of volatile herbivore-induced terpenoids: their role in plant mutualism. Plant Physiol, 143: 465-472.

Dolgov SV, Mityshkina TU, Rukavtsova EB. 1995. Production of transgenic plants of *Chrysanthemum morifolium* Ramat with the gene of *Bac. thuringiensis* delta-endotoxin. Acta Hort, 420: 46-47.

Ebel J. 1986. Phytoalexin synthesis: the biochemical analysis of the induction process. Annual Review of Phytopathology, 24 (1): 235-264.

Edreva A. 2005. Pathogenesis-related proteins: research progress in the last 15 years. General and Applied Plant Physiology, 31 (1-2): 105-124.

Eigenbrode SD, Espelie KE, Shelton AM. 1991. Behavior of neonate diamondback moth larvae on leaves and on extracted leaf waxes of resistant and susceptible cabbages. Chem Ecol, 17: 1691-1704.

Ellis J, Dodds P, Pryor T. 2000. Structure, function and evolution of plant disease resistance genes. Current Opinion in Plant Biology, 3: 278-284.

Espinosa A, Alfano JR. 2004. Disabling surveillance: bacterial type Ⅲ secretion system effectors that suppress innate immunity. Cellular Microbiology, 6: 1027-1040.

Fan Q, Song A, Xin J, et al. 2015. CmWRKY15 facilitates *Alternaria tenuissima* infection of *Chrysanthemum*. PLoS ONE, 10: e0143349.

Flor H. 1946. Genetics of pathogenicity in *Melampsora lini*. J. Agric. Res, 73: 33.

Fry SM, Milholland RD. 1990. Response of resistant, tolerant, and susceptible grapevine tissues to invasion by the Pierce's disease bacterium, *Xylella fastidiosa*. Phytopathology, 80: 66-69.

Glazebrook J. 2005. Contrasting mechanisms of defense against biotrophic and necrotrophic pathogens. Annual Review of Phytopathology, 43 (1): 205-227.

Gomez-Gomez L, Boller T. 2002. Flagellin perception: a paradigm for innate immunity. Trends in Plant Science, 7: 251-256.

Gozzo F. 2003. Systemic acquired resistance in crop protection: from nature to a chemical approach. Journal of Agricultural and Food Chemistry, 51: 4487-4503.

Graham JH, Gottwald TR, Riley TD, et al. 1992. Penetration through leaf stomata and growth of strains of *Xanthomonas campestris* in *Citrus* cultivars varying in susceptibility to bacterial diseases. Phytopathology, 82: 1319-1325.

Hao GX, Zhu Z, Zhu ZD. 2000. Obtaining of cowpea proteinase inhibitor transgenic *Populus tomentosa*. Sci Silv Sin, 36 (1): 116-119.

Hatcher PE, Moore J, Taylor JE, et al. 2004. Phytohormones and plant-herbivore-pathogen interactions: integrating the molecular with the ecological. Ecology, 85: 59-69.

Hossain MS, Ye W, Hossain MA, et al. 2013. Glucosinolate degradation products, isothiocyanates, nitriles, and thiocyanates, induce stomatal closure accompanied by peroxidase-mediated reactive oxygen species production in *Arabidopsis thaliana*. Bioscience Biotechnology and Biochemistry, 77 (5): 977-983.

Hull PE. 1983. Fungal penetration of the first line defensive barrier of plants. Plant Physiology and Biochemistry, (1): 94-95.

Johnstone GB, Bailey LB. 1985. Resistance to fungal penetration in Gramineae. Phytopathology, 70: 273-279.

Jones DA, Takemoto D. 2004. Plant innate immunity-direct and indirect recognition of general and specific pathogen-associated molecules. Current Opinion in Immunology, 16: 48-62.

Jones JD, Dangl JL. 2006. The plant immune system. Nature, 444 (7117): 323-329.

Jong J, Fischer G, Angarita A. 1999. Genetics breeding and biotechnology of cut flowers. Acta Hort, 482: 287-290.

Jwa NS, Agrawal GK, Tamogami S, et al. 2006. Role of defense/stress-related marker genes, proteins and secondary metabolites in defining rice self-defense mechanisms. Plant Physiology and Biochemistry, 44 (5): 261-273.

Kamo K, Blowers A, Smith F, et al. 1995. Stable transformation *Gladiolus* using suspension cell and callus. American Society Hort Sci, 120 (2): 347-352.

Kerstiens G. 1996. Plant cuticles. Bios Scientific Publishers Limited, 47: 50-60.

Kim YH, Kim KH. 2002. Abscission layer formation as a resistance response of Peruvian apple cactus against *Glomerella cingulata*. Phytopathology, 92 (9): 964-969.

Klessig DF, Choi HW, Dempsey DA. 2018. Systemic acquired resistance and salicylic acid: past, present and future. Molecular Plant-Microbe Interactions, 31 (9): 871-888.

Kobayashi Y, Yamada M, Kobayashi I, et al. 1997. Actin microfilaments are required for the expression of nonhost resistance in higher plants. Plant and Cell Physiology, 38: 725-733.

Korbin M. 2006. Assessment of gerbera plants genetically modified with TSWV nucleocapsid gene. J Fruit Ornam Plant Res, 14: 85-93.

Kuc J. 1995. Phytoalexins, stress metabolism, and disease resistance in plants. Annual Review of Phytopathology, 33 (1): 275-297.

Laugé R, de Wit P. 1998. Fungal avirulence genes: structure and possible functions. Fungal Genetics and Biology: FG & B, 24: 285.

Levine A, Tenhaken R, Dixon R, et al. 1994. H_2O_2 from the oxidative burst orchestrates the plant hypersensitive disease resistance response. Cell, 79 (4): 583-593.

Liu M, Li S. 1998. The present situafion and the prospct for study on poplar resistance. Acta Agriculturae Universitatis Henanensis, 32 (3): 253-257.

Liu Y, Xin J, Liu L, et al. 2020. A temporal gene expression map of *Chrysanthemum* leaves infected with *Alternaria alternata* reveals different stages of defense mechanisms. Hortic Res, 7: 23.

Lorenzo O, Piqueras R, Sánchez-Serrano JJ, et al. 2003. ETHYLENE RESPONSE FACTOR1 integrates signals from ethylene and jasmonate pathways in plant defense. Plant Cell, 15 (1): 165-178.

Lyons R, Manners JM, Kazan K. 2013. Jasmonate biosynthesis and signaling in monocots: a comparative overview. Plant Cell Reports, 32 (6): 815-827.

Maleck K, Dietrich RA. 1999. Defense on multiple fronts: how do plants cope with diverse enemies? Trends in Plant Science, 4: 215-219.

Marchant R, Davey MR, Lucas JA, et al. 1998. Expresion of a chitinase tranagene in rose (*Rosa hybrida* L.)

reduces development of blackspot disease (*Diplocarpon rosae* Wolf.). Molecular Breeding, 4: 187-194.

Martin MP, Junjper PE. 1979. Ultrastructure of lesions produced by *Cercospora beticola* in leaves of *Beta vulgaris*. Physiological Plant Pathology, 15: 13-26.

Martin R, Qi T, Zhang H, et al. 2020. Structure of the activated ROQ1 resistosome directly recognizing the pathogen effector XopQ. Science, 370: eabd9993.

Mehdy MC. 1994. Active oxygen species in plant defense against pathogens. Plant Physiology, 105 (2): 467.

Michael F, Michael S, John CR, et al. 2001. Categories of resistance to Greenbug (Homoptera: Ahididae) biotype I in *Aegilops tauschii* Germplasm. Econ Entomol, 94 (2): 558-563.

Moran PJ, Thompson GA. 2001. Molecular responses to aphid feeding in *Arabidopsis* in relation to plant defense pathways. American Society of Plant Physiology, 125 (2): 1074-1085.

Mur LAJ, Kenton P, Atzorn R, et al. 2006. The outcomes of concentration-specific interactions between salicylate and jasmonate signaling include synergy, antagonism, and oxidative stress leading to cell death. Plant Physiology, 140: 249-262.

Mysore KS, Ryu CM. 2004. Nonhost resistance: how much do we know. Trends in Plant Science, 9: 97-104.

Nagai PJ, Imamuta JJ. 1993. Binary pathway for early infection process by *Fusarium* in plants. Canadian Journal of Botany, (62): 1232-1244.

Ngou BPM, Ahn HK, Ding P, et al. 2021. Mutual potentiation of plant immunity by cell-surface and intracellular receptors. Nature, 592: 110-115.

Ni X, Quisenberry SS, Hegn-Moss J, et al. 2001. Oxidative responses of resistant and susceptible cereal leaves to symptomatic and nonsymptomatic cereal aphid (Hemiptera: Aphididae) feeding. J Eco Entomol, 94: 743-751.

Nombela G, Willianson VM, Muniz M. 2003. The root-knot nematode resistance gene *Mi-1.2* of tomato is responsible for resistance against the whitefly *Bemisia tabaci*. Molecular Plant-Microbe Interactions, 16: 645-649.

Nürnberger T, Brunner F. 2002. Innate immunity in plants and animals: emerging parallels between the recognition of general elicitors and pathogen associated molecular patterns. Current Opinion in Plant Biology, 5: 318-324.

Painter. 1951. Insect resistance in crop plants. Soil Science, 72 (6): 481.

Paiva NL. 2000. An introduction to the biosynthesis of chemicals used in plant-microbe communication. J Plant Growth Regul, 19: 131-143.

Petersen BL, Chen S, Hansen CH, et al. 2002. Composition and content of glucosinolates in developing *Arabidopsis thaliana*. Planta, 214 (4): 562-571.

Pruitt RN, Locci F, Wanke F, et al. 2021. The EDS1-PAD4-ADR1 node mediates *Arabidopsis* pattern-triggered immunity. Nature, 598: 495-499.

Ren H, Bai M, Sun J, et al. 2020. RcMYB84 and RcMYB123 mediate jasmonate-induced defense responses against *Botrytis cinerea* in rose (*Rosa chinensis*). Plant J, 103: 1839-1849.

Reymond P, Weber H, Damond M, et al. 2000. Differential gene expression in response tomechanical wounding and insect feeding in *Arabidopsis*. Plant Cell, 12: 707-720.

Ride J, Pearce R. 1979. Lignification and papilla formation at sites of attempted penetration of wheat leaves by non-pathogenic fungi. Physiological Plant Pathology, 15 (1): 79-92.

Rosenbaum GT, Sando JJ. 1993. Binary pathway for early infection process by *Fusariumin* plants. Canadian Journal of Botany, 62: 1232-1244.

Saeid M, Hisaaki T, Kazuhiro S, et al. 1997. Effects of leaf color, epicuticular wax amount and gramine content in barley hybrids on cereal aphid populations. Applied Entomology and Zoology, 32 (1): 1-8.

Sandstrom JP, Moran NA. 2001. Amino acid budgets in three aphid species using the same host plant. Physiological Entomology, 26: 202-211.

Schaller A, Roy P, Amrhein N. 2000. Salicylic acid-independent induction of pathogenesis-related gene expression by fusicoccin. Planta, 210 (4): 599-606.

Schenk PM, Kazan K, Wilson I, et al. 2000. Coordinated plant defense responses in *Arabidopsis* revealed by microarray analysis. Proceedings of the National Academy of Sciences, 97 (21): 11655-11660.

Schreiber L, Skrabs M, Hartmann KD, et al. 2001. Effect of humidity on cuticular water permeability of isolated cuticular membranes and leaf disks. Planta, 214 (2): 274-282.

Sels J, Mathys J, de Coninck B, et al. 2008. Plant pathogenesis-related (PR) proteins: a focus on PR peptides. Plant Physiology and Biochemistry, 46 (11): 941-950.

Sherman JM, Moyer JW, Daub ME. 1998. Tomato spotted wilt virus resistance in chrysanthemum expressing the viral nucleocapsid gene. Plant Disease, 82 (4): 407-414.

Shetty R, Jensen B, Shetty NP, et al. 2012. Silicon induced resistance against powdery mildew of roses caused by *Podosphaera pannosa*. Plant Pathology, 61 (1): 120-131.

Smith C. 1996. Tansley review No. 86 accumulation of phytoalexins: defence mechanism and stimulus response system. New Phytologist, 132 (1): 1-45.

Song L, Jiang L, Zhu Y, et al. 2020. The integration of transcriptomic and transgenic analyses reveals the involvement of the SA response pathway in the defense of chrysanthemum against the necrotrophic fungus *Alternaria* sp. Hortic Res, 7: 80.

Stotz HU, Sawada Y, Shimada Y, et al. 2011. Role of camalexin, indole glucosinolates, and side chain modification of glucosinolate-derived isothiocyanates in defense of *Arabidopsis* against *Sclerotinia sclerotiorum*. The Plant Journal, 67 (1): 81-93.

Takatsu Y, Nishizawa Y, Hibi T, et al. 1999. Transgenic chrysanthemum [*Dendranthema grandiflorum* (Ramat.) Kitamura] expressing a rice chitinase gene shows enhanced resistance to gray mold (*Botrytis cinerea*). Sci Hort, 82: 113-123.

Tamogami S, Kodama O. 2000. Coronatine elicits phytoalexin production in rice leaves (*Oryza sativa* L.) in the same manner as jasmonic acid. Phytochemistry, 54 (7): 689-694.

Thomzik J, Stenzel K, Stocker R, et al. 1997. Synthesis of a grapevine phytoalexin in transgenic tomatoes (*Lycopersicon esculentum* Mill.) conditions resistance against *Phytophthora infestans*. Physiological and Molecular Plant Pathology, 51 (4): 265-278.

Thordal-Christensen H. 2003. Fresh insights into processes of nonhost resistance. Current Opinion in Plant Biology, 6: 351-357.

Tian H, Wu Z, Chen S, et al. 2021. Activation of TIR signalling boosts pattern-triggered immunity. Nature, 598: 500-503.

Tierens KF, Thomma BP, Brouwer M, et al. 2001. Study of the role of antimicrobial glucosinolate-derived isothiocyanates in resistance of *Arabidopsis* to microbial pathogens. Plant Physiology, 125 (4): 1688-1699.

Torres MA, Jones JD, Dangl JL. 2006. Reactive oxygen species signaling in response to pathogens. Plant Physiology, 141 (2): 373-378.

Truman W, Bennett MH, Kubigsteltig I, et al. 2007. *Arabidopsis* systemic immunity uses conserved defense signaling pathways and is mediated by jasmonates. Proc Natl Acad Sci USA, 104 (3): 1075-1080.

Tunispeed SG. 1977. Influence of trichome variations on populations of phttophagous insect in soybean. Environ

Entomol, 6: 815-817.

Turlings TCJ, Tumlinson JH. 1991. Do parasitoids use herbivore-induced plant chemical defenses to ocate hosts? Florida Entomol, 74 (1): 42-50.

Uppalapati SR, Ishiga Y, Doraiswamy V, et al. 2012. Loss of abaxial leaf epicuticular wax in *Medicago truncatula* irg1/palm1 mutants results in reduced spore differentiation of anthracnose and nonhost rust pathogens. The Plant Cell, 24 (1): 353-370.

van Etten H, Temporini E, Wasmann C. 2001. Phytoalexin (and phytoanticipin) tolerance as a virulence trait: why is it not required by all pathogens? Physiological and Molecular Plant Pathology, 59 (2): 83-93.

van Loon L, Rep M, Pieterse C. 2006. Significance of inducible defense-related proteins in infected plants. Annual Review of Phytopathology, 44: 135-162.

Wang J, Hu M, Wang J, et al. 2019. Reconstitution and structure of a plant NLR resistosome conferring immunity. Science, 364: eaav5870.

Waszczak C, Carmody M, Kangasjärvi J. 2018. Reactive oxygen species in plant signaling. Annual Review of Plant Biology, 69: 209-236.

Wilkinson TL, Douglas AE. 2003. Phloem amino acids and the host plant range of the polyphagous aphid, aphis fabae. Entomological Experimentalis at Applicata, 106: 103-113.

Wordragen MF, van Honee G, Dons HJM, et al. 1993. Insectresistant chrysanthemum calluses by introduction of a *Bacillus thuringiensis* crystal protein gene. Transgenic-Research, 2 (3): 170-180.

Xin J, Liu Y, Li H, et al. 2021. CmMLO17 and its partner CmKIC potentially support *Alternaria alternata* growth in *Chrysanthemum morifolium*. Hortic Res, 8: 101.

Yepes LM, Mittak V, Pany SZ. 1999. *Agrobacterium tumefaciens* versus biolistic-mediated transformation of the *Chrysanthemum* cvs. *polaris* and Golden Polaris with nucleocapsid protein genes of three tospovirus species. Acta Hort, 482: 209-218.

Yepes LM, Mittak V, Pang SZ, et al. 1995. Biolistic transformation of chrysanthemum with the nucleocapsid gene of tomato spotted wilt virus. Plant Cell Reports, 14 (11): 694-698.

Yuan M, Jiang Z, Bi G, et al. 2021. Pattern-recognition receptors are required for NLR-mediated plant immunity. Nature, 592: 105-109.

Zhai K, Liang D, Li H, et al. 2022. NLRs guard metabolism to coordinate pattern- and effector-triggered immunity. Nature, 601: 245-251.

Zhang G, Cui Y, Ding X, et al. 2013. Stimulation of phenolic metabolism by silicon contributes to rice resistance to sheath blight. Journal of Plant Nutrition and Soil Science, 176 (1): 118-124.

Zhang J, Zhou JM. 2010. Plant immunity triggered by microbial molecular signatures. Molecular Plant, 3 (5): 783-793.

Zheng JB, Zhang YM, Yang WZ. 1995. Plant regeneration of excised leaf from 741 poplor and transformation with insect resistance *B.t.* toxin gene. J A gric Univ Hebei, 18 (3): 20-25.

Ziv M. 1997. The contribution of biotechnology to breeding propagation and disease resistance in geophytes. Acta Hort, 430: 247-258.

第6章 非生物协迫抗性遗传与调控

非生物胁迫是指植物生长发育过程中所受到的各种非生物因素的不利影响，如干旱、洪涝、光温变化、盐碱胁迫、营养缺乏、pH变化和机械损伤等。植物遭受非生物胁迫后，发生一系列从分子、生理到形态的变化，进而影响植物的生长发育。同时，植物在长期进化过程中形成了相应的保护机制，当遭受非生物胁迫时能够及时在分子、生理生化、代谢和形态等不同水平进行一系列调整，甚至发生遗传性的改变，将抗性传递给后代以适应逆境。研究逆境对植物的影响是认识植物与环境关系的一条重要途径，也为人类调控植物生长发育提供了可能。对观赏植物而言，非生物胁迫研究能够确保观赏植物健康生长，减少逆境胁迫造成的损失，提高植物观赏价值和经济效益。

6.1 非生物胁迫抗性及其生理基础

植物扎根于土壤中，无法通过移动躲避胁迫，只能去适应外界环境的变化。在严重的非生物胁迫下，观赏植物的生长发育受到明显影响，植物的观赏品质也显著降低，种植地点被严格限制。因此了解观赏植物的抗逆机制，对培育抗逆植物新品种具有重要意义。

6.1.1 干旱胁迫对植物生理的影响

干旱胁迫严重制约观赏植物生长。2021年3月，联合国粮农组织（FAO）发布的《灾害和危机对农业和粮食安全的影响》报告指出，干旱是造成农业减产的首要胁迫因素。受全球气候变暖影响，地表温度升高，水分蒸发增多，导致地表土壤湿度下降，将来全球发生干旱的频率、范围及干旱的严重程度都会明显增加。干旱制约城市景观和园林绿化的发展，提高观赏植物用水效率并改良植物耐旱能力是解决干旱困境的重要手段之一。

干旱胁迫对植物生理产生明显的负面影响。例如，菊花遭受干旱胁迫时，基部叶片首先下垂萎蔫，直至失绿发黄；随着干旱胁迫的持续，这些表型逐渐出现在上层叶片中，之后茎也逐渐失绿萎蔫，直至整株干枯死亡。另外，叶片萎蔫卷曲导致叶面积减小，降低对光的吸收面积，进而降低光合作用；叶片蒸腾速率和失水速率也明显降低，以确保细胞内水分平衡。由于水分缺失，氢还原物质供应变少，引起活性氧大量积累造成质膜破坏，导致细胞器甚至细胞的结构和功能受到损伤，严重时导致细胞衰老与死亡。为了应对干旱胁迫，菊花在胁迫早期就提高了体内超氧化物歧化酶、过氧化氢酶和抗坏血酸氧化酶等的活性，以清除细胞中过量的活性氧，保护质膜系统免受伤害，维持细胞生存。干旱胁迫下植物细胞中的可溶性糖、脯氨酸、甜菜碱及其他渗透调节性物质积累显著提高，有助于维持细胞膨压，利于根系从土壤中吸收水分。例如，百合在干旱胁迫下，可溶性糖、脯氨酸含量和抗氧化酶活性逐渐升高，但随着干旱时间延长，百合体内活性氧积累超出了抗氧化酶系统的负荷，质膜结构被破坏，即使复水后，这些质膜的透性依然无法得到有效恢复。干旱胁迫还能显著影响植物对养分的吸收。很多营养元素如氮、镁、钙等在根吸收水分的同时被运输到体内，但干旱环境限制了这些营养元素的流动和扩散，减缓了植物养分吸收。为了生存，植物加快根系生长，促进侧根或根毛的发育，以增加根系接触土壤表面积来捕获更多的水分和养分。干旱胁迫初期，植物生长停滞早于光合作用速率降低，导致碳水化合物积累过剩。但长时间干旱胁迫下，植物单株叶片数量和全株叶片总面积减少，叶绿素含量降低，同时叶片气孔关闭，造成 CO_2 转运吸收能力下降，最终导致全株总体光合效率大大降低，植株生存受到严重影响。例如，现有研究显示，在干旱胁迫早期，百合净光合速率并未出现显著变化，但在干旱胁迫 21d 后，净光合速率开始大幅度下降，干旱胁迫 35d 后，光合机构出现不可恢复的严重损伤。

　　植物对干旱胁迫的响应可以分为四类：逃旱（escape）、避旱（avoidance）、耐旱（tolerance）和旱后恢复（recovery）。①逃旱机制主要是通过打开气孔，提高光合效率和代谢效率，加快细胞分裂和细胞伸长，促进植物生长发育，进而提早开花结实来确保植物生命周期在严重干旱来临前提前结束。多年生植物多以逃旱机制来响应胁迫，如一些鳞茎类或灌木；沙漠中的短命植物也是通过这种机制繁衍生息，如生长在非洲撒哈拉大沙漠中的短命菊是世界上生命周期最短的种子植物之一，当雨水充足时，这些植物快速发芽、生长结实，在下次干旱来临之前快速完成生命周期，之后以休眠种子状态来度过漫长的干旱期。②避旱则主要通过减缓植物生长，限制蒸腾作用，促进水分吸收以维持组织器官正常水分，不至于产生脱水现象。最主要的避旱措施是关闭气孔，限制水分流失，促进根系生长以增加根冠比，进而增强植物水分吸收能力。在关闭气孔的同时，植物表皮蜡质积累增多，进一步限制表皮水分的散失。避旱机制试图通过保持组织器官中的水分来维持正常的水分平衡。在适度干旱环境下，植物主要通过避旱机制来维持正常生存，所以多数研究都集中于植物避旱机制。③耐旱是指植物对组织器官中水势降低的应对措施。水势的降低主要是植物在干旱环境下组织器官中含水量的变化所致。耐旱机制主要是确保植物在水势低的状态下能够存活。④旱后恢复是指植物在经历极端干旱后能快速恢复生长发育的能力，如卷柏（*Selaginella tamariscina*）又名九死还魂草，即使经历了长期干旱，其遇水仍可快速恢复生长。需要指出的是，仅仅依照逃旱、避旱、耐旱和旱后恢复等机制对植物进行分类并不准确，因为植物一般会整合上述 4 种机制、共同调控干旱胁迫响应。

　　我国已在节水耐旱观赏植物选育方面做了很多工作，以分布在我国北方干旱、半干旱地区具有良好观赏价值的野生观赏植物引种驯化为主，如选择耐干旱、耐瘠薄的金叶莸（*Caryopteris clandonensis*）和互叶醉鱼草（*Buddleja alternitotia*）等，通过播种、组培、扦插、嫁接或杂交等试验筛选出耐旱品种，然后重点推广，有效丰富了园林绿化景观和减少建设管护费用，取得了一定成效。

6.1.2　淹水胁迫对植物生理的影响

　　淹水胁迫是主要的非生物胁迫因素之一。全球气候变暖加剧了气候系统不稳定，造成极端天气事件频发。极端降水造成的洪涝灾害，以及季节性积水或排水不畅等问题，造成土壤含水量过饱和，产生涝害。广义的涝害一般有两层含义，即湿害和涝害。湿害是指土壤过湿，水分处于饱和状态，土壤含水量超过了田间最大持水量，土壤中全部空隙被水分充满而缺氧，根系生长在沼泽化的土壤中，对植物生长发育造成危害；涝害是指地上也存在淹水胁迫，导致作物的一部分或全部被水淹没。江汉平原是我国涝渍灾害频发且比较严重的地区，如 1998 年和 2016 年，我国发生严重洪涝灾害，给农业生产造成巨额损失。联合国政府间气候变化专门委员会（IPCC）第六次气候变化评估报告（AR6）指出，未来极端降水事件将变得更加频繁，洪涝灾害频次增加。极端降水造成的城市内涝对绿化植被破坏较大，容易造成绿化植物倒伏、观赏植物受胁迫枯萎甚至死亡等问题。例如，菊花喜通气、排水良好的砂质土壤，忌积涝，淹水胁迫后高温会导致菊花大面积死亡。因此雨季水分过多产生的湿害已成为实现菊花规模化生产和拓展其园林应用的瓶颈。再如，桂花是重要的亚热带园林树种，集绿化、美化、香化和食用于一身，却不耐涝渍，尤忌积水，涝害经常会导致其根系发黑腐烂和叶尖焦枯，严重时能导致其死亡。因此，涝害或湿害导致的淹水胁迫对城市园林绿化、观赏植被的养护造成很大的挑战。在雨量充沛或内涝严重的地区，可以选用耐淹水的观赏植物进行园林绿化，如溪荪（*Iris sanguinea*）等，既可以满足绿化需求，又可以用于湿地建植，还具有水体修复功能。

淹水胁迫的实质是土壤缺氧，使植物处于低氧或无氧胁迫环境下，导致植物的能量供应方式以无氧呼吸为主，进而影响植物正常生理代谢和生长发育。淹水后植株液泡和叶绿体质膜都出现了形态上的异常变化，随着淹水时间的增加，液泡膜逐渐内陷、与细胞质分离，直至破裂；叶绿体膜结构破损，双层膜逐渐解体，叶绿体内部基质类囊体膜出现空泡化，也逐渐解体，最终液泡和叶绿体内物质流出，诱导细胞死亡。观赏植物华北紫丁香（*Syringa oblata*）耐淹水能力弱，当遭受淹水胁迫时，叶片含水量逐渐降低，丙二醛含量升高，叶片相对电导率显著增加，说明细胞质膜结构已经出现明显损伤。淹水胁迫导致菊花根系活力急剧降低，植株丙二醛含量大幅升高，说明质膜系统有损伤，叶绿素含量也逐渐降低，CO_2同化作用下降，植株叶片萎蔫，逐渐丧失光合作用能力。小甘菊（*Cancrinia discoidea*）是生长在新疆的一种野生观赏植物，在淹水胁迫下，其质膜透性增大，细胞内含物被动外渗导致电导率增加，体内活性氧物质积累，丙二醛含量也逐渐升高；淹水超过6d时，叶片失绿、萎蔫直至整株死亡。总之，淹水胁迫导致植物气孔关闭，CO_2交换速率降低，叶绿素含量下降，光合速率下降，活性氧物质在体内迅速积累，丙二醛含量显著提高。丙二醛在细胞中的积累导致膜脂过氧化进而损伤质膜结构，研究中通常以其含量高低作为考察细胞质膜受损失严重程度的指标之一。淹水条件下，植物的无氧呼吸导致积累过量的乳酸等有毒物质，进而引起根系褐化甚至发黑腐烂，严重影响植物对水分和矿质营养元素的吸收。随着淹水时间的增加，植物地上部分叶片逐渐黄化萎蔫并早衰脱落，植株新叶形成和发育受阻，植物生长缓慢，植物干重、鲜重、株高、根长、叶面积、叶片数量等各种生物量指标均明显低于正常生长条件，严重的会导致植物死亡。

淹水导致植物体内乙烯合成增加，乙烯在根中积累促进纤维素酶活力的提高，诱导通气组织和不定根的形成，以提高植物耐淹水能力。通气组织的形成有利于氧气向根尖运输，也有利于有害气体的清除。不定根的形成能在一定程度上取代原根系的功能，促进对氧气和水分的吸收，确保植物正常生长。已有报道显示，外源乙烯处理可以提高植株对淹水胁迫的耐性。另外，为了清除活性氧以减少氧化胁迫，植物提高了相应的抗氧化酶的合成能力，以维持植株正常生命活动的进行。有意思的是，植物在淹水胁迫条件下，细胞内的脯氨酸、可溶性糖及其他可溶性有机物质也大量积累。在干旱胁迫条件下，这些物质的积累能够调节细胞内的渗透压，利于植物从环境中吸收水分；而在淹水胁迫下，这些物质的积累会进一步加剧细胞内外渗透压的不平衡，使植物细胞处于更加不利的环境之中。细胞在淹水条件下积累这些有机物质的相关机制有待进一步研究。

6.1.3 高温胁迫对植物生理的影响

高温胁迫也是影响观赏植物生产的一个重要因素，尤其对蝴蝶兰、石斛兰、凤梨、红掌、切花菊、切花百合等花卉，因为这类花卉的生产一般需要越夏，夏季高温影响植物的观赏品质，严重的甚至导致植物死亡。美国国家海洋和大气管理局发布的数据显示，2021年7月全球平均气温是1880年有气象记录以来最高的一个月。联合国政府间气候变化专门委员会发布了题为《气候变化2021：自然科学基础》的报告，该报告预测，未来几十年里，暖季将变得更长，同时致命高温热浪等极端天气事件将变得更加频繁，对全球植物生长造成不利影响。为了确保观赏植物能够安全度过高温胁迫，必须人为采取降温措施，但这也显著增加了生产成本。现在育种家已从种质资源库中筛选出了一些耐热的观赏植物品种，具有很好的应用价值。

不同植物所能耐受的高温程度不同。如果以高温胁迫后50%的植物死亡作为致死温度的判断标准，有的植物可以耐受高达120℃的短时间高温，如苜蓿（*Medicago sativa*）种子的致死条件是120℃处理30min，脱水的苔藓可以耐受85～110℃的高温，但绝大多数的植物无法长时间在45℃以上的温度下生存。

高温胁迫对观赏植物的生长发育也有很严重的负面影响。秋菊是广泛栽培的草本花卉，夏季高温会抑制其花芽分化。菊花'神马'在高温胁迫后，叶绿体结构和功能紊乱，类囊体受损，叶绿素含量显著降低，净光合速率、蒸腾速率、气孔导度也显著降低，相对电导率、丙二醛、活性氧物质和渗透调节物质的含量显著增加，进而引发质膜结构过氧化受损。现有研究显示，外源施加褪黑素可以有效缓解上述状况，提高菊花植株耐高温胁迫的能力。高温胁迫下，月季除了有上述生理指标的变化外，还出现叶片萎蔫、花小畸形、花型干瘪、花色暗淡甚至花瓣灼伤褪色等现象，严重影响植株的生长发育和观赏价值。另外，高温下，植物还会出现叶片褐变、花粉败育，导致无法正常受精、花序或子房等生殖器官脱落等，对植物生长发育造成极为不利的影响，严重时造成植株萎蔫死亡。高温胁迫后，植物株高、茎粗、叶片大小、地上鲜生物量和干生物量均下降。另外，高温胁迫后植株中的一些重要营养元素含量下降，有时会导致所有元素含量都下降，这与植物的种类有关，也与高温胁迫的程度有关。高温胁迫导致代谢吸收相关的酶类活性下降，这可能是导致植株营养缺乏的原因之一。当然，高温胁迫也有有利的方面，如高温胁迫引起的雄性不育现象已被应用于农业生产。

为了适应高温胁迫，植物在进化中也获得了许多抵御高温的机制：隔热结构、降低热辐射作用的结构、降低体内含水量、改变蒸腾作用和降低生理代谢。①具有隔热结构的典型例子就是有些多年生树木的枝干上包裹着很厚的树皮，使外表皮的热量向内层传递的能力大大降低，起到隔热保护作用。另外，仙人掌等肉质植物外表的角质层也有很好的隔热防护作用。②降低热辐射作用的结构主要可减少叶群所接受的太阳热辐射，如有些植物叶片革质发亮，或叶面密生茸毛，使植物体表具有良好的反射和过滤作用，不会因阳光直射而导致植株温度快速升高。也有植物通过改变叶片分布或折叠叶片以减少对光的吸收，进而减少热害。③降低体内含水量是指有些植物原生质的黏滞性很大，束缚水含量高，增强了原生质的抗凝聚能力，同时植物新陈代谢速率缓慢，增强了其耐热性，如沙漠中的旱生植物就属于这种类型。④改变蒸腾作用是指植物在高温胁迫下提高蒸腾作用以散耗大量水分，进而带走大量的热量，可将植物体的温度降低2～5℃。⑤降低生理代谢则是通过减缓生长发育，甚至落叶休眠，进而减弱植株体内的生理代谢作用，以增强植株抵御热害的能力。

与干旱胁迫类似，高温胁迫提高了植物体内渗透调节物质的浓度。例如，高温胁迫下，菊花中的脯氨酸、可溶性糖、可溶性蛋白和其他有机物质合成显著增加。这些物质的大量积累可以提高原生质胶体的稳定性，利于保持水分，从而降低植物因高温引起的过度蒸腾造成的影响。同时，脯氨酸的存在可以降低可溶性蛋白因高温产生沉淀，在维持质膜结构的完整性方面起重要作用。有意思的是，高温胁迫后，甜菜碱合成的时间比脯氨酸晚，但甜菜碱最终含量却比脯氨酸高得多，随着高温胁迫时间的延长，甜菜碱积累更多，其表现比脯氨酸更稳定。同样的，高温胁迫也诱导菊花细胞产生大量的活性氧，同时清除活性氧的各种酶也大量合成，维持细胞的稳定和活力。

6.1.4 低温胁迫对植物生理的影响

低温也是影响植物生长发育的胁迫因子。一般入秋后寒潮多发，温度变化剧烈，观赏植物在生长发育过程中极易受到极端低温的伤害。很多切花为了实现周年生产，在冬季低温时期需要进行人工加温，这给生产带来巨额的成本支出。例如，江苏省冬春季（1~4月）菊花的生产成本中，加温成本占比高达40%左右，导致企业难以盈利而减产甚至停产，因此，低温胁迫是切花周年供应的主要瓶颈。另外，低温储运是花卉保鲜最有效的方法之一，但有些花卉对低温敏感，易发生冷害而影响观赏品质和应用价值，从而限制了冷藏在相关观赏植物中的应用。探索如何减少低温胁迫对植物的伤害及提高植物的耐冷性，对提高观赏植物的观赏价值和经济价值意义重大。

观赏植物遭受低温的伤害一般分为两类：冷害和冻害。冷害是指0~15℃低温（chilling temperature）引起植物体损伤或死亡。冷害一般表现为植物体表面褪色、凹陷，叶片失水，光合速率下降，细胞膜损伤，进而导致叶片呈现水渍状或果实出现斑点等。冻害是指观赏植物在0℃以下的冰冻低温（freezing temperature）环境中，由于细胞质结冰而导致观赏植物表面褐变，影响植物观赏价值，甚至导致植株死亡的胁迫伤害。

低温胁迫导致植株生长缓慢、萎蔫皱缩、叶片黄化褐变，部分组织器官变透明或呈水渍状，冻害斑点明显。低温胁迫下，菊花叶片叶绿素含量和光合电子传递速率降低，热耗散增加，光合效率下降。在亚细胞水平，低温导致植物细胞中囊泡数目增加、内含物含量显著升高，严重时会导致液泡膜解体；叶绿体形状变得不规则，有的叶绿体甚至破裂解体；细胞壁结构模糊，且出现质壁分离；核膜也逐渐消失，细胞器逐渐降解。在低温胁迫时，形态上最先受到明显影响的细胞器是叶绿体，随着胁迫的持续，叶绿体的类囊体膨大变形，所含淀粉颗粒也随之膨大，叶绿体网状结构消失，最终导致叶绿体解体。同其他非生物逆境胁迫类似，在低温胁迫下，细胞内丙二醛含量增加，同时电子传递过程中产生了大量活性氧自由基，如过氧化氢、羟自由基和单线态氧等，进而导致细胞膜脂过氧化，使膜完整性丧失，影响细胞的结构和功能。

在遭受低温胁迫时，植物体内各种渗透调节物质的含量会发生相应变化，进而激发植物形成多种渗透调节能力，提高植物对低温的耐受性。一般情况下，低温胁迫可以引起可溶性蛋白、可溶性糖和脯氨酸等渗透调节物质含量的变化。月季和芍药在低温胁迫下，细胞内可溶性糖含量先增加后降低。另外，可溶性蛋白含量的高低可反映植物耐寒能力的大小，植物遭遇低温胁迫时，可溶性蛋白含量会呈现先增加后降低的趋势，说明在低温胁迫处理下植物可通过增加可溶性蛋白含量来提高自身的渗透调节能力，而若低温胁迫持续延长，植物则无法忍受长时间的胁迫处理，进而阻碍细胞内蛋白质的合成，最终导致蛋白含量逐渐减少，细胞活性受到影响。但芍药在响应低温胁迫时，其细胞内可溶性蛋白则呈先下降后升高的趋势。在低温胁迫下，细胞中脯氨酸含量也显著上升。一般认为，脯氨酸在细胞中的积累速度与植物耐寒能力相关，只是在不同物种中表现不同，有的植物（如茄）呈正相关，而有的物种中呈负相关。但在少数物种如月季中却发现，脯氨酸的积累随温度变化不大；也有报道显示，秋菊'唐宇金秋'中可溶性糖、可溶性蛋白和脯氨酸含量均随胁迫温度降低而逐渐下降。另外，不饱和脂肪酸也参与了植物低温胁迫响应。不饱和脂肪酸是膜组分的重要组成部分，能够改变膜脂的流动性，维持质膜的结构和功能。菊花细胞膜脂肪酸中，脂肪酸不饱和指数随着温度的降低而显著上升，维持了质膜的稳定性，保持了膜脂的流动性，在一定程度上缓解了低温对膜系统的伤害，进而提高植物适应低温的能力。另外，低温胁迫下，细胞中过氧化物酶、超氧化物歧化酶和过氧化氢酶等相关的活性氧和过氧化物自由基清除酶的活性也逐渐升高，进而保护细胞免受伤害，提高植物耐寒能力。

6.1.5　盐碱胁迫对植物生理的影响

土壤盐碱化严重抑制了植物的生长发育，是限制土地使用和作物种植的全球性问题。据不完全统计，全世界盐碱土地面积超过 11 亿公顷，分布广阔并逐年增长。我国有近 1 亿公顷的盐碱地，主要分布在长江以北地区，如松嫩平原作为世界三大盐碱地区之一，盐碱地面积近 320 万公顷。世界上 20%～50% 的灌溉土地受到盐碱化影响。近年来，观赏植物耐盐性研究取得了一定进展，但多数研究集中在耐盐性机制和野生观赏植物耐盐性筛选方面，而有关耐盐性育种的研究相对较少，南京农业大学菊花课题组在菊花耐盐性育种方面开展了相关工作，研究人员以一些耐盐性强的菊属及近缘属野生植物为父本，以栽培菊花为母本，开展远缘杂交，通过细胞学和形态鉴定及耐盐性评价，获得了一批耐盐性明显高于母本的杂种后代，为培育耐盐菊花品种奠定了基础。另外，耐盐观赏植物在盐碱地治理和景观建设方面发挥着重要作用，不仅可以保持生态、美化环境、改良土地，还有助于提高土地经济效益，对社会经济发展具有重要意义。

盐碱胁迫对植物起主要伤害作用的是钠盐、氯盐和 pH，通过渗透作用、离子作用、氧化作用和碱胁迫等影响植物的生长和发育。一般来讲，植物对盐害的响应分为两个时期：先是渗透胁迫，然后是离子胁迫。植物在应对这两种胁迫时的生理机制有所不同。高盐渗透胁迫下，植物快速关闭气孔，以减少水分丧失，这也导致叶面温度快速上升。气孔关闭的同时限制了 CO_2 的吸收，导致碳固定和吸收减少，光合作用产生的碳水化合物也随之减少。气孔关闭也导致植物体内水压增加，降低植物吸水能力。随着光合作用的降低，多余的光能量被转化成体内的活性氧（ROS），如过氧化氢和氧自由基等，导致过多的 ROS 积累进而损伤细胞结构，严重的导致细胞死亡。已有报道显示，盐胁迫导致菊花和月季细胞质膜相对电导率增加，质膜通透性增大，且细胞中叶绿素含量减少，光合效率降低，叶片含水量降低，造成盐害。外源施加褪黑素可显著降低盐胁迫下月季细胞质膜的通透性，提高胞质渗透压，增强活性氧清除能力，提高耐盐性。总之，高盐渗透作用通过上述一系列生理调控，降低了叶片伸展速率、植物生长速率和侧芽生长数目，最终抑制了植物的生长发育。另外，植物周围盐离子突然改变，会迅速降低根系周围水势，快速降低细胞膨压，导致根系吸水困难，此时植物地上部分的 Na^+ 和 Cl^- 累积量并未达到能够抑制茎叶生长的程度，但茎叶生长已经受到影响，说明存在一定的信号传递机制，能够快速地将盐胁迫信号从根中传递到地上部分，产生快速的响应，以最大程度地缓解盐害。离子胁迫开始于植物组织或细胞中的 Na^+ 或 Cl^- 的累积量达到了一定的毒害水平。由于大多数植物对盐分有一定的拒止作用，拒止效率能达到 90% 以上，故盐离子在植物中的累积需要一定的时间，导致离子胁迫晚于渗透胁迫发生。Na^+ 在植物体内大量积累，造成渗透胁迫破坏细胞膜结构、损伤叶绿体、减少叶绿素含量、降低植物光合效率。同时，高水平的 Na^+ 积累使得细胞内 Na^+/K^+ 比例升高，打破 Na^+/K^+ 离子平衡，导致叶绿体和线粒体等细胞器的电子传递受损，促进活性氧的形成，产生氧化胁迫；同时 Na^+/K^+ 比例升高降低了植物对 K^+ 的吸收，扰乱了细胞中的酶促反应，影响了蛋白合成，进而抑制细胞生长，产生毒害作用。

为避免盐胁迫伤害，植物逐步进化出特有的适应机制，通过盐屏蔽和提高耐盐性两个方面提高耐盐能力。盐屏蔽主要通过拒盐、泌盐、稀盐这 3 种途径实现。①拒盐是指通过阻止盐分大量进入体内，从而避免盐胁迫。芦苇（*Phragmites australis*）是典型的拒盐植物，在盐胁迫环境下生长时，虽然盐离子在根部积累较多，但地上茎叶等器官中的分布却非常少，主要是因为Na⁺转运速率从地下组织到地上组织逐渐降低，进而阻止盐离子从根部运输到地上器官，从而限制在芦苇茎叶中积累过量的Na⁺，保护植物免受毒害。非泌盐红树的根细胞膜中三萜醇的含量比较高，阻碍了盐离子的运输，产生一道天然屏障，这样根系在吸收水分时可以将99%的盐分拒之体外，确保植物体内合适的盐离子浓度以维持正常生长发育。向日葵（*Helianthus annuus*）在遭受盐胁迫时，根部细胞会积累大量的无机离子、小分子有机物或可溶性碳水化合物等，以提高渗透压，使根细胞有很强的吸水能力，保证植物的正常生长和发育。②泌盐指植物能够吸收盐分进入体内，但同时又以不同方式将其排出体外，使体内盐分含量不致过高，从而避免盐害。例如，二色补血草（*Limonium bicolor*）和柽柳（*Tamarix chinensis*）具有盐腺（salt gland），可以将体内的盐离子通过盐腺分泌到植物体外；而冰叶日中花（*Mesembryanthemum crystallinum*）和滨藜（*Atriplex patens*）等植物的叶表面有盐囊泡（salt bladder），可以将吸收的盐离子储存在盐囊泡中，待囊泡成熟破裂后再将盐分排出，进而保护植物免受伤害。③稀盐指有些植物通过茎叶的肉质化大量吸收和储存水分以稀释盐分，并运输盐分到液泡中，以降低胞内盐分浓度，避免盐害。例如，盐角草（*Salicornia europaea*）体内含水量可达92%，并通过一些重要的转运蛋白调节离子平衡，维持离子稳态以加强对盐害的抵抗能力；菊花遭受盐碱胁迫后，脯氨酸含量增加，可溶性糖含量增加，进而调节细胞质渗透压，利于植株吸收水分，提高植物耐盐能力，保证植株体内代谢活动的正常进行。外源施加亚精胺能够提高盐胁迫下菊花的净光合速率，提高活性氧清除能力并维持胞质离子平衡和渗透平衡，进而缓解菊花盐害。

盐生植物（halophyte）能够在≥200mmol/L NaCl的环境中生存繁殖，甚至有的盐生植物只有在高盐环境下才能获得最佳的生长状态。盐生植物仅占全球陆生植物的1%～2%。据不完全统计，我国有近420种盐生植物，其中藜科、禾本科、菊科和豆科是盐生植物种类最多的科，约占我国盐生植物总数的47%，包括观赏植物比较多的菊科（Compositae，有44个种）、紫草科（Boraginaceae，有10个种）等。根据耐盐机制的不同，盐生植物可分为三大类：①真盐生植物（euhalophyte），如盐地碱蓬（*Suaeda salsa*），其肉质化的叶和茎秆能够将多余的Na⁺和Cl⁻通过液泡膜上的Na⁺/H⁺反向转运蛋白（tonoplast Na⁺/H⁺ antiporter）或膜泡运输（vesicular transport）转运到液泡中，进而降低细胞水势，利于盐胁迫环境下植物吸收水分（Song and Wang，2015）；②假盐生植物（pseudohalophyte）或避盐盐生植物（salt excluder），如前述拒盐植物芦苇，存在一定的机制来阻止盐离子从根部运输到地上器官，进而保护植物免受盐害；③泌盐盐生植物（recretohalophyte），通过特有盐腺或盐囊泡结构主动将盐分泌到体外，从而避免盐胁迫对植物造成伤害。泌盐红树通过分布在叶片表面的盐腺将多余的盐分排出体外，这些盐腺只对外排Na⁺和Cl⁻起作用，而对K⁺、Ca²⁺和Mg²⁺不起作用。总之，不同盐生植物的耐盐生理基础不尽相同，但共同点是它们都力求维持胞质中液泡之外部分的正常盐分浓度。这些研究为人们开发利用盐生或耐盐植物改良盐碱土地提供了理论和实验依据。盐生植物可吸收土壤中的盐分，增加土壤中的有机质，从而逐渐改良盐碱土壤；观赏植物还可以丰富盐碱地的绿化景观，促进盐碱地区新的产业发展，提高盐碱地的经济价值和实用价值，对我国经济、社会及生态发展具有重要意义。

6.1.6 关于植物对非生物胁迫生理响应的总结

植物对各种非生物胁迫逆境的生理响应有很多相似之处，主要表现在以下几个方面（图6.1）：①遭受非生物胁迫后，植株体内活性氧物质积累增多，丙二醛含量升高，并引发质膜结构过氧化受损；同时，为了清除体内过多的活性氧，细胞中的超氧化物歧化酶、抗坏血酸氧化酶、过

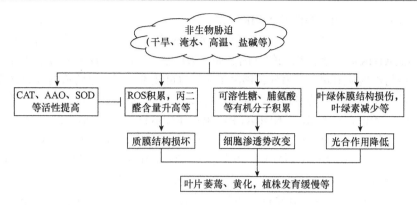

图 6.1　植物对非生物胁迫的生理响应

CAT. catalase，过氧化氢酶；AAO. ascorbate oxidase，抗坏血酸氧化酶；
SOD. superoxyde dismutase，超氧化物歧化酶；ROS. reactive oxygen species，活性氧

氧化氢酶等，以及各类抗氧化物质如维生素 C、抗坏血酸等的含量都会增加，这有助于保护细胞质膜结构在胁迫早期免受伤害，但随着胁迫时间的延长或胁迫强度的加大，细胞中的活性氧物质积累逐渐增多，最终导致细胞结构损伤，严重的导致细胞死亡。②遭受非生物胁迫后，植物体内渗透压发生改变，细胞中的可溶性糖、脯氨酸及其他可溶性有机物质含量增加。一般认为，这些物质积累的主要作用是调节细胞渗透压，利于细胞吸收水分，但在淹水胁迫条件下，这种渗透压的改变反而使得细胞处于更加不利的境遇，故推测这些物质的积累可能还以其他机制参与植物抗逆响应。③在逆境胁迫下，植物降低光合作用，叶片气孔关闭，CO_2 吸收减少，导致碳固定和吸收减少，同时绿色组织的叶绿素含量降低，叶绿体结构和功能紊乱，上述各因素综合导致光合效率降低，光合作用产生的碳水化合物也随之减少。当然，植物在不同的非生物胁迫条件下也有其独特的响应机制，如淹水条件下，根系容易形成通气组织，长时间淹水导致根系腐烂等。随着非生物胁迫时间的延长，植物叶片逐渐萎蔫失绿，植株生长发育迟缓，严重的可能导致植株死亡。

植物生长过程中常同时面临多种非生物胁迫，如高温伴随着干旱胁迫，并产生单一胁迫所不能出现的效应，这种多重胁迫对植物生长发育的影响及植物如何适应这些多重胁迫还有待深入研究。

6.2　非生物胁迫抗性的分子机制

植物遭受非生物胁迫时，除了上述生理响应及外在表型的改变之外，植物分子水平如胁迫信号的感知、胁迫信号的传递、下游基因表达调控、蛋白合成与降解等也很值得关注。尽管植物非生物胁迫的分子机制已有大量研究，当前我们面临的挑战仍然是如何快速挖掘并建立胁迫响应信号网络，以及如何整合非生物胁迫响应网络的相关信息，通过人工设计去培育种植范围更广、环境适应能力更强、观赏性状更突出的观赏植物，以满足人们对美好生活的需求。

6.2.1　干旱胁迫的分子机制

植物通过多种途径感知干旱胁迫信号。一般认为，植物细胞通过膜蛋白如丝氨酸/苏氨酸蛋白激酶（RLK，receptor-like kinase）、组氨酸激酶（histidine kinase）、整合素相关蛋白（integrin-like protein）、G 蛋白偶联受体（G protein-coupled receptor）等感知干旱诱导的渗透胁

迫信号，如细胞质膜上组氨酸激酶ATHK1参与渗透胁迫信号的感知。通过遗传学手段研究发现ATHK1感知干旱胁迫信号后，主要通过促进ABA积累和相关干旱胁迫基因的表达来帮助植物耐旱。其他ATHK同源蛋白编码的基因，如*ATHK2*、*ATHK3*和*ATHK4*则通过负调控细胞分裂素信号来参与渗透胁迫响应。另外，钙离子通道也可能参与了干旱胁迫信号的感知。

植物通过小肽传递干旱胁迫信号。维管植物最先通过根系感知到渗透胁迫信号，这些信号以CLAVATA3/EMBRYO-SURROUNDING REGION-RELATED 25（CLE25）小肽等形式，通过维管束传递到地上组织器官中，进而促进茎叶中的ABA合成酶基因*NINE CIS EPOXYCARO-TENOID DIOXYGENASE 3*（*NCED3*）上调表达（Takahashi et al.，2018），导致大量ABA在茎叶中合成，最终通过ABA的富集促进了叶片气孔的关闭。在这个过程中，叶片中的BARELY ANY MERISTEM（BAM）1和BAM3受体蛋白激酶（RLK，receptor-like protein kinase）能够感知CLE25小肽信号，通过CLE25-BAM1和CLE25-BAM3系统控制叶片中ABA的积累，进而调节气孔开合及胁迫相关基因的表达。也有研究表明，干旱胁迫下，NGATHA1（NGA1）转录因子在叶片维管束中表达，诱导*NCED3*的上调表达促进ABA合成，说明CLE25-BAM1、CLE25-BAM3和NGA1信号存在一定的交集，值得进一步研究。另外，CLE9在植物干旱胁迫响应中也发挥了重要作用。研究发现，几乎所有的CLE小肽都在根中表达，但*CLE9*特异地在叶片保卫细胞中表达，外源施加CLE9小肽或超表达*CLE9*可导致气孔关闭并增强植物耐旱能力。CLE9主要通过MITOGEN-ACTIVATED PROTEIN KINASE 3（MAPK3）/MAPK6、ABA信号蛋白激酶OPEN STOMATA 1（OST1）、阴离子通道蛋白SLOW ANION CHANNEL-ASSOCIATED 1（SLAC1）直接调控气孔关闭（Zhang et al.，2019），所以CLE9响应干旱信号并调控气孔关闭的机制跟CLE25有所不同。除此之外，INFLORESCENCE DEFICIENT IN ABSCISSION（IDA）、phytosulfokine（PSK）、C-TERMINALLY ENCODED PEPTIDE（CEP）都参与了植物干旱胁迫的响应。

植物耐旱是整合不同信号协同调控的结果。除了上述小肽和ABA信号外，缺水引起的膨压信号、电信号、羟基自由基、植物激素、ROS、Ca^{2+}等也都参与其中，如ABA通过诱导H_2O_2的积累进而促进Ca^{2+}浓度升高，导致气孔关闭。最近研究表明，位于保卫细胞质膜上的HYDROGEN-PEROXIDE-INDUCED Ca^{2+} INCERASE 1（HPCA1）蛋白能够感知H_2O_2信号（Wu et al.，2020），具体过程是H_2O_2氧化并通过共价修饰HPCA位于质膜外侧的半胱氨酸残基，导致HPCA1自身被磷酸化，进而激活保卫细胞的Ca^{2+}通道，促使保卫细胞关闭。另外，REDUCED HYPEROSMOLALITY INDUCED Ca^{2+} INCREASE 1（OSCA1）介导渗透胁迫诱导的Ca^{2+}流入保卫细胞和根的细胞中。处于渗透胁迫环境时，*osca1*突变体表现出更多的水分流失，主要是因为该突变体不能够调控受胁迫后叶片气孔的关闭。*osca1*离体叶片也表现出水分流失加快的表型，但ABA可以正常诱导该突变体的气孔关闭，说明OSCA1通过胁迫诱导产生的Ca^{2+}流入保卫细胞来介导气孔关闭。OSCA家族的另一个成员CALCIUM-PERMEABLE STRESS-GATED CATION CHANNEL 1（CSC1）/OSCA1.2也参与渗透调节引起的钙离子通道建成，可能也参与了植物干旱胁迫响应。

植物也可能通过ABA传递干旱胁迫信号。ABA是参与干旱胁迫的主要植物激素之一，也是一个可移动的植物信号分子，其相关转运蛋白主要定位在质膜上，如ABC（ATP-binding cassette）转运蛋白家族、NPF（NITRATE TRANSPORTER 1/PEPTIDE TRANSPORTER FAMILY）转运蛋白家族、MATE（multidrug and toxin efflux transporter）转运蛋白家族的成员。ABA家族成员AtABCG25主要介导ABA从细胞中运出，而AtABCG40则负责将ABA运入细胞，这为ABA在植物体中作为一个潜在的信号分子进行长距离运输奠定了基础。AtABCG22也参与了叶片气孔关闭的调节，同时该蛋白编码基因在保卫细胞中高表达，但至今未发现该蛋白具有转运 ABA 的能力。细胞中存在 ABA 受体，如 ABAR/CHLH、GCR2、GTG1/2 和 PYR/PYL/RCAR 等，它们具有蛋白激酶活性，能够通过结合 ABA 分子激活并变构，进而将 ABA 信号传递到下游。ABA 能够促进细胞中 H_2O_2 的积累，而 H_2O_2 则进一步诱导 MAPK（mitogen-activated protein kinase）级联途径将 ABA 信号放大。MAPK 是参与信号转导的一类非常重要的蛋白激酶，它们在植物生长发育及胁迫响应中具有极其重要的作用。MAPK、MAPKK（MAPK 的激酶）和 MAPKKK（MAPK 激酶的激酶）构成 MAP 激酶级联，通过一系列的磷酸化将信号逐级放大。当这个通路中第一个成员 MAPKKK 被激活后，另外两个成员依次被磷酸化并被激活，最终被激活的 MAPK 能够进一步促进下游转录因子或其他基因表达。

当干旱信号传递到细胞中后，一系列基因被调控表达参与植物胁迫响应。bZIP、MYB、NAC、AP2/ERF、WRKY 等家族成员是主要参与植物耐旱胁迫的转录因子。例如，百合遭遇干旱胁迫后，*LiNAC2* 被诱导表达，在拟南芥中异源超表达 *LiNAC2* 基因会增强植株对干旱胁迫的耐受性。菊花 *CmWRKY10* 被干旱胁迫诱导表达，超表达 *CmWRKY10* 基因能增强菊花的耐旱性。研究发现 CmWRKY10 蛋白促进了 *DREB1A*、*DERE2A*、*CuZnSOD*、*NCED3A* 和 *NCED3B* 等基因的表达，说明菊花也通过 ABA 途径参与干旱胁迫响应。另外，菊花 *CmWRKY10* 超表达植株中 ROS 积累变少，过氧化物酶、超氧化物歧化酶等活性增强，说明该基因也能通过清除体内活性氧物质以减少氧化胁迫对质膜的损伤来提高植株对干旱胁迫的耐受性。菊花 *CmWRKY1* 超表达植株提高了其对 PEG 诱导的渗透胁迫的耐受性，主要通过抑制 ABA 负调控基因 *PP2C*、*ABI1* 和 *ABI2* 的表达，并激活 ABA 正调控基因 *PYL2*、*SNRK2.2*、*ABF4*、*MYB2*、*RAB18* 和 *DREB1A* 等的表达，进而借助 ABA 信号途径调控植株的胁迫响应。另有研究表明，在菊花中超表达 *CINAC9* 基因能显著提高植株的耐旱能力。

6.2.2　淹水胁迫的分子机制

乙烯参与淹水胁迫响应。淹水胁迫诱导乙烯合成酶编码基因上调表达，如 *AtACS5*、*AtACS7* 和 *AtACS8* 受淹水胁迫上调表达。ACC（1-aminocyclopropane-1-carboxylic acid）是乙烯合成的前体。ACS 是 ACC 合成酶（ACC synthase），能够在低氧环境下促进 ACC 合成。ACC 在 ACC 氧化酶（ACO）的作用下转换成乙烯，这个过程需要氧气的参与，所以在低氧环境下，根中产生 ACC，之后被运输到地上部（水面以上）器官与氧气接触后，促进乙烯的形成。

植株产生的大量乙烯促使一系列下游基因表达发生变化。乙烯响应因子 ERF 第 7 亚家族（group Ⅶ）的成员通过调控下游基因表达参与了植物响应淹水胁迫和低氧胁迫。HRE1、HRE2、RAP2.2、RAP2.3 和 RAP2.12 共 5 个 ERF-Ⅶ亚家族的成员通过调控低氧响应基因参与植株淹水胁迫和低氧胁迫，如 ERF-Ⅶ转录因子 SUB1A 参与了淹水胁迫的调控，使得水稻植株能够忍耐长达 14～16d 的没顶淹水。ERF-Ⅶ转录因子 SNORKEL1 和 SNORKEL2 参与了植株淹水胁迫下节间的伸长。ERF-Ⅶ蛋白的稳定性主要通过 N 端蛋白水解作用（NERP，N-end rule of proteolysis）来调节，主要是这些蛋白的 N 端有保守的 MC 结构（MCGGAI），该序列能够被 NERP 过程中的酶类特异识别。另外，NERP 过程需要植物半胱氨酸氧化酶（PCO，plant cysteine oxidase）跟氧气分子一起作用来完成，所以在正常的氧气环境中，植物通过 NERP 方法组成型地降解 ERF-Ⅶ蛋白，以维持 ERF-Ⅶ蛋白低水平存在；但在淹水导致的低氧环境下，依赖于氧气的 PCO 酶活性被抑制，导致 ERF-Ⅶ蛋白在细胞中大量积累。当然也有例外，如 SUB1A 和 SUB1C 也是 ERF-Ⅶ亚家族成员，但它们并不通过 NERP 方法降解。SUB1A 通过与其他蛋白互作将其 N 端的保守序列给保护起来，导致细胞在正常氧气环境下依然存在较多的SUB1A蛋白，这有利于增强植株对淹水胁迫的耐受性，也能够在淹水胁迫去除后快速恢复正常生长。而SUB1C的N端则不存在MC结构，所以无法被NERP方法识别降解。在正常生长状态下，RAP2.12蛋白可以跟质膜上的ACBP1和ACBP2蛋白互作，也无法通过NERP方式被降解。在淹水胁迫条件下，低氧的环境导致RPA2.12不再跟ACBP1和ACBP2互作，被释放的RPA2.12重新定位到细胞核中进而调控下游基因表达。同时，*HYPOXIA RESPONSE ATTENUATOR 1*（*HRA1*）基因受低氧胁迫诱导表达，翻译的蛋白HRA1进而与RAP2.12互作，共同调控下游基因表达。在淹水胁迫下，植株中还有很多其他的蛋白通过与ERF-Ⅶ蛋白互作来响应胁迫。SUB1A可以跟一系列蛋白互作，如SAB23和SAB18，这些互作蛋白被命名为SAB（SUB1A binding protein）。SUB1A还可以与MAPK互作启动级联信号传递，进而促进淹水环境下植株的快速生长。

淹水后植物产生的乙烯也影响不定根的形成。淹水胁迫处理的植株幼苗可发现明显的不定根原基，随着处理时间的延长，原基逐渐伸长并形成不定根；而如果淹水的同时用乙烯合成抑制剂AVG（aminoethoxyvinylglycine）喷施地上部分组织，不定根的数目明显比未喷施AVG的少。在黄瓜的研究中也有类似发现，外源施加ACC处理即可促进淹水胁迫下黄瓜幼苗不定根的形成，而乙烯受体抑制剂1-MCP处理则抑制不定根的形成。除了调控不定根的发育，乙烯还调控根中通气组织的形成。研究发现，在玉米、水稻和小麦等作物中，乙烯诱导根皮层细胞程序化死亡，进而促进通气组织的形成。菊花对淹水胁迫比较敏感，短时间的淹水就可能造成致命的损伤。研究显示，超表达Na^+/H^+逆转运蛋白*CmSOS1*可以通过维持植株体内低水平的活性氧水平来提高菊花对淹水胁迫的耐受性。跟不耐淹水的菊花相比，耐淹水的菊花在受到胁迫后，*ACO*、*ACS1*、*ACS6*、*ACS7*和*ERF1*等乙烯合成和信号传递相关基因大量上调表达，乙烯含量也显著增多，说明乙烯的形成有助于提高菊花对淹水胁迫的耐受性，相关机制值得进一步研究。

乙烯还可以跟其他激素信号互作，共同调控植物淹水胁迫响应。在淹水胁迫条件下，乙烯的增多促进OsEIL1a的积累，累积的OsEIL1a则促进GA1和GA4的合成酶编码基因*OsGA20ox2*（*SD1*）上调表达，进而合成大量的GA1和GA4促进植株节间伸长，以利于植株在深水环境下快速生长伸出水面。同时，深水水稻中的*ACCELERATOR OF INTERNODE ELONGATION 1*（*ACE1*）基因上调表达，进一步促进细胞分裂，进而促进GA介导的节间伸长。相反，*DECELERATOR OF INTERNODE ELONGATION 1*（*DEC1*）是有锌指结构的转录因子，在普通水稻中表达，进而抑制节间伸长。乙烯也与ABA信号相互作用调控植物淹水响应。已有研究显示，乙烯或ACC处理能够快速诱导*OsABA8ox1*的表达，而乙烯抑制剂1-MCP处理则能抑制*OsABA8ox1*的表达。*OsABA8ox1*编码ABA 8′-羟化酶，是ABA代谢途径中的关键酶。这些结果说明，淹水胁迫诱导的乙烯促进了*OsABA8ox1*的表达，导致ABA在植株体内积累减少。外源ABA处理会显著抑制淹水胁迫下不定根原基的形成；而若用ABA抑制剂处理，则显著促进不定根的形成，说明在淹水胁迫条件下，ABA与乙烯作用相反，负调控不定根的发育。有意思的是，在有些植物如棉花和小麦中，淹水胁迫会导致ABA大量积累，进而促进叶片气孔的关闭，减少蒸腾作用导致的水分流失，有助于提高植物对淹水胁迫的耐受性；乙烯的产生也促进了生长素的运输和积累，进而影响了不定根的形成。对番茄、黄瓜或烟草外源施加生长素极性运输抑制剂NPA能抑制淹水胁迫下不定根原基的形成。在大豆研究中则发现淹水胁迫导致IAA含量降低，同时诱导不定根和通气组织形成，而外源IAA处理也不影响淹水胁迫导致的不定根和通气组织形成。综上所述，ABA和生长素在不同物种中参与淹水胁迫的机制可能不同，值得进一步研究。

6.2.3　高温胁迫的分子机制

提高植物生长的环境温度，会诱导植株产生热激蛋白（heat shock protein，HSP），这种蛋白在不同植物响应温度胁迫时也有发现。HSP 的主要功能是以分子伴侣的形式帮助细胞在热胁迫下生存。高温导致细胞中的蛋白易出现错误折叠或解链，而 HSP 则能帮助这些蛋白避免出现折叠错误，有利于细胞在高温下维持生存。HSP 也能帮助蛋白翻译、转运、水解或把变性的蛋白重新激活等，如 HSP 保护 PS-II 免受氧化胁迫，并能抑制蛋白变性，同时在维持质膜渗透性方面也起了一定的作用。植物受高温胁迫后，产生的 HSP 大小差异很大，为 $15 \sim 104$ kDa。这些蛋白主要分为五大类：小 HSP（SmHSP，small HSP）、HSP60、HSP70、HSP90 和 HSP100，主要分布在细胞核、线粒体、叶绿体、内质网及细胞质中。菊花中超表达 *CgHSP70* 基因能通过增强 POD 酶的活性来促进细胞中脯氨酸积累并抑制丙二醛的产生，进而降低胁迫对细胞的伤害，提高植株耐热能力。

另外，也有一系列热激相关转录因子参与了胁迫响应，一般称为热激因子（HSF，heat shock factor）。高温胁迫诱导 H_2O_2 积累，进而激活 *HSF* 表达，如 *HSFA1*、*HSFA2*、*HSFA3*、*HSF3* 等基因，其中 *HSFA2* 是温度变化后表达水平上调最多的基因。百合中 LlHSFA1 能够与 LlHSFA2 互作，共同调控植株耐热；将 *LlHSFA1* 基因异源转化拟南芥能显著增强植株耐热能力。也有研究显示，超表达 *CmDREB6* 能够通过促进 *CmHsfA4*、*CmHSP90*、*CmSOD* 和 *CmCAT* 等基因表达而增强菊花 '神马' 的耐热性。HSFA2 是非常稳定的蛋白，高温胁迫诱导该蛋白转运到细胞核中，进而与 HSFA1 结合形成异源二聚体，共同调控下游基因表达。还有一种调控模式是当植物生长在正常条件下时，这些 HSF 呈单体状态存在，无法结合 DNA 也不能调控下游基因转录。当高温胁迫来临时，胁迫导致这些单体形成三聚体，进而具备了识别并结合特定 DNA 热激元件（HSE，heat shock element）的功能。当 HSF 结合到 HSE 上后，HSF 自身被磷酸化，进而促进 *HSP* 基因转录。当 HSP 合成并在细胞中积累得足够多时，HSP70 与 HSF 互作，导致 HSF 与 HSE 的结合受阻，之后 HSF 就被释放出来继续以单体形式存在于细胞中。除了 HSP 蛋白，植物还通过合成泛素蛋白、胞质 Cu/Zn-SOD 及 Mn-POD 等蛋白来增强植株耐胁迫能力，相关分子机制有待深入研究。

热胁迫信号被细胞质膜上的蛋白感知，包括 G 蛋白、钙离子通道蛋白等，进而激活这些蛋白。质膜上的 G 蛋白被激活后，导致 PIP_2 和 PA 在细胞中积累，同时 PIP_2 水解后的下游产物 IP_3 快速转化为 IP_6，这有利于 Ca^{2+} 通道打开，从而促进 Ca^{2+} 进入细胞，启动植株的热胁迫响应。进入细胞的 Ca^{2+} 诱导蛋白磷酸化并激活不同的热胁迫相关转录因子。例如，Ca^{2+} 可以结合钙依赖的蛋白激酶（CDPK，calcium-dependent protein kinase），进而激活 MAPK，或者激活能够产生 ROS 的 NADPH 氧化酶（RBOH，ROS-producing enzyme NADPH oxidase）。CDPK 还能激活转录激活子 MBF1c（multiprotein-bridging factor 1c），MBF1c 则进一步激活 DREB（dehydration-responsive element-binding）转录因子和一些 HSF 参与高温胁迫响应。百合 LlWRKY39 通过与 LlCaM3 互作，并结合到 *LlMBF1c* 启动子 W-box 元件上，激活该基因表达，进而增强植株耐热能力（Ding et al., 2021）。菊花中异源超表达 *AtDREB1A* 基因能显著增强植株耐热性。钙调蛋白（CaM，calmodulin）能感知并传递钙信号。AtCaM3 通过激活 *WRKY39*、*HSF*、*CBK*（*calmodulin-binding protein kinase*）和 *HSFA1a* 等来增强植株耐热能力。另外，热胁迫下，质膜流动性的变化导致磷脂酶 D（PLD）和磷脂酰肌醇-4-磷酸 5-激酶（PIPK，phosphatidylinositol-4-phosphate 5-kinase）被激活，进而促进不同脂类信号的积累，包括磷脂酰肌醇-4,5-二磷酸（PIP_2，phosphatidylinositol-4,5-biphosphate）、肌醇-1,4,5-三磷酸酯（IP_3，myo-inositol-1,4,5-

trisphosphate）和磷脂酸（PA，phosphatidic acid）等。

6.2.4　低温胁迫的分子机制

　　一般认为，细胞膜是最先感受低温胁迫的位置。膜上的钙离子通道、组蛋白激酶和磷脂酶等可能与低温感知密切相关。细胞通过膜系统上的组件感受到低温信号后，进而通过代谢和能量调控来传递低温信号。植物在遭受低温胁迫后，位于细胞膜和内质网膜上的COLD1蛋白与RGA1蛋白亚基互作，进而导致胞内钙离子浓度迅速升高，并将冷信号传递到细胞内，促进下游一系列基因如 *cold responsive*（*COR*）等的表达。Ca^{2+}通过与钙依赖性蛋白激酶、钙调蛋白、互作蛋白激酶和类钙调磷酸酶B蛋白等相互作用来传递低温胁迫信号。现有研究表明，低温胁迫促进EARLY FLOWERING 4（ELF4）蛋白从地上部分通过维管组织运输到根中，进而抑制 *PSEUDE-RESPONSE REGULATOR 9*（*PRR9*）节律基因的表达，减慢根的生物钟。当温度升高时，ELF4的运动被抑制，根的生物钟恢复正常。所以，ELF4蛋白参与了胁迫信号的长距离运输。

　　inducer of CBF expression 1（ICE1）蛋白参与了植物低温胁迫响应。菊花中超表达 *CdICE1* 基因能增强植株的耐寒能力。在低温环境下，*ICE1* 基因转录水平不受影响，但低温诱导E3连接酶HIGH EXPRESSION OF OSMOTICALLY RESPONSIVE GENES 1（HOS1）参与ICE1泛素化进而通过26S蛋白酶体途径降解该蛋白。与此同时，SMALL UBIQUITIN-RELATED MODIFIER（SUMO）E3连接酶SAP and MIZ 1（SIZ1）介导的ICE1蛋白的类泛素化修饰（SUMO修饰）则能减少该蛋白上的聚泛素化修饰，进而增强该蛋白的稳定性。也有研究显示，OST1激酶的活性也被低温诱导，与ICE1互作并使其磷酸化，进而提高ICE1的稳定性，同时促进ICE1与下游 *CBF3* 基因启动子的结合调控能力。另外，OST1磷酸化BTF3L和BTF3蛋白，促进它们与CBF蛋白的互作，进而提高低温胁迫下CBF蛋白的稳定性。CBF蛋白则进一步结合 *COR* 基因启动子区域的CRT/DRE顺式作用元件，从而激活该基因表达。通过对上述核心基因的表达时序进行检测，发现 *CBF* 基因可在遭遇低温胁迫的前几分钟内被ICE1快速诱导表达，并在胁迫1～3h后达到表达高峰，随后表达量逐渐降低；但 *COR* 基因的反应则滞后一些，一般在低温胁迫后几个小时开始被诱导表达，约24h后达到表达高峰。所以，低温胁迫信号主要沿着ICE1—CBF—COR级联转录传递机制进行。多种激素如赤霉素、茉莉酸、乙烯、细胞分裂素和脱落酸等，都直接或间接地通过影响这个级联信号途径来参与低温胁迫响应，如外源ABA处理能促进食用百合 *COR* 基因的表达，进而促进植物对冷胁迫的耐受性。

　　除了上述级联转录调控之外，bHLH、MYB、AP2/ERF、AREB/ABF和NAC等转录因子也参与了低温胁迫响应基因的转录调控。另外，转录后及翻译后调控，如上述磷酸化、泛素化和类泛素化等蛋白质修饰，以及DNA甲基化修饰、小RNA合成等表观调控修饰在植物响应低温胁迫过程中也发挥着重要作用。迄今为止，观赏植物低温胁迫响应分子机制研究得还不够充分，已有研究多是围绕ICE—CBF—COR通路进行，观赏植物耐寒机制研究及提高观赏植物耐低温能力研究是未来研究的重要方向之一。

6.2.5　盐碱胁迫的分子机制

　　当植物感受到渗透胁迫信号时，根尖细胞膜上的Ca^{2+}通道快速打开，细胞质中的Ca^{2+}快速增加，说明Ca^{2+}通道或与之相关的蛋白能够感知渗透胁迫或Na^+信号。根尖感知到盐胁迫信号后产生Ca^{2+}浓度差异，将胁迫信号通过根皮层或内皮层细胞传递到植株地上部分。这种盐胁迫诱导的长距离Ca^{2+}信号传递依赖于离子通道蛋白TPC1（two pore channel 1）。液泡阳离子通道TPC1参与了Ca^{2+}信号传递，也调控了Na^+和K^+的运输。最新研究显示，植株遭受盐胁迫后，钙离子渗入转运子（calcium-permeable transporter）AtANN4、SOS3-LIKE CALCIUM BINDING PROTEIN 8（SCaBP8）和SOS2共同作用，促进Ca^{2+}迅速进入细胞，进而激活下游SOS路径，启动植物胁迫响应。Ca^{2+}信号建立之后，SCaBP8促进蛋白激酶SOS2和AtANN4的互作，导致AtANN4被磷酸化。磷酸化的AtANN4则进一步增强了其与SCaBP8的互作能力。AtANN4的磷酸化及跟SCaBP8互作，导致AtANN4的活性被抑制，进而对Ca^{2+}的流入产生负调控作用，最后形成一个负反馈调节回路。另外，盐胁迫下，蛋白激酶SOS2-LIKE PROTEIN KINASE5（PKS5）与SOS2互作，对其Ser^{294}位点进行磷酸化，进而促进了SOS2蛋白与14-3-3蛋白的互作，该互作又反过来抑制了SOS2的活性。有意思的是，盐胁迫也促进了14-3-3与PKS5的互作，进而抑制PKS5的激酶活性，释放出它对SOS2的抑制作用，最终达到一个信号的平衡。

另一个长距离运输的信号分子可能是ROS。ROS在植物体中可以移动，作为信号分子传递胁迫信息。一般认为ROS是一种对细胞有毒性作用的化合物。在胁迫条件下，植物体内ROS积累增多，如超氧化物、双氧水和一氧化氮等的积累，导致细胞受到氧化损伤，尤其是细胞质膜受到脂质氧化损伤，最终影响了细胞中离子稳态。过量的ROS也会诱导水杨酸在细胞中积累，进而有利于植物抗逆。从信号传递角度来讲，ROS的出现导致MAPK级联途径被激活，包括响应ROS的MAPKKK、MAPK1、MAPK4和MAPK6等，最终影响了植株对盐碱胁迫的响应。

在盐胁迫下，细胞质中Na^+逐渐增多，导致K^+减少。细胞中一些酶的活性依赖于K^+，故可能对细胞的正常生理活动造成严重影响。植物中也有相应的机制来避免这种现象发生，如H^+-ATPase能将Na^+从细胞里泵出，以维持胞质合理的Na^+浓度。在正常生长状态下，植株体内磷脂酰肌醇（phosphatidylinositol，PI）能特异结合质膜H^+-ATPase *Arabidopsis thaliana* PLASMA MEMBRANE PROTON ATPASE 2（AHA2）的C端区域，抑制非胁迫条件下质膜H^+-ATPase的活性。当植物遭受盐胁迫时，PI下游产物PI4P合成增多，同时PI被消耗减少并释放出H^+-ATPase的活性。另外，PI4P与质膜Na^+/H^+逆向转运蛋白互作，并激活该蛋白，提高Na^+排出细胞的能力，进而提高植株耐胁迫能力。另外，研究显示SCaBP3/CALCINEURIN B-LIKE 7（CBL7）缺失突变体能增强植株耐盐碱胁迫能力，主要是通过增强质膜H^+-ATPase的活性来实现。进一步研究发现SCaBP3/CBL7能够通过与AHA2的C端互作来抑制H^+-ATPase的活性。

最新研究发现，BR信号也参与了植物盐碱胁迫的响应。当植物从盐碱胁迫环境中转移到正常生长条件下时，SOS3和SCaBP8感知Ca^{2+}信号的变化，促进糖原合成酶的激酶3类似的激酶（glycogen synthase kinase 3-like kniase）BIN2定位到质膜上，进而抑制盐胁迫响应。BIN2抑制SOS2活性，促进BZR1/BES1转录活性，进而促进植物生长。在这个过程中，胁迫响应相关基因和BR响应相关基因的表达都发生了变化。缺失BIN2和其同源基因*BIL1*、*BIL2*的双突变体*bin2-3bil1*和*bin2-3bil2*植株对盐胁迫敏感。

研究表明，DREB、NAC、MYB、bZIP、AP2/ERF和WRKY等家族的转录因子也参与了植株的盐碱胁迫响应。菊花*CmHSFA4*基因超表达后通过上调离子通道蛋白编码基因*CmSOS1*和*CmHKT2*来限制Na^+积累并维持K^+平衡进而增强植株耐盐能力；另外，盐碱胁迫下H_2O_2和超氧化物在转基因植株中积累减少，利于植株在胁迫条件下更好地生长（Li et al.，2018）。菊花*DgWRKY2*和*DgWRKY5*基因能增强植株耐盐碱能力，主要通过上调胁迫相关基因如*DgAPX*、*DgCAT*、*DgNCED3A*、*DgNCED3B*、*DgCuZnSOD*、*DgP5CS*和*DgCSD2*等的表达增强了植株抗性。在菊花中超表达*DgWRKY4*能通过减少植株体内的活性氧来增强耐盐碱能力。转录组分析表明，月季在盐碱胁迫条件下 *NAC*、*DREB*、*NHX1* 等基因显著上调表达，*MYB* 和 *TIR* 等基因的表达被盐胁迫抑制。在菊花中超表达 *ClCBF1* 能显著提高植株耐盐碱能力。除了这些转录因子之外，超表达 *MPK* 也能提升植株的耐胁迫能力，因为胁迫导致的ROS能进一步激活MAPK级联途径，如在烟草中异源超表达棉花 *GhMPK2* 能显著提升植株耐盐碱能力。但有报道显示，超表达 *OsMAPK33* 会导致植株对盐碱胁迫更加敏感，说明该基因功能在不同物种中可能存在差异。

研究显示，RNA的m^6A修饰可能也参与了植物盐碱胁迫响应。拟南芥 VIR（VIRILIZER）是m^6A的甲基转移酶成员之一，*vir* 突变体中的m^6A甲基化显著降低，该突变体对盐胁迫更加敏感，这主要是因为VIR介导的m^6A修饰变化通过抑制盐胁迫负调控因子如 *ATAF1*、*GI* 和 *GSTU17* 基因的表达进而调节ROS的积累，从而影响了植株的耐胁迫能力（Hu et al.，2021）。

6.2.6 关于植物非生物胁迫信号传递的总结

高等植物维管组织主要由韧皮部和木质部两大部分组成。维管组织是植株水分及营养物质运输的主要通道，同时也是植物根茎之间信号传递的主要通道。已有报道显示，植物激素如生长素、GA和细胞分裂素等，以及很多蛋白、小肽和RNA等分子，可以通过维管组织被运输到植株体内其他部位行使功能，起到了信号传递的作用（图6.2）。

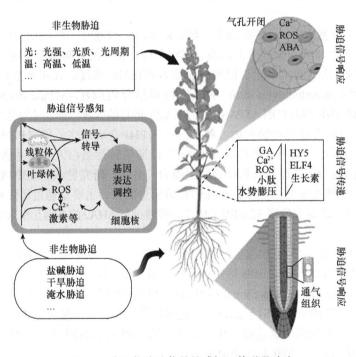

图6.2 非生物胁迫信号的感知、传递及响应

植物正常生长状态下，根吸收水分通过木质部运输到地上部位，这个过程主要依赖水势梯度来实现，即从下到上水势逐渐降低，叶片中水势最低。而当植株遭遇干旱胁迫时，根中水势降低，这种压力变化快速通过维管组织传递到地上部分，导致叶片细胞膨压快速降低，所以干旱信号可以通过这种水势膨压信号（hydraulic signa）来传递（图6.2）。除干旱胁迫外，很多非生物胁迫如盐碱胁迫、渗透胁迫、温度胁迫、淹水胁迫等，都能导致根细胞水势膨压变化并影响对水分的吸收，所以植株可能也通过水势膨压变化来传递这些胁迫信号。

彩图

人们曾经推测ABA也参与了胁迫信号的长距离运输。由于ABA可以在根和地上组织合成，所以很难确定地上部分的ABA是通过维管束运输上去的还是在原位合成的。后来，人们把ABA合成缺陷突变体*aba2-1*与野生型植株嫁接，发现当*aba2-1*为砧木时，根中ABA合成缺陷不会影响胁迫导致的气孔关闭；相反，当*aba2-1*为接穗时，气孔在胁迫条件下无法关闭，推测ABA本身不能作为信号分子从根中传递到地上部位，但地上组织可以感知根传递上去的其他胁迫信号，如前文所述CLE25小肽信号，进而调控ABA合成，诱导植株产生生理反应，相关分子机制还有待进一步解析。

研究表明，在光照胁迫条件下，如果阻断ROS或者Ca^{2+}的运输就会抑制叶片气孔关闭。盐胁迫也会刺激根系产生Ca^{2+}信号，通过根皮层和内皮层细胞向上传递到地上部分，说明ROS和Ca^{2+}也参与了胁迫信号的长距离运输（图6.2）。

植物光敏色素B（phytochrome B，phyB）能够感知光温胁迫的信号，进而促进下游*ELONGATED HYPOCOTYL 5*（*HY5*）基因的表达，导致HY5蛋白大量合成。植株地上部位积累的HY5蛋白能够通过韧皮部转运到根中，进而促进根的伸长。这些来自地上部分的HY5长距离运输到根中促进根细胞*HY5*基因的表达，同时激活氮转运子*NRT2.1*以促进氮的吸收。当感知到遮阴胁迫时，植物也会通过类似途径将地上部分产生的HY5蛋白转运到根中，进而通过抑制生长素转运蛋白PIN3来抑制侧根发生（图6.2）。当然，现在也有专家对HY5蛋白是否存在长距离运输表示怀疑，其主要依据是在茎中特异表达N端融合YFP的HY5蛋白后，根中并没有检测到该融合蛋白的信号，但这种情况下竟然能够恢复*hy5*突变体的短根表型，说明可能存在一个未知的信号分子从地上部分传递到根中，进而促进根的伸长。

观赏植物在生长过程中常面临多重非生物胁迫，随着对观赏植物非生物胁迫响应研究的不断深入，越来越多的核心调控因子和相关作用网络被解析，相关研究将为借助非生物胁迫信号优化植物生长发育和逆境响应之间的平衡和品种改良奠定理论基础。

6.3　观赏植物抗逆性的遗传改良

在观赏植物生产过程中，干旱、涝渍、盐渍、低温、高温等非生物逆境胁迫严重影响其生长发育、品质和产量性状形成。在明确观赏植物响应非生物逆境胁迫的形态、生理生化变化的基础上，挖掘优异抗性种质、解析非生物逆境胁迫抗性（抗逆性）形成的遗传基础、培育抗（耐）性强的新品种（系），提高观赏植物对非生物逆境胁迫的遗传抗耐性，才能从根本上突破非生物逆境胁迫制约观赏植物产业发展的瓶颈，实现观赏植物产业节本增效和高质量发展。

6.3.1　非生物逆境胁迫抗性鉴定

观赏植物非生物逆境胁迫抗性鉴定就是对其抗逆能力做出综合评价，从而筛选出优异抗性种质，是开展观赏植物抗逆育种工作极其重要的环节。科学高效的非生物逆境胁迫抗性综合评价体系是挖掘优异抗性观赏植物种质资源的关键。非生物逆境胁迫会引起观赏植物形态、生理和生化等性状的变化，因此，筛选出抗性关键指标是开展抗性综合评价的重要前提。观赏植物非生物逆境胁迫的抗性鉴定主要包括田间直接鉴定法、盆栽模拟法、人工模拟气候室法、高通量表型平台法等，主要通过一些抗性相关形态、生理生化指标进行评价，其中盆栽模拟法操作简便且重复性好，在非生物胁迫抗性评价中应用较多。

研究表明，菊花耐寒性与叶片栅栏组织厚度、上表皮厚度、栅/海比（栅栏组织厚度/海绵组织厚度）、栅栏组织紧密度极显著负相关（$P<0.01$），而与栅栏组织疏松度显著正相关；耐旱品种叶片表面具有密集的表皮毛且蜡质含量高。除了形态性状之外，叶绿素含量、净光合速率、可溶性糖、丙二醛含量、抗氧化酶活性等生理指标也可作为观赏植物耐旱、耐涝、耐盐、耐寒等非生物逆境胁迫抗性评价的关键指标。菊花在干旱胁迫下光合作用较强，抗氧化酶系统也积极参与干旱胁迫下体内活性氧的清除（Chen et al., 2011; Sun et al., 2013）。王翠丽等（2014）发现菊花叶片亚麻酸/（亚油酸和油酸）比值可作为评价秋菊耐寒性的有效指标，且认为不饱和脂肪酸含量结合LT50可快速鉴定耐寒菊花品种。Gao等（2016）研究发现，盐胁迫下菊花近缘种属植物体内Na^+含量显著增加，耐盐性越强体内Na^+积累越少。淀粉、糖、蛋白质和脂质季节动态的组织化学分析是可以有效诊断月季耐寒性，例如，Vasilyeva和Tzygankova（2018）利用冬前淀粉水解率和油脂贮藏率可预测月季耐寒性；Bheemanahalli等（2021）通过月季花期气体交换特性、叶片生物物理特性、色素和花粉萌发特性评价了月季的耐热性和耐旱性，发现抗性品种具有更好的花粉萌发特性、光合能力和色素性状。狗牙根的保绿期、返青速度等性状与耐寒性密切相关，为间接选择耐寒性强的狗牙根提供了依据（Stefaniak et al., 2009）。可见，观赏植物常通过调节一系列形态、生理和生化过程以适应非生物逆境胁迫，通过单一或某一类形态、生理或生化指标较难实现观赏植物非生物逆境胁迫抗性的精准评价。

在观赏植物非生物逆境胁迫抗性评价研究中，主要以观赏植物响应非生物逆境胁迫相关的形态（如叶片、根系等）、农艺性状（如生长速率、生物量、产量等）、生理生化（如光合特性、抗氧化酶活性等）指标等相关性状为基础，通过主成分分析和隶属函数分析进行综合评价，通过主成分分析进行降维处理，通过隶属函数值和回归分析建立数学模拟模型和综合评价体系，鉴定抗逆种质，拓宽观赏植物抗逆育种的基因库。例如，通过盆栽模拟自然干旱，利用根冠比、株高、叶绿素相对含量，以及地上和地下生物量等相关性状的胁迫指数和隶属函数法评价了菊花品种的耐旱性（翟丽丽等，2012；孙静，2012）；根据菊花及其近缘种属植物在盆栽淹水处理过程的表型变化，采用叶色、叶形态、茎色、茎形态等外观形态指标建立了菊花耐涝性评价体系，并据此对部分菊花及其近缘种属植物进行耐涝性鉴定，筛选出了部分耐涝优异种质（尹冬梅等，2009）；通过对相对电导率（REC）的测定，拟合Logistic方程计算了菊花的低温半致死温度（LT_{50}），实现菊花耐寒性评价（Ao et al., 2019；范宏虹等，2019；杨英楠等，2020）。管志勇等（2010）以叶片形态症状为依据，通过受害程度与胁迫时间之间的回归模型和聚类分析鉴定出芙蓉菊、牡蒿、菊蒿、大岛野路菊等耐盐性强的菊花近缘种属植物。魏雨思（2020）采用主成分分析和模糊数学对路边青（*Geum aleppicum*）、委陵菜（*Potentilla chinensis*）、二裂委陵菜（*Potentilla bifurca*）、地榆（*Sanguisorba officinalis*）4种蔷薇科宿根花卉的耐旱性和耐涝性强弱进行了分析，发现委陵菜的水分适应性强，耐旱性和耐涝性都较强；二裂委陵菜耐旱性较强、耐涝性弱；路边青的耐旱性弱，耐涝性较强；地榆的水分适应性最弱。苏江硕（2019）采用盆栽模拟淹水法对88个代表性菊花品种在三个不同环境下进行耐涝性鉴定，根据淹水后植株叶片萎蔫指数、叶色、叶形态、茎色、茎形态等外观形态得分，以及死叶率计算的耐涝性隶属函数值（MFVW）对菊花耐涝性进行综合评价，发现不同菊花品种耐涝性差异明显，其中切花大菊品种的MFVW（0.65）显著高于切花小菊（0.55；$P<0.05$），亚洲菊花品种的MFVW（0.65）极显著高于欧洲菊花品种（0.48；$P<0.01$）。王子康（2022）基于盐胁迫下32个百合品种17个形态、生理指标的主成分分析、隶属函数法和逐步回归分析，筛选出地上部鲜质量、POD和叶宽可作为评价百合耐盐性的可靠指标，初步建立了百合耐盐评价体系，为今后百合耐盐性评价提供重要技术支持。

需要注意的是，在育种计划中新品种在不同环境下的适应性对于其推广应用至关重要，而评价基因型与环境相互作用是准确鉴定基因型抗性稳定性的关键。主效可加互作可乘（additive main effects and multiplicative interaction，AMMI）模型可以准确反映基因型与环境的交互作用，分析基因型在各方面的稳定性，该方法是作物品种区试和稳定性评价的重要方法。然而，AMMI 模型在观赏植物非生物逆境胁迫抗性评价研究中的应用还较少。近年来，菊花耐寒和水分胁迫抗性评价方法已有相关应用案例。例如，范宏虹等（2019）利用 AMMI 模型双标图分析，筛选出耐寒性强且在不同生长时期表现较稳定的切花菊品种'天使'；汤肖玮等（2021）通过基于隶属函数值的聚类分析分别筛选出 7 份耐旱和 5 份耐涝茶用菊种质资源，通过AMMI 模型双标图分析比较了这些抗性资源在不同水分胁迫处理中的稳定性及基因型与环境的互作效应，筛选出综合抗性较好的茶用菊资源，认为通过 AMMI 模型双标图分析可以较直观地看出茶用菊在水分胁迫环境下的综合抗逆性及稳定性，提高了茶用菊水分胁迫抗性的筛选效率，对抗性茶用菊新品种培育具有重要现实意义。

近年来，高通量表型组平台技术发展迅速，该方法利用集高通量成像系统、高精度传感器系统、全自动化的机器人辅助及强大的数据处理分析软件于一体的高通量表型分析平台，对植株进行无损伤表型采集和数据分析。高通量表型平台克服了传统表型筛选方法效率低、误差大、费时费力、不能大批量进行等缺点，为观赏植物非生物逆境胁迫抗性的高通量无损评价和育种研究提供了新方法。但是针对不同研究目的可能需要开发专门的平台，技术复杂、成本较高。目前，高通量表型鉴定法可以对植株的根叶形态、动态生长、生物量、产量及胁迫应激反应等众多性状进行检测和分析，但在观赏植物中应用较少。Jiménez 等（2017）利用图像分析技术，通过归一化差异植被指数（NDVI）参数在大田环境下对臂形草杂交种进行了无损伤耐涝性鉴定。随着基因组、转录组、蛋白组等各种组学技术的快速发展，应用高精准、高效率的表型鉴定平台进行观赏植物非生物胁迫抗逆性评价势必会成为未来发展趋势。

6.3.2　观赏植物抗逆性的遗传基础

明确非生物逆境胁迫抗性的遗传基础是开展观赏植物抗逆性遗传改良的重要前提。目前，关于观赏植物响应非生物逆境胁迫过程中的形态、生理生化及信号转导等分子机制的研究已有很多报道，为理解观赏植物抗逆性形成机制提供了有益资料。从育种角度来说，育种家们更关心的是观赏植物的抗逆性是否能稳定遗传。若能进一步挖掘到与抗逆性稳定表现紧密相关的 QTL、候选基因或功能型分子标记，将为观赏植物抗逆性分子标记辅助选择（marker-assisted selection，MAS）、基因型选择与预测提供可能。目前，关于抗逆性的遗传机制研究在主要农作物中报道较多，研究表明干旱、涝渍、盐渍、低温、高温等非生物逆境或非生物胁迫主要是由多基因控制的数量性状，受环境影响较大。关于观赏植物非生物胁迫抗性的遗传机制研究在菊花、月季和部分草坪草等观赏植物上有一些报道，但总体研究水平还比较滞后。

6.3.2.1　遗传力、杂种优势和配合力效应分析

在传统数量遗传学方面，观赏植物非生物逆境胁迫抗性的遗传机制研究主要包括世代方差、杂种优势、配合力分析等。遗传力是选择育种的重要参数，可分为两类：一类是广义遗传力，指遗传方差占总方差的比重；另一类是狭义遗传力，指遗传方差中可以稳定遗传的加性方差占总方差的比重，所以一般认为若狭义遗传力大，则该性状由亲代传递给子代的能力强，受

环境的影响小，在早期世代选择效果好；反之，则说明该性状受环境的影响大，不易早代选择。研究表明，观赏植物的许多抗耐性在杂交后代分离广泛，普遍存在超亲分离个体，部分存在偏母性遗传。欧洲赤松的耐寒性在杂交后代中变异较大，但是狭义遗传力较低（37%），说明欧洲赤松的耐寒性易受环境因素影响（Abrahamsson et al.，2012）。菊花耐涝性（耐涝性隶属函数值）的广义遗传力和狭义遗传力分别为97.5%和51.5%，受加性和非加性基因效应的共同控制，而其他耐涝相关的生物量指标胁迫系数的狭义遗传力较小，说明非加性基因效应在菊花耐涝性遗传中也起重要作用。菊花F_1代舌状花的耐寒性具有典型数量遗传特征和一定的偏母性遗传倾向，而结缕草杂交后代耐寒性研究中却未发现偏母性遗传现象。

杂种优势现象在观赏植物中普遍存在，对其的利用也是观赏植物育种工作的重要内容之一。但是，不同杂交后代及不同性状杂种优势表现程度不同。从遗传学角度来说，杂种优势主要来源于亲本的遗传异质性，因此，选择遗传差异较大的材料做亲本，后代群体出现杂种优势的可能性就会比较大。然而，与纯系作物的杂种优势不同，部分观赏植物基因组高度杂合，使其在两两配合的过程中并不始终朝着有利显性基因增加的方向，许多抗耐性表现出了负向的杂种优势。因此，在观赏植物抗耐性遗传育种中，应该结合具体的育种群体，充分发挥杂种优势的作用。配合力（GCA）是植物传统数量遗传学研究的重要内容，对杂交亲本选配和杂交优势利用具有重要指导意义。一般配合力反映一个亲本与一系列亲本杂交后杂种子代在某一性状上的平均表现，由基因的加性效应决定，可以稳定遗传；而特殊配合力（SCA）反映某一具体杂交组合在目标性状上的表现（平均值），主要由非加性基因效应（如显性和上位性）决定，难以通过有性繁殖方式传递或固定。苏江硕（2019）通过不完全双列杂交设计，研究发现菊花品种'南农雪峰'耐涝性一般配合力（GCA）为正值且效应值较大，'南农雪峰'×'蒙白'、'QX097'×'QX096'、'小丽'×'QX098'三个杂交组合耐涝性的特殊配合力（SCA）综合表现较好，他还分析了菊花不完全双列杂交群体耐涝性的配合力、杂种优势及其与遗传距离的相关性，发现基于耐涝性分子标记位点估算的亲本间遗传距离、特殊配合力可以有效预测菊花耐涝性的杂种优势。

6.3.2.2 主基因＋多基因混合遗传模型分析

传统数量遗传学认为，数量性状受大量多基因控制，但是现在很多研究结果打破了这一传统观点，特别是QTL定位分析结果也表明控制数量性状遗传的基因在效应大小上有较大差异，有的甚至出现主基因遗传特性，表现为主基因和多基因混合遗传的模式。盖钧镒（2003）将这种混合遗传的模式视为主基因＋多基因遗传体系，并提出主基因＋多基因混合遗传模型分离分析方法，用于鉴别数量性状的主-多基因混合遗传模型并估计相关遗传参数，已经在多种作物的遗传研究中得到应用，在菊花、草坪草、牡丹、鸢尾等观赏植物中也有一些报道。由于该方法主要针对纯系作物的F_2代及多世代群体进行开发，而许多观赏植物基因组高度杂合，且存在自交不亲和特性，所以在观赏植物中主要利用F_1分离世代（类似纯系F_2代）进行分析。王鹏良等（2011）通过主基因＋多基因混合遗传模型分析发现，假俭草杂种F_1群体的耐寒性主要受表现为加性-显性-上位性效应的两对主基因控制，且主基因的遗传力大于90%。异色菊×菊花脑F_1群体的耐寒性主要受表现为加性-显性-上位性的两对主基因控制，脚芽数量受表现为加性-显性的一对主基因控制，脚芽高度受表现为一对加性主基因控制，其中，脚芽高度的遗传力相对较大（大于50%）；菊花舌状花的耐寒性无主基因控制，耐盐性受两对主基因控制，主基因遗传力为61%。由于菊花等高度杂合的观赏植物遗传分析的方法比较少，主基因＋多基因混合遗传模型对理解观赏植物抗耐性等复杂数量性状的遗传机制提供了新方法。然而，现有研究表明，植物数量性状的主基因遗传效应在不同遗传背景下存在较大差异，对育种实践的指导价值有限，因此该方法的应用效果还有待商榷。

6.3.2.3　连锁作图和全基因组关联分析

目前，连锁作图和全基因组关联分析是解析动植物复杂数量性状遗传基础的重要手段。连锁分析（linkage analysis）也称数量性状基因座定位（quantitative trait locus mapping，QTL mapping），是一种基于减数分裂时同源染色单体之间发生重组与交换，通过统计模型研究遗传标记与目的性状连锁的可能性来确定QTL在遗传连锁图或染色体上的位置，并对其表型效应进行估计的遗传研究方法。QTL定位的一般分析步骤为：①构建适宜的分离群体；②利用分子标记构建遗传图谱；③对作图群体进行多年多点的田间表型鉴定试验；④利用统计分析方法确定QTL的位置和效应；⑤QTL的验证及精细定位。上述每一步骤都会对QTL定位结果的精确性产生很大的影响。根据群体获得的难易程度和用途，QTL定位群体可分为初级定位群体和次级定位群体。初级群体一般用于QTL的初定位，根据性状的稳定性可分为F_1、F_2、$F_{2:3}$、BC（back crossing，回交）等临时性分离群体和DH（double haploid，双单倍体）、RIL（recombinant inbred line，重组自交系）等永久性分离群体。临时性分离群体构建时间短，具有丰富的遗传变异信息，能同时估计加性和显性效应，但是自交后代会产生性状分离，不能永久保存，因此不能进行多年多点的田间试验（以营养繁殖的物种除外），且遗传背景复杂，定位准确性差。需要特别指出的是，F_1群体主要针对两个亲本为高度杂合的一些观赏植物，如月季、菊花、山茶等。由于这些物种遗传异质性较高、自交不结实或近交衰退明显，无法构建F_2世代及其他高世代自交系群体，但在杂交F_1代就出现明显的性状分离，通常称为"拟测交"群体。永久性分离群体中个体基因型纯合或接近纯合，自交后不会发生性状分离，可以进行多年多点的表型鉴定及基因与环境互作分析，且该类型群体遗传背景相对简单，定位准确性好，但是由于不存在杂合位点，不能分析显性效应。初级定位结果获得的QTL的置信区间多在10~30cM，精确度不高。次级群体是为了缩小定位区间对目标性状进行精细定位，主要包括NIL（near isogenic line，近等基因系）群体，以及通过连续回交和自交获得的与轮回亲本只有一个或极少数等位基因差异的导入片段群体，如IL（introgressive line，导入系）、SSSL（single segment substitution line，单片段代换系）和CSSL（chromosome segment substitute line，染色体片段代换系）等。一般次级定位的精度可达到1cM以内。

遗传图谱的质量及群体表型数据的准确性直接影响QTL定位的精度，而图谱质量与物种的遗传背景、分子标记的类型和数目、群体大小等都有很大的关系。随着快速基因型和高通量测序技术的不断发展和完善，利用高密度SNP标记代替AFLP、SRAP、SSR等传统分子标记构建高密度遗传图谱已经在菊花、月季、百合等多个物种中有报道。此外，基于光学技术、图像自动化采集和分析技术的高通量表型平台的出现实现了在大规模群体中获得精准、高维表型数据，并已经成功应用于植物QTL定位等遗传学研究中（Lobos et al.，2017）。在QTL定位方法上，主要有单标记分析法（single marker analysis，SAM）、区间作图法（interval mapping，IM）、复合区间作图法（compositive interval mapping，CIM）、多区间作图法（multiple interval mapping，MIM）、基于混合线性模型的复合区间作图法（mixed-model-based compositive interval mapping，MCIM）及完备区间作图法（inclusive composite interval mapping，ICIM）。其中CIM利用基因组上的标记对背景进行控制，提高了定位精度及效率，被普遍认为是同时定位多个QTL较为准确的方法；MCIM可同时对QTL的加性、显性、上位性及与环境的互作进行分析，研究者可以基于估计的效应值进一步估算个体的育种值，从而提高遗传改良效率；

ICIM利用所有标记的信息，通过逐步回归法筛选出重要的标记变量并估计其遗传效应值，优化了CIM中控制背景变异的过程，降低了抽样误差，提高了定位精度和效率，可同时用于上位性分析，在QTL定位中拥有广阔的应用前景。

关联分析（association analysis）也称作关联作图（association mapping），是一种基于基因组内连锁不平衡（linkage disequilibrium，LD），通过统计研究群体的表型和基因型的相关性，挖掘与目标性状变异紧密关联的分子标记位点和候选基因的方法。与传统的连锁分析相比，关联分析一般采用遗传变异丰富的自然群体为研究对象，节省了构建专门群体的时间，可以同时对多个性状进行分析，也可以同时检测同一位点的多个等位基因，且检测精度高，甚至可以达到单碱基水平。但是，关联分析对于稀有等位基因的检测效率较低，且受连锁不平衡、群体结构、分子标记密度及表型数据的准确性等多种因素的影响。根据关联分析扫描的范围，可以将其分为全基因组关联分析（genome-wide association study，GWAS）和候选基因关联分析（candidate gene-based association study）。前者通过分布于整个基因组中的大量分子标记对所选群体进行基因型的鉴定，发掘影响表型变异的功能位点；后者基于基因或者序列水平，通过特定的统计分析方法在目标区段或候选基因上发掘与目的性状相关的基因和功能位点（杨小红等，2007）。

随着快速基因分型和高通量测序技术的出现，关联分析已成为植物复杂数量性状研究的有效手段。在过去的十年中，超过1000项相关研究探索了各种植物的基因型-表型关联，同时在研究方法上也不断改进和完善，如高通量SNP标记的应用、多种人工设计群体的出现、与其他组学联合分析等。关联分析一般以广泛搜集来的自然群体为研究对象，但物种在长期的自然进化或育种过程中，受自然选择或遗传漂变等诸多因素的影响，群体内会产生不同等位基因频率的亚群体，形成特定的群体结构。自然群体可能存在群体结构复杂、稀有变异多、遗传信息丢失明显等风险。若直接忽略群体结构或个体间的亲缘关系往往会导致分析结果的假阳性。为了尽可能减少群体结构对关联分析的影响，除了在选择样本时尽量避开群体遗传关系过于复杂的材料之外，近年来一些人工设计的特殊群体逐渐被用于关联分析，常见的有NAM（nested association mapping，巢式关联作图）群体、MAGIC（multiparent advanced generation inter-cross，多亲本高世代互交）群体和ROAM（random open-parent association mapping，随机开放亲本关联）群体等。

随着测序技术的快速发展及测序成本的下降，获得高通量分子标记及基因分型变得越来越容易。如今，关联分析尤其是GWAS面临的更大挑战是如何提高计算速度、控制群体结构和遗传背景造成的假阳性及提高检测效率。据此，研究者提出了很多统计模型并开发了相应的软件包。在植物遗传研究中，控制群体结构影响的一般线性模型（GLM）最早用于玉米开花基因*Dwarf8*的变异分析（Thornsberry et al.，2001）。2006年，Yu等提出了同时考虑群体结构和亲缘关系的混合线性模型（MLM）。在该模型中，群体结构的效应被当作固定效应，个体间亲缘关系被当作随机效应。MLM可以有效减少关联结果的假阳性，并被很多研究者采纳。随着用于关联分析的样本量和标记数不断增大，原始的MLM模型会非常耗时。针对这一问题，Zhang等（2010）提出了P3D（population parameters previously determined）和压缩混合线性模型（compressed MLM，CMLM），并将这两种方法整合到TASSEL软件中。其中，P3D通过减少重复计算方差组分的次数，而CMLM通过聚类减少了实际参与计算的样本数，从而大大提高计算效率。考虑到不同聚类方法和组间亲缘关系算法的组合对关联结果的影响，检测最优组合的优化压缩混合线性模型（enriched CMLM，ECMLM）被提出（Li et al.，2014），并整合在GAPIT软件中。此后，Kang（2010）通过减少需要估计的方差组分的个数及简化矩阵逆运算过程，提出了 EMMA（efficient mixed-model association）模型，在此基础上提出了 EMMAX（efficient mixed-model association expedited）算法，并开发了 EMMAX 软件，进一步提高了计算速度。但由于多基因方差和误差方差的比值固定，EMMA 和 EMMAX 都属于近似算法。因此，Zhou 和 Stephens（2012）提出了 GEMMA（genome-wide efficient mixed-model analysis）算法，被认为是 EMMA 的精确算法。最近，Li 等（2022）针对目前的关联分析方法只能估计一个混杂效应及其环境互作效应，相关互作效应估计只能用间接方法及其背景控制不全面的现状，提出了压缩方差组分混合线性模型，将 5～15 个方差组分统一压缩为 3 个方差组分，该模型与已提出的 mrMLM 关联分析方法结合，提出了 3VmrMLM（3 variance-component multi-locus random-SNP-effect mixed linear model）方法，构建了关联分析中主效 QTN、QTN×环境互作及 QTN×QTN 互作检测。此外，GRAMMAR-Gamma、FaST-LMM、FaST-LMM-Select 和 BOLT-LMM 等软件也可用于实现关联分析的高效计算。这些模型和软件的出现极大地推动了关联分析在观赏植物遗传研究中的应用。

在植物非生物逆境胁迫抗性的遗传研究中，主要是发掘抗逆性相关的植株形态、根系构型、花期和产量等农艺性状，以及其他生理生化指标等二级性状，通过连锁作图或关联分析方法挖掘双亲群体、多亲群体或自然群体中的优异变异，解析控制上述抗逆性相关性状的 QTL（QTN）或候选基因，从而解析抗逆性的遗传基础。目前，连锁作图和关联分析在菊花、月季、梅花、香石竹、向日葵、牡丹、桂花等许多观赏植物中已有相关报道，主要集中于花期、花型、株型等观赏性状，在抗逆性方面的报道还比较少。Avia 等（2013）检测到 3 个苜蓿耐寒性 QTL 在低温处理前后表现稳定，其中单个 QTL 最大贡献率高达 40%。近年来，连锁作图和关联分析已成功用于菊花耐涝性、耐旱性、耐寒性、耐盐性等抗逆性状的遗传分析，检测到一批加性和上位性 QTL 或 QTN，证实菊花许多抗逆性的遗传由加性、显性和上位性效应共同控制。在向日葵中，Gao 等（2019）通过关联分析检测到一些控制耐涝性的 QTL 对其他生长性状基本没有拮抗作用，这些耐涝性 QTL 为培育耐涝性和长势均强的向日葵新品种提供了可能。相比于主要农作物，观赏植物抗逆性的遗传研究还相对滞后。这与很多观赏植物遗传背景复杂、缺乏基因组信息、作图群体只能利用 F_1 代、很难做到 QTL 精细定位有一定关系。

考虑到连锁作图存在作图群体遗传背景狭窄、定位效率易受环境和上位性效应影响等局限，关联分析已成为近年来植物数量性状遗传研究的重要手段。与连锁作图相比，关联分析克服了"两个亲本范围"的限制，充分利用自然种质资源的遗传多样性，同时考察多个性状的大多数 QTL，而且自然群体经历多轮重组后，LD 衰减，并存在很短的距离内，保证了定位的更高精确性，在解析植物复杂数量性状方面有一定的优越性，但是受 LD 作用、群体结构和统计模型等多种因素的影响，关联结果中的假阳性并不能彻底排除。此外，在做关联分析之前通常会过滤掉次要等位基因频率 MAF<5% 的位点，以避免稀有位点对关联结果的影响。因此，关联分析对低频基因的挖掘能力不足。传统的连锁分析正好可以弥补 GWAS 的这些不足。鉴于此，越来越多的研究者结合不同分析方法，取长补短并相互验证以提高结果的准确性。例如，在关联分析的基础上可以选择合适的分离群体对关联结果进行验证，同时利用连锁分析检测稀有位点，两者的有效结合有助于实现 QTL 的精细定位与功能标记开发。然而，这在实际研究中受观赏植物种类、研究手段和技术水平等因素限制。

6.3.2.4 动态 QTL 定位

除了生长发育相关性状之外，植物不同生长阶段的抗耐性也随着时间呈现动态变化，说明植物不同生长发育时期抗耐性的遗传基础也不尽相同，这主要是因为植物抗耐性是由多基因控制的复杂数量性状，其性状表达有连续性，不同生长阶段的抗耐性可能是不同基因/QTL动态表达，而绝大部分基因/QTL仅在某个特定发育时期才表达。然而，目前QTL定位研究大多数局限于分析目标性状在发育过程中的某个时期，且多为发育的终止时期。这种静态QTL定位（static QTL mapping）方法检测的QTL效应往往不能充分反映该基因或QTL在发育过程中的真实作用，也不完全反映不同发育时期QTL的表达作用模式与效应。近年来，动态QTL定位（dynamic QTL mapping）为解析植物数量性状在不同生长发育阶段的遗传机制及相关表达QTL的挖掘提供了重要方法。

动态QTL可分为非条件QTL（unconditional QTL analysis）和条件QTL（conditional QTL analysis）两种分析方法。非条件QTL定位一般在植物生长发育的特定时刻获取性状的表型值，度量的是从发育初始时刻至t时刻基因表达的累积效应（accumulated effect）。条件QTL定位则是在植物生长发育的某一阶段表型性状的净增加值，度量的是从$t-1$至t时刻这一特定时段内基因表达的净效应（net effect），可以鉴定许多在非条件QTL中不能检测到的QTL，为基因表达的时序性提供信息。因此，将这两种分析方法结合起来才能检测出更多的QTL，从而全面解析植物复杂数量性状的遗传机制。一般动态QTL定位的结果可以分为以下4种情况：①只检测到非条件QTL，说明该QTL的效应值仅为初始到t时刻持续表达的累积效应；②只检测到条件QTL，说明该QTL的效应值仅为$t-1$到t时段表达的净遗传效应；③同时检测到非条件和条件QTL且两者的效应值差异较小，说明在初始到$t-1$时段的遗传效应积累很少，QTL的效应值主要为$t-1$到t时段的净遗传效应；④同时检测到非条件QTL和条件QTL，但条件QTL的效应值变小，说明除在$t-1$到t时段有净遗传效应外，其他时段也有连续微小的效应积累。

目前，动态QTL定位在菊花耐寒性和耐涝性方面已有相关研究。基于连锁作图的动态QTL定位在菊花'南农雪峰'×'蒙白'杂种F$_1$群体苗期、现蕾期、盛花期和脚芽生长期4个生长阶段共检测到15个非条件QTL与菊花耐寒性显著相关（马杰，2017），利用全基因组关联分析挖掘到24个非条件QTN与脚芽期、现蕾期、盛花期叶片及盛花期舌状花耐寒性显著相关（范宏虹等，2019），但不同时期耐寒性QTL和QTN不一致，说明菊花耐寒性是由多基因控制的数量遗传性状，受环境因素影响较大；在耐涝性方面，在两个环境4个不同淹水时期的动态QTL分析检测出37个非条件consensus QTL和51个条件consensus QTL，分别可以解释5.81%～18.21%和5.90%～24.56%的表型变异，其中3个非条件consensus QTL在不同淹水时期均能检测到，但是没有发现所有淹水阶段均表达的条件consensus QTL；上位性QTL分析检测出56个非条件互作对及13个条件互作对，表型变异解释率介于0.02%～8.87%，说明菊花耐涝性受加性和非加性基因的共同控制，且菊花耐涝性QTL或基因表达具有时空特异性，受环境影响（苏江硕，2019）。因此，分析植物抗耐性QTL在不同生长阶段的动态表达特性可进一步明确其分子数量遗传基础，为理解观赏植物抗耐性的遗传基础提供有益参考，对指导其遗传改良也具有重要意义。

综上，除了加性效应之外，上位性效应也是观赏植物抗逆性的重要遗传基础。在连锁分析和关联分析中挖掘到的这些QTL及其相关分子标记（主要为SNP和DArT）和候选基因，将为今后观赏植物抗逆性功能标记开发和MAS育种奠定重要基础。

6.3.3 观赏植物抗逆性种质创新

在前面部分，我们讲到了观赏植物非生物逆境胁迫抗性形成的生理和分子机制、抗逆性综合评价和遗传机制研究相关内容。从育种角度来说，这些研究的目的主要是为抗逆性遗传改良和新种质创制提供依据，为高效培育观赏植物抗逆新品种（系）奠定基础。目前，关于观赏植物育种的方法有很多，特别是随着组学技术在观赏植物研究中的应用，基因编辑等分子设计育种也开始用于观赏植物花色等重要性状的改良。然而，就观赏植物抗逆性来说，主要包括突变育种、杂交育种、基因工程育种等方面。

6.3.3.1　突变育种

突变育种在花色、花型、株型等较易显现的观赏性状改良中应用较多，在抗逆性改良上应用较少。多倍体育种方面，刘思余（2010）利用二倍体菊花脑无菌茎段在 500mg/L 秋水仙素溶液中浸泡处理 48h 诱导获得了四倍体菊花脑，诱导率达 15.38%；与二倍体菊花脑植株相比，四倍体菊花脑植株变矮、茎粗、叶大而厚、花粉粒和花序均变大，而且其耐寒性、耐旱性和耐盐性均强于二倍体材料，在非生物胁迫条件下仍维持较高的相对含水量、叶绿素含量和 POD 活性。

6.3.3.2　杂交育种

常规杂交和远缘杂交是观赏植物遗传改良和新品种培育的重要手段。在创制杂交群体开展遗传研究的过程中，耐涝、耐旱、耐寒、耐盐等抗逆性存在超亲分离现象，部分存在偏母性遗传，为抗性新种质创制提供了重要依据。我国是"世界园林之母"，菊花、月季、百合、兰花等许多世界重要花卉及部分新花卉作物原产我国，这些野生近缘种属植物资源在长期自然选择下形成了较强的抗逆性。2019 年，《国务院办公厅关于加强农业种质资源保护与利用的意见》（国办发〔2019〕56 号）中明确了农业种质资源的战略地位，种质资源是农业科技原始创新与现代种业发展的物质基础，将进一步推动野生植物资源的保护和利用。更多可利用的野生观赏植物种质资源将逐步进入人们的视野，远缘杂交受到了越来越多的青睐。尤其是随着幼胚拯救等现代生物技术手段的进步，属间远缘杂交的成功率得到了大幅度提升，为观赏植物抗逆性遗传改良和新品种培育提供了重要途径。Papafotiou 等（2021）通过远缘杂交创制了耐旱的鼠尾草（*Salvia fruticosa*）杂种。南京农业大学菊花团队建立了基于形态学、细胞学及基因组原位杂交（GISH）相结合的远缘杂种鉴定技术体系，提高了杂种鉴定效率，并成功将外源种属植物细裂亚菊和菊花脑的耐寒性，大岛野路菊、芙蓉菊、多花亚菊、牡蒿的耐盐性，野菊的耐旱性、紫花野菊的耐涝性等转入栽培菊花，有效拓宽了菊花基因库，为菊花抗逆性改良和新品种培育提供了宝贵材料。

6.3.3.3　基因工程育种

与传统育种方法相比，转基因等基因工程育种技术可以将外源基因转移到寄主植物，避免了杂合性的影响，可以更快地创制出抗逆新种质。转基因方法主要包括基因枪法、农杆菌介导法、原生质体转化法等。目前转基因技术已广泛用于菊花、月季、康乃馨等观赏植物耐旱、耐盐、耐寒、耐热、抗除草剂等非生物胁迫抗耐性的遗传改良，降低了非生物胁迫对观赏植物影响；而且相对于主要粮食和果蔬作物，转基因观赏植物更容易进入市场。目前，观赏植物抗性遗传改良研究主要针对响应非生物逆境胁迫的保护类化合物合成或代谢路径相关转录因子或编码基因，大致可以分为三类：①编码各种渗透压调节物质合成的基因，如甘露醇、甘氨酸甜菜碱、脯氨酸和热激蛋白；②水通道蛋白和离子转运蛋白等负责离子和水分吸收和运输的基因；③调节转录控制和信号转导机制的基因，如 *MAPK*、*DREB1* 等。例如，从蒺藜苜蓿（*Medicago truncatula*）中分离的 *MtDREB1C* 基因增强了转基因月季的耐寒性；在组成型 CaMV35S 启动子下，抗草丁膦基因 *PAT* 的转基因麝香百合（*Lilium longiflorum*）获得了对除草剂的抗性。Su等（2021）研究发现月季（*Rosa chinesis*）的Thaumatin-like protein（TLP）响应干旱、盐渍等逆境胁迫，而且发现月季叶片中沉默*RcTLP6*降低了月季耐盐性，说明*RcTLP6*增强了月季的耐盐性。在菊花中，异色菊耐寒转录因子基因*CdICE1*转化菊花，该基因的超表达显著提高了耐旱性和耐寒性；*CgDREBa*和Cys2/His2锌指蛋白基因*DgZFP1*同源转化菊花，主要通过氧化和渗透调节转导路径调控耐旱性；研究者在解析WRKY、AP2/ERF、bHLH、NAC等转录因子家族基因调控菊花耐盐性分子机制研究中，创制出了一批耐盐转基因菊花材料。

6.3.4 观赏植物抗逆性分子标记开发与应用

观赏植物感受和响应非生物胁迫的相关功能基因和转录因子已有许多报道，为植物抗逆性遗传改良提供了重要基因资源。在植物响应盐胁迫相关基因鉴定过程中，通过基因工程手段创制出了许多在实验条件下非生物逆境胁迫抗性显著增强的转基因材料，但鲜有大田规模化生产条件下的报道。观赏植物抗逆性的常规育种方面，由于许多非生物逆境胁迫抗性是由多基因控制的复杂数量性状，选择、杂交等常规育种的效率较低。为了提高观赏植物抗逆性的育种效率，基于经验的表型选择已逐步转向基于模型预测的基因型选择，抗逆性相关优异等位变异挖掘和遗传机制解析为开展高效分子标记辅助选择和基因型选择奠定了重要基础。具有稳定的高表型效应值基因/QTL是提高抗逆性选择精确性、加速育种进程的重要基础。通过分子标记辅助选择，可将抗逆性相关的分子标记或不同抗逆性的分子标记聚合到一份种质中，通过杂交或回交实现优质多抗新品种的培育。

除了基于连锁作图和关联分析挖掘的QTL或QTN，通过分离世代抗性极端差异种质的集团分离分析（bulked segregant analysis，BSA）也是开发观赏植物抗逆性相关分子标记的重要手段。BSA是一种利用分子标记对具有极端目的性状的样本混合池（DNA pooling）进行QTL定位的方法。主要分析流程为：①根据目标性状选择合适的亲本构建遗传群体；②调查表型，选取极端表型的后代个体构建两个DNA混池；③对混池及亲本进行全基因组分子标记扫描，检测多态性标记并进行关联分析；④结合物种的参考基因组序列，根据定位区间内基因的功能注释，筛选出候选基因。与传统的连锁或关联分析相比，BSA方法简便，只需对混样进行DNA提取和标记扫描，大大减少了研究时间和成本。此外，混池有效减小了背景噪声的干扰，且可以直接利用亲本间差异位点分析提高定位精度。鉴于以上优势，BSA已经广泛应用于植物复杂数量性状遗传解析研究。

近年来，BSA分析方法与高通量测序技术的结合（通常称为QTL-seq），成为新一代基因定位研究策略。QTL-seq方法看似简单，但实际上需要考虑很多因素。①亲本选择及群体类型：QTL-seq一般要求性状差异较大的纯合亲本，且研究群体以RIL、DH等纯合、永久性群体为佳，虽然利用F_2甚至F_1群体均有报道，但是由于杂合率较高，QTL检测能力敏感度相对较差。此外，QTL-seq需要有较好的参考基因组信息，这也限制了其在很多无参物种中的应用。②目的性状的遗传特性：QTL-seq对于质量性状或有主基因控制的数量性状的快速定位效果较好，而对于复杂或无主基因控制的数量性状的定位效果较差。③混池个体数目及表型鉴定准确性：为了保证测序推算的基因型频率具有代表性，一般要求每个混池的样本数达到30或50，但也需考虑群体大小和选择的个体表型是否极端，若表型鉴定存在错误，会严重影响QTL-seq的检测效果。④测序深度及基因组覆盖度：保证足够的测序数据量是QTL-seq分析的重要前提。此外，在BSA的基础上，部分研究者又相继提出了MutMAP（Abe et al.，2012）、MutMAP+（Fekih et al.，2013）、MutMAP-Gap（Takagi et al.，2013）等突变基因混池测序方法，可用于F_2代，背景更纯且对微效QTL也有较好的检测效果。

　　BSR-seq（bulked segregant RNA-seq，混池转录组测序）是将 BSA 和第二代测序技术结合起来的一种快速定位基因并发掘候选基因的新方法（Liu et al.，2017）。BSR-seq 通过在分离群体中选择具有极端性状的个体，构建两个混池（RNA pooling）并进行转录组测序，用经典贝叶斯算法分析转录组数据，开发 SNP 标记，筛选与性状紧密连锁的位点并预测候选基因。相比于 BSA 和传统的 QTL 定位，BSR-seq 具有以下优点。①适用物种及作图群体类型广泛：不受有无参考基因组、遗传背景复杂程度的限制，且 F_1、F_2、DH 和 BC_1 等作图群体均适用，大大减少构建高代纯合群体的时间。②开发连锁标记效率高、成本低：BSR-seq 只对 mRNA 测序，去除了基因组大量的重复序列和转座子序列等，减少了测序成本。由于目标基因的变异位点往往发生在编码区，在转录水平上便可以实现变异位点的定位分析，且混池测序有效减小背景噪声，提高定位准确性。③可同时从转录组角度分析相关基因的表达模式或根据差异表达基因确定候选基因。近年来，BSR-seq 已经在多个物种多种性状上有报道，如向日葵抗霜霉病（Livaja et al.，2013）、羽衣甘蓝茎色（Tang et al.，2017）、牡丹花期性状（Hou et al.，2018）。与 BSA 类似，BSR-seq 分析也需要考虑研究物种、目的性状、群体类型、混池极端株系数目及测序深度等多种因素。此外，BSR-seq 还有一些其他限制性：该方法只是对 mRNA 测序，只能定位蛋白编码基因，而对一些突变发生在调控区域的基因无法定位；由于是对 mRNA 进行测序，因此需要针对研究目的选取合理的采样部位和采样时间点。但 BSR-seq 可以应用于无参物种，且物种丰富的多态性可以在一定程度上弥补基因组组装的好坏，为一些遗传背景复杂的植物尤其是长期营养繁殖、高度杂合的很多观赏植物的数量性状遗传学研究带来了新的曙光。

　　目前，观赏植物分子标记辅助选择在花型、花期、株型等观赏性状上研究比较多，在抗逆性方面鲜见报道。苏江硕（2019）通过全基因组关联分析鉴定出菊花耐涝性相关的 6 个优异等位变异位点，线性回归分析发现这些优异 SNP 位点之间具有显著的聚合效应（$r^2 = 0.45$；$P < 0.01$），其中两个耐涝性品种 'QX097' 和 '南农雪峰' 分别携带了 5 个和 6 个有利等位基因，具有较大的育种潜力；并成功将优异等位变异位点 Marker6619-75 转化为基于 PCR 的 dCAPS 标记，在品种资源群体中的耐涝性选择效率达 78.9%。尽管目前有许多植物抗逆性 QTL 定位方面的研究，但是在现有文献中很少介绍将这些 QTL 或候选基因进一步用于 MAS 育种。这可能主要因为：①目前发现的抗逆性相关的二级构成性状 QTL 多为微效基因，易受环境影响；②抗逆主效 QTL 多是在粮油和果蔬作物中发现的，耐旱性增加的同时往往引起其他品质或产量降低。对观赏植物而言，可以不必过多担心对产量等经济性状的影响，这在一定程度上为其抗逆性的遗传改良提供了便利。

（张飞　王利凯　陈发棣）

⬡ 本章主要参考文献

陈发棣，陈素梅，房伟民，等. 2016. 菊花优异种质资源挖掘与种质创新研究. 中国科学基金，30（2）：112-115.

范宏虹，徐婷婷，苏江硕，等. 2019. 切花菊耐寒性相关 SNP 位点挖掘与候选基因分析. 园艺学报，46（11）：2201-2212.

盖钧镒. 2003. 植物数量性状遗传研究：主基因-多基因遗传体系分离分析方法. 科学中国人，（11）：46-48.

管志勇，陈素梅，陈发棣，等. 2010. 32 个菊花近缘种属植物耐盐性筛选. 中国农业科学，43（19）：

4063-4071.

刘思余. 2010. 四倍体菊花脑的离体诱导及其育种利用研究. 南京：南京农业大学.

马杰. 2017. 菊花 F_1 代不同生长时期耐寒性的遗传变异和分子标记. 南京：南京农业大学.

苏江硕. 2019. 菊花耐涝性遗传机制解析与候选基因挖掘. 南京：南京农业大学.

孙静. 2012. 切花菊抗旱性评价及抗旱机理研究. 南京：南京农业大学.

汤肖玮，苏江硕，管志勇，等. 2021. 茶用菊苗期抗旱性和耐涝性的综合评价. 园艺学报，48（12）：2443-2457.

王翠丽，李永，崔洋，等. 2014. 9个秋菊品种叶片脂肪酸组成及其抗寒性评价. 西北农林科技大学学报（自然科学版），42（11）：61-68.

王鹏良，徐洋，吕智鹏，等. 2011. 假俭草杂种 F_1 抗寒性遗传分析. 草业学报，20（2）：290-294.

王子康. 2022. 32个百合品种的耐盐性评价和指纹图谱构建. 南京：南京农业大学.

魏雨思. 2020. 水分胁迫对4种蔷薇科宿根花卉生长及生理指标变化的研究. 呼和浩特：内蒙古农业大学.

杨小红，严建兵，郑艳萍，等. 2007. 植物数量性状关联分析研究进展. 作物学报，33（4）：523-530.

杨英楠，徐婷婷，马杰，等. 2020. 以相对电导率研究菊花舌状花耐寒性遗传变异及其分子标记. 植物生理学报，56（2）：275-284.

尹冬梅，管志勇，陈素梅，等. 2009. 菊花及其近缘种属植物耐涝评价体系建立及耐涝性鉴定. 植物遗传资源学报，10（3）：399-404.

翟丽丽，房伟民，陈发棣，等. 2012. 国庆小菊品种抗旱性综合评价. 浙江农林大学学报，29（2）：166-172.

Abe A, Kosugi S, Yoshida K, et al. 2012. Genome sequencing reveals agronomically important loci in rice using MutMap. Nature Biotechnology, 30 (2): 174-178.

Abrahamsson S, Nilsson JE, Wu H, et al. 2012. Inheritance of height growth and autumn cold hardiness based on two generations of full-sib and half-sib families of *Pinus sylvestris*. Scandinavian Journal of Forest Research, 27 (5): 405-413.

Ao N, Ma J, Xu T, et al. 2019. Genetic variation and QTL mapping for cold tolerance in a chrysanthemum F_1 population at different growth stages. Euphytica, 215 (5): 88.

Avia K, Pilet-Nayel ML, Bahrman N, et al. 2013. Genetic variability and QTL mapping of freezing tolerance and related traits in *Medicago truncatula*. Theoretical and Applied Genetics, 126 (9): 2353-2366.

Bheemanahalli R, Gajanayake B, Lokhande S, et al. 2021. Physiological and pollen-based screening of shrub roses for hot and drought environments. Scientia Horticulturae, 282: 110062.

Chen SM, Cui XL, Chen Y, et al. 2011. *CgDREBa* transgenic chrysanthemum confers drought and salinity tolerance. Environmental and Experimental Botany, 74: 255-260.

Ding L, Wu Z, Teng R, et al. 2021. LlWRKY39 is involved in thermotolerance by activating LlMBF1c and interacting with LlCaM3 in lily (*Lilium longiflorum*). Horticulture Research, 8 (1): 36.

Fekih R, Takagi H, Tamiru M, et al. 2013. MutMap+: genetic mapping and mutant identification without crossing in rice. PLoS ONE, 8 (7): e68529.

Gao JJ, Sun J, Cao PP, et al. 2016. Variation in tissue Na (+) content and the activity of *SOS1* genes among two species and two related genera of *Chrysanthemum*. BMC Plant Biology, 16: 98.

Gao L, Lee JS, Hübner S, et al. 2019. Genetic and phenotypic analyses indicate that resistance to flooding stress is uncoupled from performance in cultivated sunflower. New Phytologist, 223 (3): 1657-1670.

Hou XG, Guo Q, Wei WQ, et al. 2018. Screening of genes related to early and late flowering in tree peony based on bulked segregant RNA sequencing and verification by quantitative real-time PCR. Molecules, 23 (3): 689.

Hu J, Cai J, Park SJ, et al. 2021. N6-methyladenosine mRNA methylation is important for salt stress tolerance in *Arabidopsis*. The Plant Journal, 106 (6): 1759-1775.

Jiménez JD, Cardoso JA, Leiva LF, et al. 2017. Non-destructive phenotyping to identify *Brachiaria* hybrids tolerant to waterlogging stress under field conditions. Frontiers in Plant Science, 8: 167.

Kang HM, Sul JH, Service SK, et al. 2010. Variance component model to account for sample structure in genome-wide association studies. Nature Genetics, 42 (4): 348-354.

Li F, Zhang H, Zhao H, et al. 2018. Chrysanthemum *CmHSFA4* gene positively regulates salt stress tolerance in transgenic chrysanthemum. Plant Biotechnology Journal, 16 (7): 1311-1321.

Li M, Liu XL, Bradbury P, et al. 2014. Enrichment of statistical power for genome-wide association studies. BMC Biology, 12 (1): 73.

Li M, Zhang YW, Zhang ZC, et al. 2022. Acompressed variance component mixed model for detecting QTNs, and QTN-by-environment and QTN-by-QTN interactions in genome-wide association studies. Molecular Plant, 15 (4): 630-650.

Liu SZ, Yeh CT, Tang HM, et al. 2017. Gene mapping via bulked segregant RNA-Seq (BSR-Seq). PLoS ONE, 7 (5): e36406.

Livaja M, Wang Y, Wieckhorst S, et al. 2013. BSTA: a targeted approach combines bulked segregant analysis with next-generation sequencing and *de novo* transcriptome assembly for SNP discovery in sunflower. BMC Genomics, 14 (1): 628.

Lobos GA, Camargo AV, Del PA, et al. 2017. Editorial: plant phenotyping and phenomics for plant breeding. Frontiers in Plant Science, 8: 2181.

Papafotiou M, Martini AN, Papanikolaou E, et al. 2021. Hybrids development between greek *Salvia* species and their drought resistance evaluation along with *Salvia fruticosa*, under attapulgite-amended substrate. Agronomy, 11 (12): 2401.

Song J, Wang B. 2015. Using euhalophytes to understand salt tolerance and to develop saline agriculture: *Suaeda salsa* as a promising model. Ann Bot, 115: 541-553.

Stefaniak TR, Rodgers CA, van Dyke R, et al. 2009. The inheritance of cold tolerance and turf traits in a seeded bermudagrass population. Crop Science, 49 (4): 1489-1495.

Su L, Zhao XJ, Geng LF, et al. 2021. Analysis of the thaumatin-like genes of *Rosa chinensis* and functional analysis of the role of RcTLP6 in salt stress tolerance. Planta, 254 (6): 118.

Su J, Jiang J, Zhang F, et al. 2019. Current achievements and future prospects in the genetic breeding of *Chrysanthemum*: a review. Horticulture Research, 6: 109.

Sun J, Gu J, Zeng J, et al. 2013. Changes in leaf morphology, antioxidant activity and photosynthesis capacity in two different drought-tolerant cultivars of *Chrysanthemum* during and after water stress. Scientia Horticulturae, 161: 249-258.

Takagi H, Uemura A, Yaegashi H, et al. 2013. MutMap-Gap: whole-genome resequencing of mutant F_2 progeny bulk combined with *de novo* assembly of gap regions identifies the rice blast resistance gene *Pii*. New Phytologist, 200 (1): 276-283.

Takahashi F, Suzuki T, Osakabe Y, et al. 2018. A small peptide modulates stomatal control via abscisic acid in long-distance signalling. Nature, 556: 235-238.

Tang QW, Tian MY, An GH, et al. 2017. Rapid identification of the purple stem (Ps) gene of Chinese kale (*Brassica oleracea* var. *alboglabra*) in a segregation distortion population by bulked segregant analysis and RNA sequencing. Molecular Breeding, 37 (12): 153.

Thornsberry JM, Goodman MM, Doebley J, et al. 2001. Dwarf8 polymorphisms associate with variation in flowering time. Nature Genetics, 28 (3): 286-289.

Vasilyeva O, Tzygankova A. 2018. Winter-hardiness assessment in groundcovering roses by histochemistry. BIO Web of Conferences, 11: 00042.

Wu F, Chi Y, Jiang Z, et al. 2020. Hydrogen peroxide sensor HPCA1 is an LRR receptor kinase in *Arabidopsis*. Nature, 578 (7796): 577-581.

Yu JM, Pressoir G, Briggs WH, et al. 2006. A unified mixed-model method for association mapping that accounts for multiple levels of relatedness. Nature Genetics, 38 (2): 203-208.

Zhang L, Shi X, Zhang Y, et al. 2019. CLE9 peptide-induced stomatal closure is mediated by abscisic acid, hydrogen peroxide, and nitric oxide in *Arabidopsis thaliana*. Plant, Cell & Environment, 42 (3): 1033-1044.

Zhang ZW, Ersoz E, Lai CQ, et al. 2010. Mixed linear model approach adapted for genome-wide association studies. Nature Genetics, 42 (4): 355-360.

Zhou X, Stephens M. 2012. Genome-wide efficient mixed-model analysis for association studies. Nature Genetics, 44 (7): 821-824.

各　论

7.1　矮牵牛遗传育种

矮牵牛（*Petunia hybrida*）原产南美，茄科矮牵牛属，又名碧冬茄、撞羽朝颜、灵芝牡丹等，英文名为common garden petunia。染色体基数为8，二倍体体细胞染色体数目为$2n＝2x＝16$。矮牵牛植株低矮，在条件适宜时（每日12h以上的光照和20～25℃），一年四季都能开花，尤其是干燥温暖和阳光充足的条件下开花更加繁茂，被誉为"花坛花卉之王"。在美国，矮牵牛的种植和消费高居草本花卉之首，曾多次获得全美选种组织（AAS）设立的花坛植物奖。在日本，矮牵牛也被列为最受欢迎的花卉之一。20世纪80年代后期，我国沿海地区分别从美国、日本和荷兰等国大量引进栽培，现遍布全国各地。

7.1.1　育种简史

自1803年Jusseau确定了矮牵牛属以来，已确定的矮牵牛属植物约40种。1834年Atkins用匍匐性紫色花的膨大矮牵牛（*P. integrifolia*或*P. inflata*）和直立性白色花的腋花矮牵牛（*P. axillaria*）进行杂交，获得种间杂交种，得到了大量表型各异的杂交后代（图7.1），这些杂交后代构成了矮牵牛最初的育种资源库（Anderson，2006）。1840年后，大量矮牵牛品种应用于英国的庄园，1849年出现复瓣矮牵牛品种，1876年通过自然突变育成了四倍体大花矮牵牛系列，1879年推出矮生小花品种，1880年，Shepherd夫人培育出享有盛名的'California Giant'和'Super hissima'矮牵牛类型，但这些品种大多长得不够健壮，花繁密度小，不适于露地栽培。在此阶段，矮牵牛育种主要采用开放授粉的群体育种方式。

随着人们对矮牵牛观赏性能的要求不断提高，1930年前后，矮牵牛育种从群体改良过渡到单株改良，即开始培育自交系。相对于开放授粉获得的矮牵牛品种，自交多代的矮牵牛纯系品种表现出高度的群体纯合性。随着大量自交系选育成功，杂交优势育种开始应用于矮牵牛。1930年日本首次培育出了F_1代矮牵牛品种；同年，Ernst Benary和T. Sakato开始用流苏状的大花品种进行杂交，这成为许多F_1杂种大花矮牵牛的培育基础；1934年SAKATA公司推出的'Victorious Mix'是第一个重瓣杂交F_1代矮牵牛品种；1950年培育出绯红色花品种。之后矮牵牛的栽培品种变得非常丰富，至1965年已记载有436个品种。这些品种大都是膨大矮牵牛和腋花矮牵牛杂交变异而来，也有一些新种参与，如撞羽矮牵牛（*P. violacea*）等。

20世纪70年代，由于不断的杂交育种改良，F_1代类型十分丰富，逐渐形成了两大园艺类型的矮牵牛，即大花类矮牵牛和多花类矮牵牛。1987年首次通过基因工程方法获得了改变花色的转基因矮牵牛。20世纪90年代，育种家首次培育出了可用种子繁殖的垂吊类矮牵牛，即'波浪'（'Wave'）系列。在1997年首次报道黄花矮牵牛品种'Prism Sunshine'（'阳光'）。

我国于20世纪初开始引种矮牵牛，但仅在大城市有零星栽培。20世纪80年代初，我国开始从美国、荷兰、日本等国引进新品种，特别是引进F_1代品种，使得矮牵牛的栽培逐步得到重视。我国花卉育种家也开始自己培育矮牵牛新品种，例如，1998年黄善武以F_1代杂种为材料，

A

P. inflata　　　　　　　F₁　　　　　　　P. axillaris

B

C

彩图

图 7.1　矮牵牛的起源和多样性（Bombarely et al., 2016）

A. 膨大矮牵牛（*P. inflata*）、腋花矮牵牛（*P. axillaris*）和两者的杂交 F₁ 的花。B. 膨大矮牵牛和腋花矮牵牛的部分 F₂ 植株的花。C. 部分重要的矮牵牛株系和突变体的花。C 图第一行从左到右：Mitchell（W115）；R27；转座子系 W138；R143；R143 液泡 *ph3* 突变体。C 图第二行从左到右：V26；V26 的 CHS RNAi 转基因株系；*pMADS3-RNAi/fbp6* 同源异型突变体；*an2* 突变体；*blind* 突变体

采用射线诱变、分离选择的方法选育自交系和雄性不育系，获得了蓝、粉红、深红等花色的矮牵牛一代杂种 6 个；2001 年唐小敏等利用 6 个矮牵牛的自交系通过双列杂交开展了矮牵牛杂种优势研究；华中农业大学包满珠等自 2003 年开始从事矮牵牛杂种 F₁ 代的制种研究，目前已培育出多个 F₁ 代新品种。另外，清华大学生命科学学院、中国农业科学院、上海农业科学研究所等也在分别用不同的手段培育矮牵牛新品种。

7.1.2 育种目标及其遗传基础

7.1.2.1 花色

矮牵牛花色丰富，包含白色系、粉色系、红色系、紫色系及紫黑色系。矮牵牛是研究花色的重要模式植物，目前已经确定矮牵牛花青素合成途径的关键酶包括CHS、CHI、FSH、DFR、ANS、3GT，但是研究发现矮牵牛缺少作用于DHK（香橙素）的DFR（二氢黄酮醇还原酶），无天竺葵色素途径，故自然界没有橘红色、砖红色品种。另外，矮牵牛也没有纯黄色品种，因为其花色合成缺乏类黄酮路径。因此，育种家们一直致力于黄色、橘红色、砖红色矮牵牛的培育。

除了结构基因自身突变之外，含有Tpn1转座子的转座子系W138（图7.1C）是研究矮牵牛花色变化的重要材料。对矮牵牛花色表达调控的研究表明，R2R3-MYB、R3-MYB、bHLH、WDR转录因子组成蛋白复合体调节结构基因的表达（Albert et al.，2014），从而导致矮牵牛花瓣颜色变化。而矮牵牛的花边、花肋和花瓣是由于siRNA特异性的时空表达抑制了查耳酮合成酶CHS-A基因在白色区域的表达，从而在特定部位产生白斑，如近年来出现的双色品种'Night Sky'，其紫色的花瓣上显示出不规则的白点，就是由该基因被抑制导致的（Morita and Hoshino，2018）。

除了花青素合成途径关键酶的结构基因及其调节基因之外，矮牵牛中与液泡pH助色素合成、金属离子吸收和浓度等有关的基因都有深入的研究（Morita and Hoshino，2018）。矮牵牛的花色是多个基因共同决定的，不同花色的植株杂交后由于引入了不同的合成途径而使后代的花色发生变异，因而各花色之间并不是简单的显隐性关系。根据已有的杂交试验结果表明，父母本花色相同时，杂交后代的花色与双亲基本一致，没有分离现象；父母本颜色不同时，杂交后代的花色则表现各异，但一般深色对浅色有显性遗传优势。另外，矮牵牛花色遗传存在着一定的加性效应，如大红色与玫红色后代表现为深玫红。另外，花色受母性遗传的影响也较大，即表现出一定程度的细胞质遗传，因此在配制杂交组合时，正反交后代的颜色也会出现不一致的现象。

7.1.2.2 重瓣性

矮牵牛重瓣基因（有多对基因）相对单瓣基因为显性，且与雌蕊退化连锁，只能产生少量可育雌蕊以延续后代。此外，重瓣性的强弱受环境的影响较大，因此很难形成纯系。商业上的重瓣矮牵牛品种一般是以单瓣矮牵牛为母本，重瓣矮牵牛为父本杂交获得的。

基于ABCDE模型及大量的实验结果分析，C类基因具有调控雄蕊和心皮花器官形成的功能，与重瓣花的形成密切相关。目前，对矮牵牛重瓣的研究多集中在C类基因PMADS3、FBP6上。Heijmans等（2012）研究发现PMADS3-RNAi株系和FBP6转座子插入引起突变的株系均发生雄蕊向花瓣的弱转变，而在双突变株系中雄蕊完全瓣化，且第4轮出现了新的花瓣状器官。Noor等（2014）通过VIGS技术，在矮牵牛4个不同品种中使PMADS3、FBP6的表达水平下调，单突变植株的雄蕊部分瓣化，双突变体表现出完全瓣化和雌蕊畸形；在一个双突变品种中发现，新的花组织由它的第4轮花器官转变而来，在第3轮中也出现了次生花。以上研究表明，矮牵牛PMADS3和FBP6的功能在一定程度上存在冗余，并且一同控制着花器官的形成和花分生组织的终止。Gattolin等（2020）鉴定到一个TARGET OF EAT（TOE）-type genes的等位基因突变也会导致重瓣矮牵牛的形成。因此推断，还有其他基因共同参与矮牵牛重瓣花的形成。

7.1.2.3　花大小和花量

花径大小属于数量性状，受多基因控制，表现为花的直径大小和花的长度。大花F_1代自交后代花径大小发生分离，且变异是连续的，呈正态分布。F_2、F_3代大花植株自交后代继续发生分离，但是大花单株明显增多。大花基因对小花基因有显性遗传趋势，纯合大花与纯合小花植株杂交，后代表现大花植株。田间试验观察中发现，分枝数越多、冠幅越大、株高越高的植株一般生长势越强，相应的花朵数量就会比较多。另外，叶片长、宽也可以从侧面反映植株营养生长旺盛程度，因此花朵数与这两项指标呈显著正相关。

Cao 等（2019）基于 *P. integrifolia* 和 *P. axillaris* 的重组自交系和连续两年的表型分析，研究发现矮牵牛花朵直径和花长度的广义遗传力为79%和82%，且两者之间呈正相关。QTL分析表明有两个主效基因控制花朵的直径，4个基因位点控制花的长度。花的数量和花的大小呈显著负相关。花数量的广义遗传力较低，介于30%～40%（Cao et al.，2018，2019），目前找到了3个主要位点控制花的数量。具体调控矮牵牛花大小和数量的是哪些基因还有待进一步研究。

7.1.2.4　抗性

矮牵牛全株有黏毛，黏毛能显著提高矮牵牛的抗病和抗虫能力。矮牵牛较抗病虫，较耐热，但是不耐寒，不耐旱，也不耐水湿。因此，需要提高矮牵牛的耐寒、耐旱和耐水湿能力。关于矮牵牛抗性遗传的研究较少，目前多集中在抗逆相关转录因子的功能研究方面。

（1）矮牵牛低温胁迫研究　陈玥如（2013）以矮牵牛离体叶片为材料，通过向再生植株体内转入 *CBF1* 基因，获得了具有一定耐低温能力的转基因矮牵牛。华中农业大学张蔚课题组筛选出各类锌指蛋白基因，如 B-box 型 *PhBBX8*、CCCH 型 *PhTZF1* 和 C_2H_2 型 *PhZPT2-12* 都能响应低温胁迫，其中 *PhZPT2-12* 对低温胁迫最为敏感（张慧琳等，2019）。

（2）矮牵牛干旱胁迫研究　李宁毅等（2011）研究发现浓度为30mg/L的烯效唑可显著降低干旱对矮牵牛幼苗水分含量和光合特性的影响。徐拾佳等（2017）研究发现浓度为30mmol/L的$CaCl_2$溶液能有效提高干旱胁迫下矮牵牛种子的发芽率和发芽势。董丽丽等（2019）从矮牵牛中克隆了正调控矮牵牛抗旱性的 *PhUGT74E2* 基因。马健宇等（2020）发现矮牵牛的E2泛素结合酶基因 *Ph-UBC2-1* 也响应干旱胁迫表达。

7.1.3　种质资源

7.1.3.1　矮牵牛属

矮牵牛属是原产于南美洲（22ºS～39ºS）的一个特有属，主要分布在巴西、阿根廷、乌拉圭、巴拉圭和玻利维亚。矮牵牛属植物的分布按海拔划分为三个主要区域：①海拔0～500m的低地，即位于乌拉圭、阿根廷西部地区和巴西南里奥格兰德州的部分地区；②海拔500～900m的巴西高原南部，位于巴西南里奥格兰德州和圣卡塔琳娜州；③海拔高于900m的亚热带高原草原区，位于巴西南里奥格兰德州、圣卡塔琳娜州和巴拉那州的巴西高原南部。三个分离的类群分布在间断区：*P. axilaris* ssp. *subandina* 分布于阿根廷的亚安第斯地区；*P. occidentalis* 分布于玻利维亚和阿根廷的亚安第斯地区；*P. mantiqueirensis* 分布于巴西东南部米纳斯吉拉斯的大西洋热带雨林的热带高原草原（Stehmann et al.，2009；Reck-Kortmann et al.，2014）。表7.1详细介绍了14种重要矮牵牛属资源的形态特征和分布地区。

表7.1　14种矮牵牛属种质资源的形态特征和分布地区（Stehmann et al., 2009）

名称	特征	分布
P. altiplana	易形成簇生根；具有宽匙形的叶，紫色花冠，柱头位于最长的一对雄蕊的花药下面；植株成葡匐、放射状生长、开花量大	巴西圣卡塔琳娜州和南里奥格兰德州800~1200m的高地
P. axillaris	茎秆直立；高脚碟状白色花冠，黄色花粉；果期花梗时散发出香味	地理分布最广，分布于巴西（南里奥格兰德州）、阿根廷、乌拉圭、巴拉圭和玻利维亚
P. bajeensis	具有黏性表皮；叶状茎形成垫状结构，卵形、椭圆形或长圆形叶具有突出的初级脉和次生脉（具有明显的花冠脉）；紫色漏斗状花冠，雄蕊从花管基部7mm处往上交叠伸长，柱头位于最长的雄蕊花药下方，果期花梗向下弯曲	巴西南里奥格兰德州最南端地区
P. bonjardinensis	茎脆弱，植株表面被茸毛；具有钟状和紫色花冠，柱头位于最长的一对雄蕊的花药上方；果期花梗向下弯曲	圣卡塔琳娜邦雅维尔丁-达塞拉市（巴西南部高原边界附近）特有的植物
P. exserta	高脚碟状花冠，红色（红橙色）；具有明显外露的雄蕊和柱头，黄色花粉；植株直立、似灌木状	巴西南里奥格兰德州
P. integrifolia	椭圆形或卵形叶；漏斗状的紫色花冠，蓝色花粉，柱头位于最长的雄蕊花药下方；果期花梗向下弯曲	分布广泛，阿根廷、乌拉圭和巴西南部
P. inflata	与*P. integrifolia*相似，主要的区别在于其具有开展并直立的花萼裂片。具有上升茎；紫色花冠具轻微缢缩的筒部；蒴果具通常内折的果柄	巴西南里奥格兰德州西北部
P. interior	与*P. integrifolia*相似，茎围绕节点分成三个分叉，具有上升茎，花冠形状和大小与*P. inflata*相似	巴西南里奥格兰德州西北部和圣卡塔琳娜州西部（有一些间断的地方），阿根廷的米西奥内斯省
P. mantiqueirensis	茎长可达4m；卵形或椭圆圆形叶，具叶柄，紫色漏斗状花冠，具网状脉，柱头在花药上方，与花冠齐平	仅限于巴西东南部米纳斯吉拉斯州的曼提奎拉河，海拔1000~1700m地区
P. occidentalis	直立；紫色漏斗状花冠小花基部呈长柱状（>8mm），弱二强雄蕊，柱头双叶，位置稍高于最长雄蕊的花药，果柄内折	仅限于阿根廷西北部和玻利维亚南部的亚第斯山脉（海拔650~2000m）
P. reitzi	植株向上生长，漏斗状花冠，具有鲜红色；花丝贴生在花冠管基部不到8mm处	是圣卡塔琳娜州巴西高原南部边界特有种，仅限于邦普鲁鲁和乌鲁比奇之间的一小块区域，海拔约1000m
P. saxicola	与*P. reitzi*相似，但花冠管更长，达到40~45mm，叶无毛	生长在巴西高原南部边边潮湿的岩石悬崖上，位于圣卡塔琳娜州的奥塔西里奥科斯塔市
P. scheideana	具长分枝茎，有时长达3m（平卧，上升或攀缘）；具叶柄，叶片无毛，卵形或椭圆圆形；漏斗状紫色花冠，花冠管具有深紫色网纹状花纹，柱头与花药等长	从巴西的巴拉那州和圣卡塔琳娜州的高海拔地区（800~1000m），向西到阿根廷米西奥内斯最北部的低地（200~300m）
P. secreta	茎秆直立；具有高脚碟状的紫色花冠，黄色花粉；花冠形状仅与红橙色的*P. exserta*和白色的*P. axillaris*相同	巴西南卡萨帕瓦市附近被称为"佩德拉都隔离区"的地方及南里奥格兰德州的德州同

7.1.3.2　主要品种及其分类

为了有效区分矮牵牛的品种资源以便于应用，可按照花朵的大小和重瓣性将矮牵牛分为以下6大类，每一类有很多个系列品种。目前育种公司推出的都是矮牵牛系列品种，一般除了颜色不同，其他的形态特征都非常相似，以满足不同消费者对色彩的偏好。

1）大花单瓣型（single grandiflora petunia）：单瓣，花少，花径一般大于7.5cm，代表系列有Floranova（佛诺瓦）公司的'Prism'系列，花朵直径10～13cm；Sakata（坂田）公司的'Merlin'系列，花朵直径8～9cm。

2）丰花单瓣型（single floribunda petunia）：单瓣，花较多，花径一般为6.0～7.5cm，代表系列有PanAmercian（泛美）公司的'Madness'系列；Takii（泷井）公司的'Trilogy'系列（图7.2A）和'Opera Supreme'系列（图7.2B），都是抗性非常好的丰花型品种。

3）多花单瓣型（single multiflora petunia）：单瓣，花很多，花径一般为4～6cm，代表系列有Sakata公司的'SuperCal'系列（图7.2C）、Floranova公司的'Horizon'系列。

4）大花重瓣型（double grandiflora petunia）：重瓣，花少，花径一般大于7.5cm，代表系列有PanAmercian公司的'Double Cascade'系列、'Glorious Double'系列。

5）丰花重瓣型（double floribunda petunia）：重瓣，花较多，花径一般为6.0～7.5cm，代表系列有PanAmercian公司的'Double Madness'系列。

6）多花重瓣型（double multiflora petunia）：单瓣，花很多，花径一般为4～6cm，代表系列有PanAmercian公司的'Duo Double'系列。

根据株型将矮牵牛分为直立型和垂吊型，大部分品种为直立型的，垂吊型的矮牵牛代表系列有PanAmerican公司的'Wave'系列、Syngenta（先正达）公司的'Fotofinish'系列等，垂吊型矮牵牛植株向外匍匐生长，可作花篱、吊盆应用。

此外，也有一些其他系列的品种，因某一特殊的表型而归为一个系列，如德国Selecta-One

彩图

图7.2　部分矮牵牛品种

A. '三部曲'（'Trilogy'）；B. '美声'（'Opera Supreme'）；C. '超级卡尔'（'SuperCal'）；
D. '夜空'（'Night Sky'）；E. '神秘天空'（'Mystery Sky'）；F. '洋娃娃'（'Baby Doll'）

（喜乐达）公司自2012年开始推出 'Sky Family' 系列品种：'Night Sky'（图7.2D）、'Electric Purple Sky' 'Glacier Sky' 'Lavender Sky' 'Lightning Sky' 'Mystery Sky'（图7.2E）和 'Royal Sky'，这个系列的品种株型有直立、匍匐或垂吊；花朵直径有大有小，因其紫色、蓝色或者深紫色花瓣上分布白色斑点、斑块或条纹，似星空而得名，其中 'Night Sky' 在中国种植最普遍，多翻译为 '夜空' 或者 '星空'。此外，矮牵牛 'Baby Doll'（'洋娃娃'，图7.2F）也是该公司的明星产品。

7.1.4　生殖生物学特征

矮牵牛喜温暖，不耐霜冻，怕水湿。生长适温为13~18℃，如冬季温度低于4℃则植株生长停止；夏季能耐35℃以上的高温。矮牵牛是长日照植物，生长期要求阳光充足。矮牵牛为多年生草本，常作一/二年生栽培。播种后当年可开花，花期长达数月。

矮牵牛为异花授粉植物，属于虫媒花。根据Cris Kuhlemeier等对三种南美矮牵牛的研究发现：作为三种矮牵牛花中最古老的一个种类，*Petunia inflata* 的花为紫色小花，只通过蜜蜂传粉；*Petunia axillaris* 的花为白色，可以在夜间吸引天蛾帮其传粉；*Petunia exserta* 的花则为亮红色，经由蜂鸟传粉。

矮牵牛存在自交不亲和类型，属于配子体自交不亲和。20世纪初就已经发现了矮牵牛配子体自交不亲和性（GSI）的现象，研究人员如马瑟（1943年）、林斯肯斯（1975年）和德奈坦库（1977年）已经确定矮牵牛的GSI由一个单一的、多等位基因S位点控制，自花花粉的识别和排斥由花粉中表达的配子体等位基因控制。对于每一个S单倍型，S-locus包含了雌蕊特异性S-RNase基因和多个花粉特异性S位点F-box基因 *SLF*。S-RNase基因的功能获得和功能缺失突变体显示其在自交不亲和中调控雌蕊特异性，*SLF* 基因的功能获得突变体显示所有的SLF蛋白均能决定花粉特异性，矮牵牛SLF与S-RNase复杂多样的互作关系可维持其自交不亲和性（Sun et al., 2018）。

7.1.5　育种技术及方法

7.1.5.1　杂交优势育种

杂交优势育种是矮牵牛最主要的育种方法。但是杂种F_1种子的生产需要每年维护自交系，并且杂交工作必须全部由人工来完成（去雄、授粉、套袋），导致矮牵牛杂种一代种子的生产成本大大提高。为了减少人工支出，在20世纪50年代，育种家们尝试培育雄性不育系，但选育的雄性不育系配合力差，不能应用于新品种培育。另外，人们发现了一株花器官变异矮牵牛，其花瓣萼片化，这种变异使得矮牵牛去雄变得格外简单。但是由于没有花瓣，母本花色的表现型无法确定，因此在每年生产种子前需要做额外的纯度检测（分子标记或者回交检测）来确保母本的一致性。

7.1.5.2　倍性育种

双单倍体育种方法在矮牵牛中得到了广泛应用。花药离体培养获得矮牵牛单倍体，经自然加倍形成双单倍体。这些双单倍体植株在所有基因位点上都是纯合的。国内外学者从花药培养时间、低温预处理、选择基因型、糖源、激素等方面，对如何提高矮牵牛花药培养诱导率做了深入研究。但是双单倍体矮牵牛培育对育种人员的知识，以及育种技术和设备要求极高。因此，在实际育种中，双单倍体育种方法并不能代替传统培育自交系的方法。但在科学研究中，双单倍体的重要性确实不可替代，其中矮牵牛双单倍体品种'Mitchell'（图7.1C）作为模式植物被广泛应用于矮牵牛的性状遗传研究。

矮牵牛的多倍体（主要是四倍体）诱导基本都来自化学诱导或者自然多倍体诱导。早在19世纪30年代，就可利用秋水仙素或者安磺灵（oryzalin）诱导得到四倍体矮牵牛。这种化学方法诱导产生的多倍体的嵌合体概率高，常伴随发生染色体结构变异及非整多倍体（$4x-1$，$4x+1$，$4x-2$，$4x+2$）现象等。自然诱导的多倍体却不存在这些不足之处。自然野生矮牵牛多倍体形成的主要原因是其能在自然条件下产生有活力的$2n$配子。矮牵牛形成$2n$配子的现象由一对隐性基因所控制。国外对矮牵牛多倍体研究具有一定历史，但因涉及商业机密，相关报道资料较少。近年来，国内矮牵牛多倍体育种多集中在试剂浓度和处理材料等方面，魏跃等（2007）在矮牵牛一叶一心期用0.2%浓度的秋水仙素连续3d处理茎尖生长点，多倍体诱导率达到5.7%。李柯（2008）用0.1%秋水仙素处理矮牵牛组培苗茎尖36h后，多倍体诱导效率达到20%。陈一和李春楠（2016）、段九菊等（2016）和蒋卉等（2019）发现用秋水仙素浸泡矮牵牛种子，多倍体诱导率也很高。但是四倍体矮牵牛并没有在市场上成功推广，这主要是因为其典型的多倍体特性降低了观赏性能及种子产量，如生长缓慢、花期较晚、育性降低等。

7.1.5.3　基因工程育种

矮牵牛基因工程育种开展得较早。矮牵牛因比较容易再生，组织与细胞操作技术简单，生活周期短，遗传背景清晰，又是一种重要花卉，所以成为转基因的模式植物。自1985年Horsch等首次获得矮牵牛转基因植株以来，矮牵牛因易于进行根癌农杆菌介导的基因导入，为通过转基因方法研究基因的功能提供了有利条件（国凤利和孟繁静，1997）。从此，矮牵牛的基因工程育种纷纷展开，并创造了一系列新品系。早期主要围绕花色进行转基因遗传改良，如1987年，Meyer等直接导入外源基因*A1*得到砖红色矮牵牛品系；1988年van der Krol等利用反义RNA技术得到星条及网状矮牵牛品系，并于1990年利用共抑制法得到类似品种；1998年Davies等通过直接导入外源基因*CHR*得到黄色矮牵牛品系；随后陆续开展了花色、花型、花期、花香、雄性不育、抗性相关的基因功能研究（表7.2）。尤其是2016年矮牵牛基因组公布后（Bombarely et al.，2016），与矮牵牛重要性状相关的基因功能研究报道与日俱增，但是利用转基因技术培育矮牵牛新品种的研究较少，至今只有1个转基因新品种应用于生产，即美国农业部（USDA）动植物卫生检验局（APHIS）释放的转基因橙色矮牵牛'A1-DFR'（www. isaaa. org）。

表7.2　近年部分矮牵牛基因工程研究报道

基因	改良性状	技术	参考文献
LcMYB1	花色素苷积累	农杆菌介导法将荔枝*LcMYB1*在矮牵牛中异源表达	杜丽娜等，2021
ASR1-3	花青素合成	超量表达和RNAi干涉	Fu et al.，2020
PhAGL6	参与花瓣和花药发育	RNAi技术	Rijpkema et al.，2009
PhGATA19	花瓣融合	VIGS转基因沉默	Preston et al.，2019
PhACO3	花期	CRISPR/Cas9技术	Xu et al.，2021
PaACL	加速衰老	VIGS转基因沉默	Zhao et al.，2020
RrNUDX1	花香	农杆菌介导玫瑰*RrNUDX1*基因在矮牵牛中异源表达	Sheng et al.，2021
UGT85A98	花香	超量表达	Koeduka et al.，2020
PiDof14	雄性不育	RNAi技术	Yue et al.，2021
MsCu/Zn-SOD	耐低温	紫花苜蓿*MsCu/Zn-SOD*基因在矮牵牛中异源表达	平璐，2016
TvNHX1	耐盐	紫花苜蓿*TvNHX1*基因在矮牵牛中异源表达	杨慧，2014

7.1.6 良种繁育

目前市场上供应的矮牵牛品种多为 F_1 代杂交种，制种时，亲本繁育圃和杂交制种圃要严格分开，防止亲本的花粉污染而导致混杂。

由于 F_1 后代性状的广泛分离，F_1 代以后的各代都失去了应用价值。但矮牵牛是观花植物，F_1 代的后代，如 F_2、F_3 代还是有很高的应用价值。因此，矮牵牛的良种繁育体系可以采用 F_1 代和 F_2、F_3 代交叉使用的方法，即用无性繁殖或少量的原种种子保存母株，在同系列同花色的个体间，或个体内杂交或自交生产 F_2 代种子供生产用。也可在 F_2 代中选择优良单株杂交或自交生产 F_3 代种子供生产用。这种方法生产的后代，在花色上一般是稳定的，株型也较稳定，但花朵大小有较大差异。从生产的角度看，不论是盆栽或布置花坛，都不太影响实际使用效果。

矮牵牛还可通过扦插繁殖。特别是一些大花重瓣品种，不易得到种子，即使能够得到一些种子，其后代变异也很大，不能保持原品种的优良特性，可采用扦插繁殖。矮牵牛扦插容易生根，除了夏季高温和冬季低温外，生长季节可随时扦插，室内栽培全年均可进行，花后剪取萌发的顶端嫩枝（长10cm），插入沙床，土壤温度20~25℃，扦插后15~20d生根，30d移栽上盆。

7.2 金鱼草遗传育种

金鱼草（*Antirrhinum majus*）是玄参科金鱼草属多年生草本花卉，原产地中海沿岸，现世界各地广泛栽培，生产上常作一二年生花卉栽培。*Antirrhinum* 意指状如鼻子，而 *majus* 则意为五月开花，英语俗称 snapdragon（意为龙头花），法语则称 gueule-de-loup（意为野狼的嘴巴）。金鱼草染色体基数为8，二倍体体细胞染色体数目为 $2n=2x=16$，四倍体体细胞染色体数目为 $2n=4x=32$。金鱼草品种丰富，花型奇特，花色艳丽，花期长，广泛用于盆栽、花坛、窗台、栽植槽和室内景观布置，又可用于切花观赏。

7.2.1 育种简史

20世纪50年代，金鱼草是北美五大切花之一，50年代后期，育种家们开始注重花型和株高的改良。1960年，世界最具权威的花卉新品种评选组织全美选种组织（All-American Selections，AAS）的"Silver Awards"奖颁给了金鱼草品系'Rocket'，其花型是传统的龙爪型（dragon jaws），该系列具有旺盛的生长势、良好的耐热性、开花期高度统一、花期长、开花紧密等特性，可做切花和庭院应用。20世纪60年代后期，育种家培育出'Bright Butterflies'，标志着蝴蝶型（butterfly）金鱼草问世，其花瓣基部融合，顶部开张，似蝴蝶翅膀。1970年，'Madame Butterfly'品种选育成功，它是首个具有良好花园应用性能的 F_1 杂交种，为重瓣花，在蝴蝶型花瓣中央有多余花瓣，称为重瓣杜鹃型（double azalea）。至此，育种家已培育出三种常见的金鱼草花型（图7.3）。除了花型外，还培育出矮生的

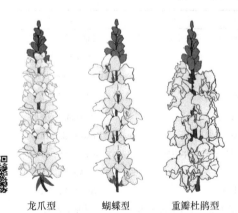

彩图　龙爪型　　蝴蝶型　　重瓣杜鹃型

图7.3　金鱼草的三种花型

金鱼草品种。1965年，只有15～20cm高的'Floral Carpet'品种被引入市场，大受欢迎。西欧国家对金鱼草品种的改良发展迅速，以瑞士的S&G种子公司为代表，该公司在金鱼草的育种上成就尤为突出。

我国金鱼草的栽培从20世纪30年代开始，但80年代后才开始引进金鱼草矮生种，广泛用于盆栽和花坛布置，近年来也引进了一些切花品种，作为一二年生草本切花应用。我国对金鱼草的品种改良进展很快，近年来培育出一批多倍体品种及优良的F$_1$杂种，不仅花大而密、色彩艳丽、茎秆粗壮，而且耐寒性、抗病性都较强。

7.2.2 育种目标及其遗传基础

7.2.2.1 香味

目前仅有少数金鱼草品种具有淡香，因此，浓香型金鱼草品种的选育具有广阔的应用前景。苯甲酸甲酯是金鱼草花香的主要组分。在金鱼草中，苯甲酸羧甲基转移酶（BAMT）合成挥发性花香化合物苯甲酸甲酯，苯甲酸/水杨酸羧甲基转移酶（BSMT）以苯甲酸（BA）和水杨酸（SA）为底物，通过甲基化反应最终生成苯甲酸甲酯和水杨酸甲酯。金鱼草的花还散发出3种单萜（月桂烯、β-罗勒烯和芳樟醇）和1种倍半萜（橙花叔醇）的气味。Dudareva等（2003）已经从金鱼草中克隆了β-罗勒烯合成酶基因 *AmTPS* 和月桂烯合成酶基因 *AmMYRS*。Nagegowda等（2008）利用功能基因组的方法筛选金鱼草的EST文库，克隆了控制橙花叔醇和芳樟醇合成的基因，即橙花叔醇/芳樟醇合成酶基因 *NES/LIS-1* 和 *NES/LIS-2*。

7.2.2.2 花色

金鱼草花色丰富，蓝色等新花色金鱼草的选育有利于多花色的配置应用，增强观赏效果。金鱼草花色由主效和微效多基因控制，如红色由 *Pal* 基因控制，*Pal* 基因编码二氢黄酮醇-4-还原酶，该酶催化二氢槲皮素还原为亮蓝蛋白，这是花青素生物合成途径的后期步骤。但在高温条件下 *Pal* 基因易突变成 *Pal-free*，而使花色变为象牙色，当 *Pal-free* 基因反突变为 *Pal* 时，花以象牙色为底色，出现红色条纹。*Inc*、*Pal* 和 *Dil* 三个基因共同调控金鱼草青铜色花和粉红色花花青素色素沉着强度。*Inc* 和 *Pal* 是不完全显性基因，花青素的形成需要 *Inc* 和 *Pal* 各存在一个等位基因，*Dil* 是显性增强基因，三个基因的剂量效应是可加性的，产生了青铜色至粉红色等4种色调。一个 *Inc* 等位基因在增加色素沉着强度方面的作用近似于一个 *Pal* 等位基因或一至两个 *Dil* 等位基因的作用。

此外，四倍体金鱼草花色由 *EI* 基因控制，有4个 *EI* 基因时呈近白色，3个呈微红色，2个呈淡红色，1个呈红色，0个呈深红色，即随着 *EI* 基因的增加，花色由红色逐渐变成淡色，说明 *EI* 基因对花色的形成有抑制的作用。

7.2.2.3 抗病虫能力

金鱼草在栽培过程中容易受到叶枯病等多种病害及害虫的侵害。选育抗病虫能力强的品种，有利于金鱼草的生产。病原菌侵染植物后植物诱导系统抗性主要有两种类型：一种是依赖水杨酸获得抗性（SAR）；另一种是依赖茉莉酸（JA）和乙烯（ET）诱导系统抗性（ISR），如金鱼草的MYB类转录因子PHAN可在信号分子茉莉酸和防卫反应中被激活，进而调控相关下游抗病功能基因的过量表达，以减轻病原菌造成的伤害。Aitken（1989）等从世界各地采集了55个金鱼草锈病病原菌菌株，用这些菌株接种10个金鱼草品种的叶片，经鉴定有两个品种可以抗锈病。将抗锈病品系与不抗锈病品系杂交，发现F_1代均可抗锈病，F_2代抗性与感病个体的比率为3∶1，无论以抗病植株为父本还是母本，均可得到相同的结果，说明抗锈病相对于感病为显性遗传。

7.2.2.4 切花品质

作为切花栽培的高秆金鱼草品种，采后观赏期是一个关键指标。花瓣质地厚实的品种瓶插寿命显著延长。此外，茎秆充实度、植株高度等关系切花品质的相关性状均是切花型金鱼草的育种目标。金鱼草主枝高且直立粗壮相对于分枝多且低矮为显性，当两者杂交时，后代表现为主枝高且直立粗壮的性状。

延长切花的保鲜期，对花卉生产、运输、贮存及消费影响重大。影响花卉观赏寿命的因素非常多，在相同的条件下，乙烯与切花保鲜期长短的关系最直接。目前延缓切花衰老的基因工程研究主要集中于控制乙烯的生成与释放。*NR*基因是与*ETRI*基因同源的乙烯受体蛋白基因，它对乙烯的接收和信号的转导直接影响植株的生理和生长，以及植物的抗逆性。何斌琼（2009）发现，转化前先用秋水仙素进行金鱼草多倍体诱导，得到四倍体金鱼草下胚轴，然后在此基础上进行农杆菌Ti质粒介导的反义*NR*基因转化，成功获得四倍体金鱼草转化株，对转化株与非转化株的花期进行统计，非转基因植株的花期为15～20d，瓶插保鲜期为5～6d，转基因植株花期为25～30d，瓶插保鲜期为10～12d，表明反义*NR*基因的转入能够延长金鱼草的鲜花保鲜期。

7.2.3 种质资源

7.2.3.1 金鱼草属

金鱼草属共有约25种，大部分原产于西地中海地区，主要集中在伊比利亚半岛，约400万年前从一个共同祖先演化而来，属内所有种都能形成可育的杂交种。金鱼草属传统上分为三个形态亚组，具体种见图7.4。

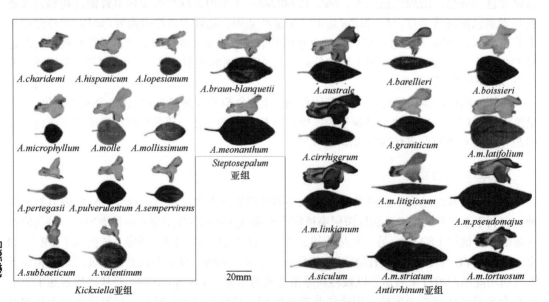

彩图

图7.4 金鱼草属亚组分类（Feng et al., 2009）

（1）*Antirrhinum* 亚组　　包括具有大叶和大花的 12 个种，如模式种金鱼草 *A. majus* 等。

（2）*Kickxiella* 亚组　　　包括具有小叶和小花的物种，如查氏金鱼草 *A. charidemi*，它是西班牙东南部干燥沿海沙漠的特有种，具有该物种群中最小的叶和花（约为金鱼草的三分之一）。

（3）*Streptosepalum* 亚组　　由两个种组成，其器官大小介于前两个亚组之间。

7.2.3.2　金鱼草亚种

金鱼草亚种的确定及命名存在争议，被 World Checklist 接受和承认的有以下 4 种。

（1）*A. majus* subsp. *cirrhigerum*　　分布于葡萄牙南部和西班牙南部。

（2）*A. majus* subsp. *linkianum*　　分布于北非。

（3）*A. majus* subsp. *litigiosum*　　分布于西班牙东南部。

（4）*A. majus* subsp. *tortuosum*　　分布于北非和意大利。

7.2.3.3　主要品种及其分类

（1）依株高分类

1）切花型（高杆品种）：株高 70～150cm。代表品系有‘Cool’‘Rocket’‘Legend F_1’‘Chantilly F_1’‘Sunshine F_1’‘Super F_1’‘Potomac’（图 7.5）。其中‘Potomac’系列是龙爪型的金鱼草，有白色、象牙白、苹果色、粉色、深粉色、淡紫色、桃红色、红色、深红色、橙色、深橙色、黄色等颜色，株高、茎粗壮，适合在光照强、温暖的长日照条件下生长，若补充高强度光照，可以全年种植。

彩图

图 7.5　金鱼草切花品种‘Potomac’系列

2）中杆型：株高 40～60cm，花色丰富，可用于花坛种植或切花。代表品系有‘Solstice’‘Snaptastic’‘Liberty Classic’。

3）矮生型：株高 15～28cm，有许多是四倍体品种，花色丰富，可用于花坛种植、花境配置和盆栽种植。代表品系有‘Snapshot’‘Statement’‘Antiquity F_1’‘Palette F_1’‘Snaptini’‘Crackle & Pop F_1’（图 7.6）等，这些品种的花色、花穗稠密度不同，花序长 8～10cm。

（2）依花型分类

1）龙爪型：传统花型，由带有上下唇的管状花组成，如‘Palette F_1’‘Statement’系列

彩图

图 7.6 金鱼草矮生品种 'Crackle & Pop F₁' 系列

品种。

2）蝴蝶型：其花瓣基部融合，顶部开张，似蝴蝶的翅，如'Chantilly F₁'系列品种。

3）重瓣杜鹃花型：蝴蝶型的进一步修饰，有额外的花瓣在中间，如'蝴蝶夫人'（'Madame Butterfly'）系列品种。

（3）依花色分类　红色系、粉色系、橙色系、黄色系、紫色系、白色系及双色系。

（4）依花期分类

1）春花类：初花期为春季，对光周期反应较敏感，长日照条件下可促进其开花。

2）夏花类：初花期为夏季，对光周期反应敏感，仅于长日照下开花。

3）四季类：对日照长短反应不敏感，可在冬季短日照条件下开花，此类适于促成栽培。

7.2.4　生殖生物学

7.2.4.1　花部构造

金鱼草为顶生总状花序，密被腺毛，花梗长 5～7mm，花萼与花梗近等长，5 深裂，裂片卵形，钝或急尖。小花密生，二唇形（图 7.7），花色鲜艳丰富，花由花葶基部向上逐渐开放，基部在前面下延成兜状，上唇直立，宽大，2 半裂，下唇 3 浅裂，在中部向上唇隆起，封闭喉部，使花冠呈假面状；雄蕊 4 枚，2 强。

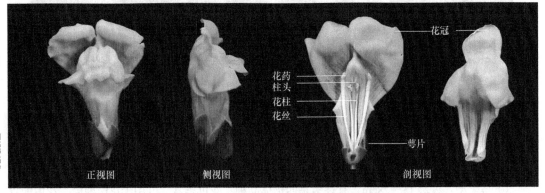

图 7.7　金鱼草花正视图、侧视图与剖视图

7.2.4.2　传粉方式与结实特性

在自然界中，金鱼草为异花授粉植物（吴敬才等，2000；宣雄智等，2018），属虫媒花，

主要传粉者为蜜蜂。金鱼草具有唇形花冠，但是唇形花冠的上下唇是互相扣紧闭合着的。雌蕊、雄蕊和蜜腺都闭锁在花筒里面，这样的一种结构，如果昆虫太小，就不能踏开下唇，进入花内；如果昆虫太大，虽然能踏开下唇，但也不能进入里面；只有像蜜蜂这样的中等昆虫，既能踏开下唇，又能进入花冠筒内。当蜜蜂探身进入花冠筒时，它的背部就擦到了花药和柱头，由于花药在两侧，柱头在中央，因此同一朵花的花粉不会被蜜蜂带到自己的柱头上，而蜜蜂背部带来的别朵金鱼草花的花粉正好擦在这朵花的柱头上，从而完成异花传粉。

金鱼草存在自交不亲和类型，属于配子型自交不亲和。20世纪八九十年代，人们逐步利用分子生物学手段研究这种受粉相关性状的基因基础及分子机制。植物受粉从花粉落在柱头上开始，经过黏附、水合、萌发，花粉管生长，直至到达胚珠完成受精作用。在这个过程中，花粉或花粉管细胞携带自身信息，不断感知来自柱头或花柱道细胞的外部信号，当"识别"发生后，迅速做出"生死抉择"。通过不同的信号转导级联反应，"异己花粉"顺利完成受精过程，"自己花粉"的生长则被阻止。植物自交不亲和反应的识别可以发生在受精过程的不同阶段。金鱼草的识别和不亲和反应都发生在花粉管内部，生长受阻的花粉管停留在花柱道上部的 1/3 处，其花柱和花粉决定因子分别为 S-RNase 和花粉 SLF/SFB。目前认为植物自交不亲和反应的分子细胞机制是在花粉或花粉管中诱发了细胞程序性死亡（Takayama and Isogai，2005；张一婧和薛勇彪，2007）。

7.2.5　育种技术与方法

7.2.5.1　杂交优势育种

杂交优势育种是近年来国内外金鱼草新品种选育的主要途径。金鱼草杂交优势育种的关键步骤如下。

（1）纯化获得优良自交系　　自交过程中，要套袋隔离，防止异花传粉。

（2）杂交组合选配　　亲本选配时应首先选择综合性状好、配合力强的自交系；再根据育种目标和遗传特点配置杂交组合，并注意选取具有典型目的性状的自交系作为杂交亲本。

（3）杂交授粉　　进行杂交工作时，应严格执行去雄、授粉等操作步骤，以保证杂交后代的真实性。金鱼草花朵开放前一天柱头已具备接受花粉的能力。

（4）授粉后的管理　　授粉后，应剪掉多余的侧枝，以保证营养供应。

7.2.5.2　多倍体育种

国外金鱼草育种多集中在对二倍体杂种优势的利用上，已获得很多品种推广于世界各地，产生了巨大经济效益。近年来，日本 Nihon Nohyaku 有限公司利用金鱼草的二倍体和四倍体杂交，成功选育出了花大、花序长、茎秆粗壮的三倍体切花品种 'Chihaya' 系列。国内从20世纪90年代初开始进行金鱼草四倍体育种研究（张敦方等，1991；岳桦和任俐，1992）。

不同学者采用秋水仙素进行金鱼草多倍体诱导时，由于所采用的试验材料不同，所以结果略有差异。岳桦和任俐发现不同品种适宜的秋水仙素诱导浓度不同，红色及矮生品种适于低浓度，如红色品种以 0.05% 处理 48h 最好，诱导率为 36%；矮生品种以 0.03% 处理 96h 最好，诱导率为 22%；白色品种适宜的秋水仙素诱导浓度范围较宽，其中以 0.2% 处理 24h 最好，诱导率为 17%（岳桦和任俐，1992）。胡秀等发现，在以金鱼草二倍体切花实生苗为材料时，采用 0.1% 及 0.2% 秋水仙素浸泡 12～36h 均能成功诱导出四倍体切花，其中 0.2% 秋水仙素处理 24h 效果最好，诱导率 48%，死亡率为 30%（胡秀等，2004）。何斌琼采用培养基中添加秋水仙素的方法进行四倍体金鱼草的诱导，反复继代筛选，认为适宜的秋水仙素浓度和诱导时间分别是0.1%和4d（何斌琼，2009）。

7.2.5.3 辐射诱变育种

辐射诱变育种是利用电磁辐射或离子辐射的方式轰击植物个体、种子、花瓣或细胞等，使染色体发生序列或结构的改变，从而产生变异植株、筛选出品质优良新品种的技术。丁兰等以金鱼草种子为试材，采用太空诱变和质子辐射的方式，研究了辐射对金鱼草表观性状和分子水平变化的影响，以生物学统计的方法对金鱼草发芽率、株高等数据进行分析，研究发现两种诱变方式使红色金鱼草发芽率显著降低，黄色金鱼草发芽率基本不变；对株高影响不显著；叶片由对照的矩圆状变为太空诱变后的长椭圆形和质子辐射后的披针状；RAPD分析结果显示，太空诱变后产生的多态性比率大于质子辐射，黄色金鱼草的多态性比率稍高于红色金鱼草；qPCR结果显示，*Del*基因和*Rosea*基因在红色金鱼草中的表达量在太空诱变和质子辐射后都高于对照，且太空诱变后红色金鱼草相关基因的表达量高于质子辐射，*Del*基因和*Rosea*基因在辐射后黄色金鱼草中的表达量都低于对照（丁兰等，2019）。

7.2.5.4 分子育种

（1）再生和遗传转化体系建立 以金鱼草不同部位为外植体建立再生体系的研究始于1975年Sangwan和Harada（1975）对叶片和茎离体诱导，产生愈伤组织和少量不定芽，但未生根。随后人们相继建立了以茎尖、茎段、根、下胚轴为外植体的再生体系。大量研究表明茎段和下胚轴是比较理想的外植体，其中茎段容易获得，实验操作过程不易损伤；下胚轴分生能力较强，易诱导愈伤组织和不定芽。而以叶片为外植体的研究较为少见。金鱼草高效的再生体系为遗传转化奠定了基础。

金鱼草适用的转基因方法主要是农杆菌介导法。Handa首次利用发根农杆菌Ri质粒介导金鱼草茎段转化，并获得转基因植株（Handa，1992）。随后，Senior等也利用发根农杆菌转化下胚轴、叶片均得到转化株。利用发根农杆菌转化的植株会出现形态学的改变，如植株矮小、顶端优势减弱、花朵数量增加、形成变态根等（Senior et al.，1995）。而利用根癌农杆菌转化金鱼草'Orchid'和'Purple'下胚轴，转化率达到1%，整个转化周期仅需10周，转化株生长健壮，无形态学变化（Cui et al.，2004）。Lian等在添加2mg/L ZT、0.2mg/L NAA和2mg/L AgNO$_3$的MS培养基上培养幼苗子叶叶柄和下胚轴两周后，利用根癌农杆菌菌株EHA105建立了一个简单高效的金鱼草转化体系，获得了稳定转化苗，转化效率为3%～4%（Lian et al.，2020）。Hoshino等为了培育抗除草剂的金鱼草，将除草剂抗性标记基因*bar*用根癌农杆菌法转入金鱼草中，转基因植株对商业除草剂表现出抗性（Hoshino et al.，1998）。

（2）基因功能研究 近年来，金鱼草已成为遗传学和分子生物学，特别是转座子、花色合成和花型发育研究的重要模式材料。

1）花色：金鱼草花中有3个控制花冠着色强度和颜色差异的MYB转录因子，分别为*Rosea1*（*Ros1*）、*Rosea2*（*Ros2*）和*Venosa*（*Ven*）。*Rosea*影响花瓣裂片和花冠筒色素沉积的模式和强度，调控表皮内外花青素的分布和变化，其中*Rosea1*促进色素积累增加，*Rosea2*则相反。*Venosa*可使色素在表皮细胞中产生纹理，而形成显著的脉络。

金鱼草中编码bHLH转录因子且调控花青素合成的基因有*Delila*、*Mutabilis*和*Eluta*。*Delila*基因控制金鱼草花冠颜色，*Mutabilis*基因在萼片中特异表达，*Delila*基因能够回补*Mutabilis*基因突变株中花青素缺陷的表型（Davies and Schwinn，2003）；与*Delila*基因相反，*Eluta*基因抑制花冠中色素的产生，使之产生不同颜色及形状多样的花。

2）花对称性：金鱼草中主要由4个主控基因 CYCLOIDEA（CYC）、DICHOTOMA（DICH）、RADIALIS（RAD）和 DIVARICATA（DIV）来调控花不对称的发育。Luo 等首次在金鱼草中研究了控制花背腹不对称表达模式的分子机制。研究表明金鱼草的 CYC 和 DICH 基因共同参与了背部器官特性的控制。金鱼草 cyc 突变体的侧部花瓣具有腹部花瓣的属性，背部花瓣兼具背部花瓣和侧部花瓣的属性。dich 单突变只能引起背部花瓣形状有所改变，使得花瓣裂片之间的缺刻加深。cyc/dich 双突变体的花由两侧对称变成了辐射对称，花的背部、侧部和腹部属性的差异消失，每个花瓣都成为两侧对称，而且所有的花瓣都腹部化，花瓣数目比野生型多一个，即由5个变成6个，这表明 cyc/dich 双突变体中花器官的形态、数目及对称性都发生了变化（Luo et al.，1996，1999；Galego and Almeida，2002）。

对于金鱼草中 CYC/DCH 下游调控基因的研究表明，MYB 转录因子 RAD 基因同样参与了金鱼草背部花瓣属性的控制，rad 突变体与 cyc/dich 突变体具有类似的表型。原位杂交结果显示在野生型金鱼草花发育的早期，RAD 基因在背部花分生组织中表达，表达位置与 CYC、DICH 相似，但是表达时间上略晚于 CYC 和 DICH 基因，推测 CYC 和 DICH 基因可以激活 RAD 基因的表达。另一个 MYB 转录因子 DIV 基因决定了金鱼草腹部花瓣的属性，DIV 基因的原位杂交显示，在花发育的早期，DIV 基因在所有花瓣原基中都有所表达，到了花发育的晚期，DIV 基因集中在腹部花瓣原基中表达。在 cyc/dich/div 三突变体中，所有花瓣均表现为侧部花瓣的属性。通过氨基酸序列分析发现，DIV 编码一个307个氨基酸的 MYB 转录因子，它含有 R2 和 R3 两个 MYB 保守域；RAD 基因编码只含有一个 MYB 保守域的由93个氨基酸组成的 MYB 转录因子。RAD 和 DIV 蛋白具有高度相似的保守结构，两者可能通过目标序列的竞争结合或直接结合使 DIV 所决定的背部属性在背部及侧部受到抑制。在野生型金鱼草花发育过程中，两个 TCP 转录因子基因 CYC 和 DICH 在花原基的背部表达，激活 RAD 基因的表达，而 RAD 基因抑制了 DIV 基因在背部和侧部花原基中作用，从而使花瓣的背部属性在近轴的背部花瓣和侧部花瓣得到不同程度的体现，形成具有三种不同形态的两侧对称花，也就是说 RAD 基因和 DIV 基因在控制花对称性上是相互抑制、相互拮抗的。DIV 基因依赖于 CYC 和 DICH 在转录后被抑制。在 cyc/dich 双突变体中，也正是由于这两个基因功能的丧失，导致它们对 DIV 基因的抑制作用被解除，使 DIV 基因的表达扩展到侧部花瓣和背部花瓣，从而使整个花冠的所有花瓣腹部化。金鱼草花冠对称性发育的分子机制解析（图7.8）为其他花卉花瓣对称性发育与调控奠定了理论基础（Preston and Hileman，2009；Corley et al.，2005）。

7.2.6　良种繁育

优良品种的培育仅仅是生产的开始，更重要的是使这些优良品种在短时间内迅速推广，良种繁育是运用遗传育种的理论和技术，在保持并不断提高良种种性与生活力的前提下迅速扩大良种量的一套完整的种苗生产技术。金鱼草主要采用种子繁殖和扦插繁殖。

7.2.6.1　种子繁殖

为延长花期，可春夏秋三季分期播种。播种前，用0.5%高锰酸钾溶液浸泡种子1～2h，以杀灭种子表面的病原菌。播种基质采用经消毒的腐殖质土或泥炭土。金鱼草种子细小，为确保撒播均匀，播种时可用细砂混匀种子后撒播。因金鱼草喜光，播种后不需覆土或只需覆过筛细土2～3mm，浇水时注意防止冲散种子。15～20℃条件下，1周左右发芽。苗床上要遮阴防雨，1周后撤去遮阴物，4～6片真叶时摘心并移植分栽。

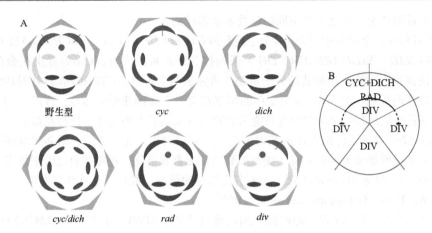

彩图

图7.8 金鱼草中控制花不对称性的4个主控转录因子CYC、DICH、RAD和DIV的作用机制
（Preston and Hileman，2009；Corley et al.，2005）

A. 蓝色、黄色、红色和绿色分别代表金鱼草花背部、侧面、腹侧和萼片，花瓣内部的不对称用红色的线表示；

B. 背侧区域（上两部分）CYC和DICH的表达导致RAD（实箭头）的激活，而RAD反过来又抑制了背侧区域
（实线）和侧面区域（虚线）的DIV活性

7.2.6.2 扦插繁殖

种苗量不足或对于一些不易结实的优良品种或重瓣品种可进行扦插繁殖。扦插育苗要在花谢后进行，选择健壮的植株，修剪后保留2～3cm主茎，施用氮肥，待发芽后，将具4片真叶的嫩头摘下，即可作为插穗，将沙壤土和草木灰以2∶1混匀后作为扦插基质，插入深度为2～3cm，用喷壶洒水雾使基质保持湿润，阴天可不浇水，并置于阴凉处，15～20℃条件下，7～10d可生根，当根长约3cm、苗恢复生长后即可移栽或上盆。苗高10cm时，掐尖促生侧芽，使多开花。定植前5d通大风降温以炼苗。

（何燕红）

⬡ 本章主要参考文献

陈一，李春楠. 2016. 矮牵牛多倍体诱导试验与快速鉴定. 浙江农业科学，57（3）：361-363.

陈玥如. 2013. 冷响应基因*CBF1*对矮牵牛和三色堇的遗传转化研究. 兰州：兰州大学.

代色平，包满珠. 2004. 矮牵牛育种研究进展. 植物学通报，（4）：385-391.

丁兰，耿金鹏，秦垒，等. 2019. 质子和太空辐射对金鱼草的诱变效应. 北方园艺，（15），82-90.

董丽丽，王雪娣，刘同瑞，等. 2019. 矮牵牛*PhUGT74E2*基因的克隆及对逆境胁迫的响应. 西北植物学报，39（10）：1725-1730.

杜丽娜，陈春帆，苏睿，等. 2021. 荔枝*LcMYB1*异源表达促进矮牵牛和番茄花色苷的积累. 热带作物学报，42（5）：1290-1296.

段九菊，张超，贾民隆，等. 2016. 秋水仙素诱导矮牵牛四倍体的研究. 山西农业科学，44（7）：951-953，976.

国凤利，孟繁静. 1997. 矮牵牛花器官发育的研究进展. 植物生理学通讯，（4）：292-296.

何斌琼. 2009. 转反义NR基因四倍体金鱼草（*Antirrhinum majus*）的培育. 重庆：西南大学.

胡秀，郑思乡，龚洵．2004．离体培养条件下金鱼草四倍体切花的诱导及培育．云南农业大学学报，19（5）：524-527，561．

蒋卉，袁欣，冯乃馨，等．2019．矮牵牛同源多倍体诱导及其初期表型差异分析．河南农业科学，48（9）：111-116．

李柯．2008．利用组织培养改良矮牵牛（Petunia hybrida Vilm.）倍性的研究．重庆：西南大学．

李宁毅，宋妍，韩晓芳．2011．干旱胁迫下烯效唑对矮牵牛幼苗水分状况和光合特性的影响．江西农业大学学报，33（6）：1062-1066．

马健宇，金晓霞，陈超，等．2020．矮牵牛 PhUBC2-1 基因响应干旱胁迫表达与功能分析．分子植物育种，18（23）：7662-7670．

平璐．2016．紫花苜蓿 Cu/Zn-SOD 基因在矮牵牛中的表达及其耐冷性分析．吉林：吉林农业大学．

王侠礼，姜学信，高保香．2005．矮牵牛栽培及良种繁育技术．中国种业，（5）：60．

魏跃，王开冻，李洪海，等．2007．矮牵牛四倍体的诱导及其形态特征．江苏农业科学，（3）：125-127．

吴敬才，赵金生，陈雄燕，等．2000．比利时金鱼草的生物学特性及栽培技术．福建农业科技，1：42．

徐拾佳，郭玉洁，吴桐，等．2017．干旱胁迫下钙离子对矮牵牛种子萌发及幼苗生长的影响．河北林果研究，32（Z1）：284-288．

宣雄智，汪成忠，唐蓉．2018．金鱼草的人工栽培与应用．现代园艺，（24）：33-34．

杨慧．2014．农杆菌介导 TvNHX1 基因转化矮牵牛及其对 NaCl 胁迫的响应．哈尔滨：哈尔滨师范大学．

岳桦，任俐．1992．不同品种金鱼草多倍体诱变方法的研究．东北林业大学学报，（4）：102-107．

张慧琳，朱婉，田丽，等．2019．矮牵牛冷响应转录因子 PhZPT2-12 的特性及表达分析．园艺学报，46（8）：1543-1552．

张敉方，辛雅芬，刘宏伟．1991．金鱼草茎尖培养与植株再生．东北林业大学学报，（4）：42-47．

张一婧，薛勇彪．2007．基于 S-核酸酶的自交不亲和性的分子机制．植物学报，24（3）：372-388．

祝朋芳．2011．主要花卉育种技术．北京：北京师范大学出版社．

Agullo-Anton MA, Olmos E, Perez-Perez JM, et al. 2013. Evaluation of ploidy level and endoreduplication in carnation (*Dianthus* spp.). Plant Science, 201: 1-11.

Aitken EAB, Newbury HJ, Allow JA. 1989. Races of rust (*Puccinia antirrhini*) of *Antirrhinum majus* and the inheritance of host resistance. Plant Pathology, 38: 169-175.

Albert NW, Davies KM, Lewis DH, et al. 2014. A conserved network of transcriptional activators and repressors regulates anthocyanin pigmentation in eudicots. The Plant Cell, 26: 962-980.

Anderson NO. 2006. Flower Breeding and Genetics. New York: Springer.

Bombarely A, Moser M, Amrad A, et al. 2016. Insight into the evolution of the Solanaceae from the parental genomes of *Petunia hybrida*. Nature Plants, 2 (6): 16074.

Cao Z, Guo YF, Yang Q, et al. 2019. Genome-wide identification of quantitative trait loci for important plant and flower traits in *Petunia* using a high-density linkage map and an interspecific recombinant inbred population derived from *Petunia integrifolia* and *P. axillaris*. Horticulture Research, 6: 27.

Cao Z, Guo YF, Yang Q, et al. 2018. Genome-wide search for quantitative trait loci controlling important plant and flower traits in *Petunia* using an interspecific recombinant inbred population of *Petunia axillaris* and *Petunia exserta*. Genes Genomes Genetics, 8: 2309-2317.

Corley SB, Carpenter R, Copsey L, et al. 2005. Floral asymmetry involves an interplay between TCP and MYB transcription factors in *Antirrhinum*. Proceedings of the National Academy of Sciences of the United States of America, 102 (14): 5068-5073.

Cui ML, Ezura H, Nishimura S, et al. 2004. A rapid agrobacterium-mediated transformation of *Antirrhinum majus* L. by using direct shoot regeneration from hypocotylex plants. Plant Science, 166: 873-879.

Davies KM, Bloor SJ, Spiller GB, et al. 1998. Production of yellow color in flowers: redirection of flavonoid biosynthesis in *Petunia*. Plant Journal, 13: 259-266.

Davies KM, Schwinn KE. 2003. Transcriptional regulation of secondary metabolism. Functional Plant Biology, 30 (9): 913-925.

Dudareva N, Martin D, Kish CM, et al. 2003. (*E*) -β-ocimene and myrcene synthase genes of floral scent biosynthesis in snapdragon: function and expression of three terpene synthase genes of a new TPS-subfamily. The Plant Cell, 15: 1227-1241.

Feng X, Wilson Y, Bowers J, et al. 2009. Evolution of allometry in *Antirrhinum*. Plant Cell, 21 (10): 2999-3007.

Fu Z, Jiang H, Chao Y. et al. 2020. Three paralogous R2R3-MYB genes contribute to delphinidin-related anthocyanins synthesis in *Petunia hybrida*. The Journal of Plant Growth Regulation, 40: 1687-1700.

Galego L, Almeida J. 2002. Role of DIVARICATA in the control of dorsoventral asymmetry in *Antirrhinum* flowers. Genes and Development, 16 (7): 880-891.

Gattolin S, Cirilli M, Chessa S, et al. 2020. Mutations in orthologous PETALOSA TOE-type genes cause dominant double-flower phenotype in phylogenetically distant eudicots. Journal of Experimental Botany, 71 (9): 2585-2595.

Handa T. 1992. Genrtic transformation of *Antirrhinnum majus* L. and inheritance of alteredpherotype induced by Ri T-DNA. Plant Science, 8 (1): 199-206.

Heijmans K, Ament K, Rijpkema AS, et al. 2012. Redefining C and D in the *Petunia* ABC. Plant Cell, 24 (6): 2305-2317.

Hoshino Y, Törkan I, Mii M. 1998. Transgenic bialaphos-resistant snapdragon (*Antirrhinum majus* L.) produced by *Agrobacterium* rhizogenes transformation. Scientia Horticulturae, 76 (1-2): 37-57.

Koeduka T, Ueyama Y, Kitajima S, et al. 2020. Molecular cloning and characterization of UDP-glucose: volatile benzenoid/phenylpropanoid glucosyltransferase in *Petunia* flowers. Journal of Plant Physiology, 252: 153245.

Lian Z, Chi DN, Wilson S, et al. 2020. An efficient protocol for *Agrobacterium*-mediated genetic transformation of *Antirrhinum majus*. Plant Cell Tissue and Organ Culture, 142 (5633): 527-536.

Luo D, Carpenter R, Copsey L, et al. 1999. Control of organ asymmetry in flowers of *Antirrhinum*. Cell, 99 (4): 367-376.

Luo D, Carpenter R, Vincent C, et al. 1996. Origin of floral asymmetry in *Antirhinum*. Nature, 383 (6603): 794-799.

Meyer P, Heidmann I, Forkmannf G, et al. 1987. A new *Petunia* flower colour generated by transformation of a mutant with a maize gene. Nature, 330: 677-678.

Morita Y, Hoshino A. 2018. Recent advances in flower color variation and patterning of Japanese morning glory and *Petunia*. Breeding Science, 68 (1): 128-138.

Nagegowda DA, Gutensohn M, Wilkerson CG, et al. 2008. Two nearly identical terpene synthases catalyze the formation of nerolidol and linalool in snapdragon flowers. Plant J, 55 (2): 224-239.

Noor SH, Ushijima K, Murata A, et al. 2014. Double flower formation induced by silencing of C-class MADS-box genes and its variation among *Petunia* cultivars. Scientia Horticulturae, 178: 1-7.

Preston JC, Hileman LC. 2009. Developmental genetics of floral symmetry evolution. Trends in Plant Science, 14

(3): 147-154.

Preston JC, Powers B, Kostyun JL, et al. 2019. Implications of region-specific gene expression for development of the partially fused petunia corolla. Plant Journal, 100 (1): 158-175.

Reck-Kortmann M, Silva-Arias GA, Segatto A, et al. 2014. Multilocus phylogeny reconstruction: new insights into the evolutionary history of the genus *Petunia*. Molecular Phylogenetics & Evolution, 81: 19-28.

Rijpkema AS, Zethof J, Gerats T, et al. 2009. The *Petunia* AGL6 gene has a SEPALLATA-like function in floral patterning. Plant Journal, 60 (1): 1-9.

Sangwan RS, Harada H. 1975. Chemical regulation of callus growth, organogenesis, plantregeneration, and somatic embryogenesis in *Antirrhinum majus* tissue and cell cultures. The Journal of Experimental Botany, 26: 868-881.

Senior I, Holford P, Cooley RN, et al. 1995. Transformation of *Antirrhinum majus* using *Agrobacterium rhizogenes*. The Journal of Experimental Botany, 46: 1233-1239.

Sheng L, Zang S, Wang J, et al. 2021. Overexpression of a *Rosa rugosa* Thunb. *NUDX* gene enhances biosynthesis of scent volatiles in *Petunia*. PeerJ, 9: e11098.

Stehmann, JR, Lorenz-Lemke AP, Freitas LB, et al. 2009. The Genus *Petunia*. New York: Springer.

Sun LH, Williams JS, Li S, et al. 2018. S-locus F-box proteins are solely responsible for S-RNase-Based self-incompatibility of petunia pollen. The Plant cell, 30 (12): 2959-2972.

Takayama S, Isogai A. 2005. Self-incompatibility in plants. Annual Review of Plant Biology, 56: 467-489.

van der KA, Lenting P, Veenstra J, et al. 1988. An anti-sense chalcone synthase gene in transgenic plants inhibits flower pigmentation. Nature, 333: 866-869.

Xu J, Naing AH, Bunch H, et al. 2021. Enhancement of the flower longevity of *Petunia* by CRISPR/Cas9-mediated targeted editing of ethylene biosynthesis genes. Postharvest Biology and Technology, 174: 111460.

Yue YZ, Du JH, Li Y, et al. 2021. Insight into the *Petunia* Dof transcription factor family reveals a new regulator of male-sterility. Industrial Crops and Products, 161: 113196.

Zhao H, Zhong S, Sang L, et al. 2020. PaACL silencing accelerates flower senescence and changes the proteome to maintain metabolic homeostasis in *Petunia hybrida*. The Journal of Experimental Botany, 71 (16): 4858-4876.

第8章 球宿根观赏植物遗传育种

8.1 香石竹遗传育种

香石竹（*Dianthus caryophyllus*）又名康乃馨（Carnation），也叫狮头石竹、麝香石竹、大花石竹等，是一种石竹科石竹属的多年生草本植物。香石竹是世界四大切花之一，也是全球最重要的花卉作物之一，具有极高的观赏价值和经济价值。香石竹原产南欧和西亚，具有悠久的栽培历史。希腊及南欧海岸的雅典人大量栽植香石竹，因对它极为尊崇而称之为"Dianthus"，意为神圣之花。因其具有沁心的香气，所以常用作酒中增加甜美的丁香香味的原材料。香石竹代表伟大的母爱，因其花色多样，气味芳香，花语蕴涵美好祝愿，所以成为花卉市场中常见的花卉，受到广大消费者的喜爱（图8.1）。然而，我国香石竹主要依赖从国外引种，到目前为止，自主培育的香石竹品种还很少。无论是从市场竞争还是从种质资源来说，开展香石竹的育种工作都十分紧迫而必要。

彩图

'马斯特'　　'粉钻'　　'拜特'　　'狂欢'　　'韶华'

'瀑布'　　'皇子'　　'德利'　　'海贝'　　'伊人'

图8.1 常见香石竹商业化主栽切花品种

8.1.1 育种简史

香石竹原产地中海区域、南欧及西亚，在欧洲已有2000多年的栽培历史，历来为西方名花，英国17世纪就记载有800多个品种。原种只在春季开花。如今在非洲西北山区还发现一些野生香石竹开深桃红色花。现代第一株可全年开花的香石竹是1840年法国人Dalmais利用中国石竹育成的常青香石竹类型'Atim'。1846年，四季开花已成为香石竹的普遍特性。1866年，法国人Aegatire成功培育出了树状香石竹，其茎秆刚直。这些特征奠定了香石竹的基本品质。此时，法国是香石竹品种改良的中心。

1852年，香石竹被引入美国，成为许多美国优良种的亲本，数以百计的商用香石竹品种被培育。例如，1895年育成的'劳森夫人'，温室中可四季开花，且花期持久、产量高。美国人威廉·西姆于1938年育成的'Wlliam Sim'品种，是著名的单头型香石竹，从这个红花香石竹品种中，已经产生了白色、橙色、粉色和几种彩斑类型的突变，颜色丰富。'Sim'型的香石竹品种在全世界种植了近半个世纪，但其对枯萎病和青枯病高度敏感。1960年左右在法国和意大利开始了'地中海'型抗枯萎病香石竹的培育。除此之外，'地中海'型香石竹花型优良，花质量高，减少或消除了'Sim'型品种发生的花萼开裂的问题。目前'Sim'型品种已经消失，大多数标准商业品种为'地中海'型。

现今，香石竹作为世界四大切花之一，在意大利、西班牙、法国、荷兰和印度等国家广泛栽培，受欢迎程度仅次于玫瑰。同时，现代香石竹的育种中心已经移到了荷兰及意大利南部。2017年，日本育种家Sakuramoto和Masahiko育成了'Hilbeaolswee''Hilbeaolwild''Hilbeaolcher'三个香石竹新品种。荷兰育种家Koekkoek育成了很多香石竹新品种，均表现为分枝能力强、花期早、瓶插性状好，同时在香石竹花色上进行了不断创新。'Hilrees'是红紫色和白色双色半重瓣花；'Hilprot'为紫色重瓣花，边缘浅粉红色；'Hilbechapell'是黄绿色重瓣花。这些创新有力地推动了香石竹的育种进展。

我国于1910年开始在上海进行香石竹引种生产，经过长期发展，我国已成为世界上香石竹最大的生产国，是日本、俄罗斯、东南亚、中东等国家和地区的主要采购地之一。我国的香石竹育种工作也在有序开展，以培育高产、优质和高抗逆性的新品种为主要目标。香石竹育种家张冬雪近几年育成了多个香石竹新品种，如'夕阳红''康粉5号''云古1号''娇娃'等，昆明缤纷园艺公司育成了'丽人''芳华'等新品种，还有国内其他育种公司育成的'虹美2号''红玉'等，这些品种观赏性状、抗逆性均较好。总体来看，我国香石竹育种产业正在稳步发展。

8.1.2　育种目标及其遗传基础

8.1.2.1　育种目标

育种时，除了考虑香石竹需符合大众审美的观赏性状外，优良的园艺性状也是长期的育种目标。同时，还要考虑香石竹的抗病性、抗逆性等。最后，生态育种也是降低生产成本、获取高品质香石竹的保障。

（1）观赏性状　　要求花型圆正，花朵整齐，花苞大；花朵色泽较好，颜色丰富、鲜艳、新颖，花型多样；外花瓣不下垂，有香气，不见雌蕊；花瓣厚，全开并能同时开花；花萼不开裂，花青苷不显色，呈深绿色；最好是重瓣花。

（2）园艺性状　　要求花朵易开放且花期一致，瓶插期较长，持久性好；花秆不能过大，茎秆粗壮无斑，不易折断，不用拉网，花梗挺直坚硬不倒伏；具有早熟性，不需要摘蕾和摘芽；叶片厚，直立，附着蜡层，不易腐烂卷曲，不干枯；花枝匀称，腋芽发芽节位低，不用抹花蕾，二次花早且产量高，根系发达。

（3）抗病性　　枯萎病是世界上最严重、最广泛、最具破坏性的香石竹病害；青枯病是日本石竹属植物最重要的病害之一，阻碍了香石竹产业的发展，使种植户遭受了巨大损失。因此，香石竹的抗病育种也显得尤为重要。

（4）抗逆性　　美国、欧洲的育种者希望香石竹在冬季日照条件不良的情况下也能正常生长，并将其作为主要育种目标之一；在日本，高温容易使香石竹品质降低，因此以培育耐热品种为主；我国则兼有上述两种育种目标。同时，香石竹也需要有一定的耐冷、早熟、丰产等优良性状。

8.1.2.2 遗传基础

香石竹栽培品种的基因型一般高度杂合，因此在自交或者杂交后，其后代群体的性状高度分离。不同物种之间及内部的杂交、突变育种、双单倍体技术的发展，以及重组DNA技术在香石竹中的应用，培育了全球30 000多个商业品种。已有研究表明，香石竹花色的遗传很有规律，紫色对于粉色及红色是显性遗传，粉色对于红色是显性遗传，同时，花瓣的缺刻深裂对于浅裂是显性遗传，重瓣对单瓣来说是一种不完全显性。当普通重瓣品种用播种法繁殖时，必将出现单瓣、半重瓣和重瓣植株的分离。有研究显示，低温可能导致香石竹花粉母细胞发生败育及胼胝质不能及时溶解，进而致使小孢子的败育（周旭红等，2016）；而*DcRAD51D*基因可能参与香石竹减数分裂的同源重组，同时也可能参与体细胞同源重组修复（周旭红等，2019）。

8.1.3 种质资源

8.1.3.1 野生资源

石竹属广泛分布于北温带，大部分产于欧洲和亚洲，少数产于美洲和非洲，共约600种。我国有16种10变种，多分布于北方草原和山区草地，大多生于干燥向阳处。有不少栽培种类，是很好的观赏花卉（图8.2）。

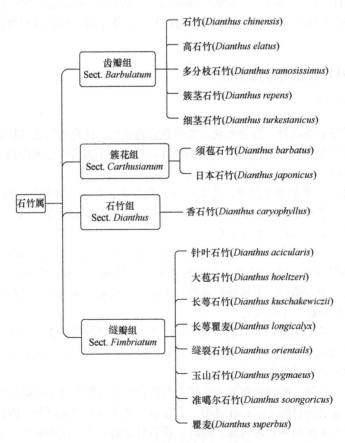

图8.2 石竹属野生资源分类

8.1.3.2　品种资源

香石竹品种极多，按开花习性有一季开花型与四季开花型；按花朵大小有大花型与小花型。根据植物形态、花朵大小和花朵类型的表型差异，目前香石竹品种主要分为以下三种。

1）单头型香石竹（standard carnation）一枝一朵大花，除去其侧芽以增大顶花的大小。美国育种家威廉·西姆培育出的'Sim'系品种，还有法国和意大利培育出的'地中海'型品种，均是单头型香石竹，均进行了广泛的商业化栽培。

2）多头型香石竹（spray carnation）的花朵较小，一枝多朵花。第一个多头型品种'Exquisite'是1952年鉴定出的'Sim'品系芽突变体，后来不久又发现了'Elegance'。此后，多头型品种逐渐在许多国家发展起来。荷兰育种公司 Hilverda Kooij 培育的'Barbara'和'Tessino'已经成为主流的多头型品种。

3）盆花型香石竹（pot carnation）有很多小花，为矮化香石竹，主要用于盆栽。1970年日本培育了第一个盆花型品种'Piccadilly Special Mix'。1975年其改良品种'Juliet'在比赛中获奖，使其得到了进一步发展。如今在日本，盆花香石竹已经被广泛栽培并用作母亲节礼物。

8.1.4　生殖生物学特性

8.1.4.1　花部特征、花芽分化与开花特性

（1）花部特征　香石竹花朵为圆拱形排列方式，花的形状圆形，单生或聚伞花序，有时簇成头状，围以总苞片；花瓣表面褶皱，子房下部微白，长菱形（纺锤形），其表面光滑，柱头有茸毛，花萼圆筒状，5齿裂。香石竹不同品种间花部形态特征差异较大。

（2）花芽分化　一季开花的香石竹为长日照植物。现代温室四季开花型香石竹为量性长日，在长日下促进花芽分化。香石竹的花芽分化大致分为6个阶段：未分化、花芽起始期、萼片形成期、花瓣形成期、雄蕊和雌蕊形成期、胚珠和花粉形成期。香石竹的整个花芽分化大概需要30d。此后，在花萼的保护下花蕾的各部分器官继续发育。

（3）开花特性　如今商品化香石竹多为四季开花的温室型品种，其幼苗节间较短，大约在6对叶展开时，从营养阶段转至生殖阶段。开始花芽分化后，节间迅速伸长，茎形成15～18对叶。当茎顶花蕾快要成熟时，自茎基部第4～6节以上节内发生侧枝，侧枝先端形成花蕾。当其上部的侧枝开花时，下部侧枝保持营养生长状态。剪去花枝后，这些营养枝迅速生长并形成下一茬花茎，如此反复连续开花。香石竹盛花期分别在5～6月和9～10月。

8.1.4.2　大小孢子的发生和雌雄配子体的发育

雌配子体的发生包括孢原细胞和大孢子母细胞的分化、减数分裂、功能大孢子的确立和雌配子体命运的选择。小孢子是雄配子体的第一个细胞，经历两次分裂形成雄配子体。石竹属的可育系小孢子发育经历了造孢细胞、小孢子母细胞和四分体等时期，最后发育成花粉。不育系败育现象在造孢细胞增殖期、小孢子母细胞减数分裂期及释放小孢子形成的各个阶段都有发生（傅小鹏等，2008）。

8.1.4.3　传粉方式与结实特性

香石竹柱头的可授性较好，但花粉活力较差，且柱头可授性时期与花粉成熟期不在一个时期，雌蕊滞后于雄蕊成熟，异花传粉，部分香石竹自交亲和。因香石竹花粉重且有黏性，花粉

活性低，所以风在花粉传播中几乎不起作用，香石竹一般都是通过昆虫传粉。

大多数香石竹栽培品种重瓣程度高，雄蕊较稀少或败育，且雌雄异熟，结实率低。长期进行营养繁殖和以选育香石竹花的品质为目标导致其花粉产生少，种子少或没有，因此在生产上主要进行无性繁殖（侧芽扦插）。

8.1.5 育种技术与方法

8.1.5.1 选择育种

我国的香石竹产业发展最开始主要依靠从国外引进优良品种。引种简单易行，收效快，用工少，是解决国内生产上缺乏优良品种的有效途径之一。2011年，桂敏等对意大利的'Pirandello'等14个品种进行了引种栽培试验，在昆明筛选出了综合性状最好的'Tico Ticowas'香石竹品种。现在的市场流行品种如'马斯特'（'Master'）和'白雪公主'（'Baltico'）等都是从巴伯特布兰卡公司引进的品种。国外新品种的引进，不仅可以用于生产，更重要的是引入了优良种质资源，丰富了香石竹的基因库，促进了我国育种工作的开展。

8.1.5.2 芽变育种

芽变是一种体细胞突变，导致分枝或者个体发生突变。由于香石竹的群体植株很容易发生变异，芽变被广泛用于选育新的香石竹品种。源自'William Sim'的'Sim'类型包括四百多个花瓣颜色不同的芽变突变体，如香石竹多头品种'红芭芭拉'和'粉芭芭拉'均是芽变选育产生。另外，转座子的跳跃也可以诱导香石竹的芽变，而通过这种转座子跳跃来诱导芽变将有助于提高育种效率。

8.1.5.3 杂交育种

种间杂交是最传统、最原始的育种方式，也是扩大遗传变异最有用的策略之一。杂交的主要操作流程为：亲本选配→人工授粉杂交→采种→播种→实生苗栽培→优良单株选择→营养繁殖（扦插）→株系比较选择→组培繁殖→新品系比较选择→生产试种→区域性试种→新品种申报。在日本，多位育种家通过常规杂交技术培育出了性状优良的香石竹品种，如第一个抗枯萎病的品种'Karen Rouge'，超长瓶插寿命和乙烯抗性兼备的品系'806-46b''天使''十四行诗''拉凡'。Onozaki等连续选育了7代瓶插寿命较长的后代，其平均瓶插寿命从第一代的7.4d增加到第七代的15.9d，这表明从第一代到第六代的选择是有效的。由于杂交育种的过程比较漫长，如今多采用基因工程与杂交育种方式相结合的方法进行育种。

8.1.5.4 诱变育种

由于香石竹的遗传稳定性，且其杂合性提供了高突变频率，目前诱导突变已被用于扩大可用遗传资源的范围。诱变育种在不改变香石竹其他优良性状的前提下，可以改变香石竹的一个或者多个性状。诱变育种已被广泛用于选育新的香石竹品种。目前已经证明，离子束可以诱导产生多种花色和形状，组织培养与离子束辐照相结合，可以创造出比伽马射线辐照更多的变异表型。Okamura等利用离子束与组织培养的优势，选育出了两个颜色高亮的香石竹新品种'MA21Red'和'MA21Purple'。接着，Okamura等将杂交与离子束辐照结合，创造出具有高度金属色彩的香石竹，其颜色由花青素液泡内含物决定。但是突变不能选择特定的基因组位置，且突变体可能导致扇形嵌合体，可通过连续获得腋芽或使用组织培养方法获得纯合突变体。目前，Okamura团队已经成功地开发了世界上第一个香石竹品种系列，品种颜色和形状多种多样，同时保留了香石竹的优良特性，如抗病性强、瓶插寿命长等。到2018年，通过诱变育种已经培育出8个香石竹品种，并且这8个品种的特性基本稳定。

8.1.5.5　多倍体育种

在香石竹中，大多数品种是二倍体（$2n=2x=30$），只有少数品种是三倍体（$2n=3x=45$）或四倍体（$2n=4x=60$）。多倍体通常具有大花、厚叶、强壮的茎和旺盛的生长力等理想的性状。栽培香石竹的倍性、细胞大小和花瓣大小之间存在正相关，在进行大花香石竹新品种的育种过程中应该加以考虑。周旭红等报道了二倍体和四倍体香石竹品种之间存在生殖障碍。以香石竹品种 'Butterfly'（$2n=4x=60$）、两个株系 'NH10'（$2n=2x=30$）和 'NH14'（$2n=2x=30$）为材料，配置两个杂交组合，结果表明，受精后障碍降低了杂交的成功率，但成功获得了5个三倍体杂种植株和7个四倍体杂种植株（Zhou et al.，2017）。

8.1.5.6　基因工程育种

2014年，完成了香石竹品种 'Francesco' 的基因组测序（Yagi et al.，2014a）。随着对香石竹基因组的了解与深入，DNA分子标记等技术也逐渐被用于香石竹的育种工作，这将有助于理解和探索该物种的遗传基础，加快香石竹育种进程。

（1）花色改良　　香石竹花中的色素主要由花青素和查耳酮衍生物组成，大部分参与香石竹色素合成的基因已经被鉴定。已知香石竹中存在4种主要的花青素：天竺葵苷3-丙二酰葡糖苷（Pg3MG）、氰苷3-丙二酰葡糖苷（Cy3MG）、天竺葵苷3,5-环丙二酰二葡糖苷（Pg3,5cMdG）和氰苷3,5-环丙二酰二葡糖苷（Cy3,5cMdG），分别形成红色、深红色、粉色和紫色。除此之外，青色由花色苷产生，黄色由查耳酮产生，奶油色由黄酮醇产生，绿色由叶绿素产生。单一品种香石竹中只含有一种花青素，花的颜色与花青素之间有很强的相关性，因此可以根据一个品种的花色来推断其主要花色苷的种类。苹果酸对花青素的酰化作用和通过有机酸结合糖基形成环状花青素结构是该物种所特有的。由于香石竹中缺少黄酮 3',5'-羟化酶（F3'5'H），导致其无法形成蓝色，但可以将矮牵牛或者三色堇的 F3'5'H 基因导入香石竹中，培育蓝色的转基因香石竹，目前已经获得转基因紫罗兰香石竹。利用在淡粉色花瓣上具有深粉色部分的可变花系的基因组分析结果，确定编码谷胱甘肽硫转移酶（GST）类蛋白的 DcGSTF2 负责花色强度，花青素含量的QTL可能与调节花青素生物合成途径或编码GST的基因有关。Miyahara等发现香石竹花瓣中一部分查耳酮被查耳酮 2'-葡糖基转移酶催化转化为 2'-葡糖苷（Ch2'G），从而导致花青素和Ch2'G同时积累，形成橙色（Miyahara et al.，2018）。Iijima等首次提供证据证明香石竹的黄色花瓣颜色来自类胡萝卜素，通过控制这些类胡萝卜素的生物合成和酯化速率，可以培育出具有鲜艳黄花的香石竹新品种（Iijima et al.，2020）。Zhang等结合香石竹转录组分析，筛选到 MYB、bHLH 和 WRKY44 等基因共同作用于花青素合成酶（ANS）来调控香石竹复色的形成（Zhang et al.，2022）。

（2）花香改良　　经典的香石竹具有辛辣的气味，与丁香相似，一般被认为是苯类芳香化合物丁香酚的气味。目前大多数香石竹切花品种的香味都是来自苯甲酸甲酯。增加水杨酸甲酯和萜类化合物在这些植物中的合成量可能是花香育种的一条有效途径。现代香石竹的香味不如野生石竹的多样，因此，可以考虑将具有强烈或特有香味的野生石竹的香味引入现代香石竹品种中。野生长萼石竹的萜类、丁香烯和罗勒烯含量较高。此外，苯类丁香酚、苯甲醇、甲基茴香酸酯和水杨酸甲酯是通过香石竹和野生种之间的种间杂交获得的。香石竹气味在收获后会迅速消失，其气味排放在收获后2d内减少了15%～50%。研究表明，浓花香味与乙烯生物合成基因 *DcACS1* 和 *DcACO1* 在香石竹中的转录积累程度与其对乙烯的敏感性有关。香石竹的香味释放水平与花的乙烯敏感性和寿命有关，并且依赖于花的衰老（In et al.，2021）。在采后过程中，采用湿法运输代替干法运输，有望延长香石竹切花的显替时间（Kishimoto et al.，2021）。另外，切花的香味持续时间明显比完整花的持续时间短，且切花散发的气味迅速减少，可能是由花瓣中作为气味挥发物基质的糖含量减少所致（Kishimoto et al.，2021）。Zhang等研究发现香石竹丁香酚合成酶（EGS）基因存在外显子上的结构变异，其提前终止可能是香石竹丁香酚丢失的原因（Zhang et al.，2022）。目前仍需要进一步研究来改善香石竹切花的香味。

（3）花型改良　　单/双花表型是香石竹的育种目标之一，但对于花朵表型的相关研究较少。2006年，Onozaki等确定了来自 *D. capitatus* ssp. *andrzejowskianus* 的单花位点基因（d）。Yagi等在LG85P_15-2上定位了花型（双或单）的D85位点，并确定了4个共分离SSR标记。其中，CES1982和CES0212与D85位点紧密相连，而CES1982和CES0212与负责双花表型的显性D等位基因紧密连锁，这是形成双花表型的原因（Yagi et al.，2014b）。Zhang等研究发现香石竹A、C类基因的异位表达可能是影响重瓣型香石竹形成的重要因素（Zhang et al.，2022）。

（4）开花时间改良　　不同香石竹品种之间的开花时间差异较大。一般来说，香石竹属长日照植物，长日照条件下开花最快。Yagi等开发了一个与已检测到的花期QTL相近的DNA标记qD1Flw1-sc43-4，并利用此标记对晚花品种 'Light Pink Barbara' 和早花品种 'Kaneainou 1 go' 杂交的F$_1$代群体的开花时间和基因型进行了分类（Yagi et al.，2020）。有研究表明，过量的木糖低聚糖（XGO）会干扰或抑制开放花朵花瓣中的细胞壁代谢，从而影响花朵的开放过程，导致花朵开放时间的改变；吡啶二羧酸（PDCA）及其类似物2,3-PDCA和2,4-PDCA分别通过促进香石竹花的开放和延缓衰老来延长香石竹的瓶插寿命，其中3-吡啶羧酸（3-PCA）及其衍生物3-PCA酰胺在促进切花开放方面最有效。

（5）抗病性改良　　青枯病是影响日本香石竹生产最严重的病害之一。为了提高抗青枯病品种的选择效率，Yagi等于2006年构建了第一个香石竹遗传连锁图谱，2010年培育出了第一个抗青枯病的香石竹品种 'Karen Rouge'，2012年又鉴定出了 '85-11' 品系，该品系表现出显著的青枯病抗性水平。利用品系 '85-11' 和易感品种 'Pretty Favvare' 的F$_2$群体构建了基于SSR的遗传连锁图谱（Yagi et al.，2012）。青枯病抗性的数量性状基因座（QTL）分析显示：LG 85P_4（Cbw4）中只有一个QTL，与Cbw4基因座相邻的两个紧密连锁的SSR标记为CES2643和CES1161。F$_2$定位群体中，根据 *CES2643* 基因座的基因型分类，三个群体之间的平均发病率差异（即 '85-11' 等位基因纯合、杂合或易感品种等位基因纯合）表明，标记基因型与发病率之间存在明显的相关性。这些SSR标记与青枯病抗性紧密相连，可直接用于分子标记辅助选择育种（MAS），以促进将目标抗性基因导入某些品种。使用SSR标记对LG 85P_4（Cbw4）和LG NP_4（Cbw1）之间的青枯病抗性基因座进行比较分析，发现两个连锁群（LG）中存在几乎相同的位置。为了确定Cbw4和Cbw1是否为同源基因，需要使用Cbw4或Cbw1周围高密度标记的技术进行进一步分析，或克隆每个基因。通过构建品种 'KarenRouge' 的细菌人工染色体（BAC）文库，克隆与Cbw1相对应的基因将解决这一问题。

另外，香石竹常见的病毒病有花叶病、条纹病、环斑病、斑驳病等。香石竹潜伏病毒（CLV）于1954年首次被Kassanis在须苞石竹和石竹中发现，并于1955年被Kassanis进一步鉴定和命名。在1971年国际病毒分类委员会第一次分类报告中，CLV被指定为卡拉病毒属的模式成员。2015年，利用转录组数据，首次提供了感染香石竹斑驳病毒的近完整基因组序列。

2021年首次报道了香石竹潜伏病毒的全基因组序列，通过高通量测序（HTS）和桑格测序，RT-PCR扩增及cDNA末端快速扩增（5′-RACE和3′-RACE）验证获得了CLV基因组全长序列（Jordan et al., 2021）。

（6）瓶插寿命改良　　香石竹是乙烯高度敏感型花卉，其衰老特征是花瓣自我催化乙烯产生，随后花瓣枯萎。在花朵完全开放的几天后，会合成大量乙烯。乙烯首先在香石竹花的雌蕊自然衰老期间产生，然后在花瓣中产生。乙烯产量的增加加速了花瓣的卷曲，导致萎蔫。乙烯是一种气体植物激素，会诱发细胞程序性死亡，故香石竹常作为研究乙烯诱导花瓣衰老的模式植物（Ma et al., 2018；Yagi et al., 2014a）。乙烯能够促进花瓣衰老过程中乙烯的释放，从而促进切花衰老。因此，乙烯是香石竹瓶插寿命的一个重要决定因素。通过对乙烯生物合成及其信号转导，以及外源乙烯敏感性三个方面进行调控，可以有效延长香石竹的瓶插寿命。

1）乙烯的生物合成：乙烯的生物合成首先是由甲硫氨酸（Met）转化为S-腺苷甲硫氨酸（SAM）引起的，SAM是1-氨基环丙烷-1-羧酸（ACC）合成的底物。然后ACC被ACC氧化酶（ACO）氧化成乙烯。ACC合成酶（ACS）和ACC氧化酶（ACO）是乙烯生物合成途径中的限速酶。研究表明，在香石竹雌蕊中，ACC合成酶和ACC氧化酶基因的表达比在花瓣中的表达增加得更早，这与观察到的乙烯生成一致。在香石竹中，已经分离出三个编码ACS的基因，分别命名为*DcACS1*、*DcACS2*和*DcACS3*。*DcACS1*主要在花瓣中表达，衰老过程中*DcACS1*水平升高。*DcACS2*和*DcACS3*主要在雌蕊中表达。同样，据报道ACO蛋白也由多基因家族编码。Norikoshi等提出了香石竹花瓣衰老模型：在衰老过程中，花柱ACC水平逐渐升高转化为乙烯，这是由*DcACO2*编码的组成型ACO活性所催化。花柱产生的乙烯转移到对乙烯有高度敏感的子房，并引起乙烯的产生，导致花瓣中乙烯产生的增加。由于*DcACO1*在子房中的表达被乙烯和ACC上调，*DcACO1*可能是促进该器官乙烯生物合成的原因。值得注意的是，*DcACO2*可能也参与了该器官的乙烯生物合成，这是因为*DcACO2*的表达在自然衰老期间增加，与*DcACO1*的表达类似（Norikoshi et al., 2022）。

现在通常使用硫代硫酸银络合物（STS）、氨基乙氧乙烯基甘氨酸（AVG）和氨基氧乙酸等乙烯抑制剂来延长香石竹的瓶插寿命。由于化学物质的使用造成了环境和公共健康问题，硫代硫酸银和许多其他乙烯抑制剂可能很快就会被禁止。近年来，人们尝试通过生物技术改变乙烯生物合成基因的表达来改变花瓣的衰老过程，延长其瓶插寿命。纳米银脉冲处理通过拮抗乙烯的有害作用来抑制切花茎端细菌的繁殖，提高了香石竹切花的观赏品质，延长了香石竹切花的瓶插寿命（Liu et al., 2018）；蓝光可以通过降低乙烯合成基因的表达和提高ABA合成基因的表达，延缓香石竹花瓣的衰老（Aalifar et al., 2020）；纳米银可通过抑制乙烯正调节基因的表达，抑制乙烯生物合成基因*ACS1*和*ACO1*，以及花瓣衰老相关基因*CP1*的表达，对香石竹的乙烯信号转导产生影响，从而延长瓶插寿命（Naing et al., 2021）。

2）乙烯的信号转导：基于遗传和分子生物学方法，在模式植物拟南芥中建立了一个近线性的乙烯信号转导通路（Wang et al., 2020）。ER家族是植物中乙烯信号传递的起点，内质网膜上的乙烯受体ETR1、ETR2、ERS1、ERS2和EIN4与乙烯分子结合，抑制CTR1的激酶活性，激活乙烯信号通路关键的正调节因子EIN2，将信号传递到转录调控因子EIN3/EIL1及下游响应基因*ERF1*，完成乙烯的信号输出。除此之外，F-box蛋白EBF1和EBF2介导的泛素化降解也会影响EIN3和EIL1的蛋白稳定性。利用5%蔗糖连续处理植株可抑制*Dc-EIL3*的上调，延长花瓣中*DcACO1*和*DcACS1*的上调周期，从而延缓乙烯的生成，延长瓶插寿命（Elemam et al., 2018）；施用氢化镁可以通过乙烯信号途径延长香石竹切花的瓶插寿命（Li et al., 2021）；利用构建的乙

彩图

图8.3 DcWRKY75介导的
乙烯诱导香石竹花瓣衰老调控
模型（Xu et al., 2021）

烯诱导的香石竹切花花瓣衰老的转录组数据，从中筛选到一系列关键的转录因子，如DcWRKY75（Xu et al., 2021）、DcERF-1（王妍等，2022）和DcHB30（Xu et al., 2022）。其中*DcWRKY75*是乙烯信号通路核心转录因子DcEIL3-1的直接靶基因（Xu et al., 2021）。沉默*DcEIL3-1*和*DcWRKY75*可以显著降低乙烯生物合成基因*DcACS1*、*DcACO1*及衰老相关基因*DcSAGs*的表达，从而延缓香石竹切花的衰老（Xu et al., 2021）（图8.3）。

3）外源乙烯敏感性：在香石竹中，花对外源乙烯的反应伴随着自催化乙烯产生和花瓣衰老过程而发生，这是花瓣协调衰老的一种方式。对乙烯敏感性增加是花瓣开始衰老的表现，对香石竹的切花寿命具有重要影响。有研究表明，乙烯敏感性与瓶插寿命无明显相关性。在来自'606-65S'和'609-63S'的50个杂交后代中发现了具有超长瓶插寿命和低乙烯敏感性的株系'806-46b'，但其乙烯敏感性低的遗传机制尚不清楚。先前有研究报道了香石竹长瓶插寿命的相关转录组分析结果，这有助于加深对香石竹瓶插寿命和乙烯敏感性关系的理解。

4）其他因素：香石竹切花的衰老，除了与乙烯作用有关外，还与其失水、离子渗漏、活性氧的产生，以及蛋白质和核酸的合成与降解等因素有关。$Ce(NO_3)_3$通过增强花瓣中的抗坏血酸和谷胱甘肽代谢来提高香石竹切花的瓶插寿命（Zheng and Guo, 2018）。适当浓度的C60和石墨烯量子点（GQD）可以影响活性氧代谢和下游的生物事件，包括细胞的氧化还原状态、抗氧化系统与膜脂质过氧化，有效地延缓衰老和植物组织的脱落（Zhang et al., 2021）。氢纳米气泡水可以减少香石竹切花花瓣的活性氧积累和衰老相关酶的活性，从而延缓香石竹切花花瓣的衰老（Li et al., 2021）。最近，表达序列标签、大规模转录组分析、DNA分子标记和全基因组序列已被用于香石竹瓶插寿命的研究。这些研究阐明了香石竹中乙烯生物合成、感知和信号转导的控制。了解这些生理特性的遗传控制及其与基因组上分子标记的联系，以及这些特性背后的基因，将显著促进香石竹育种进程。

（7）基因编辑育种　　与常规育种方法相比，基因组编辑育种是一种非常有希望的快速改良观赏植物性状的方法。其通过目标双链的断裂（DSB）来进行同源重组和非同源重组。最开始的基因编辑技术ZFN（zinc-finger nuclease）和TALEN（transcription activator-like effector nuclease），均携带了能产生双链断裂的限制性核酸内切酶Fok I，但二者结构复杂、操作困难且成本高昂，所以应用受限。而CRISPR/Cas9系统是由细菌和古细菌的获得性免疫系统改造而成，因其精准、快速、灵活性好，同时体量小，所以是目前应用最广泛的基因编辑系统。

目前，观赏植物应用基因编辑技术还较少。利用CRISPR/Cas9技术进行的基因编辑必须以已知完整的基因组信息为基础。由于观赏植物很多属于多倍体物种，染色体结构复杂，基因组序列信息不全，制约了这类物种基因组编辑技术的发展。直到最近，用于大型数据集测序和分析的新技术才应用于观赏植物。2014年，香石竹品种'Francesco'的全基因组测序已经完成（Yagi et al., 2014a），发现了香石竹中与抗性、乙烯合成机制、香味释放等相关基因。2016年，周旭红通过CRISPR/Cas9技术对*DcPS1*基因靶位点进行敲除，获得了4株阳性转基因植株，在其靶位点出现了单碱基突变（周旭红等，2016）。香石竹基因组较小，大多数品种为二倍体，相信随着技术进步，CRISPR/Cas9系统将广泛应用于香石竹育种中。

8.1.6　良种繁育

由于香石竹品种在栽培过程中容易发生变异，会使品种原有种性丧失，严重退化，并且易受病毒感染，从而失去栽培利用的价值。因此，有必要建立香石竹的良种繁育技术体系。

选择优良个体进行茎尖脱毒培养苗可获得原原种，达到长期保存优良品种的目的。同时，通过对香石竹病虫害进行严格控制、快速检测病原、合理施肥等技术措施，建立原原种、原种和繁殖原种的无菌种苗生产及检测体系，无病体系的保持和无病植株的栽培管理技术，保持并不断提高良种种性和生活力，之后可通过扦插繁殖进行大规模生产。其过程可以总结为植物茎尖脱毒苗→脱毒母株（原原种）→采取插穗、扦插→一代苗（原种）→采取插穗再扦插→二代苗（用于大田生产）。

在生产中主要通过稀播繁殖、扦插繁殖、组织培养、异地异季繁殖来提高繁殖系数和增加种植次数，在较短时间内快速繁殖出大量种苗。创造优良的栽培条件，如土质、灌溉、肥力、轮作和营养面积等，不仅对良种优良遗传性的保持起决定作用，而且植物同化了优良的栽培条件后，能增加其内部矛盾，从而提高其生活力，通过严格选用无病插穗及土壤消毒可防止香石竹病毒病发生。

还可通过超低温保存种质资源。当植物细胞、器官或组织在零下196℃的液氮中储存时，细胞活动停止，细胞内容物转化为玻璃或玻璃化状态，可以实现长期保存。香石竹的低温保存技术包括超快速冷却、包封玻璃化冷冻和包封脱水，有效取代了20世纪80年代早期研究中使用的程序化缓慢冷却过程。但是目前对于长期保存的超低温保存仍然需要进一步探索。

（张　帆）

8.2　蝴蝶兰遗传育种

蝴蝶兰（*Phalaenopsis*）为兰科（Orchideceae）树兰亚科（Epidendroideae）万代兰族（Vandeae）指甲兰亚族（Aeridinae）植物，原产于亚洲和大洋洲的热带和亚热带地区，典型的单茎类气生兰，没有假鳞茎，叶宽且厚，多肉，革质，花梗由叶腋中抽出。由于其花色丰富艳丽、花期长，所以被称为"热带兰花皇后"，主要作为盆花生产（朱根发，2004）。经过近20年的快速发展，我国已成为世界蝴蝶兰的生产和消费中心之一。

8.2.1　育种简史

蝴蝶兰属模式种 *Phalaenopsis amabilis* 在1825年由荷兰植物学家布鲁姆（Blume）发现，此后陆续发现了70多个蝴蝶兰原生种（Christension，2001）。1887年，英国伦敦的 Veitch 苗圃在英国皇家园艺学会（Royal Horticulture Society，RHS）正式注册登录了蝴蝶兰属的第一个人工杂交种 *P*. Harriettiae（*P. amabilis* × *P. violacea*）。1922年，Knudson 发现糖类能代替真菌促进种子萌发，建立了胚培养（无菌播种）技术，极大地促进了兰花杂交育种和兰花种子苗的生产。1940年，四倍体杂交种 *P*. Doris 的培育，开创了现代蝴蝶兰的育种新时代（Christension，2001）。至2020年9月，在 RHS 上登记注册的蝴蝶兰育种单位（或个人）达2343家，登录的蝴蝶兰杂交种数为36 685个。一百多年来，蝴蝶兰杂交育种取得了令人瞩目的成就，对推动产业发展做出了重要贡献。蝴蝶兰已发展成为全球最重要的盆栽花卉之一，高居中国年宵花第一名、荷兰和美国盆花排行榜第一名，以及日本兰花产销量第一名（朱根发等，2020）。

8.2.2 种质资源

Christenson（2001）建议将尖囊兰属（*Kingidium*）的4个种和五唇兰属（*Doritis*，又称朵丽兰属）的3个种归并入蝴蝶兰属。2012年12月，英国皇家园艺学会正式接受该分类建议，并在国际兰花品种登录中将尖囊兰属和五唇兰属的杂交种及其与蝴蝶兰属的属间杂交种一起归并为蝴蝶兰属。经过归并后的蝴蝶兰原生种为63个（朱根发，2015）。

印度尼西亚是原产蝴蝶兰最多的国家，有26种。其次是菲律宾，原产19种。马来西亚排第3，原产18种，印度尼西亚和马来西亚原产的蝴蝶兰中，有16种产自婆罗洲。泰国、越南、印度和缅甸各原产9～10种，不丹、老挝、斯里兰卡、新几内亚、澳大利亚各有1～2种。我国原产蝴蝶兰14种，排在全球第4位，其中5种（华西蝴蝶兰、红河蝴蝶兰、滇西蝴蝶兰、尖囊蝴蝶兰和小尖囊蝴蝶兰）属落叶蝴蝶兰亚属，5种（白花蝴蝶兰、菲律宾白花蝴蝶兰、金氏小蝶兰、桃红蝴蝶兰和紫花蝴蝶兰）属蝴蝶兰亚属，3种（囊唇蝴蝶兰、罗比蝴蝶兰和麻栗坡蝴蝶兰）属柏氏蝴蝶兰亚属，1种（版纳蝴蝶兰）属多唇蝴蝶兰亚属。麻栗坡蝴蝶兰和滇西蝴蝶兰为我国特有种。

由于气候变迁、人为开发或过度采挖等原因，一些蝴蝶兰原生种已被列入世界自然保护联盟（International Union for Conservation of Nature and Natural Resources，IUCN）红色名录中，其中华西蝴蝶兰列为极危种（critically endangered），林登蝴蝶兰、米库氏蝴蝶兰和紫纹蝴蝶兰为濒危种（endangered）。

蝴蝶兰属原生种分为长吻蝴蝶兰亚属（subgen. *Proboscidioides*）、落叶蝴蝶兰亚属（subgen. *Aphyllae*）、柏氏蝴蝶兰亚属（subgen. *Parishianae*）、蝴蝶兰亚属（subgen. *Phalaenopsis*）和多唇蝴蝶兰亚属（subgen. *Polychilos*）5个亚属（Christenson，2001）。

1）长吻蝴蝶兰亚属：只有劳氏蝴蝶兰（*P. lowii*）1个种。

2）落叶蝴蝶兰亚属：包括华西蝴蝶兰（*P. wilsonii*）［将海南蝴蝶兰（*P. hainanensis*）并入］、红河蝴蝶兰（*P. honghenensis*）、滇西蝴蝶兰（*P. stobartiana*）、缅甸蝴蝶兰（*P. natmataungensis*）、尖囊蝴蝶兰（*P. braceana＝Kingidium braceana*）、小蝴蝶兰（*P. minus＝P. finleyi＝K. minus*）和小尖囊蝴蝶兰（*P. taenialis＝K. taenialis*）共7个种。

3）柏氏蝴蝶兰亚属：包括柏氏蝴蝶兰（*P. parishii*）、胼胝蝴蝶兰（*P. appendiculata*）、囊唇蝴蝶兰（*P. gibbosa*）、罗比蝴蝶兰（*P. lobbii*）、麻栗坡蝴蝶兰（*P. malipoensis*）和泰国蝴蝶兰（*P. thailandica*）共6个种。

4）蝴蝶兰亚属：分为4组16种，包括蝴蝶兰组（Sect. *Phalaenopsis*）、金氏小蝶兰组（Sect. *Deliciosae*）、朵丽兰组（Sect. *Esmeralda*）和船舌蝴蝶兰组（Sect. *Stauroglottis*）。①蝴蝶兰组有白花蝴蝶兰（*P. amabilis*）、菲律宾白花蝴蝶兰（*P. aphrodite*）、菲律宾蝴蝶兰（*P. philippinensis*）、桑德利亚蝴蝶兰（*P. sanderiana*）、薛丽蝴蝶兰（*P. schilleriana*）和史氏蝴蝶兰（*P. stuartiana*）。②金氏小蝶兰组有千叶蝴蝶兰（*P. chibae＝K. chibae*）、金氏小蝶兰（*P. deliciosa＝K. deliciosa*）、迈索尔蝴蝶兰（*P. mysorensis*）和神露蝴蝶兰（*P. mirabilis*）。③朵丽兰组有四倍体朵丽兰（*P. buyssoniana＝Doritispulcherrima* var. *buyssoniana*）、紫花蝴蝶兰（*P. pulcherrima＝D. pulcherrima*）和雷格蝴蝶兰（*P. regnieriana＝D. pulcherrima* var. *regnieriana*）。④船舌蝴蝶兰组包括苏拉威西蝴蝶兰（*P. celebensis*）、桃红蝴蝶兰（*P. equestris*）和林登蝴蝶兰（*P. lindenii*）。

5）多唇蝴蝶兰亚属：有4组33种，包括裂唇蝴蝶兰组（Sect. *Polychilos*）、褐斑蝴蝶兰组（Sect. *Fuscatae*）、安曼蝴蝶兰组（Sect. *Amboinenses*）和马斑蝴蝶兰组（Sect. *Zebrinae*）。①裂唇蝴蝶兰组有角状蝴蝶兰（*P. cornu-cervi*）[将婆罗洲蝴蝶兰（*P. borneensis*）、豹纹蝴蝶兰（*P. pantherina*）并入此种]和版纳蝴蝶兰（*P. mannii*）。②褐斑蝴蝶兰组有匙唇蝴蝶兰（*P. cochlearis*）、褐斑蝴蝶兰（*P. fuscata*）、孔氏蝴蝶兰（*P. kunstlerii*）和绿花蝴蝶兰（*P. viridis*）。③安曼蝴蝶兰组有安曼蝴蝶兰（*P. amboinensis*）、婆罗洲紫纹蝴蝶兰（*P. bellina*）、巴氏蝴蝶兰（*P. bastianii*）、道尔蝴蝶兰（*P. doweryensis*）、横纹蝴蝶兰（*P. fasciata*）、流苏蝴蝶兰（*P. fimbriata*）、佛罗勒斯蝴蝶兰（*P. floresensis*）、象耳蝴蝶兰（*P. gigantea*）、象形文字蝴蝶兰（*P. hieroglyphica*）、爪哇蝴蝶兰（*P. javanica*）、鲁德曼蝴蝶兰（*P. lueddemanniana*）、黄花蝴蝶兰（*P. luteola*）、斑花蝴蝶兰（*P. maculata*）、玛莉亚蝴蝶兰（*P. mariae*）、米库氏蝴蝶兰（*P. micholitzii*）、沙巴蝴蝶兰（*P. modesta*）、淡白蝴蝶兰（*P. pallens*）、美丽蝴蝶兰（*P. pulchra*）、理氏蝴蝶兰（*P. reichenbachiana*）、罗便臣蝴蝶兰（*P. robinsonii*）、多脉蝴蝶兰（*P. venosa*）和紫纹蝴蝶兰（*P. violacea*）。④马斑蝴蝶兰组有三角唇蝴蝶兰（*P. corningiana*）、华彩蝴蝶兰（*P. inscriptiosinensis*）、美花蝴蝶兰（*P. speciosa*）、苏门答腊蝴蝶兰（*P. sumatrana*）和四叶蝴蝶兰（*P. tetraspis*）。

蝴蝶兰育种的主要原生种有以下16种。

1）白花蝴蝶兰（*P. amabilis*）：1825年发现，原产我国台湾，以及马来西亚、印度尼西亚、巴布亚新几内亚、菲律宾、澳大利亚等地。叶淡绿色，花期春夏季，总状花序，多花，花白色，唇瓣有黄色斑块。我国台湾原产的*P. amabilis* var. *formosum*（又称'台湾阿妈'）为其变种之一，小白花，多花，据报道曾有一株开花达200多朵。该种是白花蝴蝶兰的原始亲本之一。

2）菲律宾白花蝴蝶兰（*P. aphrodite*）：1862年发现，原产菲律宾，以及我国台湾。花期春夏季，总状花序，多花，花白色。是白花蝴蝶兰的原始亲本之一。

3）薛丽蝴蝶兰（*P. schilleriana*）：1860年发现，原产菲律宾吕宋岛及周边地区。深绿色叶具灰色横向的斑纹。花期春末初夏，花梗长30~60cm，多分枝，总状花序，多花，最多纪录开花达174朵，花梗上的花苞会同时绽放，花粉红色。花径6.5~7.0cm。是红花系蝴蝶兰的原始亲本。

4）史氏蝴蝶兰（*P. stuartiana*）：1881年发现，原产菲律宾，生于海拔300m以下温暖湿润的森林中。花期春季，花梗长，分枝多，总状花序，花白色，有褐色斑点，花径6~7cm，具淡香。是蝴蝶兰属中着花数最多的种，最多可达百朵，多花性可遗传。该种是豹斑花的主要原始亲本。

5）桑德利亚蝴蝶兰（*P. sanderiana*）：1888年发现于菲律宾南部。花期在初春。花梗长且分叉，花径约8cm，粉红色，花期长。花色和花型易遗传。是粉红花系、红花系育种的重要亲本，后代的耐热性也较好。

6）桃红蝴蝶兰（*P. equestris*）：又称小兰屿蝴蝶兰，1850年发现，原产菲律宾，以及我国台湾等地，生于海拔300m以下山谷溪流两侧的树干上。春夏季开花，花梗短，小花，多花，开花8~10朵，花呈玫瑰红或浅红，唇瓣有斑点。该种是迷你蝴蝶兰的重要原始亲本，也是第一个被发表基因组的兰花物种（Cai et al., 2014）。

7）鲁德曼蝴蝶兰（*P. luddemanniana*）：1865年发现，原产菲律宾。叶片黄绿色，有光泽。花梗较短，开花2~7朵，花径4~6cm，花为白底，分布大的紫红色斑块，具浓香味。该种是白底粗斑或线条系品种的亲本，花型和色彩都呈显性遗传。

8）安曼蝴蝶兰（*P. amboinensis*）：1911年发现，原产于约旦首都安曼。夏秋季开花。花序一至数梗，长可达40~50cm，花数少，花径约5cm。生长缓慢，较畏寒冷，种子苗需5年才开花。有黄底和白底两个变种形态，均带有红褐色的同心轮状斑块，质地极厚，有芳香味。黄花系的同心圆状斑点可遗传，常作黄花斑点系的亲本。

9）横纹蝴蝶兰（*P. fasciata*）：1882年发现，原产菲律宾。生长迅速，花期夏季。花梗长可达90cm，花2~3朵。花径5cm，花色由淡黄至深黄都有，具红褐色同心圆状斑点，呈显性遗传。该种是黄花蝴蝶兰的原始亲本之一。

10）紫花蝴蝶兰（*P. pulcherrima = D. pulcherrima*）：又名五唇兰、朵丽兰，原产我国海南，以及印度东北部和东南亚。花期夏秋季，花紫红色，花序直立，总状花序，长10~13cm，疏生数朵花，是红蝴蝶兰的原始亲本之一。

11）象耳蝴蝶兰（*P. gigantea*）：1897年由Mantri Jaheri发现于婆罗洲，1909年由Jacob J. Smith命名。植株硕大，叶片似象耳，在乳白至淡黄的底色上分布有浮雕般的红褐色斑块，花径约5cm，质地极厚，呈蜡质状。该种需较高的越冬温度。

12）紫纹蝴蝶兰（*P. violacea*）：又称荧光蝴蝶兰。1985年发现，原产马来西亚半岛及印度尼西亚的苏门答腊岛，生于海拔150m的林中。植株叶片宽大圆整，翠绿且富有光泽。花期夏季至秋季。花梗短，一般只开2~3朵花。花紫色或浅紫色，具荧光，唇瓣深紫色，花质较厚且有浓馥的芳香味。该种是荧光蝴蝶兰、香花蝴蝶兰的亲本。

13）苏门答腊蝴蝶兰（*P. sumatrana*）：1839年由Koothals Prior发现，原产苏门答腊岛。花梗较短，花径5cm，底色有乳黄色、淡绿色和白色等，布满褐色条斑，呈星形。脉纹性状呈隐性遗传。该种是黄花蝴蝶兰的原始亲本之一。

14）多脉蝴蝶兰（*P. venosa*）：1978年发现，原产印度尼西亚泗水。花型星状，花色从鲜黄色到橙红色，上有红色褐脉纹，萼瓣和花瓣中心为白色。该种是黄花蝴蝶兰的重要亲本，底色为显性遗传，不褪色。

15）玛丽亚蝴蝶兰（*P. mariae*）：1883年发现，原产菲律宾。花梗长20~30cm，花色白、浅黄或淡绿，带有不规则粗大斑块，花径3.5~4.0cm。

16）版纳蝴蝶兰（*P. mannii*）：又称曼尼蝴蝶兰，1868年由Gustav Mann发现，原产印度，以及我国云南。花期夏秋季。花梗可长达25~35cm，着花十余朵，花径3.5cm。花黄绿色、有红褐色斑纹，唇瓣黄色，是早期黄花品系蝴蝶兰的主要来源，但其后代的花易向后反卷，黄色会褪色。

在RHS登录的蝴蝶兰杂交种中，94.2%具白花蝴蝶兰的血统，其余依次是菲律宾白花蝴蝶兰，占93.9%；薛丽蝴蝶兰，占83.1%；史氏蝴蝶兰，占77.9%；桑德利亚蝴蝶兰，占75.2%；桃红蝴蝶兰，占63.8%；鲁德曼蝴蝶兰，占59.8%。除鲁德曼蝴蝶兰在分类上属多唇蝴蝶兰亚属外，其余均属蝴蝶兰亚属，而且前5种都属蝴蝶兰亚属蝴蝶兰组。

8.2.3　育种目标及其遗传基础

大多数原生种的花小（<10cm）、花朵数不多、花瓣薄（蜡质花除外）、花型不圆整。经过一百多年的杂交育种，现商业品种已越来越丰富，主要育种目标为花色更丰富、花型更圆整、花径更大（最大达16cm）、花朵数更多、开花性更好、花瓣质地更厚、观赏期更长（长达2~3个月）等（朱根发，2015）。

8.2.3.1　花色

蝴蝶兰花色丰富，根据其花色可分为红花系、黄花系、线条花系、白花系、斑点系等品种系列（朱根发，2004）。

（1）红花系蝴蝶兰　红花系蝴蝶兰有些是由原生种薛丽蝴蝶兰衍生而来，但目前花型较好、色彩较佳者多为紫花蝴蝶兰的后代。在红花系蝴蝶兰的育种中，我国往往追求越红越好，深红色大花更受人喜爱。

1）粉红大花蝴蝶兰。P. Happy Valentine（P. Otohime×P. Odoriko）是红花蝴蝶兰育种中常用的亲本之一，由日本培育。其花色粉红，花瓣、花萼宽大，唇瓣深红，花型饱满圆整，花朵中央呈白色（即中空），全花呈三角形，极具层次感。1980年引进台湾后，曾引起红花蝴蝶兰的培育热潮。同为粉红大花的常用亲本有德国培育的 P. Abendrot、P. Lipperose，以及我国台湾培育的 P. Pinlong Davis、P. Gaster、P. Pinlong Cinderella、P. New Eagle、P. Zada 等。此外，P. New Cinderella、P. Miho Princess、P. Judy Valentine 也是目前常用的亲本。

2）紫红大花蝴蝶兰。这类品种大部分具紫花蝴蝶兰的血统，我国台湾李万全培育的深红大花 P. Hinacity Glow（P. Coral Gleam×P. Herbert Hager）曾经风靡一时。其花大而圆整，花朵数多，花径9～10cm，抗病性及耐寒性强。

（2）黄花系蝴蝶兰　黄花品系的蝴蝶兰大多数是由原生种版纳蝴蝶兰杂交而来，由于该原种为小花型，为了获得大花型的黄花品种，多用大白花原种或杂种与其杂交。第一个杂种黄花品系是 P. Golden Louis，于1953年由著名的大白花杂种 P. Doris 与 P. mannii 杂交选育获得。早期的黄花蝴蝶兰在花型、花色等方面多不理想。直至美国 Fields 兰园培育出第一个纯黄色蝴蝶兰品种 P. Golden Emperor 'Sweet' FCC/AOS（P. Snow Daffodll×P. Mambo）。其叶片宽大、浅墨绿色，花纯黄色，直径约11cm，一梗有花十余朵，排列优美、花质厚实。由于该品种当时申请了多项专利，所以少见于用作杂交育种亲本。

在北美的黄花品系育种中，常用 P. Deventeriana（P. amabilis×P. amboinensis）和 P. Hauserman's Goldcup 作为亲本，可获得纯黄花或斑点黄花后代，如 P. Orchid World、P. Sweet Memory、P. Jim Knill、P. Orchid View Gold 等。

在我国台湾，黄花品系的育种也相对盛行，通过引进国外优良品系，进行系统纯化和杂交选育，使黄花蝴蝶兰的育种达到国际领先水平。1988年登录的 P. Taipei Gold（P. Glays Read 'Snow Queen'×P. venosa），可谓黄花蝴蝶兰育种工作的一个里程碑。目前这些著名的第一代杂种都分别用作亲本培育第二、三代黄花杂种。

（3）线条花系蝴蝶兰　线条花有白底线条花、红底线条花及黄底线条花等多种。

1）白底线条花的著名亲本有 P. Ella Freed、P. Freeds Danseuse、P. Freed's Shenk、P. Chiali Stripe、P. Cindy Danseuse、P. Chiali Freed、P. Chiali Danseuse 等，其杂交当代和子代都有相当不错的表现，代表了台湾线条花蝴蝶兰育种的主流。

在白底线条花中还有一个系统，即由著名的斑点花系亲本 P. Paifang's Queen 衍生而来的脉纹较粗犷的线条花，较著名的有 P. Brother Stripes、P. Fortune Girl 和 P. Bright Danseuse 等。其中 P. Brother Stripes 的母本中的大红斑点潜入花脉，形成斑点状脉纹，花径达8～9cm，花质很厚实。

2）以黄花系蝴蝶兰杂交获得的黄底线条花，如 P. Golden Amboin×P. Chiali Freed，为中型黄花与白底线条花杂交，获得的子代较好地遗传了双亲性状，在黄底色花上布满了粗犷的红脉纹且质地厚实。

3）以红花系蝴蝶兰杂交获得的红底线条花有 *P.* Taisuco Firebed 'Sogo'、*P.* Taisuco Candy Stripe 等。

（4）白花系蝴蝶兰　白花系蝴蝶兰的原生种主要有3个：白花蝴蝶兰、菲律宾白花蝴蝶兰和白花蝴蝶兰 *Formosana* 变种。白花蝴蝶兰有二倍体和六倍体两种，用六倍体的白花蝴蝶兰作为亲本，均能产生大花后代，台湾著名的大花后 *P.* Doris 具有 1/8 的白花蝴蝶兰血统。早期的大白花优秀亲本还有 *P.* Chieftain、*P.* Jeseph Hampton、*P.* San Marino、*P.* Barbara Kirch 等。

日本对大白花蝴蝶兰的喜爱远远超过了对红花的喜爱。因此，目前大白花蝴蝶兰的品系大部分源于日本培育的亲本，如 *P.* Mount Kaala，其最大花径可达 14cm，花型非常饱满圆整、排列有致，以其作为亲本杂交，均有较佳子代出现。

白花红唇的原生种母本为桃红蝴蝶兰，其唇瓣为深红色，但花相当小，为增大其花径、改进品质，多用大白花与其交配，如第一个白花红唇杂种 *P.* Judy Karleen，是用著名的大白花 *P.* Chieftain 与桃红蝴蝶兰的初代杂种 *P.* Sally Lowery 杂交而来。目前该系中著名的亲本有日本的 *P.* City Girl 和 *P.* Ace 'Idol' 等。

在台湾的白花红唇系中，影响较大的品系有 *P.* Su's Red Lip、*P.* Pinlong Cardinal 等，以它们作为亲本已培育出大量的优秀子代。*P.* Taida Beauty 也用作杂交亲本。

（5）斑点系蝴蝶兰　斑点系蝴蝶兰大部分具有原生种鲁德曼蝴蝶兰的血统。1975年利用大白花 *P.* Mount Kaala 与鲁德曼蝴蝶兰杂交，培育出的 *P.* Paifang's Queen，成为斑点蝴蝶兰育种工作的里程碑。其花径 8～10cm，花白底、布粗细不等的红斑，唇瓣鲜红色，其优良个体 *P.* Paifang's Queen 'Brother'，花径 8cm，白底花中布满大块红色斑块，只有边缘呈白色，质地很厚实，广泛用作亲本来培育大红斑蝴蝶兰，其子代多优良，可谓 "超级亲本"。目前，以其作为亲本杂交，已登录了 66 个杂种。

斑点黄花蝴蝶兰育种中的一个著名亲本是 1964 年由 Fields 兰园培育的 *P.* Golden Sand's（*P.* Fenton Davis Avant×*P. lueddemanniana*），也具原生种鲁德曼蝴蝶兰的血统。该杂种本身 "名花辈出"，已有 16 个同代株系获得美国兰花协会（AOS）奖，其中 'Canary' 株系获一级证书（FCC/AOS）奖，因此该杂种的培育被认为是斑点黄花蝴蝶兰育种的里程碑。由于 *P.* Golden Sand's 'Canary' 的育性问题，所以常需用原生种与其杂交才能获得种子。

还有一类斑点花具有多花性豹斑花原种史氏蝴蝶兰血统，由法国培育，因此也称为法国系斑点花（豹斑花），该类花的显著特点是其唇瓣较大并布有粗的豹斑，萼片、花瓣上一般都分布有细密的红褐色斑点，花梗的分枝性强，多花。

蝴蝶兰的育种，除适应国际市场对大花型切花和盆花蝴蝶兰的需要，培育出杂交后代花色单纯、变异小、易于规模化和批量化生产的大花型及不同花色蝴蝶兰外，一些育种爱好者还围绕珍奇赏玩类花系开展育种，即所谓的趣味育种，包括各种鲜艳的斑点、斑块、粗脉纹、奇花等，满足人们追求 "新、奇、特、稀" 的需要，通常都是利用 2 个、3 个或 3 个以上的原生种相互杂交选育而来。

8.2.3.2　花径

蝴蝶兰根据花朵的大小，可分为大花、中花、小花和迷你型蝴蝶兰。大花型花径一般为 10cm 以上，中花型花径 7.5～10.0cm，小花型花径 5.0～7.5cm，迷你型花径小于 5cm。由于蝴蝶兰原生种的花大多数比较小（<10cm）。因此育种时更加重视大花品种的培育。经过一百多

年的杂交育种，已培育出花径达16cm的超大花品种。其主要的亲本是白花蝴蝶兰的大花型变种和四倍体的 *P. Doris*。另外，四倍体 *P. Sogo Yukidian* 的大花径特性也可很好地遗传。

小花多花蝴蝶兰的育种在早期未引起重视，但近20年来，小花、迷你、丰花蝴蝶兰的育种工作发展较快。多花蝴蝶兰的原生种有 *P. equestris*、*P. lindenii*、*P. lobbii*、*P. parishii*、*P. stuatiana* 和 *P. schilleriana* 等。目前培育的多花蝴蝶兰几乎都具 *P. equestris* 血统，只有约0.1%的多花蝴蝶兰例外。

8.2.3.3　花型

蝴蝶兰花型育种方面，总体要求是形状应趋于圆形，丰满且质地平实，萼片应近于等边三角形分布，背萼片应稍大于且宽于侧萼片，花瓣应宽且平实，填满萼片间的空隙，唇瓣因品种的不同而变化。在蝴蝶兰的欣赏与评价中，常用整形花或极整形花来形容。整形花是指萼片、花瓣宽，萼片与花瓣之间无空隙或空隙小，唇瓣展开呈椭圆形，使整朵花外形趋向于圆形。极整形花是指花朵外形更圆，两片花瓣在萼片中间处重叠、无空隙。若萼片与花瓣之间有空隙或空隙大，则称为不整形花。

大多数蝴蝶兰原生种的花型不够圆整，如白花蝴蝶兰、桑德利西蝴蝶兰、紫花蝴蝶兰、鲁德曼蝴蝶兰、版纳蝴蝶兰等，但也有一些花型较圆整的原生种，如薛丽蝴蝶兰、象耳蝴蝶兰等，经过不断的杂交改良，现代栽培的蝴蝶兰的花型越来越圆整。

8.2.3.4　花朵质地

蝴蝶兰原生种萼片和花瓣的质地有两种类型：一种是以白花蝴蝶兰、薛丽蝴蝶兰等为代表的纸质，质地较薄，观赏期较短；另一种是以鲁德曼蝴蝶兰、象耳蝴蝶兰等为代表的蜡质，质地较厚，观赏期较长。现代栽培的蝴蝶兰品种，花朵质地都显著增厚，观赏期可长达3个月以上，主要是通过杂交引入了蜡质资源的厚瓣性状。

8.2.3.5　花朵数

生产上对于中、大花径的蝴蝶兰产品，一般按花朵数的多少进行分级，每枝花序花朵数16朵以上为顶级，10~16朵为特级，9朵为一级，8朵为二级，6~7朵为三级。培育多花品种是重要的育种目标。白花蝴蝶兰、菲律宾白花蝴蝶兰、薛丽蝴蝶兰、史氏蝴蝶兰、桃红蝴蝶兰、林登蝴蝶兰的多花性有较好的遗传性，用作亲本时杂交后代的花朵数多，花梗的分枝性强。

8.2.3.6　花期

蝴蝶兰现代杂交种多数在2~3月开花，极少部分品种能多季开花或在我国春节前后开花。因此，为了生产春节开花的蝴蝶兰产品，需要在开花前4~5个月进行18~26℃的昼夜温差处理。在蝴蝶兰原生种中，春季开花的有22种，夏季开花的有18种，秋季开花的有10种，冬季开花的有6~8种，因此，通过杂交选育不同季节开花的蝴蝶兰品种是有资源基础的。广东省农业科学院已培育出一批不须提前进行18~26℃昼夜温差处理就能在广州春节期间开花的品种，如'红霞蝴蝶兰'（图8.4）、'红日蝴蝶兰'（图8.5）。另外，原生种紫花蝴蝶兰、桃红蝴蝶兰等，其花梗上的花朵会持续发育并一直开放，鲁德曼蝴蝶兰、多脉蝴蝶兰等原生种的老花梗可重复开花，但这些优良性状在蝴蝶兰育种中还没有被很好地利用。

图8.4 '红霞蝴蝶兰'   图8.5 '红日蝴蝶兰'

8.2.3.7 花香

蝴蝶兰原生种中有26个具香味，如鲁德曼蝴蝶兰、安曼蝴蝶兰、紫纹蝴蝶兰等，由于这些有香味的原生种花朵数不多，且属于蝴蝶兰属的大染色体组，与白花蝴蝶兰、菲律宾白花蝴蝶兰、薛丽蝴蝶兰、史氏蝴蝶兰、桃红蝴蝶兰等小染色体组的多花型、大花型原生种杂交后，其F_1代育性较低。因此，要培育大花、多花且香花的品种存在较大的困难。近年来，利用多花香味浓郁的蝴蝶兰近缘属如钻喙兰属（*Rhynchostylis*）、指甲兰属（*Aerides*）等，通过远缘杂交，在多花具香味的蝴蝶兰育种方面取得了较大突破。

由于蝴蝶兰杂交育种太过集中于蝴蝶兰亚属原生种的利用，其他亚属的原生种利用率不高，所以目前栽培的蝴蝶兰品种遗传基础还比较狭窄。蝴蝶兰育种中忽视了一些原生种的优异性状，如抗病性、抗逆性等，培育的品种大多数只适应温室栽培，耐热性、耐寒性和抗病性等都较差。因此，充分挖掘、利用蝴蝶兰原生种及其近缘属资源，扩大蝴蝶兰栽培品种的遗传基础，改良品种特性的空间仍然很大。

8.2.4 生殖生物学基础

蝴蝶兰植株达到4片叶以上时才具有分化花芽的能力。花序一般由从上至下数的第3~4片叶的叶腋中抽出，大部分栽培种的花期为每年的3~5月。总状花序，俗称为花梗，花梗有分枝或无。大花种的花梗分枝少，小花种的分枝明显，有些品种甚至可开200多朵，单朵花的花期约20d，每盆花的开花期2~3个月。花梗上未分化出小花的节部，一般都潜伏有腋芽或花芽，在低于26℃和打顶的条件下可萌发出花芽，若温度高于28℃，则可能萌发为腋芽。

蝴蝶兰的花，外轮有3个萼片：中间的称为背萼片，两侧称为侧萼片。内轮有3片花瓣，左右两片花瓣对称，下面的一片呈舌状，称为唇瓣。在花瓣中间有一蕊柱，是雄蕊和雌蕊合在一起而呈柱状的繁殖器官，俗称鼻头。蕊柱的顶端有一枚花药，分裂成2对花粉块，由黄色的药帽盖住。蕊柱正面靠近顶端有一穴腔，是蝴蝶兰柱头之所在。蝴蝶兰授粉时，须将花粉块放入穴腔内与柱头接触，才能受精。蝴蝶兰的花为子房下位，子房与花梗相连，在花期不易分开，只有在授精后子房才开始膨大。子房一室，有3个侧膜胎座，每一胎座上有许多细小的胚珠，这些胚珠在授粉后发育成种子。

蝴蝶兰需昆虫传粉或人工授粉才能结实。其果实称为蒴果，果荚呈长棒状，发育慢，一般需经4个月以上才能成熟开裂。果荚内的种子量因授粉的亲本不同而异。其种子都极小，如粉尘，没有胚乳，在自然条件下不易萌发成苗。

8.2.5 育种技术与方法

8.2.5.1 杂交育种

杂交育种是蝴蝶兰育种中最常用、最有效的方法。一般在授粉后7~9d子房开始膨大，约50d后果荚发育趋于平稳，120d左右果荚成熟可以进行无菌播种（曾碧玉等，2007）。除了品种间的杂交外，为了更好地改良蝴蝶兰的花色、花型、花径等观赏性状，育种上采用了大量的种间或属间远缘杂交（朱根发，2015）。

（1）原生种利用 除神露蝴蝶兰、缅甸蝴蝶兰、麻栗坡蝴蝶兰、黄花蝴蝶兰、罗便臣蝴蝶兰、雷格蝴蝶兰和迈索尔蝴蝶兰共7个原生种没有杂交育种利用记录外，其余56个种均已被利用。以桃红蝴蝶兰作亲本登录的F_1杂种最多，达536个；其次是安曼蝴蝶兰，登录了510个F_1杂种；白花蝴蝶兰排第3位，登录了436个F_1杂种。排在第4~10位的分别是紫纹蝴蝶兰、史氏蝴蝶兰、多脉蝴蝶兰、鲁德曼蝴蝶兰、紫花蝴蝶兰、薛丽蝴蝶兰和象耳蝴蝶兰。大多数蝴蝶兰杂交种为原生种的第5~9代杂种。随着蝴蝶兰杂交育种的不断发展，出现了不少10代以上的杂交种（表8.1）。

（2）杂交种利用 一些优秀杂交种也广泛用作育种亲本，培育出大批登录的子代，被称为超级亲本。蝴蝶兰杂交育种中利用最多的20个超级亲本有 *P. Golden Buddha*、*P. Doris*、*P. Barbara Moler*、*P. Deventeriana*、*P. Abendrot*、*P. Cassandra*、*P. Zada*、*P. Golden Peoker*、*P. Princess Kaiulani*、*P. Happy Valentine*、*P. Leopard Prince*、*P. Timothy Christopher*、*P. Joseph Hampton*、*P. Carmela's Pixie*、*P. Alice Gloria*、*P. Taisuco Firebird*、*P. Taipei Gold*、*P. Sogo Vivien*、*P. Chian Xen Pearl* 和 *P. Zauberrose* 等，不论做母本还是父本，都要求具有良好的育性及杂交亲和性。排名前20位的超级亲本中，75%是 *P. Doris* 的后代，且大部分为多倍体。早期培育的超级杂交亲本如 *P. Doris*、*P. Deventeriana*、*P. Cassandra*、*P. Timothy Christopher*、*P. Joseph Hampton*、*P. Princess Kaiulani* 和 *P. Alice Gloria*，只利用了2~3个原生种进行杂交选育而成，20世纪70年代以后培育的超级亲本则综合利用了多个原生种的优点。*P. Doris* 是大花型蝴蝶兰的重要杂交亲本，1940年由美国Duke农场登录，花径达9.5cm，为四倍体蝴蝶兰杂交种，在已登录的蝴蝶兰杂交种中，90.2%为该杂交种的后代，2007年已培育出第10代杂种 *P. LeBioNensis*，可见其在蝴蝶兰杂交育种中的重要地位。*P. Zada* 是中大花型蝴蝶兰的超级亲本，也是四倍体，43.5%的登录杂交种为 *P. Zada* 的后代，2004年已培育出第11代杂种 *P. SynphZauyuen*。

（3）近缘属杂交利用 蝴蝶兰属与同亚族的万代兰属、火焰兰属、钻喙兰属、拟万代兰属、狭唇兰属、指甲兰属和蜘蛛兰属等15个属实现了属间成功杂交，登录的属间F_1代杂种数达473个（表8.2）。另外，蝴蝶兰与万代兰族武兰亚族（Angraecinae）武夷兰和细距兰亚族（Aeranglidinae）漏斗兰属也有属间杂种登录。但由于属间杂交存在杂交亲和性和杂种不育等问题，所以大多数属间杂交只获得F_1代杂种。

表8.1 蝴蝶兰主要原生种和杂交种培育出杂交种的代数分布情况

代数	白花蝴蝶兰	菲律宾白花蝴蝶兰	薛丽蝴蝶兰	史氏蝴蝶兰	桑德利亚蝴蝶兰	桃红蝴蝶兰	鲁德曼蝴蝶兰	紫花蝴蝶兰	P. Doris	P. Zada
					杂交种数					
1	435	48	227	377	112	536	314	268	262	206
2	797	387	457	543	234	1 229	1 434	253	1 823	967
3	1 391	563	592	999	394	1 804	2 894	184	4 429	2 079
4	2 992	1 107	1 169	1 442	826	1 423	2 990	334	7 473	3 273
5	6 050	3 747	2 674	1 401	1 803	1 985	2 585	717	7 403	2 965
6	7 816	6 575	4 811	1 710	3 229	3 409	2 434	1 122	4 895	2 295
7	6 068	7 978	6 058	3 094	4 416	3 687	2 393	1 297	1 892	1 373
8	3 177	5 878	4 553	3 875	5 248	3 023	2 012	1 505	482	498
9	1 029	2 917	3 043	4 542	4 518	2 115	1 454	1 495	54	107
10	212	611	1 761	3 958	2 009	896	405	884	3	42
11	17	46	664	1 883	697	167	93	282	0	29
12	1	7	300	701	356	21	15	18	0	0
13	0	0	114	212	60	2	2	0	0	0
14	0	0	20	51	13	0	0	0	0	0
15	0	0	1	17	2	0	0	0	0	0
合计	29 985	29 864	26 444	24 805	23 917	20 297	19 025	8 359	28 716	13 834

表8.2　蝴蝶兰与近缘属杂交育种情况

序号	近缘属	杂交属名	缩写	登录的 F_1 代杂交种数
1	指甲兰属（*Aerides*）	*Aeridopsis*	Aerps	11
2	阿梅兰属（*Amesiella*）	*Amenopsis*	Amn	1
3	武夷兰属（*Angraecum*）	*Angraeconopsis*	Agcp	1
4	蜘蛛兰属（*Arachnis*）	*Arachnopsis*	Arnps	8
5	闭距兰属（*Cleisocentron*）	*Cleisonopsis*	Clnps	2
6	蛇舌兰属（*Diploprora*）	*Diplonopsis*	Dpnps	1
7	漏斗兰属（*Eurychone*）	*Eurynopsis*	Eunps	1
8	盆距兰属（*Gastrochilus*）	*Gastronopsis*	Gnp	4
9	钗子股属（*Luisia*）	*Luinopsis*	Lnps	3
10	筒叶蝶兰属（*Paraphalaenopsis*）	*Phalphalaenopsis*	Phph	3
11	钻柱兰属（*Pelatantheria*）	*Pelathanopsis*	Petp	1
12	火焰兰属（*Renanthera*）	*Renanthopsis*	Rnthps	173
13	钻喙兰属（*Rhynchostylis*）	*Rhynchonopsis*	Rhnps	23
14	狭唇兰属（*Sarcochilus*）	*Sarconopsis*	Srnps	17
15	毛舌兰属（*Trichoglottis*）	*Trichonopsis*	Trnps	1
16	万代兰属（*Vanda*）	*Vandaenopsis*	Vdnps	203
17	拟万代兰属（*Vandopsis*）	*Phalandopsis*	Phdps	20
	合计			473

8.2.5.2　多倍体育种

兰花在减数分裂过程中容易产生2n配子，从而导致杂交后代多倍体化（朱根发等，2020）。四倍体杂交种 P. Doris 的培育，开创了现代蝴蝶兰育种新时代（Christension，2001）。蝴蝶兰属染色体数为$2n=2x=38$，现代栽培品种大多为三倍体或四倍体，也有五倍体、六倍体和非整倍体（张迪等，2013）。研究表明，三倍体蝴蝶兰品种作为母本时有一定的育性，但作为父本时育性较低或基本没有育性，而四倍体的品种不论作为父本或母本，其育性均较高。在OrchidWiz数据库对 P. Paifang's Queen、P. Queen Beer、P. Little Steve 等8个三倍体品种，以及 P. Doris、P. Taisuco Firebird、P. Jiuhbao Red Rose 等38个四倍体品种分别进行作为父本或母本登录的杂交品种数查询发现，三倍体品种作为母本登录的品种数是作为父本的5倍，而四倍体品种作为父本和母本登录的品种数基本为1∶1。

8.2.5.3　无性系变异

有研究表明，蝴蝶兰类原球茎体细胞无性系变异频率为0～76.3%（Tokuhara and Masahiro，2001）。高频体细胞变异是蝴蝶兰新品种选育的有效途径之一。例如，研究者利用'小飞象蝴蝶兰'（叶绿色）组织培养中产生的花叶变异（图8.6），培育出了具黄色金边的蝴蝶兰新品种'金象蝴蝶兰'。

彩图

图8.6　小飞象蝴蝶兰组培变异

8.2.6　良种繁育

蝴蝶兰主要通过组织培养进行种苗的快速繁育（朱根发，2004）。已开完花的蝴蝶兰花梗，其基部的几个节上都有潜伏的腋芽，经无菌消毒后，切取2cm带节的花梗切段，置于1/3MS＋3～5mg/L 6-BA 的培养基、28℃条件下，诱导出丛生营养芽。丛生营养芽诱导出后，可将花梗除去，接种于继代培养基1/3MS＋1～10mg/L 6-BA＋0.5mg/L NAA＋2%蔗糖＋0.7%琼脂（pH 5.6左右）进行增殖培养，培养温度26℃±2℃，光照强度36μmol/（m²·s），光照时间10h/d。每40～50d继代1次，增殖倍数2～3倍。为了防止变异发生，继代次数一般以7～8次为宜。当芽长至1.5～3.0cm高，2～3片叶时，即可转入生根培养基：2.5g/L花宝1号＋10%香蕉泥＋1mg/L IBA＋0.5mg/L NAA＋2%蔗糖＋0.7%琼脂＋0.1%活性炭（pH 5.6左右），光照强度36～54μmol/（m²·s），光照时间12h/d，培养温度22～28℃。20d左右开始生根，生根后将苗置于光照强度144～180μmol/（m²·s）、光照时间8～12h/d的环境条件下15～20d，当苗高3～5cm、叶3～5片时，即可出瓶种植。

瓶苗移栽前，将培养瓶放到栽培温室中，打开瓶盖炼苗3～4d，将苗从瓶内取出，用清水将培养基及琼脂冲洗干净，然后将苗取出分级晾干，切勿伤断根系。双叶距大于5cm的苗为特级苗，3～5cm的为一级苗，2～3cm的为二级苗。晾干后的小苗用水苔包裹根系，露出叶片和茎基，种植于1.5寸盆中，保持良好的湿度，置于90～126μmol/（m²·s）光照条件下，随着小苗的不断适应和生长，可逐步增加光照强度至180μmol/（m²·s）；温度切勿低于20℃，最适为25℃，并保持通风良好。须视根系生长状况，每隔7～10d施薄肥一次，氮、磷、钾的比例为18∶18∶18，浓度30～40mg/L。并添加适量的磷酸二氢钾和微量元素，以利根系生长和增强植株的抗病力。基质的EC值可溶性盐浓度保持在0.5～0.6。

（朱根发）

8.3　菊花遗传育种

菊花（*Chrysanthemum morifolium*）原产我国，别名鞠、节花、节华、女华、黄花、秋菊、金蕊、甘菊、金英、延年、寿客等，属于菊科春黄菊族蒿亚族菊属。菊花是我国的十大传统名花和世界四大切花之一。据公开数据统计，其全球种植面积达3.8万公顷以上，产量和产值在全球花卉产业中均位居前列。菊花作为"花中四君子"之一的"世外隐士"，除观赏外，也具有茶用、药用、食用等功能性应用价值，兼具文化内涵和经济价值。

8.3.1　育种简史

8.3.1.1　国内

菊花在我国可考证的文字记录能追溯到4000年前夏代的农事历书《夏小正》，其九月中有"荣鞠树麦"的描述。3000年前的《周礼》有载"蝈氏掌去蛙黾，焚牡菊，以灰洒之，则死"，说明那时人们已开始根据菊花的特性进行利用。菊花用作食用和药用，在战国时期的《离骚》中就有"朝饮木兰之坠露兮，夕餐秋菊之落英"的记载。汉代《神农本草经》有"菊花久服利血气，轻身，耐老延年"的描述。早期的菊花为野生，而距今1600年前的晋代，陶渊明（公元365～427年）有诗云"采菊东篱下，悠然见南山"，可见至少从那时起菊花已被人工栽培。"荷香销晚夏，菊气入新秋"（骆宾王），"携壶酌流霞，搴菊泛寒荣"（李白），"嫩菊含新彩，远山闲夕烟"（鱼玄机），唐代（公元618～907年）众多描写菊花的诗句佐证当时菊花的栽培已非常普遍。由宋初刘蒙所著，历史上最早的观赏菊花专著《菊谱》描述了35个菊花品种，而宋末史铸的《百菊集谱》则记载了多达131个菊花品种，表明宋朝栽培菊花较唐朝有了更大的发展。《群芳谱》由明朝王象晋所著，按花色（6类）和花型（至少16种）对271个菊花品种进行了分类。清朝时菊花专著更丰富，计楠的《菊说》提出了菊花育种的方法，在其记载的230多个菊花品种中，新培育品种达100多个。

清末之后，长期的社会动荡造成许多菊花品种遗失，严重影响了我国菊花事业的发展。新中国成立后，菊花研究得到了一定程度的恢复。随着改革开放后经济的快速发展和研究工作的深入开展，菊花在我国进入了全面发展的新时期。南京农业大学、中国农业大学、北京林业大学等高校和研究机构对菊花育种进行了长期、全面的研究探索，培育出了许多花色、花型、花期、株型丰富，抗性优良的菊花新品种。

8.3.1.2　国外

明末清初时期（公元1688年），菊花由荷兰商人白里尼（Breyne）从东亚引入欧洲，法国商人布朗查（Blanchard）于1789年又将我国白、堇、紫三个花色的菊花品种带回法国，此后菊花流入北美洲。19世纪英国植物学家罗伯特·福琼（Robert Fortune）将从我国浙江省舟山群岛和从日本引入的菊花品种进行杂交，育成了英国菊花的各色类型。

国外菊花育种经过长期发展，目前形成以企业为主体、各有侧重的特点。荷兰是世界最大的花卉生产国和出口国，其四大育种公司占据了全球多头切花菊的主要市场份额，以小花型品种为主，育种手段主要结合杂交和诱变。日本是花卉生产和消费大国，有深厚的菊花文化。日本育种公司侧重切花菊和大花型盆栽菊品种选育，以杂交为主要育种手段。英国菊花育种以多头切花菊和盆栽菊为特色。德国菊花育种企业以球菊、盆菊和露地切花菊品种选育为特色。法国和比利时菊花育种企业也以盆栽菊花为主开展育种。

在经历长期传统杂交育种获得的菊花品种基础上，随着科学技术的发展，各国育种家利用诱变育种、芽变育种、分子育种等手段，培育获得了大量新品种。据不完全统计，全球累计有菊花品种2万个以上。

8.3.2 育种目标及其遗传基础

经过国内外研究机构和生产企业的努力，菊花新品种培育与栽培技术等均取得了长足的发展，如荷兰、日本和国内一些花卉企业切花菊的生产已高度专业化、产业化。在育种方面，以下育种目标仍需加强。

8.3.2.1 花色

菊花品种丰富，花色极为多样，自然形成、人工杂交或诱变育成的品种中常见白色、浅黄色、浅紫色、淡粉色。经过育种家的努力也获得了少部分绿色、墨色和大红等色系品种。菊花因没有内源 *F3'5'H* 基因而缺乏飞燕草色素合成，进而无法呈现蓝色。但通过外源基因导入的方法，能得到纯正蓝色菊花。在最近的研究中，Noda等（2017）和Han等（2021）通过导入外源基因，获得了蓝色的菊花新种质。另外，小型花品种较大型花颜色丰富，大型花品种多淡雅花色，缺乏浓艳亮红型品种。

在基因层面，Ohmiya等发现类胡萝卜素裂解双加氧酶CmCCD4a可能通过降解类胡萝卜素使菊花舌状花呈白色。Nakano等用白色若狭滨菊（*Chrysanthemum makinoi*）和黄色甘野菊（*Chrysanthemum seticuspe*）杂交，进一步验证了 *CmCCD4a* 基因与菊花白色花色形成的相关性。尽管科研工作者在菊花花色调控的分子机制上取得了一定进展，但栽培菊花多为六倍体及其非整倍体，长期无性繁殖，基因组杂合度高，其花色遗传复杂，杂交后代分离广泛，不易控制颜色和预测结果。依据文献记载和育种家们的工作积累，目前广为接受的观点是菊花演化过程中黄色最早出现，之后是白色，然后才是紫色、墨色和红色。育种实践中发现，菊花花色的遗传力为黄色、紫色>白色、桃色>浅桃色、浅樱色。菊花原始花色和母本花色在后代中较易占优势，杂交后代易出现深浅不一的过渡色，可以依据具体育种目标选择亲本进行花色育种，丰富品种颜色。

8.3.2.2 花期

菊花品种多为短日照植物，对光周期敏感，在长日照条件下进行营养生长，在一定临界日长以下和适宜夜温下转向生殖生长。不同类型菊花品种其花芽分化与发育对日长和温度要求不同，能在不同季节开花。秋菊花芽分化和发育均要求短日照，花芽分化临界日长为12～14h，花芽发育临界日长比花芽分化更短。花芽分化临界低温依品种而异，在7.6～16.5℃（一般不低于10℃），花芽发育适温稍低于花芽分化低温。寒菊花芽分化和发育亦均要求短日照，且其临界日长较秋菊品种短；花芽分化和发育适温也比秋菊品种稍低。夏菊属量性短日类型，其花芽分化和发育对日长没有严格要求，但短日照可促进花芽分化和发育，夏菊品种花芽分化一般要求夜温低于15℃，少数品种5℃夜温下便可分化。花芽分化临界温度低的品种花期早。八月菊亦属量性短日类型，但花芽分化与发育要求温度较夏菊高，常在15℃以上。九月菊的花芽分化要求量性短日，而花芽发育则要求短日照。国庆菊品种能在夏季长日照条件下进行花芽分化与发育成蕾，于短日条件下开花。虽然有不同花期菊花品种，但绝大多数品种集中在晚秋开放，而在春、夏、冬三季则品种较少。现存的一些品种，花型和色彩也很单调。尤其是花期 2～4 月的品种至今尚缺，因此，加速培育不同花期优良品种对推动菊花周年供应意义重大。

菊花杂交后代花期偏母性遗传不明显，而亲本之一为秋菊时，杂交 F$_1$ 代多为秋菊或近秋菊，亲本无秋菊时，F$_1$ 代中也有分离出现秋菊的情况。解析菊花的花期调控机制，有助于依据周年生产创制不同花期的菊花新种质，进而培育新品种。成花素（florigen）蛋白由 *Flowering Locus T*（*FT*）基因编码，是诱导植物成花的关键基因。菊花有三个 *FT* 同源基因 *FTL1*、*FTL2* 和 *FTL3*。夏菊品种'优香'开花受 *FTL1* 调控，秋菊品种'神马'和甘野菊等秋季开花的资源则受 *FTL3* 调控开花。然而，不同花期菊花如何受 *FTL1* 和 *FTL3* 的差异化精细调控，仍缺乏了解。

8.3.2.3　瓣型与花型

菊花为头状花序，由舌状花和筒状花构成。不同品种间，头状花序的大小、类型，以及舌状花、筒状花的数量和形态多样。从性状演化进程来看，一般认为平瓣较原始，匙瓣和管瓣较进化；筒状花正常类型较原始，筒状花发育成桂瓣状类型较进化；单瓣、复瓣型较原始，半重瓣、重瓣型较进化；小花径较原始，大花径较进化等。在育种中，相对原始的性状往往表现较强的遗传力，例如，重瓣与单瓣品种杂交，后代多为单瓣和半重瓣；小花径与大花径品种杂交，后代多为中、小花径等。随着技术的进步和研究的深入，一些基因被发现参与了菊花的瓣型和花型调控，如 *CYCLOIDEA*（*CYC*）*-like* 基因调控菊科植物头状花序的对称发育；利用切花菊'安娜'及其芽变解析了勾环型舌状花的形态发生和分子机制，同时证实 *CmYAB1* 基因参与调控菊花平瓣发育（Ding et al.，2019）。然而，菊花瓣型与花型的遗传机制复杂，解析难度高，还需要开展更深入的研究。

菊花花型育种主要应以新奇花型、优美姿态及重瓣型品种为目标，如飞舞型、垂珠型、钩环型、托桂型等。

8.3.2.4　株型

不同菊花品种在植株高度、直立性强弱、分枝节位高低及分枝能力等方面均存在差异，从而构成了千姿百态的株型。株型育种目标依品种用途不同而异，以盆栽大菊高度为盆高 2.5 倍为标准，分枝性要低，枝干坚实；单头切花菊则需 80cm 以上，应具有挺立、花型整齐、色艳、叶亮绿，花颈不宜过长；多头切花菊要叶片大小适中，叶片平展斜上生长，均衡排列，花颈不宜过长或过短，茎部挺拔直立、无弯曲，花头向上。单头菊宜少分枝，而多头菊宜分枝点较高；地被菊宜株型低矮，分枝低且均匀，开花整齐等。

关于菊花杂交后代株型，不同亲本组合有不同程度的偏母性遗传效应，超亲分离现象普遍，变异系数差异大。不同遗传背景下，菊花株型性状的主基因效应差异较大，需要依据株型育种目标选择合适的亲本组合。

8.3.2.5　抗性

菊花抗性育种主要包括两方面：一是提高对外界的适应能力，特别是一些名贵品种要提高露地越冬性能，夏菊和早秋菊要提高耐热、耐湿、耐旱性能，培育出适应性更强，便于管理的新品种。二是提高抗病虫能力，菊花的主要病虫害有锈病、白粉病、斑点病、根腐病、蚜虫、蓟马等。这些病虫害不仅会降低菊花观赏品质，严重时还会致植株死亡。因此，选育抗病虫品种，不仅可减少用药防治成本和对环境的污染，还有利于提高观赏价值和经济价值。

菊花抗性相关园艺性状是复杂的数量性状，其遗传机制可通过主效基因＋多基因混合遗传模型及配合力进行深入解析。菊花抗性相关关键基因研究已取得许多进展，如 *CmHSFA4*、*CmDREB6* 等基因参与了菊花对热胁迫的应答，WRKY、MYB 转录因子家族广泛参与菊花应答各种生物、非生物胁迫。在此基础上开展分子育种有助于获得耐逆、抗病虫等优良性状的菊花新种质。

8.3.2.6 多功能型品种的选育

在菊花育种中，多功能型品种的选育也非常有意义。多功能型品种主要是指既适合观赏，又具有药用、食用或提炼精油等作用的一类新品种。目前栽培的菊花观赏品种，虽千姿百态、观赏价值较高，但功能性成分含量不高；而具其他功能的品种，如杭白菊、亳菊、贡菊、梨香菊等，往往观赏价值不高。所以多功能型品种是今后菊花新品种选育的方向之一。

8.3.3 种质资源

8.3.3.1 菊花近缘种属资源

菊花属于春黄菊族。目前较为广泛接受的分类标准由 Bremer 和 Humphries 提出，将春黄菊族分为 12 个亚族，其中 7 个亚族为东亚原产或与中亚共有，包括小甘菊亚族 Cancriniinae、菊蒿亚族 Tanacetinae、天山蓍亚族 Handeliinae、蒿亚族 Artemisiinae、蓍亚族 Achilleinae、滨菊亚族 Leucanthemidae 和母菊亚族 Matricariinae，另春黄菊亚族 Anthemidinae 和茼蒿亚族 Chrysanthemidae 为东亚引种栽培或野生散逸归化的两个亚族。根据现有报道，春黄菊族除少数种外，染色体基数通常为 9。图 8.7 列举了部分春黄菊族植物。

图8.7　部分春黄菊族植物

A. 矶菊 *A. pacificum*；B. 芙蓉菊 *C. chinense*；C. 太行菊 *O. taihangensis*；D. 菊蒿 *T. vulgare*；E. 牡蒿 *A. japonica*；
F. 绢毛蒿 *A. sericea*；G. 黄金艾蒿 *A. vulgaris*；H. 黄蒿 *A. scoparia*；I. 紫花野菊 *C. zawadskii*；J. 毛华菊 *C. vestitum*；
K. 菊花脑 *C. nankingense*；L. 甘菊 *C. lavandulifolium*；M. 菱叶菊 *C. rhombifolium*；N. 小山菊 *C. oreastrum*；
O. 大岛野路菊 *C. crassum*；P. 丝裂亚菊 *A. nematoloba*；Q. 蓍状亚菊 *A. achilloides*；R. 多花亚菊 *A. myriantha*

　　栽培菊花具有丰富的花型、瓣形和颜色多样性，但抗逆性较弱。菊花近缘属植物拥有许多栽培菊缺乏的优良性状。据现有研究，花矶菊 *A.×marginatum* 为抗黑斑病材料，矶菊（日本）*A. pacificum* 和甘菊 *C. lavandulifolium* 是黑斑病中抗材料。芙蓉菊 *C. chinense*、牡蒿 *A. japonica*、达摩菊 *A. spathulifolius* 极耐盐，大岛野路菊 *C. crassum* 和菊蒿 *T. vulgare* 耐盐。紫花野菊 *C. zawadskii* 和小滨菊 *C. yezoense* 为耐涝材料。黄金艾蒿 *A. vulgaris*（'Variegate'）、牡蒿 *A. japonica*、黄蒿 *A. scoparia*、香蒿 *A. annua* 对蚜虫具有极高抗性。紫花野菊 *C. zawadskii*、绢毛蒿 *A. sericea*、蓍 *A. millefolium*、太行菊 *O. taihangensis*、甘菊 *C. lavandulifolium*、小滨菊 *C. yezoense*、栉叶蒿 *N. pectinata*，以及采自沈阳、北京和庐山的野菊 *C. indicum* 具有强抗寒性。毛华菊 *C. vestitum*、足楷野路菊 *C. japonense* 和云台山野菊 *C. indicum*（'Yuntaishan'）为强耐旱材料。利用远缘杂交或现代生物技术等手段将菊花近缘属植物的优良基因导入栽培菊花品种，可以进行菊花种质创新，拓宽菊花基因库，创制新的菊花类群。

8.3.3.2　野生菊属资源

　　菊花是菊科春黄菊族蒿亚族菊属多年生草本的栽培种。菊属各种主要分布于亚洲温带和部分亚热带地区，我国约30种，日本约20种。菊属植物倍性差异很大，二倍体到十倍体均有发现。菊属及其近缘种属是菊花远缘杂交的重要亲本材料，为改善菊花遗传特性、丰富菊花多样性提供了材料保障。菊属主要野生种见表8.3。

表8.3　部分菊属材料分布和染色体数

分类群	分布	染色体数
甘菊 *C. lavandulifolium*	中国	$2n=2x=18$
菊花脑 *C. nankingense*	中国	$2n=2x=18$
委陵菊 *C. potentilloides*	中国	$2n=2x=18$
菱叶菊 *C. rhombifolium*	中国	$2n=2x=18$
阿里山菊 *C. arisanense*	中国	$2n=2x=18$
细叶菊 *C. maximowiczii*	中国、苏联、朝鲜	$2n=2x=18$
泡黄金菊 *C. boreale*	中国、韩国	$2n=2x=18$
异色菊 *C. dichrum*	中国	$2n=2x=18$ 或 $2n=4x=36$
野菊 *C. indicum*	中国、苏联、朝鲜、韩国、印度、日本	$2n=2x=18$ 或 $2n=4x=36$
隐岐油菊 *C. okiense*	日本	$2n=4x=36$
那贺川野菊 *C. yoshinaganthum*	日本	$2n=4x=36$
鸳敷菊 *C. cuneifolium*	日本	$2n=4x=36$
小山菊 *C. oreastrum*	中国	$2n=2x=18$ 或 $2n=6x=54$
日本野菊 *C. japonicum*	日本	$2n=2x=18$ 或 $2n=6x=54$
小红菊 *C. chanetii*	中国	$2n=4x=36$ 或 $2n=6x=54$
毛华菊 *C. vestitum*	中国	$2n=6x=54$
紫花野菊（山菊）*C. zawadskii*	中国	$2n=6x=54$
银被菊 *C. argyrophyllum*	中国	$2n=6x=54$
拟亚菊 *C. glabriusculum*	中国	$2n=6x=54$
山阴菊 *C. aphrodite*	中国、日本	$2n=6x=54$
蒙菊 *C. mongolium*	中国、蒙古、苏联	$2n=2x=18$ 或 $2n=8x=72$
楔叶菊 *C. naktongense*	中国	$2n=2x=18$ 或 $2n=8x=72$
台湾菊 *C. morii*	中国	$2n=8x=72$
萨摩野菊 *C. ornatum*	日本	$2n=8x=72$
大岛野路菊 *C. crassum*	日本	$2n=10x=90$
小滨菊 *C. yezoense*	日本	$2n=10x=90$

8.3.3.3　品种资源

　　菊花品种极其丰富，依据其用途可分为观赏性菊花和功能性菊花两大类。观赏性品种依托菊花的花色、花型、姿态等观赏性状，主要用于室内装饰、商务礼仪、室外景观庭院造景等。功能性品种又分为饮用、药用、食用等品种。①杭白菊、毫菊、滁菊、贡菊是传统的茶用菊品种，金丝皇菊、福白菊、'七月白'、皇菊等是近年涌现的茶用品种代表。南京农业大学选育的苏菊系列和南农金菊，北京林业大学选育的'玉人面''玉龙''乳荷'，北京农林科学院选育的'玉台一号'等是由育种机构选育并推向市场的高品质茶用菊的代表。②部分头状花序入药的菊花品种是常用的中药材。《中华人民共和国药典》中列出的五大药用菊品种为杭白菊、毫菊、滁菊、贡菊、怀菊。菊花与不同药材配伍，用于治疗感冒、咳嗽、咽喉肿痛及降血压，如香菊片、感冒灵颗粒等。③食用菊是从观赏或野生种中筛选出的以花和叶为食材的菊花品种，传统品种有'黄莲羹'和'延命乐'等，新育品种有南京农业大学选育的'苏花'系列等。除以上功能性应用外，部分菊花品种的新功能也得到了开发。菊花及其茎叶中含有丰富、香气淡雅的挥发油类成分，以及具有显著抗菌消炎、抗氧化活性的黄酮类和酚酸类成分。南京农业大学已利用以上成分的特性，开发出了系列菊花日化品。

按具体观赏用途对菊花品种进行分类，可以分为切花菊、园林小菊、传统品种菊和盆栽小菊等（图8.8）。①切花菊为世界四大切花之一，可分为大花单头类（标准型）和小花多头类

图8.8 切花菊（A～F）和园林小菊（G～I）品种展示

A. '南农峨眉'；B. '南农绿意'；C. '南农岱华'；D. '秦淮染霞'；E. '秦淮瑞雪'；
F. '秦淮金莲'；G. '钟山光辉'；H. '钟山桃桂'；I. '金陵皇冠'

两种主要类别。②园林小菊是园林绿化和室外造景的良好材料，初期以荷兰等国外品种为主，近年来国内市场上南京农业大学选育的'金陵'系列、'钟山'系列和北京市花木公司推出的'绚秋'系列、'傲霜'系列等品种得到了大规模的应用。③传统品种菊花的花型最为丰富，大量品种由我国和日本培育，如'金背大红''墨荷''绿牡丹''十丈珠帘'等国有品种，以及'国华''精兴'等日本品种。④盆栽小菊是一类适用于室内或阳台摆设的新类型品种，具有株高及冠幅适中、植株紧凑等特点。

观赏性菊花现有品种7000个以上。按瓣型及花型来进行分类，中国园艺学会和中国花卉盆景协会于1982年在上海召开的品种分类学术讨论会上，将秋菊中的大菊分为5个瓣型，即平瓣（舌状花平展、基部管状部分短于全长1/3）、匙瓣（舌状花管部为瓣长的1/2～2/3）、管瓣（舌状花管状，先端如开放，短于瓣长1/3）、桂瓣（舌状花少，筒状花先端不规则开裂）、畸瓣（管瓣先端开裂呈爪状或瓣背毛刺），花型分为30个型和13个亚型。南京农业大学李鸿渐（1993）按花径、瓣型、花型、花色对菊花品种进行了四级分类，在花型、花色分类上更为全面。李鸿渐将栽培菊花花序直径小于6cm定义为小菊系，直径大于6cm定义为大菊系。基于以上两大系，瓣型分为五类：Ⅰ. 平瓣类；Ⅱ. 匙瓣类；Ⅲ. 管瓣类；Ⅳ. 桂瓣类；Ⅴ. 畸瓣类。这五类瓣型下分各类花型计44种。

Ⅰ. 平瓣类：①单宽瓣平展型；②单宽瓣垂带型；③单窄瓣型；④平盘型；⑤荷花型；⑥莲座型；⑦芍药型；⑧绣球型；⑨翻卷型；⑩边卷型；⑪垂带型。

Ⅱ. 匙瓣类：①匙单瓣型；②匙盘型；③匙莲型；④舞莲型；⑤匙球型；⑥舞球型；⑦卷散型；⑧雀舌型；⑨蜂窝型。

Ⅲ. 管瓣类：①单管型；②管盘型；③钵盂型；④管球型；⑤舞球型；⑥疏管型；⑦狮鬃型；⑧辐射型；⑨松针型；⑩扭丝型；⑪散发型；⑫飞舞型；⑬舞蝶型；⑭贯珠型；⑮璎珞型；⑯旋转型；⑰乱卷型；⑱钩环型。

Ⅳ. 桂瓣类：①平桂型；②匙桂型；③管桂型。

Ⅴ. 畸瓣类：①毛刺型；②龙爪型；③剪绒型。

8.3.4　生殖生物学特性

8.3.4.1　花器构造

与其他菊科植物一样，菊花具有由许多小花组成的头状花序。顶生花序具有一至多轮舌状花，瓣型多样，以丰富鲜艳的色彩吸引自然界的昆虫授粉。舌状花为单性花，雄蕊退化，仅具雌蕊1枚。花序中心部位为筒状花，两性，有聚药雄蕊5枚，雌蕊1枚，柱头2裂，子房下位1室。

8.3.4.2　开花习性

菊花头状花序小花从外向内逐层成熟开放，每1～2d成熟1～2圈，全部成熟开放需要15～20d。筒状花雌雄蕊成熟时间不同，雄蕊先成熟散粉，雌蕊则在雄蕊散粉后2～3d方成熟，为雌雄异熟型异花授粉植物。因此，菊花通常不会自花授粉，杂交育种时可不去雄。但对于瓣性低的品种，尤其是小菊品种进行杂交时，因筒状花多，内外轮雌雄蕊成熟期可相遇而实现授粉，因此最好去雄。雄蕊下午3时散粉最盛，花粉生活力可持续1～2d。

8.3.4.3　生殖细胞发育

以栽培菊花'钟山金桂'为材料进行的研究表明，该品种雌配子体由珠孔端的卵细胞和2个助细胞、1个具2个极核（或1个次生核）的中央细胞及合点端的3个反足细胞组成，属单孢子廖型胚囊（monosporic Polygonum type embryo sac），80%以上的大孢子和雌配子体发育正常。发育至成熟雌配子体的比例在不同菊属材料中有所差异，大岛野路菊为57%，而南京野菊为46%。

菊花花粉发育过程的特征和水稻等植物花粉发育各时期的特征相似。成熟菊花花粉为含有1个营养核与2个精细胞的三胞花粉。栽培菊花和其他菊属植物的花粉形态相似，沟膜不明显，孔沟边缘嚼烂状，刺状突起先端尖。不同栽培菊花成熟雄配子比例差异较大，在不同发育阶段的障碍导致形成不同散粉量的栽培品种。

8.3.5　育种技术与方法

8.3.5.1　天然杂交育种

天然杂交育种是简便易行的育种方法。即在菊花开花时，由昆虫自然传粉产生种子，用以播种选出新品种的方法。菊花天然杂交一般选择花型好、抗性强、易结籽的品种作母本。一般花瓣数较少、舌状花短小、筒状花裸露、花期较早的品种容易结籽。重瓣性高、花期晚的品种则不易结籽。将选好的亲本放置在向阳背风处，任昆虫传粉便可收到种子。为了便于昆虫授粉，可对天然杂交法进行改进，即将选好的母本花朵在近四成开放时，用剪刀分期逐层把四周花瓣剪短至1cm左右，每朵花顶上留少部分花瓣，以吸引昆虫。为避免积水、霜冻等灾害性天气对母本植株花朵造成伤害，导致花序腐烂、不结实等不利影响，在管理上要严格控制水分、温度，防止烂花或冻害，如在11月进行自然杂交，则翌年1月中旬可收获种子。3月中旬在温室内用穴盘进行播种育苗，南方于4月中下旬、北方于5月中下旬分栽定植，进行观察记载，开花时选择优良株系。第二年可扦插扩大繁殖，进一步进行复选，一般经2~3年观察，性状稳定的即可命名推广。利用该方法选育的菊花品种很多，如南京农业大学育成的切花品种'南农红橙'和'南农香橙'均为'南农香槟'的实生品种，地被菊品种'钟山皇家紫'和'灵岩鲑'则是'皇家粉'的天然授粉后代。

8.3.5.2　人工杂交育种

人工杂交育种是目前菊花育种中常用的方法，其优点是可根据菊花性状的遗传倾向，有目的、有计划地选择亲本，配制杂交组合，培育出符合育种目标所要求的品种。

（1）常规杂交育种

1）合理配制组合：新品种的选育，首先要根据国内外市场需求确定育种目标。为了高效培育出菊花良种，正确地选择亲本、配制杂交组合是关键。根据已掌握的遗传特性，在杂交育种中要选择花型端正、瓣质纯洁、色泽艳丽、叶片肥厚端正有光泽、根系发达、抗逆性强、生长健壮、容易结实、性状稳定且双亲亲和的品种作亲本来配制杂交组合。

2）亲本培育：为了得到质量高而数量多的杂交种子，需掌握使亲本开花早、种子成熟早的原则。亲本须注意光照、水肥、病虫害的管理，以促进结实。

3）花期调整：不同菊花品种花期不一，夏菊5~9月开花，早秋菊10月初开花，秋菊11月开花，寒菊12月开花，即使同为秋菊，其花期也有早、中、晚之分。因此，调节花期使父母本花期相遇是菊花有性杂交的关键。为使不同花期品种花期相遇，便于杂交，对晚花品种可以早扦插，早定蕾；早花品种要适当迟扦插或嫁接，迟定蕾；也可以通过加光或遮光调节日长，促成或抑制栽培以调节花期。

4）人工授粉：尽管多数菊花品种存在自花不育性，但母本仍应去雄（去除筒状花）以避免花粉污染，并在去雄后套袋隔离。待1～2d后，雌蕊成熟、伸出花冠筒展羽呈"Y"状并有光泽时，为授粉最佳时机，授粉宜在晴天上午10～12时进行。一般一个花序可以先后授粉3～5次。待筒状花冠枯萎后即除去套袋，使花头直立以充分接受阳光，要减少积聚在花头上的雨水，避免造成花头腐烂。

5）种子采收与脱粒：从杂交授粉到种子成熟的时间，与杂交时间的早迟有关。杂交早的气温高，种子成熟早，反之则成熟迟。种子成熟的特征是植株的花梗、叶、花托全部干枯，这时即可采收。采收时应在花序下20cm左右连枝条剪下，放入透气的纸袋中，挂在通风处使其充分后熟干燥。待花头充分干燥后，用手揉搓使种子和花瓣、花托分离，去除碎屑，将干净的种子装入瓶或纸袋干藏。

近年来，国内相关高校院所和花卉企业通过杂交育种培育出了许多菊花新品种。例如，南京农业大学菊花团队选育出切花菊、园林小菊、茶用菊等不同系列新品种400余个；北京市花木公司在引进南京农业大学菊花新品种等的基础上，通过杂交育成了系列园林小菊新品种；昆明虹之华园艺有限公司育成了系列切花菊新品种；中国农业大学、北京林业大学、中国农业科学院蔬菜花卉研究所等单位在菊花杂交育种中也取得可喜进展。

（2）远缘杂交育种　　菊花远缘杂交障碍主要是受精后障碍，目前常用的克服方法有选择亲缘关系较近的亲本、染色体加倍及幼胚拯救等。亚菊属被认为与菊属亲缘关系较近。赵宏波等利用亚菊属植物矶菊与栽培菊花进行杂交，成功地将矶菊的优异性状导入栽培菊花，获得了一批既可观花又可观叶的新花质。Liu 等（2011）通过人工诱导获得同源四倍体菊花脑，有效克服了与六倍体栽培菊花的远缘杂交障碍。南京农业大学菊花团队通过建立幼胚拯救技术体系，获得了一批菊属与芙蓉菊属、太行菊属、菊蒿属、黄金艾蒿属等的远缘杂交后代。Deng 等创制出可以同时提高抗蚜性和抗黑斑病的栽培菊花和黄金艾蒿（*A. vulgaris*）种间杂交后代。通过栽培菊花与多花亚菊、细裂亚菊、芙蓉菊等进行属间杂交，杂交后代实现耐盐性、耐旱性、耐寒性和耐涝性的显著增强（表8.4）。以上杂交育种工作拓宽了菊花基因库，为菊花品种进一步改良提供了优良材料。因受限于杂交障碍，目前菊花远缘杂交育种的成功案例仍多为利用亲缘关系较近的菊属和近缘种属为亲本与栽培菊花杂交。最近，徐素娟等通过分别下调*CmERF12*和过表达*CmLEC1*实现了菊花远缘杂交结实率的显著提高，具有重要的应用前景。

表8.4　栽培菊花通过远缘杂交实现抗性改良的案例

母本	父本	改良抗性
若狭滨菊（*C. makinoi*）	菊花 'rm20-12'（*C. morifolium* 'rm20-12'）	抗蚜性
菊花 '钟山金桂'（*C. morifolium* 'Zhongshanjingui'）	黄金艾蒿（*A. vulgaris*）	抗蚜性、抗黑斑病、生根能力
菊花 '雨花星辰'（*C. morifolium* 'Yuhuaxingchen'）	南京野菊（*C. indicum*）	抗旱性
菊花 '奥运紫霞'（*C. morifolium* 'Aoyun Zixia'）	大岛野路菊（*C. crassum*）	耐盐性、抗旱性
菊花 'T1012'（*C. morifolium* 'T1012'）	大岛野路菊（*C. crissum*）× 芙蓉菊（*C. chinense*）F₁	耐盐性
菊花 '钟山金桂'（*C. morifolium* 'Zhongshanjingui'）	细裂亚菊（*A. przewalskii*）	耐寒性
菊花 'rm20-12'（*C. morifolium* 'rm20-12'）	菊花脑（*C. nankingense*）	耐寒性
菊花 '南农银山'（*C. morifolium* 'Nannongyinshan'）	紫花野菊（*C. zawadskii*）	耐涝性

8.3.5.3　芽变选种

菊花花色易于发生芽变，而花型、花瓣、叶型和花期方面也偶尔有芽变发生。一般白色品种易芽变出黄色、粉色；粉色品种易变出黄色、白色；紫色品种易变出红色等。一旦发现芽变，即可通过扦插、组培等措施，将优良的变异性状稳定下来，使之成为新的品种。其选育程序大体分三步：首先对优良芽变进行初选，然后对芽变材料进行全面性状鉴定的复选，最后向主管部门提交报告进行决选评审。目前，有约400个菊花品种是通过芽变选育得到。例如，'金龙献血爪'是'苍龙爪'的芽变，'玉凤还巢'是'风流潇洒'的芽变，'银马红缰'是'天河洗马'的芽变。又如日本切花菊品种'黄秀芳'是白色品种'秀芳の力'的芽变，'樱天狗'是'白天狗'的芽变，南京农业大学选育的'南农锦珠'是'南农紫珠'的芽变等。

8.3.5.4　诱变育种

依据诱变剂种类不同，菊花诱变育种分为物理诱变（辐射诱变）和化学诱变。在辐射诱变育种中，^{60}Co-γ射线是使用最普遍的辐射源，X射线作为辐射源也偶被利用。菊花辐射诱变适宜剂量范围为25.4±10.4Gy，诱变材料可以是脚芽、嫩枝、成株、种子、组培苗、愈伤组织、单细胞等。辐射材料诱变效果从强到弱依次为愈伤组织、植株、脚芽和枝条。照射方式中，快照射比慢照射更易引起材料的损伤，慢照射对菊花生长的影响与每次照射剂量有关。不同品种对辐射诱变的敏感性有差异，长管瓣型品种较为迟钝，平瓣和匙瓣品种较为敏感。就具体品种的观赏性状而言，花色变异一般大于花型和花瓣变异，其中粉红色品种最容易变异，其他复色品种次之，纯色品种则不易变异。辐射育种技术在菊花上应用较多，国内外通过该方法已育成大量新品种。

在菊花化学诱变育种中，常使用的诱变剂有甲基磺酸乙酯（EMS）、平阳霉素等，试验材料可以是种子或愈伤组织。菊花中常采用浸渍法进行药剂处理。王红（2006）利用平阳霉素处理优良栽培菊花品种'意大利红'叶片愈伤组织，获得了多种花色和叶色突变体株系。Nasri等（2021）利用EMS处理栽培菊花愈伤组织，获得了28个叶型和32个花型/花色突变植株。

采用摘心法、连续扦插法和迫生不定芽法，有助于促使突变细胞分化而产生芽体，从多细胞中分离出来，进而获得突变个体。摘心可促进侧芽和次生枝发生，使嵌合突变有更多的分离和显现机会；连续扦插通过不断分割菊花茎段，并使其再生，使嵌合突变体显现出来。通常要经多代分离与稳定才能得到纯合的突变体，因此突变体的分离与稳定是影响选育周期的制约因素。

8.3.5.5　菊花基因工程育种

近年来，基因工程技术为菊花性状的改良提供了全新的思路，具有广阔的应用前景。自1997年菊花通过叶盘法实现了遗传转化以来，南京农业大学、北京林业大学、中国农业大学等单位均建立了不同菊属植物的遗传转化体系，为菊花基因工程育种奠定了基础。组学研究则为菊花分子育种发掘出了更多优异基因（Su et al., 2019a）（表8.5）。目前，菊花基因工程育种已取得了诸多进展。

表8.5　从菊花及近缘种中挖掘的部分优异基因

功能	相关基因	材料	器官
发育	花青素合成路径、光敏色素基因	'Purple Reagan'	舌状花、叶片
	花期调控	'优香'	叶片、茎尖
	芽发育	地被菊'Fenditan'	营养芽、花芽、芽
	花发育	'Fenditan''菊花脑''神马'	舌状花、管状花

功能		相关基因	材料	器官
发育	胚胎败育		'雨花落英''菊花脑'	杂交种子
	花粉败育		'南农红橙''Kingfisher'	花药
	不定根发生		'神马'	根
胁迫	抗蚜虫		'南农勋章'	叶片
	抗黑斑病		'Zaoyihong''神马'	幼苗
	热胁迫		'菊花脑'	幼苗
	耐低温		'菊花脑'	幼苗
	氮营养吸收		'菊花脑'	幼苗
	干旱胁迫		'Fall Color'	根
	盐胁迫		'神马'	叶片
	耐涝		'南农雪峰''Monalisa'	根
	抗菟丝子		'香槟黄'	叶片

（1）花型和株型改良　　抑制菊花 AG（AGAMOUS）基因表达能改变菊花花型。过表达 CmYAB1 的'神马'转基因植株舌状花瓣缺刻减少，花呈球形。将百脉根（Lotus japonicas）LjCYC2 和 LiSQU 基因导入露地菊，能获得具独特花瓣性状的植株。最近，Ding 等（2020）解析了菊花花发育调控网络及核心基因，这将有助于进一步推进菊花花型基因工程育种。利用基因工程手段也可以对菊花株型进行调控，在单头切花菊'Shuho-no-chikara'中过表达分枝抑制子类似基因 DgLsL 能减少植株分枝数。

（2）花色改良　　菊花缺乏天然蓝色系，我国和日本的研究人员通过导入不同来源的外源 F3'5'H 和蝶豆花 CtA3'5'GT 基因分别获得了不同蓝色程度的菊花。类胡萝卜素裂解双加氧酶基因 CmCCD4a 被认为与白色菊花的形成有关，在菊花中沉默该基因，能使花色变黄。菊花在高温下褪色导致观赏性降低，近期，南京农业大学菊花团队通过干扰沉默 CmMYB102 基因，增强了菊花在高温下花色的稳定性，为培育高温下花色稳定品种奠定了基础。

（3）花期改良　　CmJAZ1-like 基因在菊花中过表达能推迟菊花开花。将拟南芥成花素 FT 基因转入菊花'神马'，超表达组培苗可以在长日照下分化出花蕾。甘野菊 C. seticuspe 有 CsFTL1、CsFTL2 和 CsFTL3 三个 FT 同源基因，在菊花'神马'中超表达 CsFTL3 能使植株在长日照下正常开花。在菊花中抑制锌指蛋白转录因子 B-box（BBX）24 和该家族另一个成员 CmNRRa，均抑制菊花开花，而过表达 CmBBX8 基因可促进菊花开花，表明 BBX 蛋白家族对菊花开花具有不同调控作用。近期研究发现，超表达 CmERF110 的转基因菊花花期提前，且 CmERF110 和 CmFLK 相互作用通过生物钟共同参与菊花花期调控。这些研究表明菊花开花调控很复杂，对创制不同花期菊花种质有指导作用。

（4）抗性改良　　将拟南芥逆境诱导转录因子 DREB1A 基因导入菊花，能提高转基因植株耐旱和耐低温的能力（Hong et al.，2009；Ma et al.，2010）。CmNF-YB8 则对菊花响应干旱起着负调控作用，利用 RNA 干扰敲低 CmNF-YB8 表达也能增强菊花耐旱性（Wang et al.，2021）。过表达 CmWRKY1 和 CmWRKY10 均能提高菊花的耐旱性（Fan et al.，2016；Jaffar et al.，2016）。过表达菊花热激转录因子 CmHSFA4 基因可增强菊花耐盐性（Li et al.，2018）。过表达 CmWRKY15 使菊花对黑斑病更为敏感（Fan et al.，2015），而过表达 CmWRKY48 则增强了菊花对蚜虫的抗性（Li et al., 2015）。

（5）分子标记辅助选择育种　　随机扩增多态性DNA标记（random amplified polymorphic DNA, RAPD）、扩增片段长度多态性（amplified fragment length polymorphism, AFLP）、相关序列扩增多态性（sequence-related amplified polymorphism, SRAP）、简单重复序列标记（simple sequence repeat, SSR）及单核苷酸多态性（single-nucleotide polymorphism, SNP）等各种分子标记（marker-assisted selection, MAS）已在菊花辅助选择育种中逐渐得到应用。结合分子标记位点，利用关联分析，Li等（2018）鉴定出和菊花耐旱关联的4个优异等位变异位点，且耐旱品种'QX079'和'QX007'等全部携带以上优异等位变异位点。Su等（2019b）通过92 811个SNP标记的菊花耐涝性全基因组关联分析对优异等位变异位点进行检测，发现耐涝品种'QX097'和'南农雪峰'分别携带有5个和6个等位基因。通过关联分析，Fu等（2018）从80个切花菊品种中鉴定出2个抗蚜优异等位变异位点，且'南农勋章'等7个抗蚜菊花品种均携带有这两个位点。Sumitomo等（2019）通过栽培菊花'Ariesu'（粉色）和'Yellow Queen'（黄色）及其正反交配置的群体，对利用dd-RAD-seq技术开发的9219个单剂量SNP进行关联分析，发现了与类胡萝卜素降解过程关键酶CCD4a显著关联的两个位点。Yang等（2019）通过开发可有效区分托桂和非托桂花型菊花的一个SCAR标记，并以连锁分析在菊花'南农雪峰'（托桂）×'蒙白'（非托桂）F_1群体中检测出8个托桂性状相关的26个加性QTL及16对上位性QTL。张飞等（2011）以秋菊品种'雨花落英'×夏菊品种'奥运含笑'配置杂交群体，连锁分析表明菊花花期性状受加性和非加性基因的共同控制。

菊花各种性状的遗传特性解析，以及与主效QTL紧密连锁的分子标记和优异等位变异位点的鉴定，有助于开发有针对性的菊花分子育种工具。

（6）基因编辑　　分子设计育种是未来作物育种的方向，基因编辑是其中重要的工具系统。基因编辑有锌指核酸内切酶（zinc finger nuclease, ZFN）、类转录激活因子效应物核酸酶TALEN和CRISPR/Cas等系统。菊花基因编辑相关工作还处于起步阶段，截至2021年仅有一例成功进行菊花内源基因编辑的报道，该工作利用TALEN系统敲除了CmDMC1基因，导致菊花突变体植株花药发育出现障碍。另外，CRISPR/Cas9能在菊花中对外源转入的YGFP基因实现敲除，表明该系统在菊花基因编辑中具有应用前景。尽管菊花基因编辑面临着基因组杂合、六倍体有多个等位基因等困难，但是通过提高遗传转化效率、优化适合菊花的Cas编码序列以提高酶的体内活性等方法，为利用基因编辑来促进菊花精准育种提供了可能。

8.3.6　良种繁育

菊花能通过播种、分株、扦插、嫁接或组织培养等方式进行繁殖。播种多用于菊花育种；嫁接多用于生产盆景菊、造型菊等；分株和扦插在生产上应用较多，扦插效率高、易于控制种苗长势一致，是菊花生产上主要的繁殖方式。保持品种的特性是良种繁育的主要任务。对菊花而言，保持长期无性繁殖过程中的性状稳定尤为重要。

8.3.6.1　种苗繁育

扦插繁殖过程需要在母株、苗床、采穗、扦插、起苗等多个环节进行把控。母株应选择无病害、生长健壮的植株。母株和扦插苗床均应注意光照充足、排水和通风良好。依据生产季节选择合适的扦插基质类型，并进行基质消毒。采穗前需以百菌清等对母株进行抑菌处理，插穗可在2℃低温下恒温冷藏，但在长期存储时应注意定期检查去除腐烂的插穗。扦插时间依据不同品种菊花的生长特性和花期而不同。扦插后的温度、水肥和防病管理对扦插苗健康生长、减少病虫害十分重要。起苗时应选择健壮的植株，根据苗的粗细、高度等进行分级。

8.3.6.2 脱毒育苗

长期无性繁殖造成的病毒积累容易导致菊花性状退化。生产中常见多代营养繁殖后菊花株高不一致、花叶及叶皱缩等现象。通过对植株进行组培脱毒是恢复品种性状的一种有效手段，但也需要针对不同品种设定相应的脱毒培养方案。脱毒育苗流程包括脱毒处理、脱毒后病毒的检测、脱毒原种苗的保存和扩繁、脱毒苗母本圃的建立、脱毒苗的质量检测、种苗包装与贮运。南京农业大学编制了江苏省地方标准《菊花脱毒种苗生产技术规程》（DB32/T 3115—2016），在该技术标准指导下已完成了滁菊、福白菊、红心菊、北京茶菊等茶用菊，以及'白球''黄球''紫凤牡丹'等食用菊的脱毒复壮。

（陈发棣　王振兴）

8.4　非洲菊遗传育种

非洲菊（*Gerbera hybrida*）是菊科（Compositae）帚菊木族（*Mutisieae*）大丁草属（*Gerbera*）多年生草本花卉，因其花色艳丽、花朵硕大、花茎挺拔、常年开花，在全球切花贸易中被列为五大鲜切花之一。非洲菊品种繁多，色泽丰富，具有较高的观赏价值，同时具有"事业发达"的美好寓意，因此深受消费者的青睐，在多个国家被广泛应用于盆栽和园林种植。目前大部分种植品种都是*G. jamesonii*和*G. viridifolia*的人工杂交后代。非洲菊的育种主要集中在荷兰，已注册保护品种1000个左右。育种工作的飞速发展使得非洲菊在20世纪30年代成为商业花卉后，在全球花卉贸易中变得越来越重要。目前非洲菊主要生产国多达15个，全球非洲菊鲜切花贸易额高达20亿美元。我国自20世纪90年代引入非洲菊后，在栽培技术、育种方法及分子遗传方面都取得了长足的进步，目前非洲菊销售、规模化推广等都展现出了广阔的前景。

8.4.1　育种简史

非洲菊最早由奥地利植物学家Rehmann于1878年在南非德兰士瓦发现。1889年英格兰植物学家 Robert Jameson 给非洲菊命名。1891年英国的Lynch最早开展了非洲菊杂交育种，他将橙红色花的非洲菊与*Gerbera viridifolia*杂交授粉，获得了第一个半重瓣品种。加上起源地自然变异的原因，非洲菊出现了白色、粉色和紫色花。之后意大利、德国、法国、英格兰和美国都开始了非洲菊的栽培和遗传改良。法国人Adnet和Diem于1902年开展了大规模的遗传改良和选择育种，经数千次的杂交实验后最终选育出了非洲菊切花品种。1928年法国的Steinau育成了第一个重瓣非洲菊品种，后来德国的Lupke育成了花瓣宽而厚实的重瓣品种，比利时的Sander把首批大花非洲菊品种推向市场。现今花卉市场上所流行的大花型非洲菊，大多数是由荷兰的van Wijk培育而成，花朵直径可超过15cm。20世纪80年代，德国、波兰、西班牙等国也通过杂交育种选育出适宜本国气候和环境条件的优良品种。韩国庆尚南道农业研究与推广花卉研究中心于2001～2007年利用杂交育种方法也培育出了一批新品种，这些新的非洲菊切花品种均为半重瓣的花型，花瓣颜色较为单一，如粉色、黄色，花心有绿色和棕色，花茎硬挺，瓶插期均为7d以上，其中'Pink Light'品种的瓶插期较长，达13.2d。而日本的樱井先进和松井等成功选育出重瓣品种'Scarlet Diva'，在重瓣非洲菊育种工作中取得了很大的成就（Park et al.，2013）。

自从20世纪90年代初非洲菊引入上海、云南种植后，我国许多科研机构和公司开始尝试进行非洲菊的杂交育种。云南农业科学院花卉研究所从2000年开始致力于非洲菊的新品种选育，近年来，该研究所进一步选取已筛选出的优势组合进行杂交，培育出29个非洲菊品种，'语粉''语红''紫韵'等15个新品种获得国家植物新品种权证书（图8.9）。富民德丽花卉公司在2004年通过杂交育种获得白花绿心的非洲菊新品种'彩云无瑕'，绿心非洲菊品种的选育对非洲菊切花花色的研究有着重要的意义。贵州省农业科学院园艺研究所在2006年以'热带草原'为母本、'大雪桔'为父本进行杂交，对播种的实生苗在开花期采用一次性单株选择法进行初选，之后进行组织培养扩繁，于2009~2010年经品种比较试验后选育出新品种'真情'和'娇艳'。孙强（2016）利用杂交育种的方法培育出12个新的非洲菊品种，如'金韵''申黄'等，这些非洲菊切花新品种生长健壮、花瓣色泽鲜艳。据统计，截至2020年在中国申请保护的非洲菊品种有233个，授权品种有113个。其中国内单位申请199个、授权103个（云南申请171个、授权93个）；国外企业在中国申请34个，授权10个。虽然我国在非洲菊育种方面取得了可喜的进展，但由于非洲菊的遗传基础较为狭窄，导致国内育种水平徘徊不前，突破性品种还比较少。

彩图

图8.9　非洲菊新品种'语粉''语红''紫韵'（从左到右）

8.4.2　育种目标及其遗传基础

随着现代生活水平及审美水平的提高，消费者对于非洲菊的品质也提出了更高的要求。根据非洲菊评价指标的选择，可从花色、花型、花产量、瓶插期和抗性等方面确定非洲菊的育种目标。

8.4.2.1　花色

非洲菊的花色由花序颜色［舌状花和舌管状花（过渡花）］和花心颜色（花眼或中心管状花）组成。非洲菊品种多，花色系丰富，花瓣颜色主要有红色系、粉色系、黄色系和白色系；花心颜色主要有深色（黑-棕、棕-黑或黑-紫）和浅色（黄-绿、绿-黄或浅黄）。根据我国非洲菊切花标准可知，非洲菊花色纯正、鲜艳且无褪色为一级品；而根据市场需求，色泽艳丽，如红色、粉色系的非洲菊则更受消费者的喜爱，花心颜色以绿色更受欢迎。因此，花瓣以红色系为主而花心为绿色的品种是主要的育种目标之一。非洲菊的花色来源于舌状花和舌管状花中类胡萝卜素和/或花色苷的积累，类胡萝卜素是黄色和橙色非洲菊的主要色素，而花色苷是红色和粉红色非洲菊的主要色素。在20世纪60年代的早期研究中认为非洲菊的花色由2~3个主要基因控制，后来通过对非洲菊花朵色素的分析和花色苷合成的了解，发现花色主要由花色苷合成途径中的查耳酮合酶（CHS）、二氢黄酮醇还原酶（DFR）等基因控制（Bashandy et al., 2015）。另外，一些转录因子如MYB、bHLH和WD40也调控花色。其中编码bHLH的*GMYC1*和R2R3型MYB转录因子的*GMYB10*已经在非洲菊中被鉴定（Elomaa et al., 1998, 2003）。花心颜色是由管状花基部直立冠毛中花青素的积累决定的（Helariutta et al., 1995）。Kloos等（2005）检测了近550个非洲菊育种品系，分析了F$_1$、F$_2$和测交后代中花心颜色的分离，发现深色花心是由单显性基因*Dc*控制的。

8.4.2.2　花型

花型涉及花托的直径大小、花茎是否坚挺、花型是否匀称完整等性状。根据我国非洲菊切花标准可知，花茎挺直、有韧性且粗细均匀、长度超过60cm，花型既完整又整齐且硕大的为一级品。非洲菊的花型可以根据过渡花的长度和有无划分为三种类型：单瓣、半重瓣和重瓣。其中仅具有边缘的舌状花和中央管状花的为单瓣；半重瓣花不仅含有边缘舌状花和中央管状花，且在二者之间还有与边缘舌状花相似的过渡花，其所占花径长度小于整个花径的二分之一；重瓣型与半重瓣型相似，区别在于重瓣花的过渡花花径长度大于整个花径的二分之一。目前以重瓣品种为主流品种，而半重瓣也较多。重瓣品种的其他类型——大重瓣花型和完全重瓣花型也已被发现并推广，包括Gerrondo和Pomponi系列（Kloos et al., 2004）。分子遗传基础研究显示单瓣花是隐性性状，而重瓣花是由单显性等位基因*Cr*控制的（Kloos et al., 2004）。许多MADS-box转录因子基因（*GGLO1*、*DGEF2*、*GAGA1*、*GAGA2*和*GRCD1*）在非洲菊头状花序中沿半径呈梯度表达，极有可能参与小花类型的发育调控。CYCLOIDEA/TEOSINTE BRANCHED 1（CYC/TB1）-like TCP域转录因子家族在非洲菊小花类型的遗传控制中也起着重要的作用（Broholm et al., 2008；Juntheikki-Palovaar et al., 2014）。

还有一种拉丝花型因其锯齿状的外唇能形成丝带或流苏状花头而备受广大消费者欢迎。此花型不同品种的花瓣裂片数量和裂度不一，甚至同一朵花的不同小花也存在差异。Kloos等（2004）研究发现，拉丝型是由单显性基因*Sp*控制，花瓣裂片融合失败可能是形成此花型的原因。而且*GhCYC*家族中的某些基因也可能参与拉丝花型的形成（Broholm et al., 2008）。

8.4.2.3　花产量

对于鲜切花的生产而言，花产量大不仅是育种工作者的目标，也是切花种植者的期盼。不同非洲菊品种的产花量差异很大。Prajapati等（2017）研究发现，生长在印度温室中的'Stanza'每年每株能生产42枝花，而'Cherany'每年每株生产20枝花。生长条件也显著影响非洲菊的产花量。非洲菊切花产量属于数量性状，受很多次要基因调控且环境影响的程度很大（Harding et al., 1996）。在对非洲菊'戴维斯'切花数量的研究中，Harding提出了狭义遗传力和评估代际间遗传力的概念，认为遗传力受包括重组、自然或人工选择、环境影响、近亲繁殖和采样在内的多种因素影响。

8.4.2.4　瓶插期

非洲菊花葶木质化程度低，花序大而重，一旦吸水困难容易出现弯茎，影响瓶插时间。而瓶插期对于切花而言是消费者非常重视的一个性状。因此，长瓶插期便成为切花非洲菊最重要的育种目标之一。

非洲菊切花的弯茎现象发生普遍并且往往先于花瓣的萎蔫发生，是切花瓶插寿命的限制性因素，也是导致采后损耗的重要原因（Perik et al., 2012）。对于非洲菊弯茎机制的广泛研究始于20世纪60~70年代。最早的研究认为，瓶插液中以细菌为主的微生物造成了木质部导管堵塞，是导致非洲菊切花弯茎的主要原因（Penninafeld and Forchthammer，1966），随后又发现非洲菊切花弯茎与花茎缺机械支持力相关，特别是木质部细胞壁厚度不够，以及花茎上部缺乏厚壁组织，都会致使花茎无法支撑花头而发生弯曲（Steinitz，1982，1983；Dubuc-Lebreux and Vieth，1985；Marousky，1986；Yoon et al.，1996）。Mencarelli等（1995）研究发现，非洲菊切花的弯茎也受到乙烯的调控。此后，赤霉素、脱落酸对非洲菊弯茎的影响也被报道（Emonagor，2004；Ge et al.，2019）。越来越多的研究发现非洲菊弯茎的发生是一个复杂的生理过程，除了以上提及的因素，还受到瓶插过程中物质代谢、水分平衡和采后时间等多种因素的综合调控（王晰等，2015）。不仅弯茎现象影响非洲菊切花的瓶插期，花瓣枯萎和真菌病害也会影响非洲菊的瓶插期。常见病害灰霉病会大大缩短非洲菊的瓶插期。Wernett等（1996）研究表明非洲菊瓶插期的遗传变异主要受基因加性效应控制。

8.4.2.5　抗性

（1）抗病性　　非洲菊在种植栽培的过程中，花、叶、根和冠等能被许多病原菌感染，出现严重的病害症状，从而抑制非洲菊植株发育，降低花朵品质，减少产量，并影响植株性能（Reddy，2016）。非洲菊常见病害主要有根腐病、白粉病、灰霉病、疫霉病、叶斑病、花朵枯萎病等。其中根腐病对非洲菊的危害最大，一旦感染便会导致植株根部发黑，影响根部的生长，切花质量和产量也会受到严重影响（郭成宝，2004；何海永等，2021）。2020年我国科研工作者首次证明了增生性镰刀菌是引起非洲菊根腐病的主要病原菌（Zhao et al.，2020）。在以非洲菊'玲珑'病根为材料的研究中，通过病原菌分离和鉴定发现，病根中含有多种致病的病原菌，其中隐地疫霉、尖孢镰刀菌的数量最多（郝向阳，2018）。隐地疫霉也是引发非洲菊分株和扦插繁殖时疫病的元凶。不管是哪种致病菌导致非洲菊根腐病的发生，都会造成非洲菊的品质下降，从而降低观赏价值。因此，在追求非洲菊观赏性的同时，也要选育具有抗病性的品种。

由 Podosphaera fusca 引起的白粉病也是非洲菊最严重的病害之一，该病菌能侵染植物的叶、茎和花，严重影响植物的生长，降低花朵的质量。宋晓贺（2013）首次对非洲菊抗病基因类似序列进行分离克隆，创建了非洲菊后代分离群体，对非洲菊抗白粉病进行了遗传分析、数量性状基因座定位和细胞学观察。在抗病亲本、感病亲本中共鉴定出17个多态性片段，检测到2个与非洲菊抗白粉病相关的QTL，存在71.1%的表型变异。林发壮等（2020）以'云南红'非洲菊的转录组序列为基础对SSR位点进行挖掘。通过MISA软件从60 563条Unigene中检测出14 928个SSR位点，其中单核苷酸、二核苷酸和三核苷酸分别占总SSR位点的63.44%、21.54%和14.06%。非洲菊转录组SSR位点丰富，分布密度大，具有较高的多态性潜能，可作为开发SSR标记的有效来源，为非洲菊遗传多样性研究、分子标记辅助育种、遗传图谱构建及功能基因挖掘等提供了科学依据。

非洲菊灰霉病由灰葡萄孢引起，其抗病性被认为是数量性状（Poland et al.，2009）。2-吡喃酮合酶（2-PS）编码聚酮类化合物合酶，是合成非洲菊中两种植物杀菌素的前体。研究人员利用最近开发的转录组资源，发现了 2-PS 基因的序列变异，并将其作为单核苷酸多态性（SNP）标记使用。群体中的分离结果表明，2-PS 基因可能确实与对灰霉病的抗性有关，在标记辅助选择中可选择 2-PS 基因的有利等位基因来提高非洲菊的抗性（Fu et al.，2015）。并且通过亲本基因型转录组测序开发出SNP标记，成功用于非洲菊灰霉病耐药性的连锁图谱构建和QTL绘图（Fu et al.，2016）。2017年，Fu等又构建了两个F₁群体，用于分离灰霉病抗性基因，同时获得了这种高度杂合观赏作物的第一张连锁图谱（图8.10），为解开非洲菊抗病性的遗传背景提供了更多的分子手段。

（2）抗虫性　非洲菊常见的害虫有蓟马、温室白粉虱、叶螨和潜叶蝇。其中西花蓟马（*Frankliniella occidentalis*）的危害最为严重且无法根除。此害虫以非洲菊的花朵为食，在小花上造成难看的斑点，破坏小花和整个头状花序的结构。同时它们是凤仙花坏死斑病毒和番茄斑点枯萎病毒的载体，因此蓟马虫害会导致病害一起发生。而且蓟马主要在叶片和花朵的缝隙中繁殖，喷施杀虫剂较难达到防虫和防病害的效果。目前有报道一些商业化非洲菊品种对蓟马具有部分抗性，可以通过挖掘这些品种中的抗性基因，从分子水平上找到防治蓟马的方法或通过基因工程获得具有蓟马抗性的非洲菊品种。

（3）耐热性　非洲菊生长的适温是20～25℃，冬季适温12～15℃，低于10℃则停止生长，属半耐寒性花卉。因此耐热性一直是非洲菊育种追求的目标。黄志刚等（2003，2008）通过未生根组培苗的耐高温实验确定了非洲菊合适的热胁迫条件，之后探讨了利用羟脯氨酸筛选耐热变异系的方法。在此基础上，该实验室经过EMS诱变、多代间歇高温筛选、大棚种植鉴定和相关生理生化指标的测定，培育出了优良的非洲菊耐热新品系‘H10’（彭建宗等，2010）。祝小云（2016）对耐热的非洲菊品种通过转录组测序进行分子机制的探究，分析了高温胁迫下富集的功能途径和热激蛋白（HSP）在内的显著表达基因的变化，为通过基因工程培育耐热品种提供了理论依据。

（4）其他非生物抗性　非洲菊除了耐热品种的培育，在其他非生物抗性方面如耐盐、耐干旱、耐寒等也有一些研究。王江英等（2018）研究发现非洲菊种植适宜的栽培基质盐浓度是50mg/L NaCl，当NaCl浓度达100～150mg/L时便会抑制植株生长。甘尼格（2009）针对长期盐胁迫下的非洲菊进行了生理生化特性的研究，发现水杨酸是一种提高非洲菊植株耐盐性的有效物质。在非洲菊抗旱性的研究中，吴莉英（2008）以4种非洲菊为材料，研究了不同干旱情况下叶片生理生化指标的变化，为非洲菊的耐旱性品种选育提供理论依据。陈玮婷（2022）研究发现，在干旱胁迫下印度梨形孢能增强非洲菊幼苗的抗旱能力。李绅崇（2020）通过对相对耐寒非洲菊‘红极星’和不耐寒‘秋日’两个品种单倍体的高通量转录组测序，筛选出主要与核苷酸代谢、转录调节、次级代谢产物合成和胁迫响应相关的显著上调表达基因12个，其与非洲菊耐寒性有着极为密切的相关性。

8.4.3　种质资源

8.4.3.1　野生资源

非洲菊所在的大丁草属隶属菊科帚菊木族，全世界约有80种，主要分布于非洲南部、马达加斯加、亚洲等地。在亚洲主要分布在我国南部，以及印度、日本、印度尼西亚、尼泊尔等地（中国植物志委员会，1996）。大丁草属在我国约有20种，集中于西南地区，其中云南有16种，占全国种类的80%。吴征镒在2002年将大丁草属又分为大丁属（*Leibnitzia*）、火石花属（*Gerbera*）和兔耳一支箭属（*Piloselloides*）（吴征镒等，2002）。

大丁草属分为7个部分，其中非洲菊（*Gerbera jamesonii*）、绿叶毛足菊（*G. viridifolia*）、毛足菊（*G. ambigua*）、橙黄毛足菊（*G. aurantiaca*）和长叶毛足菊（*G. galpinii*）属于毛足菊组。该组中的种非常相近，仅根据一些形态学差异来区分（Hansen，1985）。其中长叶毛足菊全叶光滑，而原产地较潮湿；橙黄毛足菊舌状花长，深红色，花心黑色，目前在南非属于濒危品种。这两个种可能作为提高非洲菊观赏价值、抗逆性及环境适应能力的种质资源。野生非洲

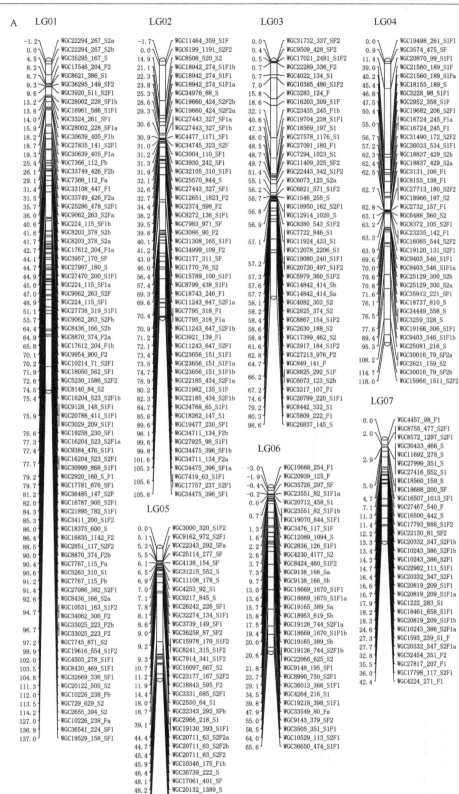

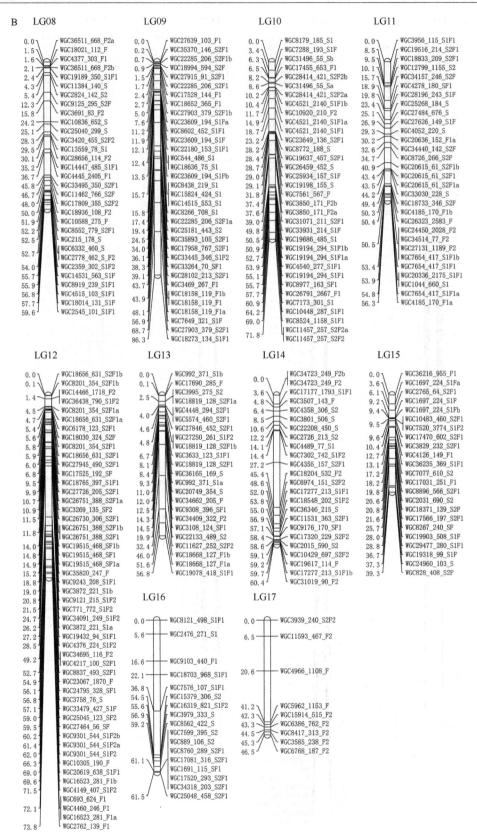

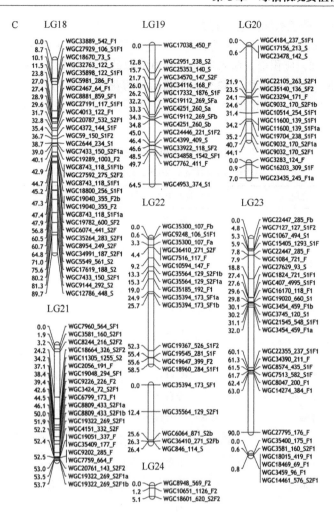

图8.10　非洲菊的连锁图谱（Fu et al., 2017）
A. LG01~LG07；B. LG08~LG17；C. LG18~LG24

菊和绿叶毛足菊种是早期非洲菊育种的亲本，但目前非洲菊品种中常见的深色花心是这两个种植株中没有的性状，这个性状来源于毛足菊组中的哪一个种，以及野生非洲菊种在非洲菊品种改良中发挥了什么作用，需要依赖基因组测序等技术手段来解答。

8.4.3.2　品种分类

非洲菊因其属于异花授粉植物，以及自交不育、种子后代易发生变异等特征，通常采用无性繁殖培育新品种。目前对非洲菊品种选育贡献最大的两个种是 *Gerbera jamesonii* 和 *Gerbera viridifolia*，几乎所有的商业品种都来源于这两个种的杂交后代，而且几乎全是二倍体（Hansen，1999）。

非洲菊的品种很多，分类方法也有很多。按照种植方法、花期及生育期可分为盆栽型和切花型。其中盆栽型非洲菊主要的特点是花期持久，花色丰富多变，生育期较短，多花性较强。而切花型非洲菊的主要特点是花梗笔直且花径大，可以终年开花，花期较长，观赏时间久，瓶插的寿命较长。按照花瓣的形态可以分为单瓣、单重瓣和重瓣三类。按照花色可以分为红色系、黄色系、粉色系、橙色系和白色系五类。

目前非洲菊品种颜色较为单一，多为红色、黄色和粉色，花型多为半重瓣（表8.6）。种质资源是育种工作的基础，应积极、深入地开展种质资源的研究和利用，扩大非洲菊种质资源库。王法格等（2009）采用权重法对32个非洲菊品种的花枝品质、产花量、抗性和切花瓶插寿命等性状进行了综合评价，筛选出综合性状良好而个别性状特别突出的品种，作为非洲菊育种的亲本。

表8.6　不同国家/地区非洲菊切花品种及其特性

（孙强，2016；郭方其等，2020；陈玮婷等，2020）

品种名	来源国家/地区	花瓣颜色	其他特征
'大雪菊'	云南	橘黄色	重瓣
'拉丝'	云南	紫红色	单瓣
'玲珑'	云南	粉色	半重瓣
'香槟'	云南	黄色	半重瓣
'云南红'	云南	红色	半重瓣
'彩云无瑕'	云南	白色	半重瓣，绿心
'秋日'	云南	橘红色	半重瓣，黑心，瓶插期大于12d
'红袍'	云南	紫红色	半重瓣，黑心，瓶插期12～13d
'紫霞'	福建三明	紫色	半重瓣
'金太阳'	上海	橙黄色，内部有红晕	重瓣，黑心，瓶插期20d
'金韵'	上海	橙黄色，半舌状花瓣有红晕	半重瓣，黑心，瓶插期15d
'申黄'	上海	黄色	半重瓣，黑心
'金背红'	上海	砖红色	半重瓣，黑心，瓶插期14～18d
'Oksem'	韩国	粉色	半重瓣，绿心，瓶插期12.2d
'Pink Light'	韩国	粉色	半重瓣，绿心，瓶插期13.2d
'Party Time'	韩国	粉色	半重瓣，棕心，瓶插期12.7d
'Yeunhwa'	韩国	粉色	半重瓣，绿心，瓶插期7.5d
'Joyful'	韩国	黄色	半重瓣，棕心，瓶插期12.8d
'Sunmyo'	韩国	黄色	半重瓣，黑心，瓶插期7.5d

8.4.4　生殖生物学特性

8.4.4.1　形态特征

非洲菊花葶单生或稀有数个，丛生，无苞叶，被毛，毛于顶部最稠密，头状花序单生于花葶之顶；总苞钟形，约与两性花等长；总苞片2层，外层线形或钻形，顶端尖，背面被柔毛，内层长圆状披针形，顶端尾尖，边缘干膜质，背脊上被疏柔毛；花托扁平，裸露，蜂窝状；外围雌花2层，外层花冠舌状，顶端具3齿，内2裂，丝状，卷曲，花冠管短，长约为舌片的1/8，退化雄蕊丝状，伸出于花冠管之外；内层雌花比两性花纤细，管状二唇形，二唇等长，外唇具3细齿或有时为2齿和1裂片，内唇2深裂，裂片线形，卷曲，退化雄蕊4～5枚，线形或丝状，藏于花冠管内；中央两性花多数，管状二唇形，外唇大，具3齿，内唇2深裂，裂片通常宽，卷曲；花药长约4mm，具长尖的尾部；雌花和两性花的花柱分枝均短，顶端钝（图8.11）。

彩图

图 8.11　完全开放的非洲菊花序

示头状花序的三种小花及其花器官

非洲菊根状茎短，为残存的叶柄所围裹，具较粗的须根。叶基生，莲座状，叶片长椭圆形至长圆形，顶端短尖或略钝，基部渐狭，边缘不规则羽状浅裂或深裂，上面无毛，下面被短柔毛，老时脱毛；中脉两面均凸起，下面粗而尤著，侧脉5~7对，离缘弯拱连接，网脉略明显；叶柄具粗纵棱，多少被毛。瘦果圆柱形，密被白色短柔毛。冠毛略粗糙，鲜时污白色，干时带浅褐色，基部联合。自然花期在11月至翌年4月。

8.4.4.2　开花特征与花粉特性

非洲菊头状花序中的三种小花虽然遗传背景一样，但它们在性别、着生位置、器官融合、对称性和色素成分上均存在明显的差异。舌状花两侧对称，着生于花序边缘，呈放射状，花瓣大而艳丽且仅具有雌蕊，雄蕊退化，为单性花；过渡花也为单性花，雄蕊退化成丝状；管状花着生于花序最中央，形状相对较小，多为两性花。随着非洲菊花序的发育，位于花序外轮的舌状花最先开放，其次是中间的过渡花，最后是最中央管状花。伴随着管状花的开放，其雄蕊也散发出花粉，然而此时位于外轮的舌状花雌蕊已失去活力。因此，非洲菊难以通过自花授粉繁育后代。

孙强等（2008）对非洲菊的花粉形态进行扫描电镜观察，发现非洲菊花粉粒为中等偏小型，具三孔沟。对4个品种不同开花阶段花粉的萌发率和柱头可授性进行测定，认为在部分ME_3培养基中添加300g/L PEG 1500比较适宜品种'N2'的花粉萌发，其生活力最高达38.3%。而多数品种在刚散粉时期，22~28℃时萌发能力强。结合花序的发育进程，发现在舌状花刚刚露色到柱头萎蔫之前的整个时期，即柱头在完成生理基础发育和基本形态发育之后就具有可授性，可授期约为12d。虽然柱头发育初期和后期均具有可授性，但萌发的花粉管是否能继续生长，穿过花柱进入胚囊，最终完成受精还是一个复杂的过程。陈玮婷等（2020）的研究认为非洲菊品种的花粉大小与花粉活力没有直接关系，但非洲菊品种的花粉数量和花粉活力存在一定的关系。一般来说，花粉量多的品种相对于花粉量少的品种花粉活力更强。在非洲菊杂交育种的工作中，优先考虑花粉量较多且花粉活力强的品种作为亲本材料，有利于提高杂交育种的成功率，事实证明这也与田间杂交育种的实际经验相符。

8.4.5 育种技术与方法

8.4.5.1 杂交育种

杂交育种是培育非洲菊新品种最常用且最有效的方法之一，通过杂交的手段不仅可以综合双亲的优良性状，还可以克服亲本的缺点，从而获得具有杂种优势的非洲菊新品种或新品系。孙强（2007）在非洲菊杂交育种技术的研究中指出了目前非洲菊杂交育种技术常用的工作流程（图8.12），为非洲菊的杂交育种工作提供了参考。

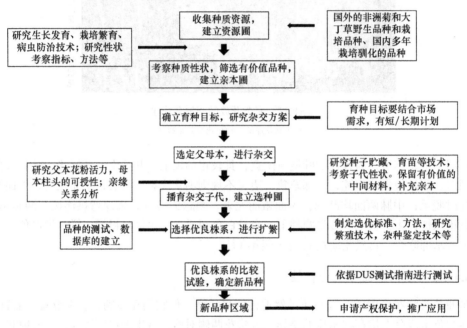

图8.12 非洲菊杂交育种流程（孙强，2007）

曹桦和李绅崇（2008）以6个非洲菊品种配制5个杂交组合的F_1代为材料，在自然条件下进行瓶插试验，发现亲本和子代的瓶插寿命差异明显，不同采摘时期对非洲菊的瓶插寿命也有较大影响，如'皇冠'瓶插寿命对采摘时期非常严格，但'温馨'对采摘时期不敏感。云南省农业科学院花卉研究所于2006年通过人工杂交育种，选育出7个非洲菊新品种，这些新品种色泽鲜艳、花朵硕大、瓶插期长。选育出的高产抗病新品种'秋日'，叶片深绿，花梗长而笔直坚挺，花序直径大于10cm，外轮舌状花正面呈橘红色而花心为黑色，瓶插期12d以上。通过对新品种'彩云无瑕'的生物学性状研究，发现该品种的白色花瓣绿色花心性状比较稳定，深受消费者的喜爱。

目前，非洲菊杂交育种关注的性状主要是花色和花型，但花茎长短、花托的大小、瓶插寿命等也非常重要，要给予更多的关注。经过杂交选育非洲菊新品种，子代性状分离广泛，且出现了许多超亲性状，植株的花色偏母性遗传，变异频率高，这些都为选育出集优良性状于一体的非洲菊新品种提供了可能。但传统杂交育种周期长，因此仍需不断改进育种技术，缩短育种周期，提高育种效率。

8.4.5.2　倍性育种

（1）单倍体育种　　纯合系可以更好地决定花色、花型、瓶插寿命等遗传特性，在育种实践中非常有用，纯合系可以通过多代自交选择获得，也可通过大孢子和小孢子离体培养方式获得单倍体后再染色体加倍获得。非洲菊属于异花授粉植物，品种杂合程度较高，自交 2～3 代会导致后代退化、畸形和不育。因此，采用传统的自交方式构建自交系较为困难（Cappadocia and Vieth，1990），这成为盆花和园林花卉品种 F_1 代制种、遗传研究、单倍体种质利用的最大障碍。

在众多花卉植物中，花药或花粉培养是获得单倍体植株的重要途径。但非洲菊花粉或花药培养存在取材困难、灭菌难度较大等问题，故获得非洲菊单倍体植株的有效途径是利用未授粉的子房或胚珠进行培养。王丽花等（2007）通过离体培养诱导 12 个品种的非洲菊未授粉胚珠，以 MS 中的大量元素＋Heller 中的微量元素＋1/2 铁盐＋0.2mg/L 6-BA＋0.1mg/L IAA 为最佳培养基，成功获得单倍体植株。卢璇（2016）以非洲菊未受精胚珠为材料成功培育出植株，并发现 $AgNO_3$ 能显著促进生长并减轻褐化程度。利用未授粉的胚珠进行单倍体诱导，研究表明基因型是胚珠长出不定芽的重要因素，且低温能促进不定芽的诱导（Li et al.，2020）。另外，采用离体雌核发育（*in vitro* gynogenesis）培养单倍体植株也是一个可行的办法。1981 年 Sitbon 首先成功获得了雌核发育植株。1990 年 Tosca 首先实现了从非洲菊盆花未受精胚珠诱导出的愈伤组织中分化出再生芽，成功地获得了盆栽非洲菊单倍体株系。在育种实践中单倍体加倍是一个限制步骤，1996 年 Miyoshi 和 Asakura 用秋水仙碱处理单倍体获得了双单倍体植株。

（2）多倍体育种　　利用秋水仙碱进行多倍体育种的报道很多。王晓红（2003）利用秋水仙碱诱导非洲菊离体丛生芽和愈伤组织形成多倍体，发现秋水仙碱合适浓度为 0.01%～0.05%，诱导非洲菊成为四倍体的概率随秋水仙碱浓度的增加而升高。李涵等（2009）对两个非洲菊品种（$2n=2x=50$）进行多倍体诱导研究，结果表明浓度为 0.10% 的秋水仙素处理组培丛生芽 48h 的诱导效果最佳，获得了四倍体植株（$2n=4x=100$）。诱导突变的四倍体与二倍体植株相比，其花序更大、叶片色泽更深、花茎更坚挺。

8.4.5.3　诱变育种

诱变育种可以通过辐射诱变、化学诱变及空间诱变的方法，打破原有物种的基因库，使其发生变异，从而培育出更多的新品种。刘巧媛等（2006）研究分析了非洲菊种子卫星搭载对其萌发、幼苗茎尖培养及快速繁殖的影响。结果表明，经卫星搭载后，促进了非洲菊种子的萌发，且萌动时间可以提前 2～3d。但在其无性后代中可看到植株黄化、矮化等变异现象。高年春等（2007）在利用物理辐射处理非洲菊组培苗实验中，发现经 ^{60}Co-γ 辐射处理后，非洲菊组培苗的株高、生根率、黄化率、死亡率与辐射剂量呈负相关，且生根组培苗与无根组培苗对辐射的敏感性不同。采用 ^{60}Co-γ 射线处理非洲菊愈伤组织、茎尖和组培苗，其中愈伤组织对辐射敏感性最强，茎尖次之；而低剂量的处理可以促进茎尖的生长（罗海燕等，2013）。Hosoguchi 等（2021）用三种不同的 LET 离子束辐照非洲菊离体苗，研究表明高 LET 离子束将会导致离体苗花瓣颜色和形状发生变化，而且导致雄性不育。

由于非洲菊切花的最适生长温度是 20～25℃，而夏天的高温将会影响非洲菊的生长发育，导致非洲菊表型改变、观赏性下降，因此，选育出耐热性强的非洲菊品种尤为重要。黄志刚等

（2008）采用羟脯氨酸作为化学诱变剂处理非洲菊的花托和芽，高温胁迫下筛选得到耐热变异株系'SHP5'。彭建宗等（2010）利用0.4% EMS诱变处理花托4h，再经间歇高温筛选，最终选育出切花品质优良的耐热变异株系'H10'。

8.4.5.4 基因工程育种

基因工程育种技术可以定向改变花卉的某些特有性状并保留其原有的优良性状，引入新的基因，扩大基因库。病毒诱导基因沉默（VIGS）技术具有周期短、成本低、不需要遗传转化等优势。陈峥（2017）成功构建了'华龙'非洲菊的病毒诱导基因沉默体系，发现*GhCHS1*、*GhCHS4*、*GhF3H*、*GhF3'H*、*GhUFGT*、*GhGST*等基因沉默后，植株舌状花瓣颜色出现不同程度的变浅。庞滨等（2016）成功建立了非洲菊毛状根诱导系统，为获得再生转基因植株、基因功能研究和品种改良奠定了基础。

在非洲菊转基因育种研究中，有关非洲菊花瓣长度和花色的调控研究报道较多。Broholm等（2008）发现一个TCP结构域基因*GhCYC2*的表达将会使非洲菊的管状花花瓣长度增加，类似于舌状花结构，而*GhCYC2*的沉默表达将会导致舌状花花瓣长度减小，最终导致花型的改变。Ruokolainen等（2010）研究表明*GSQUA2*是拟南芥*FUL*基因的直系同源基因，*GSQUA2*在非洲菊中过表达将会延迟转基因植株的开花时间，且还会导致植株矮化。在拟南芥*AtSOC1*同源基因*GhSOC1*过表达植株中，非洲菊三种小花的花瓣长度都发生了改变，且花瓣表皮细胞的花青素含量比野生型植株增加两倍左右。病毒诱导*GhGDEF3*基因沉默的非洲菊植株，缩短了过渡花花瓣的长度，且管状花生长受阻，导致花型发生了改变（罗燕羽，2018）。非洲菊锌指蛋白GhWIP2通过介导赤霉素、脱落酸和生长素之间的信号通路抑制细胞扩张，过表达*GhWIP2*导致非洲菊植株矮化（Ren et al.，2018）。Han和Huang等（2017，2020）指出乙烯不敏感的蛋白GhEIL1和小锌指蛋白GhMIF在非洲菊花瓣长度调控中发挥着相似的功能，过表达*GhMIF*、*GhEIL1*会缩短花瓣长度，且舌状花瓣的两边出现向内翻卷的现象，而沉默这两个转录因子会引起舌状花花瓣伸长。Lin等（2021）在非洲菊舌状花花瓣的研究中，发现*Gh14-3-3b*和*Gh14-3-3f*作为油菜素类固醇正调控因子参与调控舌状花的伸长，过表达这两个基因会通过促进花瓣细胞的伸长增加舌状花花瓣的长度，而沉默则会抑制花瓣的伸长。

在非洲菊花色的研究中，Laitinen等（2008）发现*GMYB10*基因的异位表达会增强转基因非洲菊花青素色素积累，改变其色素沉积模式，从而影响非洲菊花心、花瓣的着色。Elomaa等（2003）研究发现*GMYB10*的过表达激活了愈伤组织中花青素的合成，但花青素的强烈积累可能会干扰转基因芽的再生。除此之外，他们还利用病毒诱导基因的方法沉默与花青素生物合成相关的基因*GhCHS1*，发现*GhCHS1*表达下调会抑制花青素的积累，导致非洲菊花瓣的颜色变淡（Elomaa et al.，1993，1996）。Zhong等（2020）在非洲菊花青素的生物合成中，发现R2R3-MYB转录因子*GhMYB1a*过表达会减少花色素苷积累，同时还会上调黄酮醇生物合成的结构基因，导致黄酮醇累积，使花瓣的颜色发生变化。

8.4.6 良种繁育

良种繁育是新品种推广应用的基础。非洲菊品种在栽培过程中退化严重，品质难以提高，因此，如果没有合适的良种繁育手段和栽培条件，那么优良品种往往不能长时间保持非洲菊原种的优良性状，所以在扩大良种数量时需要注重其方法和条件，不断保持并提高良种的活力。

8.4.6.1　组织培养快速繁殖

非洲菊的良种繁育主要通过组培快繁技术进行。目前商业化生产中常使用组培苗作为非洲菊种苗，其组培快繁技术已经较为成熟（孙翊等，2017）。通过组织培养可以快速获得大量的再生植株，提高非洲菊的繁殖系数，而且还能有效地避免分株繁殖和种子繁殖带来的品种退化问题。组培快繁能够保持母本原有的优良性状，节约繁殖材料，繁殖速度快、周期短，但由于组织培养需要保持无菌条件，因此对设备、环境等要求高。迄今为止，有关非洲菊组织培养技术的报道较多，大多采用花托作为外植体进行离体培养。此外，利用芽、叶片、茎尖、根、叶柄、花蕾、花瓣等作为外植体进行快繁也有很多报道（毕晓颖等，2013；邵小斌等，2016；过聪等，2017；罗一然等，2017；李云海等，2018）。虽然非洲菊几乎任何一个部位都可以用作外植体进行组培快繁，但是各个部位间的诱导效果存在差异，另外，不同品种和不同生长发育阶段组织培养诱导分化出不定芽的能力也存在明显差异，选择处于生长发育早期的非洲菊更易于提高其诱导率。非洲菊组培苗在珍珠岩与泥炭体积比为 3∶1 的基质上生根效果最佳，生根率达 89%；若用 800mg/L IBA 溶液处理则生根率可达 90%（单芹丽等，2014）；基质为泥炭土∶珍珠岩∶黄土＝2∶1∶1 的配方则对非洲菊组培苗的株高、茎长等观赏性状有促进效果（夏朝水等，2020）。

8.4.6.2　播种与分株繁殖

非洲菊也可以通过直接播种或分株繁殖进行良种繁育。非洲菊种子细小，一般采用盆播，以过筛的腐叶土或泥炭土为基质，将种子均匀播上，然后薄薄盖上一层粗沙或过筛的泥炭，置于 20～22℃ 空气湿度较大的遮阴处，8～12d 发芽，播种后 3.0～3.5 周进行疏苗，一般 3～4 个月后，小苗长至 4～5 片真叶时方可移栽。许金秀等（2019）比较了三种不同的育苗方式效果，发现种子点播的育苗成活率最高，为 95%。但对于切花种苗生产通常不采用这种技术，因为不同亲本的变异特性会产生性状分离的变异后代，难以保持杂交后代一致性。

分株法一般采用二年生以上的植株进行分株繁殖，平均每株可分出 26 株新植株。分株通常在植物营养休眠期进行，一般是 4～5 月。首先将老株连根拔起清理叶片和根系，用锋利的小刀在根茎部切割分株，每个新株带 4～5 片真叶，然后用抗隐花试剂处理后进行栽植。栽植时不宜过深，以根颈部略露出基质表层为宜。分株繁殖增殖率太低，伤口容易感染病毒，产量和质量均不理想。所以，分株繁殖方法难以满足非洲菊规模化生产的需要。

（王亚琴）

8.5　百合遗传育种

百合是百合科（Liliaceae）百合属（Lilium）多年生鳞茎植物，其花朵硕大、花色艳丽、花姿百态、芳香怡人，是世界著名花卉和中国传统名花，被誉为"球根花卉之王"，在世界花卉市场占有十分重要的地位。同时，有些百合还具有食用和药用价值。此外，在中国传统文化中，百合自古便拥有"云裳仙子"的美称和"百年好合""百事合意"等美好寓意，深受我国人民喜爱。百合种类丰富、用途广泛，根据用途可分为：①观赏百合，包括切花百合、盆栽百合、庭院百合或园林百合；②食用百合，如兰州百合（*L. davidii* var. *unicolor*）、卷丹（*L. lancifolium*，又名宜兴百合、南京百合）、龙牙百合（*L. brownie* var. *viridulum*）、川百合（*L.*

davidii）等；③功能性百合，又称赏食兼用型百合，同时具有观赏、食用、药用等多种功能。因此，百合具有很高的观赏、经济和文化价值。

8.5.1 育种进展

明代编纂的《平凉县志》记载："蔬则百合，山药甚佳"，距今500多年前兰州百合已在甘肃作为名药、蔬菜栽培。随着中西方贸易与文化交流，我国百合种质资源在18世纪后通过丝绸之路传入欧洲，对世界百合品种选育做出了极大贡献。20世纪初，欧洲引种了原产于我国的岷江百合（*L. regale*），将其作为杂交育种亲本，培育出许多适应性强的新品种，使原来由于病毒蔓延而濒临灭绝的欧洲百合在园林中重放光彩。近20多年来，百合育种发展较快，以荷兰和美国为代表的国家每年培育出数以千计的百合品种，几乎垄断了国际百合种球市场。最近10年，荷兰每年约有100个新品种问世，申请的百合新品种专利占据了世界百合新品种专利的90%以上。荷兰百合育种上的突破和种球生产技术的重大改进，极大地促进了荷兰百合产业的发展，使其长期处于世界领先地位。国内生产中大量种植的观赏百合品种基本都是国外引进的，其中大部分是荷兰品种。根据英国皇家园艺学会（The Royal Horticultural Society，RHS）公布的数据，目前全世界百合品种约2万个。

与国外相比，我国百合育种工作起步较晚，从20世纪70年代末开始开展百合育种研究，育种目标主要围绕百合的观赏性和抗性。经过几十年的发展，先后培育出了一批百合新品种。根据农业农村部植物新品种权保护办公室公布的2002～2021年的数据，38家国内外科研单位、企业共申请百合属植物新品种权149个（截至2022年9月1日已授权72个），其中13家国外单位均是荷兰公司，申请了51个（已授权33个）；云南省农业科学院是国内申请和授权百合品种数量最多的单位，分别是29个和20个，中国农业科学院蔬菜花卉研究所申请和授权百合品种数量分别是13个和4个。2017～2021年，南京农业大学、北京林业大学、山西农业大学、云南省农业科学院等11家单位共申请24个百合新品种权，说明国内高校和科研单位越来越重视对百合新品种权的保护。

8.5.2 种质资源

8.5.2.1 野生资源

全世界百合属植物约有115个种，主要分布在北半球的温带和寒带地区，少数种类分布在热带高海拔地区，南半球没有野生种分布。中国是百合属植物分布最多的国家，也是百合起源中心。据调查中国约有55个种18个变种，在我国27个省（自治区、直辖市）都有不同百合属植物分布，但不同省（自治区、直辖市）分布状况有所不同，以四川西部、云南西北部和西藏东南部分布种类最多，约36种；其次为陕西南部、甘肃南部、湖北西部和河南西部，约有13个种；再次是吉林、辽宁、黑龙江的南部地区，约有8个种；除海南没有野生百合分布及西部寒冷干旱的青海和新疆两地仅分别有2个种和1个变种外，其他省（自治区、直辖市）均有3～5个种分布。日本特有百合种9个，与中国、俄罗斯共有种6个，合计15种；韩国特有种3个，共有种8个，变种1个。在亚洲其他国家分布的百合属植物共约10种，欧洲分布的约12种，北美分布的约24种。

8.5.2.2 品种资源及分类

20世纪以来，人为育成的百合栽培品种日益增多。1982年，英国皇家园艺学会和北美百合学会（North American Lily Society，NALS）把百合的各个栽培品种和其原始亲缘种与杂种的遗传衍生关系分为以下九类。

（1）亚洲百合杂种系（Asiatic hybrid）　主要亲本有朝鲜百合（*L. amabile*）、鳞茎百合（*L. bulbiferum*）、大花卷丹（*L. maximowicaii*）、山丹（*L. pumilum*）、毛百合（*L. dauricum*）、渥丹（*L. concolor*）、卷丹、川百合、垂花百合（*L. cernuum*）。其特点是种球较小，耐贮藏，植株不耐高温，花苞较多，花色丰富，花朵多无香味，生长对光的需求较大，亲本多耐寒性较强。花型姿态分为三类：①花朵向上开放；②花朵向外开放；③花朵下垂，花瓣外卷。

（2）东方百合杂种系（Oriental hybrid）　由湖北百合（*L. henryi*）杂交育种的各种类型及天香百合（*L. auratum*）、鹿子百合（*L. speciosum*）、日本百合（*L. japonicum*）等杂交而成。花朵巨大，碗形，花色以红、粉红、白为主，有浓郁香气。根据花型姿态可分为4组：①喇叭花型；②碗花型；③平花型；④外弯花瓣花型。

（3）麝香百合杂种系（Longiflorum hybrid）　也叫铁炮百合，由麝香百合（*L. longiflorum*）、台湾百合（*L. formosanum*）等杂交产生。花为喇叭筒形，平伸。其特点是花香清新，花朵白色、喇叭形。

（4）欧洲（星叶）百合杂种系（Martagon hybrid）　由星叶百合（*L. martagon*）和汉森百合（*L. hansonii*）等杂交起源，其特点是花朵较小，花瓣向外翻，花朵下垂。

（5）纯白百合杂种系（Candidum hybrid）　亲本为起源于欧洲的白花百合（*L. candidum*）等（不包括星叶百合）。其特点是花朵喇叭形，有香气，下垂。

（6）美洲百合杂种系（American hybrid）　亲本为生长在北美地区的豹斑百合（*L. pardalinum*）和帕里百合（*L. parryi*）等。其特点是花下垂且反卷，花序上的花朵呈金字塔状排列。

（7）喇叭形杂种和奥瑞莲杂种系（Trumpet and Aurelian hybrid）　由通江百合（*L. sargentiae*）、宜昌百合（*L. leucanthum*）、湖北百合、岷江百合等杂交而来。特征是花朵为喇叭形，花向外或稍下垂，香气浓郁。

（8）百合原种（Lily specy）　包括杂种的原始种和变种。

（9）其他杂种（Misellaneus hybrid）　所有上述未提及的百合类型及目前出现的一些种间杂种新品种，如L/A（亚洲百合杂种系与麝香百合杂种系间的杂交种）、O/A（亚洲百合杂种系与东方百合杂种系的杂交种）、O/T（东方百合杂种系与喇叭百合杂种系的杂交种）、T/A（喇叭百合杂种系与亚洲百合杂种系间的杂交种）和L/O（东方百合杂种系与麝香百合杂种系间的杂交种）等。

8.5.3　育种目标及其遗传基础

百合育种的主要目标包括观赏性状的改良和抗逆性的提高，目前花香、无花粉、抗病、耐热与耐寒育种是百合育种的主要方向。

8.5.3.1　百合观赏性状改良

（1）花色育种　百合花色育种已有100多年历史，最早可追溯到19世纪。在1864年和1869年，天香百合和鹿子百合正、反交组合中产生了东方百合，之后通过杂交、回交及品种间杂交，形成了东方百合杂种群，花色以红、粉红、白为主。1945年，橙色的湖北百合与白色的宜昌百合变种紫脊百合（*L. leucanthum* var. *centifolium*）杂交得到了双色的'White Henryi'。1985年和1990年，研究人员通过麝香百合和兰州百合的杂交培育出花色淡橙、适应性强的杂交种，后又通过岷江百合与玫红百合（*L. amoenum*）的杂交获得浅玫瑰红色、具鲜红斑点的杂种。1993 年，研究人员将不同的奥瑞莲百合杂种系与粉色的鹿子百合杂交和回交，培育出了白色花瓣中下部具有扇形的不同深浅紫红色色块的新品种 'Starburst Senseion' 'Northern Carillon' 'Northern Sensation'。之后，荷兰公司培育出了黄色、黄绿色和白色的切花和盆栽百合品种，如黄色品种 'Conca d'or'，2007年培育出紫红系的百合品种。

百合花瓣中的色素主要有类黄酮、类胡萝卜素和生物碱三大类，其中前两者是百合花色形成的关键物质。类黄酮主要存在于液泡中，百合花色中的红色、紫色、粉色、橙色、黄色等颜色的形成均与此类化合物相关；而百合花色中橙黄色、橙红色的形成均与类胡萝卜素密切相关，如兰州百合和卷丹的橙红色花瓣中都有大量类胡萝卜素的积累。此外，经过100多年的花色育种，除了黑色系、蓝色系外，其他色系的百合品种也十分丰富。与百合花色育种实践相比，百合花色遗传机制研究报道很少，目前对遗传机制还不是很清楚。

（2）花色育种　　百合花型主要有喇叭形、钟形、碗形、星形和反卷形，花姿有向上、水平、向下等形式，直立向上的喇叭形是育种的最佳目标。我国云南野生百合花型丰富，是花型育种的重要亲本。重瓣百合的观赏价值高，但重瓣百合的野生资源较少，商业重瓣品种较多。目前国际市场上的重瓣品种主要为荷兰 De Looff Lily Innovation 公司推出的 '玫瑰百合' 系列。切花品种一般要求植株高大，东方百合杂种系及部分麝香百合杂种系是较好的亲本。对于盆栽百合，则宜选育株型矮壮、叶茂花繁的品种。目前市面上培育的盆栽百合品种较多，大部分为亚洲百合品种，如 '小蜜蜂' 和 '小火箭' 等。百合花型育种已取得较好进展，但是有关百合花型遗传基础的研究则鲜有报道，花型遗传机制尚不清楚。

（3）花香育种　　目前，花香的改良是百合育种研究工作中的薄弱环节，亚洲百合花色丰富但通常无花香，东方百合花香浓郁，而麝香百合花香最怡人，是培育香味百合的优良亲本。我国百合有10个种具有香气，如麝香百合、卷丹、川百合、岷江百合、白花百合、青岛百合（*L. tsingtauense*）等，均可作为百合香味育种亲本。香味来源于花被片中的芳香油，目前降低东方百合的香味、增加亚洲百合的香味是育种学家试图实现的目标。研究人员利用麝香百合品种 'Nellie White' 与无香味但花色艳丽的有斑百合（*L. concolor* var. *pulchellum*）进行种间杂交，得到了色艳、味香的后代。荷兰育种与繁育中心将麝香百合与亚洲百合杂交得到了清香淡雅的 'LA' 杂种系。近年来，研究人员在百合花香合成和调控分子机制研究方面取得了重要进展，如与花香合成相关的 *LiTPS*、*LiDXS*、*LiDXR*、*LiMCT*、*LiMCS* 等基因已被克隆，这为百合花香分子育种奠定了良好基础（张茜等，2022；Zhang et al.，2018）。

（4）无花粉育种　　百合花粉量大，容易污染衣物和环境，因此一般在开花后需要人工摘除花药，费时费力。无花粉或少花粉百合品种的培育是育种工作的一个重要目标，培育雄性不育系是解决这一问题的有效方法。北京农学院和中国农业科学院蔬菜花卉研究所开展了百合花粉败育的低发生率与雄性不育之间的遗传连锁关系研究。陆长旬等（2002）用 ^{60}Co-γ 射线辐照亚洲百合 'Pollyana' 的鳞茎，在当代植株中发现了败育花粉，这为无花粉百合的选育提供了一条可行途径。南京农业大学百合科研团队对收集保存的部分百合种质资源花粉量和散发特性进行了研究，获得了3份无花粉种质资源（王蓝青等，2018）。在此基础上，研究者对百合花粉败育的细胞与分子机制进行了探讨，发现花粉败育的关键时期是单核花粉粒时期，花药绒毡层细胞提前降解是导致花粉败育的直接原因，并克隆了一些调控百合花粉发育的关键基因 *LaMYB26*、*LoMYB33*、*LoUDT1* 等（王雪倩，2019；Wang et al.，2019；Liu et al.，2021；Yuan et al.，2021），为无花粉百合分子育种奠定了良好基础。

8.5.3.2　百合的抗性育种

（1）抗病育种　　百合的主要病害有疫病、枯萎病、病毒病、叶枯病、根腐病等，其中危害严重的是枯萎病和根腐病。百合也易感染百合无病症病毒（LSV）、黄瓜花叶病毒（CMV）、百合十号病毒（LVX）等。选育抗病性强的新品种是百合抗性育种的重要目标。百合野生种的抗病能力较强，如湖北百合、毛百合、麝香百合、岷江百合和山丹等，其中湖北百合对灰霉病、镰刀菌枯萎病（又称根腐病、茎腐病）等具有较强抗性，在百合抗病育种中一直作为重要亲本。谢松林（2010）通过麝香百合'White Fox'与亚洲百合'Con-necticut King'杂交获得 F_1 代，对 F_1 代进行镰刀菌抗性鉴定，结果发现后代群体中有抗性植株存在，证实通过远缘杂交开展抗立枯病育种切实可行。

（2）耐热育种　　百合喜冷凉湿润气候，生长适温为白天 20～28℃，夜间 10～15℃，5℃以下或 28℃上生长会受到影响。我国大部分地区夏天温度普遍高于 35℃，不利于百合生长，越夏时百合经常出现生长缓慢、植株低矮、病虫害严重、花小等现象，影响切花质量，造成百合种球腐烂和退化。通过耐热育种，培育耐高温品种是解决夏季百合生产困难的主要途径。在野生百合中，台湾百合与淡黄花百合（L. sulphureum）的耐热性强，通江百合和岷江百合的耐热性能也较强，是耐热育种较好的亲本材料。杨利平和符勇耀（2018）测定了高温逆境下百合亲本和杂交后代的生理生化指标，包括 POD、SOD 活性等，发现杂种耐热性介于亲本之间或高于亲本。程千钉等（2012）通过对 3 份远缘杂交新种质幼苗进行梯度高温处理（25℃、28℃、31℃、34℃、37℃、40℃），并测定其叶片的游离脯氨酸含量、可溶性蛋白含量等抗性生理指标变化，发现 3 份杂种均表现出一定的杂种优势。近年来，百合耐热分子育种理论研究也取得了可喜进展。尚爱芹等（2014）用逆境诱导转录因子 AtDREB2A 转化百合，将外源基因整合到转化植株的基因组后，生理指标测定显示转基因植株对高温的适应性有所提高。南京农业大学百合科研团队以麝香百合'白天堂'为材料，先后克隆了多个新的热诱导基因 LlWRKY39、LlERF110 和 LlWRKY22 等，并对部分基因的耐热性调控机制进行了研究（Ding et al.，2021；Li et al.，2022；Wu et al.，2022），为百合耐热分子育种提供了重要基因储备。研究者还通过杂交育种整合幼胚拯救等方法培育出了多个耐热性较强的百合新品种，使百合能在南京露地越夏（彭鸽，2022）。

（3）耐寒育种　　培育耐寒的百合品种对百合冬春温室栽培具有重要意义。例如，冬季在温室设施里种植耐寒品种，可以节约能源、降低生产成本。纪莹等（2011）研究了毛百合与'布鲁拉诺'杂交后代的耐寒性，检测了低温处理下 SOD 酶活性，以及游离脯氨酸、可溶性蛋白、MDA 和可溶性糖含量的变化，发现利用栽培品种与野生百合种间杂交可以提高栽培品种的耐寒性。因为冬季寒冷，我国东北地区百合产业一直受到很大限制，杨利平和符勇耀（2018）针对这一特殊生境进行百合耐寒育种研究，发现 1996～2002 年育成的耐寒新品种的种球留在土壤中能成功越冬，为东北地区百合生产提供了便利。雷达（2022）采用相对电导率法测定半致死温度和植株自然冻害表型，评价了 6 个品系共 72 份百合种质资源的耐寒性，发现与亚洲百合亲缘关系近的百合品种耐寒性最强，与东方百合亲缘关系近的百合品种耐寒性最弱，并且挖掘出 10 份耐寒百合种质资源，为百合耐寒育种奠定了良好基础。

8.5.3.3　遗传基础

性状的遗传由双亲 DNA 上的基因控制，有些性状仅由一对单基因控制，即等位基因。例如，亚洲百合的斑点由单基因控制，一个等位基因决定斑点，另一个等位基因决定无斑点，决定斑点的基因为显性基因，决定无斑点的基因为隐性基因。所以百合花多出现斑点，只有携带2个隐性等位基因的植株才开出无斑点的花。于洋等（2019）以'Easy Dance'×'Pearl Carolina'的杂交后代为材料，调查了株高、花色、斑点、花冠直径、内轮花被片长和宽、外轮花被片长和宽、花丝长、子房长、花柱长11个主要性状的遗传变异，发现杂交后代的花色多呈不同深浅的橙色，只有少量的黄色个体，表现为不完全显性。在后代中分离出：两种斑点、只有刷状斑点、只有突起型斑点和无斑点4种类型，其分离比为10∶3∶2∶1。9个数量性状间的变异系数为10.64%～26.20%，其中内轮花被片长变异系数最小，花丝长变异系数最大。株高、花冠直径、内轮花被片长、内轮花被片宽、外轮花被片长、子房长、花柱长等性状表现出了一定的杂交优势；除了外轮花被片宽和花丝长外，其他7个数量性状均表现出一定的杂种优势。可见，百合杂交后代性状分离广泛，出现了大量的超亲个体，有利于选择性状优良的单株。再如，王欢等（2021）以亚洲百合'Renoir'和兰州百合杂交F₁代群体为材料，调查了株高、花朵数量和花色等11个性状的遗传变异，发现该杂交F₁代群体表型性状变异广泛，变异系数范围为9.86%～79.38%，其中花朵数量和株高的变异程度最高，并表现出明显的杂种优势，其余性状表现为趋中变异；除花朵数量外，其余各性状均呈连续性较好的正态分布，符合多基因控制的数量性状遗传特征。植株株高、花朵数量、花朵直径、内花被片长、内花被片宽、外花被片长、外花被片宽、内花被片形状、外花被片形状9个数量性状中有20对性状的相关性达到极显著水平。F₁代群体的花色表现为不同深浅的粉色、橙粉色和黄色，花青苷的有无为单基因控制的质量性状，类胡萝卜素则由多基因控制。由此可见，百合性状的遗传和变异规律十分复杂，有待深入研究。

8.5.4 生殖生物学特性

8.5.4.1 花序、果实与种子形态特征

百合花单生或总状花序，下垂、平伸或向上，喇叭形、漏斗形、杯形、球形等；苞片叶状，较小；花色丰富，有白、黄、粉、红、橙红、紫、复色等，有些具黑、红褐或紫红色斑点；花被片6枚，2轮，离生，包括3枚花瓣和3枚花萼片，颜色一致，花萼片稍窄，基部具蜜腺；雄蕊6枚；花柱细长，柱头膨大，3裂；子房上位，中轴胎座。蒴果近圆形或长椭圆形，3室，每个蒴果一般含有400～600粒种子；种子扁平，半圆形、三角形或长方形，具膜质翅，不同种类百合种子大小、重量不同（图8.13）。

彩图

图8.13　百合花（A和B）、蒴果（C）和种子（D）形态特征

8.5.4.2　大、小孢子的发生和雌雄配子体的发育

百合小孢子发生与花粉发育主要包括花粉母细胞、二分体、四分体、单核花粉粒、双核花粉粒等时期。以花粉发育正常的百合品种'小蜜蜂'为例，在花粉母细胞时期，细胞体积很小但核大质浓，细胞核占据细胞体积的一半左右；之后，花粉母细胞进入减数分裂期，依次形成二分体和四分体，二分体和四分体中的小孢子包裹在厚厚的胼胝质中；四分体后期，包裹在小孢子周围的胼胝质层逐渐降解，小孢子从四分体中游离到花药囊中形成单核花粉粒；单核花粉粒时期，位于细胞中央的细胞核体积大，之后经过一次分裂形成一个生殖核和一个营养核，形成成熟双核花粉粒（王雪倩，2019）。

百合大孢子母细胞的细胞核经过减数分裂形成 4 个核，其中 3 个核降解，另外 1 个核经过 3 次有丝分裂，形成 7 核 8 细胞的贝母型胚囊，包括 1 个卵细胞、1 个中央细胞（含 2 个极核）、3 个反足细胞和 2 个助细胞。李小英等（2010）研究了'白天使'（山丹×亚洲百合）杂交胚胎发育过程，在完成双受精的杂交组合中观察到了胚和胚乳。百合胚发育经过合子、原胚、球形胚、偏梨形胚、棒状胚等发育阶段。偏梨形胚之前，胚的发育所需要的营养主要是通过胚柄从珠心和珠被中吸收。当胚体内部开始分化，外形呈棒状和胚柄解体后，胚发育所需的营养则主要由胚乳细胞提供，之后形成成熟胚。

8.5.4.3　花粉活力与杂交亲和性

百合花粉活力存在较大差异。吴美娇（2018）调查了 50 份百合种质资源的花粉活力，发现 25 份资源的花粉具有活力，主要是亚洲百合系列、东方百合系列和野生百合，活力最高的是东方百合'索邦'，为 95.30%，其中 23 份资源的花粉呈不团聚的颗粒状；25 份无花粉活力的种质资源主要是杂种系'LA'和'OT'系列百合，其花粉均表现为花粉油性大、团聚程度高。因此，不同品系百合资源的花粉活力存在较大差异，百合花粉活力与花粉团聚程度成反比，杂种系百合花粉基本没有活力。

百合杂交尤其是种间杂交常具有明显的不亲和性，不同种间杂交困难，一般表现为不能受精结实或结实率极低，无法获得远缘杂交后代。百合的杂交不亲和性主要表现在以下两个方面。①受精前障碍：具体表现为花粉不能在异种柱头上萌发；花粉虽能萌发，但存在延迟阻碍，花粉管扭曲盘绕，不能或只有少量进入柱头；花粉管进入柱头后由于花粉管先端或全部沉积胼胝质而出现停止生长或缠绕、分叉、先端膨大、变小等异常现象，继而导致生长缓慢甚至破裂；花粉管虽正常生长，但由于长度不够等原因而不能达到子房致使无法受精；花粉管即使达到子房，雌雄配子不能结合受精而形成合子或只有卵核或极核发生单受精。②受精后障碍：具体表现为受精后的幼胚不发育、发育不正常或中途停止；杂种幼胚、胚乳和子房组织之间缺乏协调性，特别是胚乳发育不正常，胚乳在发育过程中解体，胚得不到发育所需的营养，影响胚的正常发育，致使杂种胚部分或完全坏死。

8.5.5　育种技术与方法

8.5.5.1　引种与杂交育种

（1）百合引种　　百合种类多，分布广，对气候要求也不尽相同。因此，国外引进的新品种和本国跨地区的引种都必须进行引种试验。例如，在长春引种栽培荷兰 3 个亚洲百合和 6 个东方百合品种，均生长发育良好；在齐齐哈尔引种栽培昆明、五大连池等地的通江百合、丽江

百合（*L. lijiangense*）、毛百合、细叶百合（*L. pumilum*）和卷丹等，发现都能开花、完成生活史且生长旺盛。2021年，南京农业大学百合科研团队在南京分别引进了18个盆栽百合品种和26个切花百合品种，并对其适应性进行了研究，发现盆栽亚洲百合的观赏性和抗性均优于盆栽东方百合，'LO'和'OT'系列切花百合适应性更强。这些引种试验为百合的适应性栽培提供了依据（陈子琳等，2021；蓝令等，2021）。

（2）百合杂交育种　　杂交育种是培育百合新品种的主要手段，采用去雄授粉的方式进行杂交，在母本花药散粉之前去掉花药，对柱头进行套袋，待柱头分泌黏性物质后，取父本花粉授到母本柱头上，授粉应在晴天进行，再套袋防止其他花粉的污染。杂交后及时挂牌，标明亲本及杂交日期。待子房膨大后去袋，保留蒴果继续生长至成熟。种子成熟时，蒴果变干开裂，应及时收种，防止种子散落。种子用收集袋装好，写上标签，悬挂于干燥、空气流通的地方风干。

百合杂交不亲和性普遍存在。目前科研工作者运用各种方法来克服百合杂交不亲和性，包括切割花柱授粉、嫁接花柱、胚培养等方法，前两者为克服受精前障碍方法，后者主要用于克服受精后障碍。另外，通过染色体倍性操纵克服百合杂交不亲和也有相关报道，可为百合杂交亲本的选配提供参考。

1）受精前障碍的克服。对于花粉管不能延伸至胚珠的情况，可通过切割花柱来克服不亲和性。李婕等（2013）采用切割花柱的方法，使亚洲百合切割后的花柱长度与短粗的有斑百合的花柱长度保持一致，得到了杂交种子，因此推测父母本花柱长度的匹配使父本的花粉管长度能够到达胚珠是杂交成功的先决条件，认为父本花柱长度小于母本、父本的花粉管长度不够常常是杂交不成功的关键因素。切割花柱法是目前克服杂交障碍最有效且使用最广泛的方法，但由于不同的花粉萌发的花粉管长度不固定，所以切割花柱的长度没有确定的值，且该方法坐果率低，可能是由于花粉管在尚未成熟时就进入子房。在此基础上发展了嫁接花柱的方法，嫁接花柱就是将父本的花粉授予亲和（第三者）的柱头，待花粉萌发后将其切除，嫁接于母本子房上。

2）受精后障碍的克服。目前关于受精后障碍的克服，主要有胚培养、胚珠培养和子房培养，其中胚培养技术被证实是克服杂交障碍最有效的手段之一。在胚培养中，庞兰（2009）研究发现杂种胚的适时剥离能有效提高杂种胚的萌发率，促进其提早萌发，杂种胚的最适培养时期为授粉后40~50d，最适培养基为MS+0.01mg/L NAA +0.1~0.5mg/L 6-BA。同时，胚龄对剥离胚培养效果有明显影响，50~70d胚龄的幼胚较易剥离，幼胚萌发率为87%。

8.5.5.2　诱变育种

物理诱变是百合诱变育种的主要方式，一般使用^{60}Co-γ射线、电子束等处理百合鳞茎、鳞片、种子等器官，处理剂量一般为2~3Gy。辐射处理后，采用扦插或组织培养的方法进行繁殖，筛选新个体。例如，张克中等（2002）用^{60}Co-γ射线辐射处理4种百合的鳞片，发现适宜处理剂量是1~2Gy，并获得了花药畸变及花粉败育的突变植株；林祖军等（2002）利用15~60Gy剂量的电子束对百合鳞茎进行处理，发现处理植株高度增加9.9cm，花序长度增加4.4cm以上，开花时间2~5d；王阳等（2013）利用15Gy剂量的电子束处理百合鳞茎，获得了1个变异植株，变异植株花朵颜色加深。百合辐射育种主要存在的问题是诱变一代出苗率低、成株率低、发育延迟、植株矮化或畸形、出现嵌合体，并且这些变化一般不能遗传给后代，此外，诱变引起的遗传变异多数为隐性。诱变二代是变异最大的世代，也是选择的关键时期，可根据育种目标及性状遗传特点选择优良单株。

8.5.5.3　倍性育种

百合的正常染色体数为 $2n=2x=24$，在自然或栽培条件下，偶尔会出现三倍体（ $2n=3x=36$ ）或四倍体（ $2n=4x=48$ ）。多倍体百合的优点是植株健壮、花大、质地厚，缺点是花朵的姿态变差、花蕾变脆。多倍体百合的可育性存在差异，三倍体通常雄性不育，但在杂交时可以作为母本，杂交子代为非整倍体，且 $3x×4x$ 杂交亲和性高于 $3x×2x$ 杂交。不同倍性百合杂交时，宜用倍性高的作父本。王红等（2016）对以异源三倍体 'Royal Lace' 为母本的杂交后代进行 GISH 分析，发现不同杂种后代的重组染色体及重组位点存在差异，认为 'Royal Lace' 是百合渐渗育种及非整倍性育种的优良亲本。

8.5.5.4　分子育种

百合分子育种主要包括分子标记辅助育种和转基因育种两方面。近年来，已成功从百合中克隆出花与花粉发育、花色、抗性等相关的基因。赵印泉等（2007）将百合花发育的 B 功能基因 *LfMADS1* 的有义基因导入烟草，发现植株中存在花萼与花瓣融合的现象。Yuan 等（2021）从'西伯利亚'花药中克隆了一个 bHLH 基因 *LoUDT1*，并证实其在花药表达且与花药（花粉）发育密切相关。Liu 等（2021）从'西伯利亚'花药中克隆了一个新的 R2R3-MYB 基因 *LoMYB33*，表达模式分析发现其特异表达于花粉粒中，沉默该基因后花粉量减少。另外，百合耐热相关基因 *LlHSFA3*、*LlMYB305*、*LlWRKY22*、*LlWRKY39*、*LlERF110* 等也已成功克隆，研究者也对其功能和作用机制进行了研究。但是，目前百合遗传转化再生体系尚不健全，在一定程度上制约了百合转基因育种。

8.5.6　良种繁育

通过各种育种方法培育出的百合新品种需要进行快速繁殖，才能用于生产。为保证品种纯正，减少变异，百合一般都采用无性方式进行繁殖，如分球繁殖、鳞片包埋与扦插繁殖、组织培养，而播种繁殖主要用于新品种选育。为防止长期无性繁殖引起的病毒感染和品质退化，定期通过组织培养技术进行脱毒是种球复壮的有效措施。

8.5.6.1　百合种球繁殖方法

（1）分球繁殖　　百合分球繁殖一般在春、秋两季进行；选择品种优良、无病虫害的母球，用 1000～1500 倍多菌灵溶液浸泡 30min，晾干备用；选择土层深厚、富含腐殖质、排水良好的沙壤土栽种母球，平均温度不超过 22℃；定植前先开沟，沟深 12cm 左右，按 10cm × 20cm 的株行距进行定植，鳞茎根部朝下摆放，覆土厚度 8～10cm。4月中下旬鳞茎出苗后进行追肥，以氮肥为主，用硫酸亚铁调节土壤酸碱度。现蕾后追施钾含量高的复合肥，及时摘除花蕾，促使种球膨大。加强病虫管理，及时清除病株。9～10月地上部枯萎后及时采挖鳞茎，挖出后于阴凉通风处晾置 1～2d，去除泥土残根，分离母球与籽球并分级。百合种球分级是根据种球周径确定，商品百合种球通常有 12～14cm、14～16cm、16～18cm、18～20cm、20～22cm 等规格，种球等级越高，价格越高，开花质量也越好。

（2）鳞片包埋繁殖　　鳞片包埋繁殖是应用最广泛的百合种球繁殖方法，具有繁殖条件简单、操作便利、种球繁殖系数高、生产成本低等优点。一般选择规格为 16～18cm、鳞茎健壮饱满、鳞片紧密结实的种球。在鳞片剥离之前，用 50% 多菌灵可湿性粉剂 1000 倍液浸泡种球 30min 进行消毒。然后，手剥消毒过的百合种球的鳞片，当鳞片宽度小于 1cm 时，停止剥离。剥好的鳞片放入尼龙网袋，在50%福美双可湿性粉剂和50%多菌灵可湿性粉剂1000倍混合液中浸泡30min，进行消毒。将黑色塑料袋铺在一定规格的塑料箱内侧底部及四周，先铺上厚8～10cm、含水量70%左右的泥炭与珍珠岩的混合基质，每铺一层鳞片上方覆盖一层3cm厚度基质，共铺放3～4层鳞片，栽植完成后用黑塑料袋完全覆盖基质。百合鳞片包埋的适宜温度为25～30℃，温度过高鳞片容易腐烂，温度过低新球发生时间长，增加生产成本，鳞片包埋繁殖过程需要在黑暗中进行。3个月后，鳞片基部会产生带根的籽球，通常每个鳞片可长出3～5个籽球，每个籽球有1～5条根。将籽球和鳞片一起播入大田中，经过2年的培养，就能达到开花球标准。

（3）鳞片扦插繁殖　　鳞片扦插繁殖是百合种球生产的常用繁殖方法。一般采用健康的中层鳞片，80倍福尔马林浸泡30min，清水洗净晾干备用。扦插床基质可选用泥炭、沙、蛭石。扦插温度保持20～25℃，无直射光。扦插前可用100mg/L的萘乙酸速蘸鳞片，以提高结球率，鳞片斜插到苗床上，间距3cm，扦插深度为鳞片的1/2～2/3，扦插后喷水，基质相对湿度保持30%～50%，塑料膜或遮阳网覆盖苗床，40～60d后产生小鳞茎。经过2年的培养，小鳞茎将生长成不同规格的商品球。

（4）组织培养　　组织培养主要用于百合种球脱毒和复壮，繁殖无病毒的百合原原种。百合长期种植后，种球容易退化，主要原因是种球感染病毒。通过组织培养和其他方法可对百合种球进行脱毒，达到种球复壮的目的。一般选取外形正常、百合中内层健康的鳞片为材料，一部分用于病毒检测，另外一部分作为外植体进行培养获得无菌苗。然后，以无菌苗鳞片、茎尖等部位作为外植体，采用愈伤组织诱导处理、病毒唑处理、茎尖培养结合高温处理等方法进行种球脱毒，获得无病毒的原原种，并对原原种进行扩繁、驯化和移栽，经过1～2年的培育，即可形成百合原种。最后，以百合原种鳞片为材料，利用鳞片包埋或扦插繁殖方法培育商品球。

8.5.6.2　百合品种退化原因

（1）病毒侵染　　病毒侵染是百合品种退化的主要原因之一，受病毒感染的百合生长势减弱，植株矮化，提早开花，花朵畸形、变小、花色减退，早春叶片出现花叶、皱缩、扭曲、枯斑、坏死等现象，严重影响百合的产量和品质，对百合的生产、销售，尤其是出口带来很大的威胁。带病毒的植株，病毒不断积累，而且传播速度非常快，一般种植两年后，品种迅速退化，最后完全失去商品价值。目前已发现15种以上的病毒可感染百合，其中主要病毒有6种，分别是黄瓜花叶病毒（CMV）、百合无症病毒（LSV）、郁金香碎花病毒（TBV）、百合斑驳病毒（LMoV）、百合X病毒（LXV）和百合丛簇病毒（LRV），尤以百合无症病毒发生最为普遍，植株感病率可高达70%～80%。

（2）栽培环境不适和管理粗放　　百合栽培环境不适和管理粗放也易引起退化。百合耐寒，生长、开花的适温为12～28℃，5℃以下或30℃以上生长近乎停止；百合在生长过程中进行花芽分化，鳞茎首先感受2～4℃的低温，然后才能解除休眠；百合性喜肥沃、多孔隙疏松的沙质壤土，忌盐碱，不同品种对土壤酸碱度有一定要求，东方百合适合的pH为5.5～6.5，亚洲百合适合pH为6～7；在生长季节要求阳光充足，但幼苗期需要适当遮阴；百合为长日照植物，虽然在短日照下也能开花，但长日照能促进花芽分化。栽培环境不适，如将百合栽培在湿热、盐碱土地区，达不到百合要求的生态条件，往往生长不良，植株变矮，花朵变小，病虫害严重发生，百合品质会显著降低。设施栽培的百合，如温室的温度和水分忽高忽低，栽培基质调配不合理，盐分过高，防治病虫害的措施不力等，同样也会造成品种明显退化。

（3）种球贮藏技术不过关 百合种球在贮藏中容易出现鳞茎腐烂、冻害、萌芽、鳞茎的生长活性降低等问题，尤其是贮藏二代种球的问题更多。引起这些问题的原因除了种球采挖时清洗、分级、消毒、包装等处理技术不当外，冷库的构建参数、控制因子及条件，冷库的管理系统等也是重要原因之一。

8.5.6.3 保持优良种性的措施

（1）建立完善的生产体系 建立从百合子球到商品种球培育的标准化栽培管理技术体系，包括立地条件选择、种植参数、水肥管理、病虫害防治等，良好的标准化栽培操作规程才能保证百合种球的产量和品质。

（2）选择冷凉地区作为百合良种繁育基地 百合喜冷凉气候，在夏季生长时要求平均气温不超过22℃。为保持优良种性，防止退化，需选择冷凉山区作为繁殖基地。在气候冷凉的山区进行种球生产，冷凉气候更利于种球的膨大和营养物质的积累，缩短其生长周期。我国北方地区多选择海拔 600～800m 山区、微酸性土壤的地块生产，南方地区多选择海拔1500～2500m 山区、土壤疏松、排水良好的地块生产。

（3）综合脱毒技术 通过热处理、茎尖培养、化学疗法脱除病毒是控制百合病毒病的有效手段。热处理主要是利用某些病毒的热不稳定性而使其钝化，失去活性，并使植物的生长速度超过病毒的扩散速度，获得不含病毒的植物分生组织，进行无毒个体培育。热处理与茎尖培养相结合能够提高脱毒效果，因为热处理可以钝化病毒而扩大茎尖的无病毒区，有利于切取较大的茎尖，从而提高组织培养的成活率。化学疗法即用抗病毒药剂处理，是一种新的脱毒方法，运用一些抗病毒药剂抑制病毒的复制和转移。例如，吴慧君（2020）对兰州百合进行了脱毒与种球快繁技术研究，发现以一代兰州百合无菌苗小鳞片诱导愈伤的脱毒方式最为高效，14周后获得了脱除黄瓜花叶病毒、百合无症病毒和百合斑驳病毒的脱毒苗，诱导愈伤的培养基为MS＋1.0mg/L TDZ＋2.0mg/L PIC；其次为热处理结合病毒唑处理，黄瓜花叶病毒的脱毒率达到50%，百合无症病毒的脱毒率达到90%，百合斑驳病毒的脱毒率达到100%。在脱毒苗的扩繁、移栽和驯化中发现，兰州百合在MS＋2.0mg/L 6-BA＋0.2mg/L NAA的培养基中出芽率达到86%，在MS＋0.2mg/L NAA＋0.4g/L活性炭的培养基中，一代苗的繁殖率达到65%。最佳移栽基质配方为1份泥炭土：3份蛭石。

（4）加强田间管理 从子球长到商品种球要1～2年，其间病虫害、环境变化等都会直接影响种球的质量，因此创造良好的温、光、水、肥、气环境条件是获取优良原种的保障。植株从现蕾到开花的发育过程中，侧生鳞茎的营养会被消耗掉，从而影响收获鳞茎的干物质积累。在无病毒原种的培养过程中，大多数植株会出现花蕾，应及时摘除这些花蕾，防止消耗过多营养，以利于地下鳞茎的培养。

（滕年军）

8.6 郁金香遗传育种

郁金香是百合科（Liliaceae）郁金香属（*Tulipa*）球根花卉，有着"花中皇后"的美誉，是世界著名的球根花卉，也是优良的切花，是荷兰和土耳其的国花，象征着美好、庄严、华贵和成功。在全球范围内，生产郁金香的国家约有15个，其中种植面积最大的是荷兰，占全球栽培面积的88%，年均种球产量超过43亿粒。我国新疆地区是野生郁金香的分布区之一，其中伊犁郁金香面积达数十万亩^①，在喀拉苏乡布尔特力克草场及阿克达拉镇巴拉克苏草原成片分布。然而目前国内郁金香种球全部依赖进口，2017年以来每年进口种球数量在1.8亿粒左右，其中荷兰种球占了80%以上。自20世纪80年代西安植物园开展郁金香引进栽培并举办花展以来，国内科研人员在种球发育、种球贮藏期处理、花期调控和新品种培育等研究中均取得了良好进展。

8.6.1 育种简史

8.6.1.1 郁金香起源和传播简史

郁金香的起源地包括地中海沿岸、中东亚和土耳其（Botschantzeva，1962；Zonneveld，2009）。其中天山山脉和帕米尔高原地区是郁金香属植物最主要的起源中心和分布中心，其次是高加索地区（Dash，2001；Hoog，1973）。现存的野生郁金香大部分都分布在这一带，包括郁金香属的全部4个亚属和最古老的分支单花郁金香亚属（subgen. *Orithyia*）。

大概1000多年以前，土耳其人发现了天山山谷里野生的郁金香，自此郁金香成为土耳其人的一个重要象征。10～11世纪，土耳其人在花园里大量种植郁金香。随着奥斯曼帝国（the Ottoman Empire）的创建，奥斯曼人将对郁金香的喜爱提升到一个新的高度。16世纪，郁金香成了人们生活中不可或缺的一部分。在奥斯曼文化中，几乎所有的设计都包含有郁金香元素（Orlikowska et al.，2018；van der Goes，2004）。

1554年11月，布斯贝克（Busbecq）作为神圣罗马帝国（Holy Roman Empire）的大使，在奥斯曼帝国居住长达8年时间。他第一次把郁金香带到了欧洲。1559年4月，在神圣罗马帝国奥格斯堡市议员赫瓦特（Herwart）的花园里，开出了欧洲第一朵郁金香。赫瓦特的朋友，英国植物学家詹姆斯·加勒特（James Garret）随后开展了大量的郁金香杂交种培育工作（Dash，2001）。雷姆伯特·多登斯（Rembert Dodoens）在1569年出版了第一本园艺植物专著*Florum, et Coronarianum Odoratarumque nonnullarum herbarum historia*，其中记录了郁金香的多个园艺种。"郁金香之父"卡罗卢斯·克卢修斯（Carolus Clusius）于1568年前后移居比利时梅切伦市，在朋友的花园里种植郁金香。1573年克卢修斯受神圣罗马帝国皇帝马克西米利安二世（Maximilian Ⅱ）邀请，在维也纳建立皇家植物园并种下了郁金香。1592年克卢修斯受邀到荷兰莱顿大学（University of Leiden）担任植物园主管。1593年10月19日克卢修斯在莱顿大学植物园种下了郁金香种球。1594年春郁金香开花了，立即成为莱顿大学植物园的亮点，吸引了众多游客。1596和1598年，数百颗郁金香种球从克卢修斯管理的莱顿大学植物园被盗，从此开遍荷兰的大街小巷（Orlikowska et al.，2018；van der Goes，2004；Pavord，1999）。

8.6.1.2 国外郁金香育种进展

在14世纪之前，郁金香种球大多数是从野外挖掘，再被种植到城市公园里，很少经过人工选育。奥斯曼帝国时期人们喜爱具有尖细花被片的针叶郁金香（*T. cornuta*），欧洲后来流行的郁金香花被片则为圆形。这种针叶郁金香没有野生分布，推测是栽培种郁金香（*T. gesneriana*）和准噶尔郁金香（*T. suaveolens*）的杂交种。其他野生郁金香种质，如亚美尼亚郁金香（*T. armena*）、眼斑郁金香（*T. agenensis*）和绵毛郁金香（*T. lanata*）可能来自中亚，相互杂交形成了多样性的花园郁金香品种。英国植物学家詹姆斯·加勒特花了20多年的时间培育

---

① 1亩≈666.7m²

了很多郁金香杂交种。格斯纳（Gesner）描述的于1559年在神圣罗马帝国奥格斯堡市议员的花园里开放的郁金香具有香味，有可能是准噶尔郁金香（Christenhusz et al.，2013）。而布斯贝克（Busbecq）描述的郁金香则没有香气，可能是郁金香的杂交种。历史上曾由于命名不规范导致郁金香名称的混乱，克卢修斯于1601年接受了格斯纳（Gesner）用的"*Tulipa*"一词，作为郁金香的属名，同时按照花期对郁金香属进行分类，这种分类系统在18世纪被林奈（Linnaeus）所采用。

随着郁金香在欧洲大陆的盛行，育种学家们热衷于选育不同形状和颜色的新奇品种。17世纪早期人们培育了重瓣，以及火焰和花边形的郁金香品种。稀有品种的出现引起了众多投机者的注意和兴趣。从法国到荷兰，郁金香种球价值一路攀升。荷兰的"郁金香狂热"（tulipmania）始于1634年，1636年到达高峰，曾经出现过一个高级品种的种球交换一座宅邸的纪录，部分郁金香种球甚至成了不同国家间的替代货币。1637年2月4日，郁金香价格突然暴跌，郁金香狂热时代就此结束。

从18世纪开始，人们培育了更多的郁金香品种。Sheik Mohamed Lalizare 曾在其著作中列举了1323个郁金香品种，另外还附有一个很长的土耳其品种表。目前，最新版的 Classified List and International Register of Tulip Names 中列出了超过8000个郁金香品种。除荷兰外，日本培育了100个左右郁金香品种（Christenhusz et al.，2013）。

8.6.1.3　我国郁金香育种进展

郁金香育种周期较长，从播种到开花需要4~5年，而要达到规模化生产则需要十多年甚至更长的时间。20世纪30年代，我国南京、上海、北京、庐山等地开始引种栽培郁金香。中国科学院植物研究所北京植物园于20世纪50~80年代曾开展了郁金香杂交育种研究，但目前所有育种材料基本遗失。西安植物园1988年引种驯化郁金香成功，于1993年首次举办大规模郁金香花展。

截至2021年，辽宁省农业科学院成功选育11个具有自主知识产权的郁金香新品种，其中5个品种进行了国际登录，包括'丰收季节'（*T. sinkiangensis* 'Harvest Time'）、'和平时代'（*T. altaica* 'Peacetime'）、'金色童年'（*T. schrenkii* 'Golden Childhood'）、'伊犁之春'（*T. iliensis* 'Spring of Ili'）和'天山之星'（*T. thianschanica* 'Star of Tianshan Mountain'），2个品种申请了国家植物新品种权（'紫玉'和'黄玉'）；上海交通大学培育了郁金香芽变品种'上农早霞'（'Shangnong Zaoxia'）和'上农09'（'Shangnong 09'），这些都有力促进了国内郁金香新品种的培育工作。

8.6.2　育种目标及其遗传基础

郁金香属植物染色体基数为12，该属物种大多是二倍体（$2n=2x=24$），但也有三倍体（*T. kaufmanniana*）、四倍体（*T. bifloriformis*、*T. sylvestris*、*T. kolpakowskiana* 和 *T. tetraphylla*）、五倍体（*T. clusiana*）及六倍体（*T. polychrome*）等，同时还有些郁金香染色体数目发生变异，如原产于帕米尔阿里山脉区域的马氏郁金香（*T. maximowiczii*，$2n=22$）和绵毛郁金香（*T. lanata*，$2n=22$ 或 24）。郁金香基因组大小约为25G，是模式植物拟南芥基因组DNA含量的200倍以上（Kroon and Jongerius，1986）。

8.6.2.1　育种目标

（1）提高种球繁殖效率　　生产上郁金香主要通过分球进行无性繁殖，子球繁殖效率较低，一般1个开花球可以形成1～5个子球，相较于种子繁殖的植物，子球繁殖效率极低，是制约郁金香育种和种球生产的关键因素。建立试管种球组培技术，是提升种球繁殖效率的有效途径之一。不同品种郁金香产生的子球数量和大小具有显著差异，筛选子球繁殖系数较高或者子球周径较大的种质资源并作为杂交育种的亲本进行性状改良，可以部分解决郁金香种球繁殖效率低的问题。除此之外，为适应产业上的机械化操作，还需培育子鳞茎易从母球脱落的品种。

（2）色香兼备　　花色是郁金香育种者最早追求的育种目标之一。1900年起，人们开始尝试培育具有突破性色彩的郁金香。霍格（Hoog）将大量颜色鲜艳的野生郁金香用于杂交；莱菲伯（Lefeber）将郁金香（*T. gesneriana*）和*T. fosteriana* 'Mad. Lefeber'进行杂交，创造了非常受欢迎的亮红色郁金香杂交品种（van Eijk et al.，1987）。至20世纪上半叶，育种家们已经培育出超过8000个颜色多变的郁金香品种，包括红色、黄色、白色、粉色、紫色、橙色及绿色系。其中最为著名的是伦布朗系列品种，其花被片多具有褐色、红色、紫色或粉色花纹，多因感染郁金香碎色病毒而产生，具有较高的观赏价值。郁金香花色丰富，但缺少蓝色系和黑色系，尽管商业上将深紫色品种称为"黑色郁金香"，但真正的纯黑色品种还未出现，因此培育蓝色系和纯黑色系品种为郁金香花色育种目标之一。除了纯色系改良之外，培育彩斑、复色或花边新品种是郁金香花色育种的另一目标。另外，改变郁金香的叶色和茎色，培育彩叶彩茎的品种也是增加郁金香观赏价值的手段之一。

大多数郁金香品种的花没有或仅具很淡的香味，与百合科其他花卉相比缺少香味。我国野生的新疆郁金香（*T. sinkiangensis*）具有浓郁的香味，是郁金香花香改良育种的重要遗传资源。另外，根据主要香气成分的比例和花的感官评估，不同品种郁金香中香气成分差异显著。因此，培育"色香兼备"的郁金香新品种也是重要育种方向之一。

（3）花型改良　　郁金香花型优美多变，包括杯状花型、牡丹花型、百合花型、流苏花型、鹦鹉型和绿斑型等。杯状花型因形似高脚杯而得名，花朵直立向上，包括单瓣早花系、胜利系、达尔文杂交系和单瓣晚花系；牡丹花型多指郁金香花朵由于雄蕊瓣化等原因而产生重瓣花型，因形似牡丹花而得名，花型较大；百合花型因其花瓣顶端渐尖、向后翻转、形似百合花而得名，是优良的切花品种；流苏花型起源于考夫曼型和达尔文杂交后代的偶然突变，花瓣边缘有毛刺和针状凸起，形似流苏，深受人们喜爱；鹦鹉型花大而奇特，花被片卷曲扭转，向外伸展，因形似鹦鹉而得名；绿斑型因其花瓣有绿色花斑而获名，植株偏矮，宜于盆栽观赏。百合花型、流苏花型和鹦鹉型品种数量较少，是现代郁金香育种的重要目标。除此之外，大多数郁金香花呈杯状，但在盛花期其花朵随光照和温度变化具有明显的花瓣运动，其杯状花型难以维持，因此培育具有稳定杯状花型的新品种也是未来育种目标之一。

（4）延长花期　　作为切花和园林用花卉，郁金香单朵花花期大多在3～7d，花期较短；群体花期大多能维持3～4周，是影响其观赏价值的主要因素。根据花朵开放进度，郁金香的花期分为花苞期、盛花期和衰老期三个阶段。盛花期的花朵存在花瓣运动，一般将花朵失去花瓣运动作为衰老的标志之一。从野生资源和栽培种中筛选具有较长花期的材料作为杂交亲本，是目前花期改良的主要手段。除此之外，从分子水平上加大对郁金香花朵衰老的机制解析，获得重要基因资源，是利用基因工程进行郁金香花期改良的重要前提。

（5）提高耐热性　　郁金香的生长适温为15～20℃，大多数郁金香品种的花朵对高温极敏感，高温下花朵迅速凋谢，环境温度超过25℃即可导致郁金香花朵提前衰老，并缩短植株地上部分的生育期。耐热郁金香新品种的培育也是郁金香国产化的重要基础和抗性育种的重要目标。日本结合本国的气候特点培育出了适合在本地栽培的郁金香品种。华中农业大学球宿根团队曾对56个郁金香栽培种进行了高温耐受性评价，根据露地栽培植株对自然高温的表现及设施条件下切花对高温（30℃）的耐受性，获得了少数对高温具有一定抗性的品种资源。同时对郁金香高温应答机制进行了解析，将为分子育种提供参考。另外，我国新疆野生郁金香资源可能具有较强的干旱和高温耐受性，因此完善野生资源的抗性评价，将有助于我国特有种质资源在现代郁金香抗性育种中发挥重要作用。

（6）增强抗病性　郁金香在生长期和种球贮藏期易感染郁金香青霉病（病原物为 *Fusarium oxysporum*）、郁金香疫病（病原物为 *Botrytis tulipae*）及郁金香病毒病（病原物为 Tulip Breaking Virus，TBV）等，因此亟待培育抗病性品种。郁金香青霉病是郁金香种球贮藏期最常见的病害，导致种球的腐烂或基腐。该病病菌同时产生乙烯，造成次生生理失调，导致花芽畸形。田间发生会抑制植株生长、花败育、叶片发红及种球减产。郁金香疫病是另外一种严重的真菌病害。该病病菌属半知菌丛梗孢目葡萄孢属，主要为害叶片、花、鳞茎。这种病害在种植园容易蔓延，导致郁金香植株腐烂。郁金香能被多种病毒浸染，TBV是郁金香最常感染的病毒，传染性较强。TBV病毒的侵染导致花色相关基因的沉默，郁金香花被片呈现多色条纹。这种病害早在13世纪就被人们发现，17世纪在荷兰郁金香狂热时期，多色郁金香被人们当成新奇品种，价格昂贵。

（7）低需冷量　郁金香花芽分化完成后即进入休眠状态，需要低温处理解除休眠，在促成栽培生产中，低温处理尤其重要。如果低温处理不足，会导致郁金香花茎缩短（俗称"夹箭"）、始花期参差不齐，甚至出现盲花现象。为了达到促成栽培的效果，生产上通常需要将已完成花芽分化的种球置于5℃或9℃条件下处理12～16周。低温处理存在耗时长、设施依赖性高的特点，为降低成本、缩短郁金香生产周期，培育具有短休眠及低需冷量的新品种是现代郁金香育种的重要方向。华中农业大学郁金香团队历时5年完成了235个栽培品种的低温需求量筛选，探究了不同时长低温处理与开花品质之间的关系，筛选出了15个低需冷量郁金香品种，最短只需要2周低温处理，这为郁金香花期调控栽培和低需冷量新品种的培育提供了依据（Wang et al.，2019）。

8.6.2.2　遗传基础及基因调控

郁金香长期以来以分球繁殖为主，遗传组成复杂、杂合度高，性状遗传研究十分困难，因此关于性状遗传基础研究较少。通过分析花粉管在柱头的生长及花粉管进入胚珠内的穿透能力，发现 *T. gesneriana* 与 *T. didieri* 的正反交都表现为花粉管生长快，效率高；*T gesneriana* 作为母本分别与 *T. kaufmanniana* 和 *T. fosteriana* 进行杂交时，花粉管的穿透率较高（van Creij et al.，1997）。目前在调控郁金香鳞茎发育、花色花香花型形成、花瓣衰老、抗性及种球需冷量方面研究取得一些进展。

（1）鳞茎发育调控　繁育种球时一般会在郁金香开花后剪去花头，促进光合产物运输到鳞茎。有研究发现，在花朵透色时摘除花蕾对鳞茎的发育促进作用最好。植物激素在郁金香鳞茎中也起着重要的调控作用。对郁金香种球发育不同阶段的转录组进行分析发现，包括茉莉酸（JA）、生长素（IAA）、水杨酸（SA）和赤霉素（GA）在内的植物激素在种球不同发育阶段含量上存在显著变化，JA和IAA处理促进郁金香种球发育，JA合成抑制剂和IAA转运抑制剂处理导致郁金香种球膨大受抑制（Sun et al.，2022）。然而，控制郁金香鳞茎发育的遗传基础还不清楚。

（2）花色和花香调控　研究表明，郁金香飞燕草素、槲皮素和山奈酚存在加性基因效应，类胡萝卜素、矢车菊素和天竺葵素同时存在加性基因效应和非加性基因效应（Nieuwhof et al.，1988）。van Raamsdonk（1993）发现：白色和黄色品种花瓣中花色素以类胡萝卜素为主；

橙色、橘红色、肉红色品种花瓣中以天竺葵素为主；暗红色、紫红色、深红色、粉红色品种花瓣中花色素以矢车菊素为主；紫红色、蓝紫色品种花瓣中以飞燕草素为主。部分原生郁金香的花被片基部具有蓝色斑，其中蓝色斑纹中 Fe^{3+} 的浓度比其他部位高25倍，但花青素含量相近，因此推测郁金香花被片蓝色斑点是花青素与 Fe^{3+} 络合物共同作用的结果。进一步研究发现，一种液泡铁转运体基因（*TgVit1*）在蓝色部分表达量高，而负责铁储存蛋白合成的 *TgFer1* 基因仅在红色花被片部分表达。因此，增强 *TgVit1* 的表达并抑制 *TgFer1* 的表达对于郁金香蓝色花被片的形成至关重要（Momonoi et al.，2009）。

Oyama-Okubo 和 Tsuji（2013）对51个郁金香品种的香气成分进行了鉴定，发现其成分主要包括5种单萜类化合物（芳樟醇、桉油精、d-柠檬烯、反式-β-罗勒烯和α-蒎烯）、4种倍半萜类化合物（石竹烯、α-法尼烯、牻牛儿基丙酮和β-紫罗兰酮）、6种苯类化合物（苯乙酮、苯甲醛、苯甲醇、3,5-二甲氧基甲苯、甲基水杨酸盐和2-苯乙醇）和5种脂肪酸衍生物（癸醛、2-己烯醛、顺-3-己烯醇、顺-3-己烯基醋酸酯和辛醛），不同品种中香气成分差异显著。因此，挖掘郁金香花朵香味物质成分及其合成调控路径是郁金香花香改良的分子基础。

（3）花型发育 郁金香单瓣和重瓣花发育受ABCDE模型调控。由于A类基因不能单独表达，导致郁金香花萼缺失，发育成花被片，而在重瓣花发育中，A类和C类基因的异位表达使雄蕊发生瓣化，进而形成多轮花被片。据报道，由于激素不均衡分布导致郁金香百合花型和流苏花型的形成，但具体分子机制未知。除此之外，花瓣运动显著影响郁金香杯状花型的维持，花瓣运动依赖温度和光照调控的细胞水分运动和膨压变化，其中温度的影响更为关键，通常认为是由跨膜的水通道蛋白PM-AQP的可逆磷酸化来调节实现的（Azad et al.，2004）。

（4）花瓣衰老调控 大多数郁金香品种对乙烯敏感，花朵衰老过程中乙烯含量增加，外源乙烯处理能显著促进郁金香花朵衰老和脱落（Wang et al.，2020）。不同品种郁金香花朵衰老方式不同，主要包括花瓣萎蔫型和花瓣脱落型。郁金香花朵在衰老过程中，色素和大分子物质降解、细胞膜透性增加、内源ROS含量增加。除了乙烯之外，水杨酸和脱落酸也是调控郁金香花朵衰老的重要激素，其中水杨酸、脱落酸和茉莉酸含量在衰老的花瓣中急剧升高，而赤霉素、生长素和油菜素内酯含量在衰老花瓣中降低。WRKY、NAC、ERF及HD-Zip等转录因子在衰老花瓣中表达量显著上升，其中WRKY75和NAC29可能通过调控水杨酸、脱落酸和ROS合成参与郁金香花朵衰老调控（Meng et al.，2022）。

（5）抗性育种的遗传基础 作为一种起源于天山和帕米尔高原高纬度地区的花卉，经过300年的驯化育种和人为选择，目前培育出的郁金香栽培种比较适应地中海沿岸的冷凉气候，对高温的耐受性差，缺少具有显著耐热性的品种资源。因此，需要从野生资源、原生种及近缘种中寻找抗性基因，通过远缘杂交或基因工程手段将相关抗性基因转入栽培种中，培育抗性新品种。郁金香疫病的易感种质 *T. fosteriana* 的角质层蜡质比抗性种质 *T. gesneriana* 少，提示增强表面蜡质是培育抗疫病新品种的关键。福斯特型郁金香（*T. fosteriana*）品种如 'Cantata' 和 'Princeps' 对TBV具有免疫性，但是 *T. gesneriana* 的品种对TBV都感病（Orlikowska et al.，2018），解析其抗性差异的分子机制将有助于抗性新品种的培育。

（6）需冷量和花芽休眠调控 郁金香大多栽培的需冷量较高，低需冷量品种占比较少。根据对需冷量差异品种之间的比较分析，发现赤霉素、细胞分裂素和脱落酸是影响花芽休眠期长短的关键因素，其中bHLH转录因子在调控郁金香花芽休眠和需冷量差异中具有重要作用。因此，解析不同品种间需冷量差异的遗传基础，并建立分子标记辅助选择育种技术，是培育相关新品种的关键。

8.6.3　种质资源

全球郁金香属植物的种类数量在学术界仍有争议，有50~60种（van Raamsdonk and de Vries，1992）、76种（Christenhusz et al.，2013）、87种（Zonneveld，2009）和100种（Botschantzeva，1962；Hall，1940）等不同的观点。全球生物多样性信息系统（Global Biodiversity Information System）收录有145种。《中国植物志》认可150种。英国皇家植物园邱园（The Royal Botanic Gardens，Kew）的《世界选定植物科分类清单》（World Checklist of Selected Plant Families）上共有581个郁金香属植物种及变种名录，其中105个种或变种被学界所认可（WCSP，截至2021年12月8日）。郁金香的园艺栽培品种有8000多个。2016~2017年，全世界共种植约1800个郁金香品种，总栽培面积为1 1843.91公顷，其中种植面积超过100公顷的有20个品种（Orlikowska et al.，2018）。

《中国植物志》记载我国郁金香属植物有4个组14个种（11个种原产于新疆），包括有苞组（Sect. *Amana*）、毛蕊组（Sect. *Eriostemones*）、无毛组（Sect. *Leiostomones*）和长柱组（Sect. *Orithyia*）。谭敦炎等（2005）发现有苞组（*Amana*）的特征与猪牙花属（*Erythronium*）亲缘关系更近，与狭义郁金香属植物间存在差异，建议*Amana*应该独立为老鸦瓣属（*Amana*）。目前，APG Ⅳ分类系统（2016）已将*Amana*独立列为老鸦瓣属。《中国植物志》也已标注将*T. edulis*更名为*A. edulis*。

综合《中国植物志》和文献报道，中国现有19个种的郁金香植物：郁金香属14个种，老鸦瓣属5个种。郁金香属（*Tulipa*）植物14个种（含1个变种），包括新疆郁金香（*T. sinkiangensis*）、伊犁郁金香（*T. iliensis*）、天山郁金香（*T. tianschanica*）（图8.14）、准噶尔郁金香（*T. schrenkii*）、阿尔泰郁金香（*T. altaica*）、迟花郁金香（*T. kolpakowskiana*）、柔毛郁金香（*T. buhseana*）、毛蕊郁金香（*T. dasystemon*）、垂蕾郁金香（*T. patens*）、异叶郁金香（*T. heterophylla*）、异瓣郁金香（*T. heteropetala*）、单花郁金香（*T. uniflora*）、塔城郁金香（*T. tarbagataica*）和赛里木湖郁金香（*T. tianschanica* var. *sailimuensis*）（Qu et al.，2017；屈连伟等，2016；崔玥晗等，2020）。老鸦瓣属植物5个种，包括老鸦瓣（*A. edulis*）、二叶郁金香（*A. erythronioides*）、皖郁金香（*A. anhuiensis*）、括苍郁金香（*A. kuocangshanica*）及皖浙郁金香（*A. wanzhensis*）（产祝龙等，2022；屈连伟等，2016；谭敦炎等，2000）。

荷兰作为郁金香大国，收藏了约2400份郁金香种质资源，保存于荷兰北部丽门（Limmen）的Hortus Bulborum基金会。这些种质中的90%在生产中已不再应用。土耳其是郁金香属植物重要的基因资源多样性中心，在亚洛瓦省（Yalova）的阿塔图尔克园艺中心研究所（Atatürk Horticultural Central Research Institute）及港口城市萨姆松（Samsun）的黑海农业研究所（Black Sea Agricultural Research Institute）收集保存有大量的郁金香种质资源。2006年黑海农业研究所启动了土耳其国家郁金香育种计划（the National Tulip Breeding Project）。在英国，位于英国皇家植物园邱园内的千年种子库（British Millennium Seed Bank）保存有13个郁金香种的21份登录材料。以色列农业研究组织基因库（Israeli GeneBank at the Agricultural Research Organization）保存有郁金香5个种的74份材料。捷克的作物保护研究所保存了郁金香属的289份材料。波兰的园艺研究所（the Research Institute of Horticulture）收集了450份郁金香属材料（Orlikowska et al.，2018）。同时，在阿塞拜疆、哈萨克斯坦、俄罗斯、捷克、拉脱维亚、立陶宛、波兰、日本等国家都保存有郁金香的种质材料。我国辽宁省农业科学院建有国家郁金香种质资源圃，收集保存郁金香种质资源500余份，包括新疆地区野生的郁金香种质资源8种（Qu et al.，2017；屈连伟等，2016）。

彩图

图8.14　天山郁金香
拍摄地点在新疆伊犁

　　在1913年之前，郁金香的命名非常混乱。后经英国皇家园艺学会、郁金香命名委员会和荷兰球根种植者协会的共同努力，分别于1917年、1929年、1930年发表了不断增补和完善的品种名录，并在1935年召开的国际园艺学大会上确认了郁金香品种名录，作为郁金香品种命名与分类的依据。1981年，在荷兰举行的世界品种登录大会郁金香分会上重新修订并编写成的郁金香国际分类鉴定名录中，根据花期、花型、花色等性状，将郁金香分为早花类、中花类、晚花类和变种及杂种共4大类、15个群（表8.7）。

表8.7　郁金香的分类体系

类	群
早花类（early flowering）	单瓣早花群 single early（SE）
	重瓣早花群 double early（DE）
中花类（mid-season flowering）	胜利群（凯旋群）triumph（T）
	达尔文杂交群 darwin hybrids（DH）
晚花类（late flowering）	单瓣晚花群 single late（SL）
	百合花群 lily-flowered（L）
	花边群 fringed（Fr）
	绿斑群 viridiflora（V）
	伦布朗群 rembrant（R）
	鹦鹉群 parrot（P）
	重瓣晚花群 double late（DL）
变种及杂种（varieties and hybrids）	考夫曼群 Kaufmanniana（K）
	福斯特群 Fosteriana（F）
	格里氏群 Griegii（G）
	其他混杂群 miscellaneous（M）

8.6.3.1　早花类

（1）单瓣早花群（SE）　又称孟德尔早花型。花单瓣，杯状，花期早，以红、黄为基调，花色丰富，有粉、白、紫、橙等色，有些品种具有香味，花高5～7cm，株高25～40cm。该类型大多适宜早春在温室里促成栽培，是促成栽培和早春花展的主要品种系列。常见有'阿福可''白色王子''圣诞之梦''开普敦'等品种。

（2）重瓣早花群（DE）　植株矮小，高15～35cm；花重瓣，大多来源于共同亲本，花茎短，花色丰富，以暖色为主。这一类型品种适合盆栽或花坛布置，较适宜在早春促成栽培。常见有'马格瑞特''狐步舞''白色山谷'等品种。

8.6.3.2　中花类

（1）胜利群（T）　又称凯旋群。来源于单瓣早花型与达尔文杂交型的杂交品种。单瓣花，花高脚杯形，大而艳丽。花茎长短适中，株高45～55cm。该类型品种适宜中晚期的促成栽培。大多品种可作切花生产及花坛布置。常见有'小黑人''阿尔加维''巴塞罗那'等品种。

（2）达尔文杂交群（DH）　本类型多为世界著名品种，由晚花达尔文郁金香与极早花的福氏郁金香或其他原种杂交而成。植株健壮，株高50～70cm，花茎较长，是优良的切花品种。花单瓣，杯状，花色艳丽，以鲜红为主。该类型生活力、适应性及繁殖能力均较强，是非常强健的品种类型，适宜早春栽培。常见有'世界之爱''红色印象''阿波罗精华'等品种。

8.6.3.3　晚花类

（1）单瓣晚花群（SL）　株高65～80cm，茎粗壮。单瓣花，花型丰富，多以大型花为主，以红、黄色为基调，花色有红、粉、白及复色。该类型生长期长，一般自然花期较晚，适宜露地栽培，是优良的切花品种。常见品种有'大笑''门童''夜皇后'等。

（2）百合花群（L）　该类型花瓣顶端渐尖，向后翻卷，类似于百合花的花型，花型优美，色彩艳丽，植株健壮，高约60cm，花茎坚实。从开花时间的早晚来看，该类型属于晚花型。花期长，是良好的切花品种。品种较少，常见有'深爱''漂亮女人''荷兰高雅'等品种。

（3）花边群（Fr）　又叫流苏花群，起源于考夫曼型与达尔文杂交型的偶然突变。花瓣边缘有清晰的毛刺或针状突起物，形似流苏。花单瓣，花期中晚期。花茎高度不一，花色以红、黄暖色为主，是良好的切花品种，适宜于早春的促成栽培。常见品种有'水晶星''葡萄酒''拉布拉多'等。

（4）绿斑群（V）　单瓣花品种，花瓣上带有绿色部分。植株中等偏矮，株高20～50cm。叶片较短。多数品种适宜盆栽观赏，常见有'黄春绿''午夜骑士''紫娃娃'等。

（5）伦布朗群（R）　该类型品种花被有花纹。常常是底色为红色、白色或黄色的花上，带有褐色、青铜色、黑色、粉红色或紫色的斑纹。该类型植株中等，花茎长30～50cm。该系列品种较少，一般不用作商业生产。

（6）鹦鹉群（P）　该类型花大而奇特优美，花被裂片较宽，排列有序，花瓣卷曲扭转，向外伸展，状似飞鸟。传统鹦鹉型品种并不强健，适应性较差。现代鹦鹉型郁金香种从达尔文杂交型和胜利型品种中选育获得，花色多，适应性强。该类型品种适宜选作展用品种，常见有'黑鹦鹉''火红鹦鹉''快乐鹦鹉'等。

（7）重瓣晚花群（DL）　又称牡丹花群，重瓣花品种。花瓣较多，呈芍药、牡丹花型。

植株中等高度或偏高（45～55cm）。花茎坚实挺拔，是良好的切花品种。常见品种有'黄绣球''蓝钻石''五月奇迹'等。

8.6.3.4 变种及杂种

（1）考夫曼群（K）　原种为考夫曼郁金香，花冠钟状，野生种金黄色，外侧有红色条纹。栽培变种有多种花色，花期较早。叶宽，常有条纹。植株矮，通常10～20cm。

（2）福斯特群（F）　该类型包括福氏郁金香及福氏郁金香与其他原种杂交而成的品种，有栽培种、亚种、变种、杂交种，都与福氏郁金香性状相似。花期早，花茎中等偏矮，花朵大且长，类似达尔文杂交型。叶片很宽，颜色多为绿色或灰绿色，有时带有杂色或斑纹，是盆栽精品。

（3）格里氏群（G）　原种株高20～40cm，叶有紫褐色条纹。花冠钟状，洋红色。与达尔文郁金香的杂交种花朵极大，花茎粗壮，花期长。该类型较适宜于园林布置。

（4）其他混杂群（M）　包括除以上之外的原种、变种及具有野生种习性的品种。其花型、花色多样，花期中偏早，植株高低都有，可作盆栽、切花、园林布置应用。种类较少，如紫花郁金香和异味郁金香。

8.6.4 生殖生物学特性

郁金香种球在每年5～6月收获时，种球内部的花芽开始分化，时间多为3个月左右。生产上常通过解剖花芽、观察三棱形柱头结构是否完整来判断花芽分化阶段的完成。形成完整的花芽结构是郁金香开花品质的保证。完成花芽分化的郁金香种球，需要经过低温处理打破休眠才能正常开花。郁金香单朵花的花期为7～14d（Wang et al.，2020）。花蕾初期为绿色，4～5d后花苞开始着色，再2～3d后即着色均匀。盛花期的郁金香具有花瓣运动的特性，在早晚和阴雨天闭合，晴天白天开放。

郁金香属植物大多为花单生茎顶，花大，直立杯状，花瓣基部具有墨紫斑，花被片6枚，离生，排列成内外两轮，倒卵状长圆形，花期3～5月。雄蕊两轮6枚，为异型雄蕊（图8.15）。郁金香开花过程中存在不完全雄蕊先熟和柱头缩入式雌雄异位，为典型的异花授粉植物，自交不能结实，大多经虫媒或风媒介导完成授粉。人工授粉时，在母本花苞即将开放但未散粉时去雄并套袋防止串粉。去雄后第2天柱头出现晶莹的黏液，采集新鲜花粉或用低温贮藏的花粉进

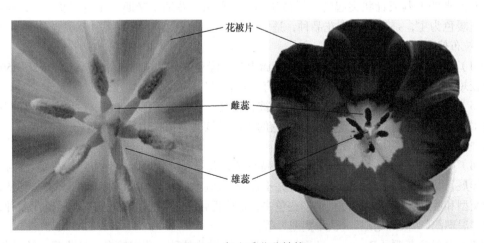

彩图

图8.15　郁金香花朵结构

行杂交授粉。授粉后郁金香雌蕊抗氧化酶活性、可溶性蛋白质含量发生明显变化。

蒴果成熟时，室背开裂，种子扁平。成熟后的种子存在较长的休眠期，一般将种子置于5℃条件下萌发，40d左右的萌发率可达到100%，或将采收后的种子沙藏到10月，室内盆播，保持湿润，翌年春季开始发芽。从播种到形成开花球一般需要3～5年。郁金香的种间杂交往往表现出不同程度的柱头不亲和。延期授粉、刮伤柱头后授粉及植物生长调节剂处理对克服郁金香种间杂交和品种间杂交障碍具有较好的效果（Xing et al.，2020；张艳秋等，2021）。

8.6.5　育种技术与方法

8.6.5.1　引种驯化

郁金香主要原产地是天山及帕米尔高原一带，荷兰作为郁金香生产大国，并没有野生郁金香分布。1593年，"郁金香之父"克卢修斯把奥斯曼帝国栽培的郁金香带到荷兰莱顿大学，一开始都是通过引种，最后筛选出适合荷兰气候的郁金香品种。日本在引进荷兰品种的基础上，通过杂交筛选培育了适合日本高温高湿条件的郁金香品种，包括'初樱'（'Hatsuzakura'）、'黄小町'（'Kikomachi'）及'桃太郎'（'Momotaro'）等，2007年荷兰引进种植32.4公顷郁金香（Marasek and Okazaki，2008）。我国地域间气候差异大，可以对众多郁金香种质资源的适应性和观赏性进行评价筛选，以获得适合我国南北方不同气候类型的种质。

8.6.5.2　杂交育种

杂交育种是郁金香新品种培育的主要方法，包括品种间杂交及种间、属间远缘杂交。远缘杂交虽然存在困难，但部分组合具有可行性（表8.8，Orlikowska et al.，2018）。胜利型郁金香由单瓣早花和单瓣晚花品种杂交获得，而达尔文型郁金香由 *T. gesneriana* 和 *T. fosteriana* 远缘杂交培育而成。研究表明，郁金香自交不亲和可能受柱头分泌的抑制物影响，通过延期授粉可提高自交的亲和性。胚拯救技术已在郁金香远缘杂交上广泛应用。一般认为授粉后6～8周是最佳的拯救时期（张艳秋等，2021）。

表8.8　远缘杂交组合亲和性（Orlikowska et al.，2018）

亚属或组 父本 / 母本	*Tulipa*						*Eichleres*									
	T. gesneriana	*T. didieri*	*T. suaveolens*	*T. rhodopea*	*T. marjoleti*	*T. planifolia*	*T. praestans*	*T. micheliana*	*T. kaufmanniana*	*T. vvedenskyi*	*T. tubergeniana*	*T. greigii*	*T. hoogiana*	*T. fosteriana*	*T. ingens*	*T. eicheri*
T. gesneriana	a	a	a	a	a	-	-	c	c	c	c	b	c	c	c	c
T. fosteriana	c	c	-	-	-	-	d	d	d	b	a	a	a	a	a	a
T. kaufmanniana	c	-	d	-	-	c	b	d	a	a	d	c	b	-	c	
T. greigii	c	c	d	-	d	-	-	a	a	a	c	a	c	a	-	a

a～c表示亲和性从强到弱；d表示不亲和；-表示没有开展杂交工作

8.6.5.3　芽变选育

郁金香发生芽变的概率高。利用芽变是郁金香新品种培育的一个重要方法。荷兰早在1987年就利用芽变培育了50个新品种，如郁金香黄色品种'纯金'就是红色品种'纯火'芽变以后选育出来的新品种。

8.6.5.4 倍性育种

郁金香属植物大多是二倍体，染色体基数为12（$2n=24$），多倍体较少。多倍体郁金香一般植株高大，花和鳞茎较大，如'红色力量''哈尔克罗''马武琳''莱那温'等品种为三倍体，'世界之爱'等为四倍体。二倍体和四倍体杂交产生三倍体，目前已选育出如'阿普多美'等植株高大、鳞茎肥大的三倍体品种。目前产业上应用的四倍体较少。通过秋水仙碱处理腋芽等方法可培育出四倍体。通过用N_2O气体诱导$2n$花粉，并使用这种花粉与二倍体品种杂交，获得三倍体郁金香。利用安磺灵或甲基胺草磷（amiprophos-methyl，APM）处理低温春化种球的花茎可以诱导多倍体产生。

8.6.5.5 诱变育种

20世纪30年代，荷兰育种家de Mol就开始进行郁金香的辐射育种，分别从'Fantasy'选育出'Faraday'，从'Red Champion'选育出'Estelle Rijnveld'。Grabowska和Mynett于1970年用^{60}Co-γ射线（3.4～4.4Gy）处理'Bartigon'的种球，获得了鹦鹉型郁金香新品种。日本和荷兰育种家开展了大量郁金香诱变育种工作。影响诱变育种的因素很多，包括辐射剂量、鳞茎的发育时期和大小及基因型等。对鳞茎顶端分生组织用3.5～8.0Gy的温和剂量X射线照射可获得较好的诱变效果。另外，营养繁殖过程中，特别是在离体培养中，会自发发生体细胞无性系变异（somaclonal variation，SV），这种现象是遗传（突变）或表观遗传（非遗传）变化的结果。Podwyszyńska等（2006年）用噻苯隆（TDZ）长期进行郁金香不定芽的体外培养，报道了SV现象。研究表明，在经过4～6年离体培养的材料中，SV发生频率最高、表型变化最丰富。

8.6.6 良种繁育

郁金香的种球呈现莲座状结构，它的茎短缩成一个圆形的基盘，中央是顶芽、外围包裹着鳞片，外层的外膜在生长周期结束后形成褐色纸质状的鳞茎皮，以避免贮藏期间种球的脱水。成熟的郁金香鳞茎一般拥有5层鳞片和6个腋芽，腋芽从内到外分别为A、B、C、D、E和H，最外面的芽始终称为"H芽"，这是由外层腋生分生组织形成的芽。原则上，每个成熟的郁金香种球都有能力产生与其腋芽数量相同的子鳞茎，但是在实际周年生长完成时，一般只有1～3个子鳞茎可以达到和母球相同的尺寸，并且有能力进入下一个周年生长，形成具备繁殖能力的成熟鳞茎。研究表明，长日照条件阻碍了植物变态器官的发育，因此调节光周期可能成为未来球根花卉种球复壮的一条重要途径。

8.6.6.1 分球繁殖

郁金香以分球繁殖为主。在土壤温度低于10℃时栽植，大者1年、小者2～3年可培育成开花球。荷兰利用其气候优势，在邻近海边的埃克霍森一带大量进行种球繁殖生产，通常采用分级繁育法，即用周径8～9cm或10～11cm的种球，种植1年以后培育成周径为11～12cm或12cm以上的商品种球。荷兰非常重视郁金香的轮作，一般每隔5～6年才连作一次。其间用旋耕机打碎地下的残余种球，并与马铃薯或豆科作物进行轮作。

国内引进的郁金香种球主要用于花海花坛布置。种球营养和光合作用产生的碳水化合物优先供应生殖生长，使种球的膨大受限，加上病毒侵染等原因，退化现象严重。另外，郁金香种球采后花芽分化和低温打破休眠的两阶段温度处理控制不当，国产二代种球开花率低、开花参差不齐、景观效果差。华中农业大学球宿根团队摸索了一套适用于我国国产郁金香种球的处理方法，使国产郁金香种球的开花效果明显提升。我国高海拔地区有利于鳞茎的膨大，利用山地垂直温差形成凉爽的小气候能够延长郁金香的营养生长期，退化鳞茎经过2～3年复壮后周径增长率和繁殖系数都显著提高，可以达到商品球要求。

8.6.6.2　播种繁殖

郁金香种子发芽需要湿润和低温（0～10℃）条件。超过10℃发芽迟缓，25℃以上则不能发芽。应播于富含复合肥料的泥炭基质混合物中，种子上覆盖一层0.5cm厚的沙子，经冬季低温驯化，春季转暖后发芽。当年只形成一个3cm长的薄圆柱状子叶，地下部形成周径2～3mm、鲜重10～200mg的小鳞茎。小鳞茎收获后夏天沙藏。秋季按第一年同样方式种植。到第三年可以直接种到土里，经4～6年后生长成为开花种球。当种球周长为6～8cm时，通常进入生殖阶段。鳞茎鳞片腋芽发育成子鳞茎，一个母鳞茎每个生长季产生2～5个子鳞茎，但一般只有1～2个可以在第二年开花。因此，培养一个品种需要10年或更长时间，以获得足够数量的商用种球。

8.6.6.3　组织培养

郁金香的自然繁殖系数较低。组织培养成为郁金香种球繁育的重要方式，尤其对于新培育的品种，可以进行快速扩繁。郁金香的各种组织都可以用来进行组织培养，包括鳞片、叶片、花茎、花及鳞茎盘等。目前外植体选择主要集中在通过茎、花茎直接诱导再生小鳞茎，或利用种子和鳞片先脱分化获得愈伤组织，再通过再生芽分化诱导小鳞茎的发生与膨大。

（产祝龙　王艳平　向林）

8.7　鸢尾遗传育种

鸢尾科（Iridaceae）植物作为一个超级大家族在地球上已经存在了6000万到1亿年。据Peter Goldblatt和John C. Manning（2008）在 *The Iris Family：Natural History and Classification* 一书中记载，鸢尾科包含66个属2000余个种，几乎在地球的每个栖息地和每一块大陆都有存在。而我们常说的鸢尾通常指鸢尾属（*Iris*）植物，鸢尾属是林奈于1735年以德国鸢尾（*I. germanica*）为模式种在其著作 *Species Plantarum*（《植物种志》）中首次创建的一个属，名字源于古希腊神话中的彩虹女神爱丽丝"Iris"。因鸢尾花色极为丰富，于是古希腊人将"Iris"这个词赋予了鸢尾花。公元前1950年古埃及手工艺品中就有鸢尾的图案，目前世界上育成的鸢尾品种已达7万余个。

8.7.1　育种简史

鸢尾属植物育种工作最早始于16世纪，目前全球应用最多的园艺类群主要为有髯鸢尾、路易斯安那鸢尾、花菖蒲、西伯利亚鸢尾、荷兰鸢尾。①有髯鸢尾新品种选育在欧美国家开展最早，特别是20世纪初，美国通过杂交选育，极大地丰富了有髯鸢尾的花色和花型。19世纪90年代前的有髯鸢尾栽培品种主要是香根鸢尾（*I. pallida*）和黄褐鸢尾（*I. varigata*）的杂交种，原种及栽培品种均为二倍体。19世纪90年代后，随着原产地中海东岸的悦花鸢尾（*I. amoena*）、天然四倍体的美索布达米亚鸢尾（*I. mesopotamica*）、特洛伊鸢尾（*I. trojana*）等和它们的一些变种的杂交亲本的引入，培育出了许多高生大花类型的多倍体有髯鸢尾新品种。②路易斯安那鸢尾是由六棱鸢尾（*I. hexagona*）、高大鸢尾（*I. giganticaerulea*）、短茎鸢尾（*I. brevicaulis*）、暗黄鸢尾（*I. fulva*）和内耳森鸢尾（*I. nelsonii*）5个原种自然杂交，以及后代品种间杂交而获得的一类无髯鸢尾。早在1910年，Dykes就将暗黄鸢尾与短茎鸢尾进行杂交得到了一些杂种，后来育种工作者又通过化学诱导方法得到了四倍体，并以此为亲本相继获得了大量品质优良、色彩丰富的路易斯安那鸢尾新品种。③花菖蒲主要是由玉蝉花（*I. ensata*）经突变和种内杂交选育获得的后代群体。15～16世纪日本最早引种栽培花菖蒲，并选育获得了大量新品种，因此国际上又将花菖蒲称为日本鸢尾，日本称之为"khana-shobu"。17世纪末在日本根据颜色分类仅记载有8个花菖蒲品种的形态特征描述，到1799年，已记载有几百个品种（McEwen，1990），2013年时有2000余个品种，而目前由日本、美国、法国、德国等选育的花菖蒲品种已有5000余个。④西伯利亚鸢尾起源于中欧及亚洲湿地。20世纪30年代，有育种者开始开展西伯利亚鸢尾的人工杂交，之后西伯利亚鸢尾与溪荪（*I. sanguinea*）、变色鸢尾（*I. versicolor*）等其他鸢尾杂交获得了大量花色各异的品种。⑤荷兰鸢尾为世界著名切花，是20世纪初荷兰人利用原产于阿尔及利亚、摩洛哥、西班牙等地的西班牙鸢尾（*I. xiphium*）与丹吉尔鸢尾（*I. tingitana*）等通过人工杂交培育成的园艺杂交品种。

鸢尾在我国也具有悠久的栽培历史，早在唐代苏敬等编撰的《唐本草》中已有关于鸢尾的记载，之后，五代的《蜀本草》、北宋的《本草图经》、明代的《本草纲目》及清代的《植物名实图考》等都有对鸢尾形态特征和药用价值的描述。但我国鸢尾属育种研究起步较晚，最早详细记载鸢尾属植物概况的是1936年刘瑛在《中国植物学杂志》上发表的《中国之鸢尾》，对国内鸢尾属35个种进行了详细记载。江苏省中国科学院植物研究所（南京中山植物园）自20世纪90年代开始利用国内外收集的鸢尾资源进行有性杂交和优良品种选育，1996年在国内首次培育鸢尾新品种7个，之后又开展了以矮生、抗病等性状为主要目标的有髯鸢尾新品种选育研究，获得有髯鸢尾新品种30余个，图8.16为抗病性兼观赏性均较好的矮生型（图左）和高大型（图右）有髯鸢尾新品种。近年来，国内花菖蒲的育种工作也取得了长足的进步，上海植物园经过多年的杂交育种试验已培育出多个花菖蒲优良新品种。溪荪（*I. sanguinea*）是鸢尾属植物中喜水湿的种类，抗病、抗寒及耐湿能力强。近年来，东北林业大学等单位开展了大量的溪荪育种工作，培育出多个溪荪新品种。糖果鸢尾（*Iris×norrisii*）是1967年Samuel Norris通过原产中国的野鸢尾（*I. dichotoma*）与射干（*I. domestica*）杂交后获得的一个品种群。目前沈阳

彩图

图8.16 有髯鸢尾新品种'金丝雀'（左）和'美人灯'（右）

农业大学、北京林业大学、上海植物园等单位也通过自主培育获得了色彩丰富的糖果鸢尾新品种。

我国拥有丰富的鸢尾属种质资源，在新的发展阶段，利用我国的资源优势并运用分子育种、体细胞杂交、倍性育种及诱变育种等手段，加快鸢尾育种进程、缩短育种周期、培育出有特色的鸢尾新品种具有重要意义。

8.7.2　育种目标及其遗传基础

鸢尾属是鸢尾科中最大的一个属，园艺类群非常丰富，根据地下部分特征分为根茎类和球根类两大类，而根茎类中又包括有髯类、无髯类等类型。目前，不同类型鸢尾的育种目标基本一致，主要集中在花色、株型、花香、花期、叶色、抗性等方面。

8.7.2.1　花色

鸢尾拥有极为丰富的花色，鸢尾花色是由存在于花瓣表皮细胞中的色素决定的，主要有两大类：一类是存在于细胞质中难溶于水的类胡萝卜素，另一类为存在于液泡内的水溶性的类黄酮、黄酮醇、花青素、无色花青素，以及甜菜花青素和甜菜黄质等。1931年，Robinson首次从鸢尾中提取出属于类胡萝卜素的飞燕草色素。1940年，日本研究人员从花菖蒲中鉴定出另一种类胡萝卜素——锦葵色素。东北林业大学对溪荪花色进行研究，将溪荪花青素合成酶基因 *IsANS* 在烟草中超量表达，发现烟草花冠颜色显著加深，证明了 *IsANS* 对花色的调控作用。

8.7.2.2　花型、瓣型、花径、花瓣质地

鸢尾花典型的花型为3个外花被片（垂瓣）反折下垂、3个内花被片（旗瓣）直立或向外倾斜的单瓣型结构，鸢尾野生种几乎全是单瓣的完全花。因此，培育重瓣型的鸢尾花是鸢尾育种的一个重要目标。目前花菖蒲和西伯利亚鸢尾已培育出大量重瓣型品种，有髯鸢尾重瓣型较少。南京中山植物园2015年育成1个雄蕊瓣化的重瓣型有髯鸢尾新品种'凤烛'，并通过省级农作物新品种鉴定（原海燕等，2016）。此外，不同花型（如外花瓣平展型、皱褶型）、不同花径（小花型、中花型、大花型）、天鹅绒般花瓣质地均是鸢尾现代育种的重要目标。

8.7.2.3　花期

鸢尾属花期主要集中在4～6月，培育夏秋开花的鸢尾品种或多季花品种可延长鸢尾的观赏期。美国育种学家将有髯鸢尾品种'Renown'和'Anxious'进行正反交，育出了一年可多次开花的有髯鸢尾品种'Again and Again'和'Over and Over'。北京林业大学以多季花有髯鸢尾品种'Halston'和'White and Yellow'为杂交亲本创建了F_1和BC_1代群体，发现二次开花率分别提高24%和35%（范诸平等，2018）。近年来，我国多家高校和科研院所培育的糖果鸢尾花期为7～8月，丰富了夏花类型鸢尾。

8.7.2.4　花香

鸢尾是一种重要的生香原料，其根茎经较长时间贮藏陈化后可提取名贵香料鸢尾浸膏和凝脂。西安植物园从引种自意大利的香根鸢尾、德国鸢尾中通过单株选择、分株扩繁，筛选出两个鸢尾酮含量高的新品种'贵妃香根鸢尾'和'德香鸢尾'。

8.7.2.5　叶色

为拓宽鸢尾的观赏性和商品性，改良鸢尾的叶色也是鸢尾育种的目标之一。目前，以叶色为主要观赏性状的鸢尾可分为三类。第一类，斑叶品种，其叶片常具规则或不规则的黄、白条纹。这类叶色变异主要通过芽变（如 *I. ensata* ‘Silverband’）、组培自发突变（如 *I. germanica* ‘Prince Zebra’）和杂交选育（如 *I. germanica* ‘Striped Britches’）获得。第二类，金叶品种，叶片呈季节性变化，受温度影响，春季叶片变黄，夏季变绿（如 *I. ensata* ‘Kinboshi’）。第三类，紫叶品种，叶基部显示程度不同的紫色，早春紫色可延伸到叶中上部，或整株都是紫色（如 *Iris × robusta* ‘Dark Aura’）。

8.7.2.6　株型

鸢尾株型有高矮之别，高的可达1～2m，如无髯鸢尾类中的黄菖蒲、路易斯安那鸢尾，而矮的甚至不足20cm。株型是有髯鸢尾分类的重要指标，有髯鸢尾株型与花期、花径紧密相关，矮生型有髯鸢尾花期较早，花径较小，而高生型有髯鸢尾花期较晚，花径较大。南京中山植物园以2个矮生有髯鸢尾和5个高大有髯鸢尾栽培品种为材料，经杂交及矮生优株筛选，选出矮生优良单株8个。在株高性状遗传中，高大型相对于矮生型有更强的遗传能力，而要创制较矮的杂交后代则需反复与矮生品种回交。

8.7.2.7　抗性

鸢尾属野生资源中包含了耐旱、抗寒、耐热、耐盐碱、耐水湿等各种生态类型，为培育不同抗性的鸢尾品种提供了丰富的种质。‘Violet Peafowl’‘Starry Diamond’‘Rainbow in May’‘Bright Vitas’就是从粗根鸢尾（*I. tigridia*）的实生后代中选育出的新品种，具有耐寒、耐旱、耐盐碱等特性，可以在北方露地越冬（罗刚军等，2014）。培育抗病性品种也是鸢尾育种的一个重要目标。德国鸢尾根腐病在我国长江中下游地区的梅雨季节危害严重，鉴定抗病基因并通过转基因技术培育抗病品种是德国鸢尾育种的目标之一。Tehrani（2020）等通过对德国鸢尾抗病和易感品种接种根腐病致病菌尖孢镰刀菌后不同时期表型症状和抗病相关基因的表达水平分析，发现5个防御相关基因 *WRKY*、*LecRK*、*PR3*、*LOX1*、*RIP* 的表达量在植株感染尖孢镰刀菌后显著上调，并且在抗性品种中表达量远高于易感品种，研究结果为高效筛选和培育优异抗病种质奠定了基础。

8.7.2.8　性状遗传基础

鸢尾属植物遗传组成极为复杂，该属种间和种内染色体数目和倍性差异很大，从 *I. attica* 的2*n*=16到 *I. versicolor* 的2*n*=108不等，有二倍体、三倍体、四倍体、五倍体、八倍体等多种类型（沈云光等，2007）。该属单倍体基因组长度普遍较大且差异也非常大，从2000Mbp到30 000Mbp不等，因而使其性状遗传规律研究较为困难。目前，AFLP、RAPD及EST-SSR标记均揭示鸢尾属植物具有丰富的遗传多样性。

鸢尾属种间杂交大多表现不亲和，种间杂交障碍包括受精前障碍和受精后障碍。采用胚胎学研究方法表明花粉管的胼胝质反应及胚囊解体造成了鸢尾种间杂交障碍。在为数不多的能够种间自然杂交的鸢尾中，以三种花色的野鸢尾（*I. dichotoma*，蓝紫色、黄色和白色）作母本和射干（*I. domestica*）杂交，得到的 F_1 代花色与亲本不同，分别呈现紫色、棕褐色和蓝紫色；其 F_1 代自交获得的 F_2 代群体出现了十分丰富的花色分离；在 F_1 代回交试验中，与射干回交相比，与野鸢尾回交其后代出现了更丰富的花色。以射干为母本，三种花色的野鸢尾为父本，获得的 F_1 代及自交 F_2 代的花色均和射干相同（徐文姬，2018）。路易斯安那鸢尾是另一类可以种间杂交的鸢尾，Ballerini（2012）等利用 *I. fulva* 与 *I. brevicaulis* 构建两个回交群体（BCIB 与 BCIF），将开花时间等11个性状定位于多个QTL。除开花时间、不育性和果实产量的QTL聚集在单一连锁群外，其余QTL分布在整个基因组中。Fan（2020）等利用JSA分析法对德国鸢尾品种 'White and Yellow' 与 'Halston' 6个世代群体（P_1、P_2、F_1、F_2、BC_1P_1 和 BC_1P_2）的6个观赏性状进行分析，首次提出了鸢尾观赏性状的遗传模式。其中株高、单花高与花径三个性状均符合MX2-ADI-AD模型，叶长的最优遗传模型为MX2-A-AD，垂瓣宽度的最优遗传模型为MX1-AD-ADI，而垂瓣长度的最优遗传模型为2MG-ADI。

8.7.3 种质资源

8.7.3.1 野生资源

鸢尾泛指鸢尾科鸢尾属植物，野生资源极为丰富。据《中国植物志》第16卷记载，全世界鸢尾属植物约300种，主要分布在亚欧大陆和北美洲的温带地区。其中，我国原产的鸢尾属植物约60种、13变种及5变型，约占全球鸢尾属资源1/5，分属须毛状附属物亚属、无附属物亚属、琴瓣鸢尾亚属、鸡冠状附属物亚属、尼泊尔鸢尾亚属、野鸢尾亚属6个亚属，主要分布于西北、西南及东北。可见，我国是鸢尾属植物的重要分布中心。然而，我国虽具有丰富的鸢尾资源，但鸢尾育种研究工作起步较晚，目前尚未形成具有中国品牌的鸢尾品种类群。因此，利用我国丰富的野生资源，扬长避短，加快形成具有自主知识产权的中国鸢尾栽培品种新类群、扩大国际影响力是当务之急。

8.7.3.2 园艺分类

目前国际上对鸢尾的园艺学分类尚无统一方法，在众多分类系统中以英国植物学家马修（Mathew）基于形态学的分类系统较为经典，其设立的鸢尾属的范围更广、分类更明晰，被广泛接受。Mathew根据鸢尾属植物根部特征、花部特征、果实和种子特征将鸢尾属分为6个亚属，即有髯鸢尾亚属、无髯鸢尾亚属、尼泊尔鸢尾亚属、西班牙鸢尾亚属、西西里鸢尾亚属和网脉鸢尾亚属。前3个亚属为根茎类鸢尾，后3个亚属为球根类鸢尾。有髯鸢尾亚属下设6个组，无髯鸢尾亚属下设2个组、16个系。但Mathew分类系统中无髯鸢尾亚属下冠饰鸢尾组和无附属物鸢尾组中的小花鸢尾（*I. speculatrix*）外花被具有明显的鸡冠状附属物，与其他无髯鸢尾类外花被基部无附属物明显不同，许多研究者认为应将此类单列为一个亚属。《中国植物志》对鸢尾的分类系统与Mathew分类系统较大的区别是未包括球根鸢尾的分类地位，并将野鸢尾单列为一个亚属（赵毓棠，1985）。

对于根茎类鸢尾，目前美国鸢尾协会将其分为三类：有髯鸢尾、假种皮鸢尾、无髯鸢尾。①有髯鸢尾因其垂瓣基部有髯毛而得名（图8.17左），绝大多数起源于中欧和南欧，根据花期、花径和花茎长度分为六类：迷你矮型有髯鸢尾（miniature dwarf bearded，MDB）、标准矮型有髯鸢尾（standard dwarf bearded，SDB）、中型有髯鸢尾（intermediate bearded，IB）、花坛型有髯鸢尾（border bearded，BB）、迷你高型有髯鸢尾（miniature tall bearded，MTB）、高型有髯鸢尾（tall bearded，TB），德国鸢尾就属于此类。②假种皮鸢尾（aril iris）垂瓣基部也有髯毛，但其髯毛不同于有髯鸢尾的髯毛，其髯毛非常稀疏、杂乱，且髯毛基部有很深的纹理和斑点，主要分布于中东沙漠地带，因种子一端附着一层白色附属物而得名。③无髯鸢尾在亚洲分布最广，主要分为琴瓣鸢尾（SPU）、西伯利亚鸢尾（SIB）、日本鸢尾（JI）、路易斯安那鸢尾（LA）、太平洋海岸鸢尾（PCN）等（图8.17右）。有髯鸢尾和无髯鸢尾目前已选育出成千上万个品种，用于盆栽、切花、庭园绿化配置及地被观赏。另外，还有一类根茎类鸢尾——冠饰鸢尾（crested iris），因其垂瓣基部具鸡冠状/流苏状/锯齿状附属物而得名（图8.17中），主要分布于中国和日本，园林应用大部分为原种，栽培品种很少，所以美国鸢尾协会在无髯鸢尾分类中未提及冠饰鸢尾。球根鸢尾虽资源类型、品种数量不及根茎类鸢尾，但球根鸢尾尤其是荷兰鸢尾在切花生产中占据着极为重要的位置。

有髯鸢尾　　　　　　　　　　冠饰鸢尾　　　　　　　　　　无髯鸢尾

图8.17　鸢尾园艺代表类群

鸢尾还可根据生态类型分为旱生、湿生、水生、荫生、盐生等类型。球根鸢尾、有髯鸢尾的代表德国鸢尾为典型的旱生鸢尾类型，喜排水良好的干燥沙性土壤；西伯利亚鸢尾、日本鸢尾为湿生型代表，喜湿地或水边种植；路易斯安那鸢尾、黄菖蒲（*I. pseudacorus*）为水生鸢尾的代表；蝴蝶花为阴生类型代表，生长于林下或林缘；喜盐鸢尾、马蔺为盐生鸢尾，耐干旱和盐碱。

8.7.3.3　主栽类群

（1）有髯鸢尾　　有髯鸢尾（bearded iris）原产欧洲中南部和巴尔干半岛，广泛分布于北美、北非及欧亚大陆。因外花瓣基部着生色泽多变的细密髯毛附属物而得名。现代有髯鸢尾主要由克什米尔鸢尾（*I. kashmiriana*）、香根鸢尾（*I. pallida*）和德国鸢尾（*I. germanica*）等多个亲本杂交获得（Nicholas，1956），花色极为丰富，也最能诠释鸢尾"彩虹女神"这一美誉，是欧美国家建造鸢尾园的主要类群，花期3～5月。有髯鸢尾中的香根鸢尾是用于制造名贵化妆品的定香剂，也是法国的国花。

（2）路易斯安那鸢尾　　路易斯安那鸢尾（Louisiana iris）原产路易斯安那州、佛罗里达州等墨西哥湾地区，以及密西西比河三角洲流域的沼泽地，是由六棱鸢尾、高大鸢尾、短茎鸢尾、暗黄鸢尾和内耳森鸢尾5个原种自然杂交及后代品种间杂交而获得，花色丰富，花期为5月上中旬。路易斯安那鸢尾耐湿、耐旱，但湿地生长明显比旱地生长良好，冬季常绿，是湿地绿化、美化、净化环境的先锋水生花卉。

（3）西伯利亚鸢尾　　西伯利亚鸢尾（Siberian iris），叶片相对柔软狭窄，花色多为蓝紫色系，部分品种为浅粉色、奶黄色、白色，花期为4月上中旬。西伯利亚鸢尾类群适应范围极广，耐旱、耐湿、耐贫瘠、抗病，既可栽植于湿地、水边，也可应用于花坛、花境、插花。在园艺应用中，使用最久的是西伯利亚鸢尾（*I. sibirica*），分布于欧洲和中亚地区，其姊妹种溪荪（*I. sanguinea*）主要分布于我国东北地区，以及日本、朝鲜和俄罗斯，栖息于沼泽地、湿草地或向阳坡地。

（4）花菖蒲　　花菖蒲（Japanese iris）主要是由玉蝉花原种经诱变和杂交选育获得的一个鸢尾类群。花期5～6月，以日本栽培最盛。花菖蒲传统分类一般是根据产地分为4个品系，即长井系、江户系、伊势系、肥后系。此外，根据花期可分为极早生、早生、中生、中晚生、晚生和极晚生；按照花型可分为单瓣型、重瓣型、牡丹花型和多瓣型；按照花色式样可分为纯色系、绞纹系、砂子系和覆轮系等。花菖蒲作为一种挺水型水生花卉，喜植于水边，更显得婀娜多姿。

（5）球根鸢尾　　球根鸢尾（bulbous iris）是鸢尾科鸢尾属中的一类球根花卉，由荷兰园艺家用西班牙鸢尾杂交选育获得，包括西班牙鸢尾、西西里鸢尾和网脉鸢尾三个类群。其中，荷兰鸢尾是球根鸢尾中栽培与应用最为广泛的一类。荷兰鸢尾的球茎容易保存，退化的状况较轻，一次引进后可多年种植。荷兰鸢尾花色以白、黄、蓝、紫为主，花期为4月上中旬，可用于盆花、切花、花海、花境、疏林边缘种植。在荷兰生产的球根花卉商品种球中，荷兰鸢尾的栽培面积占第四位，大多用于切花生产。

（6）琴瓣鸢尾　　琴瓣鸢尾（spuria iris）是无髯鸢尾亚属琴瓣鸢尾系原种和杂交品种的总称，因外轮花被片似小提琴而得名，株高可达150cm以上。琴瓣鸢尾起源于欧洲地中海地区，在英国、丹麦、俄罗斯、阿富汗和中国也有少数野生种分布。琴瓣鸢尾花色有黄、褐、紫红、淡紫、蓝和白等，花期为5月，在美国应用较多。近年来，美国已培育出许多耐旱、耐热、耐盐、耐冷品种。该类在中国甘肃和新疆仅分布2个种：喜盐鸢尾（*I. halophila*）和蓝花喜盐鸢尾（*I. halophila* var. *sogdiana*），具有绿期长、花型奇特、叶型优美、耐盐碱等特点，在新疆地区有着悠久的药用历史，是集观赏价值、生态功能和医药价值于一体的优异材料。

8.7.4　生殖生物学特性

8.7.4.1　花部特征与开花特性

鸢尾属植物花期一般集中在3～7月，单朵花花期2～3d。大多数种类只有花茎而无明显的地上茎，花茎自叶丛中抽出，多数种类伸出地面，少数短缩而不伸出；顶端分枝或不分枝，花序生于分枝的顶端或仅在花茎顶端生1朵花；花及花序基部着生数枚苞片；花被管喇叭形，花被裂片6枚，2轮排列，外轮花被裂片3枚，常较内轮的大，上部常反折下垂，基部爪状，多数呈沟状，平滑，无附属物或具有鸡冠状及髯毛状附属物，内轮花被裂片3枚，直立或向外倾斜；雄蕊3，着生于外轮花被裂片的基部，花药向外开裂；雌蕊的花柱单一，上部3分枝，分枝扁平，有鲜艳的色彩，呈花瓣状，顶端再2裂，柱头生于花柱顶端裂片的基部，多为半圆形，舌状，子房下位，3室，中轴胎座，胚珠多数。

8.7.4.2　花粉形态、活力及柱头可授性

鸢尾属花粉多为近球形或舟状，如德国鸢尾花粉粒呈近球形，黄菖蒲、西伯利亚鸢尾等呈舟形。花粉的大小也各有差异，依据花粉萌发孔并结合外壁纹饰的特点，可将该属花粉分为4个类型，即远极单沟、远极单沟-拟沟、二合沟及无萌发孔，一般认为远极单沟类型花粉是该属较原始的类型，其他类型的萌发孔由远极单沟衍生而来。蝴蝶花（*I. japonica*）、扁竹兰（*I. confusa*）的花粉大小基本相同，花粉形状分别为扁球形和近球形，萌发孔均为远极单沟类型；而四川鸢尾（*I. sichuanensis*）、薄叶鸢尾（*I. leptophylla*）花粉形态相似，均呈近球形，无明显

萌发孔（余小芳等，2009）。

鸢尾属植物不同的种类其花粉活力及柱头可授性差异较大。白花马蔺（*I. lactea*）、膜苞鸢尾（*I. scariosa*）等的花粉活力在开花后4h最高，最佳授粉时间为中午（余小芳等，2009）；中亚鸢尾（*I. bloudowii*）、鸢尾（*I. tectorum*）和溪荪的花粉在花朵刚开放时活力最强（刘宗才等，2011）。柱头可授性是花朵成熟过程中的一个重要时期，它能在很大程度上影响传粉率，鸢尾、溪荪的柱头可授性在花药开裂后2h左右最高（刘宗才等，2011），四川鸢尾和薄叶鸢尾在开花4h后达到最佳（余小芳，2009）。

8.7.4.3　繁育系统特征

鸢尾属植物拥有蜜腺，藏于花被管深处，是典型的虫媒花。鸢尾属植物的交配系统存在自交和异交两种形式，异交表现在雌雄异位、雌雄异熟，而自交常有不亲和现象，表现为花粉萌发率低等形式。鸢尾属植物的柱头高于花药或花药背向柱头，这种特殊的花器官结构使其难以在自然条件下进行自花授粉，如中亚鸢尾、野鸢尾、马蔺在自然条件下不能进行自花授粉，且存在自交不亲和现象，而溪荪、蝴蝶花的繁育系统特征为部分自交亲和。玉蝉花繁育系统特征为兼性自交、异花授粉，自交则通过同株异花授粉实现（肖月娥等，2010）。

8.7.4.4　胚胎学特征

胚胎发育是植物有性生殖过程中最重要环节之一。它主要包括大孢子发生和雌配子体发育、小孢子发生和雄配子体发育、胚和胚乳的形成和发育等过程。大部分鸢尾属植物雄蕊花药壁的发育方式为双子叶型，小孢子四分体为四面体型，成熟花粉粒为二细胞花粉，雌蕊3心皮，3室，中轴胎座，胚珠为倒生型，多数，内、外珠被均有，厚珠心，雌配子体的发育类型为蓼型，雌雄蕊异熟现象，散粉后约2d，雌蕊的胚囊生长成八核的成熟胚囊。长白鸢尾授粉后花粉萌发，生成花粉管到达子房，释放精子，分别与卵子、极核融合，完成双受精，此过程需要47～49h；马蔺授粉后8～12h，花粉管到达胚囊，受精卵休眠期为4～5d，初生胚乳细胞休眠期为6～8h；溪荪授粉后22～24h，花粉管到达胚囊，受精卵休眠期为5～6d，初生胚乳细胞休眠期较短，为4～6h，胚乳发育类型为核型。

8.7.5　育种技术与方法

8.7.5.1　引种选育

从外地区或国外引进新品种，通过适应性试验，直接在本地区或本国推广种植是快速解决生产需求的有效途径。目前国内栽培应用的德国鸢尾、路易斯安那鸢尾、荷兰鸢尾、花菖蒲等主要园艺品种大部分为国外引种。同时，通过对引进的材料及其实生后代进行选育得到了大量优良新品种。溪荪新品种'紫蝶'是吉林农业大学从引自日本的溪荪实生后代中选育出的新品种，路易斯安那鸢尾'黄玉'和'紫霞'是苏州农业职业技术学院从国外引进品种自交后代中选育的新品种。另外，通过驯化引种和选择育种将野生种变为栽培品种也是快速有效的品种改良途径。粗根鸢尾（*I. tigridia*）新品种'Violet Peafowl''Starry Diamond''Rainbow in May''Bright Vitas'是从粗根鸢尾实生后代中选育得到，'Footstone'和'Snow Honey'则是从野鸢尾（*I. dichotoma*）实生后代中选育而来。

8.7.5.2　芽变育种

在大量栽培的无性系群体中偶尔会出现花色、叶色等观赏性状变异的芽，这些芽变的株型、花型大多与原品种相似，不失原有观赏价值，是新品种的重要来源。南京中山植物园从德国鸢尾品种'Nibelungen'组培苗中选育出叶色变异新品种'斑马王子'，其叶片、花葶、苞片、子房等均有黄色条纹，观赏价值显著提高。广为栽培的花叶玉蝉花'Silverband'也是由玉蝉花芽变选育的。

8.7.5.3　杂交育种

杂交育种是培育鸢尾新品种的主要方法。根据亲缘关系大致分为品种间杂交和种间杂交。品种间杂交的亲和性一般较高，杂交结实率也较高，容易育成新品种。德国鸢尾、路易斯安那鸢尾、荷兰鸢尾、花菖蒲等主要鸢尾类型已有很多品种，通过对已有品种不断进行品种间杂交，可以得到更多花色、花型、株型变异的新品种，也可对现有品种进行花色、花期、抗逆性等方面的改良。例如，德国鸢尾新品种'黄金甲'和'幻舞'等是南京中山植物园通过品种间杂交选育的，其花色和抗性都得到了改良；上海植物园培育的一系列花菖蒲新品种也是通过品种间杂交获得。

种间杂交是种质创新的重要途径，可拓宽种内遗传资源、扩大基因库、弥补近缘杂交的局限性。然而，鸢尾种间杂交存在高度杂交不亲和性。南京中山植物园早期研究表明，鸢尾种间杂交的成功率较低，亚属内种间杂交平均结实率为2.1%，鸢尾种间杂交均存在一定程度的受精前障碍和受精后障碍，受精后障碍是导致杂种败育的主要原因。因此，通过提前授粉、重复授粉等改良授粉方法，以及采用幼胚挽救、体细胞融合等技术可以在一定程度上克服种间杂交不亲和障碍。花菖蒲中第一个种间杂交杂种是玉蝉花和它的近缘种燕子花（*I. laevigata*）杂交后通过幼胚拯救获得的（Yabuya and Yamagata，1980）；Shimizu 等（1999）通过体细胞融合技术也获得了玉蝉花和德国鸢尾的种间杂种。目前，喜盐鸢尾、黄菖蒲、马蔺种间，以及粗根鸢尾、中亚鸢尾和德国鸢尾种间都有杂交成功的报道。此外，鸢尾属与鸢尾科其他属也有杂交成功的案例，如利用野鸢尾（*I. dichotoma*）和射干（*Belamcanda chinensis*）进行常规杂交可获得属间杂种（Chimphamba，1973；毕晓颖等，2012）。唐菖蒲（*Gladiolus hybridus*）与射干杂交试验表明鸢尾科属间也有杂交成功的可能。

8.7.5.4　多倍体育种

多倍体育种是植物育种的一种重要方法。多倍体的发生通常由自然发生和人工诱导两种主要途径产生。自然界中的鸢尾多为二倍体，也有一些天然多倍体存在。在鸢尾育种过程中存在广泛的品种间和种间杂交，形成了很多多倍体品种，其中包括异源多倍体，染色体数目多达108条。Inoue 等（2004）通过对二倍体野生暗黄鸢尾（*I. fulva*）进行原生质体培养，最终得到了25株二倍体植株（41.0%）、1株三倍体植株（1.6%）、29株四倍体植株（47.5%）和6株六倍体植株（9.9%）。沈阳农业大学李碧丝等（2019）用氟乐灵、二甲戊灵两种除草剂作为诱导剂，通过浸泡加倍法、组培加倍法对二倍体野鸢尾（$2n=2x=32$）进行加倍，得到了四倍体植株（$2n=4x=64$），相比二倍体，四倍体植株叶片宽厚、质地较硬，植株整体矮壮。

8.7.5.5　诱变育种

相对于杂交育种，诱变育种可提高突变率，扩大突变谱，缩短育种年限。目前在德国鸢尾、路易斯安那鸢尾和荷兰鸢尾中都有利用^{60}Co-γ进行辐射育种的研究报道。福建省农业科学院通过对荷兰鸢尾品种'展翅'种球进行^{60}Co-γ辐射诱变处理，经过5～7代筛选，得到4个花色变异稳定的辐射突变株。

8.7.5.6 分子育种

运用生物技术和分子生物学方法进行组织与细胞培养、原生质体培养和融合、染色体工程、基因工程、分子标记辅助选择等已成为植物遗传育种领域热门技术。在鸢尾育种中，Shimizu等在1999年通过原生质体融合技术克服了玉蝉花和德国鸢尾的种间杂交障碍，成功获得了体细胞杂交植株。但基因工程和分子标记辅助选择在鸢尾花色、花期和抗病等性状改良研究方面起步较晚。例如，德国鸢尾花色主要由两种生化途径决定，类胡萝卜素途径产生黄色、橙色和粉色，花青素途径产生蓝色、紫色和褐色，自然界中不存在天然的红花德国鸢尾，从1954年开始佛罗伦萨植物园联合意大利鸢尾协会专门设置了一项奖项用来奖励选育出接近红色鸢尾的育种者，但利用传统的育种方法一直未选育出红花鸢尾品种。Jeknić 等（2014）利用基因工程技术向粉色德国鸢尾品种 'Fire Bride' 中转入由百合辣椒红素基因启动子驱动的泛团菌（*Pantoea agglomerans*）八强番茄红素合成酶基因（*crtB*），使得转基因愈伤组织因为番茄红素的积累而呈现不同程度的粉橙色和红色，但再生植株花器官与野生型无显著差异。王银杰等（2021）则通过鸢尾转录组数据库，利用分子生物学手段进行了德国鸢尾*BBX*（*B-box*）基因家族的鉴定及表达分析，为今后研究*IgBBX*基因在德国鸢尾花期调控中的功能及抗性育种奠定了基础。

8.7.6 良种繁育

经过各种育种方法培育出的鸢尾新品种（系）须进行大量扩繁才能用于生产。目前，鸢尾良种繁育的常用方法如下。

8.7.6.1 分株或分球繁殖

对根茎类鸢尾进行分株繁殖。分株应选在春秋两季进行，新分株的根茎应保留 2～3 个芽及下部生长旺盛的新根，将地上扇形叶片剪成倒 "V" 形，保留 1/3～1/2，既减少水分蒸发，又利于新株发根。

对球茎类鸢尾则进行分球繁殖。子球一般待花后地上部茎叶枯黄后即可采收。采收前应控制好土壤水分，保持干燥，选择晴天进行采挖，逐条翻土，防止挖伤种球，并将有损伤的种球及时剔除；种球阴干后将母球与子球分离，并按照种球周径进行分级和储藏。球根类鸢尾喜凉爽气候，耐寒怕热，一般秋天露地栽培。

8.7.6.2 组培快繁

鸢尾属植物的分株（球）繁殖系数低，不能满足市场需求。国外对鸢尾属植物的组织培养研究较早，1972年Fujino报道了荷兰鸢尾离体培养技术，随后德国鸢尾、香根鸢尾、黄菖蒲、山鸢尾、西伯利亚鸢尾等鸢尾属植物组培技术研究相继报道。国内自20世纪90年代报道鸢尾组织培养技术开始，关于鸢尾属植物组织培养的工作也相继开展，如德国鸢尾、路易斯安那鸢尾和溪荪等（黄苏珍等，1999；Liu et al., 2020）。鸢尾属植物的组织培养主要是以茎尖、合子胚、花器官为起始材料，通过体细胞胚胎发生、器官发生，或两者同时发生构建再生体系，培养基成分和植物种类是决定再生方法的重要因素。通过器官发生获得的不定芽丛可以继代增殖多年，技术相对成熟。

（原海燕）

8.8　荷花遗传育种

荷花又称莲花，学术上更正式的名称叫莲，是莲属（*Nelumbo*）植物的统称，英文名称叫 lotus（注意不要同豆科百脉根属 *Lotus* 混淆），属于被子植物门双子叶植物纲毛茛目莲科，是被子植物起源最早的属种之一。荷花是世界著名花卉，是印度、马拉维的法定国花和越南的民选国花，也是中国四季名花和十大传统花卉之一，我国济南、许昌、九江、孝感、肇庆等城市也将荷花作为市花。除了很高的观赏价值外，荷花还具有极高的食用价值、药用价值、工业价值和文化价值。荷花全身都是宝，全株所有部位都可用于食用、药用或用作其他用途。

8.8.1　形态学特征

作为大型挺水植物，荷花长期生长于水环境中，其形态特征十分特殊。根和茎全部埋于水下泥土中，叶柄和花柄部分也处于水面下和泥土中，仅叶、花完全露出水面。

1）根：为须根，从地下茎的节处长出，狭长、多分支，幼嫩时呈白色、红色或粉红色。根白色的植株往往开白花、淡黄色花等，根红色或粉红色的往往开红花、粉红花、紫红花等红色系花。

2）茎：荷花无直立茎，只有埋在地下的根状茎，其上有节。根状茎有两种类型，一种叫不膨大茎，呈鞭状圆柱形，也叫莲鞭、藕带或藕鞭。另一种为膨大茎，通常称为藕。茎的膨大程度差异十分显著：藕莲的膨大茎最粗，直径常大于 5cm；热带型荷花的膨大茎细，直径往往小于 3cm，甚至近不膨大；观赏荷花（又叫花莲）的膨大茎介于二者之间。茎一般为白色或黄白色，中空，横切面可见若干大小不等的圆形、椭圆形小孔，周围一圈最多的孔数往往为 6～9，此孔数量可辅助品种鉴定。

3）叶：叶片生长于根状茎的节处，每节一叶，有两种类型：一种为浮叶，其叶柄较软、完全没入水中，仅叶片平躺浮在水面上；另外一种为立叶，叶柄直立，叶片高高挺出水面，表面中部往往明显凹陷或微凹。叶片绿色、黄绿色或墨绿色，轮廓近圆形或椭圆形，表面光滑、微糙或全粗糙。无论光滑还是粗糙，荷叶表面均带有一层蜡质和微突，具有极强的疏水作用和自洁功能，因此，雨水不会湿润荷叶。

4）花：同叶伴生。野生荷花常为单瓣、稀半重瓣，重瓣荷花多为栽培品种。花色多为红、粉红、淡黄、白等，杂色或复色系多为栽培品种，无蓝色和真正的紫色。荷花为同被花，花萼与花瓣无明显分界。单瓣野生荷花的花被数不定，多为 20～26，最多达 34，后者目前仅见于泰国的资源。雄蕊多数，最多达 500 余枚，由基部的花丝、中部的花药和顶部的附属物组成。花丝为白色或淡黄色；花药黄色，极少数为橙红色；附属物多为白色，少数为淡黄色或白色带红甚至整体为紫红色（图 8.18）。胚珠椭圆形，数枚至多达 50 余枚藏于花托中，仅顶部和柱头露出花托表面。

5）果实：果实大部分或全部藏于莲蓬中，成熟前为绿色，成熟干燥后为褐色、灰黑色或近黑色（图 8.18）；长椭圆形、椭圆形、卵形、卵球形等，表面有或无白粉。新鲜果实的内果皮颜色为白色、白色带红、近红色等。果实干燥后果皮变得极坚硬且密实，因此又称带壳的干莲子为"铁莲子"。

6）种子：果实去壳后才是种子。种子白色，最外面有一层薄膜。去掉壳和表皮的白色种子通常叫白莲子，主要为食用、药用和淀粉等的原料。种子由胚和子叶构成，前者为白色，后者为绿色，位于中央，通常所说的莲心茶实质就是荷花种子的胚。

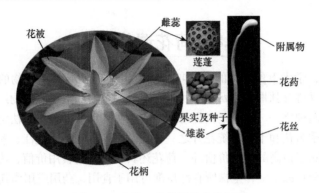

彩图

图8.18　荷花、莲蓬及果实分解图

8.8.2　生殖生物学特性

荷花为雌雄同株、两性花。由于花粉粒相对较大，不像禾本科、裸子植物的花粉轻盈，易被风吹而四处飘散，加上雌蕊比雄蕊早熟，因此通常由蜜蜂等昆虫完成异花授粉。荷花一般只开放4d，第1天的花通常不完全张开，呈杯状或甚至仅开一圆形小口，清晨开放、近中午闭合。昆虫通常在天亮不久就对第1天开放的花朵完成授粉，花开第2天的柱头表面在上午即变干燥，不能再接受传粉，因此很巧妙地避免了自花传粉受精。只有气温低的阴天，第2天上午的花可能因没有昆虫传粉或传粉不彻底，柱头还保持湿润，这种情况就可能发生自交。总体来说，荷花以异花传粉为主、自交为辅。

花朵雌蕊受精后第3~4天花瓣掉落，此后莲蓬变绿、逐渐长大，授粉后夏季成熟期短、秋季成熟期稍长，20d左右莲蓬和果实变色，体积开始收缩，这时候的莲子（果实）已成熟，可进行采收。成熟莲子干燥后，最外一层果皮变得坚硬无比且致密，使种子同外界环境隔绝，即使掉入水中也很少能萌发。因此，播种前须用各种机械方式破壳（如用枝剪从莲子底部剪破，或用砖、刀、细锯等破坏果实最外面的保护层），才能使果皮里面的种子吸收水分，进而萌发。只要温度适宜，胚芽在2~3d内即可萌发，生长出果壳，一周左右即可见根长出。生根后的种子苗移栽后50d左右即可开花。

8.8.3　分类与种质资源

尽管荷花的化石记载有数十种，但这些化石种的合理性值得商榷，因为荷花本身的性状可塑性较大，依据化石的少数几个性状差异确定为不同种是不严谨的。现存的莲属植物仅有两种：亚洲莲（*Nelumbo nucifera*）和美洲莲（*N. lutea*）（图8.19），两者存在明显的间隔分布，前者主要分布于亚洲，从俄罗斯南部，经中国、印度和朝鲜半岛向南途经南亚一直延伸到澳大利亚北部，后者分布在北美洲、中美洲和加勒比岛国。以往有学者建议将美洲莲作为亚洲莲的一个亚种，但通过形态学、分子生物学、地理隔离研究，以及两者杂交后F_1代自交存在明显不亲和性（即生殖隔离）等证据，目前还是认为两种应独立分开。

1）亚洲莲又叫莲、东方莲、中国莲、印度莲，鉴于该种的分布范围特点，这些别名均不科学，很容易引起混乱，应该摒弃。亚洲莲又常叫圣莲，因为该物种与佛教关系十分密切。亚洲莲的野生居群只有红色系（包括紫红、粉红；图8.19左）和白色系花（图8.19中），前者常见、多样性高，而后者居群总体少、多样性也较低。亚洲莲通常分为温带型和热带型，后又逐渐提出介于两者之间的亚热带型，编者认为还应该增加寒温带型。这些类型的定义大体如下：

彩图

图8.19 野生型亚洲莲（左、中）和美洲莲（右）

①热带型，分布于热带地区，温度适宜可全年生长开花，地下茎不膨大或膨大不明显，不耐低温，在我国中部及以北地区露天自然越冬困难，如泰国、越南、老挝等国南部，及其他南亚国家的大部分莲资源。②亚热带型，介于热带和温带之间的过渡类型，生长季节四季分明，冬季地上部分死亡，地下茎膨大程度小，花期较温带型莲稍长，如中国南方（广东、广西、海南），以及印度、越南、泰国、老挝等国北部的莲资源，近几年培育出的秋荷系列品种（如'秋星''变脸''赛凌霄'等）也属于此类型。③温带型，生长季节四季分明，地下茎膨大程度较高，冬天露天能耐零下10℃左右低温，如我国的华北、华中、西南地区的莲资源。④寒温带型，分布于我国东北，以及俄罗斯、朝鲜半岛的野生莲资源，除个别居群外，大部分引种到我国中原及以南地区不仅不开花，而且立叶少，甚至不长立叶，休眠和结藕早。

2）美洲莲因其花为淡黄色，所以又叫美洲黄莲。相对亚洲莲而言，已知美洲莲的多样性较低，但目前对其多样性的了解还远不够，特别是对中美洲和加勒比岛国的美洲莲资源还不清楚。2018年，田代科博士委托国际睡莲水景园艺协会（IWGS）会员考察了墨西哥南部的美洲黄莲，并采集了部分莲子。2019年以来多次在上海植物园播种栽培观察后发现，该资源属于热带型，地下茎膨大不显著，且在上海露天自然越冬困难。而来自美国的所有居群在上海栽培时，地下茎膨大、较粗，即使不采取任何防护措施，无论是盆栽还是池栽均可在露天安全越冬。美洲莲是否也存在亚热带和寒温带型有待进一步研究。

莲属尽管只有两个种，但品种繁多，尤其是近20年来我国培育了大量的品种。截至2021年，全球已出现约4600个荷花品种名称，其中约2150个被正式文献记载（含国际登录品种212个），育种者命名尚未正规发表的约有2500个，但也存在少量同种异名、同名异种及部分命名不规范的情况。荷花品种数量最多的为中国，其次是日本、美国，欧洲和非洲很少。少数品种为1960年前记载，绝大部分为1960年后培育或发现。品种资源以温带型为主，热带型很少；花莲占绝大多数，藕莲和子莲少；大、中株型多于小株型；花色品种数量依次为红莲型＞粉莲型＞白莲型＞复色型＞黄莲型＞洒锦型；花型品种数量依次为单瓣＞重瓣＞半重瓣＞重台＞千瓣。名称出现频率前十的分别是'伯里夫人''大洒锦''友谊牡丹''千瓣''红台'、美洲莲（原种）、'粉千叶''舞妃''小洒锦''红唇'（图8.20），反映出传统经典品种和美洲莲原种的流行度最高。藕莲和子莲的品种主要在我国，泰国和越南等也种植一些子莲，但品种很少，甚至有的资源还没有名称。

除了植物分类学方面的划分，莲属资源也可从农学或园艺学的角度，依据应用价值划分为藕莲、子莲和花莲，也有人提出叶莲的概念，但这种提法是否合理仍有待商榷，因为所有莲资源的叶片都可以用作包装材料、荷叶茶等。

1）藕莲：以生产莲藕（主要作为蔬菜和生产淀粉）为主的荷花品种，其特征主要表现为地下茎显著膨大，直径通常超过5cm，产量高，但由于开花量少甚至近不开花，因此观赏价值

'伯里夫人'　　'大洒锦'　　'友谊牡丹'　　'千瓣'　　'红台'

美洲莲　　'粉千叶'　　'舞妃'　　'小洒锦'　　'红唇'

彩图

图8.20　基于文献、网络信息和企业品种目录整理出现频率最高的10个品种（刘丽等，2019）

低，一般不会应用于园艺景观。藕莲以现代培育的品种居多，但也有少量传统品种。'宜莲千瓣'例外，尽管其藕并不粗壮，但口感好，所以被云南部分地方当作传统藕莲品种种植。

2）子莲：以生产莲子为主要目的，根据地域起源分为湘莲、建莲、赣莲和浙莲系列，其中产量最高的品种为江西广昌县培育出的'太空莲36号'和福建建宁的'建选17'，而湖南湘潭的'寸三莲'和浙江的宜莲系列品种虽然品质好，但产量低。我国生产子莲面积最大的省份分别是湖北、江西、湖南、福建等。

3）花莲：又叫观赏荷花，是以观花为主的品种，用于盆栽观赏、水体景观美化和荷花展览。花莲品种的可育性往往较低，但最近几年也有针对莲子、观花兼用型品种培育的报道，如浙江省金华市农业科学研究院培育的'金芙蓉1号'为半重瓣，其结实率也高。实际上，子莲也是花莲的一种，只不过其花色和花型单调，而且多数品种的花与叶相对高度差小、不十分醒目，因此不常见大面积种植用作景观配置。

8.8.4　育种

8.8.4.1　育种历史

荷花的遗传育种大体可分成三个阶段，各个阶段的育种方法和品种具有不同的特点。

（1）第一阶段　时间大体为1960年前（表8.9），这一阶段几乎没有开展人工杂交育种，人们为了观赏或食用等用途，直接把自然界发现的居群或变异个体通过人工引种栽培使性状稳定下来，即作为栽培品种，大多数为古代流传下来的老品种，这是最原始的育种阶段，缺乏育种的主观意图。最早记录的品种只有花莲，即观赏荷花，而无子莲和藕莲。我国晋代就出现了半重瓣、重瓣和千瓣型莲花，也记载了并蒂莲、并头莲和品字莲等品种（见晋代《古今说》《拾遗记》）。这一阶段收录品种相关的代表论著有我国明代王象晋的《群芳谱》，其中记载了26个荷花品种；清代陈淏子的《花镜》记载了22个品种；清代杨钟宝的《巩荷谱》记载33个品种等。其中代表性品种有中国的'千瓣莲'（引种到日本后也叫'妙莲'）、'红台莲'和洒锦类型品种'大洒锦'；泰国的两个著名切花品种 *Nelumbo* 'Stattabogkot'（在我国叫'粉红凌霄'，红花、重瓣）和 *N.* 'Sattabutra'（在我国叫'至高无上'）；日本的古莲品种'大贺莲'

（源于约2000年寿命的莲子）等（图8.21）。这一阶段日本文献记载的品种数量超过中国，但包括了部分从中国引种的品种。

表8.9　世界主要国家荷花品种资源记载统计

年份	中国	日本	美国	全球
1960年及以前	38	57	6	121
1961～1970	36	8	1	42
1971～1980	28	26	0	32
1981～1990	358	189	139*	492
1991～2000	192	287	16	458
2001～2010	745	527	123	1265
2011～2019	1491	425	185	2082

*含中国科学院武汉植物园黄国振教授在美国加利福尼亚州Modesto莲园培育的122个品种

图8.21　1960年前培育的代表性品种

上图从左至右：'千瓣莲''红台莲''大洒锦'。下图从左至右：'粉红凌霄''至高无上''大贺莲'

彩图

（2）第二阶段　　大体在1960～2000年（表8.9），这一阶段的特点表现为：品种数快速增加、育种目的性提高、育种方法多样，除了自然变异选择、自然杂交选育和人工杂交育种外，还出现了辐射育种、太空育种、化学诱变育种等方法。在亲本选择上，打破了原来只于亚洲莲种内居群和品种间杂交的局限性，开始利用美洲莲为亲本育成了一批亚美杂交莲品种。主要育种单位和个人有我国的中国科学院武汉研究所黄国振等、武汉市东湖风景区张行言、武汉市园林科学研究所王其超、江苏南京浦口区的民间育种家丁跃生、安徽阜阳临泉县的柳兆中，以及美国的Perry D. Slocum博士、日本的榎本辉彦和香取直人等。这一时期有关品种记载的专著有中国的《中国莲》（倪学明，1987）、《中国荷花品种图志》（王其超和张行言，1989）、《中国荷花》（邹秀文，1997）、《中国荷花品种图志：续志》（王其超和张行言，1999），以及日本的《魅惑の花蓮》（渡辺逹三，1990）、《蓮》（北村文雄，2000）等。此阶段的品种总计超过1000个，主要由中国和日本育成，其次是美国。除了绝大部分品种为花莲外，也出现了一些子莲和藕莲品种。代表性品种有花莲'中山红台'和子莲'太空莲36号'等亚洲莲品种，以及 *N.* 'Mrs. Perry D. Slocum'（1963）、'舞妃'（1966）、'友谊牡丹'（1986）和'剑舞'（1987）等亚美杂交莲品种（图8.22）。美国的荷花在20世纪80年代前基本处于野生状态，品种很少，但1981~1990年记录的品种数达139个，其中包括了中国科学院武汉植物园黄国振在美国加利福尼亚州的Modesto莲园培育的122个品种。这一时期中国和日本之间的荷花品种交流十分频繁，日本从中国引进品种多，两国记录的品种重复率较高，数量之和远远大于去重后的全球品种数。

彩图

图8.22 1961~2000年前培育的代表性品种

上图从左至右：'中山红台''太空莲36号'、*N.* 'Mrs. Perry D. Slocum'。下图从左至右：'舞妃''友谊牡丹''剑舞'

此阶段的品种特征表现为：品种的多样性大大提高，也有一些优良品种，但质量良莠不齐，过于追求品种数量，未重视品种的优良程度，很多品种仅仅存在微小的差异，因此，大多数品种没有保存下来，给后来的鉴定也带来极大困难。此外，育种历史记录不全、性状信息描述不完善或不规范、品种图片太少或质量不高，一些品种命名不规范、没有按照国际栽培植物命名法规为品种定名等问题，均需要进行合理修正。

（3）第三阶段　2001年至今（表8.9），这一阶段的育种方法多样，但依然以自然杂交和人工杂交为主，物理诱变和化学诱变为辅，开始尝试分子育种，但分子育种还无明确成功的案例报道。由于育种单位和个人增多，品种数量激增，特别是中国为最近20年来世界荷花品种培育的最大贡献者，所育品种数量远超日本和美国。全球荷花品种数量迅速增加的主要原因有：中、日、美三国的荷花育种工作加快；大量开展荷花品种资源收集整理记录和发表；荷花生产应用和商业交流加强；近10年来荷花品种国际登录工作的大力宣传提高了育种者的积极性，至2021年底共有212个品种完成了国际登录。这一阶段的荷花品种相关代表专著有《中国荷花品种图志》（王其超和张行言，2005）、*Waterlilies and Lotuses*（Perry D. Slocum，2005）、《花莲品种图鉴》（大贯茂，2009）、《中国荷花新品种图志Ⅰ》（张行言，2011）、《世界花莲图鉴》

（三浦功大和池上正治，2012）、《杭州西湖荷花品种图志》（唐宇力，2017）等。育种单位主要有中国荷花中心（武汉）、南京艺莲苑、江苏盐城爱莲苑、山东沂蒙荷花园、北京莲花池公园、浙江人文园林有限公司、上海辰山植物园、中国科学院武汉植物园、浙江伟达园林工程有限公司、美国阿拉巴马十里溪苗圃等。由于越来越多地利用了美洲莲或亚美杂交莲品种作为亲本，亚美杂交莲品种所占比例逐渐增多，如南京艺莲苑培育的品种95%以上都属于此类。同时，小株型品种大量涌现，但缺乏系统整理和规范命名，也很少申请国际登录和国家植物新品种权保护，所以不利于推广。

　　这一时期的品种质量也得到显著提高，出现了一大批"新、奇、特"的品种（图8.23），如特殊千瓣型的'至尊千瓣'和'柳园千瓣'；全重瓣型的'光岳楼'和'奇迹'；花被深紫红色的'巨子''易建莲''中国·红北京''彩霞''墨红'等；花被橙黄色的'晴天''陶令诗篇''杏色春衫'；花被颜色显著改变的'变脸'和'巧变天使'；花型特殊的'珠峰翠影''金丝猴''辰山飞燕''博爱'；花被极端狭长的'粉精灵''纤纤玉指''探空'等；适合做切花的'巨无霸'和'瓢城帆影'；花朵直径可超过40cm的'粉霸王'；花药橙红色的'印度之谜'；叶片皱卷变异的'皱叶洒锦'和'皱叶之问'等。此外，'红唇''杏黄''秣陵秋色''中美娇''金福娃''大黄蜂''鸳鸯秀羽'等一批亚美杂交莲品种也十分优秀，各有特色；花期较温带莲更长的秋荷品种数量增加，如'希陶飞雪''冬不凋''变脸''秋艳''赛凌霄''至尊凌霄''秋牡丹'等。

图 8.23　2010～2021年培育的代表性品种

A.'至尊千瓣'；B.'光岳楼'；C.'易建莲'；D.'彩霞'；E.'杏色春衫'；F～H.'变脸'（第1～3d）；I.'金丝猴'；J.'辰山飞燕'；
K.'博爱'；L.'纤纤玉指'；M.'巨无霸'；N.'瓢城帆影'；O.'秣陵秋色'；P.'金福娃'；Q.'大黄蜂'；R.'鸳鸯秀羽'；
S.'希陶飞雪'；T.'至尊凌霄'

彩图

值得一提的是，已知野生荷花均为二倍体，但1981年武汉东湖风景区从母本'东湖春晓'的自然结实莲子中播种筛选出三倍体'艳阳天'，以及从后者芽变中筛选出'大紫玉'和'紫玉莲'。

8.8.4.2　育种目标

荷花的育种目标因用途不同而异，以培育优良的花莲、子莲和藕莲品种为主，近年来也开始针对生产藕带、荷叶茶和多功能型用途来培育新品种。

（1）花莲　花莲的育种目标最多样，主要包括以下几种。

1）追求新颖花色：与花色丰富的睡莲相比，荷花的花色相对单调，早期只有红色（含紫红、粉红）、白色和淡黄色，野生莲和以往的品种中无蓝色、黑色、深紫色、深黄色、橙色和绿色花被。经过若干年育种，现已出现了深紫红色、橙黄色、淡绿色花被的品种，但蓝色和黑色依然是空白。另外，洒锦类品种目前也屈指可数，只有'单洒锦''大洒锦''小洒锦''皱叶洒锦'等，且颜色和斑纹式样还很单调。

2）植株大小极端品种：培育适合在茶杯大小的容器内栽培的微型品种，将来可推广用于阳台种植、室内办公桌上欣赏，目前已有少量品种具备了这种潜力；或培育高大耐深水的超大型品种，用于水位较深的湖泊、池塘栽培应用（目前的荷花品种很难超过3m高）。

3）新奇花型：由于目前已有杯状、碗形、蝶形、叠球形、球形、飞舞状等众多花型，要实现花型本质上的新颖突破十分困难。未来努力的方向包括培育出传统菊花形的花型品种，目前已育成花被极端狭长型品种，如'粉精灵''探空''纤纤玉指'的花被十分狭长，但尚未出现丝状花被的品种，这是今后努力的方向之一；少数品种的花被出现多而狭窄的趋势，形似菊花，如'济宁小酌''雪映秦淮''鹤羽''沂蒙情思'等，但离传统菊花形还有一定的差距。另外，荷花的绝大部分品种的花被长大于宽，很少有长度接近宽度的，如'黄鸟'等，未来应争取培育出花被长宽相等，甚至花被宽大于长的品种，2020年湖南莲之奇生态科技有限公司从实生苗中选出了白花优株，其花近圆形，花被短阔。

4）新颖的雄蕊和莲蓬颜色：目前荷花的花丝均为白色或淡黄色；花药多黄色、少见橙红色；雄蕊附属物多为白色，少淡黄色、粉红色和紫红色；莲蓬为绿色、黄绿色或不稳定的红色，缺乏黑色、金黄色和稳定的红色。

5）彩叶品种：现有荷花资源的叶片颜色为绿色、黄绿色或墨绿色，很少见稳定的金色变异个体，也未见成熟叶片出现稳定的红色。

6）提高秋荷和热带荷花品种的多样性：尽管已有一批秋荷品种，但相对温带品种而言整体多样性还比较低，热带型荷花品种更少。

7）低光照需求或耐阴品种：荷花是全日照植物，光照强度和光照时间不够时均不利于荷花的生长和开花，因此，荷花尚不能作为室内植物栽培观赏。通过遮阴试验筛选还没有获得真正耐阴的品种，希望未来可利用基因工程育种技术突破此瓶颈。

8）花香宜人品种：现有荷花的香味不算宜人，无法同桂花、月季、茉莉花、香睡莲等的花香相比，未来利用分子育种手段可能培育出芳香宜人的荷花品种。

9）赏食兼用型品种：花莲主要用来观花，个别品种既可观花又可生产莲子，但莲子产量往往不高。未来可加强兼用型品种培育，如培养莲子高产的半重瓣甚至重瓣型观花品种，以及既观花、藕产量又高或营养价值也高的品种。

（2）子莲　全球的子莲品种主要集中在我国和越南，总计不超过60个。子莲的产量总体较低，因此，未来育种的主要方向还是如何提高产量，如通过增加开花量、增大莲蓬、单蓬子粒数和莲子重量来实现。同时考虑延长花期、减少叶柄/花柄棘刺和提高营养含量等。

（3）藕莲　　藕莲品种的产藕量往往很高，亩产高达2500～5000kg，因此对进一步提高藕的产量需求不再十分迫切，但对提高口感和营养品质、适合浅水栽培的藕莲品种的需求仍然很大。此外，彩色藕品种也是未来育种的重要方向，只能通过分子育种才能实现。

其他方面，针对生产藕带、荷叶茶等产品的品种培育也开始备受关注。

8.8.4.3　遗传基础

荷花是雌雄同花、雌蕊先熟的植物，在自然条件下由昆虫传粉实现异花传粉。莲属只有亚洲莲和美洲莲两种，同种内不同居群或品种间开展杂交不存在生殖隔离，结实率高。同其他很多植物一样，莲属种间杂交尽管不存在生殖隔离，但F_1代自交几乎不结实。有趣的是，杂交F_1代同其他资源杂交后又可结实。纯系的单瓣野生莲居群自交或杂交，后代性状几乎不分离，同母本保持一致。野生型白花和红花杂交，其后代花的颜色一般介于两者之间，为粉红色。热带型荷花同温带型荷花杂交，其后代的群体花期介于二者之间，即所谓的秋荷系列。热带型莲的根状茎不膨大或偶尔稍膨大，很难在有冰期的地区露天自然过冬，同有明显膨大茎的温带型荷花杂交，其后代的根状茎介于两者中间：根状茎正常膨大但不粗壮、能在零下5℃左右低温地区露天安全自然越冬。其他性状如株高、叶片大小、花被数目等，后代往往表现为亲本两者的中间型。此外，用美洲莲和热带型亚洲莲杂交，后代的花色在开花过程中往往出现显著变化，特别是第二天的花比第一天的颜色褪色最显著。美洲莲的花被尽管颜色只有淡黄色，但不断同亚洲莲杂交后，会出现颜色更深的品种，如深紫红色的'巨子''易建莲''中国红·北京'，甚至产生新颖色的品种，如花被为橙黄色的'晴天''陶令诗篇''杏色春衫'等。

8.8.4.4　育种技术与方法

荷花的育种方法较多，包括选择育种、自然杂交、人工杂交、物理诱变、化学诱变和分子育种等。

（1）选择育种　　选择育种是对野外自然居群或变异个体直接引种而培育成新品种的过程。这种育种方式培育出的种质本身不存在创新，例如，将微山湖的野生红莲引种后，在人工栽培环境中表现不错，故定名为'微山湖红莲'；把白洋淀中很少发现的白花个体引种栽培后定名为'白洋淀白莲'；把大连普兰店埋藏在地下千年以上的古莲子挖出培育后定名为'普兰店古莲'。此外，也存在自然变异的'千瓣莲''宜良千瓣''大洒锦'等重瓣类型。

（2）杂交选育

1）自然杂交：是将两个及以上的荷花品种相近种植，利用昆虫传粉完成自然杂交而结实的莲子培育成新品种的方法。这个过程实现了种质创新，产生了原本没有的新种质。尽管自然杂交节省了大量人工，但后期的种植筛选工作成本高，因为自然杂交的目的性不强，获得优良品种的概率低，需要播种大量的莲子才可能获得优良单株。如果一些莲子来自同种或相近居群，自然杂交育种的意义就不大，因为获得的后代变异概率极小。因此，自然杂交的育种效率低、目的性不强，而且不清楚亲本，所获得品种也很难用于后续的科学研究。

2）人工杂交：是通过人工授粉开展目的明确的育种方式，应用最为普遍。人工杂交比自然杂交的效率更高，获得优良品种的概率也更大，培育的新品种来源清楚，材料可更好地满足科研需求，特别是分析杂交亲和性及其性状遗传规律、品种的亲缘关系和指导育种实践等。

由于荷花是雌雄蕊异熟，雌蕊比雄蕊先成熟大约一天。因此，人工授粉时无须去雄，只要套上杂交塑料网袋或防水纸袋，避免昆虫干扰即可。人工授粉前要将亲本即将开放的花蕾用网袋或纸袋套上，通常选择在上午采集开花第二天的花药涂在开花第一天的花朵柱头上，套好杂交袋，并用标签做好标记，内容包括亲本名称（或栽培编号）、授粉时间、天气情况等信息。授粉后第二至三天即可解开套袋，去掉脱落的花被片，避免因花被保留遮挡雌蕊，导致光照不足和空气流动不畅对莲蓬和莲子正常发育的不良影响。

杂交授粉后30d左右，莲蓬和莲子将发育成熟，等莲子充分干燥后及时采收，也可在莲蓬变色后采集晒干。莲子充分干燥后，需装在密封的自封袋或瓶中，低温防潮防霉保存，待播种时用。

关于杂交授粉的时间问题，以往的文献记载要尽量起早操作，天一亮就开始授粉。但根据编者的实践经验，只要套好袋不让花朵打开，柱头表面不干燥、花药不干，开花第一天全天甚至到第二天上午皆可对柱头授粉。

（3）诱变育种

1）物理诱变：物理诱变的方法有多种，在荷花育种中应用的主要有辐射育种、太空育种和离子注入育种等。早期利用 ^{60}Co-γ 射线对莲子和藕芽进行辐射处理，使其产生诱变，后来发展为利用太空育种和离子注入育种。

Ⅰ. 辐射育种：是利用射线诱发生物遗传性状改变的育种方法。荷花辐射育种主要采用不同射线处理莲子和藕芽。武汉市东湖花卉盆景研究所于1981年用1000伦琴[①]γ 射线诱变湘莲的莲子，育成比母本瓣端花色更艳、开花量多一倍的'点额妆'。1986年湖南省农业科学院蔬菜研究所以杂交 F_1 代优株'湘莲6号'作为诱变材料，用 ^{60}Co-γ 射线处理培育出观赏价值更高的'如意佳丽'和'丹顶玉阁'。钱萍等（2000）用 ^{60}Co-γ 射线对30个品种的莲子，在0.5万～5.0万伦琴剂量下进行处理，发现引起变异的辐射剂量范围在0.5万～1.5万伦琴，由此培育出'花欲笑''水影浮晕''霞光影波''镶玉''斜阳浮翠''妍丽'等品种。陈秀兰等（2004）对观赏荷花种藕进行γ 射线处理，发现适宜辐照剂量为10～20Gy，半致死剂量在20～40Gy。对莲子进行辐射处理后，当剂量在20～60Gy时，发芽率和成苗率几乎都大于50%；当剂量达100～200Gy时，出芽率很低，成苗率接近于零。屠礼刚等（2016）也报了类似情况，用 ^{60}Co-γ 射线辐照'红卷红旗'等5个品种的莲子，当剂量为100Gy时，'东湖新红'成苗率为36.6%（最高），'风卷红旗'成苗率最低（6%）；当剂量为250Gy时，发芽率很低，成苗率接近0。泰国核物理技术研究所2010年用γ 射线处理美洲莲的莲子，使开花时间发生了改变。2013年江苏里下河地区农业科学研究所用80Gy的 ^{60}Co-γ 剂量辐照莲子，培育出'扬辐莲1号'。2017年，上海辰山植物园田代科课题组利用 ^{60}Co-γ 分别对野生型微山湖莲和杂交品种的莲子进行照射处理，结果发现二者的半致死剂量略有差异，分别为170～180Gy和140～150Gy，从前者处理中获得一株被片狭长、花态飞舞状的变异个体，进一步培育成新品种'辰山飞燕'，于2021年完成了国际登录。

综合研究表明辐射莲子较辐射藕种更有效，其变异率和变异程度更大，是有效的育种方式。然而，对于杂合的品种来说，很难断定变异是因诱变还是发生自交或杂交后性状分离而导致。

Ⅱ. 太空育种：也叫空间诱变育种，是将植物种子或其他活材料搭乘返回式卫星或高空气球送到太空，利用太空高能重粒子、宇宙射线、微重力等特殊的环境诱变因子，使植物的遗传物质产生变异，返回地面后筛选培育出新品种的育种技术。这一技术于20世纪90年代首次

---

① 1伦琴=$2.58×10^{-4}$C/kg，该单位现已废止

在荷花育种中应用。江西广昌县白莲科学研究所与中国科学院遗传研究所合作，于1994年将白莲莲子（共13个品种442粒莲子）搭载科学实验返回式卫星，经过1996~1998年的田间筛选，育成了'太空莲1号''太空莲2号''太空莲3号'及'太空莲36号'等优良子莲新品种。其中，'太空莲36号'的产量在所有子莲品种中最高，被推广成为栽培面积最大的子莲品种，至今还是主打子莲品种。2002年和2006年，该研究所又分别进行了第二次和第三次搭载卫星试验。

随后，重庆市大足区宝顶镇慈航村的罗登强于2005年和2006年分别将100粒12个荷花品种莲子、40粒太空荷花二代和110粒原一代莲子在酒泉卫星发射中心搭载返回式试验卫星升空。通过太空育种，重庆大足雅美佳水生花卉公司2006年培育出了'太空红旗''太空飞天''笛女'等品种。2008年，普兰店千年古莲园的徐钢用'普兰店古莲'的莲子搭载"神舟七号"飞船，返回后筛选出新品种'飞天古莲'，后者花和莲蓬增大，单蓬所结莲子增多。

Ⅲ. 离子注入育种：是用能量为10~1000keV量级的离子束注入种子等植物材料中，引起遗传物质改变从而导致性状变异、培育出新品种的方法。该技术有变异率高、变异谱宽、变异速度快和技术稳定简便等优点。在培育荷花品种时，通常利用离子加速机将不同种类和不同剂量的离子注入莲子。最早采用此方法的是2005年北京莲花池公园与北京师范大学低能核物理所、北京市园林科研所共同参与的北京市科学技术委员会课题"荷花新品种选育、生产栽培及花期控制技术研究"。在北京师范大学低能核物理所进行，采用C^+、N^+，分别以70keV、90keV和2MeV的剂量注入'百红莲'和'古代莲'两个品种共600粒莲子。结果显示：同一个品种注入不同离子、不同剂量后，发芽率不同，变异率为18%~50%。通过离子注入法，2007年江西广昌县白莲科学研究所和北京师范大学联合培育出'京广一号'。北京莲花池公园培育出2013年国际登录的'粉团''粉舞妃''黄舞妃''凌霄红''太阳红''夏红''叹夏''易建莲'和2020年国际登录的'千眼观音''婉娘'。2019年北京市北海公园管理处的邓敏报道：对4个品种的莲子在GIC串列加速器中分别注入不同剂量的Al^+或P^+，对播种苗进行连续3年的栽培观察，2个品种发生了不同程度变异，但仅有'粉团-2'的诱变特征得到稳定遗传，获得了1个新的品种'紫阐'，其他品种的变异特征不稳定，在第二代和第三代陆续消失。

由于利用离子注入法处理的莲子大多数来自杂交品种，其本身是杂合的，即使不用离子注射处理，播种后性状也可能会发生分离，因此，无法确定是因为离子注入导致变异还是自身性状发生分离导致的变异，其内在变异机制也无法考证。

2）化学诱变：是用化学诱变剂处理植物材料，以诱发遗传物质的突变，从而引起形态特征变异而培育新品种的方法。此方法在荷花育种方面应用不多，但有几个重要案例值得关注。例如，1980~1982年，中国科学院武汉植物园黄国振用0.05%秋水仙素人工加倍诱导，获得了藕莲'大毛节'及子莲'白花建莲'和'红花建莲'的四倍体株系，并将其与二倍体杂交，选育出了一批三倍体品系。1983年武汉东湖风景区从武汉植物园馈赠的四倍体建莲莲子中选育出红花的'建乡壮士'和白花的'建乡玉女'，二者花的性状均优于母本。上海辰山植物园田代科课题组利用秋水仙素浸泡处理530粒莲子，获得4株四倍体-二倍体嵌合体；通过秋水仙素处理美洲莲花蕾，采集花粉同二倍体进行杂交，种子播种后获得3株三倍体植株。因此，利用秋水仙素处理荷花花蕾获得的$2n$花粉同二倍体杂交是快速、高效获得三倍体的有效途径。

此外，在生产管理实践中，全国多地发现喷洒除草剂会导致荷花的花被变细甚至数量增多，花型似菊花，但这种变异并不稳定，至今尚无用除草剂而获得稳定变异的个体，除草剂引起荷花发生变异的机制也未见研究报道。尽管如此，仍不排除利用除草剂处理荷花材料（如莲子、茎芽、组培苗等），使其产生变异并培育出新品种的可能性，在未来可以进行尝试。

（4）分子育种　　莲是完成全基因组测序的首个水生植物种类。2013年，中国科学院武汉植物园和美国伊利诺伊大学联合完成了中国古代莲的全基因组测序，组装基因组大小为804Mb，占其基因组的86.5%。同年，武汉市蔬菜科学研究所和深圳华大基因也合作完成了中国野生莲的全基因组测序，组装基因组大小为792Mb。随后，武汉大学于2014年分别对亚洲莲和美洲莲的叶绿体基因组进行了测序，2016年又测序了莲的线粒体基因组，并构建了线粒体基因组图谱。2018年，Gui等将莲基因组拼接至染色体水平，预测莲有3万多个基因，并对这些基因进行了功能注释。此外，Zhang等2014年对荷花的花蕾进行了转录组测序分析，并由此开发出一系列分子标记；Yang等于2015年报道了莲的地下茎转录组测序，筛选出控制地下茎膨大的候选基因。基于这些研究结果，遗传图谱构建、新型分子标记开发、数量性状位点定位、重测序等大量基因组学研究不断展开，花色合成、瓣形、开花时间等相关性状候选基因陆续被挖掘，极大地丰富了莲的基因组学数据。2021年，莲基因组数据库（http://nelumbo.biocloud.net）建成，该数据库不仅存储了莲基因组数据和转录组数据，还提供了序列比对、引物设计、基因表达可视化等多种群体遗传学和分子育种中的常用工具，为将来开展莲的分子育种打下了良好基础。

然而，同分子育种方法在一些主要农作物和花卉（如矮牵牛、香石竹、蝴蝶兰、菊花、月季等）的新品种培育中已成熟应用相比，荷花中还未见成功应用的报道，这是因为荷花的稳定遗传转化体系没有真正建立起来。因此，尽快开发荷花的稳定遗传转化体系不仅是开展分子育种的前提条件，也是加快分子生物学研究的关键环节。

8.8.5　繁殖栽培

荷花明显存在不同生态型，种下居群和不同品种的适宜栽培气候条件存在明显差异。总体来说，荷花由南向北移栽更容易，反之则比较困难。例如，东北的野生莲资源在华中及南方栽培通常不能开花，甚至不长立叶，提前结藕休眠。另外，我国荷花品种引种到新加坡等热带国家后，植株往往生长不佳，开花很少甚至不开花，并出现逐渐衰退。因此，要保证一个荷花品种的良好表现，必须通过区域栽培试验后才能确定其最佳和适宜的推广栽培区。种藕的繁殖最好在这些适宜栽培区进行才能防止品种退化。

荷花栽培表现也会受到栽培容器及空间大小的影响，大型品种只有在较大的缸/盆、池塘、湖中栽培表现才更好。如果将大型荷花品种栽培在小型容器中，就会开花少甚至不开花，观赏性状无法真实表现出来。将大中型荷花长期种植在小型容器中，部分品种可能会出现植株小型化的变异，有向中小型品种发展的趋势，因此是小型品种定向培育的选择方式之一。

荷花是喜肥植物，合理施肥是保证植株正常生长、性状真实表现的关键因素之一。此外，长期在同一地点或同一容器中种植，如果不换土壤，无论是花莲、子莲还是藕莲都会存在一定程度的退化，表现为植株变矮小、开花少甚至不开花、种藕数量和藕的产量降低。因此，大田种植荷花需要每隔3～5年轮作一次或换土，种植在容器或人工池的荷花最好每隔几年换土一次。

（田代科）

8.9　睡莲遗传育种

除了荷花外，水生观赏植物中最重要的类群就是睡莲。睡莲的英文名称为waterlily，有时也写成water lily，为睡莲科（Nymphaeaceae）睡莲属（*Nymphaea*）多年生水生草本宿根花卉，其花通常硕大，花色十分丰富。睡莲在全球广泛分布和栽培，主要用于观赏，也可药用、食用或作为保健品原料。

8.9.1　睡莲的形态学特征

同荷花类似，由于长期生长在水环境中，睡莲的一些形态特征表现出对水环境的高度适应性，如硕大平展的叶片、多孔的叶柄、能浮在水面或突出水面的硕大花朵等。

1）根：为须根，从块茎上长出，每株都具有庞大的根系。根为白色，最长可超过1.5m，最粗可达5～8mm。

2）茎：生长于水或泥土中，有多种类型，分为块茎、根状茎、球茎等，形态多样，包括Marliac型（类似生姜的生长方式）、香睡莲型（粗壮，短棒状）、长棒型、菠萝型、指型、走茎型。

3）叶：有沉水叶和浮水叶两种类型，前者出现在实生苗的早期阶段或球茎、块茎等无性繁殖体早期叶片发育生长期。浮叶通常平躺于水面，但在植株生长过于拥挤或遇到干旱水位浅的情况下叶片也可挺出水面。叶片为圆形、阔椭圆形、卵圆形等，从叶脐（叶片中央的叶脉汇集处）开始半径长裂开，不同于荷花叶片不裂。叶片表面光滑，呈绿色、黄绿色、暗红色、紫红色等颜色，有或无深色斑点或斑块；叶片背面绿色、绿褐色、紫红色、暗红色等，脉凸起、纹路清晰，主脉通常为12～16条。耐寒睡莲通常全缘，热带睡莲叶缘有锯齿、波状齿、浅波状等。叶柄细长圆柱形，中有8～12条气道，表面光滑或被短柔毛。

4）花：睡莲花的结构较原始，从外向内依次为花萼、花瓣、雄蕊和雌蕊，各部分区别明显。萼片通常为4，但部分栽培品种出现萼片花瓣的过渡型被片。花瓣数目存在较大变化（即使是同一个品种），如野生睡莲 *Nymphaea tetragona* 的花瓣数为8～13枚，其重瓣品种多达200枚甚至更多。睡莲花瓣的颜色极为丰富，红、粉、白、黄、紫、白、橙、紫、蓝等色均有，有的品种花瓣同时含有多种颜色。睡莲的雄蕊形态多样，主要由花丝和花药组成，但也有一些具有顶端附属物。雌蕊同其他被子植物一样，由心皮（子房）、胚珠、花柱和柱头4部分组成。子房半下位，由多数心皮聚合而成。不同种类的胚珠数量差异显著，耐寒睡莲胚珠少，热带睡莲胚珠极多，每个子房胚珠可达数百，单个果实的种子数量可在1万以上。

5）果实：属于浆果类，里面充满胶质物。开花受精后20～30d果实即成熟，此时花萼、花瓣、雄蕊群和雌蕊柱头盘才腐烂脱落。成熟果实通常呈苹果形或菠萝形，一旦果皮开裂，胶质物和种子就一起从果实内溢出到水中。

6）种子：圆形或椭圆形。不同种或品种间的种子大小和形态差异大，耐寒睡莲的种子较大，圆形；热带睡莲的种子较小，为椭圆形。

8.9.2　睡莲的生殖生物学特性

睡莲属植物单朵花的开花时段及长短在不同亚属间存在明显差异，通常为4d，也有只能开放2d或超过5d的。花在开放过程中可两至数次开合，存在晨开午合（如睡莲）、晨开近黄昏闭合（如雪白睡莲）、日开夜合、夜开日合（如印度红睡莲）等不同类型。睡莲通常为异花授粉植物，雌蕊在花开第1天时先熟，柱头盘中充盈着柱头液，利于昆虫前来授粉，此时雄蕊未成熟，直立向上或向内弯曲（如澳洲亚属和新热带亚属）；除广热带亚属部分种及品种外，雄蕊均从花开第2天上午起逐渐成熟，此时柱头液消失，失去花粉接受能力；受精的花最后一次闭合后沉入水中，子房不断生长，果实在水中成熟。①耐寒睡莲为白天开花型，每朵花开合4次：第1天开放时，雌蕊成熟可接受异花传粉；第2天，内层雄蕊先熟散出花粉，并向内弯曲覆盖柱头盘；第3~4天，雄蕊逐渐从内向外层成熟，直至全部花粉散出。②广热带睡莲亚属为白天开花型，每朵花亦开合4次：第1天，雌蕊成熟，仅个别种和品种最外层雄蕊成熟开裂，有少量花粉散出；第2天，雄蕊呈向中心收拢的圆锥状，外层雄蕊开始成熟散粉；第3天，雄蕊自外层向内层逐渐成熟，散粉的雄蕊呈曲指状离开中心圆锥雄蕊群；第4天，开花节律近同第3天。③澳洲睡莲的2个亚属为白天开花型，单花花期为5~8d，气温较低时可达10d以上：第1天，雌蕊先熟；第2天起，雄蕊自外层向内层逐渐成熟，散粉雄蕊向外弯曲或伸展，花朵每晚的闭合程度随着开放天数的增加而逐渐减弱，直至无法闭合。④古热带睡莲亚属为夜间开花型，每朵花可开合4次：第1天晚间开放，雌蕊成熟；第2天开放时所有雄蕊上部向中心靠拢且同时成熟，但花粉囊是缓慢开裂的；第3天和第4天开花节律近同第2天。⑤新热带睡莲亚属为夜间开花型，每朵花可开合2次：第1天开放时雌蕊成熟；第2天开放时所有雄蕊同时成熟，且花粉尽数散出，雄蕊姿态同广热带亚属。

由于存在雌蕊先熟现象，所以睡莲通常为异花传粉，少同花传粉。子房受精后到果实及种子成熟所需时间因种类、品种和季节而异。一般来说，夏天温度高时需20~25d，秋季需30d以上。种子成熟后，果实从基部开始破裂，果皮逐渐腐烂，种子连同果实内的胶质物质溢出到水中。种子采收洗干净后可直接播种，也可储藏后择时播种。储藏可采用水藏、湿藏和干藏等方式。

睡莲种子为圆形和椭圆形，种子小，但不同种类和品种的种子大小存在显著差异。耐寒睡莲种子远大于热带睡莲，如2000年Bonilla-Barbosa等报道了墨西哥产3个亚属10种睡莲的种子大小，变化范围为长0.5~6.5mm，宽0.4~4.4mm。其中，*Nymphaea*亚属的种子最小，*Hydrocallis*亚属的最大。

除了有性生殖外，睡莲还可利用多种无性繁殖方式进行增殖。①块茎繁殖：主要是针对耐寒睡莲，将块茎用手掰断或用刀切离后用于栽培。②球茎分生繁殖：主要是热带睡莲，如印度红睡莲、埃及白睡莲等，在夏末秋初会在老球茎基部生成若干大小不一的新球，分离这些新球即可用于繁殖。③匍匐茎苗繁殖：部分晚上开花的热带睡莲（如印度红睡莲）在夏季生长旺季，可将上一年的老球茎上侧生生长的细长根状茎末端长出的小苗用来繁殖。④叶片胎生繁殖：白天开花的一些热带睡莲种类和品种中，其叶鼻处（叶柄同叶片连接处）发育出数个芽体，先长叶后长出根，母叶腐烂后小苗脱离母体生长成完整的植株，或人为分离小苗用于繁殖。⑤花胎生苗繁殖：少数睡莲的花中也可长出小苗来，这些小苗也可作为繁殖体，这是睡莲中最特殊的一种生殖方式。

8.9.3 睡莲的分类与种质资源

睡莲属比较原始，属于被子植物基部类群，分成6个亚属：广温带睡莲亚属（subgen. *Nymphaea*）、广热带睡莲亚属（subgen. *Brachyceras*）、古热带睡莲亚属（subgen. *Lotos*）、新热带睡莲亚属（subgen. *Hydrocallis*）、澳洲睡莲瓣蕊分界亚属（subgen. *Anecphya*）和澳洲睡莲瓣蕊渐变亚属（subgen. *Confluentes*）。根据生态条件的适应性差别，又可分成耐寒睡莲（hardy waterlily）和热带睡莲（tropical waterlily）两类，前者仅有广温带睡莲亚属，后者包括其他5个亚属。耐寒睡莲只能白天开花，热带睡莲有白天开花和夜间开花两种类型，其中夜开型睡莲晚上开花第2天午前闭合。此外，根据心皮分离或聚合情况，睡莲属可分为离生心皮组（Apocarpiae）和聚合心皮组（Syncarpiae），前者包括澳洲睡莲2个亚属和广热带睡莲亚属，后者包括其他3个亚属。

　　到目前为止，全世界睡莲有60种（含1自然杂种）、5个亚种和8个变种（表8.10），主要分布在热带、亚热带和温带地区，以美洲、非洲、大洋洲和亚洲分布最多，欧洲分布很少。澳大利亚产睡莲17种，为各国之最，其中澳洲巨睡莲（*N. gigantea*，图8.24A）的花大，花柄高高伸出，很适合做切花。《中国植物志》中记载我国有睡莲4种1变种：白睡莲（*N. alba*）、雪白睡莲（*N. candida*，图8.24B）、柔毛齿叶睡莲（*N. lotus* var. *pubescens*）、延药睡莲（*N. nouchali*，图8.24C）和睡莲（*N. tetragona*，图8.24D），其中，柔毛齿叶睡莲的学名在国际植物名录（International Plant Names Index，IPNI）和英国丘园的世界在线植物名录（The Plants of the World Online）数据库中均未收录，待补录，而在其他文献中被作为柔毛睡莲（*N. pubescens*）的异名处理。睡莲（也叫子午莲）是分布最广的一个种，欧洲、亚洲和北美洲均产，在我国分布也最为广泛，从东北到广东和海南的大部分地区均产，其种下存在较大的多样性，是否再细分成多个亚种或变种值得今后研究。随着睡莲属分类及种下多样性研究的不断推进，相信今后还会出现更多新分类群、新异名和新组合。

图8.24　部分野生睡莲种类

A. 澳洲巨睡莲；B. 雪白睡莲；C. 延药睡莲；D. 睡莲

彩图

表8.10　世界睡莲种类最新目录（基于2022年1月前的数据整理）

编号	中文名	学名	发表年	分布
1	阿布伊睡莲	*Nymphaea abhayana* A.Chowdhury & M.Chowdhury	2016	印度
2	白睡莲	*N. alba* L.	1753	欧洲、亚洲（喜马拉雅地区西部）、非洲西北部

编号	中文名	学名	发表年	分布
2	西方白睡莲	*N. alba* subsp. *occidentalis*（Ostenf.）Hyl	1945	欧洲西北部
	小白睡莲	*Nymphaea alba* var. *minor* DC	1821	阿根廷、欧洲、亚洲
3	亚历克斯睡莲	*N. alexii* S.W.L. Jacobs & Hellq.	2006	澳大利亚（昆士兰）
4	亚马孙睡莲	*N. amazonum* Mart. & Zucc.	1832	墨西哥至热带美洲
	佩德森亚马孙睡莲	*N.amazonum* subsp. *pedersenii* Wiersema	1987	南美洲（玻利维亚至巴西北部、阿根廷东北部）
5	北方睡莲	*N.*×*borealis* E.G.Camus	1898	欧洲（捷克、俄罗斯东部、德国、波兰、瑞典）
6	宽叶睡莲	*N. ampla*（Salisb.）DC.	1821	热带及亚热带美洲
7	澳洲变色睡莲	*N. atrans* S.W.L. Jacobs	1992	澳大利亚（昆士兰北部）
8	尖叶睡莲	*N. belophylla* Trickett	1971	南美洲（委内瑞拉至玻利维亚）
9	雪白睡莲	*N. candida* C. Presl	1822	欧洲、亚洲（喜马拉雅地区西部）
10	卡奔塔利亚睡莲	*N. carpentariae* S.W.L. Jacobs & Hellq.	2006	澳大利亚（昆士兰）
11	科纳尔睡莲	*N. conardii* Wiersema	1984	中南美洲（墨西哥南部至热带美洲）
12	二形睡莲	*N. dimorpha* I.M. Turner	2014	非洲（马达斯加）
13	开叉叶睡莲	*N. divaricata* Hutch.	1931	非洲（刚果、安哥拉、赞比亚、扎伊尔）
14	优雅睡莲	*N. elegans* Hook.	1851	美洲（美国南部、墨西哥、巴哈马）
15	艾伦睡莲	*N. elleniae* S.W.L. Jacobs	1992	巴布亚新几内亚、澳大利亚北昆士兰
16	加德纳睡莲	*N. gardneriana* Planch.	1852	古巴及南美洲
17	乔治娜河睡莲	*N. georginae* S.W.L. Jacobs & Hellq.	2006	大洋洲（北部至昆士兰）
18	澳洲巨花睡莲	*N. gigantea* Hook.	1852	大洋洲（昆士兰南部及东南部至新南威尔士东北部）
19	腺叶睡莲	*N. glandulifera* Rodschied	1794	热带美洲
20	细瓣睡莲	*N. gracilis* Zucc.	1832	墨西哥
21	几内亚睡莲	*N. guineensis* Schumach. & Thonn.	1827	非洲
22	戟叶睡莲	*N. hastifolia* Domin	1925	澳大利亚
23	厄德洛睡莲	*N. heudelotii* Planch.	1853	西部热带非洲到乌干达、博茨瓦纳
24	永恒睡莲	*N. immutabilis* S.W.L. Jacobs	1992	澳大利亚北部及中部
25	雅各布斯睡莲	*N. jacobsii* Hellq.	2011	澳大利亚（昆士兰）
	图巴雅各布斯睡莲	*N. jacobsii* subsp. *toomba* Hellq.	2011	澳大利亚（昆士兰）
26	詹姆森睡莲	*N. jamesoniana* Planch.	1852	美国佛罗尼达、墨西哥及南美洲热带地区
27	金伯利睡莲	*N. kimberleyensis*（S.W.L. Jacobs）S.W.L. Jacobs & Hellq.	2011	澳大利亚西北部
28	绵毛叶睡莲	*N. lasiophylla* Mart. & Zucc.	1832	巴西东部
29	莱贝格睡莲	*N. leibergii*（Morong）Rydb.	1888	加拿大及美国北部
30	舌状睡莲	*N. lingulata* Wiersema	1984	玻利维亚东部、巴西、巴拉圭
31	洛里安睡莲	*N. loriana* Wiersema, Hellq. & Borsch	2014	加拿大北部

续表

编号	中文名	学名	发表年	分布
32	埃及白睡莲	*N. lotus* L.	1753	非洲大部
	温暖埃及睡莲	*N. lotus* var. *thermalis*（DC.）Tuzson	1907	罗马尼亚西北部
33	卢克睡莲	*N. lukei* S.W.L. Jacobs & Hellq.	2011	澳大利亚西北部
34	大籽睡莲	*N. macrosperma* Merr. & L.M.Perry	1942	澳大利亚北部
35	有斑睡莲	*N. maculata* Schumach. & Thonn.	1827	热带非洲
36	马拉巴尔睡莲	*N. malabarica* Poir.	1798	印度南部
37	曼尼普尔睡莲	*N. manipurensis* Asharani & Biseshwori	2014	印度阿萨姆
	多色曼尼普尔睡莲	*N. manipurensis* var. *versicolor* Asharani & Biseshwori	2014	印度阿萨姆（曼尼普尔）
38	墨西哥睡莲	*N. mexicana* Zucc.	1832	美国、墨西哥
39	小花睡莲	*N. micrantha* Guill. & Perr.	1831	非洲
40	诺埃尔睡莲	*N. noelae* S.W.L. Jacobs & Hellq.	2011	澳大利亚（昆士兰）
41	延药睡莲	*N. nouchali* Burm.f.	1768	非洲、亚洲、澳大利亚
	深绿延药睡莲	*N. nouchali* var. *caerulea*（Savigny）Verdc.	1989	非洲（埃及至南部非洲、科摩罗）、阿拉伯半岛南部
	穆坦达延药睡莲	*N. nouchali* var. *mutandaensis* Verdc.	1989	乌干达西南部
	椭圆叶延药睡莲	*N. nouchali* var. *ovalifolia*（Conard）Verdc.	1989	非洲（坦桑尼亚至非洲南部）
	多色延药睡莲	*N. nouchali* var. *versicolor*（Sims）R. Ansari & Jeeja	2009	亚洲热带地区
	桑给巴尔延药睡莲	*N. nouchali* var. *zanzibariensis*（Casp.）Verdc.	1989	非洲（肯尼亚东南部至南非、科摩罗、马达加斯加）
42	新格兰纳特睡莲	*N. novogranatensis* Wiersema	1984	墨西哥、哥伦比亚至委内瑞拉
43	香睡莲	*N. odorata* Aiton	1789	美洲（加拿大中东部至尼加拉瓜、巴哈马、古巴）
	结节香睡莲	*N. odorata* subsp. *tuberosa*（Paine）Wiersema & Hellq.	1994	北美洲（澳大利亚中东部至美国中东部及东北部）
44	水仙睡莲	*N. ondinea* Loehne	2009	澳大利亚西部及西北部
	瓣化水仙睡莲	*N. ondinea* subsp. *petaloidea*（Kenneally & E.L.Schneid.）Löhne, Wiersema & Borsch	2009	澳大利亚西北部
45	尖瓣睡莲	*N. oxypetala* Planch.	1853	美洲（古巴、委内瑞拉至厄瓜多尔、巴拉圭）
46	喜河睡莲	*N. potamophila* Wiersema	1984	美洲（委内瑞拉至巴西北部）
47	丛生睡莲	*N. prolifera* Wiersema	1984	美洲（墨西哥南部至巴西、阿根廷）
48	柔毛睡莲	*N. pubescens* Willd.	1799	热带亚热带亚洲至澳大利亚东北部
49	美丽睡莲	*N. pulchella* DC.	1821	美洲（墨西哥中南部至巴西、巴哈马、维尔京群岛）
50	印度红睡莲	*N. rubra* Roxb. ex Andrews	1808	亚洲（印度至马来西亚西部及中部）
51	鲁吉睡莲	*N. rudgeana* G. Mey.	1818	美洲（墨西哥至热带美洲）
52	泰国睡莲	*N. siamensis* Puripany	2014	泰国

编号	中文名	学名	发表年	分布
53	斯图尔曼睡莲	*N. stuhlmannii*（Engl.）Schweinf. & Gilg	1903	坦桑尼亚
54	硫黄睡莲	*N. sulphurea* Gilg	1903	非洲（刚果、安哥拉、赞比亚、扎伊尔）
55	细脉睡莲	*N. tenuinervia* Casp.	1878	哥伦比亚、圭亚那到巴西
56	黄睡莲	*N. tetragona* Georgi	1775	欧洲北部、亚洲、北美洲
57	温泉睡莲	*N. thermarum* Eb. Fisch.	1988	卢旺达
58	瓦尼达睡莲	*N. vanildae* C.T. Lima & Giul.	2013	巴西东北部
59	蒸气睡莲	*N. vaporalis* S.W.L. Jacobs & Hellq.	2011	澳大利亚（昆士兰）
60	紫花睡莲	*N. violacea* Lehm.	1853	新几内亚到澳大利亚

除了野生资源外，睡莲还有2000多个品种，其中至少有约1200个品种的名称在文献中有记载。随着近几年育种工作的快速推进，新品种还在大量增加。

8.9.4 睡莲的育种

8.9.4.1 育种简史

相比荷花，睡莲的育种历史较短，直到19世纪中期才开始有相关记载。育种方法以自然杂交和人工杂交手段为主，通过自然变异筛选而成的品种少，理化诱变育种方法还处于少量尝试阶段，尚未获得真正的品种，分子育种仅有个别案例报道。根据育种时间、育种方法、品种数量及特征等综合分析，睡莲育种大体分成三个阶段。

（1）第一阶段　1930年前，欧洲是睡莲育种的起源地和中心，人工杂交方法为主，自然杂交选择为辅，育出的品种以耐寒型睡莲为主。

睡莲的育种工作至少可追溯到1851年，英国的Joseph Paxton用晚间开花的热带睡莲 *Nymphaea rubra*（印度红睡莲，图8.25左）和 *N. dentata*（埃及白睡莲 *N. lotus* 的异名，图8.25右）进行杂交，于次年获得一个新品种，命名为 *N.* ‘Devonienis’，并于1852年7月10日发表在《园丁纪实》（*The Gardener's Chronicle*）杂志上。与此同时，德国柏林皇家植物园的Flarr Bouché也利用 *N. lotus* 作为父本同不明母本杂交，于1852年培育出 *N.* ‘Friedericke’。同年，比利时的van Houte苗圃也利用 *N. rubra* 作为母本和 *N. lotus* 的一个变种杂交，育成 *N.* × *origiesiana* ‘Rubra’。

法国的Joseph Bory Latour Marliac是早期睡莲育种的最大贡献者，他一共培育出100多个品种，全是耐寒型，其中部分优秀品种仍然流传至今，如1879年育成的 *N.* ‘Marliacea Rosea’，1887年育成的 *N.* ‘Marliacea Carnea’，1892年育成的 *N.* ‘Laydekeri Rosea’，1895年育成的 *N.* ‘Andreana’ 和 *N.* ‘Aurora’，1901年育成的 *N.* ‘Arc en Ciel’，1913年育成的 *N.* ‘Gloire du Temple-sur-Lot’ 等。美国的George H. Pring和William Tricker也是第一阶段培育热带睡莲品种的主要贡献者。

（2）第二阶段　1931～2000年，睡莲的育种中心由欧洲转到美洲及亚洲，热带型品种数量快速增加，与耐寒型品种并存，出现跨亚属品种。

进入20世纪30年代后，睡莲的育种中心已由欧洲转移到美国和泰国。主要育种者有美国的Dr. Perry D. Slocum和Dr. Robert K. Strawn，各自培育出约40个品种，绝大多数为耐寒型睡莲。热带睡莲育种者主要有美国的Martin Randig、William C. Frase、William Tricker、George H.

图 8.25　常用热带睡莲亲本

左：印度红睡莲；右：埃及白睡莲

彩图

Pring、Ken Landon 等。在亚洲，泰国的 Slearmlarp Wasuwat 博士于 1969 年从国外引进多个耐寒和热带睡莲品种，并在 1978 年育成泰国最早的 2 个睡莲杂交品种 'Praow' 和 'Ply'，此后不断有新品种被培育出来。此外，泰国育种家 Chaiyapon Tamasuwan 于 1996 年选育的 '暹罗王'（'King of Siam'）已成为如今全球非常流行的热带型白天开花品种。

这一阶段，早期耐寒型睡莲品种占多数，但随着热带型品种育种速度的加快，两种类型品种的数量已不分上下。育种方法仍然以自然杂交和人工杂交为主、自然变异筛选为辅，物理及化学诱变技术尚未应用。在亲本选择方面，美国的 Jack A. Wood 利用古热带睡莲亚属（subgen. *Lotos*）和新热带睡莲亚属（subgen. *Hydrocallis*）开展了杂交，获得部分品种。

（3）第三阶段　2000 年至今，育种中心逐渐由美国向泰国、中国转移，热带型品种数量占优，跨亚属品种增多，花色花型更加丰富多样，开始尝试利用诱变和分子方法进行育种。

这一阶段尽管美国还是全球睡莲育种的中坚力量之一，特别是佛罗里达水生植物苗圃（Florida Aquatic Nurseries）、得克萨斯州 San Angelo 市国际睡莲资源圃（The International Waterlily Collection）等培育出了很多优秀的品种，如 Ken Landon 培育出适合做切花的澳洲睡莲型品种 'Blue Cloud'（'蓝云'）（图 8.26A）。泰国的育种工作也十分出色，著名育种家有 Slearmlarp Wasuwat 博士及其女儿 Primlarp Wasuwat Chukiatman 博士、皇家 Tawanok 理工大学的 Nopchai Chansilpa 博士、个人育种者 Pairat Songpanich 和 AO Weerreda 等。在这一阶段，无论是新品种的数量、多样性还是质量，泰国育出的睡莲新品种都逐渐占优，如 Nopchai Chansilpa 博士培育出的 'Wanvisa'（'万维莎'，图 8.26B），获得 2010 年国际睡莲水景园艺协会（International Waterlily and Water Gardening Society，IWGS）"最佳耐寒性睡莲新品种" 和 "睡莲新品种总冠军" 两项桂冠，一度成为全球最受欢迎的睡莲品种，如今在中国各地广泛栽培。2018 年 IWGS 9 个获奖品种中，8 个来自泰国，2020 年 IWGS 获奖的 12 个品种中有 11 个来自泰国，可见泰国的睡莲育种成果之显著、优良品种之多。

同美国和泰国相比，其他国家培育的品种比较少，包括法国、德国、澳大利亚、塞浦路斯、日本等。中国的睡莲育种工作相对开展较晚，始于 2000 年前后，当时中国科学院武汉植物园的黄国振与邓惠勤得到第一批睡莲杂交种子。几乎同一时间，西安植物园的李淑娟等获得了柔毛齿叶睡莲×埃及白睡莲的杂交种子，标志着中国睡莲杂交育种零的突破。2001～2006 年，黄国振在青岛中华睡莲世界开展了大量育种工作，培育了 96 个睡莲品种，其中 24 个为热带睡莲，72个为耐寒睡莲（包括2002年的首批10个品种）。此后，广州李子俊、西安植物园李淑娟、浙江人文园林有限公司余东北和余翠薇等、海南朱天龙、浙江温州赵顺光、上海辰山植物园杨宽、广西亚热带作物研究所毛丽艳、山东聊城贾生鹤等一批中青年育种者先后加入睡莲育种队伍中，培育出大量品种，部分品种还获得国际大奖，如广州李子俊培育的'侦探·埃里卡'（'Detective Erika'，图8.26C）不仅花型和花色好看，还十分丰花，获得2016年IWGS "最佳跨亚属杂交品种"和"睡莲新品种总冠军"，培育的'金平糖'（'Confeito'）于2020年获得IWGS "混合型睡莲新品种"第二名；西安植物园李淑娟培育的'天赐'（'Tian Ci'）获得2017年IWGS "耐寒新品种"第三名和"最受大众喜爱奖"。但是，鉴于种苗出境手续烦琐和部分育种者参与国际睡莲评比的积极性不高，我国睡莲品种获得国际大奖的数量还偏少。但随着国际交流和从国外引种的不断加强，近年来中国的睡莲育种发展十分迅猛，完成国际登录的品种越来越多，2021年创全球睡莲品种登录数量之最——全球总计88个登录品种中有65个来自中国。此外，国内还有部分优良品种没有投放市场，如海南朱天龙培育出的'蓝巨人'（图8.26D）。总体上看，中国在资源多样性收集和品种质量上还同美国和泰国存在明显差距，育种方面尚未形成自己的鲜明特色。

彩图

图8.26　睡莲代表性优良品种
A. '蓝云'；B. '万维莎'；C. '侦探·埃里卡'；D. '蓝巨人'

8.9.4.2　育种目标

睡莲主要是作为观赏花卉，到目前为止只有观赏品种培育的相关报道。育种目标由早期的单一性状向如今为了满足多样化需求方向快速发展，这显然与人们不断加深对野生睡莲资源和品种多样性的了解及市场需求变化相关。早期育种者开始培育耐寒品种，后发现热带睡莲的花型、花态更美，颜色更丰富艳丽，有的还芳香宜人，于是大量培育热带型品种，创造出更丰富的花型和花色。随着育种方法的不断成熟，越来越多的育种者着手开展跨亚属杂交，获得颜色和花型更加丰富和新颖奇特的好品种。未来，育种方向可能更加多样化，除了观赏外，还可针对药用、食用、保健等功能培育新品种。睡莲的育种目标可以大体概括如下。

1）奇特型品种：始终是育种者的不断追求，如洒锦型、花瓣条纹型、花瓣丝状、金叶等彩叶品种，花瓣变色、花柄直立性更强。

2）株型极端品种：超大型花品种用于大型景观配置，超小迷你型植株及花的品种用于阳台栽培和案桌欣赏。

3）切花品种：充分利用澳洲巨睡莲等资源培育出花色花型更丰富、花柄直立性更强、单朵花期更长的切花品种。

4）香花型品种：提高花朵芳香度，丰富芳香种类，面向鲜切花、花茶和精油等产品进行开发育种。

5）花茶品种：20世纪90年代，我国台湾就开发出九品香莲花茶系列品种，目前的花色已比较丰富，但在丰富香型、提高营养价值和产花量等方面还需要加强育种。

6）食用品种：睡莲的叶柄和花柄可作为蔬菜，通过育种可提高食用部分的产量、质量和营养价值。

7）特殊功能性品种：针对药用和保健（如化妆品）等功能性原料生产品种开展育种。

8）全天开花型品种：目前还没有能维持全天开花的品种，未来可能育成花在白天黑夜均保持开放的新品种。

9）跨亚属杂交品种：优化育种方法，利用不同亚属开展杂交，不仅可以产生性状变异更大、更新奇的品种，同时也为摸索性状遗传规律积累经验。

10）耐寒性热带睡莲品种：绝大多数热带睡莲不耐低温，或在冰点以下就会冻坏。利用印度红睡莲等较为耐寒的热带睡莲资源杂交，可以选育出更耐寒的热带型睡莲品种。此外，还可利用导入外源抗冻基因进行分子育种，提高热带睡莲品种的耐寒性。

8.9.4.3　遗传基础

据报道，睡莲属的染色体有 $2n=28$、42、56、84和112，说明染色体基数为14，存在多倍化（包括三倍体）的情况，基因组测序也发现了该属的基因组加倍事件。睡莲是雌雄同花、雌蕊先熟植物，只要熟悉不同种类和品种花的开闭及花粉散发时间规律，完全可以不进行去雄操作而开展人工杂交。总体来说，同一亚属或地理分布相近的种类杂交亲和性高，不同亚属之间杂交也容易获得成功，但是杂交是否成功会受到气候条件尤其是温度的影响，温度过高或过低都会导致结实率低，如黄国振发现，一些在其他季节极少结实的种和品种在秋季结实率有所提高。杂交障碍往往出现在原种或品种同品种之间的杂交，如孙春青发现'彼得'×巨花睡莲组合中存在授粉前障碍，而'彼得'×蓝星睡莲和'彼得'×小花睡莲的组合中，授粉前后都存在障碍。

如果杂交亲本是原种，其杂交后代的性状往往介于双亲之间，如李淑娟等观察了柔毛齿叶睡莲×埃及白睡莲的后代颜色性状分离情况，发现花瓣、萼片近轴及远轴、花丝、心皮附属物、叶片及花梗等部位的颜色均表现为两亲本间的过渡色。但如果杂交亲本中有杂合的品种，那么后代性状就会发生广泛分离，因此筛选出好品种的概率就高。基于不同的育种目标，尽量开展多次杂交、正反交、回交、品种自交等，获得优异品种的概率就大。

8.9.4.4　育种技术与方法

睡莲的育种以人工杂交为主，也最为高效，少数品种来源于自然杂交方式，诱变技术应用很少，分子育种仅有个案报道。

（1）杂交育种　　早期杂交育种时期，由于可能出于商业保密的需要，育种者不愿将详细的育种技术公之于众。如今，对于一些十分优良的新品种，亲本也未知。

人工杂交可细分为去雄技术和免去雄技术两类：前一类可以保证杂交纯正而不受自交干扰；后一类则要求育种者必须十分熟悉杂交母本的开花特征，并熟悉操作流程。

1）去雄杂交技术：在花药成熟花粉散发前用镊子将雄蕊全部拔除，也可先用手术刀切断雄蕊后再用镊子去除。操作时要掌握好时间，即在接近开花，也就是花蕾外面的4枚萼片稍张开、花瓣露出颜色时，小心地剥开花瓣进行去雄。同时，对于花瓣雄蕊无明显分离的，靠内侧未完全瓣化的花瓣上部有残留花药，也要去掉此部分。去雄的用具要用高温消毒或乙醇涂抹消毒，以免感染伤口。去雄完毕后套上薄纱布袋或细孔塑料袋，以防昆虫干扰。

开花的第一天，大体在日出以后，如发现柱头上充满蜜腺或有光泽，这时授粉时机最佳。用消毒的镊子将父本充满花粉的花药连同雄蕊取下，去掉母本花朵上的套袋，将花药轻轻地接触柱头，或在柱头上方震动花药，使花粉落在柱头上。授粉完后立即再套回套袋，避免昆虫干扰。

花粉可即采即用，也可用小瓶或培养皿等容器收集后在低温冰箱中冷冻贮存后使用，授粉前最好将取出的花粉在常温下停放20min以上。如果储藏花药的花粉已经散落在容器中，要用软的毛笔蘸取花粉后抖落在柱头上。

人工去雄杂交授粉法存在诸多弊端，包括：①操作过程中花朵不可避免地会受到损伤，这不仅影响大小孢子的正常发育，也破坏了受精卵及胚胎的最佳发育环境；②睡莲在开花前1～2d萼片并未松开，无法看到已变色的花瓣，因此比较难准确掌握花朵的发育时期；③所需用具都要用高温或酒精消毒，操作烦琐或有的育种者不具备此条件；④睡莲杂交授粉操作多在水池或大田中进行，操作时不便携带过多用具；⑤人工去雄要求精细彻底，杂交效率低。

2）免去雄杂交技术：由于睡莲的雌蕊通常早于雄蕊一天成熟，因此可在第一天开花时进行授粉，而不需人工去雄。这不仅可保护花朵免受伤害，而且大大提高了授粉成功率和杂交授粉效率。具体操作如下。

Ⅰ．花朵开放前一天用透明塑料袋（便于观察花蕾的变化状况，并用细锥打一些小洞透气）把花蕾套袋隔离，父母本花朵同样操作。

Ⅱ．采下父本第二天开放的花朵（连同套袋），取下母本第一天开放花朵的套袋，用镊子取父本带有花粉的雄蕊数枚放入母本雌蕊柱头盘的蜜液中，略加搅动以利于花粉散出，即完成授粉过程。套回套袋，挂好标签，写明父母本品种名称、授粉日期、授粉时间及授粉者姓名等信息。

用一小塑料袋作为标签，袋上用油笔写好相关信息，后吹气成气包，用细绳索一头扎住袋口使之不漏气，另一头系在花梗上。也可用一小块白色塑料泡沫，将标签号牌的线穿过泡沫，泡沫浮在水面上便于识别查找。

Ⅲ．开花授粉后第二天，花的柱头盘已干燥，这时可去掉套袋，也可在第三天或稍后去掉。

无论利用去雄还是免去雄技术开展杂交育种，均应在授粉 3 周后检查果实是否成熟，果实成熟后应及时采收种子储藏或播种。

在热带、亚热带地区，睡莲种子一年四季均可播种育苗，但在我国长江流域通常在 3 月上旬后播种，黄河流域以北应在 4 月底以后播种。当然，如果有温室等加热设施，冬季至早春也可播种育苗。根据需要选择适宜规格的容器，如塑料盆、桶或无底孔的陶盆。基质用黏土或菜园土，去除杂质，使用前最好高温消毒。为了保证播种均匀，可将种子同细沙混合后撒播，最后再用少量细沙覆盖。

睡莲的种子幼苗细弱，如果管理不当就可能导致全部死亡。因此，苗期要加强管理，主要注意以下几点：①播种后及苗期温度控制在 25℃以上，不宜过高或过低及剧烈波动；②光照充足，但不宜处在直射光条件下；③水质干净，维持 pH 5～8；④防止藻类及虫螺发生，注意病害预防；⑤小苗长出 2～3 片真叶（沉水叶）后开始分批移栽，根据情况可适当淘汰部分弱苗。

当实生苗长出 3～5 片浮叶后，可将小苗移栽到小型盆钵中，放在水池或大田中观察。热带睡莲通常当年可开花，耐寒睡莲在第二年再脱盆定植于大缸、池塘或大田，并观察开花等性状表现。可参考睡莲品种国际登录表或待公布的农业行业标准《植物新品种特异性、一致性和稳定性测试指南　睡莲属》的相关要求做好相关数据记录。

（2）诱变育种　　诱变技术在睡莲育种中应用较少。张启明等对睡莲'科罗拉多'植株进行了不同剂量的电子束辐照，发现可诱发 DNA 产生变异，引起睡莲花量减少、花色改变。史明伟等对 2 个睡莲品种的块茎进行不同剂量的 ^{60}Co-γ 射线辐射处理，半致死剂量分别为 24.3Gy 和 27.7Gy，并发现辐射处理会改变睡莲的叶面积、浮叶数、花径、花型和开花时间等，但对开花量没有影响。

刘鹏等用秋水仙素处理了二倍体'蓝美人'（'Blue Beauty'）种子。结果显示以 0.25% 秋水仙素处理可获得四倍体（$2n=4x=56$）植株。四倍体睡莲植株相比二倍体植株具有植株粗壮、针状叶片宽厚、叶色浓绿、根短而粗的特点，可作为加倍初期判断的有效指标。李淑娟等用秋水仙素处理了墨西哥黄睡莲的地下茎，获得了一批变异植株。

（3）分子育种　　在睡莲的基因组测序和功能基因发掘方面，福建农林大学的张亮生团队，以蓝星睡莲（N. colorata，实为延药睡莲 N. nouchali 一亚种的异名）为材料，使用第三代测序技术获得了 45G 数据和 409M 睡莲基因组，注释了 70 个 MADS-box 基因，包括代表花卉器官身份的 ABCE 模型的同源基因，发现了 92 个与萜合成酶 TPS 相关的基因，解析了睡莲的花器官发育和花香花色调控基因，对睡莲的育种等具有重要参考价值，此成果于 2019 年发表在国际顶尖学术刊物《自然》（Nature）上。然而，睡莲的遗传转化体系还不成熟，从而影响了其分子育种进程。近期，中国林业科学院亚热带林业研究所和浙江人文园林股份有限公司联合开展研究，构建了热带睡莲转基因体系，并将 CodA 基因转入热带睡莲株系，提高了耐寒性，获得的转基因后代能在我国杭州露地顺利越冬，地下茎能耐零下 9℃的低温，该研究将受体热带睡莲的栽培纬度提高了约 6°。

8.9.5　睡莲的繁殖栽培

睡莲的良种繁育以无性繁殖为主，该方式非常高效，不采用杂交制种，因为睡莲杂交制种存在 3 个主要不利因素：①原种杂交后的 F_1 代品种性状往往不良，而一般杂交品种的种子基因型不纯，通过多次杂交获得纯系品种种子的周期很长，也很困难，至今还未见报道；②种子储藏需要一定的条件和技术，市场也对种子没有大量的需求；③利用种子培育成开花植株不仅需要至少数月的时间，而且要求具备成熟的播种育苗管理技术。

　　种苗的繁育场地要根据市场需求和睡莲的类型来定，如果生产量大，每个品种最好在分离的单独水池或大田种植，既便于观察管理，也不易导致混乱。如果种苗生产量小，可以在同一块大田分区甚至混合生产，也可用盆或缸等容器生产。生产时要根据资源的类型考虑，热带球茎型因为是单株或成丛生长，只要保持一定的间距种植，就不易发生混乱；对于耐寒睡莲，由于地下茎横向或斜伸生长，相互很容易串混，因此需要隔离种植。

　　大部分睡莲生长十分旺盛，即使一开始种植稀疏，1～2年内整个池塘就会长满，如果不定期疏苗，开花就会变少，达不到景观要求。睡莲品种的性状基本上很稳定，至今未见有品种明显退化的相关报道。任何植物的某个或多个性状都存在一定的变异频率和变化幅度，如植株、叶片和花的大小，以及叶片颜色、花瓣数目、花色等会因不同地域、不同季节和栽培管理条件而存在一定的差异。睡莲也是如此，甚至个别品种本身具有可变性状，如耐寒睡莲'万维莎'，除了正常的橙红色花外，也不时见到橙红色和黄色花瓣并存的花，甚至偶尔有纯黄花瓣的花朵出现。正因为这些"稳定"的有趣变化，增加了其观赏性，产业界也称'万维莎'为"多变少女"。

　　由于睡莲观赏性状的表现很大程度上取决于环境的适应性。耐寒睡莲能耐低温，受种植地域的限制小，我国各地均可栽培生产；热带睡莲在热带、亚热带地区表现更佳，而且除了印度红睡莲、延药睡莲等少数资源外，绝大部分资源不耐低温，在我国华中以北地区冬季无法露天过冬，因此只适合在热带及亚热带地区生产种球。当然，如果不考虑种球生产效率，在温带地区也可生产热带睡莲种球，但在进入冬季前应将种球从田间采收后在室内存放过冬。

　　总之，热带、亚热带地区更适合睡莲种球或种苗的繁殖生产，温度高长势快，种苗繁殖系数大，加上无霜冻期，热带睡莲无需任何保护措施即可安全越冬，从而大大降低了生产成本。

（田代科）

◆ 本章主要参考文献

包满珠. 2011. 花卉学（第三版）. 北京：中国农业出版社.

北村文雄. 2000. 蓮. 东京：ネット武藏野.

毕晓颖，程超，魏秀娟，等. 2013. 非洲菊'大臣'花托离体培养的研究. 广东农业科学，（15）：50-52，237.

毕晓颖，李卉，娄琦，等. 2012. 野鸢尾和射干属间杂交亲和性及杂种鉴定. 园艺学报，39（5）：931-938.

曹桦，李绅崇. 2008. 非洲菊杂交F_1代瓶插寿命遗传变异研究. 江西农业学报，（9）：56-57.

产祝龙，向林，王艳平. 2022. 郁金香种质资源、育种进展及种球国产化思考. 华中农业大学学报，41：144-150.

陈发棣，蒋甲福，房伟民. 2002. 秋水仙素诱导菊花脑多倍体的研究. 上海农业学报，18：46-50.

陈玮婷，夏朝水，陈昌铭，等. 2020. 6个非洲菊品种的花粉特性及其离体萌发. 热带生物学报，11（4）：455-460.

陈玮婷，夏朝水，陈昌铭，等. 2022. 印度梨形孢对非洲菊幼苗生长及抗旱性的影响. 西北农林科技大学学报（自然科学版），（9）：2-10.

陈秀兰，包建忠，刘春贵，等. 2004. 观赏荷花辐射诱变育种初报. 核农学报，18（3）：201-203.

陈铮. 2017. '华龙非洲菊'VIGS体系的建立及其在基因功能分析上的应用. 广州：华南农业大学.

陈子琳，吴泽，张德花，等. 2021. 南京地区盆栽百合引种适应性研究. 南京农业大学学报, 44（1）：78-88.

程金水. 2000. 园林植物遗传种学. 北京：中国林业出版社.

程千钉，刘桂芳，杨利平. 2012. 百合新种质苗期耐热性比较. 河北农业大学学报, 35（5）：34-39.

崔玥晗，邢桂梅，张艳秋，等. 2020. 中国郁金香种质资源与育种研究进展. 园艺与种苗, 40：31-35.

大贯茂. 蓮品種図鑑. 2009. 东京：诚文堂新光社.

渡辺達三. 魅惑の花蓮. 1990. 东京：日本公园绿地协会.

范诸平，高亦珂，刁晓华，等. 2018. 多季花有髯鸢尾杂交后代性状遗传分析. 中国农业大学学报, 23（5）：29-37.

傅小鹏，胡金义，胡惠蓉，等. 2008. 石竹雄性不育系小孢子形成过程的细胞学观察. 中国农业科学，（7）：2085-2091.

甘尼格. 2009. 非洲菊长期盐胁迫的生理响应和水杨酸处理对提高耐盐性的机制研究. 杭州：浙江大学.

高年春，蒋贤权，房伟民，等. 2007. ^{60}Co-γ辐射对非洲菊组培苗苗期生长的影响. 广东农业科学，（12）：40-42.

郭成宝. 2004. 非洲菊根腐病的发生与综合防治. 农业科技通讯，（1）：23.

郭方其，陈文海，叶琪明，等. 2020. 不同非洲菊品种在浙北地区的适应性评价. 浙江农业科学, 61（10）：2056-2059.

郭燕红. 2011. 荷花的离子注入诱变育种技术初探. 北京农业职业学院学报, 25（4）：22-26.

过聪，张庆华，向发云，等. 2017. 非洲菊嫩叶愈伤组织诱导和增殖因素研究. 湖北农业科学，（23）：4545-4548.

郝向阳. 2018. 印度梨形孢通过调控PAL和POD增强非洲菊根腐病抗性. 福州：福建农林大学.

何海永，赵玳琳，谭清群，等. 2021. 非洲菊根腐病病原菌的分离鉴定及致病性. 北方园艺，（14）：87-93.

黄国振，邓惠琴，李祖修，等. 2008. 睡莲. 北京：中国林业出版社.

黄国振，李钢. 2006. 荷花多倍体育种. 农业科技与信息：现代园林，（7）：60-61.

黄国振. 1993. 美国加州Modesto莲园及其莲花品种介绍. 植物科学学报, 11（3）：259-264.

黄苏珍，顾姻，贺善安. 1996. 鸢尾属植物的杂交育种及其同工酶分析. 植物资源与环境, 5（4）：38-41.

黄志刚，陈兆平，文方德，等. 2003. 非洲菊耐热变异离体筛选体系的研究. 亚热带植物科学，（4）：25-29.

黄志刚，李安，陈兆平，等. 2008. 非洲菊耐羟脯氨酸变异系离体筛选体系的建立. 西北植物学报，（7）：1313-1318.

纪莹，雷家军，李明艳. 2011. 毛百合与布鲁拉诺杂交后代的抗寒性研究. 东北农业大学学报, 42（1）：109-113.

金波. 1997. 中国名花. 北京：中国农业大学出版社.

柯卫东，李峰，刘玉平，等. 2003. 我国莲资源及育种研究综述（上）. 长江蔬菜，（4）：5-9.

蓝令，吴泽，张德花，等. 2021. 切花百合耐热性评价及越夏栽培技术研究. 南京农业大学学报, 44（6）：1063-1073.

雷达. 2022. 百合种质资源耐寒性及灰霉病抗性评价. 南京：南京农业大学.

李碧丝. 2019. 氟乐灵、二甲戊灵诱导野鸢尾（Iris dichotoma）多倍体的研究. 沈阳：沈阳农业大学.

李涵，鄢波，张婷，等．2009．切花非洲菊多倍体诱变初报．园艺学报，（4）：605-610．

李鸿渐．1993．中国菊花．南京：江苏科技出版社．

李绅崇．2020．非洲菊单倍体种质创制及重组抑制基因TOP3α的克隆与表达分析．重庆：西南大学．

李淑娟，陶连兵．2008．柔毛齿叶睡莲×埃及白睡莲新品种选育．西北林学院学报，23（5）：95-98．

李淑娟，尉倩，陈尘，等．2019．中国睡莲属植物育种研究进展．植物遗传资源学报，20（4）：829-835．

李小英，王文和，赵剑颖，等．2010．百合'白天使'与山丹远缘杂交胚胎发育的细胞学研究．园艺学报，37（2）：256-262．

李云海，段丽艳，陈丽华．2018．不同浓度6-BA对非洲菊丛芽诱导培养的影响．现代农业科技，（20）：126-128．

林发壮，李锦烨，安慧珍，等．2020．基于非洲菊转录组测序的SSR位点信息分析．福建农业科技，（11）：1-6．

林祖军，孙纪霞，迮福惠，等．2002．电子束在花卉诱变育种上的应用．核农学报，（6）：351-354．

刘凤栾，秦密，刘青青，等．2020．利用EST-SSR检测阔短和狭长被片型美洲莲的遗传变异．西北农业学报，29（2）：306-314．

刘丽，李雁瓷，闵睫，等．2019．世界荷花品种资源统计及特征分析．农业科学．9（3）：163-181．

刘鹏，郝青，徐丽慧，等．2018．秋水仙素诱导睡莲多倍体的研究：中国观赏园艺研究进展（2018）．北京：中国林业出版社．

刘巧媛，王小菁，廖飞雄，等．2006．卫星搭载后非洲菊种子的萌发和离体培养研究初报．中国农学通报，（2）：281-284．

刘义满．2009．泰国睡莲育种历史及技术推广．中国花卉园艺，（16）：34-35．

刘瑛．1936．中国之鸢尾．中国植物学杂志，3（2）：937．

刘宗才，焦铸锦，董旭升，等．2011．鸢尾的花部结构及繁育系统特征．园艺学报，38（7）：1333-1340．

卢璇．2016．非洲菊组织培养及未受精胚珠苗的倍性鉴定．广州：华南农业大学．

陆长旬，黄善武，梁励，等．2002．辐射亚洲百合鳞茎（M1）染色体畸变研究．核农学报，（3）：148-151．

罗刚军，毕晓颖，孟彤菲，等．2014．粗根鸢尾新品种'Violet Peafowl''Starry Diamond''Rainbow in May'和'Bright Vitas'．园艺学报，41（10）：2163-2164．

罗海燕，吕长平，李政泽，等．2013．^{60}Co-γ辐射对非洲菊愈伤组织、茎尖和组培苗的辐射效应．湖南农业科学，（6）：14-15．

罗燕羽．2018．GhGDEF3在非洲菊过渡花伸长生长中的作用研究．广州：华南农业大学．

罗一然，李旦，韩国伟，等．2017．退化非洲菊的根段组织培养与植株再生．云南农业大学学报（自然科学），（3）：510-516．

庞滨，张文斌，钟春梅，等．2016．非洲菊转基因毛状根诱导系统的建立．植物生理学报，52（9）：1449-1456．

庞兰．2009．百合种间杂交亲和性及胚胎学研究．沈阳：沈阳农业大学．

彭鸽．2022．功能性百合综合性状评价及低温贮藏打破种球休眠的研究．南京：南京农业大学．

彭建宗，李安，黄志刚，等．2010．非洲菊耐热变异株系的筛选和田间鉴定．中国农业科学，43（2）：380-387．

钱萍，孙德荣．2000．辐射育种在荷花中的应用．花卉盆景，（7）：8-9．

屈连伟，雷家军，张艳秋，等．2016．中国郁金香科研现状与存在的问题及发展策略．北方园艺，11：188-194．

三浦功大，池上正治．2012．世界花莲图鉴．东京：勉诚出版社．

尚爱芹, 高永鹤, 段龙飞, 等. 2014. 逆境诱导转录因子AtDREB2A转化百合的研究. 园艺学报, 41（1）: 149-156.

邵小斌, 赵统利, 朱朋波, 等. 2016. 利用组织培养快繁非洲菊新品系. 中国农业信息, （10）: 85-86.

沈云光, 王仲朗, 管开云. 2007. 国产13种鸢尾属植物的核型研究. 植物分类学报, 45（5）: 601-618.

史明伟, 潘鸿, 颜佳宁, 等. 2020. ^{60}Co-γ射线对睡莲生物学效应的影响。核农学报, 34（10）: 2125-2132.

单芹丽, 杨春梅, 李绅崇, 等. 2014. 基质和植物生长调节剂对非洲菊生根的影响. 西南农业学报, （1）: 307-310.

宋晓贺. 2013. 非洲菊和彩叶芋抗病基因同源序列的分离鉴定和抗白粉病分子标记. 杨凌: 西北农林科技大学.

孙强. 2007. 非洲菊杂交育种技术及优良品系选育初步研究. 南京: 南京林业大学.

孙强. 2016. 切花非洲菊新品种选育. 上海农业学报, 32（4）: 165-168.

孙强, 芦建国, 沈永宝, 等. 2008. 非洲菊花粉和柱头生物学习性初步研究. 上海交通大学学报（农业科学版）, （1）: 78-80, 90.

孙翊, 张永春, 殷丽青, 等. 2017. LED光质对非洲菊组培苗增殖及生理特性的影响. 西北植物学报, （12）: 2419-2426.

谭敦炎, 魏星, 方瑾, 等. 2000. 新疆郁金香属新分类群. 植物分类学报, 38（3）: 302-304.

谭敦炎, 张震, 李新蓉. 2005. 老鸦瓣属（百合科）的恢复: 以形态性状的分支分析为依据. 植物分类学报, 43（3）: 262-270.

唐宇力. 2017. 杭州西湖荷花品种图志. 杭州: 浙江科学技术出版社.

田代科, 张大生. 2014. 莲叶何田田: 世界荷花研究进展. 生命世界, （6）: 40-45.

田代科. 2012. 荷花品种国际登录的历史、现状和未来思考. 园林, （7）: 26-30.

屠礼刚, 丁建平, 马忠社, 等. 2016. 荷花辐照育种技术初步研究. 现代园艺, （7）: 21-22.

王法格, 王立新, 徐协春. 2009. 非洲菊种质资源评价与品种筛选. 中国园艺文摘, （9）: 16-19.

王红. 2006. 平阳霉素对小菊离体培养的诱变效应研究与突变体的RAPD分析. 南京: 南京农业大学.

王红, 高婷婷, 辛昊阳, 等. 2016. 异源三倍体百合为母本的杂交后代GISH分析. 园艺学报, 43（9）: 1834-1838.

王欢, 孔滢, 窦晓莹, 等. 2021. 亚洲百合'Renoir'与兰州百合杂交F_1代表型性状遗传变异分析. 分子植物育种, 19（18）: 6111-6119.

王江英, 赵统利, 邵小斌, 等. 2018. 日光温室盆栽非洲菊栽培基质筛选及耐盐性分析. 江苏农业科学, 46（23）: 147-150.

王蓝青, 吴美娇, 王雪倩, 等. 2018. 95份百合种质资源花粉量的测定与散粉特性分析. 南京农业大学学报, 41（6）: 1018-1028.

王丽花, 瞿素萍, 杨秀梅, 等. 2007. 非洲菊未授粉胚珠的离体诱导和植株再生. 植物生理学通讯, （6）: 1089-1092.

王其超, 张行言. 1989. 中国荷花品种图志. 北京: 中国建筑工业出版社.

王其超, 张行言. 1999. 中国荷花品种图志: 续志. 北京: 中国建筑工业出版社.

王其超, 张行言. 2005. 中国荷花品种图志. 北京: 中国林业出版社.

王瑞. 2021. 荷花育种技术初探. 农村实用技术. （2）: 58-59.

王晰, 徐哲, 赖齐贤, 等. 2015. 非洲菊切花弯茎影响因素研究进展. 园艺学报, 42（9）: 1771-1780.

王晓红. 2003. 非洲菊的离体快繁及在离体条件下诱导多倍体的研究. 长沙: 中南林学院.

王晓红, 谭晓风. 2005. 用秋水仙碱诱导非洲菊多倍体的研究. 中南林学院学报, 25 (4): 57-61.

王雪倩. 2019. 百合'小小的吻'转录组分析花粉败育机理研究. 南京: 南京农业大学.

王妍, 孙政, 冯珊, 等. 2022. 香石竹DcERF-1转录因子对切花衰老的负调控作用. 园艺学报, 49 (6): 1313-1326.

王阳, 李邱华, 李松林, 等. 2013. 电子束辐照百合鳞茎后对生长发育的影响及RAPD分析. 西北农业学报, 22 (3): 140-147.

韦平和, 陈维平, 陈瑞阳. 1993. 睡莲科植物的染色体数目观察. 南京大学学报 (自然科学版), 16 (3): 52-55.

吴慧君. 2020. 兰州百合脱毒与种球繁殖技术研究. 南京: 南京农业大学.

吴莉英. 2008. 四个非洲菊品种的抗旱性研究. 长沙: 湖南农业大学.

吴美娇. 2018. 无花粉污染百合资源挖掘与杂交亲和性研究. 南京: 南京农业大学.

吴征镒, 路安民, 汤彦承, 等. 2002. 被子植物的一个"多系-多期-多域"新分类系统总览. 植物分类学报, 40 (4): 289-322.

夏朝水, 陈玮婷, 陈昌铭, 等. 2020. 不同基质配比对非洲菊组培苗生长和成活率的影响. 安徽农业科学, (18): 49-51.

肖月娥, 田旗, 周翔宇, 等. 2010. 玉蝉花繁殖生态学研究. 云南植物研究, 32 (2): 93-102.

谢松林. 2010. 百合 (*Lilium*) 远缘杂交与抗立枯病育种技术研究. 杨凌: 西北农林科技大学.

徐文姬. 2018. 野鸢尾与射干种间杂交后代遗传变异及花色形成机理研究. 沈阳: 沈阳农业大学.

许金秀, 樊国宏. 2019. 西北旱冷区鲜切花引种繁育研究. 试验研究, 1: 114-115.

杨利平, 符勇耀. 2018. 中国百合资源利用研究. 哈尔滨: 东北林业大学出版社.

于洋, 王瑞, 何祥凤, 等. 2019. 亚洲百合品种间杂交后代性状遗传分析. 沈阳农业大学学报, 50 (5): 522-528.

余小芳. 2009. 四川鸢尾属植物的系统学及种子休眠与萌发特性研究. 成都: 四川农业大学.

原海燕, 黄苏珍, 张永侠, 等. 2016. 德国鸢尾新品种'风烛'. 园艺学报, 43 (S2): 2805-2806.

曾碧玉, 朱根发, 刘海涛. 2007. 蝴蝶兰自交与杂交结实率的研究. 华南农业大学学报, 28 (1): 117-119.

张迪, 朱根发, 叶庆生, 等. 2013. 50份蝴蝶兰种质的染色体数目与倍性分析. 热带作物学报, 34 (10): 1871-1876.

张飞, 陈发棣, 房伟民, 等. 2011. 菊花营养性状杂种优势表现与主基因＋多基因混合遗传分析. 林业科学, 47 (2): 46-52.

张行言. 2011. 中国荷花新品种图志Ⅰ. 北京: 中国林业出版社.

张启明, 周瑜, 李佳, 等. 2015. 电子束辐照对睡莲植株的诱变效应及RAPD分析. 世界科技研究与发展, 37 (3): 281-285.

张茜, 罗景琳, 王浩楠, 等. 2022. 百合花香合成相关基因*LiMCS*的克隆、定位和表达特性研究. 西北农业学报, (8): 1-9.

张树林, 戴思兰. 2013. 中国菊花全书. 北京: 中国林业出版社.

张艳秋, 邢桂梅, 崔玥晗, 等. 2021. 郁金香种间杂交障碍克服方法研究. 河南农业科学, 50 (8): 124-132.

赵印泉, 弥志伟, 刘青林. 2007. 百合*LfMADS*基因植物表达载体的构建及其功能分析. 园艺学报, (2): 437-442.

赵毓棠. 1985. 中国植物志 (第十六卷, 第一分册). 北京: 科学出版社.

中国科学院武汉植物研究所. 1987. 中国莲. 北京：科学出版社.

中国植物志委员会. 1996. 中国植物志（第七十九卷）. 北京：科学出版社.

周旭红，桂敏，莫锡君，等. 2019. 香石竹减数分裂重组相关基因 *DcRAD51D* 克隆及表达分析. 植物生理学报，55（10）：1497-1502.

周旭红，蒋亚莲，李姝影，等. 2016. 冬季低温条件下香石竹小孢子败育的细胞学研究. 西北植物学报，36（1）：37-42.

周旭红. 2016. 环境因素对香石竹 2*n* 配子形成的影响及其形成机制研究. 昆明：昆明理工大学.

周云龙，李鹏飞，谢克强，等. 2014. 离子注入莲种子诱变培育新品种的研究. 农业科技与信息：现代园林，11（9）：7-14.

朱根发. 2015. 蝴蝶兰种质资源及杂交育种进展. 广东农业科学，（5）：31-36.

朱根发，王碧青，蒋明殿，等. 2008. 蝴蝶兰新品种'红霞'. 园艺学报，35（6）：933.

朱根发，杨凤玺，吕复兵，等. 2020. 兰花育种及产业化技术研究进展. 广东农业科学，47（11）：218-225.

朱根发. 2004. 专家教您种花卉：蝴蝶兰. 广州：广东科技出版社.

朱满兰，王亮生，张会金，等. 2012. 耐寒睡莲花瓣中花青素苷组成及其与花色的关系. 植物学报，47（5）：437-453.

祝小云. 2016. 切花非洲菊苗期在高温胁迫中的生理生化响应和转录组分析. 杭州：浙江农林大学.

邹秀文. 1997. 中国荷花. 北京：金盾出版社.

Aalifar M, Aliniaeifard S, Arab M, et al. 2020. Blue light postpones senescence of carnation flowers through regulation of ethylene and abscisic acid pathway-related genes. Plant Physiology and Biochemistry, 151: 103-112.

Azad AK, Sawa Y, Ishikawa T, et al. 2004. Phosphorylation of plasma membrane aquaporin regulates temperature-dependent opening of tulip petals. Plant and Cell Physiology, 45: 608-617.

Ballerini ES, Brothers AN, Tang S, et al. 2012. QTL mapping reveals the genetic architecture of loci affecting pre- and post-zygotic isolating barriers in *Louisiana iris*. BMC Plant Biology, 12: 91.

Bashandy H, Pietiäinen M, Carvalho E, et al. 2015. Anthocyanin biosynthesis in gerbera cultivar 'Estelle' and its acyanic sport 'Ivory'. Planta, 242 (3): 601-611.

Bonilla-Barbosa J, Novelo A, Orozco YH, et al. 2000. Comparative seed morphology of Mexican *Nymphaea* species. Aquatic Plants, 68: 189-204.

Broholm S, Roosa S, Laitinen A, et al. 2008. A TCP domain transcription factor controls flower type specification along the radial axis of the *Gerbera* (Asteraceae) inflorescence. Proceedings of the National Academy of Sciences of the United States of America, 105 (26): 9117-9122.

Cai J, Liu X, Vanneste K, et al. 2014. The genome sequence of the orchid *Phalaenopsis equestris*. Nature Genetics, DOI: 10.1038/ng.3149.

Cappadocia M, Vieth J. 1990. *Gerbera jamesonii* H. Bolus ex Hook: *In Vitro* Production of Haploids. Berlin: Springer.

Chimphamba BB. 1973. Cytogenetic studies in the genus *Iris*: subsection evansia benth. Cytologia, 38: 501-514.

Christenhusz MJM, Govaerts R, David JC, et al. 2013. Tiptoe through the tulips-cultural history, molecular phylogenetics and classification of *Tulipa* (Liliaceae). Botanical Journal of the Linnean Society, 172: 280-328.

Christension E. 2001. *Phalaenopsis*: A Monograph. Portland: Timber Press.

Creij M, van Went J, Kerckhoffs DMFJ. 1997. The progamic phase, embryo and endosperm development in an intraspecific *Tulipa gesneriana* L. cross and in the incongruent interspecific cross *T. gesneriana*×*T. agenensis* DC. Sexual Plant Reproduction, 10: 241-249.

Dash M. 2001. Tulipomania: the Story of the World's Most Coveted Flower & the Extraordinary Passions It Aroused. New York: Three Rivers Press.

Deng Y, Teng N, Chen S, et al. 2010. Reproductive barriers in the intergeneric hybridization between *Chrysanthemum grandiflorum* (Ramat.)Kitam. and *Ajania przewalskii* Poljak. (Asteraceae). Euphytica, 174 (1): 41-50.

Ding L, Song A, Zhang X, et al. 2020. The core regulatory networks and hub genes regulating flower development in *Chrysanthemum morifolium*. Plant Mol. Biol, 103 (6): 669-688.

Ding L, Wu Z, Teng R, et al. 2021. LlWRKY39 is involved in thermotolerance by activating *LlMBF1c* and interacting with LlCaM3 in lily (*Lilium longiflorum*). Horticulture Research, 8 (1): 36-50.

Ding L, Zhao K, Zhang X, et al. 2019. Comprehensive characterization of a floral mutant reveals the mechanism of hooked petal morphogenesis in *Chrysanthemum morifolium*. Plant Biotechnol. J., 17: 2325-2340.

Dubuc-Lebreux MA, Vieth J. 1985. Histologie du pédoncule inflorescentiel de *Gerbera jamesonii*. Acta Botanica Neerlandica, 34: 171-182.

Dykes WR. 1974.The genus *Iris*. New York: Dover Publications.

Elemam A, Kosugi Y, Narumi-Kawasaki T, et al. 2018. Effect of sucrose in a vase solution on postharvest performance in non-STS treated cut carnation flowers. Acta Horticulturae, 1208: 401-407.

Elomaa P, Helariutta Y, Kotilainen M, et al. 1996. Transformation of antisense constructs of the chalcone synthase gene superfamily into *Gerbera hybrida*: differential effect on the expression of family members. Molecular Breeding, 2 (1): 41-50.

Elomaa P, Mehto M, Kotilainen M, et al. 1998. A bHLH transcription factor mediates organ, region and flower type specific signals on dihydroflavonol-4-reductase (dfr) gene expression in the inflorescence of *Gerbera hybrida* (Asteraceae) . Plant J, 16 (1): 93-99.

Elomaa P, Uimari A, Mehto M, et al. 2003. Activation of anthocyanin biosynthesis in *Gerbera hybrida* (Asteraceae) suggests conserved protein-protein and protein-promoter interactions between the anciently diverged monocots and eudicots. Plant Physiology, 133 (4): 1831-1842.

Emongor VE. 2004. Effects of gibberellic acid on postharvest quality and vaselife life of gerbera cut flowers (*Gerbera jamesonii*) . Journal of Agronomy, 3 (3): 191-195.

Fan Q, Song A, Jiang J, et al. 2016. CmWRKY1 enhances the dehydration tolerance of chrysanthemum through the regulation of ABA-aociated genes. PLoS ONE, 11 (3): 1-20.

Fan Q, Song A, Xin J, et al. 2015. CmWRKY15 facilitates *Alternaria tenuissima* infection of chrysanthemum. PLoS ONE, 10 (11): 1-18.

Fan ZP, Gao YK, Liu R, et al. 2020. The major gene and polygene effects of ornamental traits in bearded iris (*Iris germanica*) using joint segregation analysis. Scientia Horticulturae, 260: 108882.

Fu DZ, Wiersema JH. 2001. Flora of China. Vol. 6. Nymphaeaceae. Beijing: Science Press.

Fu X, Su J, Yu K, et al. 2018. Genetic variation and association mapping of aphid (*Macrosiphoniella sanbourni*) resistance in chrysanthemum (*Chrysanthemum morifolium* Ramat.). Euphytica, 214 (2): 21.

Fu YQ, Chen M, Tuyl J, et al. 2015. The use of a candidate gene approach to arrive at botrytis resistance in *Gerbera*. Acta Horticulturae, 1087: 461-466.

Fu YQ, Esselink G, Visser R, et al. 2016. Transcriptome analysis of *Gerbera hybrida* including in silico confirmation of defense genes found. Front Plant Sci, 7: 247.

Fu YQ, van Silfhout A, Shahin A, et al. 2017. Erratum to: genetic mapping and QTL analysis of *Botrytis* resistance in *Gerbera hybrid*. Mol Breeding, 37: 46.

Fujino M, Fujimura T, Hamada K. 1972. Multiplication of Dutch iris (*Iris hollandica*) by organ culture. Ⅰ. Effect of growth regulators, culture media, pH, peptone, and agar on the growth and differentiation of excised lateral buds. Journal of the Japanese Society for Horticultural Science, 41 (1): 66-71.

Ge YF, Lai QX, Luo P, et al. 2019. Transcriptome profiling of *Gerbera hybrida* reveals that stem bending is caused by water stress and regulation of abscisic acid. BMC Genomics, 20 (1): 600.

Gui ST, Peng J, Wang XL, et al. 2018. Improving *Nelumbo nucifera* genome assemblies using high-resolution geneticmaps and BioNano genome mapping reveals ancient chromosome rearrangements.Plant Journal, 94 (4): 721-734.

Han X, Luo Y, Lin J, et al. 2021. Generation of purple-violet chrysanthemums via anthocyanin B-ring hydroxylation and glucosylation introduced from *Osteospermum hybrid* F3′5′H and *Clitoria ternatea* A3′5′GT. Ornam. Plant Res., 1: 1-9.

Hansen HV. 1985. A taxonomic revision of the genus *Gerbera* (Compositae, Mutisieae) sections *Gerbera*, Parva, Piloselloides (in Africa) , and Lasiopus. Council Nordic Pub Bot, 78: 36.

Hansen HV. 1999. A story of the cultivated *Gerbera*. New Plantsman, 6 (2): 85-95.

Harding J, Huang H, Byrne T. 1996. Estimation of genetic variance components and heritabilities for cut-flower yield in gerbera using least squares and maximum likelihood methods. Euphytica, 88 (1): 55-60.

Helariutta Y, Elomaa P, Kotilainen M, et al. 1995. Chalcone synthase-like genes active during corolla development are differentially expressed and encode enzymes with different catalytic properties in *Gerbera hybrida* (Asteraceae). Plant Mol. Biol., 28: 47-60.

Hong B, Ma C, Yang Y, et al. 2009. Over-expression of *AtDREB1A* in chrysanthemum enhances tolerance to heat stress. Plant Mol. Biol., 70: 231-240.

Hoog MH. 1973. On the origin of *Tulipa*. In: Lilies and other Liliaceae. London: Royal Horticultural Society.

Hosoguchi T, Uchiyama Y, Komazawa H, et al. 2021. Effect of three types of ion beam irradiation on *Gerbera* (*Gerbera hybrida*) *in vitro* shoots with mutagenesis efficiency. Plants, 10 (7): 1480.

Hu JH, Gui ST, Zhu ZX, et al. 2015. Genome-wide identification of SSR and SNP markers based on whole-genome re-sequencing of a Thailand wild sacred lotus (*Nelumbo nucifera*) .PLoS ONE, 10 (11): e0143765.

Huang G, Han M, Jian L, et al. 2020. An ETHYLENE INSENSITIVE3-LIKE1 protein directly targets the GEG promoter and mediates ethylene-induced ray petal elongation in *Gerbera hybrida*. Frontiers in Plant Science, 10: 1737.

Iijima L, Kishimoto S, Ohmiya A, et al. 2020. Esterified carotenoids are synthesized in petals of carnation (*Dianthus caryophyllus*) and accumulate in differentiated chromoplasts. Scientific Reports, 10 (1): 15256.

In BC, Ha STT, Kim YT, et al. 2021. Relationship among floral scent intensity, ethylene sensitivity, and longevity of carnation flowers. Horticulture Environment and Biotechnology, 62 (6): 907-916.

Inoue K, Kato T, Kunitake H, et al. 2004. Efficient production of polyploid plants via protoplast culture of *Iris fulva*. Cytologia, 69 (3): 327-333.

Jacobs WLS, Hellquist CB. 2011. New species, possible hybrids and intergrades in Australian *Nymphaea* (Nymphaeaceae) with a key to all species. Telopea, 13 (1-2): 233-243.

Jaffar MA, Song A, Faheem M, et al. 2016. Involvement of CmWRKY10 in drought tolerance of chrysanthemum through the ABA-signaling pathway. Int. J. Mol. Sci., 17 (5): 693.

Jeknic Z, Jeknic S, Jevremovic S, et al. 2014. Alteration of flower color in *Iris germanica* L. 'Fire Bride' through ectopic expression of phytoene synthase gene (*crtB*) from *Pantoea agglomerans*. Plant Cell Reports, 33 (8): 1307-1321.

Jordan R, Korolev E, Grinstead S, et al. 2021. First complete genome sequence of carnation latent virus, the type member of the genus *Carlavirus*. Archives of Virology, 166 (5): 1501-1505.

Juntheikki-Palovaara I, Tähtiharju S, Lan T, et al. 2014. Functional diversification of duplicated CYC 2 clade genes in regulation of inflorescence development in *Gerbera hybrida* (Asteraceae) . Plant J, 79: 783-796.

Kilbane T. 2021. 2021 plant registrations: new waterlilies. Water Garden Journal, 26 (4): 19-37.

Kishimoto K, Shibuya K. 2021. Scent emissions and expression of scent emission-related genes: a comparison between cut and intact carnation flowers. Scientia Horticulturae, 281: 109920.

Kishimoto K. 2021. Effect of post-harvest management on scent emission of carnation cut flowers. Horticulture Journal, 90 (3): 341-348.

Kloos WE, George CG, Sorge LK. 2005. Inheritance of powdery mildew resistance and leaf macrohair density in *Gerbera hybrida*. Hortscience, 40: 1246-1251.

Kloos WE, George CG, Sorge LK. 2004. Inheritance of the flower types of *Gerbera hybrida*. Hortscience, 129 (6): 803-810.

Kroon GH, Jongerius MC. 1986. Chromosome numbers of *Tulipa* species and the occurrence of hexaploidy. Euphytica, 35: 73-76.

Laitinen R, Ainasoja M, Broholm S, et al. 2008. Identification of target genes for a MYB-type anthocyanin regulator in *Gerbera hybrida*. Journal of Experimental Botany, 59 (13): 3691-3703.

Li F, Cheng Y, Zhao X, et al. 2020. Haploid induction via unpollinated ovule culture in *Gerbera hybrida*. Sci Rep, 10 (1): 1702.

Li F, Zhang H, Zhao H, et al. 2018. Chrysanthemum CmHSFA4 gene positively regulates salt stress tolerance in transgenic chrysanthemum. Plant Biotechnol. J., 16: 1311-1321.

Li H, Yang XY, Zhang Y, et al. 2021. NelumboGenome Database, an integrative resource for gene expression and variants of *Nelumbo nucifera*. Scientific Data, 8 (1): 1-7.

Li L, Yin Q, Zhang T, et al. 2021. Hydrogen nanobubble water delays petal senescence and prolongs the vase life of cut carnation (*Dianthus caryophyllus* L.) flowers. Plants-Basel, 10 (8): 1662.

Li P, Song A, Gao C, et al. 2015. The over-expression of a chrysanthemum WRKY transcription factor enhances aphid resistance. Plant Physiol. Biochem., 95: 26-34.

Li T, Wu Z, Xian J, et al. 2022. Overexpression of a novel heat-inducible ethylene-responsive factor gene *LlERF110* from *Lilium longiflorum* decreases thermotolerance. Plant Science, 319: 111246.

Lin XH, Huang SN, Huang G, et al. 2021. 14-3-3 proteins are involved in BR-induced ray petal elongation in *Gerbera hybrida*. Front Plant Sci, 12: 718091.

Liu FL, Qin M, Min J, et al. 2021. Effects of parent species type, flower color, and stamen petaloidy on the fruit-setting rate of hybridization and selfing in lotus (*Nelumbo*). Aquatic Botany, 172: 103396.

Liu H, Fan LJ, Song H, et al. 2020. Establishment of regeneration system of callus pathway for *Iris sanguinea* Donn ex Horn. In Vitro Cellular & Developmental Biology-Plant, 56: 694-702.

Liu J, Zhang Z, Li H, et al. 2018. Alleviation of effects of exogenous ethylene on cut 'Master' carnation flowers with nano-silver and silver thiosulfate. Postharvest Biology and Technology, 143: 86-91.

Liu S, Chen S, Chen Y, et al. 2011. *In vitro* induced tetraploid of *Dendranthema nankingense* (Nakai)Tzvel. shows an improved level of abiotic stress tolerance. Sci. Hortic. (Amsterdam), 127: 411-419.

Liu X, Wu Z, Feng J, et al. 2021. A novel R2R3-MYB gene *LoMYB33* from lily is specifically expressed in anthers and plays a role in pollen development. Frontiers in Plant Science, 12: 2047.

Liu ZX, Zhang DS, Zhang WW, et al. 2021. Molecular cloning and expression profile of class E genes related to sepal development in *Nelumbo nucifera*. Plants, 10 (8): 1629.

Ma C, Hong B, Wang T, et al. 2010. DREB1A regulon expression in rd29A: DREB1A transgenic chrysanthemum under low temperature or dehydration stress. J. Hortic. Sci. Biotechnol., 85: 503-510.

Ma N, Ma C, Liu Y, et al. 2018. Petal senescence: a hormone view. Journal of Experimental Botany, 69 (4): 719-732.

Marasek A, Okazaki K. 2008. Analysis of introgression of the *Tulipa fosteriana* genome into *Tulipa gesneriana* using GISH and FISH. Euphytica, 160: 217.

Marousky FJ. 1986. Vascular structure of the gerbera scape. Acta Horticulture, 181: 399-406.

Mathew B. 1981. The *Iris*. New York: Universe Books.

Mcewen C. 1990. The Japanese Iris. London: Press of New England.

Meeteren U. 1978a. Water relations and keeping-quality of cut *Gerbera* flowers. Ⅰ. The cause of stem break. Scientia Hortic, 8: 65-74.

Meeteren U. 1978b. Water relations and keeping quality of cut *Gerbera* flowers. Ⅱ. Water balance of ageing flowers. Scientia Hortic, 9: 189-197.

Mencarelli F, Agostini R, Botondi R, et al. 1995. Ethylene production, ACC content, PAL and POD activities in excised sections of straight and bent gerbera scapes. The Journal of Horticultural Science & Biotechnology, 70 (3): 409-416.

Meng L, Yang H, Xiang L, et al. 2022. NAC transcription factor TgNAP promotes tulip petal senescence. Plant Physiology, 28: 351.

Meng X, Xing T, Wang X. 2004. The role of light in the regulation of anthocyanin accumulation in *Gerbera hybrida*. Plant Growth Regulation, 44 (3): 243-250.

Ming R, van Buren R, Liu Y, et al. 2013. Genome of the long-living sacred lotus (*Nelumbo nucifera* Gaertn.) .Genome Biology, 14 (5): 1-11.

Miyahara T, Sugishita N, Ishida-Del M, et al. 2018. Carnation *I* locus contains two chalcone isomerase genes involved in orange flower coloration. Breeding Science, 68 (4): 481-487.

Miyoshi K, Asakura N. 1996. Callus induction, regeneration of haploid plants and chromosome doubling in ovule cultures of pot gerbera (*Gerbera jamesonii*) . Plant Cell Reports, 16 (1-2): 1-5.

Momonoi K, Yoshida K, Mano S, et al. 2009. A vacuolar iron transporter in tulip, *TgVit1*, is responsible for blue coloration in petal cells through iron accumulation. The Plant Journal, 59: 437-447.

Naing AH, Soe MT, Kyu SY, et al. 2021. Nano-silver controls transcriptional regulation of ethylene- and senescence-associated genes during senescence in cut carnations. Scientia Horticulturae, 287: 110280.

Nasri F, Zakizadeh H, Vafaee Y, et al. 2022. *In vitro* mutagenesis of *Chrysanthemum morifolium* cultivars using ethylmethanesulphonate (EMS) and mutation assessment by ISSR and IRAP markers. Plant Cell, Tissue Organ Cult, 149 (3): 657-673.

Nicholas M. 1956.The Tall Bearded *Iris*. London: The Camelot Press Limited.

Nieuwhof M, vnv Eijk JP, Keijzer P, et al. 1988. Inheritance of flower pigments in tulip (*Tulipa* L.). Euphytica,

38: 49-55.

Noda N, Yoshioka S, Kishimoto S, et al. 2017. Generation of blue chrysanthemums by anthocyanin B-ring hydroxylation and glucosylation and its coloration mechanism. Sci. Adv., 3 (7): e1602785.

Norikoshi R, Niki T, Ichimura K. 2022. Differential regulation of two 1-aminocyclopropane-1-carboxylate oxidase (ACO) genes, including the additionally cloned *DcACO2*, during senescence in carnation flowers. Postharvest Biology and Technology, 183: 111752.

Orlikowska T, PodwyszyŃska M, Marasek-Ciolakowska A, et al. 2018. Tulip in: Handbook of Plant Breeding. Berlin: Springer.

Oyama-Okubo N, Tsuji T. 2013. Analysis of floral scent compounds and classification by scent quality in tulip cultivars. Journal of the Japanese Society for Horticultural Science, 82: 344-353.

Park S, Lim J, Choi S, et al. 2013. Breeding a high-yielding standard gerbera cultivar 'Scarlet Diva' with scarlet pink and semi-double for cut-flower production. Flower Research Journal, 21: 42-45.

Pavord A. 1999. The tulip. London: Bloomsbury Publ. Plc.

Penningfeld F, Forchthammer L. 1966. Silbernitrat verbessert die Haltbarkeit geschnittener gerbera. Gartenwelt, 66: 226-228.

Perik RRJ, Razé D, Harkema H, et al. 2012. Bending in cut *Gerbera jamesonii* flowers relates to adverse water relations and lack of stem sclerenchyma development, not to expansion of the stem central cavity or stem elongation. Postharvest Biology and Technology, 74: 11-18.

Peter G, Manning J. 2008. The *Iris* Family: Natural History and Classification. Portland: Timber Press.

Poland JA, Balint-Kurti PJ, Wisser RJ, et al. 2009. Shades of gray: the world of quantitative disease resistance. Trends Plant Science, 14: 21-29.

Prajapati P, Singh A, Jadhav PB. 2017. Studies on growth, flowering and yield parameters of different genotypes of gerbera (*Gerbera jamesonii* Bolus) . Int J Curr Microbiol App Sci, 6 (4): 1770-1777.

Qul W, Xing GM, Zhang YQ, et al. 2017. Native species of the genus *Tulipa* and tulip breeding in China. Acta Horticulturae, 1171: 357-365.

Reddy PP. 2016. *Gerbera*. In: Sustainable crop protection under protected cultivation. Singapore: Springer.

Ren G, Li L, Huang Y, et al. 2018. GhWIP2, a WIP zinc finger protein, suppresses cell expansion in *Gerbera hybrida* by mediating crosstalk between gibberellin, abscisic acid, and auxin. New Phytologist, 219 (2): 728-742.

Ruokolainen S, Ng Y, Albert V, et al. 2010. Large scale interaction analysis predicts that the *Gerbera hybrida* floral E function is provided both by general and specialized proteins. BMC Plant Biology, 10: 129.

Ruokolainen S, Ng Y, Broholm S, et al. 2010. Characterization of SQUAMOSA-like genes in *Gerbera hybrida*, including one involved in reproductive transition. BMC Plant Biology, 10: 128.

Shimizu K, Miyabe Y, Nagaike H, et al. 1999. Production of somatic hybrid plants between *Iris ensata* Thunb. and *I. germanica*. Euphytica, 107 (2): 105-113.

Sitbon M. 1981. Production of haploid *Gerbera jamesonii* plants by *in vitro* culture of unfertilized ovules. Agronomie, 1 (9): 807-812.

Slocum PD. 2005. Waterlilies and Lotuses: Species, Cultivars, and New Hybrids. Portland: Timber Press Inc.

Steinitz B. 1983. The influence of sucrose and silver ions on dry weight, fiber and lignin content, and stability of cut gerbera flower stalks. Gartenbauwissenschaft, 48: 821-837.

Steinitz B. 1982. The role of sucrose in stabilization of cut gerbera flower stalks. Gartenbauwissenschaft, 47:

77-81.

Su J, Jiang J, Zhang F, et al. 2019a. Current achievements and future prospects in the genetic breeding of chrysanthemum: a review. Hortic. Res., 6 (1): 109.

Su J, Zhang F, Chong X, et al. 2019b. Genome-wide association study identifies favorable SNP alleles and candidate genes for waterlogging tolerance in chrysanthemums. Hortic. Res., 6 (1): 21.

Sumitomo K, Shirasawa K, Isobe S, et al. 2019. Genome-wide association study overcomes the genome complexity in autohexaploid chrysanthemum and tags SNP markers onto the flower color genes. Sci. Rep., 9 (1): 13947.

Sun CQ, Chen FD, Teng NJ, et al. 2019. Transcriptomic and proteomic analysis reveals mechanisms of pre-fertilization barriers during water lily cross breeding. BMC Plant Biology, 19: 542.

Sun Q, Zhang B, Yang C, et al. 2022. Jasmonic acid biosynthetic genes *TgLOX4* and *TgLOX5* are involved in daughter bulb development in tulip (*Tulipa gesneriana*). Horticulture Research, 9: 6.

Tehrani MM, Esfahani MN, Mousavi A, et al. 2020. Regulation of related genes promoting resistant in *Iris* against root rot disease, *Fusarium oxysporum* f. sp. *gladioli*. Genomics, 112: 3013-3020.

Tokuhara K, Masahiro MII. 2001. Induction of embryogenic callus and cell suspension culture from shoot tips excised from flower stalk buds of *Phalaenopsis* (Orchidaceae) . In Vitro Cellular and Developmental Biology-Plant, 37 (4): 457-461.

Tosca A, Lombardi M, Marinoni L, et al. 1990. Genotype response to *in vitro* gynogenesis technique in *Gerbera jamesonii*. Acta Hortic., 280: 337-340.

van Eijk JP, Nieuwhof M, van Keulen HA, et al. 1987. Flower colour analyses in tulip (*Tulipa* L.). The occurrence of carotenoids and flavonoids in tulip tepals. Euphytica, 36: 855-862.

van Raamsdonk LWD, de Vries T. 1992. Biosystematic studies in *Tulipa* Sect. *Eriostemones* (Liliaceae). Plant Systematics and Evolution, 179: 27-41.

van Raamsdonk LWD. 1993. Flower pigment composition in *Tulipa*. Genetic Resource Crop Evolution, 40: 49-54.

Wang L, Zhang F, Qiao H. 2020. Chromatin regulation in the response of ethylene: nuclear events in ethylene signaling. Small Methods, 4 (8): 1900288.

Wang T, Wei Q, Wang Z, et al. 2022. CmNF-YB8 affects drought resistance in chrysanthemum by altering stomatal status and leaf cuticle thickness. J. Integr. Plant Biol., 64 (3): 741-755.

Wang X, Wu Z, Wang L, et al. 2019. Cytological and molecular characteristics of pollen abortion in lily with dysplastic tapetum. Horticultural Plant Journal, 5 (6): 281-294.

Wang Y, Fan GY, Liu YM, et al. 2013. The sacred lotus genome provides insights into the evolution of flowering plants.Plant Journal, 76 (4): 557-567.

Wang Y, Zhao H, Liu C, et al. 2020. Integrating physiological and metabolites analysis to identify ethylene involvement in petal senescence in *Tulipa gesneriana*. Plant Physiology and Biochemistry, 149: 121-131.

Wang Y, Zhao H, Wang Y, et al. 2019. Comparative physiological and metabolomic analyses reveal natural variations of tulip in response to storage temperatures. Planta, 249: 1379-1390.

Wang YJ, Chen YQ, Yuan M, et al. 2016. Flower color diversity revealed by differential expression of flavonoid biosynthetic genes in sacred lotus.Journal of American Society for Horticultural Science, 141 (6): 573-582.

Wang YJ, Zhang YX, Liu QQ, et al. 2021. Genome-wide identification and expression analysis of BBX transcription factors in *Iris germanica* L. International Journal of Mechanical Science, 22: 8793.

Wernett HC, Sheehan TJ, Wilfret GJ, et al. 1996. Postharvest longevity of cut-flower *Gerbera*. I . Response to selection for vase life components. American Society for Horticultural Science, 121 (2): 216-221.

Wu Z, Li T, Cao X, et al. 2022. Lily WRKY factor LlWRKY22 promotes thermotolerance through autoactivation and activation of LlDREB2B. Horticulture Research, 9: uhac186.

Xing G, Qu L, Zhang W, et al. 2020. Study on interspecific hybridization between tulip cultivars and wild species native to China. Euphytica, 216: 66.

Xu H, Luo D, Zhang F. 2021. DcWRKY75 promotes ethylene induced petal senescence in carnation (*Dianthus caryophyllus* L.). Plant Journal, 108 (5): 1473-1492.

Xu H, Wang S, Larkin RM, et al. 2022. The transcription factors DcHB30 and DcWRKY75 antagonistically regulate ethylene-induced petal senescence in carnation (*Dianthus caryophyllus*). Journal of Experimental Botany, 73 (22): 7326-7343.

Xu S, Hou H, Wu Z, et al. 2022. Chrysanthemum embryo development is negatively affected by a novel ERF transcription factor, CmERF12. J. Exp. Bot., 73 (1): 197-212.

Xu S, Wu Z, Hou H, et al. 2021. The transcription factor CmLEC1 positively regulates the seed-setting rate in hybridization breeding of chrysanthemum. Hortic. Res., 8 (1): 191.

Yabuya T, Yamagata H. 1980. Elucidation of seed failure and breeding of F₁ hybrid in reciprocal crosses between *Iris ensata* Thunb. and *I. leavigata* Fisch. Japan Journal of Breed, 30 (2): 139-150.

Yagi M, Kimura T, Yamamoto T, et al. 2012. QTL analysis for resistance to bacterial wilt (*Burkholderia caryophylli*) in carnation (*Dianthus caryophyllus*) using an SSR-based genetic linkage map. Molecular Breeding, 30 (1): 495-509.

Yagi M, Kosugi S, Hirakawa H, et al. 2014a. Sequence analysis of the genome of carnation (*Dianthus caryophyllus* L.). DNA Research, 21 (3): 231-241.

Yagi M, Shirasawa K, Hirakawa H, et al. 2020. QTL analysis for flowering time in carnation (*Dianthus caryophyllus* L.). Scientia Horticulturae, 262: 109053.

Yagi M, Yamamoto T, Isobe S, et al. 2014b. Identification of tightly linked SSR markers for flower type in carnation (*Dianthus caryophyllus* L.). Euphytica, 198 (2): 175-183.

Yang M, Zhu L, Pan C, et al. 2015. Transcriptomic analysis of the regulation of rhizome formation in temperate and tropical lotus (*Nelumbo nucifera*). Scientific Reports, (5): 13059.

Yang X, Wu Y, Su J, et al. 2019. Genetic variation and development of a SCAR marker of anemone-type flower in chrysanthemum. Mol. Breed., 39 (3): 48.

Yoon HS, Choi BJ, Sang CK. 1996. The relationship between morphological characteristics and scape deformation of cut gerberas. Journal of the Korean Society for Horticultural Science (Korea Republic) , 37 (4): 593-597.

Yu C, Qiao G, Qiu W, et al. 2018. Molecular breeding of water lily: engineering cold stress tolerance into tropical water lily. Horticulture Research, 5: 73.

Yuan G, Wu Z, Liu X, et al. 2021. Characterization and functional analysis of LoUDT1, a bHLH transcription factor related to anther development in the lily oriental hybrid Siberia (*Lilium* spp.). Plant Physiology and Biochemistry, 166: 1087-1095.

Zhang D, Chen X, Sheng J, et al. 2021. The effect of carbon nanomaterials on senescence of cut flowers in carnation (*Dianthus caryophyllus* L.). Horticultural Science & Technology, 39 (3): 356-367.

Zhang L, Li L, Wu J, et al. 2012. Cell expansion and microtubule behavior in ray floret petals of *Gerbera hybrida*: responses to light and gibberellic acid. Photochemical & Photobiological Sciences, 11 (2): 279-288.

Zhang LS, Chen F, Zhang XT, et al. 2020. The water lily genome and the early evolution of flowering plants. Nature, 577: 79-84.

Zhang T, Sun M, Guo Y, et al. 2018. Overexpression of *LiDXS* and *LiDXR* from lily (*Lilium* 'Siberia') enhances the terpenoid content in tobacco flowers. Frontiers in Plant Science, 9: 909.

Zhang WW, Tian DK, Huang X, et al. 2014. Characterization of flower-bud transcriptome and development of genic SSR markers in Asian lotus (*Nelumbo nucifera* Gaertn.). PLoS ONE, 9 (11): e112223.

Zhang X, Lin S, Peng D, et al. 2022. Integrated multi-omic data and analyses reveal the pathways underlying key ornamental traits in carnation flowers. Plant Biotechnology Journal, 20 (6): 1182-1196.

Zhao D, Yang X, Wu S, et al. 2020. First report of fusarium proliferatum causing root rot of *Gerbera* in China. Journal of Plant Diseases and Protection, 127 (2): 279-282.

Zhao Y, Broholm S, Wang F, et al. 2020. TCP and MADS-Box transcription factor networks regulate heteromorphic flower type identity in *Gerbera hybrida*. Plant Physiology, 184 (3): 1455-1468.

Zheng M, Guo Y. 2018. Cerium improves the vase life of *Dianthus caryophyllus* cut flower by regulating the ascorbate and glutathione metabolism. Scientia Horticulturae, 240: 492-495.

Zhong C, Tang Y, Pang B, et al. 2020. The R2R3-MYB transcription factor GhMYB1a regulates flavonol and anthocyanin accumulation in *Gerbera hybrida*. Horticulture Research, 7 (1): 78.

Zhou X, Su Y, Yang X, et al. 2017. The biological characters and polyploidy of progenies in hybridization in 4x-2x crosses in *Dianthus caryophyllus*. Euphytica, 213 (6): 118.

Zonneveld BJM. 2009. The systematic value of nuclear genome size for 'all' species of *Tulipa* L. (Liliaceae). Plant Systematics and Evolution, 281: 217-245.

第9章 木本观赏植物遗传育种

9.1 牡丹遗传育种

牡丹（*Paeonia suffruticosa*）是芍药科（Paeoniaceae）芍药属（*Paeonia*）牡丹组（Sect. *Moutan*）的多年生木本植物，原产中国，组内包括9个野生种和1个栽培种（洪德元等，2017）。作为我国的传统名花，牡丹已有2000多年的栽培历史，品种大约有1462个，因其花大色艳、雍容华贵，素有"国色天香"和"花中之王"的美誉，不仅深受我国人民的喜爱，而且在国际市场上也备受青睐（Wang et al., 2015）。

9.1.1 育种简史

在中国，牡丹最早作为药用植物记录于东汉时期的医药著作《神农本草经》中。牡丹的观赏和栽培究竟何时开始，尚存在争议。目前，学界倾向于认为观赏牡丹栽培始于隋代，隋代以前尚未发现人工栽培牡丹的记载。古代牡丹谱中较早的一部是公元986年仲休所著的《越中牡丹花品》，记载了越中（今浙江绍兴）牡丹种植的概况，指出当时牡丹栽植极为广泛，较为出名的品种有32个（李娜娜等，2012）。随后，牡丹品种培育和栽培的著作增加，比较有名的牡丹著作是宋代欧阳修的《洛阳牡丹记》，他对牡丹的分布、品种等做了较为详细的叙述，随后周师厚等又在《洛阳牡丹记》的基础上做了增补，收录了新的牡丹品种。丘璿在《牡丹荣辱志》中将牡丹按等级划分，其中'姚黄'为王、'魏红'为妃，这反映了当时不同牡丹品种的地位和人们对牡丹的喜爱度。宋代陆游《天彭牡丹谱》记载牡丹品种65个；明代薛凤翔《亳州牡丹史》记载牡丹品种267个；清代苏毓眉《曹南牡丹谱》记载牡丹77种并按照花色进行分类，计楠《牡丹谱》总结了江南水乡牡丹栽培育种经验和牡丹品种103个。从这些著作可以看出，中国已经形成了不同地域特色的牡丹品种，为后续牡丹品种群的形成奠定了基础。自唐代以来，观赏牡丹在历史上相继形成了西安、洛阳、彭城、亳州、菏泽5个著名的栽培中心。

尽管牡丹起源于中国，但国外牡丹杂交育种工作的开展早于中国。日本是最早引进中国牡丹的国家，可追溯到唐朝，即日本奈良时代圣武天皇在位期间（李嘉珏，1999；成仿云和李嘉珏等，1998；成仿云和李嘉珏，1998）。牡丹最初引入日本是作为药用，主要种植于寺庙院落，之后到平安朝（794～1192年）初期，牡丹才逐渐作为观赏植物进行栽培。经过系统选育，具有日本品种特点的日本牡丹品种群逐渐形成，其突出特点是花色鲜艳、重瓣性不高、花瓣质地厚、花朵直上。1948～1955年，伊藤东一和押田成夫等将芍药品种'花香殿'同我国的黄牡丹进行杂交，首次培育获得了牡丹和芍药的种间杂种伊藤杂种，极大加速了牡丹育种进程。英国、法国等国家利用引种驯化后的中国中原牡丹和黄牡丹进行杂交，培育出了牡丹远缘杂交新品种，如'金阁''金晃''金帝'等黄花色系牡丹品种。截至20世纪末，欧洲牡丹品种群约有牡丹品种110个，尽管在花色上有明显创新突破，但大多数品种高度重瓣，花头下垂、叶里藏花现象突出。美国育种家在吸收中国、日本和欧洲牡丹品种优点基础上，利用黄牡丹、紫牡丹与日本品种杂交，培育出花色丰富多彩的远缘杂种，如'海黄''金色年华''黑海盗'等，形成了美国牡丹品种群，相关园艺爱好者还开展了牡丹芍药组间杂交，创制了大批优异牡丹种质。

　　新中国成立后，牡丹育种工作取得了长足进展，由初期的菏泽牡丹品种不足100个、洛阳牡丹仅有35个，发展至2015年的全国牡丹品种1000多个，育种方法多数是采用引种驯化和选择育种，占60%以上（王莲英等，2015）。'迎日红''水晶白'等都是在20世纪实生选种获得，'朱墨双辉''彩云飞'等由芽变育成。20世纪60年代以后，菏泽百花园开展定向育种工作，选育出了'春红娇艳''曹州红''百园红霞'等品种，洛阳牡丹研究所在20世纪80年代后也利用杂交育种选育出'墨宝''丹心向阳'等品种，深受大众喜爱。1997年前后，国内较早开展牡丹远缘杂交育种工作的团队有陈德忠团队、何丽霞团队、王莲英团队和成仿云团队，研究者们选择肉质花盘亚组的野生牡丹为亲本，开辟了我国牡丹史上远缘杂交育种的新征程，培育出远缘杂交种100余个，其中'梦幻''晨韵''华夏一品黄'等品种及首个牡丹芍药组间杂种'和谐'都是这个时期的典型代表品种。

　　21世纪后，张秀新团队建立了野生牡丹资源圃和芍药科植物基因库，利用远缘杂交技术，先后培育出了牡丹远缘杂交种'秾苑国色''秾苑金科''秾苑虹妆'等品种（图9.1），克服了传统远缘杂交种花小、垂头、抗性差等问题，填补了国内牡丹黄色、橙色等花色空白，突破了

'秾滟香语'　　　'秾苑虹妆'　　　'秾苑缃月'　　　'秾醉墨香'

'秾苑金科'　　　'秾苑国色'　　　'秾苑春'　　　'秾苑缃红'

'秾墨煜金'　　　'秾苑仲春'　　　'秾星映月'　　　'秾苑彩凤'　　　彩图

图9.1　远缘杂交牡丹新品种（张秀新团队培育）

黄色和橙色牡丹品种被国外垄断的局面。

美国和日本的园艺学家和爱好者，在开展了牡丹组内杂交后，又进行了牡丹与芍药组间远缘杂交，培育出了系列组间杂交种（侯祥云和郭先锋，2013）。近年来，日本牡丹品种群、美国牡丹品种群和欧洲牡丹品种群的牡丹，以及牡丹芍药杂交种被大量引进中国，因其抗性强、观赏性好、适栽地域广、经济效益高等优势，在一定程度上影响了国内传统品种的发展。中国牡丹品种与国外品种相比，在花色、抗性和整体观赏价值方面仍需要提升。

9.1.2 育种目标及其遗传基础

9.1.2.1 育种目标

经过上千年的发展，中国牡丹在不同地域形成了中原牡丹品种群、西北牡丹品种群、江南牡丹品种群和西南牡丹品种群4大品种群。随着科技的发展，牡丹已经集观赏、油用和药用价值于一身，消费者对牡丹品种创新提出了新的要求。牡丹育种目标主要集中在观赏性状、抗性和专用性3个方面：观赏性状方面，需要进一步丰富牡丹花色，特别是黄、橙、蓝及复色等稀有花色，以及延长花期，培育花叶兼赏型牡丹；抗性方面，需要增强牡丹抗逆性，培育耐湿热、耐寒、抗病虫害能力强的牡丹品种，扩大牡丹种植范围；专用性方面，需要针对切花、盆栽、油用和药用所需的品种特点开展育种。

（1）提高观赏品质　牡丹的观赏性状主要包括花色、花型、花期、花香和叶色等。经过长期的栽培选育，牡丹已经形成了9大色系，以粉色、红色、紫红色为主，缺少黄色、蓝色、绿色、黑色、鲜红色和复色。丰富牡丹花色仍是育种主要任务。根据花瓣数量的不同及其雌雄蕊瓣化程度的不同可将牡丹分为10大花型，牡丹花型以菊花型和蔷薇型为主，其他花型的品种还较少。鉴于花粉过敏人群的需要，培育重瓣性高、无花粉的牡丹也是当今的一个育种方向。牡丹花期短且集中仍然是限制其产业发展的重要原因，选育单株花期长，可二次或多次开花的牡丹品种仍然是一个长期的育种目标。多数牡丹品种具有香味，但是香味浓郁及类似野生牡丹甜香型的品种还相对较少，花香是牡丹的另一个育种目标。为了延长牡丹观赏价值，叶色和株型也是育种的重要方向。目前国内已经培育出'彩云飞'等彩叶品种（王莲英等，2015），张秀新团队也培育出了叶色丰富的牡丹优株。

（2）增强抗逆性　国内牡丹种植面积超过300万亩，全国除海南省外均有牡丹种植。然而，在牡丹推广的过程中，品种的抗寒、耐湿热性仍是影响牡丹北进、南移的关键，培育抗寒、耐湿热的品种仍是牡丹育种的重要目标。东北地区的低温是牡丹全国推广应用的一个瓶颈，抗寒优良品种的培育，可快速推进东北牡丹的产业发展。目前研究认为，紫斑牡丹耐寒、抗旱性强，是适宜东北地区推广应用的主要品种类型，如在哈尔滨地区引种的紫斑牡丹中，'紫冠玉珠''大漠风云''红冠玉珠''紫楼镶金'等品种抗寒性良好。牡丹在夏季高温干旱时（26℃以上）会出现暂时休眠现象，湖南等南方地区观赏牡丹种植面积增加较快，但南方夏季高温高湿，牡丹落叶严重。近年来，由紫斑牡丹与中原牡丹杂交选育出的'玉凤点头''银盘紫珠''秦晋之好'等品种具有较好的耐湿热性。牡丹品种耐热性分析发现，中原品种'豆绿''冠世墨玉''首案红'等，日本品种'迎日红''岛锦''日暮''旭刚''金阁'等，美国品种'海黄'等耐热性较强，适宜在南方推广。'洛阳红''脂红''赵粉'等中原品种具有较强的抗旱性。因此，可以上述抗性强的品种为父母本开展杂交育种，培育抗寒、耐湿热的品种仍是牡丹育种的重要目标。随着牡丹种植面积的增加，连作障碍、病虫害日益严重，其中以腐烂病（根腐病、茎腐病）和根结线虫病最为严重。因此，提高牡丹抗性及培育抗连作障碍的品种也是另一个牡丹育种目标。中原品种'银鳞碧珠''大棕紫'和日本品种'迎日红''岛锦''日暮''旭港'等都有较好抗病性，可以利用上述抗性强的品种为父母本开展杂交育种工作。

（3）增强优质高产性　牡丹鲜切花作为高档次、高价值的花材，应用历史悠久，文化底蕴深厚，消费前景广阔。然而，大部分主栽的传统牡丹品种存在生长势较弱、枝条短、瓶插寿命较短等劣势，不能满足切花生产的需要，因此迫切需要培育适宜的切花新品种。紫斑牡丹植株高大、花枝长、抗性强，是切花品种筛选和培育的重要材料。目前，北京林业大学成仿云团队基于灰色关联分析法评价已经筛选出优质紫斑牡丹切花品种'京玉红''粉面桃腮''京粉岚''京冠辉红'等。利用紫斑牡丹作母本，张秀新团队也选育出'秾苑新秀''秾墨耀金'等切花品种。综上，对于切花牡丹来讲，花枝长度和硬度、花瓣质地、花期长短、萌蘖芽数量等是切花牡丹选种的指标。

小型盆栽牡丹更易走进千家万户，目前矮化盆栽牡丹品种还较为缺乏。目前，小盆栽主要利用一年生或两年生凤丹牡丹砧木嫁接来生产，观花后，种苗成活率较差。后续，应该将矮化性状引入牡丹中，培育花色艳丽、株型紧凑、适合盆栽的牡丹新品种，如可选择植株矮小的卵叶牡丹作为亲本进行育种。

自2011年原国家卫生部批准牡丹籽油作为新资源食品后，油用牡丹产业发展迅速。与大豆相比，油用牡丹产量与其相当，存在一次种植多年受益的优点，牡丹籽含油率稍高于大豆，可达到24.12%～37.83%（王顺利等，2016）。牡丹籽油含有丰富的亚麻酸、油酸、亚油酸、棕榈酸、硬脂酸等，其中不饱和脂肪酸含量超过90%，α-亚麻酸平均含量高达40%。然而，目前推广的油用牡丹多数是依靠种子繁殖的种苗，变异很大。为了提高油用牡丹品质，科研人员对凤丹牡丹、紫斑牡丹及观赏性牡丹品种的种子的出油率、不饱和脂肪酸特别是α-亚麻酸的含量进行了筛选，获得了'琉璃冠珠'、凤丹牡丹和紫斑牡丹优株等一批潜在的优异种质，但是专用性油用品种还未在产业中推广。因此，高α-亚麻酸含量、高出油率和高产等是油用牡丹育种的重要目标。

牡丹皮是我国传统的中药材，丹皮酚含量是药材质量的重要标准。张秀新团队利用道地和引种地北京延庆凤丹牡丹资源，通过超高效液相色谱技术检测其丹皮酚含量，筛选出了丹皮酚含量超过3.0%的凤丹牡丹优株，远高于药典1.5%的标准。通过对372个凤丹牡丹及牡丹品种根皮代谢物检测发现，'曹州红''大宗紫'等品种含有较高含量的单萜糖苷、鞣质和丹皮酚，可用于以相关产物为原料的药品和保健品生产（Li et al.，2018）。因此，对于以生产根皮为主要目的的药用牡丹来讲，提高根皮中丹皮酚、芍药苷等药用成分的含量和产量是其育种的目标之一。

9.1.2.2　遗传基础

牡丹染色体基数为$X=5$，野生种为严格的二倍体，$2n=2x=10$，栽培牡丹品种多数为二倍体，但也存在三倍体，如'首案红'，一些品种还存在少数细胞染色体数目的变异——混倍体现象，其染色体数目在5～20条之间变化（李嘉珏，1999）。目前，虽然在牡丹分子标记开发和遗传图谱构建上取得了很大进步，但是重要性状的遗传规律还不清晰。

牡丹花色丰富，花色的表现主要是由色素组成、含量和分布三大因素决定，牡丹的花色素属于类黄酮类化合物。通过UPLC-DAD-Triple-TOF-MS技术共检测到6种花青素类色素，分别为矢车菊素-3,5-二葡糖苷（cyanidin-3,5-diglucoside，Cy3G5G）、矢车菊素-3-葡糖苷（cyanidin-3-glucoside，Cy3G）、天竺葵素-3,5-二葡糖苷（pelargonidin-3,5-diglucoside，Pg3G5G）、天竺葵

素 -3- 葡糖苷（pelargonidin-3-glucoside，Pg3G）、芍药花素 -3,5- 二葡糖苷（peonidin-3,5-diglucoside，Pn3G5G）和芍药花素 -3- 葡糖苷（peonidin-3-glucoside，Pn3G）（Wang et al., 2020）。不同色系花青素含量比较分析发现，红色系花中的芍药花素 -3,5- 二葡糖苷、芍药花素 -3- 葡糖苷、矢车菊素 -3,5- 二葡糖苷和矢车菊素 -3- 葡糖苷含量较高；而粉色系中的天竺葵素 -3,5- 二葡糖苷和天竺葵素 -3- 葡糖苷含量高于红色系和白色系（Wang et al., 2020）。目前，调控牡丹花色遗传的功能基因 *CHS*、*F3'H*、*DFR* 和 *ANS* 及转录因子基因 *MYB* 已被成功克隆（Shi et al., 2015），具体调控机制还需要进一步研究。

牡丹花期和花型调控相关基因也先后被克隆出来，研究表明，牡丹成花诱导途径也包括自主途径、光周期途径、赤霉素途径、低温春化途径和年龄途径，其中赤霉素、低温春化和年龄途径可能是牡丹开花的主要途径（Wang et al., 2019）。*SOC1*、*CO*、*FT* 和 *GA20ox* 等开花基因是调控开花和二次成花的关键基因（Zhou et al., 2013；Wang et al., 2019）。

牡丹花发育模型仍然属于 ABCDE 模型，MADS-box 家族基因是调控花器官发育的重要基因（任磊等，2011a，2011b；Wang et al., 2015，2019）。转化拟南芥和烟草发现，过表达牡丹花发育基因会影响开花时间，但对花型的影响不显著，因此具体功能还需要在牡丹中进一步验证。1962 年，周家祺提出以花型作为牡丹和芍药品种分类的第一级标准，将其分为 3 类 11 型的体系，用于反映品种之间由低到高的演化关系。根据牡丹品种花瓣起源的差异可将其分为千层类和楼子类，其中千层类重瓣和半重瓣花的花瓣以自然增多为主，兼有雄蕊瓣化瓣，花心部分有正常的雌雄蕊；楼子类重瓣、半重瓣花的内花瓣以离心式排列的雄蕊瓣化瓣为主，外瓣宽大，内瓣狭长，全花高起呈楼台状。千层类、楼子类中单花亚类牡丹包括 10 个花型，即单瓣型、荷花型、菊花型、蔷薇型、金蕊型、金心型、托桂型、金环型、皇冠型、绣球型；而千层和楼子台阁亚类牡丹又可划分为 4 个花型，即初生台阁型、彩瓣台阁型、分层台阁型、球花台阁型。

在分子标记研究方面，Hosoki 等（1997）最早利用随机扩增多态性 DNA（random amplified polymorphic DNA，RAPD）开展了牡丹遗传亲缘关系研究，可将 19 个中国牡丹品种较好地分为 4 类。Han 等（2008a）首次利用序列相关扩增多态性（sequence-related amplified polymorphism，SRAP）技术区分中国品种'二乔'（复色品种）、'洛阳红'和日本品种'岛锦'（复色品种）、'Taiyō'。随后，Han 等（2008b）利用 23 个 SRAP 标记成功将 63 个牡丹品种和 3 个野生种进行了区分。

在遗传图谱构建方面，成仿云团队以'凤丹白'和'红乔'及其杂交获得的 195 个 F_1 子代为材料，采用简化基因组测序技术（specific-locus amplified fragment sequencing，SLAF-seq）构建了首张牡丹高密度遗传图谱。首先，开发了具有多态性标记的 SLAF 标记 85 124 个。然后，利用多态性标记进行基因型分析，通过过滤父母本信息缺失、完整度过低和不适合 cross-pollinator 群体作图的多态性标记，最终获得 3518 个有效的 SLAF 标记。利用 3518 个 SLAF 标记和 79 个 SSR 标记，构建出牡丹高密度遗传图谱。该图谱共 5 个连锁群，包括 1189 个 SLAF 标记和 72 个 SSR 标记，总图距为 1061.94 cM，标记间的平均图距为 0.84 cM，最大连锁群 306.85 cM，最小连锁群 96.32 cM。利用该作图群体和 MpQTL 软件，检测到枝、叶、花和果实等 20 个性状相关的 49 个 QTL。此外，还检测到了与观赏性状如花色、花瓣数相关的主效 QTL。这为后续牡丹重要性状基因克隆和定位研究奠定了理论基础。

9.1.3 种质资源

牡丹的所有野生种都源于中国。首次对牡丹组植物进行记载的学者是英国植物学家

Andrews，所依据的植物标本是一个重瓣的牡丹品种，他将该植物定名为 *P. suffruticosa*（Andrews，1804）。随后国外学者开始对中国牡丹资源进行了调查和分类研究，发现了 *P. delavayi*、*P. lutea* 和 *P. lutea* var. *ludlowii* 等野生种或变种（Franchet，1886）。中国较早进行牡丹资源调查和分类研究的学者是方文培，1958年，他将牡丹组植物分为 6 个种 2 个变种及 1 个变型。目前被学者普遍认可的牡丹分类系统为李嘉珏和洪德元的分类方案，他们都认为牡丹组包括 9 个野生种和 1 个栽培种（表9.1）（李嘉珏，1999；洪德元等，2017）。

表9.1　李嘉珏和洪德元的牡丹组分类方案

李嘉珏分类方案	洪德元分类方案
牡丹 *Paeonia suffruticosa*（栽培种）	牡丹 *Paeonia suffruticosa*（栽培种）
—	中原牡丹 *P. cathayana*
矮牡丹 *P. jishanensis*	矮牡丹 *P. jishanensis*
卵叶牡丹 *P. qiui*	卵叶牡丹 *P. qiui*
杨山牡丹 *P. ostii*	凤丹 *P. ostii*
紫斑牡丹 *P. rockii*	紫斑牡丹 *P. rockii*
紫斑牡丹模式亚种 *P. rockii* subsp. *rockii*	紫斑牡丹模式亚种 *P. rockii* subsp. *rockii*
太白山紫斑牡丹 *P. rockii* subsp. *atava*	太白山紫斑牡丹 *P. rockii* subsp. *atava*
四川牡丹 *P. decomposita*	四川牡丹 *P. decomposita*
四川牡丹模式亚种 *P. decomposita* subsp. *decomposita*	—
四川牡丹圆裂亚种 *P. decomposita* subsp. *rotundiloba*	—
紫牡丹 *P. delavayi*	滇牡丹 *P. delavayi*
黄牡丹 *P. lutea*	—
狭叶牡丹 *P. potaninii*	—
大花黄牡丹 *P. ludlowii*	大花黄牡丹 *P. ludlowii*
—	圆裂牡丹 *P. rotundiloba*

然而野生境破坏、种子休眠等原因造成了 88.9% 的野生资源处于濒危状态，凤丹（*P. ostii*）和中原牡丹（*P. cathayana*）都只剩单株；紫斑牡丹（*P. rockii*）、卵叶牡丹（*P. qiui*）、四川牡丹（*P. decomposita*）和圆裂牡丹（*P. rotundiloba*）处于濒危状态；大花黄牡丹（*P. ludlowii*）和矮牡丹（*P. jishanensis*）属于易危等级（洪德元等，2017）。此外，四川牡丹、滇牡丹、矮牡丹、大花黄牡丹、卵叶牡丹、紫斑牡丹和牡丹（*P. suffruticosa*）都列入了中国珍稀濒危植物名录，为国家 II 级保护植物。

野生牡丹是花色创新的重要亲本，如滇牡丹，国外育种家利用其培育了大量黄色、橙色等优异品种，并返销中国。大部分野生牡丹分布海拔较高，抗寒性强，也是抗寒良种培育的重要种质资源。随着国外优异品种引进和经济利益驱动，花农对国内传统品种繁育热情不高，造成了大量中国传统品种丢失。目前，我国牡丹品种大约有 1462 个，但市场上可以销售的国内牡丹品种不足 100 个。因此，牡丹种业也遇到了前所未有的困难。加强种质资源收集与保护显得非常重要，但牡丹为木本植物，资源保存主要靠圃地，保存成本高、难度大。后续需要在牡丹离体保存方面争取突破。1992 年，我国在洛阳建立了洛阳国家牡丹基因库，保存国内外品种 1350 个，植株 80 万株，但很多品种长势弱，死亡较多。由于不同牡丹品种群对环境和气候要求不一致，很难在一地完成所有种质资源的保存。张秀新团队经过 10 余年的资源调查和引种，在北京延庆建成了保存野生资源数量最多、观赏和专用性品种最丰富的牡丹基因库，保存活体植株10万株，建立了700份牡丹优异资源的表型数据库。同时还揭示了野生牡丹濒危机制，高效繁育野生资源种苗，并迁地保护野生资源3万余株，涵盖牡丹组全部野生种，有效解决了野生牡丹濒危问题。另外，成仿云团队建立了紫斑牡丹资源圃，西北地区张延龙团队和中原地区侯小改团队也分别建立了牡丹资源圃，保存了绝大多数牡丹品种和野生种，为育种工作奠定了物质基础。同时，资源圃还具有观赏价值，生态效益和社会效益均较显著。

9.1.4　生殖生物学特性

牡丹属于典型的温带植物，适应温带气候，大多具有喜温耐寒、宜高燥惧湿热、喜光亦稍耐半阴的习性。此外，牡丹属于肉质根植物，生长地区宜地势高燥，土层深厚，土壤疏松肥沃，以砂质壤土为佳。绝大多数牡丹品种一年开一次花，少数品种如'海黄''紫罗兰'等可二次开花。分析发现，'海黄'当年第二次花芽的发育不经历休眠期，可直接进入开花期；ABA信号途径相关基因在休眠期花芽中表达量较高，而此阶段ABA信号途径相关基因的表达量较低，较好地保障了'海黄'二次开花（Chang et al.，2019）。同时，牡丹对温度的变化极为敏感，不同品种和不同生育时期对温度的要求都有所区别，低温处理可解除牡丹休眠。冬季促成栽培的牡丹花期调控技术，往往需要对牡丹进行低温处理，解除花芽休眠，使其如期开花。

现有的栽培牡丹品种花枝类型多为一枝一花，但少数牡丹品种如'姊妹游春''云鄂粉'及部分牡丹野生种如滇牡丹（采用洪德元院士的牡丹分类方案）的花枝类型为一枝多花，有侧花/侧蕾发生，侧花的花期晚于顶花，顶花开放后，侧花陆续开放，延长了花期。一般来讲，带有侧花的牡丹品种其顶花原基先分化，侧花原基后分化，特别是侧花的苞片原基分化时间较长，可晚于顶花苞片原基20d以上。ABA、GA$_3$等激素对花芽分化起调控作用，较高含量的ZR、IAA及较低含量的ABA、GA$_3$可能利于侧花品种'姊妹游春'侧花原基分化的启动。分枝相关基因 *BRC1*、*YUCCA* 和 *MAX1* 等可能参与牡丹侧花芽/花枝的形成。

牡丹花型丰富，花型的变化影响牡丹育性。结籽牡丹花型多数是单瓣型，如凤丹牡丹、紫斑牡丹等，而雌雄蕊完全瓣化的牡丹品种不育。牡丹花的演化过程最先是花瓣开始增多，继而雄蕊、雌蕊瓣化，最后出现台阁品种。由花萼形成的花瓣称为外彩瓣，由雌蕊形成的花瓣称为内彩瓣。雄蕊一般按照两个方向变化：①雄蕊逐渐演变成花瓣，这是主要演化途径。花药变得肥大即为金蕊型，变成窄形花瓣即为托桂型，充分展开成为完全的花瓣即为皇冠型或绣球型、中间雄蕊瓣化瓣完整、外围雄蕊瓣化瓣较小或程度低、仍保留一圈完整的雄蕊即为金环型。②雄蕊退化。先是花药退化消失形成针状物，再变小甚至消失。雌蕊也在向花瓣化和退化的方向变化。雌蕊瓣化首先是柱头伸长展宽，然后成为黄绿色或带有深色斑纹的彩瓣，再继续瓣化则成为黄绿色或深色斑纹逐渐消失，变成与正常花瓣无区别的雌蕊变瓣。

进一步研究表明，多数牡丹品种为异花授粉，凤丹牡丹具有一定的自交亲和性，但同株异花及自花授粉结实率显著下降（李嘉珏，1999）。牡丹野生种和大部分花型的牡丹品种具有自花和异花授粉特性，自花授粉结实率较低，多数以自然授粉和异花授粉为主。牡丹还是虫媒植物，传粉的昆虫主要包括蜂类、甲虫类和蝇类。一般来讲，开花后第1天的花粉活力最高，开花后第2~3天柱头可授性较强，而四川牡丹和牡丹亚组间杂交种的柱头可授性最强的时间为开花后第5~8天。花粉落到柱头上随即萌发，双受精过程发生在授粉后4~48h，主要集中在授粉后10h前后。凤丹牡丹的受精方式为珠孔受精。雌、雄性核仁完全融合作为双受精结束的标志，属于有丝分裂前配子融合类型。凤丹为核型胚乳，授粉后85d胚乳发育成熟。胚的发育略晚于胚乳，经历原胚阶段、器官分化阶段和生长成熟阶段3个连续的发育时期，授粉后125d胚发育成熟。

9.1.5　育种技术与方法

迄今为止，培育牡丹新品种的育种技术主要是杂交育种、实生选种和芽变育种。近年来，辐射育种和基因工程育种也逐渐兴起，但还未见利用相关技术获得新品种的报道。

9.1.5.1　杂交育种

杂交育种是牡丹新品种选育应用最多的一种方式，可以在很大程度上实现新品种定向选育。杂交育种在亲本选择时，要根据父母本性状互补性的原则，将不同类型或不同地理起源的亲本组配，以便获得更多的优异后代。

传统的牡丹育种主要是革质花盘亚组中的种及品种之间的近缘杂交，其特点是亲和性较高，但后代变异小，长期近缘杂交会导致品种退化的现象。而远缘杂交因其父母本遗传距离较远，性状差异较大，因此获得优良后代的概率更大。但对应地，远缘杂交存在一定程度的不亲和现象，存在后代不结实或结实后不萌发等一系列问题。我国有着丰富的野生牡丹资源，包括纯黄色资源大花黄牡丹、黄牡丹，以及花色最为丰富的紫牡丹等，很多国外的优良品种就是利用这些野生资源进行杂交、改良获得的。

牡丹杂交育种与其他作物一样，要经过去雄、套袋、人工授粉、种子采收与播种等过程。育种主要环节如下。①确定育种目标：如改良花色、花型等。②选择合适育种亲本：尽量选择具有育种目标所需的优良性状，父母本双亲优缺点能互补。③采集和贮藏花粉：采集较先开放的花蕊，散粉后即可进行授粉。为了实现花期可育和多次授粉，可以将散粉后的花粉装入含有硅胶的离心管中保存至−80℃冰箱，甚至次年还可使用（但使用之前需要检测花粉活力）。常用的花粉活力测定方法是离体萌发测定法，通过观察花粉萌发率来测定花粉的成活率。离体萌发测定法需要特定的培养基来培养花粉，常用的培养基有液体和固体两种，其中液体培养分离法最为方便。配制培养基时，常用80～100mg/L的蔗糖溶液为花粉萌发和花粉管生长提供营养和维持环境恒定渗透压。为保证花粉萌发和花粉管生长，常添加30～80mg/L的硼酸，它可作用于质膜上的 Ca^{2+} 通道，使 Ca^{2+} 进入细胞，增加细胞内游离 Ca^{2+} 的浓度，启动花粉萌发。④去雄：花粉未散粉前完成去雄工作，特别是滇牡丹、凤丹牡丹、日本牡丹等较易散粉的品种需要较早人工去雄，同时保留几朵不去雄的花蕾作为指示花朵，指示花朵开放时进行授粉。一般双手戴上乳胶手套，去完一朵后，应在乳胶手套上喷施酒精，晾干后继续操作下一朵。完全去雄后，套上硫酸纸袋。⑤授粉：在柱头可授期用毛笔轻蘸少许花粉，授予柱头，一般建议授粉后次日或隔日再授一次，以提高授粉成功率。用不同类型花粉混合授粉也可在一定程度上提高授粉率，但会影响亲本的专一性，可根据实际情况适当选择。授粉后要及时套袋，防止串粉，并于授粉40d后摘掉套袋。⑥种子采收：一般角果外皮呈蟹黄颜色是种子成熟的标志，角果采收后熟2周后，即可脱粒。⑦种子播种：脱粒后，最好及时播种，防止种子进入休眠状态。种子下胚轴萌发3cm以后，置于4℃左右的温度下进行低温催芽30～40d。⑧种苗移栽：一般在次年牡丹开花时即可移栽，栽后及时浇水，并搭遮阳网，小苗缓苗并正常生长后，去掉遮阳网。冬季较冷地区要注意做好越冬防寒。⑨优株筛选：3～5年后，植株开花后即可进行筛选。

王莲英团队、何丽霞团队利用野生牡丹作为父母本，较早开展了远缘杂交育种工作，培育出花色突破性牡丹新品种，如'华夏一品黄''华夏玫瑰红''香妃''彩虹''晨韵''幻彩'等。中国农业科学院蔬菜花卉研究所以紫斑牡丹为母本、日本牡丹为父本育成了耐寒抗旱性强、花色艳丽的高大型牡丹新品种。同时，以滇牡丹为母本、日本牡丹为父本，或紫斑牡丹为母本、滇牡丹为父本育成了黄色、橙色系等突破花色的远缘杂交牡丹新品种，如'秾滟香语''秾苑缃月''秾苑虹妆''秾苑麦香'等。成仿云团队也在紫斑牡丹育种和牡丹芍药组间杂种上做了大量工作，培育出抗性强、花色优异的牡丹新品种'京华朝霞''京华旭日'等（图9.2）。

'华夏一品黄'　　　　'华夏玫瑰红'　　　　'香妃'　　　　'晨韵'

'夏日玫瑰'　　　　'秾滟香语'　　　　'秾苑麦香'　　　　'秾苑缃月'

彩图

图9.2　滇牡丹血统的远缘杂交种

对于牡丹而言，其远缘杂交还有一种更为特殊的方式，就是牡丹和芍药组间杂交。在1948年，日本育种家伊藤（Toichi Itoh）利用本地芍药品种'花相殿'（'Kakoden'）与牡丹组内杂种'金晃'（'Alice Harding'）杂交成功，获得了第一个牡丹与芍药的杂交后代，故牡丹芍药组间杂种也被称为伊藤杂种或 Itoh 杂种。1974年，美国育种家 Louis Smirnow 将伊藤早年杂交获得的植株注册了4个新品种'Yellow Crown''Yellow Dream''Yellow Emperor'与'Yellow Heaven'，自此，拉开了牡丹芍药组间杂交的序幕（侯祥云和郭先锋，2013）。德国育种家 Schulze 以紫斑牡丹（*P. rockii*）为母本、药用芍药（*P. officinalis*）为父本杂交获得新品种'Eurasia'。牡丹芍药组间杂交种具有花与叶形似牡丹，但生长习性又与芍药类似，长势强健、半木质化、花期长且能二次开花、花色新奇而丰富、抗风、抗灰霉病等特点。

9.1.5.2　实生选种

实生选种是指从天然授粉所产生的种子播种后形成的实生苗群体中，经过反复评选育成新品种的方法。隋唐至宋代时期，实生选种为牡丹品种培育做出了重要贡献。现今的甘肃和平牡丹园也采用实生选种育成了百余个优良品系。'迎日红''水晶白'等都是20世纪实生选种获得。近年来，山东菏泽百花园的孙文海利用日本牡丹'花王'自然结实的种子选育出了'文海育'。

9.1.5.3　芽变育种

芽变育种也是牡丹新品种选育的重要方法之一，早在宋代就有利用嫁接固定芽变的方法。

当牡丹栽培个体受到环境条件、栽培技术、体内代谢的影响时，都有可能发生细胞突变，进而形成芽变。该方法简单易行，但由于牡丹芽变概率较小，且变异方向完全随机，所以育种效率较低，难以进行定向育种。

由于牡丹主要观花，因此芽变育种主要在花期进行。牡丹开花时，需要在大量的栽培群体中仔细观察。当发现个体差异时，要对该枝条仔细标注，并在秋季进行嫁接繁殖。只有当嫁接繁殖以后，该变异性状仍能稳定表达，才可称为真正的芽变品种。'玫瑰红''朱墨双辉''彩云飞'等都是由芽变选育而来。

9.1.5.4　辐射育种

辐射育种的原理类似于芽变育种，主要利用电离辐射处理种子或种苗，以诱发突变，并从实生后代或种苗中选育优良变异个体。目前使用最多的就是利用放射性辐照，包括^{60}Co-γ、X射线、中子及质子等。我们常说的航天育种其实就是利用外太空各种辐射来提高种子变异度，其育种原理和其他辐射育种类似。为了研究牡丹辐射诱变育种，研究者以混合授粉牡丹种子为实验材料，用不同剂量^{60}Co-γ辐射牡丹种子，发现辐射剂量是8.73～17.46Gy时，种子发芽率随剂量的增加而提高，17.46Gy时发芽率最高（达到46%）；若剂量更高，则发芽率下降，这也为辐射育种提供了很好的剂量参考。

9.1.5.5　基因工程育种

牡丹基因组极其复杂，已报道的栽培品种基因组大小为13.79G左右，包含65 898个基因（Lv et al.，2020）。近年来，调控牡丹花色、花型和花期等相关优异基因的挖掘取得了快速发展（表9.2），可以利用相关功能基因，结合基因编辑等技术进行基因工程育种。

表9.2　牡丹花色和花发育调控基因

基因调控途径	作用或注释	基因	参考文献
花青素合成	滇牡丹紫色花色	F3H、DFR、ANS和3GT	Shi et al.，2015
异杞柳苷、黄酮和黄酮醇合成	滇牡丹黄色花色	THC2'GT、CHI和FNS II	Shi et al.，2015
花青素合成	红色花色	PsDFR和PsANS	Zhao et al.，2015
花青素合成	红色花色	PsAOMT和PtAOMT	Du et al.，2015
花青素合成	紫色花斑	MYB12、PsCHS、PsF3'H和PsDFR	Zhang et al.，2015；Gu et al.，2019
花器官模型	A类基因	PsAP1和PsAP2	任磊等，2011a，2011b；Wang et al.，2019
	B类基因	PsAP3、PsPI、PsMADS1和PsMADS9	任磊，2011；Wang et al.，2019
	C类基因	PsAG	任磊，2011；Wang et al.，2019
	C/D类基因	PsMADS1	Lv et al.，2020
	E类基因	PsSEP1、PsSEP3、PsSEP4和PsMADS18	Wang et al.，2019；Lv et al.，2020

牡丹的花色素属于类黄酮类化合物，类黄酮合成相关基因、甲基转移酶基因和转录因子基因等调控影响类黄酮合成，改变类黄酮组成和含量可以影响牡丹花色。花青素合成途径中

下游基因 *F3H*、*DFR*、*ANS* 和 *3GT* 等可能调控滇牡丹紫色花色的形成，而 *THC2'GT*、*CHI* 和 *FNS II* 等基因通过调控异杞柳苷、黄酮和黄酮醇的合成来影响滇牡丹黄色花色形成（Shi et al.，2015）；*PsDFR* 和 *PsANS* 等基因在红色牡丹 '彩绘' 中的表达量显著高于白色牡丹 '雪塔'，这表明 *PsDFR* 和 *PsANS* 基因是调控牡丹紫红色花色的关键基因。通过对牡丹紫色系品种 '群芳殿' 和红色细叶芍药类黄酮甲基转移酶基因（*PsAOMT* 和 *PtAOMT*）的研究发现，芍药属植物花青苷合成过程中，类黄酮甲基转移酶基因 *PsAOMT* 可以调控芍药花青素的含量，甲基化修饰可能发生在糖基化修饰之后，使花色呈现紫色（Du et al.，2015）。*PsCHS*、*PsF3'H*、*PsDFR* 和 *PsANS* 等基因还是调控紫色花斑的关键基因，*MYB12* 可调控 *PsCHS* 器官特异性表达影响花斑的形成（Zhang et al.，2015；Gu et al.，2019）。

控制牡丹各轮花器官的基因主要包括调控萼片、花瓣发育的 A 类基因 *PsAP1* 和 *PsAP2*，调控花瓣、雄蕊发育的 B 类基因 *PsPI*、*PsAP3*、*PsMADS1* 和 *PsMADS9*，调控雄蕊、心皮发育的 C 类基因 *PsAG*，调控胚珠发育的 D 类基因 *PsMADS1*，以及调控四轮花器官发育的 E 类基因 *PsMADS18*、*PsSEP1*、*PsSEP3* 和 *PsSEP4*（表 9.2）。后续，可在牡丹中过表达或沉默相关基因来进行牡丹花型的基因工程育种。

牡丹开花一般需要经历花芽分化、休眠解除、萌发、开花等阶段，绝大多数种类从花芽分化完成到萌发开花之间要经历一段时间的休眠。牡丹花期调控也主要在上述各阶段进行，每个阶段都有相关基因调控。Wang 等（2019）利用不同牡丹材料，鉴定出 67 个与牡丹开花和花发育相关的基因，涉及自主途径、光周期途径、赤霉素途径、低温春化途径和年龄途径 5 条成花诱导途径（Wang et al.，2019）。花芽分化相关基因 *PsFT*、*PsVIN3*、*PsCO* 和 *PsGA20OX* 等可能是调控牡丹二次开花的主要功能基因（Zhou et al.，2013）。*PsSOC1* 是开花整合因子基因，在牡丹花芽萌发与花朵开放过程中发挥了重要作用，其在花芽萌发与开花过程中的表达受赤霉素、低温和光周期影响，其中赤霉素途径可能是关键途径（Wang et al.，2015）。烟草和拟南芥中过表达 *PsSOC1* 基因可以促进其营养生长并导致提前开花。上述基因的功能解析为多次开花牡丹的基因工程育种提供了理论基础。

在牡丹采后保鲜方面，大量基因也被成功克隆。乙烯合成基因 *PsACS1* 是切花牡丹开放和衰老的关键基因，在牡丹花朵半开时开始启动表达，完全盛开时表达量达到最高。葡萄糖可以抑制乙烯合成基因 *PsACS* 和乙烯响应转录因子 *ERF* 的表达，进而影响切花牡丹开放（Zhou et al.，2013），*PsHXK1* 和 *PsHXK2* 参与葡萄糖诱导的花青素积累，拟南芥中过表达这两个基因可在葡萄糖含量高的条件下诱导花青素的合成（Zhang et al.，2020）。花青素合成基因及转录因子基因 *PsbHLH3*、*PsWD40-1*、*PsWD40-2*、*PsMYB2*、*PsCHS1*、*PsF3H1* 和 *PsDFR1* 的表达量降低会影响瓶插牡丹花瓣的颜色（Zhang et al.，2014）。

牡丹组织培养和转基因方面也取得了一定进展。张秀新团队、成仿云团队等先后建立了凤丹牡丹、'丛中笑' 等栽培牡丹和紫斑牡丹的体细胞胚发生体系，为牡丹遗传转化奠定了基础。基于牡丹类黄酮糖基转移酶基已经建立了牡丹病毒诱导的基因沉默（virus induced gene silencing，VIGS）技术体系，为牡丹基因功能研究奠定了基础。后续，基因工程育种将是牡丹育种的一个重要方向。

9.1.6 良种繁育

良种繁育是品种推广的重要部分。目前，牡丹主要依靠分株和嫁接两种方式进行繁殖，组培快繁技术还未在生产中应用。此外，压条繁殖和扦插繁殖也有报道，但未大量推广应用。长期的无性繁殖已经使 '姚黄' 等品种花色退化。目前，还没有相关防止牡丹品种退化的措施。

　　分株繁殖简单易行，可保持品种优良特性，并加以扩繁，但繁殖系数较低。一般选择四年生以上的健壮植株在秋季进行分株。分株时可以按照根系自然纹路用手掰开或用刀切开，每株保留 2～3 个萌蘖枝条。分株时，剪掉断根、坏根后栽植即可。

　　嫁接繁殖是牡丹良种繁育最常用的方法，一般在秋季进行。可选用生长势较快的凤丹牡丹作为砧木，也可用芍药作为砧木。芍药作为砧木省去春季拿芽环节，节省劳动力，但苗木长势一般比凤丹牡丹根嫁接的种苗弱。接穗一般选用生长健壮的枝条，花芽尽量饱满；一年生萌蘖枝也可用作接穗。嫁接方法按接穗的性质分为枝接和芽接两类。根据在砧木上结合的部位又可将枝接分为茎接和根接；按嫁接时砧木的状况又可分为地接和掘接。地接不用挖出根砧，而是就地嫁接，一般在 9 月进行。掘接即挖出牡丹和芍药的根，在根颈处嫁接。地接和掘接均需要根据砧木性质或粗细采用嵌接、切接或劈接等方法。次年春季要去除砧木上长出的芽，保证接穗的成活率。

　　压条繁殖，是在春季花后或秋季将二或三年生枝条从基部环剥或刻伤，深达枝粗的 1/3，然后将整个枝条埋于土中，仅将枝梢留在土外。经常保持土壤湿润，当年秋季即可长出新根。次年压条顶端鳞芽萌出新枝，秋季将新株与母株断离即可。

　　扦插繁殖较为困难，主要是利用一年生粗壮的萌蘖枝，随剪随插。秋季结合越冬培土，将植株基部枝条用湿土培上，经过第二年的生长发育，枝条基部发出幼根，植株即可成活。

　　牡丹因酚类物质含量较高，所以组织培养困难，但也有组培成功的报道。牡丹外植体可选用鳞芽、土芽、叶片、叶柄、花瓣、花丝、花粉、原生质体和胚等，不同组织或器官选材时间很关键。不同时期取材的组培材料，其分化能力不同，花芽一般选择 1～2 月的休眠芽做外植体，再生频率比较高。叶片和叶柄尽量选择 3 月新生的幼嫩顶端小叶和未木质化的叶柄，比较容易再生。花器官一般在 4～5 月花期取材，但如果是取花粉培养，则须在花粉成熟前就开始取材，不能等花粉成熟或者蜜蜂已经开始授粉才开始。取材后，再经过外植体消毒、接种、愈伤诱导、芽诱导和生根、壮苗培养即可长成小苗。牡丹组培常见的难题是褐化、玻璃化和生根困难等。对于褐化问题，可以尽量选择 WPM 培养基或者改良的 WPM 培养基，添加抗氧化剂也能改善牡丹组培褐变，如一定浓度的硝酸银、甘露醇或硫代硫酸钠等。物理吸附剂，如 PVP-30（聚乙烯吡咯烷酮）、活性炭等可吸收一些产生褐变的次级代谢产物，也可起到防褐作用。玻璃化是植物组织培养过程中的一种生理失调和生理病变，与牡丹品种、培养条件（温度、光照强度）、琼脂浓度、大量元素、蔗糖浓度、植物激素 6-BA 和 NAA 等有关。牡丹生根常用培养基有 MS 培养基、1/2MS 培养基、WPM 培养基、改良 WPM 培养基等，最常用的是 1/2MS 培养基，最有效的诱导生根激素是 IBA。近年来，中国农业科学院蔬菜花卉研究所开发了一种高效植物提取物，可将根系诱导率提高至 77.5%，并建立了部分牡丹品种组培再生技术，有望在生产或遗传转化中应用。

（张秀新　王顺利）

9.2　月季遗传育种

　　月季是蔷薇科（Rosaceae）蔷薇属（*Rosa*）的多年生灌木。因其品种繁多，花色优美，所以被广泛应用于切花、盆花及庭院绿化，是世界著名的观赏花卉之一，被誉为"花中皇后"。我国是月季的故乡，《中国植物志》记载的蔷薇属植物，绝大多数是我国原产，约占全球蔷薇属植物种类的三分之一。其中唯有我国的月季花和香水月季之间产生的原始杂交品种'月月粉''月月红'、彩晕香水月季、淡黄香水月季具有四季开花的性状，而欧洲等地的蔷薇却只能一年一季开花，当这4种月季漂洋过海抵达欧洲之后，便与欧洲蔷薇杂交，历经数百年的发展，直至1867年'法兰西'（'La France'）的诞生，开创了现代月季的篇章。现今，由于人们对月季观赏、食用、药用等多功能的开发利用及对优良综合性状的追求，推动着月季育种事业不断前行。

9.2.1 育种进展

目前全世界有记载的月季品种约35 000个，多数是通过杂交育种获得，其中80%的现有品种都是通过品种间杂交育成。早在17世纪欧洲就已经开始利用法国蔷薇（*R. gallica*）、突厥蔷薇（*R. damascena*）和百叶蔷薇（*R. centifolia*）等少数几种蔷薇进行杂交育种，但始终摆脱不了月季一季开花和花色单调的缺点。直到1800年左右，中国的月季种质资源传入欧洲并作为重要亲本参与杂交后，这才为月季育种创造了里程碑式的突破。1837年法国人Laffay培育出的具有中国月季血统的杂交长春月季开启了现代月季的育种浪潮。1867年法国的Guillot Fils以中国香水月季和杂交长春月季为亲本杂交育成的品种'法兰西'被认为是世界上第一个现代月季品种，具有花大、色艳、芳香、四季开花等特点。

杂交育种在月季的花色、花型、花香、抗性及株型的改良方面发挥着巨大的作用。1940年前后，德国的科德斯（Kordes）以玫瑰（*R. rugosa*）为母本，光叶蔷薇'Max Graf'为父本，创造性地开创了一个全新的类型——科德斯蔷薇（*R.×kordesii*），因其结合了玫瑰的耐寒性与适应性，以及光叶蔷薇优良的抗病性，成为日后科德斯公司育种的重要亲本之一。1960年前，英国的Austin以法国蔷薇'Belle Isis'为母本，丰花月季'Dainty Maid'为父本，育成了兼具古典花型和部分现代月季特征的新品种'Constance Spry'；尽管该品种保留了与法国蔷薇相同的一季开花性特征，但将欧洲蔷薇的古典花型特征融入现代月季的血液中，改变了人们对于现代杂交茶香月季"高心"花型的单一印象，成为英国月季的先驱品种。总部位于荷兰的全球知名花卉企业橙色多盟（Dümmen Orange），育成了现代切花月季'雪山'（'Avalanche＋'）及系列品种'蜜桃雪山'（'Peach Avalanche＋'）和'粉红雪山'（'Pink Avalanche＋'）等，目前是我国切花月季生产的主流品种。1980年左右，美国的Buck和加拿大的Marshall等分别用抗寒种质疏花蔷薇和*R. arkansana*与现代月季杂交，获得耐低温的聚花月季新品种'无忧女'（'Care-free Beauty'）、'Mor-den Amorettie'和'Morden Cardinette'。1988年Svejda用*R. kordesii*和'G49'杂交获得抗黑斑病和白粉病的'L83'，并具有连续开花的特性。自20世纪80年代以来，中国的月季杂交育种得到了快速发展。中国农业科学院蔬菜花卉研究所利用弯刺蔷薇、报春蔷薇等抗性种质与现代月季品种杂交，先后培育出大花耐寒品种'天山之光'和'天香'等。北京林业大学也利用远缘杂交的方法培育出一些抗性较强的月季新品种，如'雪山娇霞''一片冰心'等。云南省农业科学院花卉研究所通过杂交培育出'翡翠''粉红女郎'等色彩鲜艳的切花新品种。中国农业大学利用杂交育种手段培育出'北京红'等高抗月季新品种和'美人香''香妃''香依'等浓香型月季新品种。

此外，其他育种方法也为月季新品种的培育做出了很大贡献。例如，藤本月季的'藤和平'是Meilland育成的著名品种'和平'的芽变品种。'霞晖'是利用^{60}Co-γ射线诱变红色'Samantha'获得的复色（花瓣边缘呈深红色，花瓣背面呈淡粉色，其余部分呈淡红色）月季新品种。抗黑斑病的野生玫瑰品种通过诱导染色体加倍，不仅获得性状优良的同源多倍体植株，而且还为月季杂交育种提供了优良的亲本。对于月季分子育种，最典型的案例是日本Suntory公司通过多个基因转化在月季中实现了飞燕草素的积累，获得了花色偏蓝的转基因月季等。

9.2.2　种质资源

月季有丰富的种质资源，包括野生资源和品种资源。野生资源是指蔷薇属的种及其变种等，品种资源指占多数的现代月季品种和少部分的古老月季品种，这些种质资源既是月季育种工作的基础，也是月季育种工作的成果。

9.2.2.1　野生资源

全世界的月季野生资源丰富多样，有许多种及其变种，同时存在多种分类方法。根据俞德浚在《中国植物志》中的分类方法，月季野生资源可以分为单叶蔷薇亚属和蔷薇亚属，其中蔷薇亚属又包括9个组，下面介绍各分类单元部分重要的种及其变种。

（1）单叶蔷薇亚属　　Subgen. *Hulthemia*。单叶，无托叶；花单生；萼筒坛状，多针刺。

小檗叶蔷薇［单叶蔷薇，*R. berberifolia*（*R. persica*）］：染色体数 $2n=2x=14$。低矮铺散灌木，高 $30\sim50cm$，皮刺散生或对生于叶片基部。单叶，长圆形，无叶柄或近无柄，无托叶。花单生，花深黄色，花瓣基部红褐色，单瓣5枚，花径 $2.0\sim2.5cm$。花期 $5\sim6$ 月，果期 $8\sim10$ 月，果近球形，紫褐色。产于中国新疆。此种是独特的单叶、矮生、耐寒和耐旱种质。

（2）蔷薇亚属　　Subgen. *Rosa*。羽状复叶，有托叶；花常呈伞房状花序或单生；萼筒坛状稀杯状。

1）芹叶组，Sect. *Pimpinellifoliae*。

Ⅰ. 黄刺玫（*R. xanthina*）：染色体数 $2n=2x=14$。直立灌木，高 $2\sim3m$，枝粗壮密集。花单生，黄色，单瓣至重瓣，花期 $4\sim6$ 月，果期 $7\sim8$ 月。原产欧洲和亚洲西部，此种是培育耐旱、耐寒、耐病、抗性强、灌丛等性状的种质。

Ⅱ. 报春刺玫（樱草蔷薇，*R. primula*）：染色体数 $2n=2x=14$。直立的小灌木，高 $1\sim2m$。花单生，黄白色或淡黄色，花径 $2.5\sim4.0cm$，单瓣5枚，花期5月。果期 $7\sim8$ 月，果深红色或黑褐色。此种是春季早开花、抗旱性强的种质。原产中国。

Ⅲ. 黄蔷薇（*R. hugonis*）：染色体数 $2n=2x=14$。灌木，高 $2\sim3m$，枝粗壮，皮刺扁平，常混生细密刺。小叶 $5\sim13$ 枚。花单生，花黄色，单瓣5枚，花径5cm左右，花期 $5\sim6$ 月。果期 $7\sim8$ 月，果深绯红色。原产中国。此种是耐寒、耐旱的种质。

Ⅳ. 密刺蔷薇（英格兰蔷薇，*R. spinosissima*）：染色体数 $2n=4x=28$。矮小灌木，高约1m，花奶油色或白色、黄色，单瓣5枚，花径 $3\sim5cm$，花期 $5\sim6$ 月。果期 $8\sim9$ 月。原产欧洲和亚洲西部。此种是耐寒、耐旱、抗性强的种质。

Ⅴ. 异味蔷薇（臭蔷薇，*R. foetida*）：染色体数 $2n=4x=28$。灌木，高 $1.5\sim3.0m$，小枝细弱，红褐色，小叶 $5\sim9$ 枚，卵形。花单生，稀数朵聚生，深黄色，单瓣，异味强烈，花期6月。原产西亚。其变种有：双色异味蔷薇（*R. foetida* cv. bicolor），花瓣腹面橙红色至猩红色，背面黄色，为月季表里双色和混色系的重要种质；波斯臭蔷薇（*R. foetida* cv. persiana），花重瓣性强，金黄色，为月季黄橙色系的重要种源。此种为月季演化中的种质之一。

Ⅵ. 峨眉蔷薇（*R. omeiensis*）：染色体数 $2n=2x=14$。直立灌木，高 $3\sim4m$，花单生，白色，单瓣常4枚，花径 $2.5\sim3.5cm$，花期 $5\sim6$ 月。果期 $7\sim9$ 月，果梨形、亮红色。原产中国中西部。

2）木香组，Sect. *Banksianae*。

Ⅰ. 木香（*R. banksiae*）：染色体数 $2n=2x=14$。藤本，高达6m以上。有短小皮刺，有时枝条无刺。小叶3～5枚，有光泽。花白色或黄色，小型，多朵聚生成伞房花序，浓香，花期4～5月。原产中国中部和西部。此种是培育大型植株、藤本、浓香等性状的种质资源。

Ⅱ. 茶藤花（R. rubus）：染色体数$2n=2x=14$。匍匐藤本，茎枝长达5～6m。花10～25朵聚生成圆锥状伞房花序，花白色，花径2.5～3.0cm，单瓣5枚。花期4～6月，果期7～9月，果近球形，猩红色。产于中国南部、中西部。此种是蔓性、聚花性状的种质。

3）硕苞组，Sect. Bracteatae。

硕苞蔷薇（R. bracteata）：染色体数$2n=2x=14$。常绿灌木，高2～5m，有长匍匐枝。花单生或2～3朵聚生，花白色，花径4.5～7.0cm，单瓣5枚。花期5～7月，果期8～11月。产中国南部，日本琉球有分布。此种是常绿、大型植株种质。

4）月季组，Sect. Chinenses。

Ⅰ. 月季花（R. chinensis）：染色体数$2n=2x=14$。常绿或半常绿灌木，枝条常具有基部膨大的钩状皮刺，叶柄及叶轴上亦常有散生皮刺。奇数状复叶，小叶3～7枚，叶片光滑无毛。自然条件下花期4～10月，花单生或数朵簇生，单瓣或重瓣。花径5cm，不香或微香，花有红色、粉色、近白色等多种颜色。果卵形，9～12月成熟。原产中国，约1768年传入欧洲。此种是培育现代月季最重要的种源。其变种有小月季、绿月季和'月月红'。

Ⅱ. 巨花蔷薇（R. gigantea）：染色体数$2n=2x=14$。藤本，茎枝长可达15m。花大，花径10～13cm。花奶白色，芳香，单瓣，大花，花径10～13cm。原产中国云南，是月季演化的重要种源，也是培育大型植株和大花月季品种的种质材料。

5）桂味组，Sect. Cinnamomeae。

Ⅰ. 玫瑰（R. rugosa）：染色体数$2n=2x=14$。直立灌木，高2m左右，茎粗壮，丛生，密生皮刺。小叶5～9枚，椭圆形至倒卵圆形，叶面深绿色，无毛，有皱褶；叶背灰绿色，密被茸毛和腺毛。花单生或数朵聚生，花紫红色或白色，浓香，花期5～6月。原产中国北部，以及日本和朝鲜。此种是培育耐寒、耐旱、耐病等抗性强、玫瑰浓香品种的种质材料。

Ⅱ. 山刺玫（R. davurica）：染色体数$2n=2x=14$。直立灌木，高约1.5m。花单生或2～3朵聚生，粉红色，单瓣5枚，花径3～4cm，花期6～7月，果期8～9月。果近球形，红色。此种是抗寒和果含丰富维生素C的种质。原产亚洲东北部，中国黑龙江、吉林、辽宁、内蒙古、河北等地有分布。

Ⅲ. 刺蔷薇（R. acicularis）：染色体数$2n=8x=56$。灌木，高1～3m，小枝红褐色。花单生或2～3朵聚生，花粉红色，芳香，花径3.5～5.0cm，单瓣5枚，花期6～7月。果期8～9月，果梨形，红色有光泽。分布于亚洲东北部、北欧、北美。此种是倍性遗传研究和抗寒种质。

Ⅳ. 美蔷薇（R. bella）：染色体数$2n=4x=28$。灌木，高1～3m，花单生或2～3朵聚生，粉红色，花径4～5cm，单瓣5枚，花期5～7月。果期8～10月，果猩红色。产中国北部。此种是香花和果用种质。

Ⅴ. 华西蔷薇（R. moyesii）：染色体数$2n=6x=42$。灌木，高3～4m。花单生或2～3朵聚生，花深红色，单瓣5枚，花径4～6cm。花期6～7月，果期8～10月。原产中国西部（云南、四川、陕西）。此种是倍性遗传研究和砧木种质。

Ⅵ. 疏花蔷薇（R. laxa）：染色体数$2n=2x=14$。灌木，高1～2m。花多朵聚生，花期6～8月，花白色，单瓣5枚，花径3cm左右。果期8～10月，果倒梨形。产中国新疆阿尔泰山，西伯利亚中部有分布。此种是抗寒和聚花种质。

Ⅶ. 弯刺蔷薇（R. beggeriana）：染色体数$2n=2x=14$。灌木，高1.5～3.0m，分枝较多，

有对生或散生浅黄色镰刀状皮刺。花数朵或多朵聚生，呈伞房状或圆锥状花序，极少单生，花白色，单瓣 5 枚，花径 3cm 左右，花期 5～7 月。果期 8～10 月，果近球形，红色。原产中国西部，伊朗、阿富汗也有分布。此种是耐寒、耐旱、抗性、聚花种质。

6）金樱子组，Sect. *Laevigatae*。

金樱子（刺梨子、山石榴、山鸡头子、和尚头、唐樱莨、油饼果子，*R. laevigata*）：染色体数 $2n=2x=14$。常绿藤本，高达 5m。小叶革质，通常 3 枚。花单生，白色，花径 5～7cm，单瓣 5 枚，花期 4～6 月。果期 7～11 月，果梨形至倒卵形，紫褐色。产中国。此种是常绿、藤本、大型植株、观果种质。

7）小叶组，Sect. *Microphyllae*。

缫丝花（*R. roxburghii*）：染色体数 $2n=2x=14$。灌木，高 1.5～2.5m。花单生或 2～5 朵聚生，花粉红色或浅红色，花径 5～6cm，单瓣至重瓣，花期 5～7 月。果期 8～10 月，果扁球形，黄色。产于中国西部和南部，是观花、观果、果用（富含维生素 C）种质。

8）蔷薇组，Sect. *Rosa*。

Ⅰ．法国蔷薇（*R. gallica*）：染色体数 $2n=4x=28$。直立灌木，高约 1.5m，茎枝散生钩刺和刺毛。小叶 3～5 枚，长圆形，叶面暗绿色有皱褶，叶背浅绿色有柔毛，重锯齿，托叶有腺齿。花期 6 月，花单生或 3～4 朵聚生，花粉红色或深红色，半重瓣或重瓣。原产欧洲和西亚，是月季演化的重要种源。

Ⅱ．突厥蔷薇（*R. damascena*）：又称大马士革蔷薇，染色体数 $2n=4x=28$。灌木，高约 2m。茎枝多刺，小叶通常 5 枚，稀 7 枚，叶面光滑，叶背密被柔毛。花期 6 月，花 6～12 朵聚生成伞房状花序，花粉色，浓香。原产小亚细亚。其变种有变色突厥蔷薇（*R. damascena* cv. *Versicolor*），花白色、淡粉色或桃红色。此种是月季演化中重要的种质之一。

Ⅲ．叶蔷薇（*R. centifolia*）：染色体数 $2n=4x=28$。灌木，高 2～3m，小枝上有大小不等的皮刺。小叶 5～7 枚，长圆形，叶面无毛，叶背有柔毛。重瓣花单生，花梗细长密被腺毛；萼片卵形，先端叶状；花粉红色，芳香。原产高加索。其变种有绿苔蔷薇（*R. centifolia* cv. *muscosa*）。此种也是月季演化中的种质之一。

9）合柱组，Sect. *Synstylae*。

Ⅰ．野蔷薇（*R. mutiflora*）：染色体数 $2n=2x=14$。落叶蔓性灌木，茎枝长 3～7m。小叶 7～9 枚，倒卵形至长圆形。花期 5～6 月，花多朵聚生成圆锥花序，花单瓣或重瓣，花白色。耐寒性强，在华北可露地越冬，原产中国和日本。其变种有粉团蔷薇（*R. mutiflora* cv. *cathayensis*），花粉红色。此类是重要的砧木，也是培育大型植株、蔓性、耐寒月季品种的优质种源。

Ⅱ．麝香蔷薇（*R. moschata*）：染色体数 $2n=2x=14$。藤本，茎枝长达 3～12m。花白色，花径 3～5cm，单瓣 5 枚，芳香，常 7 朵以上聚生成伞房花序，花期 6～7 月。果小，卵圆形。分布在欧洲南部、非洲北部、伊朗至印度北部。此种是培育大型植株、蔓性和聚花品种的种质，也参与了月季的演化。

Ⅲ．光叶蔷薇（*R. wichuraiana*）：染色体数 $2n=2x=14$。蔓性灌木，伏地蔓生，长 3～5m，散生钩刺。小叶 5～7 枚，深绿无毛，有光泽。花多朵聚生成伞房花序，有香味，花期 4～7 月。果期 10～11 月，果球形。原产亚洲东部。此种是培育蔓性藤本月季的种质。

Ⅳ．软条七蔷薇（*R. henryi*）：染色体数 $2n=2x=14$。藤本，高 3～5m，有长蔓枝。花 5～15 朵聚生成伞房花序，花白色，单瓣 5 枚，花径 3～4cm。产于中国中南部。此种是藤本、聚花和浓香性状的种质。

9.2.2.2 品种资源

目前,月季品种根据种源、株型、花型及开花习性等特点有多种分类方法。1988年中国花卉协会月季分会综合了美国月季协会(American Rose Society,ARS)和世界月季联合会(World Federation of Rose Societies,WFRS)的分类方法,将月季品种划分为杂种香水月季(HT.)、聚花月季(F.或Fl)、微型月季(Min.)和藤本月季(Cl.)。在此基础上又总结出更为实用的现代月季八大系统,介绍如下。

(1)灌丛月季(灌木型月季) Shrub(shrub rose),简称S.。植株在紧凑型和松散型之间,高度一般超过150cm。花期长,四季开花,或一年二季开花。品种有'红色达芬奇'('Red Leonardo da Vinci')、'伯尼卡'('Bonica')、'白米农'('White Meidiland')等。

(2)杂种香水月季(杂交茶香月季) Hybrid tea(hybrid tea rose),简称HT.。植株紧凑型,矮丛灌木,高度一般在60~150cm,植株大而挺拔,枝条粗壮而长。花单生,大型花,直径一般大于10cm,重瓣,花型优美,花色丰富多彩,芳香浓郁,四季开花。品种最多,有'和平'('Peace')、'红双喜'('Double Delight')等。

(3)聚花月季(丰花月季) Floribunda,简称F.或Fl.。植株紧凑型,矮丛灌木,高度一般在60~150cm,植株中等,茎枝分枝多,植株耐寒性、抗病性等强。花中型,花径5~10cm,花朵多、聚生、成束开放,具花色丰富、花耐开等特点。品种较多,有'杏花村'('Betty Prior')、'金玛丽'('Goldmarie 82')等。

(4)微型月季 Miniature rose,简称Min.。植株矮小,株高和冠幅约20cm,枝条细小。花小型,直径约3cm,多为重瓣,枝密花多,常成束开花。代表品种有'小假面舞会'('Baby Masquerade')、'微型金丹'('Colibri')等。

(5)藤本月季(攀缘月季、杂交藤本月季) Climber,简称Cl.。植株松散型,藤本,高度一般超过2m,一季开花或二季开花,也有四季开花品种。晚春至初夏开花,常成束开放,晚秋开花较少。代表品种有'龙沙宝石'('Pierre de Ronsard')、'光谱'('Spectra')等。

(6)蔓性月季(地被月季) Rambler(grand cover rose),简称R.。藤本,植株蔓生型,茎枝匍匐生长。花多朵聚生,成束开放,一般抗病性较强。品种较少,代表品种有'蓝蔓月季'('Veilchenblau')、'道潘金'('Dorothy Perkins')等。

(7)小姐妹月季 Polyantha,简称Pol.。植株紧凑,矮灌丛,株高100cm左右,枝细,叶小。花小,直径2.5cm左右,重瓣,花多朵聚生成大簇,四季开花,抗寒性、耐热性较强。代表品种有'小仙女'('The Fairy')、'橙柯斯特'('Margo Koster')等。

(8)壮花月季 Grandiflora,简称Gr.。灌木,植株紧凑型,长势特别旺盛,植株比杂种香水月季更高大,一般高1.5m以上,更健壮。花朵近于杂种香水月季,花大型,直径一般10cm以上,通常多花聚生,抗病性、耐寒性较强。目前品种较少,代表品种有'白雪山'('Mount Shasta')、'伊丽莎白女王'('Queen Elizabeth')等。

9.2.3 育种目标及其遗传基础

现代月季的遗传背景非常复杂,因此过去对月季遗传特性仅有碎片化的认识。近年来,随着'月月粉'基因组序列的发布及月季基因组多样性的深入分析,研究者发现现代月季基因组存在所谓的马赛克起源,即来源于多个种质的基因组片段出现在现代月季基因组中,呈现出高度混杂的特征。同时,由于在育种早期,来源于中国的亲本被反复使用,现代月季在基因组混杂的同时，多样性显著降低。对于育种者而言，需要通过对新种质特别是野生种质的应用，实现突破性品种的培育。

9.2.3.1　开花习性

月季的开花习性有一季开花和多季开花，其中多季开花是现代月季的重要特征之一。因此多季开花性状始终是月季育种的首要目标。一季开花相对于多季开花为显性，当一季开花与多季开花的品种杂交时，后代多数表现为一季开花的性状；当多季开花的品种间进行杂交时，后代多数表现为四季开花性状。随着对月季开花习性的深入研究，发现月季中与拟南芥 *TFL1*（*Terminal Flower 1*）同源的 *RoKSN*（*Koushin*）基因参与调节月季的连续开花性，但形成连续开花的机制目前尚未完全清晰。

9.2.3.2　花型

月季中被普遍认可的最佳花型为高心杯状，因此这也成为月季育种的重要目标。高心杯状的性状具有强遗传性，选择父母本都为高心杯状花型的品种进行杂交，其后代的花朵也多表现为高心杯状。此外，花朵大小与花瓣数量也是影响月季花型的两个重要因素，月季花大瓣多可以大大提高其观赏性。按花朵大小，月季可以分为大花型、中花型和小花型。如果父母本都是大花，杂交后代多为大花；父母本都为小花，杂交后代多为小花；父母本分别是大、小花时，杂交后代则多为中花，这非常符合数量性状遗传规律。按花瓣数量月季可以分为单瓣、半重瓣和重瓣月季。目前在月季中已经发现多个决定花瓣数量的主效基因，如调控花器官发育的ABC模型中的A类基因 *RcAP2L*（*APETALA2-like*）和C类基因 *RhAG*（*AGAMOUSE*）等。

9.2.3.3　花色

花色是月季的重要观赏性状之一，因此改良花色是月季育种中重要的目标。月季花色极其丰富，包括红色系、粉色系、黄色系、橙色系、白色系、绿色系、紫蓝色系、复色系和表里双色（花瓣正背面颜色不同）、混色（含变色、镶边色、斑纹嵌合色），但缺少真正的蓝色、黑色及多层次混色等珍奇品种。花色的物质基础是花色素，主要有类胡萝卜素、类黄酮、生物碱类色素和叶绿素，目前已克隆到很多与月季花色素代谢相关的基因。通过月季遗传连锁图谱定位到一个控制月季花粉色的基因 *Blfa1*；多个控制 β- 胡萝卜素和 ζ- 胡萝卜素含量的QTL；还有控制花青素苷合成的主效基因 *DFR*（编码二氢黄酮醇还原酶）、*F3H*（编码黄烷酮 3- 羟化酶）和 *bHLH*（编码转录因子）等。

9.2.3.4　花香

花香是月季的重要性状，能给人们带来愉悦的感官享受。然而，现代月季品种多数没有香味或香味很淡，因此培育浓香月季品种对提高月季的观赏品质十分重要。月季的花香物质由数百种挥发性化合物组成，主要分为萜类、苯丙烷类和脂肪酸衍生物。月季中花香物质的合成途径非常复杂，其完整的代谢途径尚不清楚。目前在月季香叶醇的代谢途径中发现编码苯甲基醇乙酰转移酶的基因 *BAAT* 和编码香叶醇/香茅醇乙酰转移酶的基因 *RhAAT* 参与乙酸香叶酯和乙酸香茅酯的合成。同时，还发现了一条特有的由磷酸水解酶（nudixhydrolasel，RhNUDX1）介导合成香叶醇的新途径。此外，1,3,5- 三甲基苯是月季花香物质中含量丰富的成分之一，目前已发现 *POMT*、*OOMT1* 和 *OOMT2* 等基因调控其的形成。

9.2.3.5 抗性

月季虽然具有品种繁多、花型优美、花期较长等优点，但也面临着各种极端环境温度和病虫害的威胁，造成产量和品质的下降。因此，抗寒、抗高温、抗病虫害等就成为月季非常重要的育种目标。月季抗寒性的遗传力较强，一般抗寒品种与不抗寒品种杂交，后代的抗寒能力多介于两个亲本之间，少数接近抗寒亲本，而且抗寒品种作为母本将抗寒性状遗传给后代的能力比其作为父本更强。黑斑病和白粉病是月季常见的两种病害，也是月季抗病育种的主要目标。目前已经在月季中克隆到与抗黑斑病相关的基因 *Rdr1*、*Rdr3*，抗白粉病相关的基因 *Mlo1*（*Mildew Locus O 1*）、*Mlo2* 等。

除上述这些已知调控目标性状的基因外，近年来还有一些新基因的功能被解析（表9.3），丰富了月季目标性状改良的基因储备。

表9.3　基因对性状的控制

基因名	调控相关性状	参考文献
RhMYB123	花器官发育	Li et al.，2022
RcPIF1，*RcPIF3*，*RcPIF4*，*RcCO*	开花时间	Sun et al.，2021
RcTLP6	耐盐性	Su et al.，2021
RcWAK4	葡萄孢菌抗性	Liu et al.，2021
RcMYB84，*RcMYB123*	灰霉病抗性	Ren et al.，2020
RhHB1，*RhLOX4*	失水胁迫	Fan et al.，2020
RcWRKY41	灰霉病抗性	Liu et al.，2019
RhPAAS	月季花瓣中2-苯乙醇的生物合成	Roccia et al.，2019
RcTTG2	皮刺密度	Saint-Oyant et al.，2018

9.2.4　生殖生物学特征

生殖是生物的最基本特征之一，是生物体繁衍后代、物种延续的重要过程。月季的生态习性、花、果、种子、传粉等生殖生物学特征，蕴含着其"传宗接代"的方式和规律，是月季新品种培育的理论依据和实践指导。

9.2.4.1　生态习性

生态因子中光、热、水是月季赖以生存的基本条件，土壤是生长的基础。月季喜阳光充足，不耐阴，最适光照强度为1万～5万lux。日照时间长度也会影响月季的生长发育，长日照可以减少月季花芽败育，使花期提前，花朵增大。月季喜温暖，但又不耐高温，最适昼温20～25℃，最适夜温13～18℃。月季植株在冬季温度持续低于5℃和夏季温度持续高于30℃时停止生长，发生被迫休眠。较高的昼夜温差可以加速月季的生长发育，使月季开花快，花瓣少，花期短；较低的昼夜温差则使月季开花少、花枝短、花瓣多、花畸形等。月季是喜水又怕涝的植物，土壤水分不足会影响月季的生长及其产量和质量；相反，土壤水分过多又会造成根系通气不足而影响根系生长。对于月季生长发育所需湿度，露地栽培条件下85%左右最佳，但设施栽培条件下不能高于75%，以防引起白粉病、黑斑病。月季在砂壤土、黏壤土上均可栽培，以pH 5.5～6.5、土层深厚、结构疏松、排水良好的微酸性砂壤土最好。

9.2.4.2　花部结构

月季的花是最重要的观赏器官，为两性花，多数由萼片、花瓣、雄蕊、雌蕊组成，单生或数朵组成伞状或伞房状的有限花序。月季花朵的大小差异很大，根据花朵直径大小分为大型（＞10cm）、中型（5～10cm）、小型（3～5cm）和微型（＜3cm）。月季的花瓣形状按花瓣本身轮廓即平面形状分为圆瓣（纵径与横径相等）、圆阔瓣（纵径小于横径）、长阔瓣（纵径大于横径）、扇形瓣（上宽下窄）、波形瓣；按立体形状分为翘角状、卷边状、平瓣状。月季花瓣数通常为5至上百瓣，根据花朵花瓣的多少，常分为单瓣（＜10瓣）、半重瓣（10～20瓣）、重瓣（＞20）（图9.3）。一般单瓣和半重瓣品种结实性强，重瓣品种多出现雄蕊或雌蕊瓣化，导致雄蕊或雌蕊发育不正常。月季的花型从盛开花的立体角度分为盘状型、杯状型。现代月季的花型描述是综合花的外形、花瓣形状及心瓣初放时是否高心而分，包括高心翘角杯状型、高心卷边杯状型、翘角盘状型、卷边盘状型、平瓣盘状型等。

图9.3　月季的瓣性

9.2.4.3　传粉方式

月季的花是完全花，可以自花授粉，也可由风媒或虫媒传播花粉。月季原种为自花授粉，古代月季或现代月季品种几乎都是通过异花授粉获得的杂合体。培育月季新品种时，也可采用人工授粉。月季开花期可分为开花初期（含苞待放，外轮花瓣有1～2片展开）、开花盛期（花瓣展开，刚刚露出雄蕊和雌蕊，雄蕊开始散粉，雌蕊柱头分泌黏液）和开花末期（雄蕊花柱枯萎，花瓣松散）。杂交育种时，通常在开花初期去雄，开花盛期授粉。

9.2.4.4　结实特性

月季花后多能结实，花托膨大与萼筒、子房构成聚合瘦果，俗称蔷薇果。果实形状分为扁球形、圆球形、纺锤形、梨形、倒梨形等。果实颜色分为黄、橙红、红、黑紫等色。果实成熟后，种子处于休眠状态，一般采用1～5℃低温沙藏处理约50d的方法解除种子休眠。

9.2.5 育种方法

9.2.5.1 引种

引种在月季栽培和演化史上发挥了非常重要的作用，它打破了月季种质资源的地域限制，使中国月季和欧洲的蔷薇有机会杂交，后经不断选育产生现代月季。20世纪80年代初期，我国引进了100多个月季切花品种，其中黄色系的'金奖章'、白色系的'坦尼克'等仍是现在的主栽品种。随着国外品种的不断引进，不仅丰富了我国月季种质资源，而且还更新了月季的主栽品种。目前我国推广应用的月季品种主要来源于引种。

月季引种的方法遵循一般的引种原则，首先根据本地区的需求确定月季引种的类型及品种。其次进行引种试验，从小面积到中面积逐级扩大种植面积，并测试引进的月季品种是否符合本地区的栽培环境和市场需求。然后将引种试验选中的品种大面积栽培应用，其中抗逆性强、观赏性佳、市场需求度高的品种可以扩大繁殖并推广应用。

9.2.5.2 杂交育种

直到现在杂交育种仍然是选育月季新品种的主要方法。杂交亲和性是月季杂交育种工作成败的关键，其中亲本的选配、倍性及花粉的活力是主要的影响因素。亲本选配时父母本亲缘关系越近越好，远缘杂交的成功率非常低。月季杂交育种中花瓣多的品种最好不要用作父本，因其往往没有雄蕊或雄蕊很少，且获得的花粉少、活力差。花粉活力是指花粉萌发和发育的能力，大多数现代月季品种的结实率与父本花粉活力呈正相关，通常花粉活力高的品种作为父本会相应提高杂交结实率。不同杂交组合之间的结实率存在一定的差异，平均结实率不低于30%的现代月季杂交品种适宜作杂交亲本。此外，杂交亲本的倍性对亲和性影响也较大，同倍性的亲本杂交亲和性更好。月季杂交种的具体步骤和方法如下。

（1）制定育种目标　　根据某地区自然、栽培和经济条件，对计划选育的月季新品种提出应具备的优良性状，如抗病、耐高温、浓香等。

（2）亲本选配　　亲本的选择取决于育种目标，选择具有育种目标所要求的性状，而且优良性状突出，双亲倍性一样，花期相遇。一般以雌蕊正常、结果性好、生长势良好的无病植株为母本，雄蕊花粉正常发育的为父本。

（3）去雄　　对于春季一季开花、春秋二季开花和四季开花的月季，杂交育种都首选第一批春花。此时花期稳定，亲本花期容易相遇，授粉及果实发育环境条件最佳。在盛花期时，每天上午10时之前将母本植株上发育正常、当天或次日要开的花苞用镊子或手去掉花瓣、萼片，再去掉雄蕊并马上套袋（硫酸纸袋等）隔离，以防自然授粉混杂。

（4）采花粉　　通常授粉前一天，从父本植株上选择发育正常、次日或当天要开的花苞采收雄蕊花药，放入容器于室内晾干，待花药自然开裂、花粉散出后备用。当亲本花期不遇时，可以将花粉保存在-20℃环境中，一般可保存一个月。

（5）授粉　　一般在去雄后次日10时以前进行，此时母本雌蕊柱头已分泌黏液，用干毛笔等授粉工具将父本花粉涂于柱头上，然后套袋并注明杂交的父母本名称、杂交日期。授粉后大约7d，柱头枯萎，花托膨大，说明杂交成功，可去掉纸袋。授粉后约20d统计坐果率，随后正常栽培管理。

　　在月季远缘杂交时，也可以采用混合授粉法（不去雄直接授粉）提高杂交的成功率。虽然用这种方法获得的杂交果混有大量自交种子，但可以通过遗传标志性状来鉴别真假杂种。

　　（6）播种　　月季果实通常秋末冬初成熟，收获的杂交果先去掉果肉取出种子，然后用水选法保留有种仁的种子，接着将这些种子在 1～5℃进行低温湿沙藏处理约 2 个月，其机制是使果皮软化，种子的 ABA 含量下降，种子后熟。因萌发不整齐，沙藏的第一个月应每隔二周检查一次种子萌发情况，沙藏的第二个月每隔一周检查一次种子萌发情况，有露白的种子要及时移入土中，在温室中培养，正常温、水、肥管理。

　　（7）选择　　月季杂交育种一般在杂交第一代（F_1）植株群体中，按照育种目标选择优株。筛选新品种时，关于花发育的性状不能参考播种后第一次花的表型，由于种子营养的缺乏，第一次开的花往往畸形的比较多，可以详细记录第二次开花的表型；关于开花习性，播种幼苗长出 5～10 片真叶时即开花者为四季开花植株，否则为一季或二季开花种；关于花色、花香，可以参考幼苗第一次开花时的表现，因为花色、花香性状在此时已充分体现。幼苗在繁殖圃的第 1～2 年中经过一次选择，然后对初选优株进行高接或扦插，再次选择，这样经过约 3 年的多次选优去劣，直到符合育种目标的性状稳定，最后选出优良的月季新品种。

9.2.5.3　诱变育种

　　月季的诱变育种包括物理诱变和化学诱变。国内的月季诱变育种主要采用物理诱变中的射线诱变即辐射育种。射线包括 X 射线、β 射线、γ 射线和中子等。国内外多采用 ^{60}Co-γ 射线进行辐射诱变育种，包括辐射处理月季的枝芽、种子、花粉等。据不完全统计，1966～2021 年我国通过物理诱变培育出不同花色、藤本、抗性强等月季新品种 35 个，具体方法与步骤如下。

　　（1）选择亲本材料　　选用综合性状好、个别性状需要改善的优良品种和品系，以便培育出综合性状好且具有特异性状的新品种；选择发育良好的植株、枝芽、种子、花粉作为处理材料，以便突变材料生长发育良好，有益性状表现充分；选用遗传背景复杂和具有育种目标遗传变异基因的品种或品系，以便获得多样性的突变体。

　　（2）辐射处理　　月季辐射处理一般采用外部急照射方法。生长状态的植株、枝芽，适宜的处理剂量一般为 2～3krad[①]；休眠状态的植株、枝芽的适宜剂量为 3～4krad；沙藏种子一般为4～5krad。处理后，植株进行定植，枝芽进行嫁接或扦插成苗，种子进行播种。

　　（3）选择突变体　　月季辐射处理后，只有个别芽内分生组织的个别细胞发生突变。由于被处理的芽在萌发抽枝生长过程中发生突变的细胞与正常细胞相比往往生活力弱，分裂较慢，生长发育较慢，突变表型容易被掩盖。因此，当被处理芽长出的 V1 枝及其花没有表现出突变性状时，则修剪 V1 枝产生 V2、V3 分枝，这样利于突变分离，使突变组织的表型充分表现出来。一般在整个生长开花期都要对 V1、V2、V3 枝进行细致的观察选择。一旦发现突变，要将突变枝剪下来进行嫁接或扦插，繁殖无性后代。然后进行突变体与原品种的比较测试，当突变性状稳定后成为新品种。

9.2.5.4　芽变选种

　　芽变选种是指利用植株在自然界有益变异的枝、芽进行无性繁殖，使之性状固定，然后通过比较鉴定培育成新品种的过程。我国月季品种丰富，芽变频率较高，极大地提高了芽变选种的机会。例如，芽变选种选育出的'女王之王'，其亲本是'伊丽莎白女王'；芽变品种'冰

---

① 1krad=10Gy

清'，其亲本是'Olijiglu'；芽变品种'米雅'，其亲本是'法国红'等。月季芽变选种时，应根据芽变规律，在月季生长开花季节仔细观察各种性状，从大量植株群体中，选择芽变的枝或单株；通过嫁接、扦插等无性繁殖方法，使芽变分离、纯合、稳定；再与原品种比较测试，筛选出优良的芽变新品种。

9.2.5.5 倍性育种

倍性育种技术是农业育种中广泛应用的一种育种手段。目前诱导产生多倍体的方法主要包括物理方法、化学方法、胚乳培养、花药和体细胞杂交等。月季的倍性育种常采用化学方法诱导，多采用秋水仙素和除草剂类如安磺灵等化学药剂，诱变材料一般选择愈伤组织、种子、生长点等。不同植物对化学诱变剂的敏感程度存在差异，所以合适的化学诱变剂浓度与处理时间是诱导多倍体植株的关键。

月季育种中，杂交育种与倍性育种通常结合使用。月季的倍性复杂多样，从二倍体到八倍体都有覆盖。月季的野生种多为二倍体，而现代月季多为四倍体，两者杂交就会产生不育的三倍体后代。因此，如果育种目标是将野生种的优良性状转移到现代月季品种中，就需要通过倍性育种的方式先将野生种进行加倍，然后再进行杂交育种，这样可以大大提高杂交效率和杂交后代的可育性。北京市园林科学研究院以藤本月季'多特蒙德'和'至高无上'为母本，以染色体加倍的多花蔷薇为父本，杂交获得7个抗病能力强、观赏性状优良，并且经检测为四倍体的植株，可用于今后的现代月季抗黑斑病育种计划。

9.2.5.6 分子育种

分子育种是指利用分子生物学技术从分子水平进行新品种的选育工作，包括分子标记辅助选择和基因工程。对于月季而言，分子育种可以直接选择控制目的性状的基因，大幅度提高育种效率，缩短育种年限，是非常具有应用前景的育种技术。迄今为止，分子育种已经在月季花瓣的数量、花色、花香、抗性等方面有所涉及，但由于现代月季栽培品种基因组信息的缺乏和转基因技术的落后，使得通过分子育种来培育应用于市场的月季新品种的进展缓慢。在月季育种中所使用的分子育种技术主要为分子标记辅助育种和转基因育种。

（1）分子标记辅助育种　　分子标记技术应用于月季育种工作，不仅能帮助育种人员了解月季基因DNA多态性，简化性状基因型鉴定，而且能提高育种效率，节省育种所需的人力、物力和时间。在过去，由于月季基因组信息的缺乏，分子标记的开发和应用一直很缓慢。直到2018年Raymond和Saint-Oyant等发表了二倍体古老月季'月月粉'的高质量基因组序列，才使月季基因组学研究有了重大突破。目前利用全基因组重测序技术，可以构建月季超高密度遗传连锁图谱，开发出数以万计的单核苷酸多态性（single nucleotide polymorphism，SNP）。这些遗传图谱和分子标记将有助于在月季中使用QTL和全基因组关联分析，以识别和定位基因组中与农艺或观赏性状关联的区域，为月季基因功能研究和分子育种奠定基础。2021年，北京林业大学基于四倍体月季超高密度遗传图谱的分析，鉴定获得与类黄酮和类胡萝卜素关联的4个连锁群。

（2）转基因育种　　虽然月季转基因育种目的性很强，可以做到目标性状的精准改良，但由于月季稳定转基因体系还不成熟，所以月季转基因育种的进程较慢。日本Suntory公司与澳大利亚Florigene公司成功利用转基因技术培育出偏蓝色月季，并于2009年在日本上市，这是月季分子育种史上标志性的成果。此后，日本Suntory公司利用转基因手段又相继培育出花瓣为波浪状和完全萼片化的月季新品种。

随着科技的进步和基础研究的深入,月季各种生理生化过程的分子机制也逐渐被解析。例如,RcSPL家族成员可能参与调控月季花粉形成和开花时间;月季膜定位的MYB转录因子RhPTM(PM-tethered MYB)在水通道蛋白RhPIP2;1的调控下C端入核响应干旱胁迫;RhPMP1(petal movement-related protein 1)通过上调细胞周期APC/C复合体亚基RhAPC3b的表达,导致花瓣基部不对称生长,调节花朵开放等,这都为月季的分子育种提供了理论依据和基因储备。

CRISPR/Cas(clustered regularly interspaced short palindromic repeat)是近年出现的一种强大的对基因进行精准定点编辑的技术,目前在植物基因功能研究和遗传改良中已被广泛应用。2022年,中国科学院高彩霞和邱金龙就利用CRISPR/Cas9技术,在六倍体小麦中成功实现了对MLO基因的三个拷贝同时编辑,并由此获得抗白粉菌和高产的小麦新材料'Tamlo-R32',打破了小麦抗白粉菌的育种瓶颈。此外,CRISPR/Cas技术在改良水稻、玉米、黄瓜、番茄、草莓等作物的产量、品质、抗病性及功能研究方面都起重要作用。目前,CRISPR/Cas基因编辑技术已在月季愈伤组织中运用,但在月季植株中作用的技术体系仍需继续完善。

总之,虽然目前分子育种还存在很多不足,但其相对传统育种的优势显而易见,因此其具有广阔的发展和应用前景,相信在不久的将来,通过对月季转基因技术和基因编辑技术的优化和改良,可以大大提高月季分子育种的效率。

9.2.6　良种繁育

月季良种繁育是从月季新品种选育产生后到大量推广应用的重要中间环节,它的目标和任务是提供符合产品质量标准的生产用月季品种苗木,保持种性、防止品种退化、提高繁殖系数。具体措施和方法如下。

9.2.6.1　扦插繁殖

扦插是应用历史最久、最为普遍的一种月季繁殖方法,一年四季均可进行。月季扦插繁殖时,首先应当选择生长发育良好且无病虫害的枝条作为插条,插穗长度以5～15cm为宜,一般保留2～3个芽点,除去枝条下部的叶及叶柄,保留顶部复叶上靠近主叶柄基部的两片小叶,其余叶片全部剪除。通过这两片小叶维持的蒸腾作用,可以促进插条吸水,利于扦插成活。通常采用的扦插基质需要具有良好的通气和持水能力。此外,IBA、NAA等外源生长素的使用可以在一定程度上提高扦插成活率,但品种间差异较大。

9.2.6.2　嫁接繁殖

嫁接是繁殖月季的重要方法之一。对于扦插不易生根或对生产品质要求较高的月季品种,为了得到健壮的根系以保证植株生长得到充足的养分,使用嫁接苗繁殖就显得至关重要。首先,嫁接砧木的选择是保证后续嫁接工作顺利开展的基础。一般来说,砧木植株根系发达,具备较强的抗病虫害和环境的适应能力,繁殖能力强,易于得到大量的砧木苗。目前国内外常用的砧木品种主要有无刺野蔷薇(*R. multiflora* 'Thronless')、粉团蔷薇(*R. multiflora* var. *cathayensis*)、山木香/小果蔷薇(*R. cymosa*)、纳塔尔蔷薇(*R. multiflora* 'Natal Briar')、狗蔷薇(*R. canina*)、疏花狗蔷薇(*R. canina* 'Laxa')等。影响嫁接成活的因素很多,其中砧木与接穗的亲和力、温度、湿度和光照等条件都影响嫁接成活率。

9.2.6.3 压条繁殖

压条繁殖是适用于扦插难以生根的月季品种的高效、简便的繁殖方法。对月季进行压条繁殖，首先要注意选择生长粗壮、无病虫害的枝条；然后在距离母株10cm左右的位置进行环剥。将底部的树皮刮掉，宽度保持在2cm左右，露出枝端即可。然后在环剥处涂抹适量的生根剂，再将其压入土壤中；或使用透气的材质装入基质，然后包裹环剥处，将两端扎紧等待生根。当发现枝条生根且长出新叶之后，将其从母株分离。

9.2.6.4 组织培养快速繁殖

用组织培养方式繁殖月季可有效缩短快繁时间，保持良种的遗传特性，并且可获得无病毒苗，解决良种更新复壮的问题。月季组培快繁多采用当年生枝条为外植体，一般选择花后5~7d的新生枝条，去除上部不饱满芽及底部的基芽，保留最饱满的中部芽。月季组培常用的基本培养基有MS、SH等；细胞分裂素有TDZ、ZT、KT、6-BA等；植物生长素有NAA、IBA、2,4-D等。其中，前期初代培养中的细胞分裂素浓度不宜过高，否则将出现畸形苗或玻璃状苗，而在后期的继代培养中，较高浓度的6-BA对丛生芽诱导效果更好。生根培养时激素的选择多以NAA、IBA为主，多数月季品种的组培苗使用IBA、NAA的生根率可达到85%~95%。然而，不同品种对培养基组分会产生不同的反应和效果，因此需要针对不同品种筛选最适的培养基组分。

（周晓锋）

9.3 杜鹃花遗传育种

杜鹃花是杜鹃花科（Ericaceae）杜鹃属（*Rhododendron*）植物的泛称，是我国十大传统名花之一，素有"花中西施"的美誉，其种类繁多，色泽丰富，极具观赏和应用价值，深受世界人民喜爱，在园林绿化和盆栽观赏中广泛应用。杜鹃花还具有食用、药用、精油提取等经济价值和工业应用价值。杜鹃花产业历经近百年的积累和发展，已成为全球观赏植物种植业中具有重要地位的产业。据统计，全球杜鹃花产业生产总值超过50亿美元。杜鹃花产业的发展归功于杜鹃花遗传育种工作，特别是欧美、日本等国家或地区在宏观和微观领域均有比较深入的研究。目前世界上育成的杜鹃花品种超过3万个，是数量上仅次于月季的木本花卉。我国杜鹃花育种起步较晚，但日渐引起重视，近年来在种质资源保育、挖掘、新品种选育、遗传机制研究等方面均取得了可喜进展。

9.3.1 育种简史

我国是世界上最早引种栽培杜鹃花的国家，早在唐代，诗人白居易就在《喜山石榴花开》中首次记录了映山红（*R. simsii*，山石榴）引种栽培并获得成功的个案。19世纪，第一个杜鹃花杂交种在英国诞生，记录为'azaleodendron'，是彭土杜鹃（*R. ponticum*）和火焰杜鹃（*R. calendulaceum*）的一个杂交种。1834~1835年，Waterer在英国将高加索杜鹃（*R. caucasicum*）和大树杜鹃（*R. protistum*）杂交，培育出了能在圣诞开花的耐寒杜鹃花品种'Nobleanum'，这对杜鹃花育种具有里程碑意义。1860年以后，诸多植物学家从我国采集大量的杜鹃花野生资源，杜鹃花杂交育种得到了快速发展。进入20世纪，杜鹃花育种的集中地由英国逐渐扩展到北美、德国、比利时等国家，来自中国的云锦杜鹃（*R. fortunei*）、腺柱杜鹃（*R. guizhongense*）及圆叶杜鹃（*R. williamsianum*）是当时杜鹃花育种的著名亲本，对杜鹃花育种进程产生深远影响。进入20世纪80年代，杜鹃花育种除继续关注花色、花型及抗寒性外，更致力于杜鹃花栽培技术难点的解决，如耐热、耐碱等抗性育种，育种方法日趋成熟，育种方式也越来越多样化。到了21世纪，杜鹃花育种中的难点，如抗性机制、抗病虫害品种选育等在欧美等地受到较多关注。杜鹃花育种历史主要经历三个阶段的变化：第一阶段以引种收集资源为主，第二阶段追求花色、抗寒性等单一性状改良，第三阶段开始探索抗性和观赏性相结合的综合性状改良。

我国杜鹃花育种工作始于20世纪80年代，以中国科学院昆明植物研究所为代表的中国科学院系统的研究单位，在杜鹃花野生种的收集保护、引种驯化方面开展了大量工作。其中，华西亚高山植物园和庐山植物园引种、繁育、保存的野生杜鹃花种类最多，至今分别有423种和300种。21世纪以来，国内育种者对杜鹃花的种质资源挖掘、育种技术、遗传机制、繁殖生物学、转录组、基因组解析等方面开展了相关研究，并取得良好进展。2016年和2020年，先后有3家资源库经国家林业和草原局（简称国家林草局）批准为国家级杜鹃花种质资源库，依托单位分别为江苏省农业科学院、浙江金华永根杜鹃花培育有限公司和云南农业大学，这有力推动了杜鹃花种质资源的保护和利用。我国杜鹃花育种工作也在有序开展，如江苏省农业科学院育成的'胭脂蜜'和浙江金华永根杜鹃花培育公司育成的'红阳'极具应用潜力，获得了"2020年度中国好品种"称号；中国科学院昆明植物研究所以我国特有的露珠杜鹃（*R. irroratum*）为亲本，选育获得花部裂片遍布深色斑点的杜鹃花新品种'繁星'等（图9.4）。至2022年4月，国家林草局新品种办公室共授权杜鹃花新品种171个，从授权杜鹃花品种数据的分析结果看，我国的杜鹃花育种工作处于蓬勃上升期，初步形成了以江苏、云南等地的科研机构及浙江等地的企业为主导的杜鹃花新品种育种格局。

彩图

图9.4　杜鹃花新品种'胭脂蜜'（左）和'繁星'（右）

9.3.2　育种目标及其遗传基础

杜鹃属植物家族庞大，不同类别的杜鹃花育种目标不尽相同，所以有必要先概述杜鹃花的园艺品种分类。欧美国家将杜鹃花分为高山杜鹃（rhododendrons）和杜鹃花（azaleas）两大类。我国杜鹃花品种分类尚无定论，编者采用以杂交种源为依据的分类标准，即将杜鹃花分为映山红类（evergreen azalea）、落叶类（deciduous azalea）、无鳞类（elepidote rhododendron）和有鳞类（lepidote rhododendron）。

9.3.2.1 花色

杜鹃花花色丰富且变异多样，不同亚属及类群间存在差异。创新花色是杜鹃花育种的主要目标之一，特别是黄色和蓝色更显珍贵。杜鹃花花色苷的遗传受多基因控制。Yang 等（2020）解析了映山红高质量基因组，借助基于时间序列的基因共表达分析，识别到 MYB、bHLH 和 WD40 三个转录因子家族成员可能构成复合体共同决定花色形成。

蓝色花目前仅限于有鳞类杜鹃花中，现有蓝色品种的亲本多来自我国的毛肋杜鹃（*R. augustinii*）。杜鹃花的主要色素是花青素和黄酮醇，可产生白、红、紫等颜色。其中，红色花主要由矢车菊素和芍药花素决定，紫色花主要与矢车菊素和飞燕草素有关，红色组花色苷含量显著高于紫色组，表明红色系中可能存在一些转录因子上调花青素合成途径或关键基因（Du et al.，2018）。对花青素苷生物合成途径的研究发现，只有在飞燕草素存在和表皮组织 pH 高于 4 的情况下，杜鹃花才能按预期产生蓝色。目前已在杜鹃花中证实 *F3'5'H* 基因的表达影响了飞燕草素的产生，为运用基因工程手段培育蓝紫色杜鹃花提供了理论依据（Mizuta et al.，2014）。

黄色花是映山红类杜鹃花的育种难题，育种家期望通过其与黄色落叶杜鹃进行杂交获得黄色的映山红类杜鹃花，但目前尚未成功。杜鹃花黄色花的遗传主要受基因控制，其次是细胞内色素成分。Ureshino 等（2016）研究表明日本杜鹃（*R. japonicum*）花的黄色主要由胡萝卜素决定，并获得了可用于黄花标记的 *CCD4* 基因。羊踯躅（*R. molle*）黄色花色的形成与 β-胡萝卜素的含量变化密切相关，克隆获得了调控花色形成的 4 个关键基因（*PSY*、*PDS*、*LYCB* 和 *CHYB*），发现其表达水平变化与羊踯躅花色形成模式基本一致（Xiao et al.，2016）。

花斑也是杜鹃花丰富花色及提高观赏价值的重要特征，推测其可能由转座子活动引起。花斑遗传为显性性状，可选择带有花斑的杜鹃花种质作为母本进行杂交选育获得。Huyen 等（2016）研究发现，映山红花瓣上产生红紫色斑点是由花青素苷在一定 pH 范围内与黄酮醇形成共色素复合物沉着造成的。

9.3.2.2 花型

杜鹃花花型有单瓣、半重瓣、重瓣、套筒（萼片瓣化）、重瓣套筒五大类。杜鹃花野生种绝大多数是单瓣的完全花，也有自然的重瓣变异，如重瓣的映山红、重瓣的蓝果杜鹃（*R. cyanocarpum*）等。园艺品种中，有鳞类和无鳞类杜鹃花以单瓣类型为主导，故培育多类型花型是该类群杜鹃花的育种目标。此外，重瓣类型，特别是完全重瓣套筒花型的杜鹃花通常具有较长的花期，所以高度重瓣也是映山红类和落叶类杜鹃花的育种目标之一。

杜鹃花花型突变包括萼片瓣化、雄蕊瓣化或演变成细长叶状的离瓣花、雌雄蕊瓣化或演变成蜘蛛状等花型。利用花型突变材料，在映山红类杜鹃花上已分离了主要的 MADS 基因。花型特征的改变是由同源基因突变引起的。研究者通过杂交后代对这些突变的遗传模式进行了分析，并在套筒等花型突变中开发了 DNA 分子标记，为特殊花型育种提供了早期选择的依据（Cheon et al.，2017）。

9.3.2.3 花期

周年供花对杜鹃花生产具有重要意义，故培育不同花期的杜鹃花品种是杜鹃花育种的一个重要方向。杜鹃花花期大多集中在 3～6 月，要杜鹃花提前开花须选择有早花习性的亲本，如映山红亚属的海南杜鹃（*R. hainanense*）、马银花亚属的红马银花（*R. vialiidelavay*）、杜鹃亚属的碎米花（*R. spiciferum*）等。要延迟开花则须选择晚花类的亲本，如花期在6～8月的绵毛房杜鹃（*R. facetum*）和黑红血红杜鹃（*R. sanguineum* var. *didymum*）等。研究者利用特异花期种质，通过杂交手段已培育出不同花期的杜鹃花品种，如用碎米花与爆仗杜鹃（*R. spinuliferum*）杂交培育出可在2月开花的品种，比利时根特市已获得早、中、晚系列盆栽品种。美国的Lee以源自我国台湾的金毛杜鹃（*R. oldhamii*）（自然花期5～10月）为亲本培育出近年来在国际市场大热、可在春夏秋三季重复开花的安酷杜鹃（Encore™ azalea）。Meijon等（2009）发现杜鹃花花芽分化基因的表达受DNA甲基化和H4组蛋白脱乙酰这两个表观遗传机制共同控制，这为在分子水平定向改良花期提供了依据。

9.3.2.4　花香

具香气的杜鹃花一般分两类：一类是花朵具有香气，如我国常绿杜鹃亚属的大白杜鹃（*R. decorum*）、云锦杜鹃，分布于北美的羊踯躅亚属的 *R. viscosum* 和沼泽地杜鹃（*R. arborescens*）；另一类则是嫩枝、叶均具有浓郁的香气，如兴安杜鹃（*R. dauricum*）、千里香杜鹃（*R. thymifolium*）。目前香味品种集中在无鳞类、有鳞类及落叶类杜鹃花品种群中，已育成的香味品种有江苏省农业科学院的无鳞类香花品种'馥郁金陵'等。而映山红类杜鹃花中带香味的品种极少，获得该类杜鹃花香味品种一直是杜鹃花育种者的目标。Huylenbroeck（2021）将茶绒杜鹃（*R. rufulum*）的香味引入映山红类品种中，得到杂种后连续多代回交，有望选育出具有商业价值的香味品种。Kobayashi等（2008）用映山红类杜鹃花与具有芳香的落叶类杜鹃花进行杂交得到了具有香味的杂种后代，并通过PCR-RFLP分析发现落叶类杜鹃花叶绿体基因组与映山红类杜鹃花核基因组具协调性，并建立了一套新的追踪nrDNA、cpDNA和mtDNA遗传的PCR分子标记体系，可更好地解析远缘杂交后代核基因组和细胞器基因组的复杂遗传机制。

浙江大学夏宜平团队开展了马银花（*R. ovatum*）基因组测序，并进行基因组微进化比较分析。结果表明：萜类物质是马银花重要的花香成分，其萜类合酶（TPS）基因家族显著扩张，尤其是b类TPS具有较高的表达丰度；TPS-b并不是传统认为的单萜合酶，其合成产物取决于不同定位的底物；杜鹃花花香并不是马银花与其他杜鹃花分化后获得的，可能是其他杜鹃花在进化过程中由于TPS基因丢失或碎片化而失去了花香（图9.5）。该研究揭示了杜鹃花花香合成关键基因，对花香育种具有指导意义（Wang et al., 2021）。

9.3.2.5　叶色

为提高杜鹃花的观赏期和商品性，改良杜鹃花叶片颜色也是杜鹃花育种的目标之一。目前，以叶色为主要观赏性状的杜鹃花分两大类。第一类是斑叶品种，其叶片叶缘常具白、黄等色的不规则形镶嵌，或叶面杂缀黄、白色斑点或条纹，这类叶色变异是由病毒侵染所致，具有遗传性。第二类是色叶品种，叶片季节性变色或常年彩色，其中包括受温度影响的春季、秋季叶片变色品种。关于杜鹃花叶色的遗传，de Keyser等（2013）报道叶色可用RGB（红绿蓝）值定量，QTL分析发现所测试杜鹃花类群的叶色仅有一个主要的QTL位点，而一些次要的种群特异性QTL作为补充，呈现少量基因调控。

9.3.2.6　抗性

（1）耐寒性　　耐寒性一直是杜鹃花育种追求的目标。北美洲的酒红杜鹃（*R. catawbiense*）、极大杜鹃（*R. maximum*）和亚洲的短果杜鹃（*R. brachycarpum*）、兴安杜鹃（*R. dauricum*），可耐−40℃的低温，是抗寒育种的重要亲本。利用耐寒野生杜鹃花，欧美已育出了一系列非常耐

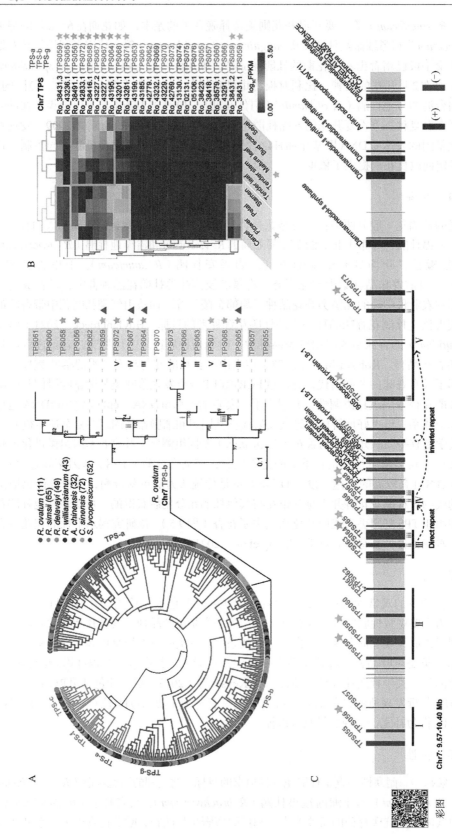

图 9.5 马银花萜类合酶（TPS）分析（Wang et al., 2021）

A. 马银花与其他 6 种植物的 TPS 系统发育树；B. 马银花 7 号染色体上 TPS 转录本的表达谱；C. 马银花 7 号染色体上 TPS 基因簇的位置与复制模式

彩图

寒的品种，如 Waterer 培育的 'Ironclads' 系列品种，其芽的耐寒温度可达 −32℃。有人将短果杜鹃作为母本分别与抗寒的 *R. smirnowii* 和 *R. catawblense* 杂交获得比较抗寒的后代，还有人利用北美羊踯躅亚属的 *R. prinophyllum* 获得落叶类杜鹃花 'Northern Lights' 系列耐寒品种（Susko et al., 2016）。

冬季叶片耐寒性可作为耐寒性早期表型筛选指标。杜鹃花耐寒性由多个主效基因控制，也可由多个微效基因叠加作用调控。对酒红杜鹃的 EST 分析发现，低温条件下 *ELIPS* 等 4 个基因大量表达，推测其可能有助于最大限度地减少杜鹃花冬季叶片吸收多余太阳能引起的氧化应激反应（Die et al., 2017）。组成型脱水蛋白的表达提高了植物的耐寒性，特定的脱水蛋白可作为遗传标记，用于杜鹃属耐寒品种筛选。映山红类杜鹃花在自然冷驯化后，叶片积累更多的花青素、葡萄糖和果糖，同时表现出更强的光保护作用，有助于植物获得更强的耐寒性（Liu et al., 2020）。

（2）**耐碱性**　杜鹃花喜酸怕碱的特性是限制其在中性和碱性土壤中生长的重要因子，因此选育耐碱性品种亦是杜鹃花育种的目标之一。我国华北地区分布的 '照山白'（*R. micranthum*）是优异的耐碱种质。在欧洲被用作嫁接砧木和绿篱使用的德国耐碱品种 'Inkarho'，其耐碱基因即来自 '照山白'。目前已成功分离了 '照山白' 与有机酸代谢有关的两个关键基因：柠檬酸合酶基因和苹果酸脱氢酶基因，并通过转基因技术将其转到烟草与 '照山白' 中进行功能验证，为杜鹃花耐碱品种培育提供了有益的参考。研究表明，HCO_3^- 是钙质土壤环境导致杜鹃花生长迟缓和缺铁黄化症状的最重要因子。基于叶片黄化程度，Dunemann等（1999）利用种间杂交后代建立了杜鹃花的分子遗传图谱，将高 pH 耐受性定位于两个 QTL位点，为耐碱品种的辅助选择提供了分子标记。

（3）**耐热性**　杜鹃花性喜冷凉湿润，高温是制约其园林应用的重要生态因子，选育耐热品种，特别是无鳞类杜鹃花耐热品种，是夏热地区（东亚、北美）杜鹃花育种重要且必需的指标。我国台湾的微笑杜鹃（*R. hyperythrum*）是耐热品种培育的关键亲本，应用该亲本培育出了系列耐热杜鹃花品种，如美国 'Southgate' 系列品种。已知映山红亚属具相对较强的耐热性，可用作抗热选育的亲本。Arisumi 用亚属间的品种进行杂交选育出 'Bob's Blue' 等具有良好耐热性的品种。Zhao 等（2018）采用 Illumina 高通量技术对高温胁迫下海南杜鹃的转录组进行研究，揭示了其响应高温胁迫的关键因子；李铮等（2021）通过对 *RhRCA1* 启动子的克隆和功能分析发现，*RhRCA1* 启动子是一个兼具高温诱导型和组织特异性的启动子，可应用于抗逆基因工程育种，以提高杜鹃花在高温胁迫下的抗性。

（4）**抗病虫**　近年来，抗病虫成为杜鹃花育种的重要目标。目前抗病育种研究主要集中在根腐病和叶斑病上。由疫霉（*Phytophthora*）引起的根腐病是杜鹃花的致命病害，研究表明杜鹃花对疫霉的抗性由多基因控制，完全抗病的资源很少，94% 的杜鹃花品种都易感染根腐病，抗性的来源在分类学上具有多样性。映山红对疫霉具有一定的抗性，映山红类的皋月杜鹃品种群也对疫霉具有抗性。微笑杜鹃不仅耐湿热，对疫霉抗性的遗传力也相当高（86%），通过 F_1同系杂交渗入疫霉抗性基因，有望培育出抗性品种（Huylenbroeck, 2021）。

杜鹃冠网蝽（*Stephanitis pyriodes*）是为害杜鹃花最主要的害虫。叶色（叶绿色含量）和叶片背面茸毛密度这两个叶片性状指标，与杜鹃冠网蝽取食偏好性呈显著正相关，可作为杜鹃花抗网蝽育种的筛选指标。茶黄螨（*Polyphagotarsonemus latus*）为害杜鹃花顶芽，导致花芽和顶生叶片畸形。通过形态特征和防御途径发现抗茶黄螨品种叶表面具有典型腺体毛，可作为抗性品种早期选择依据；通过转录组测序，发现茶黄螨侵染后可诱发茉莉酸反应，水杨酸水平越高则该品种对螨虫侵染的敏感性越高，从而开发出一种有效的标记基因用于抗性品种的鉴定

（Huylenbroeck，2021）。

9.3.3 种质资源

9.3.3.1 野生资源

杜鹃属是杜鹃花科中最大的家族，全球有杜鹃属植物1000多种，广泛分布于亚洲、欧洲、北美洲。我国是世界上杜鹃花种类最多的国家，有599种，约占全球物种数的57%。杜鹃花在我国分布广泛，除新疆和宁夏外，其他地区均有分布，但分布物种呈现不均匀性。我国的西南地区是该属植物的多样化中心，有杜鹃花469种，占我国杜鹃花物种总数的78%。

自1753年林奈建立杜鹃属以来，诸多分类学家对杜鹃属的系统分类进行了研究和修订。目前，国际上较认可的是Chamberlain等（1996）建立的八亚属系统。该系统将杜鹃属分为杜鹃亚属（subgen. *Rhododendron*）、常绿杜鹃亚属（subgen. *Hymenanthes*）、羊踯躅亚属（subgen. *Pentanthera*）、映山红亚属（subgen. *Tsutsusi*）、马银花亚属（subgen. *Azaleastrum*）、叶状苞亚属（subgen. *Therorhodion*）、纯白杜鹃亚属（subgen. *Candidastrum*）和异蕊杜鹃亚属（subgen. *Mumeazalea*）（表9.4）。亚属下又分15个组及58个亚组。除纯白杜鹃亚属和异蕊杜鹃亚属外，其他6个亚属在我国均有分布。

表9.4　杜鹃属8亚属简易检索表

1. 植株被鳞片，有时兼有少量毛 ·············· 杜鹃亚属 subgen. *Rhododendron*
1. 植株无鳞片，被各式毛被，或无毛
  2. 花序顶生
    3. 花序出自顶芽，叶枝出自侧芽
      4. 叶常绿 ·············· 常绿杜鹃亚属 subgen. *Hymenanthes*
      4. 落叶 ·············· 羊踯躅亚属 subgen. *Pentanthera*
    3. 花序与叶枝出自同一顶芽 ·············· 映山红亚属 subgen. *Tsutsusi*
  2. 花序腋生
    5. 常绿
      6. 花梗毛苞片 ·············· 马银花亚属 subgen. *Azaleastrum*
      6. 花梗具叶状苞片 ·············· 叶状苞亚属 subgen. *Therorhodion*
    5. 落叶
      7. 雄蕊10 ·············· 纯白杜鹃亚属 subgen. *Candidastrum*
      7. 雄蕊5 ·············· 异蕊杜鹃亚属 subgen. *Mumeazalea*

据初步统计，目前用于品种选育的杜鹃属种类仅占全部种类的12%～15%，并以映山红亚属、羊踯躅亚属等中小型半常绿或落叶类群为主，而种类和类型较丰富的常绿杜鹃亚属和杜鹃亚属的亚组级和种级的利用率分别不足30%和15%（吴荭等，2013）。杜鹃花野生资源的育种和应用潜力远未被充分挖掘。

9.3.3.2 品种分类

据英国皇家园艺学会发布数据，全球杜鹃花品种已超过3万个，涵盖了杜鹃属下所有类别。目前，杜鹃花品种分类尚无定论。在园艺上，欧美国家将杜鹃亚属、常绿杜鹃亚属的种和品种统称为高山杜鹃（rhododendron），映山红亚属、羊踯躅亚属和马银花亚属则统称为杜鹃花（azalea）。IRRC（2004）结合生物学分类和形态性状将杜鹃花品种分成 azalea、rhododendron、azaleodendron、vireya 四大类；同时，根据生长型将 azalea 划分为 evergreen azalea、deciduous azalea、semi-evergreen azalea；根据鳞片的有无将 rhododendron 划分为 lepidote rhododendron、elepidote rhododendron、elepidote/lepidote cross。

我国现有流通的杜鹃花品种不到1000个，绝大多数来自日本和欧洲（常宇航等，2020）。目前，我国习惯接受且传播较广的杜鹃花品种分类体系是将杜鹃花品种分为毛鹃、东鹃、西鹃、夏鹃和高山杜鹃五大类群，其中毛鹃和东鹃又合称为春鹃。受时代的局限性，上述杜鹃花品种分类并未涵盖整个杜鹃属栽培种的发展状况，其中毛鹃、东鹃、夏鹃、西鹃实际可视作映山红亚属内部品种的简单划分，高山杜鹃则涵盖了常绿杜鹃亚属、杜鹃亚属类群的品种，近年来引进的羊踯躅亚属的落叶杜鹃品种则不属于上述任何类群。即使在映山红亚属内部品种的划分，也存在不全面情况。例如，国内品种分类体系的毛鹃大多属于平户栽培群（Hirado hybrid）品种；东鹃源于日本的久留米杂交系（Kurume hybrid）；夏鹃中的大多数品种属于皐月系（Satsuki azalea）；西鹃则基本为比利时杂交系（Belagain Indian hybird）的品种，近年来引进的映山红类品种，如美国安酷杜鹃、日本雾岛杜鹃等则不属于上述任何类群。

我国学者也在通过形态性状分析，以及利用 SRAP、AFLP、ISSR 等分子标记技术，积极探索杜鹃花品种分类体系，以解决杜鹃花品种分类阶元混乱问题。目前，比较认可的杜鹃花品种分类以杂交种源为依据，对应 R.H.S 品种分类系统及杜鹃属植物分类，将杜鹃花品种分为映山红类、落叶类、无鳞类和有鳞类四大品种群。其中映山红类对应 evergreen azalea，包含毛鹃、东鹃、夏鹃、西鹃，为映山红亚属下的种和品种；落叶类对应 deciduous azalea，是羊踯躅亚属下的种和品种；有鳞类对应 lepidote rhododendron，为杜鹃亚属下的种和品种；无鳞类则对应 elepidote rhododendron，为常绿杜鹃亚属下的种和品种，我国现流通的高山杜鹃品种属于该类群。

9.3.4　生殖生物学特性

9.3.4.1　花部特征与开花特性

杜鹃花为伞形总状或短总状花序，稀单花，常顶生。花萼常5裂，宿存。花冠裂片常5裂，在芽内覆瓦状；杜鹃的花形状多样，有钟形、漏斗形、管筒形和平碟形等，对称方式有辐射对称和两侧对称；花色主要由裂片颜色体现，有的种类花冠上有斑点。雄蕊5～10，常10，着生花冠基部，花药孔裂。

杜鹃花自然花期在3～6月，其花芽分化属于夏秋分化类型，对温度的敏感性不同导致不同种质花芽分化和开花时间不同，大多于6～8月开始花芽分化，依次经过萼片、花瓣、雄雌蕊的分化，入秋气温降低后休眠，低温解除休眠后再进入高温开花。

9.3.4.2　大小孢子的发生和雌雄配子体的发育

除花粉特征外，杜鹃花大小孢子发生及雌雄配子发育的研究报道仅见于映山红及映山红类极少数品种中。杜鹃花花药具4个花粉囊；花药壁发育属基本型，绒毡层为腺质型。小孢子母细胞减数分裂为连续型胞质分裂，经减数分裂形成正四面体形的四分体，小孢子形成后始终保留在四分体里，形成复合花粉粒。成熟花粉为四合花粉，具3个萌发孔，花粉大小、花粉外壁纹饰因种类不同而存在差异。

杜鹃花雌蕊由心皮组成，心皮内卷愈合为中轴胎座，中轴类型是一种区别于典型中轴胎座的异化类型（心皮内卷且进入子房室内，形成树突状结构），胚珠着生于树突状结构上且具相当多数目。子房常5室，双珠被且发达，薄珠心，胚珠有直生和倒生2型；胚囊发育类型属于蓼型。雌雄蕊发育时序显示，大部分杜鹃花是雌雄异熟，一般雄蕊先熟。

9.3.4.3 传粉与可育性

杜鹃花的雄蕊大小和长度在同一花内有变异，存在不育雄蕊。杜鹃花花粉囊中的花粉粒由线状黏丝结构串起。花粉主要以震动方式散粉，而震动主要来自访花昆虫的活动。杜鹃花的传粉有效昆虫主要是熊蜂类，通过昆虫访花完成传粉过程。

杜鹃属植物中自交亲和性与自交不亲和性并存，自交亲和性所占比例更高，授粉方式主要是以传粉媒介辅助的同株异花授粉。有报道认为，杜鹃花自交不育（包括亲缘关系特别近的种间杂交）是由受精后合子败育所致。我国学者已对杜鹃属自然杂交起源及其同域分布物种的生殖隔离机制进行了较多研究（Yan et al., 2019）。发现杜鹃花受精前生殖障碍比受精后生殖障碍对成功获得杂交种子的影响更大（Ma et al., 2016）。杂交亲和性与双亲的系统发育及染色体倍性存在明显关联，并反映在发育阶段和各项亲和力指标的变化中，即亲缘关系越远，受精前障碍越大，亚属间远缘杂交基本都是受精前障碍（庄平，2019）。

9.3.5 育种技术与方法

9.3.5.1 杂交育种

杜鹃花属植物种间自然杂交现象十分普遍，在栽培条件下亦易于杂交变异，现在商品化的品种大多来源于杂交育种（Ma et al., 2016）。现有品种几乎完全基于种间复合杂交，利用植物谱系来进行下一代亲本的选择，其结果是杜鹃花栽培品种的基因组复杂性达到惊人程度，许多具有多代系谱的当代杂种可以追溯到6个或更多的亲本物种。

杂交亲本的选择、倍性、杂交亲本的亲缘关系等都会影响杂交的亲和性。其中亲本选择很关键，有研究表明，杜鹃花杂交后受精成功与否与杂交父母本间的花柱长度比有关，杂交母本亲和性与杂交组合的坐果率呈正相关。杂交亲和性与亲本的染色体倍性、系统分类有一定相关性，一般情况下杂交亲和性大小为亚组内＞组或亚组间＞亚属间，杜鹃亚属间杂交存在明显的生殖障碍。常绿杜鹃亚属与杜鹃亚属间的远缘杂交相对比较容易。常绿杜鹃亚属内的种间杂交具有很高的可育性，而杜鹃亚属内的种间杂交通常存在明显的杂交障碍，不同亚组间及三花杜鹃亚组内杂交则亲和性较差。此外，杜鹃属种间正反杂交亲和力有显著差异，自交不亲和亲本的介入可大幅度增加种间杂交的不育比率，并导致其向着从双向可育到单向不育再到双向不育的方向发展（庄平，2019）。

克服杜鹃属远缘杂交障碍一直被育种家重视。针对受精前障碍，可采用不同的授粉方法、杂交组合的合理配置等方法克服。Lee和Ryu发现，蒙导授粉和正己烷处理是克服杜鹃花受精前障碍的适宜方法。延迟授粉、蕾期多次授粉适用于大多数杜鹃花，也可有效克服杂交的受精前障碍。选择桥梁亲本三交和回交等方法可提高映山红类与落叶类杜鹃花杂交亲和性，减少白化苗的发生（Ureshino et al., 2016）。胚拯救已成功应用于杜鹃花以克服授精后障碍，研究发现幼龄胚更易形成愈伤组织进而成苗，杂交授粉后第4～5个月是胚拯救的适宜时期。WPM培养基是适宜杂交胚培养的基本培养基，在WPM培养基里适度增加GA$_3$可提高胚珠培养的成活率。

9.3.5.2　倍性育种

多数杜鹃花是二倍体（2n=26），在杜鹃亚属和羊踯躅亚属中也天然存在多倍化现象，甚至存在同一物种有多种倍性的情况（庄平，2019）。目前，多倍体商业品种还比较少见。多倍体作为育种亲本，有助于恢复杜鹃花远缘杂交后代的育性，采用异源多倍体可以克服因远缘杂交带来的缺少成对染色体配对而导致的杂种不育问题。当然，人工诱导的多倍体可能会对植物的适应性产生负面影响，如耐寒性较其二倍体祖先品种减弱，这可能与劣质性状相关的基因纯合度提高有关。秋水仙素、安磺灵等在杜鹃花多倍体诱导中都有应用，研究发现安磺灵比秋水仙素在诱导四倍体方面效果更好。0.15%秋水仙素浸泡24h处理腋花杜鹃（*R. racemosum*）无菌幼苗，可成功诱导得到四倍体腋花杜鹃，加倍植株均来自愈伤组织。Schepper 等（2001）发现，映山红、毛白杜鹃（*R. mucronatum*）、火红杜鹃（*R. neriiflorum*）及皋月杜鹃的杂交种为二倍体，但其具有不同颜色的花瓣边缘组织是四倍体，以边缘组织为外植体获得了四倍体映山红类杜鹃花。

9.3.5.3　分子育种

（1）基因的克隆与遗传转化　　近年来基因工程技术已成为杜鹃花育种研究的热点。目前，主要采用同源基因克隆法和文库筛选法从杜鹃花中进行基因克隆，已从杜鹃属植物中分离克隆了发育（Yang et al.，2020）、品质、抗病虫（Luypaert et al.，2014）、抗非生物胁迫等相关的多个基因，部分基因还进行了功能分析。其中，克隆获得的杜鹃花品质相关基因涉及花色（Xiao et al.，2016；Ye et al.，2021）、花型（Cheon et al.，2017）、花期（Meijon et al.，2009）、香味（Huylenbroeck，2021；Wang et al.，2021）等性状，抗非生物胁迫相关基因主要集中在耐寒（Zhou et al.，2021）、耐热（李铮等，2021）、耐碱（Dunemann et al.，1999）等方面。

农杆菌介导法和基因枪法已被应用于杜鹃花遗传转化。利用农杆菌介导法，将 *GUS* 基因和选择性标记基因（*npt II*）成功转入映山红类杜鹃花的5个品种中（Pavingerova et al.，1997），将 *GFP* 和 *npt II* 基因转入酒红杜鹃中，将 *rolB* 和 *Fro2* 基因转入高加索杜鹃、云锦杜鹃和彭土杜鹃（*R. ponticum*）中。以映山红愈伤组织为受体材料，利用农杆菌介导法将拟南芥的 *AtNHX1* 基因导入映山红中获得了抗盐杜鹃植株。此外，采用基因枪法实现了 *GUS* 基因在杜鹃花叶片和茎中的瞬间表达，用标记基因 *uidA* 或 *smGFP* 与 *npt II* 联合转化获得杜鹃花转基因植物。

（2）分子标记与基因组测序　　杜鹃属因快速辐射演化、种间杂交、多倍化等导致其物种间形态界限模糊，物种的准确鉴定非常困难，被认为是最困难的分类类群之一。以PCR反应为核心的ISSR、AFLP、RAPD、SSR、SRAP等分子标记在杜鹃属植物研究上均有应用。近年来，随着新一代测序技术的不断发展，SNP标记作为新型标记备受关注，利用简化基因组RAD测序，可获得大量的高质量SNP位点进行杜鹃属分类鉴定（李云飞等，2019）。基于基因组浅层测序获得的质体基因组和nrDNA序列，可兼容基于 *ITS*+*matK*+*rbcL*+*trnH-psbA* 组合的一代DNA条形码序列，显著提高了杜鹃属物种的鉴定效率。最近的研究再次强化了核基因组数据在物种鉴定中的重要性（Fu et al.，2022）。

随着测序技术的进步，目前马缨杜鹃（*R. delavayi*）、圆叶杜鹃、映山红、朱红大杜鹃、马银花、灵宝杜鹃（*R. henanense*）、羊踯躅染色体水平的高质量全基因组已发布，杜鹃属成员转录组及其他多组学数据也由世界各地不同的实验室相继公布，为杜鹃花的分子育种奠定了坚实的基础。

9.3.6 良种繁育

杜鹃花良种繁育的任务是提供符合产品质量标准的生产用杜鹃花苗木，保持种性，提高繁殖系数，加速繁殖。目前，杜鹃花良种繁育的常用方法有扦插繁殖和组织培养。嫁接在杜鹃花良种繁育中也有采用，多采用劈接方法，锦绣杜鹃（*R. pulchrum*）是映山红类杜鹃花品种嫁接繁殖较好的砧木，具有广泛的亲和力。

9.3.6.1 扦插繁殖

扦插是映山红类杜鹃花最主要的繁殖方法，一年四季均可扦插，采用半木质化枝条在5～9月扦插一般可获得较高的生根率。对杜鹃属不同亚属植物的诸多扦插研究表明，杜鹃花生根能力主要取决于物种，不定根的形成受其解剖结构影响；扦插基质与激素应用是影响插穗生根及根系质量的两个重要的外部因子，IBA等外源激素应用是难以生根的杜鹃花扦插生根的必要条件，适宜的生根激素种类及其配比在种（品种）间存在差异。

9.3.6.2 组织培养快速繁殖

落叶类、有鳞类和无鳞类杜鹃花扦插生根困难，种苗繁育以组织培养为主。目前，杜鹃花良种组培快繁使用最多的是通过诱导顶芽和腋芽形成丛生芽的增殖方式，其可有效缩短快繁时间，保持良种的遗传特性。杜鹃花枝叶多有腺毛覆被，外植体灭菌和褐变是困扰杜鹃花组培快繁的主要问题，故杜鹃花组培快繁多采用茎尖和带有侧芽的幼嫩茎段为外植体，也有采用叶片、种胚、花芽等为外植体进行组培再生的报道。杜鹃花组培常用的基本培养基有WPM培养基、1/4MS培养基、Read培养基、Anderson培养基，常用的细胞分裂素有TDZ、ZT、KT、2-IP、6-BA等，植物生长素有NAA、IAA、IBA等。其中，TDZ、ZT对丛生芽诱导效果较好，6-BA对杜鹃花增殖生长的促抑作用因种类的不同存在差异，生根培养中激素的选择多以NAA为主，加入适量的活性炭有利于试管苗生根，生根苗的移栽多以泥炭加其他透气无机物进行复配作为基质。不同杜鹃花组培适宜的培养基配比及培养条件存在差异，故采用组培方式进行杜鹃花良种繁育时需进行针对性调整。

（李　畅）

9.4 山茶花遗传育种

山茶属（*Camellia*）植物全部产于亚洲，中国拥有80%以上的种类，其余主要分布于日本及东南亚各国。山茶属植物具有较高的经济价值，茶组茶 *C. sinensis*、普洱茶 *C. sinensis* var. *assamica* 是世界著名饮料，国内外广泛栽培；油茶组和红山茶组植物种子含油量较高，为食用和工业原料，油茶 *C. oleifera* 是世界四大木本油料树种之一；举世闻名的观赏花卉山茶花，是中国十大传统名花之一，主要包括山茶 *C. japonica*、滇山茶 *C. reticulata*、茶梅 *C. sasanqua*、金花茶 *C. nitidissima* 四大观赏品种群。山茶花是世界名贵花卉，其植株优美、花色艳丽，为盆栽和园林绿化的优良花卉，在亚洲、北美洲、大洋洲和欧洲等地广泛种植。中国是山茶属植物分布中心，也是世界上观赏、栽培和应用山茶花最早的国家。中国山茶花的栽培历史可以追溯到1800年前的蜀汉时期，张翊的《花经》中即记载有山茶花；隋唐时期，山茶花开始在宫廷种植，与山茶花有关的诗词、歌赋和绘画也不断出现（管开云等，2014）。山茶花在宋代正式有品种名称，同时出现盆栽山茶花，并有山茶花嫁接技术的记载；明清时期出现了山茶花专著，如明代《滇中茶花记》记录山茶花品种72种，清代记录品种达120种；16世纪末，山茶花从中国、日本传入欧洲，18世纪传入美洲，19世纪传入大洋洲（沈荫椿，2009）。

9.4.1　育种简史

山茶花在其漫长的发展过程中，由于自然杂交及芽变，并经过人工选择与定向培育，产生了大量品种。山茶花早期育种主要是选择育种，包括芽变选择与实生选择，为最原始、最传统的方法，技术要求较低，简单易行。芽变选择主要利用山茶花花色、花型等易发生芽变的特点，将植株上发生芽变的枝条剪下，通过嫁接、扦插等方法进行无性繁殖，将相关芽变性状分离并固定下来，如我国传统山茶花品种'十八学士'，经芽变产生'红十八学士''粉十八学士''白十八学士'。实生选择主要利用山茶花自然杂交结实的播种实生苗，在始花期进行初选，根据观赏价值、树势、生长特性及抗性等进行复选，从中选育出优良单株，开展嫁接、扦插等无性繁殖，待性状稳定后，进一步选育出新品种，如著名的黑红色山茶花品种'黑魔法'即由'皱叶奇花'播种实生苗经选择培育获得。

随着山茶花育种的发展，杂交育种逐渐成为最常用的育种方法。育种者可根据育种目标，有计划地选择亲本，利用各种性状的遗传变异规律、杂种优势等，有目的地选育特异新品种。与芽变选择、实生选择育种相比，山茶花杂交育种的遗传背景更为宽泛，目的性更强，育种效率更高，如我国以四季开花的杜鹃红山茶（*C. azalea*）为亲本，通过杂交已选育出四季茶花新品种100多个。

9.4.2　育种目标及其遗传基础

山茶花育种的第一步，必须确定清晰明确的育种目标，只有目标明确才能选育出市场需要、有竞争力的品种。例如，在山茶花花色方面，黑红色、紫色、黄色、绿色品种较少，尚缺少蓝色品种；此外，四季开花、芳香、矮化、耐寒等均是重要育种目标。山茶花性状的描述在不同分类体系中不同，为统一标准，本书相关性状采用国际山茶花协会（The International Camellia Society）所推荐的标准。

山茶花育种时，还应明确目标性状的遗传变异规律，否则就会走弯路，浪费人力物力。例如，传统山茶花缺少黄色品种，在金花茶被发现后，国内外以金花茶为亲本，开展了大量的杂交育种，但选育的品种大多为红色或淡黄色，缺少深黄色品种。究其原因，金花茶花瓣呈金黄色主要是由于其黄酮醇类物质含量较高；山茶花红色花瓣中花青苷类含量高而黄酮醇类低，白色花瓣中花青苷、黄酮醇类含量均较低；金花茶杂种花瓣中由于黄酮醇类含量较低呈现红色或淡黄色，而非深黄色。可见，培育黄色山茶花应以黄酮醇类含量高的资源为亲本开展杂交，进一步利用杂种与高黄酮醇含量亲本回交，持续增加杂交后代花瓣中黄酮醇的含量，进而培育出黄色山茶花。同样，培育蓝色山茶花，应以含飞燕草素含量高的亲本为材料，开展杂交、回交，增加杂交后代花瓣中飞燕草素含量。

9.4.2.1　花色

山茶花花色主要有白色、粉色、红色、紫色、复色、黄色、绿色等，花色的不同主要由花瓣中所含色素成分决定。山茶花花瓣中主要成分为类黄酮，其中与花色形成相关的主要有花青素、黄酮醇等。由于类黄酮通常以糖苷而非游离态形式存在，故山茶花粉色、红色、紫色、复色等花瓣中主要含有花青素苷（简称花青苷）；黄色花瓣主要含有黄酮醇苷；白色花瓣中黄酮醇苷含量较低，而花青苷含量极低以致难以检测到；绿色花瓣则主要是由于少量叶绿素的存在。

应用液质联用技术对金花茶杂种及其亲本类黄酮的分析结果表明，金黄色的金花茶花瓣中色素成分主要为槲皮素-3-O-芸香糖苷（Qu3R）、槲皮素-7-O-葡糖苷（Qu7G）、槲皮素-3-O-葡糖苷（Qu3G）和山柰酚-3-O-葡糖苷（Km3G）等黄酮醇苷，淡黄色的杂种花瓣中相关成分的含量及类黄酮总量均介于双亲之间，低于亲本金花茶，而显著高于另一亲本，结果表明，金花茶杂种花瓣中黄酮醇苷具有数量性状的遗传特点（李辛雷等，2019a）。

应用色谱、质谱及核磁共振等技术对山茶属花青苷成分的分离、鉴定结果表明，山茶属主要有25种花青苷（表9.5），山茶、南山茶（*C. semiserrata*）、浙江红山茶（*C. chekiangoleosa*）中鉴定出8种Cy3G型花青苷，分别为Cy3Ga、Cy3G、Cy3GaECaf、Cy3GaZpC、Cy3GECaf、Cy3GZpC、Cy3GaEpC和Cy3GEpC；香港红山茶 *C. hongkongensis* 中鉴定出12种成分，除8种Cy3G型花青苷之外，还包括含飞燕草素的4种Dp3G型花青苷（Dp3G、Dp3GECaf、Dp3GZpC和Dp3GEpC）（Li et al.，2009）。怒江红山茶（*C. saluenensis*）、西南红山茶（*C. pitardii*）中除Cy3G型花青苷之外，还含有Cy3G5G型双糖基花青苷Cy3G5G、Cy3GZpC5G和Cy3GEpC5G（Li et al.，2008a）；滇山茶中除含有Cy3G5G型双糖基花青苷外，还含有Cy3G型及其相应的Cy3GX型花青苷，如Cy3GaX、Cy3GX、Cy3GaEpCX和Cy3GEpCX等（Li et al.，2007；2008b）。

表9.5　山茶花花瓣中的25种花青苷（Li et al.，2007，2008a，2008b，2009）

序号	简称	花青苷名称
1	Cy3G5G	矢车菊素-3,5-O-二葡糖苷
2	Dp3G	飞燕草素-3-O-葡糖苷
3	Cy3GaX	矢车菊素-3-O-（2-O-木糖基）-半乳糖苷
4	Cy3Ga	矢车菊素-3-O-半乳糖苷
5	Cy3GX	矢车菊素-3-O-（2-O-木糖基）-葡糖苷
6	Cy3G	矢车菊素-3-O-葡糖苷
7	Cy3GaAcX	矢车菊素-3-O-［2-O-木糖基-6-O-乙酰］-半乳糖苷
8	Cy3GZpC5G	矢车菊素-3-O-［6-O-（Z）-p-香豆酰−葡糖］-5-O-葡糖苷
9	Cy3GAcX	矢车菊素-3-O-［2-O-木糖基-6-O-乙酰］-葡糖苷
10	Cy3GaECaf	矢车菊素-3-O-［6-O-（E）-咖啡酰］-半乳糖苷
11	Cy3GaECafX	矢车菊素-3-O-［2-O-木糖基-6-O-（E）-咖啡酰］-半乳糖苷
12	Cy3GaZpCX	矢车菊素-3-O-［2-O-木糖基-6-O-（Z）-p-香豆酰］-半乳糖苷
13	Cy3GaZpC	矢车菊素-3-O-［6-O-（Z）-p-香豆酰］-半乳糖苷
14	Dp3GECaf	飞燕草素-3-O-［6-O-（E）-咖啡酰］-葡糖苷
15	Dp3GZpC	飞燕草素-3-O-［6-O-（Z）-p-香豆酰］-葡糖苷
16	Cy3GEpC5G	矢车菊素-3-O-［6-O-（E）-p-香豆酰-葡糖］-5-O-葡糖苷
17	Cy3GECafX	矢车菊素-3-O-［2-O-木糖基-6-O-（E）-咖啡酰］-葡糖苷
18	Cy3GECaf	矢车菊素-3-O-［6-O-（E）-咖啡酰］-葡糖苷
19	Cy3GZpCX	矢车菊素-3-O-［2-O-木糖基-6-O-（Z）-p-香豆酰］-半乳糖苷
20	Cy3GZpC	矢车菊素-3-O-［6-O-（Z）-p-香豆酰］-葡糖苷

序号	简称	花青苷名称
21	Cy3GaEpC	矢车菊素-3-O-［6-O-（E）-p-香豆酰］-半乳糖苷
22	Cy3GaEpCX	矢车菊素-3-O-［2-O-木糖基-6-O-（E）-p-香豆酰］-半乳糖苷
23	Dp3GEpC	飞燕草素-3-O-［6-O-（E）-p-香豆酰］-葡糖苷
24	Cy3GEpCX	矢车菊素-3-O-［2-O-木糖基-6-O-（E）-p-香豆酰］-葡糖苷
25	Cy3GEpC	矢车菊素-3-O-［6-O-（E）-p-香豆酰］-葡糖苷

山茶花种质资源花青苷的研究表明，山茶品种中主要含有 8 种 Cy3G 型花青苷，茶梅品种中花青苷成分与香港红山茶相似（Cy3G、Dp3G 型），滇山茶品种（多为异源六倍体）则含有 Cy3G、Cy3G5G 及 Cy3GX 型花青苷。山茶红色系品种中，花色与花瓣中花青苷含量、比例相关，红色越深的品种，花瓣中花青苷总量越高，且 Cy3Ga、Cy3G 所占比例较高；山茶、茶梅紫色品种中芳香族有机酸酰化的花青苷（如 Cy3GaECaf、Cy3GaZpC、Cy3GECaf、Cy3GZpC、Cy3GaEpC 和 Cy3GEpC 等）所占比例较高。怒江红山茶、西南红山茶杂交 F_1 代品种花色呈现紫红色、紫粉色，主要是因为 Cy3GEpC5G、Cy3GZpC5G、Cy3GEpC 和 Cy3GZpC 等芳香族有机酸酰化花青苷含量与比例较高。山茶花杂交群体花青苷成分的遗传变异分析表明，杂交后代的花青苷总量及各成分含量大多介于杂交双亲之间，部分高于高亲或低于低亲，表现数量性状的遗传特征。

山茶花品种花色主要为白色、粉色、红色和复色等，紫色、黑红色、黄色和绿色品种较少，尚缺少蓝色品种。以芳香族有机酸酰化花青苷含量、比例高的资源为亲本，通过杂交能选育出紫色品种，如以怒江红山茶为亲本，与红色山茶杂交培育出紫红色品种，与白色山茶杂交培育出紫粉色品种。选育黑红色品种应以花青苷总量及 Cy3Ga、Cy3G 所占比例较高的资源为亲本，如以黑红色的品种'黑椿'为亲本，杂交选育出'黑骑士''黑蛋石'等黑红色品种。黄色品种的培育应选择黄酮醇类含量高的金花茶类为亲本，杂交 F_1 代进一步与金花茶开展回交，增加黄酮醇类物质的含量与比例，培育黄色品种，如我国南宁金花茶公园利用金花茶与茶梅杂交，再与金花茶回交，培育出黄色山茶花品种'冬月'。

目前，山茶花中尚无蓝色品种，这主要是由于山茶花花瓣中飞燕草素通常与矢车菊素同时存在，控制飞燕草素与矢车菊素的基因可能存在遗传连锁，如香港红山茶花瓣中色素成分为 Cy3G、Dp3G 型花青苷，其杂交品种'太阳崇拜者'亦含有相关成分，但无论香港红山茶还是其杂交品种，花瓣中 Dp3G 型花青苷的比例均低于 40%，花瓣呈现深红色，而未能呈现蓝色，因此，通过杂交难以培育蓝色山茶品种。部分山茶花资源中含有飞燕草素，利用遗传转化技术可能有望培育出蓝色山茶花。山茶花品种中绿色极少，如我国传统品种'绿珠球'主要为白色中泛淡绿色，国外品种'可娜'仅在初开期花瓣边缘有少许绿色，山茶花瓣呈现绿色的机制及绿色品种的培育有待进一步研究。

9.4.2.2　花型

山茶花花型有 6 种，分别为单瓣型（single）、半重瓣型（semi-double）、托桂型（anemone form）、牡丹型（peony form）、玫瑰重瓣型（rose form double）和完全重瓣型（formal double）。山茶花花型变化亦受多基因控制，杂交亲本之一为单瓣型，如另一亲本也是单瓣型，则杂交后代大多为单瓣型；如另一亲本为半重瓣型、托桂型或者牡丹型等，其杂交后代可能出现各种花型。两个杂交亲本如果均为非单瓣型，则杂交后代可能出现各种花型。山茶花杂交后代花型的变化在很大程度上取决于双亲的杂合程度，亲本杂合性越高，杂交后代花型变化就越丰富。例如，棕榈园林股份有限公司以'媚丽'与单瓣型的杜鹃红山茶杂交，由于'媚丽'具有高度杂合性，所以从其80多株杂交苗中选育出45个具不同花型的杂交品种。

9.4.2.3　花径

山茶花花径分为5种，分别为微型花：小于6cm；小型花：6.0～7.5cm；中型花：7.5～10.0cm；大型花：10～13cm；巨型花：大于13cm。山茶花花径变化范围较大，最小约为2cm，而巨型花最大花径达20cm以上。在山茶花四大观赏类群中，滇山茶花径最大，山茶次之，茶梅相对较小，而金花茶较茶梅更小。同一类型的山茶花，染色体倍性较高的花径通常较大。山茶花花径的遗传受微效多基因控制，表现数量性状的典型特征，杂交后代花径通常介于双亲之间，少量表现杂种优势。培育大花品种应以花径较大的物种或品种为亲本，反之以花径较小的为亲本，如欧美国家以从中国引进的滇山茶'大玛瑙'和'大桃红'为亲本，与山茶、茶梅杂交培育出滇山茶杂交品种，其花径常为大型或巨型花；澳大利亚、新西兰等以花径较小的连蕊茶类等为亲本杂交，培育出的杂交品种通常为微型或小型花。此外，花径大小与温度、光照等气候条件，以及施肥、浇水等栽培管理有很大关系。

9.4.2.4　花期

山茶花花期的遗传表现多基因效应，杂交后代花期通常介于双亲之间。不同类型山茶花中，茶梅、冬茶梅品种主要在秋冬季节开花，春茶梅冬春季节开花；山茶、滇山茶冬春季节开花，但缺少夏秋季节（5～9月）开花的品种。杜鹃红山茶原产地花期4～12月，盛花期为5～10月，适宜栽培条件下一年四季开花，以杜鹃红山茶为亲本已培育四季山茶花100多个，其花期大多从夏季至冬季开花，少量持续到翌年春季，该特性与四季山茶花杜鹃红山茶相似。此外，山茶花花期与其生长的环境条件有关，温度、光照及湿度等均影响其生长发育，进而影响其花期。

9.4.2.5　花香

山茶花花色艳丽，花型多变，但大部分品种不具有香味。山茶属资源中部分物种具挥发性香气成分，是培育芳香山茶花的优良亲本，如连蕊茶组琉球连蕊茶（*C. lutchuensis*）等，油茶组攸县油茶（*C. yuhsiensis*）等，目前以琉球连蕊茶为亲本已培育出'烈香''甜香水''甜凯特''香乐'等芳香型新品种。此外，'香太阳''克瑞墨大牡丹''玛丽安'等亦为山茶中少有的具香气的品种，可以作为杂交亲本。山茶花香的遗传表现为数量性状的遗传特性，如用芳香资源琉球连蕊茶为亲本培育的品种，其挥发性主体特征成分苯甲酸甲酯、苯甲酸乙酯和苯乙醇等的含量均低于琉球连蕊茶，因此，应通过与琉球连蕊茶回交来增加其主体特征成分；此外，亦可用琉球连蕊茶杂种与芳樟醇及其氧化物含量高的芳香山茶资源杂交，进一步培育出香味较浓的山茶花品种。

9.4.2.6　株型、叶型

山茶花的株型、叶型等也是其重要观赏性状，株型变异如垂枝、游龙（枝条扭曲）、矮化等，叶型变异如鱼尾、锯齿、花叶（白色、黄色、红色等斑块、镶边等）等。山茶花株型变异中垂枝通常呈现数量性状遗传特性，例如，'玉之浦'与垂枝类的品种'孔雀椿'杂交，其杂交品种'孔雀玉浦'枝条亦下垂；游龙类品种'云龙'等杂交后，其枝条扭曲的特性在后代中通常难以表达。山茶花叶型变异如鱼尾、锯齿等通常能遗传给后代，如'鱼尾椿'杂交后代能呈现鱼尾特性，而花叶性状的遗传能力通常较弱。

9.4.2.7　抗性

山茶属植物原始分布于亚热带季风气候区，属于喜温暖湿润的树种，其抗逆性与其亲本的原始分布密切相关，相关耐寒、耐热等抗逆性表现为数量性状，具有多基因累加的效应。山茶属为典型的亚热带植物，耐寒性是限制其北移的主要因素。山茶花四大观赏品种群中，原种的耐寒性从强到弱依次为：山茶、茶梅、滇山茶和金花茶。山茶属部分物种具相对较强的耐寒性，如油茶组油茶、茶组茶及山茶组物种中分布于高海拔的怒江红山茶、西南红山茶等，以耐寒资源为亲本进行杂交，可显著提高山茶花的耐寒性。例如，金花茶耐寒性通常较差，要求生长温度0℃以上，但金花茶与山茶品种杂交后，耐寒性大大提高，在杭州地区可露地越冬，并可耐短期−8～−5℃低温；美国马里兰州以油茶为亲本，经杂交选育出耐−27～−20℃低温的山茶花品种。

9.4.3　种质资源

山茶属植物目前主要有3个分类系统，*A revision of the genus Camellia* 中将山茶属分为12个组、82个种和24个存疑种（Sealy，1958）；《中国植物志》中将山茶属划分为22个组、280个种（张宏达，1998）；《世界山茶属的研究》中把山茶属划分为14个组、119个种（闵天禄，2000）。尽管山茶属植物分类存在较大的分歧，但山茶属植物资源极为丰富却是公认的事实，从而为山茶花育种及开发利用提供了良好的物质基础。目前，全世界在国际山茶花协会已登录山茶花品种2万多个，80%以上为山茶品种，10%左右为滇山茶品种，5%左右为茶梅品种，其余为其他品种。充分发挥丰富的资源优势有望培育出"新、奇、特"的山茶花品种，满足盆栽、园林绿化及环境美化等的需求。山茶花中具有较高观赏价值的种质资源如下。

9.4.3.1　山茶

山茶品种是与山茶原种有亲缘关系的所有品种，如某品种具有山茶与滇山茶或其他山茶血统，则不归为此类。山茶也称为红山茶、华东山茶、川山茶，山茶物种自然分布于浙江舟山、山东青岛等中国沿海地区，以及日本、韩国等。山茶品种为山茶属中花色（白色、粉色、红色、紫色、复色、黄色、绿色）、花型（单瓣型、半重瓣型、托桂型、牡丹型、玫瑰重瓣型、完全重瓣型）最丰富的类型，大多数山茶品种为二倍体（$2n=2x=30$）。

9.4.3.2　滇山茶

滇山茶品种是与滇山茶有亲缘关系的所有品种的统称，又称云南山茶、南山茶等，该种主要分布于云南大理、楚雄和保山地区。滇山茶花色主要为红色、紫红色和粉色，少量为复色。滇山茶品种大部分为六倍体（$2n=6x=90$）。

9.4.3.3　茶梅

茶梅主要在秋冬季节开花，花色艳丽，花朵繁密，花径较小，具有较高的观赏和园林应用价值。茶梅分为普通茶梅群、冬茶梅群（茶梅品种'小玫瑰'的杂交后代）和春茶梅群（茶梅与山茶的杂交后代）。茶梅花色主要为白色花瓣边缘具红色、白色、粉色与红色，少量为复色。普通茶梅多为六倍体，其余类型茶梅有$2n=45$、60、75、120等多种倍性。

9.4.3.4 金花茶

中国金花茶类植物有30余种，主要分布于广西南部。金花茶花瓣金黄，富蜡质光泽，为培育黄色山茶花的优良亲本。目前，国内外以金花茶为亲本，已培育出部分深浅不同的黄色山茶花新品种。金花茶及其杂交新品种主要为二倍体。

9.4.3.5 怒江红山茶和西南红山茶

怒江红山茶和西南红山茶主要分布于中国西南部的云南、贵州、四川部分地区，耐寒性较强，由于花瓣中芳香族类酰化花青苷含量、比例较高，所以花色为紫红色，是培育紫色山茶花的优良亲本。以怒江红山茶、西南红山茶为亲本，已培育出部分紫红色、紫粉色的山茶花新品种。怒江红山茶及其新品种主要为二倍体。

9.4.3.6 杜鹃红山茶

杜鹃红山茶仅分布于中国广东阳春鹅凰嶂自然保护区，主要花期为4~12月，栽培条件下一年四季开花，是培育四季开花山茶花的优良亲本。我国以杜鹃红山茶为亲本，已培育四季山茶花品种上百个。杜鹃红山茶及其杂交新品种主要为二倍体。

9.4.3.7 琉球连蕊茶

琉球连蕊茶主要分布于中国台湾（新竹、南投、花莲），以及琉球群岛，花白色，花径较小，具香味，为培育芳香型山茶花的优良亲本。以琉球连蕊茶为亲本，已培育出芳香山茶花品种几十个。琉球连蕊茶及其杂交新品种主要为二倍体。

9.4.4 生殖生物学特性

山茶花为两性花，花瓣通常5~9片覆瓦状排列，雄蕊多数，花药黄色，药室纵裂，子房卵形或圆锥形。单花花期5~6d，从未开放花蕾到开花一般需要4~5d，花蕾由花被片紧包至花被片松动展开直至开放。花蕾松动时，柱头呈现绿色，有黏液，此时雌蕊已成熟，进入花粉可授期；开花当天花药开裂，少量花粉散出，柱头黄绿色，有黏液。可见，山茶花雌蕊早于雄蕊成熟。

按杂交指数及花粉胚珠比划分，山茶花属于异交型，部分自交亲和，需要传粉者。风媒传粉测定、访花昆虫观察及授粉试验表明山茶花为虫媒花，兼有少量风媒传粉。山茶花有效传粉昆虫为膜翅目的蜜蜂类，其次为鳞翅目的蝴蝶类。蜜蜂类的中华蜜蜂等以采集花粉为主，在花药上停留时间较长，常达几分钟，可将花中的大部分花粉采完，足部常携带"花粉篮"，能有效传粉。蝴蝶类访花时，以足攀附于花药上，用虹吸式口器伸入花基部吸蜜，通常在花上停留几秒钟，但当它们吸食花蜜时，足和腹部经常与花药接触，亦属于有效传粉者。山茶花结果后，果实通常在9~10月成熟，成熟的果实自然开裂，种子靠重力散布，落于树干周围地面，适宜条件下可萌发成苗。

9.4.5 育种技术与方法

目前，山茶花新品种选育主要应用选择育种与杂交育种的方法，其他方法如分子育种技术等尚处于基础研究阶段，还未有成功案例，实际应用较少。

9.4.5.1　选择育种

山茶选择育种包括实生选择、芽变选择,是较早运用、简单易行且较为实用的山茶育种方法,目前仍在育种实践中大量应用。

(1)实生选择　由于山茶花为异花授粉植物,主要传粉昆虫为蜜蜂等蜂类,所以山茶花实生选择育种实质上是以蜂类等昆虫为媒介的自然杂交育种。实生选择通常只知道母本,而父本不清楚,因此,应尽可能选择母本性状特异的品种采种,提高其预期目标的中选率。实生苗开花后,挑选观赏价值高的单株加强管理,进而培育出新品种。实生选择具有简单易行、遗传背景广泛的特点,早期欧美国家缺乏山茶花资源,通过采集种子、利用实生选择选育山茶花新品种不失为一种快速简便的方法,如从山茶'皱叶奇花'的实生苗中选育出的优良品种'黑魔法'、从滇山茶'大桃红'实生苗中选育出的新品种'塔莉尔小姐'等。

(2)芽变选择　山茶花在长期生产应用过程中,其花色、花型、叶色等极易发生变异。山茶花芽变的产生大多来源于机械损伤(嫁接、扦插、修剪等)、化学诱变(施肥、喷施农药和除草剂等)、气候(温度、光照等)和环境(引种、品种交流等)变化等外界所产生的刺激和胁迫。山茶花芽变多是随机发生,但仍具有一定规律性。

1)特异性:山茶花芽变主要表现为花色的变异,花型多保持不变;单瓣型、半重瓣型花色变异频率低,重瓣型(牡丹型、完全重瓣型等)变异频率高。例如,'赤丹'系列品种,其花色从红色到黑红色、复色,以及从红色到粉色和从粉色到白色,花型均为完全重瓣型;'马卡德'系列花色变异丰富,但其花型多为牡丹型。

2)多样性:山茶花芽变除表现在花色上之外,通常花瓣性状也会产生变异,如花瓣边缘的锯齿、镶边等;此外,芽变还表现在株型变异如垂枝、游龙等,叶型变异如鱼尾、锯齿、花叶(白斑、黄斑、镶边等)等。

3)易变性:山茶花栽培应用越多、越广泛的品种越容易变异,且一旦发生变异后,后续变异的频率更高,变异周期更短。例如,我国大量栽培应用的'赤丹'系列已选育出花色、叶色变异品种10多个。

4)专一性:山茶品种(多为二倍体)易发生花色芽变,滇山茶和茶梅(主要为六倍体)品种花色变异较少,且多为病毒侵染,表现为红色、粉色花瓣上出现白斑,如滇山茶'九心十八瓣'芽变为'玛瑙'、茶梅'东牡丹'变异为'丹玉'。

5)不稳定性:花色容易变异的品种常出现以下两种现象。①一树多色:如'赤丹'芽变形成'五色赤丹'和'鸳鸯凤冠'等。②'返祖'现象:如粉色'粉丹'、白色'玉丹'品种出现红色条纹、斑点,白色'马卡德'品种中选育出开红色花的'琼克莱尔'。

山茶大树、古树等也经常发生变异,应重点观察。根据山茶芽变特性及其变异规律,对山茶种质资源中发生变异的单株进行仔细观察,发现变异性状时及时拍照、标记。将出现特殊性状变异的枝条及时从母树分离,利用嫁接、扦插等方法进行繁殖,可以将相关特殊性状分离并保持,进而选育出新品种。

芽变选择是培育山茶新品种的重要途径,据不完全统计,山茶20%～30%的品种通过芽变获得。我国传统山茶品种'赤丹'花色为红色,芽变产生粉色'粉丹','粉丹'芽变产生白色'玉丹',此外'赤丹'芽变还产生黑红色'金碧辉煌'与复色'鸳鸯凤冠''彩丹'及双色'二乔赤丹'等品种10余个。国外有16个著名的山茶品种家系产生了大量优良芽变品种,如'明天''贝蒂''马卡德'等家系花色芽变均产生10多个优良品种。

9.4.5.2 杂交育种

山茶花杂交育种是指根据育种目标选择合适的母本与父本，人为控制授粉，通过选育获得预期目标性状的新品种。

（1）亲本选择 山茶花杂交育种的母本必须是可孕的，能够结实，通常可选择自然结实率高的品种、母树，父本必须有花粉可取，且花粉可孕。亲本性状应符合育种目标要求，例如，培育大花品种，最好双亲的花径均较大；培育耐寒品种，亲本之一要具有较强耐寒性；培育四季开花新品种，应以杜鹃红山茶等四季开花的物种为亲本；培育芳香品种，以双亲均具香味的材料为亲本杂交，有望从杂交后代中筛选出香气较浓的单株，进而培育出芳香型山茶花新品种。

（2）杂交亲和性 山茶花杂交时，还应明确亲本间的杂交亲和性，从而提高杂交成功率。通常杂交亲和性与亲缘关系相关，亲缘关系远的杂交亲和性低，反之亲和性高；杂交亲和性与染色体倍性亦具相关性，杂交亲本间倍性相差较大的，杂交亲和性差，反之亲和性好，杂交容易成功。例如，杜鹃红山茶与同为红山茶组的物种、品种杂交通常容易结果，但与亲缘关系较远的油茶组茶梅杂交则未能结果；杜鹃红山茶（二倍体）与滇山茶（六倍体）品种杂交，仅与滇山茶'帕克斯先生'一个杂交组合获得成功。此外，山茶花花型亦影响杂交成功率，通常以单瓣型、半重瓣型为母本杂交容易结果，部分托桂型、松散牡丹型亦相对较好，而以重瓣性强的托桂型、牡丹型及玫瑰重瓣型为母本均难以结果。

（3）杂交方法
1）去雄：花朵开放前用剪刀剪去1/2左右花瓣，去除全部雄蕊，使雌蕊露出。
2）授粉：将花药在母本柱头涂抹几次，直至雌蕊柱头上沾满黄色花粉即可。
3）套袋：花朵授粉后套上硫酸纸袋，纸袋下部用回形针卡住。
4）标记：授粉花枝挂上标牌，用铅笔注明杂交亲本及授粉日期。
5）管理：授粉后2～3周，去除纸袋，套上尼龙网袋，加强肥水管理。
6）采收：9～10月果实成熟，及时采收，待果皮开裂，剥取种子沙藏。

（4）新品种选育
1）播种：山茶花杂交种子可随采随播，亦可冬季沙藏种子待春季发芽后播种。
2）初选：杂交苗通常需5年以上才开花，早期根据株型、叶型、叶色等性状初选。
3）复选：对初选杂交苗的观赏性状等进行评价，复选出符合目标性状的新种质。
4）扩繁：利用嫁接、扦插等对新种质进行扩繁，对其综合性状进行评价。
5）申报：申报山茶花新品种，进行新品种测试，获得新品种权。

9.4.5.3 分子育种

山茶花分子育种的研究目前多处于起步阶段，主要探讨其重要观赏性状形成的分子机制及其相关调控机制，由于山茶花的遗传转化体系尚未建立，故其重要性状的遗传转化尚未有成功案例，仍处于探讨阶段。

（1）花色分子育种 芽变与杂交极大地丰富了山茶花的花色，其中芽变作为一种自然发生的体细胞突变在山茶花色变异中发挥关键作用。Fan等（2022a）利用代谢组与转录组分析对红色山茶'赤丹'及其花色芽变形成的黑红色'金碧辉煌'、粉色'粉丹'与白色'玉丹'进行分析，代谢组分析结果表明矢车菊素-3-O-葡糖苷（Cy3G）是影响红色程度的主要花青苷，所占比例随花色加深而增加；转录组分析揭示了13个显著差异表达的结构基因，建立了花青苷高度累积的基因共表达网络与模型，主要涉及转录因子、花青苷合成通路和植物激素信号转导。顺式作用元件与相关性分析表明 *CjMYB62*、*CjMYB52* 和 *CjGATA* 在花青苷累积中发挥了重要作用。相关研究结果揭示了山茶花花色芽变形成机制，为山茶花花色芽变育种提供了科学依据。

（2）花型分子育种　　山茶花具有6种花型，重瓣性是山茶花的重要观赏性状。Li 等（2017）利用单瓣型野生山茶、托桂型品种‘金盘荔枝’及完全重瓣型品种‘赤丹’，系统比较了单瓣、完全重瓣和托桂型重瓣山茶花器官发育中基因表达、小 RNA 及其靶基因的变化规律。通过整合高通量测序结果，发现在重瓣性选育过程中存在着基因跨空间的作用，结果支持"边界滑动"模型。开展小 RNA-靶基因的联合分析，结果发现 miR172-AP2 和 miR156-SPLs 是重瓣花内轮器官发育中两个重要的调控节点，决定了内轮器官向雄蕊或瓣化雄蕊的形成过程。通过生物信息学分析，分别筛选出萼片、花瓣和雄蕊特异表达的基因1180个、835个和1424个，其中包含了典型的 ABCE 类功能基因，并发现这些基因在重瓣品种中大多丧失了特异性的表达特征。相关研究解释了器官边界的"衰减"是重瓣花形成的主要方式，为探索花型变异提供了分子基础，为不同花型山茶新品种选育提供了理论依据。

（3）花期分子育种　　花期是山茶花主要育种目标之一，具有重要的园艺价值。Li 等（2018）对金花茶和四季开花的崇左金花茶（*C. chuangtsoensis*）进行了比较基因组学分析，在金花茶与崇左金花茶中分别鉴定出 112 190 个与 89 609 个基因，共 9547 个基因家族聚类和 3414 个单拷贝基因家族；全基因表达谱分析揭示了花芽不同发育阶段中的6类不同差异基因。同源基因、保守和特异性表达基因的功能富集分析表明 GA 生物合成及响应与山茶开花相关。此外，次级代谢产物分析中发现关键酶涉及类黄酮物质的糖基化作用。UDP-糖基化转移酶的基因家族分析揭示了 C 类基因成员扩张。研究结果阐明了基因表达变化和基因家族成员在山茶花自然性状变异中的关键作用，为山茶花花期分子育种提供了科学依据。

（4）耐寒分子育种　　低温限制了山茶属植物的分布，‘耐冬’山茶适应了冰期的温度剧烈变化，为中国自然分布的温带山茶属植物，Fan 等（2022b）对温带基因型与亚热带基因型山茶在低温胁迫下表型、生理、基因转录、蛋白翻译和激素含量的差异进行了分析。生理实验表明低温对温带基因型山茶的渗透与氧化伤害更小；在两种基因型山茶中，转录与翻译水平的差异在冷处理下增加，暗示受环境影响山茶形成了保守与分化机制，约60%的基因表现出相似的低温响应模式，但1896个基因和455个蛋白质表现出差异表达；共表达分析表明核糖体蛋白与光合作用相关基因在温带基因型山茶中表达更高，且色氨酸、苯丙氨酸和类黄酮生物合成途径也存在差异调节，相关结果反映了两种山茶冷响应模式的差异。此外，低温处理下 ABA 和 GA 的比值降低可能是温带基因型耐寒性更高的原因之一。相关研究探讨了山茶耐寒机制，为山茶花耐寒品种分子育种提供了理论依据。

9.4.6　良种繁育

山茶为异花授粉植物，其杂交后代的性状通常会发生分离，同时很多重瓣型的品种大多不结果，因此，山茶播种繁殖通常仅用于杂交育种或砧木的繁殖。山茶良种的繁育大多采用扦插和嫁接繁殖。

9.4.6.1　扦插繁殖

山茶属植物除滇山茶及其杂交种和少量物种外，扦插均较为容易，其中茶梅、山茶品种等扦插成活率多在90%以上。山茶扦插繁殖的优点是繁殖系数高、操作简单、管理方便，且生产成本低。

（1）圃地选择　选择地理位置好、交通便利、水源充足、排灌条件良好的地块做圃地。

（2）插穗选择　选择树冠外围无病虫害、生长健壮、芽饱满的半木质化或者木质化枝条作为插穗。

（3）扦插时间　以5月中下旬至6月下旬或8月下旬至9月下旬为宜，随采随插。设施条件下一年四季均可扦插。

（4）扦插基质　以微酸性红壤土、珍珠岩等为宜，要求疏松透气，排水良好，pH 5.5～6.5。

（5）扦插技术　插穗留取一芽一叶或2～3芽，长度为3～5cm，从节下1cm左右剪断，基部削平或削成楔形；用200mg/L ABT2（艾比蒂）或400mg/L GGR6（双吉尔）等生根剂处理削口1h。花盆或苗床均可扦插，扦插前应先喷水湿润，扦插密度以插穗叶片之间不重叠为宜，扦插深度以插穗长度的1/3插入土中为宜。

（6）扦插后管理　扦插后浇透水，用50%甲基托布津可湿性粉剂600倍液等杀菌剂喷雾苗床；床面上方50cm处搭小拱棚，四周用薄膜密封；大棚棚顶和四周挂上50%～60%遮阴网。2～3个月养护后，逐渐通风并去除薄膜及遮阴网。

9.4.6.2　嫁接繁殖

山茶属所有植物均可进行嫁接繁殖，尤其对扦插困难的滇山茶或珍贵、稀少的穗条宜用嫁接繁殖。山茶嫁接繁殖的优点是繁殖系数高、开花早（嫁接后两年左右），利用已有砧木能快速培育出生产需要的苗木。

（1）砧木选择与准备　选择嫁接亲和力高、无病虫害、长势好、树皮光滑的砧木，通常选择'红露珍''耐冬''白秧茶'等品种，或连蕊茶（Sect. *Theopsis*）、油茶、茶梅等物种。嫁接前1～2d把砧木浇透水，剪去部分多余枝叶。

（2）接穗选择与准备　接穗宜选取生长健壮、芽饱满且无病虫害的半木质化或木质化的树冠外围枝条。接穗留取1～3个芽，去掉1/3～2/3的叶片，基部两面削成楔形，长度1.5～2.0cm。

（3）嫁接方法

1）剥皮嫁接法：以2～3月、5～9月为宜。设施条件下，一年四季均可进行。砧木截干后用嫁接刀削平截面，在截面下方垂直切下至木质部，然后将砧木表皮剥开。将削制好的接穗插入砧木剥皮口，砧木接穗切口一边对齐，用胶带或绳子绑扎紧实。套上塑料袋或置于密封塑料棚内。

2）劈接嫁接法：以2～3月、5～9月为宜。砧木截干后削平截面，用嫁接刀垂直切下至木质部，切口长度1.5～2.0cm，厚度0.3～0.4cm。用嫁接刀撬开砧木切口，插入接穗，接穗与砧木一侧形成层对齐，用胶带或绳子绑扎紧实。

3）腹接嫁接法：清理砧木主干，在砧木上用嫁接刀向下斜切一刀至木质部，削面长度2.0cm左右。将削制好的接穗从砧木切口一侧插入，砧木接穗切口对齐，用胶带或绳子绑扎紧实。嫁接部位用保鲜膜或塑料袋包裹，上端绑扎紧实，下端绑扎松散。嫁接成活后，从成活接穗上方1～2cm处剪断砧木。

4）嫩枝嫁接法：以5～6月为宜，要求有较好的遮阴条件。将砧木在春季进行截干，正常养护至砧木抽出嫩枝。将嫩枝从基部1～2cm处切断，用刀片从嫩枝切口中央垂直切下，深度1.0～1.5cm。将削制好的接穗插入砧木嫩枝切口，一边对齐，用胶带或绳子绑扎紧实。

5）靠接嫁接法：以2～3月或5～9月为宜。清理盆栽砧木主干及待嫁接山茶花品种的枝条，将待嫁接部位用杀菌剂擦拭干净。在砧木主干和待嫁接品种枝条上竖切至木质部，去除皮层，露出形成层，形成削面。将砧木削面与接穗削面紧靠，一边对齐，用保鲜膜或塑料袋包裹，绑扎紧实。嫁接活后，从靠接部位下方把接穗株剪断，靠接部位上方把砧木部分剪断。

（4）嫁接后管理　　温度以15～35℃为宜。低于15℃时，可用温室或塑料大棚等保温；高于35℃高温时，应用遮阴、通风等措施降温。空气湿度以60%～80%为宜。低于60%时可用塑料袋、塑料薄膜等保湿；高于80%时，应用加温、通风等措施除湿。不宜直接暴露在强光之下，宜用50%～80%遮阴网遮阴。嫁接后一周内不宜浇水；待土壤表面逐渐变干时从树边慢慢浇水浸润，适当控制浇水量。待接穗芽长到1cm左右时，先在保鲜膜或塑料袋上部开一个小口，待新叶逐渐适应外界环境后将保鲜膜或塑胶袋移除，拆除胶带或绳子。及时去除砧木中下部萌枝，适当保留部分中上部萌枝；待接穗生长旺盛后，清除全部萌枝。

（李辛雷）

9.5　梅花遗传育种

梅花（*Prunus mume*），又名春梅、红梅，是中国原产的传统名花和重要果树，位列中国十大名花之首，享有"花魁"之誉，其野生分布广泛、栽培历史悠久。因梅花的学名是法国人Siebold和Zuccarnini在1926年根据日本栽培的梅花标本（单瓣的江梅及复瓣的宫粉梅品种，引自中国）而定名的，1878年首先传入欧洲的梅树也来自日本，所以很多欧美学者误认为梅花起源于日本，称梅花为"日本杏"（Japanese apricot）或"日本李"（Japanese plum）。经过多年调查研究，梅花起源于中国已成为学术界共识。日本梅花起源于距今1200年前的盛唐，随同盛唐文化从中国传到了日本。现今，英国皇家园艺学会《园艺大词典》根据中国梅花的发音把梅译成"Mei"，这种翻译也已被广大学者接受与应用，成为梅花交流使用的英文名称。

梅花在我国已有3000多年的栽培应用历史，深受国人喜爱。其生物学特性表现为花期早，可在晚冬及早春时节开花，形成"踏雪寻梅"的独特景观。作为一种重要的观赏植物，梅花花色繁多、花香浓郁、花型优美，与松、竹并称"岁寒三友"，与兰、竹、菊并列"花中四君子"，被赋予"坚贞不屈""高雅脱俗"等精神特质和文化内涵，象征着中华民族自强不息、不屈不挠的奋斗精神，深受历代文人墨客推崇，留下诸多咏梅佳作。此外，梅花用途广泛，花可提取香精，果可食用，花、叶、根、果、种仁均可入药。

若以曾勉教授1942年发表的英文专刊"Mai Hwa：National Flower of China"作为梅花近代科学研究的发端，则梅的科学研究历史至今已历经80余年，研究者对梅花野生资源和栽培品种进行了系统的普查、搜集与保存，完成了梅花品种分类并培育出一系列性状优良的新品种，完成梅花全基因组、重测序研究并解析了其重要性状分子机制。国际上开展梅花研究较多的国家是日本和韩国，当前日本对梅花的研究多限于品种整理及梅园建设，韩国则多集中于种仁药理作用研究。我国的梅花研究取得了显著的成绩，尤其是基础研究与品种改良方面，代表了世界梅花研究的方向。

9.5.1　育种简史

9.5.1.1　梅花演化历程

梅子的应用可追溯至距今5000～7000年的新石器时代。中国先民最早将野梅引种栽培，以食用和药用为主，而后才逐渐拓展了其观赏功能。梅作为烹调原料的历史久远，《尚书·说命》和《礼记·内则》均有描述食用梅子的记录。《神农本草经》首先指出梅的药用价值。现代医学研究也表明，梅极具药用价值，花、果、根等部位皆可入药。考古表明，中国人早在春秋时期就开始驯化野梅，开启了果梅广泛栽培的时代。

观赏梅花兴起于汉代初期，当时梅花作为观赏植物开始应用于园林中。宋代范成大的《范村梅谱》（1186年）记载了12个品种，隋、唐、五代的梅花品种有小梅、宫粉型、朱砂型等。至明清时期，梅花品种不断增多，明代王象晋《群芳谱》（1621年）记载了19个品种，清代陈淏子《花镜》（1688年）记载了21个品种。从梅花品种的发展历史看，汉代始有单瓣、白色的江梅和重瓣、粉红色的宫粉梅品种，唐代朱砂型、绿萼型品种渐多，宋代始有杏梅记载，出现了玉碟型和黄香型品种，至元代始现台阁型梅花，清代始有照水及品字梅，进入近代后出现了垂枝、龙游和洒金梅品种。梅花经过漫长历史的不断演化和选育，才形成如今丰富多彩的品种群。

9.5.1.2 基本摸清梅花种质资源和品种家底

自20世纪40年代以来，陈俊愉等从梅花品种资源普查开始，穿插开展野生种质资源普查，对野梅、古梅、品种资源进行了较为深入的调查，并利用形态解剖学、孢粉学、同工酶、分子标记等手段系统分析了梅花种质资源的遗传多样性与亲缘关系。经过长期而系统的资源普查，已整理并登录了近500个梅花品种，基本摸清了中国梅花种质资源和品种的家底。

9.5.1.3 创建梅花二元品种分类法和梅花品种群分类新方案

20世纪60年代，陈俊愉等将调查到的梅花品种按演化关系为主、形态和实用性为次的原则，提出梅花品种二元分类法。经过多次修正，于1999年提出了中国梅花品种分类修正体系，放弃了将植物学分类与园艺学分类相结合的观点，建立了切合"二元分类"原则的3种系5类18型的"中国梅花品种之种系（种型、系统）、类、型分类检索表"。2007年进一步与《国际栽培植物命名法规》（第七版）接轨，提出了在梅花种系之下设置11个品种群的梅花品种群分类新方案。

9.5.1.4 远缘杂交育种实现梅花品种新突破

为实现"南梅北移"的设想，自20世纪80年代以来，研究人员选择我国原产的耐寒性强的山杏、杏、山桃等近缘种与梅花杂交，综合利用赤霉素处理、早期胚拯救并结合分子标记辅助选择等方法，建立了耐寒梅花育种技术体系，实现了对耐寒梅花品种及其亲本耐寒性快速鉴定技术的突破。培育出'燕杏'等10余个耐寒梅花新品种，最低能耐受−35℃低温，在我国"三北"地区（我国东北、华北北部和西北地区）11个省（自治区、直辖市）进行区域试验均可露地越冬开花，使梅花露地栽培区域从长江流域北移2000公里。

9.5.1.5 建设中心梅园和品种资源圃

1991年，中国梅花研究中心于武汉东湖成立。陈俊愉提出研究中心的综合任务是集资源中心、研究中心、生产中心、旅游中心和科普中心于一身，以科研带动全局。随后，中国传统的梅花栽培地均建设了梅花专类园，如南京梅花山、苏州邓尉山、杭州超山、上海淀山湖梅园、无锡梅园、昆明黑龙潭公园等。近年来，随着梅花耐寒性品种引种驯化和培育工作的开展，长江以北的梅花栽培品种逐渐增多，各地也相继建设了梅园，主要有北京植物园梅岭、青岛梅园、郑州岳岭梅谷及北京鹫峰国际梅园等。梅花专类园既是人们观赏梅花的主要地点，也是梅花品种收集和栽培应用的主要形式。

9.5.1.6　完成梅花基因组学并解析重要性状分子机制

2012年，张启翔团队利用NGS技术完成了梅花全基因组测序，绘制了梅花全基因组精细图谱，解析了梅花"特征花香""傲雪开放"等的分子生物学机制，构建了蔷薇科人工染色体，揭示了梅花基因组染色体的演变过程。2018年，完成了梅花全基因组重测序研究，解析了种群结构、等位基因频率和遗传多样性程度，定位了驯化和育种过程中受选择区域关键基因，构建了梅花核心基因组与李属泛基因组，利用GWAS分析定位了多个观赏性状SNP位点并挖掘关键候选基因。2021年，完成首个高质量梅花栽培品种（'龙游'）基因组的 *de novo* 组装。梅花全基因组学、重测序研究的完成，为花香、花色、花型、株型、耐寒等性状的遗传解析和分子标记辅助育种研究提供了理论基础，为观赏性状基因遗传选择及品种改良搭建了重要平台。

9.5.2　育种目标及其遗传基础

9.5.2.1　育种目标

梅花育种以提高观赏价值为主要目的，根据梅花的自然生长条件和现有品种的具体情况，研究者将育种目标集中在品质、株型和抗性三个方面。

（1）品质

1）黄色系梅花育种：目前，我国梅花品种的花色主要有白、红、深红、粉、淡乳黄等，黄色品种甚为罕见。花黄且具香味的品种'黄香梅'，早在明代就有记载，现在已经失传，日本尚有'黄金梅'品种。培育黄色梅花系列品种是当前迫切的任务。

2）杏梅系香花育种：杏梅系的品种均具有花大、繁密、抗性强、易管理等优点，但几乎所有的品种都失去了香味，如'丰后''淡丰后''送春'等。杏梅系香花育种将进一步扩大梅花在北方地区的应用范围和生态景观建设。

3）花型及花径育种：梅花花型主要有平展型、碟型、浅碗型、碗型、飞舞型等，其他花型较为少见。花径有1.5cm极小花径和4.5cm以上的极大花径。丰富梅花的花型及选育具有极小或极大花径品种是梅花育种的一个重要方向。极小花径的品种适合于做微型盆景，而极大花径品种能增加露地栽培的观赏价值。

4）早花期育种：若能将梅花（尤其是杏梅类、樱李梅类）的花期再提前一些，使之与杏、桃等花期错开，不仅能延长梅花的观赏期，还能实现"踏雪寻梅"景观，提高观赏价值。

（2）株型

1）曲枝株型育种：龙游梅类（即曲枝梅类）是迄今进化程度最高的一个类型，是现代梅花品种的珍品，目前仅有'龙游'一个品种，花白色。因此，培育出具有绿萼、朱砂、宫粉、杏梅或洒金等特征的龙游梅系列品种是当前育种的方向之一。

2）矮化或丛生株型育种：梅花是小乔木，适宜露地园林栽培，树型的矮化或丛生也是育种目标之一。

3）切花株型育种：梅花切花花枝供不应求，培育丛枝旺盛、萌生能力强、适合切花生产、瓶插观赏期长的梅花品种是重要的育种方向。

（3）抗性

1）耐寒性育种：梅花主要分布于长江流域以南，在黄河以北地区的生长受到低温限制。

所以为实现在"三北"地区梅花露地栽培，需选育耐寒性极强的品种。

2）耐热性育种：梅花多数品种在广州及以南地区存在不开花、花量少等问题，为扩大梅花应用范围，需选育耐热性强、需冷量少的品种。

3）抗空气污染育种：梅花易受二氧化硫等气体污染，不适合做行道树，可选育抗污染、生长季节不易落叶的品种，扩大梅花的应用形式，有利于梅花更广泛地用于城市绿化。

9.5.2.2 遗传基础

（1）花香　　梅花具有典型花香，"疏影横斜水清浅，暗香浮动月黄昏"正是这一特征的写照。真梅系梅花能释放独特的香气，别具神韵、清逸幽雅。目前国内外对梅花花香的研究较少，多集中在花香成分的鉴定方面。研究人员推测乙酸苯甲酯是梅花典型香气的重要成分（金荷仙等，2005；曹慧等，2009）。进一步对不同品种梅花的花香成分进行分析，研究发现对玉碟型梅花香气贡献率较高的成分依次为β-紫罗兰酮、乙酸己酯、乙酸苯甲酯、丁子香酚等（赵印泉，2010）。采用离体静态顶空套袋-吸附采集法对梅花、杏、山杏、桃、紫叶李中内源萃取物及顶空挥发物进行定量分析发现：内源萃取物中，梅花中乙酸苯甲酯的含量显著高于山杏与紫叶李；顶空挥发物中，梅花中乙酸苯甲酯挥发量为4846.8ng/（g·h），占挥发性物质总成分的90.17%，而山杏中仅含0.39ng/（g·h），乙酸苯甲酯与丁子香酚等共同参与梅花典型花香的形成（图9.6）（Hao et al.，2014）。除了已知的乙酸苯甲酯和丁子香酚之外，在一些品种中还鉴定出一些新的花香组成成分，如苯甲醇、肉桂醇、乙酸肉桂酯和苯甲酸苯甲酯。白色梅花品种（如'复瓣绿萼''素瓣台阁''早玉碟'等）花香挥发物成分相似，以乙酸苯甲酯为主，而粉色梅花品种（'粉皮宫粉'）中挥发物成分存在差异。主成分分析和层次聚类分析表明，花香挥发物种类和数量相近的品种可被归为一类（Bao et al.，2019）。采用顶空固相微萃取结合气相色谱-质谱联用技术（HS-SPME-GC-MS）对8个不同花色的梅花品种花香挥发物进行测定，共鉴定出31种挥发性化合物，其中苯环类/苯丙素类物质占总释放量的95%以上（Zhang et al.，2020）。

梅花花器官不同部位挥发性成分定量分析结果表明，在盛花期以雄蕊为中心向四周组织逐步递减。杏梅与樱李梅是梅花重要的杂交品种，耐寒性强。以'淡丰后'或'丰后'为母本，分别与'粉花垂枝''跳雪垂枝'及'单红垂枝'杂交，以期获得抗寒垂枝型梅花品种（吕英民，2003）。然而，梅花的香味性状在抗寒性远缘杂交子代中缺失，即通过远缘杂交获得的抗寒梅花新品种不具有真梅系梅花的典型梅香。为了培育抗寒兼具典型梅香的梅花新品种，陈瑞丹连续4年进行杏梅系与真梅系的品种间杂交，并对优良子代进行连续回交，最终获得了具典型梅香的抗寒梅花新品种'香瑞白'（'淡丰后'×'北京玉碟'）（陈瑞丹，2005）。Hao等推测乙酸苯甲酯合成底物苯甲醇的缺乏可能是种间杂交子代缺失梅花典型花香的原因之一（Hao et al.，2014）。近期研究认为，梅花典型花香的主要成分为苯基/苯丙烷芳香族类化合物，这与其花朵开放过程中苯环类物质结构基因（如*BEAT*基因）和转录因子（如MYB、TPS等）的表达调控相关（Zhang et al.，2012；Hao et al.，2014）。基于梅花基因组筛选出34个苯甲醇乙酰转移酶基因（*BEAT*），这些基因在染色体上串联重复，基因数量远高于桃树，推测这些*BEAT*基因的剂量效应可能增加了乙酸苯甲酯的含量（Bao et al.，2019）。

（2）花器官　　梅花在寒冬或早春开放，其绽放过程需在一系列内外因素作用下经过成花诱导形成花序分生组织、花分生组织，进而产生花器官原基，最终花芽休眠解除、形成花器官。在长期人工驯化和栽培过程中，梅花花器官的形态和数目产生了诸多变异，如单瓣、重瓣、台阁、飞瓣、多萼片、多雌蕊等，既增加了梅花观赏价值，也为研究植物花器官发育提供

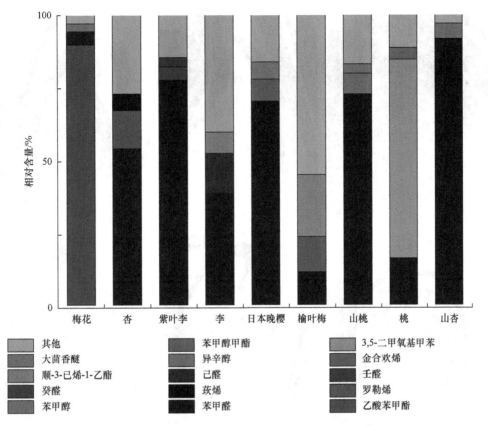

图9.6　李属植物重要挥发成分的相对含量

了良好材料（陈俊愉，2009）。张金波构建了'雪梅'（单瓣、单雌蕊）×'粉皮宫粉'（重瓣、多雌蕊）杂交 F_1 群体，分子标记检测显示符合 1∶1 或 3∶1 孟德尔分离比例的 RAPD 标记占总数的 28.5%（张金波，2004）。张杰通过利用瓣型性状分离良好的'六瓣'（单瓣）×'粉台垂枝'（重瓣）F_1 群体为试验材料，通过 SLAF-seq 技术挖掘出控制花瓣数的 2 个 QTL 区间，包含 3 个候选基因和 1 个紧密连锁的分子标记 Marker1133672，可解释表型贡献率 90.3%。

2012年，梅花全基因组测序的完成为梅花花芽休眠解除与花器官发育相关基因的挖掘、梅花花发育分子机制的阐明奠定了基础（Zhang et al.，2012）。研究人员利用石蜡切片法确定了单瓣品种'江梅'花芽分化过程的 9 个时期（S1～S9），包括未分化期（S1）、花原基形成期（S2）、萼片分化期（S3）、花瓣分化期（S4）、雄蕊分化期（S5）、雌蕊分化期（S6）、雄蕊和雌蕊伸长期（S7）、子房膨大期（S8）、胚珠成熟期（S9）（王涛，2014），如图9.7所示。进一步开展小 RNA 转录组测序，分析了梅花生态休眠期花芽（PmEcD）、休眠解除恢复生长期花芽（PmDR）、现蕾期花蕾（PmB）、盛花期花朵（PmF）4 个时期的 157 个保守 miRNA，发现其中的 37 个参与梅花花芽休眠解除过程，25 个参与花朵开放调控过程（Wang et al.，2014）。赤霉素体外试验显示其对梅花芽的休眠状态具有解除效果，验证了赤霉素相关基因 *PmDELLA1* 和 *PmDELLA2* 对梅花花芽休眠的调控作用。近年来，大量控制梅花成花转变及花器官发育基因（如 *PmAP1/FUL*、*PmPI*、*PmSEP*、*PmAG*、*PmAP3* 等）被克隆出来，其编码蛋白通过形成同源或异源二聚体发挥功能，7 个基因（*PmSOC1-1*、*PmSOC1-2*、*PmSOC1-3*、*PmAP1*、*PmLFY*、*PmFUL1*、*PmFUL2*）在拟南芥中异源表达，能促进转基因植株提前开花、花分生组织转变及

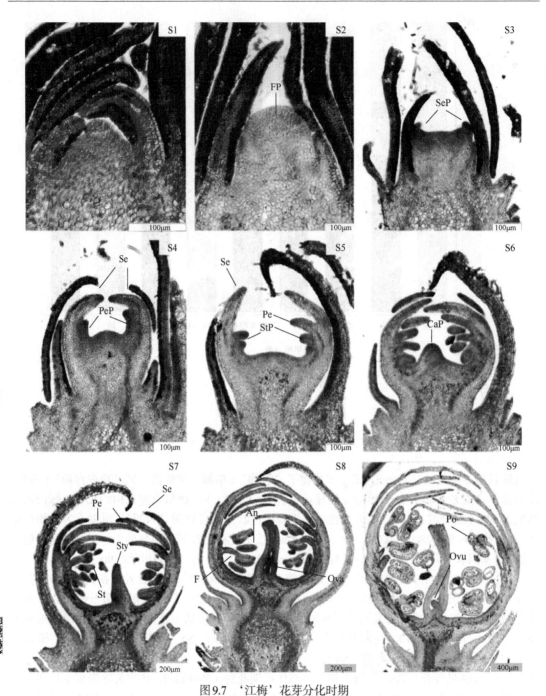

图9.7 '江梅'花芽分化时期

FP为花原基；SeP为萼片原基；Se为萼片；PeP为花瓣原基；Pe为花瓣；StP为雄蕊原基；St为雄蕊；
CaP为雌蕊原基；Sty为花柱；An为花药；F为花丝；Ova为子房；Ovu为胚珠；Po为花粉

花形态建成（Xu et al.，2014；Li et al.，2016；Li et al.，2017）。

（3）花色 梅花花色主要包括红色、粉红色、白色、淡黄和复色等（赵昶灵等，2004；陈俊愉，1989；陈俊愉，2009；许联瑛，2015）。通过对梅花杂交群体F_1代花色性状的遗传规律进行分析发现，'米单绿'（白色）×'白须朱砂'（红色）杂交子代以粉色花为主，'六瓣'

（白色）×'粉台垂枝'（粉色）杂交子代表现为三种类型，以白色花为主，少量子代为淡粉色，还有部分花蕾粉色、花绽放后为白色，推测梅花花色性状是数量性状，受多基因控制。研究人员利用高效液相色谱（HPLC）分析得出红色系梅花主要含有花青素苷和黄酮类物质，而白色梅花不含此类物质或含量极低。红色系梅花的花色在不同发育阶段及花瓣的不同位置上都会发生变化。在花蕾阶段颜色最深，随着花朵的绽放逐渐褪色。具有多层花瓣的品种，外层花瓣的颜色比中层和内层更深。从梅花花瓣中检测到4种主要花青素苷成分，分别为矢车菊素-3-O-葡糖苷（Cy3G）、矢车菊素-3-O-鼠李糖葡糖苷（Cy3GRh）、芍药花素-3-O-葡糖苷（Pn3G）、芍药花素-3-O-鼠李糖葡糖苷（Pn3GRh），其中Cy3GRh、Pn3GRh和Cy3G为梅花花青素苷的主要成分，其含量与花色亮度呈显著负相关，与花色彩度呈显著正相关（Zhang et al.，2018）。

花青素苷合成受一系列基因调控，不同物种中花青素苷的合成和代谢具有特异性和多样性。在拟南芥等模式植物中研究发现，花青素合成基因的表达通常受MYB、bHLH和WD40等转录因子调控，这些转录因子通常以复合蛋白的形式结合到花青素苷合成基因的启动子上，激活靶基因表达。近期，在梅花基因组中，陆续鉴定并克隆了 *F3'H*、*MYB1* 和 *WD40-48* 基因。*PmF3'H* 基因是细胞色素 P450 家族的成员，在类黄酮生物合成和花青素积累中起重要作用，其高表达有助于红花的形成（刘冰晶，2018）。利用生物信息学技术从梅花基因组中鉴定出96个 *R2R3-MYB* 基因，克隆并过表达 *PmMYB1* 和 *PmMYBa1* 能促使转基因烟草花瓣和幼果果皮颜色加深，并显著上调部分内源花青素合成通路基因的表达量（Zhang et al.，2017）。针对洒金梅属梅花品系中的洒金（跳枝）品种群，以'复瓣跳枝'梅为材料，整合全基因组甲基化与转录组测序技术，验证了花瓣中花青素含量的差异导致嵌合花瓣现象。在红色花瓣中，基因组 DNA 甲基化水平显著低于白色花瓣中基因组 DNA 甲基化水平，同时发现部分差异甲基化区域与82个差异表达基因（38个上调、44个下调）相关联，其中包括 *PmBAHD*、*PmCYP450*、*PmABC* 等基因。此外，梅花基因组特定区域插入了被甲基胞嘧啶修饰的转座子可能也是嵌合花色奇特性状形成的原因之一（Ma et al.，2018）。

（4）株型　　梅花品种按株型分类可简单分为直枝梅类、垂枝梅类、龙游梅类。顾名思义，枝条自然直立向上的为直枝梅类，其是最常见、品种最多的一类。垂枝梅类是指枝条自然下垂或斜垂的一类品种，其枝条自然下垂，树姿潇洒飘逸，花开如瀑，是梅花中的优良品系，主要品种有'残雪垂枝''单碧垂枝''双碧垂枝''骨红垂枝''锦红垂枝''粉皮垂枝'等。枝条自然扭曲的为龙游梅类，开白色重瓣花，为梅中珍品，只有一个品种'玉碟龙游'（陈俊愉，2009）。

早期有关梅花垂枝性状遗传和生理方面的研究较多，研究人员发现影响梅花垂枝性状的因素与垂枝桃和垂枝樱花不同，梅花对 GA 不敏感，用 GA 处理后不能恢复向上生长（吕英民和陈俊愉，2003）。通过测量垂枝品种枝条基部、中部和梢部的激素含量，发现生长期垂枝梅枝条基部近轴侧 GA 含量高于远轴侧，而 IAA 和 ZR 在其他部位及上下侧均无明显差异（王富廷，2014）。通过对'六瓣'（直枝）×'粉台垂枝'（垂枝）杂交群体 F_1 垂枝性状的遗传规律进行分析，发现子代垂枝和直枝略偏离 1∶1 分离，而且 F_1 代群体中枝条的分枝角度也存在差异，由此推测梅花垂枝性状可能由一个主效基因控制，同时存在一个或多个微效基因共同调控垂枝性状的情况。利用 QTL 定位将垂枝性状定位在梅花 7 号染色体 1.14Mb 区间范围内，根据梅花基因组数据获得了 159 个预测基因，其中 9 个基因与细胞壁和木质素的形成有关（Zhang et al.，2015）。随着梅花重测序研究的完成，利用梅花重测序数据结合梅花品种全基因组关联分析，挖掘出控制垂枝性状的 *bHLH157* 和 *CYP78A9* 等 13 个与木质素合成相关的候选基因（Zhang et al.，2018）（图9.8）。通过引入巢式表型测量法，提取 7 个梅花垂枝相关亚性状，综合 GWAS、选择性清除分析及候选区间标记验证，最终将主效QTL精准锚定在0.29Mb区间，筛选出可用于垂枝梅花分子辅助选择育种的核心SNP标记，准确率达95%以上。在主效QTL区间内，挖掘出距核心SNP标记仅10kb的*Pm024213*基因（*PmTrx*），其负责编码硫氧还蛋白thioredoxin（Trx）结构域，前期研究表明含有Trx结构域的蛋白参与应拉木形成、生长素介导的激素信号转导及淀粉体形成等生物学过程。同时利用BSR-seq技术消除了群体遗传背景和个体差异的干扰作用，筛选出一个与垂枝性状紧密相关的糖基转移酶基因（*PmUGT72B3*），且基因共表达网络显示*PmUGT72B3*与激素、木质素合成基因相关联（Zhuo et al.，2021a，2021b）。

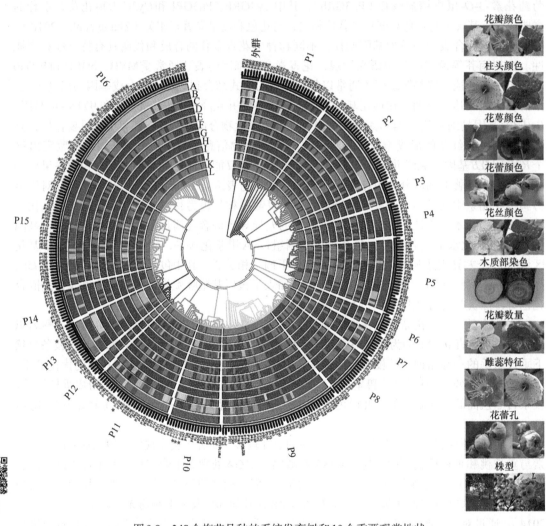

彩图

图9.8 　348个梅花品种的系统发育树和10个重要观赏性状

近期，为破译曲枝株型的分子机制，研究者基于Oxford Nanopore三代测序完成了'玉碟龙游'（杂合度达0.75%，重复序列占比52.12%）高质量基因组 *de novo* 组装。进一步通过Hi-C技术将基因组锚定到8条染色体上，锚定率为98.85%，最终获得基因组大小为237.8 Mb的梅花基因组图谱。'玉碟龙游'植株当年萌发的极个别枝条会直立生长，不表现弯曲表型，恢复为原始类型（直立型）。研究人员分别以龙游梅直立枝和曲枝的茎尖和叶芽为材料进行转录组测序，发现与细胞分裂、细胞发育和植物激素相关的基因在曲枝性状的形成中起着重要作用，进一步基于WGCNA分析构建了一个曲枝性状调控通路，将关键候选基因*PmCYCDs*在拟南芥中过量表达后，转基因幼苗表现出卷曲的莲座叶（Zheng et al.，2022）。

（5）耐寒 为实现在北方露地赏梅，从20世纪50年代起，陈俊愉提出"南梅北移"的构想，并开始在北京进行梅花引种驯化研究和实践，选育耐寒品种，并逐步进行区域试验与推广（陈俊愉等，1995；陈俊愉，2002；姜良宝和陈俊愉，2011）。大量研究表明，杏梅系和樱李梅系的耐寒性显著高于真梅系，其中杏梅系的'燕杏'和'花蝴蝶'能耐受约−35℃的低温，'丰后'能耐受−25℃的低温；樱李梅系的'黑美人'能耐受约−30℃的低温；真梅系的梅花品种间耐寒性存在较大差异，耐寒性较强的梅花如'三轮玉碟''北京玉碟''复瓣跳枝'能够耐受−25～−19℃低温，而龙游品种群的梅花耐寒性最差。低温处理结果显示，梅花不同组织部位的耐冻性存在差异（耐冻能力：茎＞叶＞芽＞根），茎中木质部的耐冻性弱于韧皮部（张启翔，1988；张启翔等，1992）。在黑龙江大庆区域的试验显示，梅花在自然露地越冬过程中，地上部分受到冻害而枯萎，次年在土层下的根部枝条可萌发复苏（李庆卫等，2010）。梅花的耐冻性还与栽培地环境有关，对分别来自山东青岛、湖北武汉和广东肇庆的同一基因型梅花的耐冻性进行比较，发现耐冻性与栽培地最低温度呈负相关，山东青岛栽植的梅花耐冻性最强，广东肇庆最弱。在云南昆明、安徽合肥和湖北武汉栽植的'送春'，半致死温度分别为−15℃、−18℃和−21℃，而来自湖北武汉的'送春'在冬季极端温度为−30℃左右的内蒙古赤峰和吉林公主岭均能够成活，可见栽植区域与梅花的耐冻性密切相关（唐绫宸和姜良宝，2010）。

近十年，随着梅花基因组测序的完成，梅花耐寒性状研究得到快速发展。研究人员在梅花基因组中鉴定出6个与休眠相关的MADS-box转录因子并发现其在染色体上串联分布，在其上游找到6个CBF的结合位点，推测它们可能是梅花低温情况下提早解除休眠、早春开花的关键因子（Zhang et al.，2012）。研究表明，在不同时期*PmCBFs*基因都能够响应低温胁迫，PmCBF1自身能形成同源二聚体，也可与PmCBF6形成异源二聚体，并且还能与PmDAM转录因子家族的3个成员（PmDAM1/2/6）形成异源二聚体。PmCBFs转录因子通过与顺式作用元件（CCGAC）结合，参与*PmDAM6*基因的表达调控（Zhao et al.，2018）。梅花不同品种的*PmCBF*转录因子基因均能响应低温胁迫而上调表达，并能提高转基因拟南芥的耐寒性（Peng et al.，2016）。此外，大量研究显示，梅花*PmLEA*、*PmNAC*、*PmWRKY*、*PmCIPK*、*PmbZIP*等基因家族部分成员也参与低温响应过程（Bao et al.，2017；Zhuo et al.，2018；Bao et al.，2019；Li et al.，2021）。

9.5.3 遗传资源

9.5.3.1 野生资源

中国是梅花的起源中心和栽培中心，也是变异中心和遗传多样性中心。四川、云南、西藏的横断山脉地区是梅花的自然分布中心，其分布范围包括长江流域及整个东南地区，具体范围：西起西藏通麦，向东北延至四川松潘、广元，向东至湖北北部、陕西南部，以及湖北东部罗田、安徽黄山、江苏宜兴、浙江昌化（陈俊愉，2002，2009）。据包满珠等1989～1991年对云南、四川和西藏的三次考察发现：川西南、滇西北、黔东南、藏东南等区域，野梅分布相当集中，呈连续型水平分布，有成片野梅林大范围多点分布，种群数量大、变异类型多、遗传多样性丰富（包满珠，1993）。1994年崔铁成等在陕西南部城固县发现有野梅零星分布，这是我国现存野梅的最北分布（崔铁成等，1995）。

9.5.3.2 果梅资源

我国果梅主产于云南、四川、湖南、广东、广西、福建、台湾、江苏和浙江等地。20世纪80年代以来，果梅生产发展迅速，同时开展了选种和引种工作，获得了不少新品种和优株，丰富了果梅的种质资源。经过20世纪90年代全面系统地普查、核实和归并，果梅品种目前有200余个，主要分为白梅、青梅和红梅三大类（Jiang et al., 2017）。随着果梅综合开发利用价值的提高，果梅需求量也在不断加大。

9.5.3.3 花果兼用梅资源

包满珠等于1989~1991年在四川、云南、西藏的调查中发现了一批既可观花、观果，又可作为果梅栽培的品种，是花果兼用的优良种质，如双套梅、鸳鸯梅、'常绿长梗'、品字梅、品字小果梅、五子梅等（包满珠，1993）。研究人员通过对云南、湖北、江苏、广东、山东、北京等地大型的梅花品种资源圃及果梅种植基地的梅花种质资源进行实地调查，选出花色、花径、花瓣数量、果实质量、可溶性固形物、总酸量、果实可食率7个性状作为花果兼用梅新品种选育的选择依据。依据上述花果兼用品质，后续在云南丽江通过实生选育方式在果梅优株中选育出'玉龙红翡''玉龙绯雪'等花果兼用梅新品种，在山东青岛梅园通过芽变选种选育出'黄绿萼''彦纹丰后''舞丰后''明晓丰后'4个耐寒花果兼用梅新品种（庄实传和庄淑琴，1992；李冉馨等，2012）。这些品种的推广利用必将带来良好的效益。

9.5.3.4 品种分类

《中国植物志》根据枝、叶、花、果及果核将梅分为果梅和花梅两大类，把梅归于李属。部分外国学者对中国梅不甚了解，常将梅栽培品种误作变种或变型。1945~1947年，汪菊渊和陈俊愉首次对成都梅花品种进行整理，并分为6个大类（汪菊渊和陈俊愉，1945）。20世纪60~90年代，陈俊愉在花卉品种二元分类法的基础上，按梅花品种演化关系提出梅花品种二元分类法并不断修正。直至1999年，陈俊愉建立了切合"二元分类"原则的3种系5类18型的"中国梅花品种之种系（种型、系统）、类、型分类检索表"，具体包括：3种系，即真梅种系、杏梅种系、樱李梅种系；5类，即直枝梅类、垂枝梅类、龙游梅类、杏梅类、樱李梅类；18型，属直枝梅类的有9型，包括品字梅型、小细梅型、江梅型、宫粉型、玉碟型、黄香型、绿萼型、洒金型、朱砂型，属垂枝梅类的有5型，包括粉花垂枝型、五宝垂枝型、残雪垂枝型、白碧垂枝型、骨红垂枝型，属龙游梅类的有玉碟龙游型，属杏梅类的有单瓣杏梅型和春后型，属樱李梅类的有美人梅型（陈俊愉，1999b）。

尽管二元分类法具有中国特色，但《国际栽培植物命名法规》（第七版）问世后，为保留中国特色，又符合国际法规的新要求，2007年陈俊愉等先将梅种之下分设3个品种群，即真梅品种群、杏梅品种群、樱李梅品种群，又进一步提出了在梅种之下设置11个品种群的梅花品种群分类新方案：单瓣（江梅）品种群（single flowered group），宫粉品种群（pink double group），玉碟品种群（alboplena group），黄香品种群（flavescens group），绿萼品种群（green calyx group），朱砂品种群（cinnabar purple group），跳枝（洒金）品种群（versicolor group），龙游品种群（tortuous dragon group），垂枝品种群（pendent group），杏梅品种群（apricot mei group），美人（樱李梅）品种群（blireiana group）（表9.6和图9.9）（陈俊愉和陈瑞丹，2007，2009）。

表9.6　梅花品种群分类检索表（2009版）

1. 具典型的梅枝、梅叶，小枝绿色或具明显的绿底色；开典型梅花，散发典型梅香；一般不具膨大的花被丝托；果熟时黄色，有异香
 2. 枝不天然扭曲
  3. 枝直上或斜出
   4. 枝内新生木质部绿白色；萼多绛紫色
    5. 花单瓣，呈红、粉、白等单色（淡黄、复色、紫色在外）⋯⋯⋯⋯⋯⋯⋯⋯⋯⋯⋯⋯⋯⋯⋯⋯单瓣品种群（江梅品种群，如'江梅'等品种）
    5. 花单瓣至重瓣，呈各种单色或复色
     6. 一树只开单色花
      7. 花复瓣至重瓣；萼多绛紫色
       8. 花瓣呈或深或浅的粉红色⋯⋯⋯⋯宫粉品种群（如'小宫粉'等品种）
       8. 花瓣呈白色⋯⋯⋯⋯⋯⋯⋯⋯⋯⋯玉碟品种群（如'素白台阁'等品种）
      7. 花单瓣至重瓣，萼绿色或绛紫色
       9. 萼绿色；花白色⋯⋯⋯⋯⋯⋯⋯⋯绿萼品种群（如'小绿萼'等品种）
       9. 萼绛紫色或纯绿色；花淡黄色⋯⋯⋯⋯⋯⋯⋯⋯⋯⋯⋯⋯⋯⋯⋯⋯黄香品种群（如'曹王黄香'等品种）
     6. 一树开具斑点、条纹的二色花（有的花单色）⋯⋯⋯⋯⋯⋯⋯⋯⋯⋯⋯⋯⋯⋯⋯跳枝品种群（洒金品种群）（如'晚跳枝'等品种）
   4. 枝内新生木质部淡暗紫色；花紫红色，单瓣至重瓣；萼绛紫色⋯⋯⋯⋯⋯⋯⋯⋯⋯⋯⋯⋯⋯朱砂品种群（如'水朱砂'等品种）
  3. 枝自然下垂或斜垂⋯⋯⋯⋯⋯垂枝品种群（如'粉皮垂枝'等品种）
 2. 枝天然扭曲⋯⋯⋯⋯⋯⋯⋯⋯龙游品种群（如'玉碟龙游'等品种）
1. 枝、叶、花、果均似梅而又不全典型，如花不香或微异香，果熟时黄色或紫红色，多具膨大的花被丝托
 10. 枝、叶似梅；花被丝托肿大；果成熟时黄色⋯⋯⋯⋯杏梅品种群（如'燕杏'等品种）
 10. 枝、叶似紫叶李，叶常年紫红；花被丝托略肿大；果成熟时紫红色⋯⋯⋯⋯⋯⋯⋯⋯⋯⋯⋯⋯⋯⋯⋯⋯⋯⋯⋯美人品种群（如'美人'梅等品种）

　　据不完全统计，目前梅花品种已有近500个。陈俊愉在《中国梅花品种图志》一书中选择性收录了318个品种，包括：单瓣品种群30个品种，宫粉品种群131个品种，玉碟品种群26个品种，黄香品种群7个品种，绿萼品种群21个品种，朱砂品种群60个品种，跳枝（洒金）品种群8个品种，龙游品种群1个品种，垂枝品种群18个品种，杏梅品种群12个品种，美人（樱李梅）品种群4个品种。这些品种如按来源分，则包括：自主选育品种92个，鉴定农家品种217个，自日本引进7个，美国引进1个，法国引进1个（陈俊愉，2009）。

9.5.4　生殖生物学特性

9.5.4.1　主要生态习性

梅花喜温暖气候，其自然分布区为长江流域及以南地区，是我国南方各地广为栽培的观赏

彩图

图9.9 部分代表性梅花品种

A. '乌羽玉'；B. '六瓣'；C. '三轮玉碟'；D. '金钱绿萼'；E. '锦红垂枝'；F. '小绿萼'；G. '台阁宫粉'；H. '复瓣跳枝'；I. '曹王黄香'；J. '香雪宫粉'；K. '丰后'；L. '玉碟龙游'；M. '美人'；N. '素白台阁'；O. '香瑞白'；P. '粉红朱砂'

与果用树种。梅花喜光照充足、通风良好环境，忌土壤积水，耐土壤瘠薄，能在山地、平原的各种土壤中生长，以黏壤土或壤土为佳，酸碱度适中或微酸性。

梅花具有一定耐寒性，不同品种群间耐寒力差异悬殊。在江南地区，梅花常在0℃左右气温下开花，形成"踏雪寻梅"景观。真梅系梅花一般不能耐−15℃以下低温，但杏梅系、樱李梅系品种可在−35～−20℃地区自然露地越冬。一般，梅花在平均气温16～23℃的地区才能健康生长。北方地区的冬季低温与早春干旱强风是限制真梅系梅花品种在北方应用的主要障碍（陈俊愉，2009）。

9.5.4.2 花与果实结构特征

花单生或有时2朵同生于1芽内，直径2.0～2.5cm，香味浓，先于叶开放；花梗短，长1～3mm，常无毛；花萼通常红褐色，但有些品种的花萼为绿色或绿紫色；萼筒宽钟形，无毛或有时被短柔毛；萼片卵形或近圆形，先端圆钝；花瓣倒卵形，白色至粉红色；雄蕊短或稍长于花瓣，部分品种雄蕊瓣化为复瓣或重瓣；子房密被柔毛，花柱短或稍长于雄蕊，1枚或多枚，有些品种花柱异常分化成台阁状。果实近球形，直径2～3cm，黄色或绿白色，被柔毛，味酸；果肉与核粘连；核椭圆形，顶端圆形而有小突尖头，基部渐狭呈楔形，表面具蜂窝状孔穴。花期冬春季，果期5～6月（在华北地区延后1月左右）。

9.5.4.3　花芽分化与开花

从芽的性质来看，有叶芽与花芽之分。叶芽较尖，呈三角形，长、宽均在1.5mm以下；花芽较肥大，两头细中间粗，顶钝圆、椭圆或卵圆，长2.0～2.5mm，宽1.5～2.0mm（王文宽，1989）。花芽可单独着生，也可与花芽或叶芽并生，3生至6生，故有单花芽与复花芽之分。

梅的花芽分化期在不同地区有所不同，也与品种及营养状况有关。梅树的花芽分化过程需要消耗较多的游离氨基酸、碳水化合物，而"扣水"处理能增加游离氨基酸的含量，故能促进梅树花芽分化（李嘉珏，1981；孙文全和褚孟嫄，1989）。

梅花一般在冬末早春季节开花，单朵花期7～17d，群体花期10～25d；花后即进行抽枝，6～7月新梢停止生长，随后进行花芽分化。梅花是早春花木，对温度极为敏感，花期受环境影响最大。当盛花前60d日平均气温高于0℃的积温达230～250℃时，即可进入盛花期（陈翔高等，1989）。梅花同一品种可早至12月在广州盛开，晚至3～4月在北京盛开，前后相差4～5个月。

9.5.4.4　传粉方式与结实特性

在自然界中，梅为异花授粉，风力对梅花粉的散布影响较小，以虫媒传粉为主，主要传粉者为蜜蜂。天然授粉的结实率仅为0～12.4%；人工授粉后，自交结实率0～26.2%，异交结实率1.0%～36.3%（张启翔，1987）。梅的雌蕊在花后3～4d均有活力，传粉2～3d后花粉管进入子房，5d左右完成双受精。因不完全花和未受精造成的第一次生理落果在盛花期后10～20d；第二次生理落果在盛花期后30～40d的新梢抽发期，由养分竞争造成；第三次生理落果在盛花期后50～60d的硬核期，这主要是由二次抽梢所引起。第一次生理落果时喷施一定浓度的多效唑，第二次生理落果时喷施赤霉素＋有机营养叶面肥，可以有效降低落果率（刘星辉等，1998；刘青林和陈俊愉，1999；陈俊愉，2009）。不同品种间杂交结实率与母本和父本均有关系，结实率与父本花粉活力呈正相关趋势，与母本的自然结实性也呈正相关趋势。桃、杏、李与梅杂交存在远缘杂交障碍（任广兵，2007）。幼果发育中多为椭圆形；1个月左右进入硬核期，此后横径增粗，变成圆形，从江南直至华北地区果熟期多为6月。

9.5.5　育种技术

传统的育种手段包括引种、实生选种、杂交育种、芽变选种等。随着科技的不断发展，育种的手段也在不断更新，如倍性育种、诱变育种、分子育种等。就梅而言，目前的育种手段主要有以下几种。

9.5.5.1　引种

广义的引种是指把外地或国外的新作物、新品种或品系，以及研究用的遗传材料引入当地。狭义的引种是指生产性引种，即引入能供生产上推广栽培的优良品种。1987年，黄国振从美国加州Modesto莲园引进'美人'梅（黄国振，2001）。'美人'梅系是1895年欧洲远缘杂交获得的品种，母本为欧洲红叶李，父本为梅花。南京梅花山多次引进日本品种共80余个，包括'烈公梅''醉心梅''八重茶青''轮违''八重杨羽'等，通过取样测试评估，筛选综合性状优良或具特殊优良性状的品种40个。1998年，北京植物园从日本东京引进耐寒梅花品种39个，包括朱砂型、江梅型、绿萼型、宫粉型、龙游型、玉碟型、单杏型、春后型及小细梅型共9个梅花类型（李艳梅和刘青林，2010）。

9.5.5.2　实生选种

梅花经过长期的栽培，形成了纷杂的品种群，这些品种经天然异花授粉后产生多变的后代，从这些后代中可以根据具体的目标、要求进行选择，经初选、复选、决选等程序，确定优良单株进而繁殖推广，使其成为品种。实践证明，实生选种在栽培群体大、栽培历史久的物种中具有良好的效果。1958年，陈俊愉采用直播育苗、实生选种的方法，从几千株梅苗中选出了可在北京露地开花的'北京玉碟'和'北京小'，开创"南梅北移"的先河（陈俊愉，2002）。种质资源整理和实生选种是现有品种的主要获得途径。以中国梅花研究中心为例，仅靠实生选种，已育成梅花新品种43个，约占梅花总品种的10%，远远超过近年通过杂交育种获得的新品种。从2004年以来，中山陵苗圃场专门采集梅花山上的梅花种子，发展梅花苗木基地26.67hm²，梅花苗木50万株以上，为多样复杂的实生变异选择提供了材料，陆续选育出'红心粉阁''繁花玉碟''多瓣小绿萼'等新品种并国际登录，为梅花新品种选育拓展了一条有效途径（郭立春等，2010）。

9.5.5.3　杂交育种

杂交育种是培育梅花耐寒新品种的高效手段之一。通过杂交对梅花进行品种改良是指在基因型不同的梅花品种之间，或在近缘种与梅花之间进行授粉杂交形成杂种，再通过培育、选择，最终获得新品种。相较而言，它的目的性较实生选种强，可以有针对性地配置父母本组合，育种效率也较实生选种高。杂交育种要制定明确的育种目标，在北京，要在保证梅花耐寒性的基础上兼顾其他目标性状。在选择亲本时，一般来讲，要选择天然授粉结实率高的复瓣或单瓣梅花品种，父本选择重瓣、花大色艳而无显著缺点的品种。另外，还可以通过在柱头上涂抹赤霉素、胚拯救等措施来提高杂交坐果率和杂种成苗率。杂交后需细心管理，创造有利于杂种种子发育的良好条件。此外，梅与不同属间的杂交种也可以表现出一定的耐寒性优势。例如，梅与山桃杂交种耐寒性高于梅，但比山桃弱。1982～1985年，张启翔等进行梅品种间杂交及远缘杂交，结实率较高的组合主要有'小绿萼'梅×山桃，'荷花宫粉'梅×山桃，'大羽'梅×山桃，'粉红'梅×杏，从中选育出能耐−35～−25℃低温的'山桃白''燕杏''花蝴蝶'等，这些品种可在北京自然露地越冬（张启翔，1987，1989）。为解决耐寒梅香味丢失的问题，用真梅系香花品种和现有杏梅品种回交，将梅中控制花香的基因逐渐转移到杂种中，经过若干代后，可获得有真正梅香味的耐寒品种。例如，'香瑞白'是'淡丰后'和'北京玉碟'杂交获得子代后，多次回交选育得到的目前唯一具有典型梅香的耐寒新品种（陈瑞丹等，2005）。

杂交育种是观赏植物品种改良的主要途径，对改良梅花观赏品质的潜力巨大，应该大力加强。黄香品种群、垂枝品种群、龙游品种群品种数量较少，垂枝杏梅、垂枝樱李梅、龙游杏梅、黄香杏梅、洒金杏梅等品种尚未出现，远缘杂交是填补该空白的重要途径之一，将使梅的观赏品质大为提高。

9.5.5.4　芽变选种

芽变是木本植物芽的分生组织体细胞发生的突变，是选育新品种的有效方法。芽变选种是将植株上发生变异的芽或枝切离母株进行繁殖、鉴定并培育新品种的方法。芽变从其遗传基础上来说，可能是嵌合体，也可能是同质体，前者往往性状不稳定，后者则能稳定遗传，是选育良种的快捷方法。芽变选种需要建立在对植物个体或群体的细致观察的基础之上。南京梅花山的科研人员借助芽变选种技术手段，结合梅花品种资源核基因组 AFLP 的识别鉴定，把具有变异性状的品种反复高接在较大的梅树上，不断进行继代繁殖，近几年成功选育出多个新品种并国际登录，如'彩叶晚绿''锦叶绿萼''水红长丝''多瓣玉露'等（郭立春等，2010）。

9.5.5.5　诱变育种

诱变育种是指在人为的条件下，利用物理、化学等因素，诱发生物体产生突变，继而从突变体中选择，培育成新品种的现代育种技术。目前育种上应用的诱变方法有物理诱变法、化学诱变法和空间诱变法。研究人员用 ^{60}Co-γ 射线处理'送春'夏枝，在 30Gy 处理枝条中，出现了一个节间短缩、叶片披针形的突变体（牛传堂等，1995）。2021 年，国家花卉工程技术研究中心精心选择了一批梅花种子，搭载神舟十二号飞船进入太空待满 3 个月，经航天诱变的当年生幼苗存在较高的变异率，部分幼苗存在多分枝、叶片扭曲、叶片变大等特征，目前正在积极开展后续的育种选育工作，以期创造出新的优良品种。

9.5.5.6　分子育种

常规的育种周期长、费工费力且目标改良的预见性较低，要改变这一困局，就必须利用现代生物育种技术，确定改良方向，缩短育种周期，提高育种效率。现代基因工程为梅的耐寒、芳香、花色、株型等遗传改良展现了美好的前景，尤其是梅花改良所需的一些目的基因已被分离，例如，从梅花中已分离出脱水素蛋白基因 *PmLEA20*、冷响应基因 *PmICE1* 及大量的 *PmNAC*、*PmWRKY*、*PmCIPK*、*PmMYB*、*PmbZIP* 基因家族成员；成花转变及花器官发育基因（如 *PmAP1/FUL*、*PmPI*、*PmSEP*、*PmAG*、*PmAP3* 等）；花色（*PmF3'H*、*PmMYB1* 和 *PmWD40~48* 等）、花香代谢（*PmBEAT34/36/37*、*PmCAD1* 等）等相关基因。龙游梅基因组测序的完成及 *PmHB1*、*PmCYCDs*、*PmTrx*、*PmUGT72B3* 等关键基因的筛选为株型育种提供了新的思路（Zheng et al., 2021；Zhuo et al., 2021）。

对于梅的分子育种来说，最紧迫的任务是突破遗传转化体系。虽然梅的组织培养和再生已经比较成熟，但有关梅遗传转化的研究报道非常有限。国内研究人员以'雪梅'和'米单绿'成熟子叶为遗传转化受体，针对预培养、侵染时间、共培养时间等因素对遗传转化的影响进行了初步研究（闻娟，2009）。日本研究者以'Nanko'的未成熟子叶为转化受体材料，借助体细胞胚再生体系，通过农杆菌介导法获得少量转基因植株（Gao et al., 2010）。张俊卫（2012）先后建立了以幼胚、成熟胚为外植体的植株再生体系和遗传转化体系。但这些研究存在重复效果差、转化周期长和遗传转化效率低等问题。目前尚无梅高效稳定遗传转化的研究报道。鉴于园艺植物李、苹果、柑橘等遗传转化体系的突破，筛选适合的种或品种对梅遗传转化体系的突破至关重要，进一步选择利用拟南芥 *AtVIP1*、玉米 *BBM1* 等外源基因辅助或结合超声波辅助农杆菌介导法，可能是建立梅高效遗传转化体系的有效途径。

9.5.6　国际登录和品种保护

鉴于陈俊愉在梅种质资源和品种分类研究领域的卓越贡献，1998 年，经国际园艺学会品种命名与登录委员会、国际园艺学会理事会和执委会研究决定，批准建立梅品种国际登录机构并正式落户中国梅花蜡梅协会，陈俊愉成为中国首位栽培品种国际登录权威专家，梅花成为中国第一个拥有品种国际登录机构的植物物种（陈俊愉，2009）。

1998~2017年，梅品种国际登录机构共计完成了来自11个不同申请地区的486个品种的登录工作，其中1998~2012年完成393个，2013~2017年完成93个（陈瑞丹等，2017）。梅品种国际登录机构从1998年成立至今完成了4次登录组成员调整，最新一届登录组成员继承了中国式的登录工作模式，即品种鉴定、描述、记载、命名为一体的模式。在梅品种国际登录机构的不懈努力下，登录组成员已对新西兰、韩国、日本的梅花资源和品种进行了考察，并将梅品种输出到美国、波兰等国家。

植物新品种是指经过人工培育或者对发现的野生植物加以开发，具备新颖性、特异性、一致性和稳定性并有适当命名的植物品种。各种育种方法育成的品种，都要经过鉴定和区域试验；后者实际上是在异地进行的、后续的品种鉴定。对于观赏性状，要按照梅花性状记载表仔细记载，并与原有品种比较、鉴别，确有明显可辨且比较稳定的性状才能作为新品种。对于耐寒性等生理性状，除实验室测定之外，还要结合露地定植，并进行区域试验。国家标准《植物新品种特异性、一致性、稳定性测试指南　梅》（GB/T 24884—2010）对梅花品种特征信息描述语进行了统一和规范，对性状特征的分级、分类进行了标准化，是梅花新品种权授予的科学依据。

9.5.7　良种繁育

良种繁育是研究保持品种种性和优质种子（苗）生产技术的科学。梅花良种的繁殖以嫁接为主，扦插法和压条法亦可。嫁接常用枝接与芽接两种。砧木除用梅的实生苗外，也用桃（包括毛桃、山桃）、李、杏（山杏）作砧木。以梅砧最好，亲和力强、成活率高、开花效果好、寿命亦长，但生长偏慢。李砧嫁接多用于樱李梅，效果仅次于梅砧。杏砧嫁接多在北方，能提供更好的耐寒性和耐旱性。桃砧嫁接成活率很高，而且初期生长旺盛，但后期容易患病、流胶，寿命偏短。近些年来，植物离体繁殖在观赏植物良种繁育中发挥了重要作用，值得借鉴。

为了实现"南梅北移"，研究人员通过70余年的研究与实践，通过引种驯化、实生选育和远缘杂交育种，培育出'燕杏''花蝴蝶''北京玉碟''花木兰''中山杏'等10余个耐寒梅花新品种，最低能耐受−35℃低温，经区域试验，西至新疆乌鲁木齐、北至黑龙江大庆均可露地越冬开花，使梅花露地栽培区域从长江流域北移2000公里，实现了国人"塞北赏梅"的千年梦想，创造了梅花耐寒育种的奇迹（姜良宝和陈俊愉，2011）。'燕杏''香瑞白''花木兰'等9个耐寒品种获中国第十届和第十一届梅展优秀新品种金奖。用杏梅和真梅系品种多次回交培育的'香瑞白'是真正具有梅花特征香味的耐寒品种，实现了梅花耐寒香花育种的重大突破（陈瑞丹等，2005）。2020年，'燕杏''花蝴蝶''送春'3个耐寒梅花品种通过国家林木良种审定，区域性试验表明可在北京、内蒙古、新疆、辽宁、吉林等地区栽培，适于园林绿化与景观配置，其推广应用对丰富北方地区城市园林早春开花植物种类、提升城乡人居环境质量具有重要意义，具有良好的经济生态社会效益（马开峰和王佳，2020）。

（郑唐春　王佳）

⬡ 本章主要参考文献

包满珠. 1993. 我国川、滇、藏部分地区梅树种质资源及其开发利用. 华中农业大学学报，12（5）：4.
常宇航，田晓玲，张长芹，等. 2020. 中国杜鹃花品种分类问题与思考. 世界林业研究，33（1）：60-65.

陈俊愉. 1962. 中国梅花的研究：Ⅱ. 中国梅花的品种分类. 园艺学报，（Z1）：337-350，380-381.

陈俊愉. 1999a. 中国梅花品种分类最新修正体系. 北京林业大学学报，（2）：2-7.

陈俊愉. 1999b. 中国梅花品种之种系、类、型分类检索表. 中国园林，（1）：62-63.

陈俊愉. 2001. 中国花卉品种分类学. 北京：中国林业出版社.

陈俊愉. 2002. 梅花研究六十年. 北京林业大学学报，（Z1）：228-233.

陈俊愉. 2009. 中国梅花品种图志. 北京：中国林业出版社.

陈俊愉，包满珠. 1992. 中国梅（*Prunus mume*）的植物学分类与园艺学分类. 浙江林学院学报，（2）：12-25.

陈俊愉，陈瑞丹. 2007. 关于梅花 *Prunus mume* 的品种分类体系. 园艺学报，（4）：1055-1058.

陈俊愉，陈瑞丹. 2009. 中国梅花品种群分类新方案并论种间杂交起源品种群之发展优势. 园艺学报，36（5）：693-700.

陈俊愉，张启翔，刘晚霞，等. 1995. 梅花抗寒育种及区域试验的研究. 北京林业大学学报，17（S1）：42-45.

陈瑞丹，包满珠，张启翔. 2017. 国际梅品种登录工作19年：业绩与前景. 北京林业大学学报，39（S1）：1-4.

陈瑞丹，张启翔，陈俊愉. 2005. 通过杂交育种培育出芳香抗寒梅花新品种'香瑞白'梅：中国观赏园艺研究进展2005. 北京：中国林业出版社.

陈翔高，何国俊，马红梅，等. 1989. 果树开花生物学特性的研究. 南京林业大学学报，12（1）：28-43.

成仿云，李嘉珏. 1998. 中国牡丹的输出及其在国外的发展. Ⅰ. 栽培牡丹. 西北师范大学学报（自然科学版），（1）：112-119.

成仿云，李嘉珏，于玲. 1998. 中国牡丹的输出及其在国外的发展. Ⅱ. 野生牡丹. 西北师范大学学报（自然科学版），（3）：106-111.

褚孟嫄，黄金城. 1995. 梅树花芽形态分化及其物质代谢的研究. 北京林业大学学报，17（S1）：68-74.

崔铁成，刘青林，赵江. 1995. 陕南野梅分布初报. 北京林业大学学报，17（S1）：132-134.

高继银，帕克斯，杜跃强. 2005. 山茶属植物主要原种彩色图集. 杭州：浙江科学技术出版社.

高继银，苏玉华，胡羡聪. 2007. 国内外茶花名种识别与欣赏. 杭州：浙江科学技术出版社.

管开云，李纪元，王仲朗. 2014. 中国茶花图鉴. 杭州：浙江科学技术出版社.

郭立春，陈霞，汪诗珊，等. 2010. 南京梅花新品种选育及研究. 江苏林业科技，37（3）：28-30.

贺蕊，杨希，刘青林. 2017. 月季育种的国内现状和国际趋势. 中国园林，33（12）：35-41.

洪德元，周世良，何兴金，等. 2017. 野生牡丹的生存状况和保护. 生物多样性，25（7）：781-793.

侯祥云，郭先锋. 2013. 芍药属植物杂交育种研究进展. 园艺学报，40（9）：1805-1812.

黄国振. 2001. 美国的梅花栽培及'美人'梅之引入中国. 北京林业大学学报，23（S1）：40-41.

霍伦布鲁克 JV. 2021. 观赏植物育种. 王继华，李绅，李帆，主译. 北京：科学出版社.

姜良宝，陈俊愉. 2011. "南梅北移"简介：业绩与展望. 中国园林，27（1）：46-49.

李嘉珏. 1981. 控制水分对梅花生长及花芽分化的影响. 园艺学报，（2）：53-60，77-78.

李嘉珏. 1999. 中国牡丹与芍药. 北京：中国林业出版社.

李娜娜，白新祥，戴思兰，等. 2012. 中国古代牡丹谱录研究. 自然科学史研究，31（1）：13.

李庆卫，陈俊愉，张启翔，等. 2010. 大庆抗寒梅花品种区域试验初报. 北京林业大学学报，32（S2）：77-79.

李冉馨，李彦，王佳，等. 2012. 花果兼用梅新品种选育研究. 北京林业大学学报，34（S1）：61-68.

李辛雷，王佳童，孙振元，等. 2019a. 金花茶和白色山茶及其3个杂交品种类黄酮成分与花色的关系园艺学报，46（6）：1145-1154.

李辛雷，王佳童，孙振元，等. 2019b. 山茶'赤丹'及其芽变品种花瓣中花青苷成分与花色的关系. 林业科学，55（10）：19-26.

李艳梅，刘青林. 2010. 中日梅花品种及其应用比较研究. 北京林业大学学报，32（S2）：64-69.

李云飞，李世明，金鑫，等. 2019. 基于RAD高通量测序探讨中国85种杜鹃花属植物的分类. 林业科学研究，32（3）：1-8.

李铮，刘冰，周泓，等. 2021. 海南杜鹃热诱导基因RhRCA1启动子的克隆与功能分析. 园艺学报，48（3）：566-576.

刘冰晶. 2018. 梅花WD40基因家族的鉴定及表达分析. 合肥：安徽农业大学.

刘青林，陈俊愉. 1999. 花粉蒙导、植物激素和胚培养对梅花种间杂交的作用（英文）. 北京林业大学学报，（2）：55-61.

刘星辉，郑家基，邱栋梁，等. 1998. 梅的花期调节与授粉研究. 福建农业学报，（S1）：118-121.

吕英民，陈俊愉. 2003. 梅花垂枝性状遗传研究初报. 北京林业大学学报，25（S2）：43-45，118.

马开峰，王佳. 2020. 北林大3个梅花品种通过国家林木良种审定. 中国花卉园艺，（12）：22.

闵天禄. 2000. 世界山茶属的研究. 昆明：云南科技出版社.

牛传堂，何道一，李雅志. 1995. 辐射诱发梅花（*Prunus mume* Sieb et. Zucc）突变体的研究. 核农学报，（3）：144-148.

任广兵. 2007. 梅花繁育特性研究. 南京：南京农业大学.

任磊. 2011. 牡丹花器官发育相关基因的克隆与表达. 北京：中国林业科学研究院.

任磊，王雁，周琳，等. 2011a. 牡丹PsAP2基因的克隆及表达. 林业科学，47（9）：50-56.

任磊，王雁，周琳，等. 2011b. 牡丹开花相关基因PsAP1的克隆与表达. 西北植物学报，31（9）：1719-1725.

沈荫椿. 2009. 山茶. 北京：中国林业出版社.

孙文全，陆爱华. 1989. 梅花花原基形成期枝叶氨基酸变化及"扣水"的影响. 中国农业科学，（2）：45-49.

唐绂宸，姜良宝. 2010. 公主岭地区选育抗寒花果兼用梅品种成果初报. 北京林业大学学报，32（S2）：80-83.

陶韬，刘青林. 2007. 离体诱导'美人'梅多倍体初报. 北京林业大学学报，（S1）：26-29.

汪菊渊，陈俊愉. 1945. 成都梅花品种之分类. 中华农学会报，182：1-26.

王富廷. 2014. 梅花垂枝性状形态解剖、激素生理和基因分子水平研究. 北京：北京林业大学.

王莲英，袁涛，李清道，等. 2015. 中国牡丹品种图志. 北京：中国林业出版社.

王顺利，任秀霞，薛璟祺，等. 2016. 牡丹籽油成分、功效及加工工艺的研究进展. 中国粮油学报，31（3）：8.

王涛. 2014. 梅花花芽休眠及花朵开放相关microRNAs的鉴定与表达研究. 北京：北京林业大学.

王文宽. 1989. 梅花生物学特性的研究. 园艺学报，（1）：57-62.

闻娟. 2009. 梅花再生体系建立及遗传转化初步研究. 武汉：华中农业大学.

吴荭，杨雪梅，邵慧敏，等. 2013. 杜鹃花产业的种质资源基础：现状、问题与对策. 生物多样性，21（5）：628-634.

许联瑛. 2015. 北京梅花. 北京：科学出版社.

张宏达. 1998. 中国植物志（第49卷第3分册）. 北京：科学出版社.

张金波. 2004. 梅花重瓣性F₁作图群体构建及分子标记初步分析. 武汉：华中农业大学.

张俊卫，杨洁，闻娟，等. 2014. 农杆菌介导梅花成熟子叶再生体系的遗传转化方法：CN103215307B.

张启翔. 1987. 梅花远缘杂交与抗寒育种. Ⅰ. 梅开花授粉习性及远缘杂交的探讨. 北京林业大学学报, (1): 69-79.

张启翔. 1988. 梅花远缘杂交与抗寒性育种. Ⅱ. 梅花远缘杂种及其亲本抗冻性研究. 北京林业大学学报, (4): 53-59.

张启翔, 刘晚霞, 陈俊愉. 1992. 梅花及其种间杂种深度过冷与冻害关系的研究. 北京林业大学学报, (S4): 34-41.

张佐双, 朱秀珍. 2006. 中国月季. 北京: 中国林业出版社.

赵昶灵, 郭维明, 陈俊愉. 2004. 梅花花色色素种类和含量的初步研究. 北京林业大学学报, 26 (2): 68-73.

庄平. 2019. 杜鹃花属植物的可育性研究进展. 生物多样性, 27 (3): 327-338.

庄实传, 庄淑琴. 1999. 青岛梅园的建设及梅花品种的搜集与选育. 北京林业大学学报, (2): 144-147.

Andrews H. 1804. *Paeonia suffruticosa*. Botanical Repository, 6: 373.

Bai M, Liu J, Fan C, et al. 2021. KSN heterozygosity is associated with continuous flowering of *Rosa rugosa* Purple branch. Horticulture Research, 8: 26.

Bao F, Ding A, Cheng T, et al. 2019. Genome-wide analysis of members of the *WRKY* gene family and their cold stress response in *Prunus mume*. Genes, 10: 911.

Bao F, Ding A, Zheng T, et al. 2019. Expansion of *PmBEAT* genes in the *Prunus mume* genome induces characteristic floral scent production. Horticulture Research, 6: 24.

Bao F, Du D, An Y, et al. 2017. Overexpression of *Prunus mume* dehydrin genes in tobacco enhances tolerance to cold and drought. Frontiers in Plant Science, 8: 151.

Bendahmane M, Dubois A, Raymond O, et al. 2013. Genetics and genomics of flower initiation and development in roses. J Exp Bot, 64: 847-857.

Cgeon KS, Nakatsuka A, Tasaki K, et al. 2017. Floral morphology and MADS gene expression in double-flowered Japanese *Evergreen azalea*. Horticulture Journal, 86: 269-276.

Chamberlain DF, Hyam R, Argent G, et al. 1996. The Genus *Rhododendron*: Its Classification and Synonymy. UK: Royal Botanic Garden Edinburgh.

Chang YT, Hu T, Zhang WB, et al. 2019. Transcriptome profiling for floral development in reblooming cultivar 'High Noon' of *Paeonia suffruticosa*. Scientific Data, 6: 217.

Cheng CX, Yu Q, Wang YR, et al. 2021. Ethylene-regulated asymmetric growth of the petal base promotes flower opening in rose (*Rosa hybrida*). The Plant Cell, 33: 1229-1251.

de Keyser E, Lootens P, van Bockstaele E, et al. 2013. Image analysis for QTL mapping of flower color and leaf characteristics in pot azalea (*Rhododendron simsii* hybrids). Euphytica, 189: 445-460.

Debener T, Mattiesch L. 1999. Construction of a genetic linkage map for roses using RAPD and AFLP markers. Theor Appl Genet, 99: 891-899.

Die JV, Arora R, Rowland LJ. 2017. Proteome dynamics of cold-acclimating *Rhododendron* species contrasting in their freezing tolerance and therminasty behavior. PLoS ONE, 12 (5): e0177389.

Du H, Lal L, Wang F, et al. 2018. Characterisation of flower colouration in 30 *Rhododendron* species via anthocyanin and flavonol identification and quantitative traits. Plant Biology, 20 (1): 121-129.

Du H, Wu J, Ji KX, et al. 2015. Methylation mediated by an anthocyanin, *O*-methyltransferase, is involved in purple flower coloration in *Paeonia*. Journal of Experimental Botany, 66 (21): 6563-6577.

Dunemam F, Kahnau R, Stance I. 1999. Analysis of complex leaf and flower characters in *Rhododendron* using a molecular linkage map. Theoretical and Applied Genetices, 98: 1146-1155.

Fan ML, Zhang Y, Li XL, et al. 2022a. Multi-approach analysis reveals pathways of cold tolerance divergence in *Camellia japonica*. Frontiers in plant Science, DOI: org/10. 3389/fpls. 2022. 811791.

Fan ML, Zhang Y, Yang MY, et al. 2022b. Transcriptomic and chemical analyses reveal the hub regulators of flower color variation from *Camellia japonica* Bud Sport. Horticulturae, DOI: org/10.3390/horticulturae8020129.

Fan Y, Liu J, Zou J, et al. 2020. The RhHB1/RhLOX4 module affects the dehydration tolerance of rose flowers (*Rosa hybrida*) by fine-tuning jasmonic acid levels. Horticulture Research, 7: 74.

Franchet A. 1886. *Paeonia delavayi* et *Paeonia lutea*. Bull Soc Bot France, 33: 382-383.

Fu CN, Mo ZQ, Yang JB, et al. 2022. Testing genome skimming for species discrimination in the large and taxonomically difficult genus *Rhododendron*. Molecular Ecology Resources, 22 (1): 404-414.

Gao M, Kawabe M, Tsukamoto T, et al. 2010. Somatic embryogenesis and *Agrobacterium*-mediated transformation of Japanese apricot (*Prunus mume*) using immature cotyledons. Scientia Horticulturae, 124 (3): 360-367.

Gu ZY, Zhu J, Hao Q, et al. 2019. A Novel R2R3-MYB transcription factor contributes to petal blotch formation by regulating organ-specific expression of *PsCHS* in tree peony (*Paeonia suffruticosa*), Plant Cell Physiology, 60 (3): 599-611.

Han XY, Wang LS, Liu ZA, et al. 2008. Characterization of sequence-related amplified polymorphismmarkers analysis of tree peony bud sports. Scientia Horticulturae, 115: 261-267.

Han XY, Wang LS, Shu QY, et al. 2008. Molecular characterization of tree peony germplasm using sequence-related amplified polymorphism markers. Biochem Genet, 46: 162-179.

Hao R, Du D, Wang T, et al. 2014. A comparative analysis of characteristic floral scent compounds in *Prunus mume* and related species. Bioscience, Biotechnology, and Biochemistry, 78: 1640-1647.

Hosoki T, Kimura D, Hasegawa R, et al. 1997. Comparative study of Chinese tree peony cultivars by random amplified polymorphic DNA (RAPD) analysis. Scientia Horticulturae, 70: 67-72.

Huyen DT, Ureshino K, van DT, et al. 2016. Co-pigmentation of anthocyanin-flavonol in the blotch area of *Rhododendron simsii* Planch. flowers. The Horticulture Journal, 85 (3): 232-237.

Iwata H, Gaston A, Remay A, et al. 2012. The TFL1 homologue KSN is a regulator of continuous flowering in rose and strawberry. The Plant Journal, 69: 116-125.

Jiang C, Ye X, Fang Z, et al. 2017. Research progress on Japanese apricot (*Prunus mume*) in China. Southeast Horticulture, 5: 26-31.

Kobayashi N, Mizuta D, Nakatsuka A, et al. 2008. Attaining intersubgeneric hybrids in fragrant azalea breeding and the inheritance of organelle DNA. Euphytica, 159: 67-72.

Li JB, Hashimoto F, Shimizu K, et al. 2009. A new acylated anthocyan inform the red flowers of *Camellia hongkongensis* and characterization of anthocyanins in the section *Camellia* species. Journal of Plant Ecology, 51 (6): 545-552.

Li JB, Hashimoto F, Shimizu K, et al. 2007. Anthocyanins from red flowers of *Camellia reticulata* L. Bioscience Biotechnology and Biochemistry, 71 (11): 2833-2836.

Li JB, Hashimoto F, Shimizu K, et al. 2008a. Anthocyanins from red flowers of *Camellia* cultivar 'Dalicha'. Phytochemistry, 69 (18): 3166-3171.

Li JB, Hashimoto F, Shimizu K, et al. 2008b. Anthocyanins from the red flowers of *Camellia saluenensis* Stapf ex

Bean. Journal of the Japanese Society for Horticultural Science, 77 (1): 75-79.

Li K, Li Y, Wang Y, et al. 2022. Disruption of transcription factor RhMYB123 causes the transformation of stamen to malformed petal in rose (*Rosa hybrida*). Plant Cell Reports, DOI: org/10. 1007/s00299-022-02921-7.

Li P, Zheng T, Li L, et al. 2019. Identification and comparative analysis of the *CIPK* gene family and characterization of the cold stress response in the woody plant *Prunus mume*. PeerJ, 7: e6847.

Li SN, Lin DX, Zhang YW, et al. 2022. Genome-edited powdery mildew resistance in wheat without growth penalties. Nature, 602 (7897): 455-460.

Li SS, Wu Q, Yin DD, et al. 2018. Phytochemical variation among the traditional Chinese medicine Mu Dan Pi from *Paeonia suffruticosa* (tree peony). Phytochemistry, 146: 16-24.

Li XL, Fan ZQ, Guo HB, et al. 2018. Comparative genomics analysis reveals gene family expansion and changes of expression patterns associated with natural adaptations of flowering time and secondary metabolism in yellow *Camellia*. Functional & Integrative Genomics, DOI: org/10.1007/s10142-018-0617-9.

Li XL, LI JY, Fan ZQ, et al. 2017. Global gene expression defines faded whorl specification of double flower domestication in *Camellia*. Scientific Reports, DOI:10.1038/s41598-017-03575-2.

Li Y, Xu Z, Yang W, et al. 2016. Isolation and functional characterization of *SOC1-like* genes in *Prunus mume*. Journal of the American Society for Horticultural Science, 141: 315-326.

Li Y, Zhou Y, Yang W, et al. 2017. Isolation and functional characterization of *SVP-like* genes in *Prunus mume*. Scientia Horticulturae, 215: 91-101.

Liang Y, Jiang C, Liu Y, et al. 2020. Auxin regulates sucrose transport to repress petal abscission in rose (*Rosa hybrida*). The Plant Cell, 32: 3485-3499.

Liu B, Wang XY, Cao Y, et al. 2020. Factors affecting freezing tolerance: a comparative transcriptomics study between field and artificial cold acclimations in overwintering evergreens. The Plant Journal, 103 (6): 2279-2300.

Liu X, Li D, Zhang S, et al. 2019. Genome-wide characterization of the rose (*Rosa chinensis*) WRKY family and role of RcWRKY41 in gray mold resistance. BMC Plant Biol, 19 (1): 522.

Liu X, Wang Z, Tian Y, et al. 2021. Characterization of wall-associated kinase/wall-associated kinase-like (WAK/WAKL) family in rose (*Rosa chinensis*) reveals the role of RcWAK4 in *Botrytis resistance*. BMC Plant Biol, 21 (1): 526.

Lu P, Zhang C, Liu J, et al. 2014. RhHB1 mediates the antagonism of gibberellins to ABA and ethylene during rose (*Rosa hybrida*) petal senescence. The Plant Journal, 78: 578-590.

Luypaert G, van Huylenbroeck J, de Riek J, et al. 2014. Screening for broad mite susveptibility in *Rhododendron simsii* hybrids. Journal of Plant Diseases and Protection, 121: 260-269.

Lv SZ, Cheng S, Wang ZY, et al. 2020. Draft genome of the famous ornamental plant *Paeonia suffruticosa*. Ecology and Evolution, 10 (11): 4518.

Ma K, Zhang Q, Cheng T, et al. 2018. Substantial epigenetic variation causing flower color chimerism in the ornamental tree *Prunus mume* revealed by single base resolution methylome detection and transcriptome sequencing. International Journal of Molecular Sciences, 19: 2315.

Ma N, Chen W, Fan T, et al. 2015. Low temperature-induced DNA hypermethylation attenuates expression of RhAG, an AGAMOUS homolog, and increases petal number in rose (*Rosa hybrida*). BMC Plant Biol, 15: 237.

Ma N, Xue J, Li Y, et al. 2008. *Rh-PIP2*; 1, a rose aquaporin gene, is involved in ethylene-regulated petal expansion. Plant Physiology, 148: 894-907.

Ma YP, Xie WJ, Sun WB, et al. 2016. Strong reproductive isolation despite occasional hybridization between a widely distributed and a narrow endemic *Rhododendron* species. Scientific Reports, 6: 19146.

Meijon M, Valledor L, Santamaria E, et al. 2009. Epigenetic characterization of thevegetative and floral stages of azalea buds: dynamics of DNA methylation and histone H4 acetylation. Plant Physiology, 166 (15): 1624-1636.

Mizuta D, Nakatsuka A, Ban T, et al. 2014. Pigment composition patterns and expression of anthocyanin biosynthesis genes in *Rhododendron kiusianum*, *R. kaempferi*, and their natural hybrids on Kirishima Mountain Mass, Japan. Journal of the Japanese Society for Horticultural Science, 2 (2): 156-162.

Oyant HS, Crespel L, Rajapakse S, et al. 2008. Genetic linkage maps of rose constructed with new microsatellite markers and locating QTL controlling flowering traits. Tree Genetics & Genomes, 4: 11.

Pavingerova D, Briza J, Kodytek K, et al. 1997. Transformation of *Rhododendron* spp. using *Agrobacterium tumefaciens* with a GUS-intron chimeric gene. PlantScience, 122 (2): 165-171.

Peng T, Guo C, Yang J, et al. 2016. Overexpression of a Mei (*Prunus mume*) *CBF* gene confers tolerance to freezing and oxidative stress in *Arabidopsis*. Plant Cell Tissue and Organ Culture, 126 (3): 1-13.

Raymond O, Gouzy J, Just J, et al. 2018. The *Rosa* genome provides new insights into the domestication of modern roses. Nature Genetics, 50 (6): 772-777.

Ren HR, Bai MJ, Sun JJ, et al. 2020. RcMYB84 and RcMYB123 mediate jasmonate-induced defense responses against *Botrytis cinerea* in rose (*Rosa chinensis*). The Plant Journal, 103 (5): 1839-1849.

Roccia A, Hibrand-Saint OL, Cavel E, et al. 2019. Biosynthesis of 2-phenylethanol in rose petals is linked to the expression of one allele of *RhPAAS*. Plant Physiology, 179 (3): 1064-1079.

Saint-Oyant LH, Ruttink T, Hamama L, et al. 2018. A high-quality genome sequence of *Rosa chinensis* to elucidate ornamental traits. Nature Plants, 4 (7): 473-484.

Schepper SD, Leus L, Mertens M, et al. 2001. Somatic polyploidy and its consequences for flower coloration and flower morphology in azalea. Plant Cell Reports, 20: 583-590.

Sealy JR. 1958.A Revision of the Genus *Camellia*. London: The Royal Horticultural Society.

Shi QQ, Zhou L, Wang Y, et al. 2015. Transcriptomic analysis of *paeonia delavayi* wild population flowers to identify differentially expressed genes involved in purple-red and yellow petal pigmentation. PLoS ONE, 10 (8): e0135038.

Su L, Zhao X, Geng L, et al. 2021. Analysis of the thaumatin-like genes of *Rosa chinensis* and functional analysis of the role of RcTLP6 in salt stress tolerance. Planta, 254 (6): 118.

Sun JJ, Lu J, Bai MJ, et al. 2021. Phytochrome-interacting factors interact with transcription factor CONSTANS to suppress flowering in rose. Plant Physiology, 186 (2): 1186-1201.

Susko Q, Bradeen JM, Hokanson C. 2016. Towards broader adaptability of North American deciduous azaleas. Arnoldia, 74: 15-27.

Tholl D, Gershenzon J. 2015. The flowering of a new scent pathway in rose. Science, 349 (6243): 28-29.

Ureshino K, Nakayama M, Miyajima I. 2016. Contribution made by the carotenoid cleavage dioxygenase 4 gene to yellow colour fade in azalea petals. Euphytica, 207 (2): 401-417.

Wang SL, Beruto M, Xue JQ, et al. 2015. Molecular cloning and potential function prediction of homologous *SOC1* genes in tree peony. Plant Cell Reports, 34: 1459-1471.

Wang SL, Gao J, Xue JQ, et al. 2019. *De novo* sequencing of tree peony (*Paeonia suffruticosa*)transcriptome to identify critical genes involved in flowering and floral organ development. BMC Genomics, 20 (1): 572.

Wang SL, Xue JQ, Zhang SF, et al. 2020. Composition of peony petal fatty acids and flavonoids and their effect on *Caenorhabditis elegans* lifespan. Plant Physiology and Biochemistry, 155: 1-12.

Wang T, Pan H, Wang J, et al. 2014. Identification and profiling of novel and conserved microRNAs during the flower opening process in *Prunus mumevia* deep sequencing. Molecular Genetics and Genomics, 289 (2): 169-183.

Wnag XY, Gao Y, Wu XP, et al. 2021. High-quality evergreen azalea genome reveals tandem duplication-facilitated low-altitude adaptability and floral scent evolution. Plant Biotechnology Journal, 19: 2544-2560.

Xiao Z, Sun XB, Liu XQ, et al. 2016. Selection of reliable reference genes for gene expression studies on *Rhododendron molle* G. Don. Frontiers in Plant Science, 7: 1547.

Xu Z, Zhang Q, Sun L, et al. 2014. Genome-wide identification, characterisation and expression analysis of the MADS-box gene family in *Prunus mume*. Molecular Genetics and Genomics, 289: 903-920.

Yan H, Zhang H, Wang Q, et al. 2016. The *Rosa chinensis* cv. *viridiflora* phyllody phenotype is associated with misexpression of flower organ identity genes. Front Plant Sci, 7: 996.

Yan LJ, Burgess KS, Zheng W, et al. 2019. Incomplete reproductive isolation between *Rhododendron* taxa enables hybrid formation and persistence. Journal of Integrative Plant Biology, 61 (4): 433-448.

Yang FS, Nie S, Liu H, et al. 2020. Chromosome-level genome assembly of a parent species of widely cultivated azaleas. Nature Communications, 11: 5269.

Ye LJ, Moller M, Luo YH, et al. 2021. Differential expressions of anthocyanin synthesis genes underlie flower color divergence in a sympatric *Rhododendron sanguineum* complex. BMC Plant Biology, 21: 204.

Yi X, Gao H, Yang Y, et al. 2022. Differentially expressed genes related to flowering transition between once- and continuous-flowering roses. Biomolecules, 12: 58.

Yin DD, Li SS, Shu QY, et al. 2018. Identification of microRNAs and long non-coding RNAs involved in fatty acid biosynthesis in tree peony seeds. Gene, 666: 72-82.

Zhang C, Wang WN, Wang YJ, et al. 2014. Anthocyanin biosynthesis and accumulation in developing flowers of tree peony (*Paeonia suffruticosa*) 'Luoyang Hong'. Postharvest Biology Technology, 97: 11-22.

Zhang C, Zhang LL, Fu JX, et al. 2020. Isolation and characterization of hexokinase genes *PsHXK1* and *PsHXK2* from tree peony (*Paeonia suffruticosa* Andrews). Molecular Biology Reports, 47 (1): 327-336.

Zhang D, Hussain A, Manghwar H, et al. 2020. Genome editing with the CRISPR/Cas system: an art, ethics and global regulatory perspective. Plant Biotechnology Journal, 18: 1651-1669.

Zhang J, Zhang Q, Cheng T, et al. 2015. High-density genetic map construction and identification of a locus controlling weeping trait in an ornamental woody plant (*Prunus mume* Sieb. et Zucc). DNA Research, 22: 183-191.

Zhang Q, Chen W, Sun L, et al. 2012. The genome of *Prunus mume*. Nature Communications, 3 (1): 1318.

Zhang Q, Hao R, Xu Z, et al. 2017. Isolation and functional characterization of a R2R3-MYB regulator of *Prunus mume* anthocyanin biosynthetic pathway. Plant Cell Tissue and Organ Culture, 131: 417-429.

Zhang Q, Zhang H, Sun L, et al. 2018. The genetic architecture of floral traits in the woody plant *Prunus mume*. Nature Communications, 9 (1): 1702.

Zhang S, Feng M, Chen W, et al. 2019. In rose, transcription factor PTM balances growth and drought survival via PIP2; 1 aquaporin. Nature Plants, 5 (3): 290-299.

Zhang T, Bao F, Yang Y, et al. 2020. A comparative analysis of floral scent compounds in intraspecific cultivars of *Prunus mume* with different corolla colours. Molecules, 25: 145.

Zhang Y, Cheng Y, Ya HY, et al. 2015. Transcriptome sequencing of purple petal spot region in tree peony reveals differentially expressed anthocyanin structural genes. Frontiers in Plant Science, 6: 964.

Zhang Y, Wu ZC, Feng M, et al. 2021. The circadian-controlled PIF8-BBX28 module regulates petal senescence in rose flowers by governing mitochondrial ROS homeostasis at night. Plant Cell, 33: 2716-2735.

Zhao DQ, Li TT, Li ZY, et al. 2020. Characteristics of *Paeonia ostii* seed oil body and OLE17.5 determining oil body morphology. Food Chemistry, 319: 126548.

Zhao DQ, Tang WH, Hao ZJ, et al. 2015. Identification of flavonoids and expression of flavonoid biosynthetic genes in two coloured tree peony flowers. Biochemical and Biophysical Research Communications, 459 (3): 450-456.

Zhao K, Zhou Y, Ahmad S, et al. 2018. *PmCBFs* synthetically affect *PmDAM6* by alternative promoter binding and protein complexes towards the dormancy of bud for *Prunus mume*. Scientific Reports, 8: 4510-4527.

Zhao Y, Yu WG, Hu XY, et al. 2018. Physioligical and transcriptomic analysis revealed the involvement of crucial factors in heat stress response of *Rhododendron hainanense*. Gene, 20: 109-119.

Zheng T, Li P, Li L, et al. 2021. Research advances in and prospects of ornamental plant genomics. Horticulture Research, 8: 65.

Zheng T, Li P, Zhuo X, et al. 2022. The chromosome-level genome provides insight into the molecular mechanism underlying the tortuous-branch phenotype of *Prunus mume*. The New Phytologist, 235 (1): 141-156.

Zhou H, Cheng FY, Wang R, et al. 2013. Transcriptome comparison reveals key candidate genes responsible for the unusual reblooming trait in tree peonies. PLoS ONE, 8 (11): e79996.

Zhou L, Zhang C, Fu JX, et al. 2013. Molecular characterization and expression of ethylene biosynthetic genes during cut flower development in tree peony (*Paeonia suffruticosa*) in response to ethylene and functional analysis of *PsACS1* in *Arabidopsis thaliana*. Journal of Plant Growth Regulation, 32: 362-375.

Zhuo X, Zheng T, Li S, et al. 2021a. Identification of the *PmWEEP* locus controlling weeping traits in *Prunus mume* through an integrated genome-wide association study and quantitative trait locus mapping. Horticulture Research, 8 (1): 131.

Zhuo X, Zheng T, Zhang Z, et al. 2021b. Bulked segregant RNA sequencing (BSR-seq)identifies a novel allele associated with weeping traits in *Prunus mume*. Frontiers of Agricultural Science and Engineering, 8 (2): 196-214.

Zhuo X, Zheng T, Zhang Z, et al. 2018. Genome-Wide analysis of the NAC transcription factor gene family reveals differential expression patterns and Cold-Stress responses in the woody plant *Prunus mume*. Genes, 9: 494.

《观赏植物遗传育种学》教学课件申请单

凡使用本书作为授课教材的高校主讲教师，可通过以下两种方式之一获赠教学课件一份。

1. 关注微信公众号"科学EDU"申请教学课件

扫上方二维码关注公众号→"教学服务"→"课件申请"

2. 填写以下表格后扫描或拍照发送至联系人邮箱

姓名：	职称：	职务：
手机：	邮箱：	学校及院系：
本门课程名称：		本门课程选课人数：
您对本书的评价及修改建议：		

联系人：张静秋　编辑　　电话：010-64004576　　邮箱：zhangjingqiu@mail.sciencep.com